"南北极环境综合考察与评估"专项

南极周边海域海洋地质考察

国家海洋局极地专项办公室　编

海洋出版社
2016·北京

图书在版编目（CIP）数据

南极周边海域海洋地质考察/国家海洋局极地专项办公室编．—北京：海洋出版社，2016.5
ISBN 978-7-5027-9444-6

Ⅰ.①南…　Ⅱ.①国…　Ⅲ.①南极-海洋地质-科学考察　Ⅳ.①P736

中国版本图书馆 CIP 数据核字（2016）第 098747 号

责任编辑：方　菁
责任印制：赵麟苏
海洋出版社　出版发行

http://www.oceanpress.com.cn
北京市海淀区大慧寺路 8 号　邮编：100081
北京朝阳印刷厂有限责任公司印刷　新华书店北京发行所经销
2016 年 5 月第 1 版　2016 年 5 月第 1 次印刷
开本：889 mm×1194 mm　1/16　印张：21.25
字数：530 千字　定价：128.00 元
发行部：62132549　邮购部：68038093　总编室：62114335

极地专项领导小组成员名单

组　长： 陈连增　国家海洋局

副组长： 李敬辉　财政部经济建设司

曲探宙　国家海洋局极地考察办公室

成　员： 姚劲松　财政部经济建设司（2011—2012）

陈昶学　财政部经济建设司（2013—）

赵光磊　国家海洋局财务装备司

杨惠根　中国极地研究中心

吴　军　国家海洋局极地考察办公室

极地专项领导小组办公室成员名单

专项办主任： 曲探宙　国家海洋局极地考察办公室

常务副主任： 吴　军　国家海洋局极地考察办公室

副主任： 刘顺林　中国极地研究中心（2011—2012）

李院生　中国极地研究中心（2012—）

王力然　国家海洋局财务装备司

成　员： 王　勇　国家海洋局极地考察办公室

赵　萍　国家海洋局极地考察办公室

金　波　国家海洋局极地考察办公室

李红蕾　国家海洋局极地考察办公室

刘科峰　中国极地研究中心

徐　宁　中国极地研究中心

陈永祥　中国极地研究中心

极地专项成果集成责任专家组成员名单

组　长： 潘增弟　国家海洋局东海分局

成　员： 张海生　国家海洋局第二海洋研究所

余兴光　国家海洋局第三海洋研究所

乔方利　国家海洋局第一海洋研究所

石学法　国家海洋局第一海洋研究所

魏泽勋　国家海洋局第一海洋研究所

高金耀　国家海洋局第二海洋研究所

胡红桥　中国极地研究中心

何剑锋　中国极地研究中心

徐世杰　国家海洋局极地考察办公室

孙立广　中国科学技术大学

赵　越　中国地质科学院地质力学研究所

庞小平　武汉大学

“南极周边海域海洋地质考察”专题

承担单位： 国家海洋局第一海洋研究所

参与单位： 国家海洋局第三海洋研究所

同济大学

国家海洋局第二海洋研究所

国家海洋局东海分局

国家海洋局南海分局

国家海洋局北海分局

南极周边海域海洋地质考察

编写人员：陈志华　王汝建　李云海　韩喜彬　王百顺
颜　彬　李国刚　葛淑兰　黄元辉　唐　正
王豪壮　刘合林　聂森艳　武　力　肖文申
黄梦雪　尹希杰　徐勇航　王昆山　王春娟
陈金霞　金秉福　刘忠诚　刘轶莹　王爱军
王　凤　方建勇　叶　翔　陈　敏　李东义
赖志坤　王　亮　初凤友　章伟艳　杨海丽
赵　军　张平萍　黄　玥　许　冬　葛　倩
边叶萍　唐灵刚　赵建如　叶黎明　戴清清
张月平　陈　亮　许春玲　李晓明　陈　静
张少均　谢明芮　汤　偲　李薏新　毕建强
布如源　赵仁杰　张亚龙

序　言

“南北极环境综合考察与评估”专项（以下简称极地专项）是2010年9月14日经国务院批准，由财政部支持，国家海洋局负责组织实施，相关部委所属的36家单位参与，是我国自开展极地科学考察以来最大的一个专项，是我国极地事业又一个新的里程碑。

在2011年至2015年间，极地专项从国家战略需求出发，整合国内优势科研力量，充分利用“一船五站”（“雪龙”号、长城站、中山站、黄河站、昆仑站、泰山站）极地考察平台，有计划、分步骤地完成了南极周边重点海域、北极重点海域、南极大陆和北极站基周边地区的环境综合考察与评估，无论是在考察航次、考察任务和内容、考察人数、考察时间、考察航程、覆盖范围，还是在获取资料和样品等方面，均创造了我国近30年来南、北极考察的新纪录，促进了我国极地科技和事业的跨越式发展。

为落实财政部对极地专项的要求，极地专项办制定了包括极地专项“项目管理办法”和“项目经费管理办法”在内的4项管理办法和14项极地考察相关标准和规程，从制度上加强了组织领导和经费管理，用规范保证了专项实施进度和质量，以考核促进了成果产出。

本套极地专项成果集成丛书，涵盖了极地专项中的3个项目共17个专题的成果集成内容，涉及了南、北极海洋学的基础调查与评估，涉及了南极大陆和北极站基的生态环境考察与评估，涉及了从南极冰川学、大气科学、空间环境科学、天文学以及地质与地球物理学等考察与评估，到南极环境遥感等内容。专家认为，成果集成内容翔实，数据可信，评估可靠。

“十三五”期间，极地专项持续滚动实施，必将为贯彻落实习近平主席关于“认识南极、保护南极、利用南极”的重要指示精神，实现李克强总理提出的“推动极地科考向深度和广度进军”的宏伟目标，完成全国海洋工作会议提出的极地工作业务化以及提高极地科学研究水平的任务，做出新的、更大的贡献。

希望全体极地人共同努力，推动我国极地事业从极地大国迈向极地强国之列！

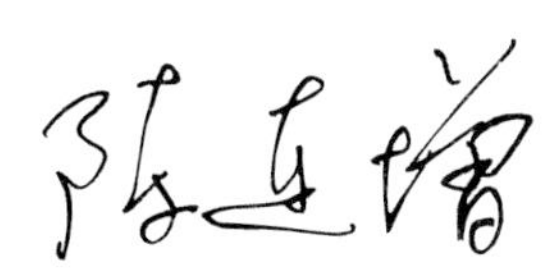

目 次

第1章 总 论

1.1 任务来源

南极和北极是地球表面的两大冷源，是全球气候变化的重要驱动器和响应器，其特殊的地理位置、环境和气候决定了极地在地球系统和全球变化中具有不可替代的重要作用。与此同时，两极地区蕴藏着丰富的资源，是未来重要的资源发展空间。已有研究表明，南极气候环境过程与我国的气候变化存在遥相关；北极气候环境变化对我国气候有着更直接的影响，与我国的工农业生产、经济活动和人民生活息息相关。加强对南北极环境的多学科综合考察，系统掌握南北极环境第一手资料，增进对极地-全球气候之间相互作用和驱动过程的理解，综合评价极地在全球和我国气候变化过程中的作用，切实提高应对气候变化的能力，是关系到我国的国计民生、防灾减灾、国民经济和社会可持续发展的大事。面对当前国内国际形势，深入落实科学发展观和国务院批准的国家海洋局“三定”方案，充分调动国内外优势资源与能力，促进我国极地科技和事业快速发展，2012 年 5 月，经国务院批准，由国家海洋局极地考察办公室组织实施“南北极环境综合考察与评价”专项（简称“极地专项”）。

极地专项主体工作计划在“十二五”期间（2011—2015 年）完成，将有计划、分步骤完成南极周边重点海域、北极重点海域和南极大陆考察站周边地区的环境综合考察及评估。该专项由南极周边海域环境综合考察与评估、南极大陆环境综合考察与评估、北极环境综合考察与评估、南北极环境/资源综合评价与国家利益战略评估等四大基本任务（4 个项目）组成，下设 24 个专题。“南极周边海域海洋地质考察”是极地专项的主要考察专题之一，该专题通过招投标方式由国家海洋局第一海洋研究所牵头，国家海洋局第三海洋研究所、同济大学、国家海洋局第二海洋研究所、国家海洋局东海分局、国家海洋局南海分局和国家海洋局北海分局共同承担。

1.2 专题目标和在专项中的作用

通过对南极半岛邻近海域和普里兹湾等重点海域的底质和悬浮体调查，系统掌握南极周边海域的底质特征、沉积环境及变化规律，重建该地区（晚）第四纪古海洋、古冰川（冰盖/海冰）和古气候演变历史，为南极环境综合分析与评价提供第一手资料，为南极周边海域海洋地球物理考察专题、海洋化学与碳通量考察专题、海洋生物多样性和生态考察专题、南极磷虾考察专题等提供样品和资料。

1.3 考察的主要范围

考察区域为南极半岛东北部海域（60°—64°S，60°—42°W）、普里兹湾海域（64°—70°S，65°—82°E）、罗斯海西部海域（66°—78°S，163°—175°E）及南大洋走航断面。

1.4 考察时段和时间

考察时段和时间集中在每年的11月至次年4月，为南半球的夏季。各航次具体考察时段和时间见表1-1。

表1-1 极地专项历次南极海洋地质考察区域与时间

航次	航次执行时间	地质考察执行时间	考察海域	考察时段
ANT28	2011-10-29 至 2012-04-08	2011-10-29 至 2012-04-08	南极半岛	2011-12-30 至 2012-01-29
ANT29	2012-10-30 至 2013-04-09	2013-01-18 至 2013-03-26	普里兹湾	2013-01-31 至 2013-03-03
ANT30	2013-11-07 至 2014-04-15	2014-02-02 至 2014-03-25	南极半岛	2014-02-08 至 2014-02-14
			普里兹湾	2014-03-02 至 2014-03-04
ANT31	2014-10-29 至 2015-04-10	2014-11-18 至 2015-01-18	罗斯海西部	2014-12-28 至 2015-01-11
ANT32	2015-11-07 至 2016-04-12	2016-01-20 至 2016-03-28	阿蒙森海-罗斯海	2016-01-30 至 2016-02-25

1.5 工作内容

主要考察内容包括悬浮体、表层沉积物和柱状沉积物考察与研究。

（1）悬浮体考察与研究。通过现场考察（表层海水过滤），获取悬浮体样品；分析悬浮体含量、物质组成及分布，为沉积物物源示踪等提供基础资料。

（2）表层沉积物及现代沉积环境考察与研究。通过现场考察，获取表层沉积物样品；分析沉积物的粒度、矿物、地球化学、微体古生物等参数，绘制有关基础图件，揭示考察区海底沉积物类型、物质组成、沉积物来源和主要输运路径，探讨极区冰（冰盖-冰架-冰山-海冰）-海（水团、海流、底层水、生物生产力）相互作用下的沉积环境与沉积作用特点。

（3）柱状沉积物及古环境考察与研究。通过多管、箱式插管获取短柱状沉积物，通过重力取样器获取长柱状沉积物。在建立精细年龄框架的基础上（^{210}Pb 和 AMS^{14}C 测年等方法），通过沉积物粒度、矿物、地球化学、微体古生物、古地磁、有孔虫（优势种）壳体的碳-氧同位素等分析重建第四纪不同时间尺度（百年至万年等）的古环境与古气候记录，揭示该地区海洋与冰冻圈演变规律及其对全球变化的影响和反馈。

（4）早期成岩作用与成矿环境分析。通过对表层沉积物和柱状沉积物的粒度、常微量元素、有机组分、分子标志物组成与分布特征等分析，了解考察区有机质的空间分布特征及其控制因子，对有机质来源、成熟度以及早期成岩与成矿环境等进行定性分析和评价。

1.6 工作量和分工

1.6.1 外业考察

1.6.1.1 计划工作量及完成情况

极地专项南极周边海域海洋地质考察一年一次，自2011年10月至2016年4月共执行5次。其中，前4次（第28~31次）计划进行悬浮体取样87站，实际完成197站；计划箱式取样51站，实际完成68站；计划多管取样16站，实际完成22站；计划柱状取样28站，实际完成36站；各航次均圆满或超额完成了外业考察任务（表1-2）。

表1-2 极地专项南极海洋地质考察外业考察计划工作量及实际完成情况 站

航次	考察区	悬浮体		箱式样		多管样		柱状样	
		计划站位	获取样品	计划站位	获取样品	计划站位	获取样品	计划站位	获取样品
ANT28	南极半岛	19	19	10	11	4	4	7	6
ANT29	普里兹湾	30	61	18	21	6	10	9	10
ANT30	南极半岛	18	33	7	16	4	3	7	6
	普里兹湾		7		0		2		2
ANT31	罗斯海西部	20	29	16	19	2	3	5	8
	普里兹湾		6		1				
	南大洋		42						4
合计		87	197	51	68	16	22	28	36

1.6.1.2 现场执行人员与分工

专项海洋地质考察任务以海洋地质专业考察队员为主导，由大洋队后甲板工作组共同完成，各次海洋地质专业考察队员见表1-3。

表1-3 第28~32次南极海洋地质专业考察队员一览

航次	执行时间	现场执行人、单位及专业			备注
ANT28	2011-10-29 至 2012-04-08	黄元辉	国家海洋局第一海洋研究所	海洋地质学	海洋地球物理、海洋生物与磷虾专业配合
		韩喜彬	国家海洋局第二海洋研究所	海洋地质学	

续表

航次	执行时间	现场执行人、单位及专业			备注
ANT29	2013-01-18 至 2013-03-26	陈志华	国家海洋局第一海洋研究所	海洋地质学	海洋地球物理、海洋生物与磷虾专业配合
		刘欣德	国家海洋局第一海洋研究所	海洋地质学	
		李云海	国家海洋局第三海洋研究所	海洋地质学	
		章陶亮	同济大学	海洋地质学	
		王百顺	国家海洋局东海分局	海洋地质学	
ANT30	2014-02-02 至 2014-03-25	唐　正	国家海洋局第一海洋研究所	海洋地质学	海洋地球物理、海洋生物与磷虾专业配合
		王豪壮	国家海洋局第一海洋研究所	海洋地质学	
		王爱军	国家海洋局第三海洋研究所	海洋地质学	
		朱志敏	国家海洋局第二海洋研究所	海洋地质学	
		武　力	同济大学	海洋地质学	
ANT31	2014-11-18 至 2015-01-18	陈志华	国家海洋局第一海洋研究所	海洋地质学	海洋地球物理专业配合
		黄元辉	国家海洋局第一海洋研究所	海洋地质学	
		刘合林	国家海洋局第一海洋研究所	海洋地质学	
		尹希杰	国家海洋局第三海洋研究所	海洋地质学	
		孟　飞	同济大学	海洋地质学	
		唐灵刚	国家海洋局第二海洋研究所	海洋地质学	
		李国刚	国家海洋局北海分局	海洋地质学	
ANT32	2016-01-30 至 2016-02-25	刘乐军	国家海洋局第一海洋研究所	海洋地质学	海洋地球物理专业配合
		赵仁杰	国家海洋局第一海洋研究所	海洋地质学	
		李云海	国家海洋局第三海洋研究所	海洋地质学	
		徐晓晖	国家海洋局第三海洋研究所	海洋地质学	
		孙烨忱	同济大学	海洋地质学	

（1）第 28 次南极考察。第 28 次海洋地质考察专题现场任务由国家海洋局第一海洋研究所黄元辉博士和国家海洋局第二海洋研究所韩喜彬博士负责，其他协助人员包括裴彦良、阚光明、宋普庆、陈帅等（图 1-1）。

（2）第 29 次南极考察。第 29 次海洋地质考察现场执行人员为陈志华、刘欣德、李云海、章陶亮、王百顺、郑彦鹏、赵强、高金耀、吴招才、王威、胡毅、刘强、何雪宝、黄丁勇、

图 1-1 第 28 次南极考察海洋地质工作组（后甲板）成员合影

李灵智、杨桥，其中海洋地质专业 5 人，海洋地球物理专业 7 人，底栖生物专业 2 人，磷虾研究专业 2 人。海洋地质组组长陈志华（图 1-2）。

图 1-2 第 29 次南极考察海洋地质工作组（后甲板）成员合影

（3）第 30 次南极考察。第 30 次南极海洋地质考察任务由大洋队后甲板工作组联合执行。其中，海洋地质专业人员包括唐正、王爱军、朱志敏、武力、王豪壮，海洋地球物理专业人员包括韩国忠、沈中延、卫小冬、马龙，海洋底栖生物专业人员包括王建佳、张然，海洋浮游生物专业人员包括刘梦坛、张晔，磷虾研究专业人员为陈帅，多管取样工作得到舯甲板化学组张海峰和胡佶的大力支持。海洋地质组组长唐正（图 1-3）。

（4）第 31 次南极考察。第 31 次南极海洋地质考察任务由大洋队海洋地质和地球物理专业人员共同完成。现场执行人员包括陈志华、黄元辉、刘合林、李天光、尹希杰、李国刚、

图 1-3　第 30 次南极考察海洋地质工作组（后甲板）成员合影

孟飞、唐灵刚、杨春国、丁维凤、王文建、汤民强等，安全负责人王勇（大洋队队长），“雪龙”号后甲板仪器设备保障与技术指导王硕仁、吴林、夏寅月。海洋地质组组长陈志华（图 1-4）。

图 1-4　第 31 次南极考察海洋地质工作组（后甲板）成员合影

1.6.2　内业分析

基于第 28~31 次南极考察航次在南极半岛周边海域、普里兹湾和罗斯海西部及邻近海域获得的各类地质样品，开展沉积学、矿物学、地球化学、微体古生物、环境磁学与古地磁、地层年代学等分析测试，探讨了考察区现代沉积环境及其古环境、古气候演变特征。主要内、外业分工及完成工作量见表 1-4。

表 1-4 专题任务分解与分工

序号	承担单位	课题名称	外业工作分配	内业工作分配	拟提交的关键成果 （与考核内容名称一致）
1	国家海洋局第一海洋研究所	南极周边海域海洋地质初步考察与研究	主持南极周边海域海洋地质考察工作	• 表层沉积物粒度、黏土矿物、元素、硅藻分析，编制相应成果图件和报告 • 8个柱状样的常规分析，编制相应成果图件和报告	• 表层沉积物、柱状沉积物样品 • 表层沉积物类型图、粒度组成与参数分布图、冰筏碎屑含量分布图、碎屑矿物图、黏土矿物图、化学元素图、有机碳-氮含量分布图、硅藻分布图、岩心综合柱状图 • 论文4篇
2	国家海洋局第三海洋研究所	南极周边海域沉积环境初步考察与研究	外业考察骨干，负责悬浮体取样	• 悬浮体与表层沉积物环境磁学分析，编制相应成果图件和报告 • 4个柱状样和4个多管样的常规分析，编制相应成果图件和报告	• 悬浮体含量与组成分布图；表层沉积物环境磁学分布图、岩心综合柱状图 • 论文3篇
3	同济大学	南极周边海域古环境与古气候演变研究	外业考察骨干，参与地质取样	• 表层沉积物微体古生物分析，编制相应成果图件和报告 • 6个柱状样的常规分析，编制相应成果图件和报告	• 有孔虫、硅藻分布图、岩心综合柱状图 • 论文4篇
4	国家海洋局第二海洋研究所	南极周边有机地球化学及早期成岩作用考察与研究	外业考察骨干，参与地质取样	• 表层沉积物有机碳/氮同位素及分子标志物分析，编制相应成果图件和报告 • 4个柱状样和6个多管样的常规分析，编制相应成果图件和报告	• 表层沉积物有机碳/氮同位素分布图、分子标志物分布图、岩心综合柱状图 • 论文3篇
5	国家海洋局东海分局	晚第四纪南极周边海域古环境演变记录	参与1次考察	• 普里兹湾海域3个柱状样的常规分析，编制相应成果图件和报告	• 岩心综合柱状图 • 论文1篇
6	国家海洋局南海分局	晚第四纪南极周边海域古环境演变记录		• 普里兹湾海域4个柱状样的常规分析，编制相应成果图件和报告	• 岩心综合柱状图 • 论文1篇
7	国家海洋局北海分局	南极周边海域近代沉积环境研究	参与1次考察	• 8站多管样的常规分析，编制相应成果图件和报告	• 岩心综合柱状图 • 论文1篇

1.7 取得的主要成果

本专题提交成果主要包括沉积物样品、基础数据、成果图件、考察与研究报告、论文等，具体如下。

1.7.1 样品

通过第 28~31 次南极考察，获取了悬浮体、表层沉积物和柱状沉积物等样品，包括：197 站悬浮体样品（表层海水过滤样品）、68 站箱式沉积物样品、22 站多管沉积物样品、36 站柱状沉积物样品。

各航次结束以后，按照南北极考察有关规定、《中国极地沉积物样品管理规定（试行）》（海极科发［2009］017 号）以及专题合同书要求，汇交了悬浮体、箱式样、多管样和柱状样等样品原始记录和现场分析数据，办理了悬浮体、箱式样、多管样、柱状样等样品的有关分析注册手续；按要求向极地沉积物样品库汇交了箱式样、多管样、柱状样等样品，办理了样品的交接入库手续。按照航次计划要求，在取样现场即时与海洋化学与碳通量考察、海洋生物多样性和生态考察等专题分享了获取的部分箱式沉积物和多管沉积物样品，保证了专项任务的整体性。

1.7.2 数据

（1）现场采样与测试记录：包括箱式沉积物采样记录表、多管沉积物采样记录表、柱状沉积物采样记录表、悬浮体采样记录表等。

（2）各种实验室分析数据：包括沉积物粒度分析数据、碎屑矿物鉴定数据、黏土矿物分析数据、化学分析数据（包含常微量元素、碳酸钙、蛋白石、有机元素、同位素等）、微体古生物鉴定资料、环境磁学与古地磁资料、测年资料；悬浮体浓度、颗粒有机碳和颗粒有机氮数据等。

1.7.3 成果图件

海底沉积物类型分布图。

沉积物粒级组分和粒度参数分布图。

冰筏碎屑含量分布图。

碎屑矿物百分含量分布图：主要的重矿物和轻矿物。

黏土矿物百分含量分布图：4 种黏土矿物。

化学元素含量分布图：常量元素、微量元素、碳酸钙、蛋白石。

有机碳与有机氮含量分布图。

有机碳、氮同位素组成分布图。

微体古生物含量分布图（硅藻、有孔虫等）。

表层海水悬浮体浓度分布图。

表层海水悬浮体颗粒有机碳和有机氮含量分布图。

岩心综合柱状图。

1.7.4 报告

（1）第 28 次至第 31 次南极海洋地质考察航次报告。

（2）2012—2015 年度南极周边海域海洋地质考察研究报告。

（3）南极周边海域海洋地质考察专题一级集成报告。

1.7.5 图册

南极周边海域海洋地质考察专题图集。

1.7.6 论文撰写与发表情况

已发表论文 23 篇，待刊或撰写中论文 5 篇，合计 28 篇，均标注本项目资助。

已发表论文清单如下：

（1）Wang H, Chen Z, Wang K, Liu H, Tang Z, Huang Y. Characteristics of heavy minerals and grain size of surface sediments on the continental shelf of Prydz Bay: implications for sediment provenance [J] . Antarctic Science, 2016, 28 (2): 103-114. doi: 10.1017/S0954102015000498 (SCI).

（2）陈志华，黄元辉，唐正，王豪壮，葛淑兰，方习生，韩喜彬，王爱军，武力，朱志敏. 南极半岛东北部海域表层沉积物稀土元素特征及物源指示意义 [J]. 海洋地质与第四纪地质，2015，35 (3)：145-155.

（3）刘合林，陈志华，葛淑兰，肖文申，王豪壮，唐正，黄元辉，赵仁杰，武力. 晚第四纪普里兹湾北部陆坡岩心沉积学记录及古海洋学意义 [J]. 海洋地质与第四纪地质，2015，35 (3)：209-217.

（4）聂森艳，王汝建，肖文申. 南极半岛 Bransfield 海峡 6 ka BP 以来的古气候变化及其对 ENSO 的响应 [J]. 海洋地质与第四纪地质，2015，35 (3)：157-166.

（5）武力，王汝建，肖文申，葛淑兰，陈志华. 东南极普里兹湾陆坡扇晚第四纪高分辨率地层年代模式 [J]. 海洋地质与第四纪地质，2015，35 (3) ：197-208.

（6）方建勇，李云海，尹希杰，陈敏，王凤，王爱军，陈坚. 南极普里兹湾海域夏季表层悬浮颗粒物物质组分研究 [J]. 海洋地质与第四纪地质，2015，35 (3)：175-188..

（7）唐灵刚，韩喜彬，黄玥，许冬，边叶萍，葛倩，赵建如. 普里兹湾及邻近海区表层沉积硅藻分布与环境分析 [J]. 海洋地质与第四纪地质，2015，35 (3)：189-196.

（8）韩喜彬，赵军，初凤友，潘建明，唐灵刚，许冬，边叶萍，葛倩. 南极半岛东北海域表层沉积有机质来源及其沉积环境 [J]. 海洋学报，2015，37 (8)：26-38.

（9）王豪壮，陈志华，王春娟，刘合林，赵仁杰，唐正，黄元辉. 普里兹湾陆架表层沉积物粒度特征及其环境指示意义 [J]. 极地研究，2015，27 (4)：85-92.

（10）韩喜彬，章伟艳，杨海丽，初凤友，唐灵刚，许冬，葛倩，边叶萍. 近百年来南极威德尔海北部水动力环境演变 [J]. 海洋学研究，2015，33 (2)：30-39.

(11) Wang Chunjuan, Chen Zhihua, Li Quanshun, et al. Distributions of surface sediments surrounding the Antarctic Peninsula and its environmental significance [J]. Advances in Polar Science, 2014, 25 (3): 164-174.

(12) Yin Xijie, Li Yunhai, Qiao Lei, Wang Aijun, Xu Yonghang, Chen Jian. Spatial variations of particulate organic carbon and its isotope distribution in surface waters during summer in Prydz Bay, Antarctica [J]. Advances in Polar Science, 2014, 25 (3): 175-182.

(13) 陈志华，陈 毅，王汝建，等. 末次冰消期以来白令海盆的冰筏碎屑事件与海流演变记录 [J]. 极地研究，2014，26 (1): 17-28.

(14) 陈金霞，陈志华，石学法，徐进. 普里兹湾海域表层沉积物孢粉分布及其意义 [J]. 极地研究，2014，26 (1): 151-158.

(15) 王春娟，陈志华，杜德文，等. 南极半岛周边海域表层沉积物粒度分布特征及其环境指示意义 [J]. 极地研究，2014，26 (1): 128-138.

(16) 葛淑兰，陈志华，刘建兴，等. 南极布兰斯菲尔德海峡沉积物的地磁场长期变化与定年 [J]. 极地研究，2014，26 (1): 98-110.

(17) 刘忠诚，陈志华，金秉福，王昆山. 南极半岛东北部海域碎屑矿物特征与物源分析 [J]. 极地研究，2014，26 (1): 139-150.

(18) 王百顺，陈志华，王西蒙，吴少林，戴清清. 威德尔海西北侧海域 MIS3 以来沉积动力环境演变 [J]. 极地研究，2014，26 (1): 120-127.

(19) 尹希杰，李云海，乔磊，王爱军，徐勇航，陈坚. 普里兹湾海域夏季表层水体颗粒有机碳及其同位素分布特征 [J]. 极地研究，2014，26 (1): 159-166.

(20) 聂森艳，王汝建，肖文申. 南极半岛 Bransfield 海峡约 6000 年以来的陆源组分记录及其古环境意义 [J]. 第四纪研究，2014，34 (3): 590-599.

(21) 胡正莹，王汝建，李文宝. 南塔斯曼海隆 2 Ma 以来碳酸钙沉积记录及其对环流系统和轨道周期的响应 [J]. 地球科学进展，2013，28 (2): 269-281.

(22) Ge S L, Shi X F, Huang Y H, Chen Z H, Liu J X, Yan S J. Geomagnetic intensity and direction for the last 14 ka recorded in the Bering Sea core [J]. Chinese Journal of Geophysics, 2013, 56 (9): 3071-3084 (SCI).

(23) 葛淑兰，石学法，黄元辉，陈志华，刘建兴，闫仕娟. 白令海岩心记录的冰消期 14 ka 以来地磁场强度和方向 [J]. 地球物理学报，2013，56 (9): 3071-3084.

待刊或正在撰写论文清单：

(1) Shulan Ge, Zhihua Chen, Li Wu, Wout Krijgsman, Helin Liu, Jianxing Liu, Yuanhui Huang, Jiaojie Chen, Zheng Tang, Haozhuang Wang, Rujian Wang. Relative geomagnetic paleointensity records from Prydz Bay (East Antarctica) reveal climate cycles in glaciomarine sediments. Earth and Planetary Science Letters (in review).

(2) Tang, Z., et al. Deglacial pulses of deep ocean silicate reveal enhanced Southern Ocean upwelling. (in preparation)

(3) Tang, Z., et al. Biogenic opal production changes during the last 520 ka in Prydz Bay. (in preparation)

（4）Wenbao LI, Rujian WANG, Chuanlian LIU, Qianyu LI. Deep water evolution during the last 2 Ma in Southern Tasman Sea of Southern Ocean. Paleoceanography, in editing manuscript.

（5）孟飞，王汝建，肖文申，武力. 普里兹湾350 ka以来的古海洋学与古气候记录. 正在撰写中.

1.8 存在的主要问题与建议

（1）随着极地专项的实施，“十二五”期间南极大陆考察、平台建设和后勤保障任务加重，南大洋考察在考察时间、考察区域、考察断面、考察站位、考察学科及要素等方面受限，海洋地质考察尤为突出，表层沉积物取样站位偏少，优质的柱状沉积物样品偏少，且部分站位存在重复取样现象，在一定程度上制约了海洋地质考察成果的产出。

（2）建议在西太平洋-罗斯海、德雷克海峡、澳大利亚-普里兹湾等关键断面和大洋环流区开展以海洋地质为主的专业航次考察。

第2章　考察的意义和目标

2.1　考察背景和意义

气候变化是当今人类社会共同面临的一个挑战，是亟待解决的重大社会和科学问题。我国的《国家中长期发展规划》（2006—2020）将全球变化列为5个重大研究计划方向之一，并指出：全球气候变化正深刻影响人类的生存和发展，是各国共同面临的重大挑战，对全球变化研究的贡献已经成为衡量一个国家科技水平的重要标志。

南极洲面积约 3.8×10^{7} km^2，占地球总表面积的7%（图2-1），但集中了地球上90%的冰川，它与南大洋一起，构成地球的冷极，在地球的冷热循环中扮演着极其重要的角色，是影响全球气候变化的主要驱动力之一（陈立奇等，2013；Jansen et al.，2007）；在第四纪乃至中、新生代地球环境和气候的演变中扮演着重要的角色（Mayewski et al.，2009）。深入研究第四纪以来极区气候、环境变化是地球系统科学研究的重要部分，而了解全新世气候变化的时空格局、典型气候环境事件的时序特征等问题是全球变化研究的核心内容，是识别自然因素还是人为因素影响气候变化进程的重要依据，是预测未来环境气候变化的重要前提。

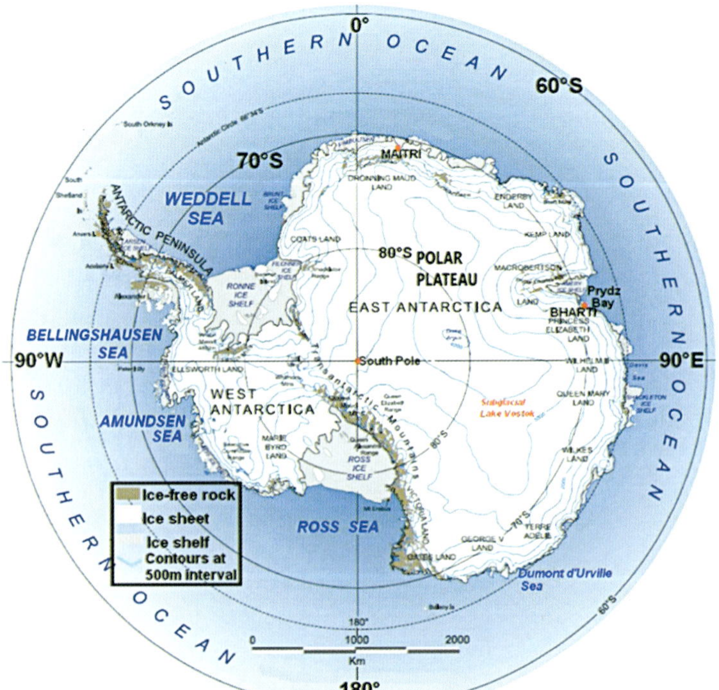

图2-1　南极洲主要地理位置及地形特征

资料来源：Luis，2013

近百年来，全球变暖显著，自然灾害频发，人类活动对气候变化的影响也日益突出；来自南极冰心、海洋沉积物、仪器观测和数值模拟的大量结果表明，南半球高纬地区在全球气候变化过程中具有领先地位，南极大陆和海洋环境正在发生显著变化，如南极半岛等地区气温明显升高，是目前全球气候变暖最快的区域之一（Vaughan et al., 2003; Meredith and King, 2005），过去 50 年来整个西南极地区的增温幅度达每 10 年约 0.1 ℃（Steig et al., 2009; Steig and Orsi, 2013）。这种异常快速升温引发了南极地区环境的快速变化，如南极半岛地区 Larsen B 冰架显著变薄、崩解和退缩（Domack et al., 2005）；冰川的快速消融直接影响到大洋温盐循环和海平面的变化（Quadfasel, 2005; Dickson, 2002）。与其相对，东南极地区气温并未出现显著变化（Luis, 2013），显示出现代南极气候变化的区域差异，而深入理解这种区域差异模式对我们改进未来环境、气候预测具有重要的指导意义。

长期以来，有关南极古环境和古气候的高分辨率记录多来源于冰心（Masson et al., 2000），如通过冰心的分析可提供过去温度、大气成分和大气循环的变化（Petit et al., 1999; Monnin et al., 2001; Wolff et al., 2006; Barker et al., 2009）。尽管大洋钻探计划等在南极半岛、普里兹湾和罗斯海等地实施了多个航次的钻探，使我们对南极冰盖及长周期环境气候演变历史（构造时间尺度）有了一定的认识（Barron et al., 1991; Passchier, 2011），但是有关该地区第四纪以来的古环境、古气候特别是古海洋学演变历史（轨道周期）知之甚少，高分辨率的海洋沉积物记录非常稀少（Jansen et al., 2007）。

近年来，在极地专项的支持下，南极海洋地质考察专题以南极半岛周边海域、普里兹湾、罗斯海和阿蒙森海等环南极大陆边缘关键海域和快速沉积区为重点，开展了悬浮体、表层沉积物和柱状沉积物等综合考察，初步查明了有关海域表层海水悬浮体特征，表层沉积物的类型、物质组成和来源，柱状沉积物的地层特征及古海洋、古冰川、古生产力与古气候等记录，为南极环境综合分析和评价提供了第一手资料。

2.2 我国南极海洋地质考察与研究简要历史回顾

2.2.1 海洋地质考察

我国从 20 世纪 80 年代开始了连续的南极科学考察与研究，从 1984—2011 年先后通过“极地”号、“雪龙”号、“海洋四号”科学考察船进行了 27 次南极科学考察，涉及水文、气象、生物、地质和地球物理等学科，取得了宝贵的资料、样品和数据。1984 年进行的首次南极科学考察在南极半岛周边海域采集了 34 个表层沉积样品，基于沉积物的粒度、碎屑矿物、黏土矿物、化学、硅藻、放射虫、有孔虫、钙质超微化石、氧同位素、^{14}C 测年等分析对海底沉积物类型、物质来源、沉积作用等问题进行了讨论和总结（图 2-2）。1990 年 10 月至 1991 年 5 月，“海洋四号”考察船在南极半岛西北海域及南设得兰群岛区执行了中国第 7 次南极科学考察航次，比较系统地开展了海陆结合的地质科学考察，取得了 43 站表层沉积物和柱状沉积物样品（图 2-3）。20 世纪 90 年代，我国实施了“南极大陆和陆架盆地岩石圈结构、形成、演化和地球动力以及重要矿产资源潜力研究”和“南极地区对全球变化的响应与反馈作用研究”等项目，前者编制了 1：500 万南极洲地质图和布兰斯菲尔德半岛地貌与第四纪地质图、土壤图以及中山站一带 1：1 万地形图。1992 年 10 月至 1993 年 4 月，中国第 9 次南极科学考察航次开展了南斯科舍海、普里兹湾及其邻近海域的综合海洋考察，在 5 个站位上采集海洋沉积柱状样 10 个。1994 年 10 月至 1995 年 3 月，中国第 11 次南极科学考察航次南大洋考察安排了“南大洋磷虾资源开发与综合利用预研究”项目现场调查和“晚更新晚期以来南极气候与环境演变及现代环境背景研究”项目中的海底沉积物取样工作，在普里兹湾等海域获取了多站柱状沉积物样品。2007 年 11 月至 2008 年 4 月，中国第 24 次南极科学考察航次在普里兹湾海域获取了 10 站表层沉积物样品（图 2-4）。纵观我国南极近 30 年的考察历史，主要的海洋地质考察基本上局限在长城站和中山站周边，且以海岸带或近岸海域的考察为主，而覆盖陆架、陆坡和深海的较大规模的海洋地质考察尚属空白，极大地制约了我国南极海洋沉积学和古海洋学的研究。

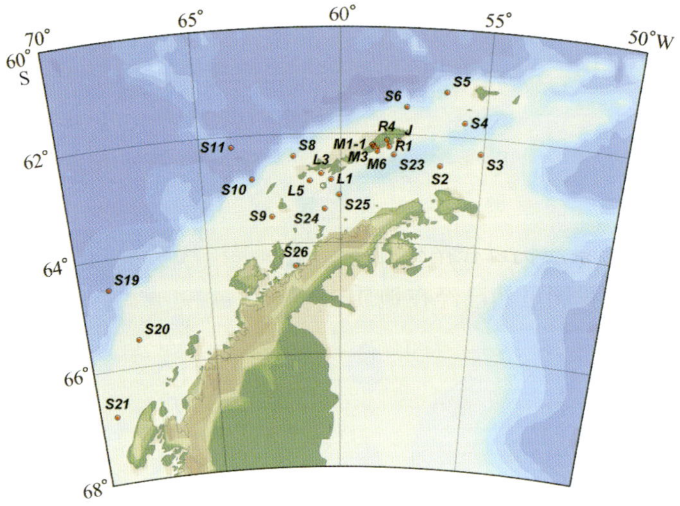

图 2-2　1984 年中国首次南极科学考察航次在南极半岛周边海域获取底质样品

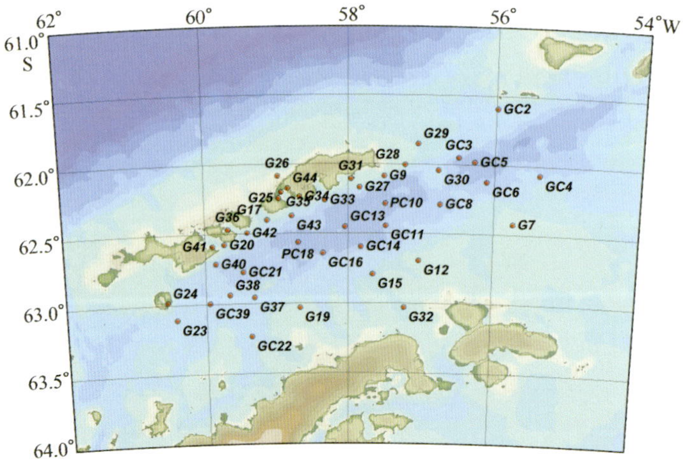

图 2-3　1990 年中国第 7 次南极考察航次在布兰斯菲尔德海峡获取底质样品

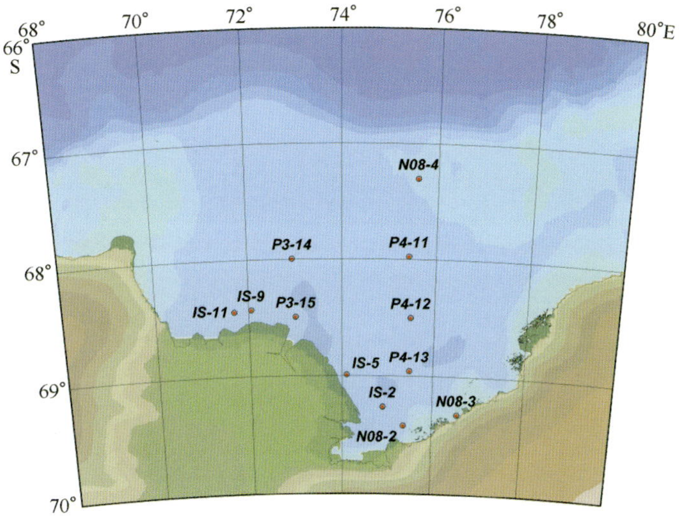

图 2-4　2008 年中国第 24 次南极考察航次在普里兹湾获取底质样品

2.2.2　主要研究进展

自 1980 年 1 月两名中国科学工作者对澳大利亚 Casey 南极科学考察站的考察以来，至今 30 多年我国派出的科学考察船仍以在南极地区建站和提供建站及越冬物资为主，科学调查为辅。经过数十年的努力，我国虽然已经在地质、冰川、气象、陨石、极光、极区生物资源等方面取得了可喜的进展，但是对于古气候古环境重建的相关研究仍十分有限。

由于有孔虫钙质壳体在南大洋较低的保存率，使得该地区年代框架的建立多依赖于有机^{14}C测试，如中国首次对南极半岛西北海域及乔治王岛表层沉积物的^{14}C年龄测试显示，表层沉积物的^{14}C年龄比真实年龄至少要老 465 a（岳云章，1989），这也表明南极半岛附近海域有机体^{14}C测年不仅存在碳储库差异问题，同时存在老碳污染等问题。赵烨和李容全（1999）利用泥炭的^{14}C数据得到南极 Fildes 半岛一沉积岩心 4.3 ka 以来的年龄框架，探讨了该区域沉积速率，并推测该地区冰退时间应早于 4.3 ka。

最初南极半岛附近海域火山灰及火山岩的研究集中于火山岩矿物元素组分、岩性特征（王碧香等，1991；郑祥身和鄂莫岚，1991），其中郑祥身和鄂莫岚（1991）对西南极乔治王岛长城站地区第三纪火山岩地质、岩石学特征及岩浆的生成演化进行了全面和系统的总结，提出西南极 Fildes 半岛出露熔岩、火山碎屑岩和火山沉积岩为第三纪岛弧火山作用产物，是在太平洋板块向南极半岛下俯冲、扩张脊进入海沟俯冲停止的过程中发展起来的，熔岩以高铝玄武岩和玄武安山岩为主。此后，有关南极半岛附近海域火山岩的研究开始涉及地质构造、沉积旋回特征、同位素及同位素测年等研究（朱铭等，1991；郑祥身，1994；郑坚等，1995；胡世玲等，1995；薛耀松等，1996），多为基础性研究，为该地区火山岩特征提供了宝贵的数据。

该地区有关古气候古环境的研究非常有限。赵俊琳（1991）利用生物地球化学指示法对南极 Fildes 半岛湖泊沉积物进行分析，首次定量恢复了该地区距今 4.0 ka 以来的降水量。曹俊忠和李天杰（1997）以硫元素浓度作为湖湘沉积物中生物活动强度的变化趋势，得到 4.0 ka 以来生物活动变化趋势，确认 1 850～1 150 a BP 间为生物活动最适宜期。孙立广等

（2000）对南极 Ardley 岛湖泊沉积物中 26 种元素进行了检测分析，通过 R 型分析等手段，识别出该湖沉积物为企鹅粪土，并通过聚类分析得到企鹅粪土的元素标型组合，这为进一步解释其中所记录的气候环境事件提供了依据，但此后并未看到进一步的古气候演化工作。有关南极半岛时间尺度较长的古气候古环境演化记录来自 Fildes 半岛一湖泊沉积，该岩心记录显示距今 12.6 ka 以来该地区至少经历了 4 次气温升高时期（李小梅等，2002）。

由于特殊的地理位置，南极半岛附近海域钙质微体化石并不易保存，因此诸多传统的利用有孔虫分析项目受到一定限制，这促进了南极半岛微体化石的多元化探索，如有孔虫，硅藻，介形虫及孢粉等。该地区硅藻的研究源于詹玉芬（1988）对南极半岛西北海域 22 个表层沉积物中硅藻的属种统计，这为南极半岛附近海域利用硅藻进行古环境研究提供了现代依据。相关有孔虫的长时间记录来源于南极半岛 Bransfield 海峡 PC10 岩心，该岩心有孔虫属种记录显示该地区海底水动力条件的强弱是影响有孔虫埋藏群的一个重要因素，同时指出晚第四纪以来该地区经历了暖-冷-暖的气候变化（陈超云，1996），与申佑林（1997）确认的一个冰期/间冰期旋回和一个冰后期记录一致。此后，段威武（1997）对南极半岛 Bransfield 海峡 PC10 孔的 51 个硅藻样品进行了氧同位素分析，确认了 MIS 5 期以来的沉积记录，结合沉积速率，推测该区域间冰期筏冰碎屑及生物硅质源的供应较冰期更丰富。除去硅藻及有孔虫记录外，介形虫在高纬度地区也是不错的研究介质。我国南极介形虫类的研究资料有限，其中，勾韵娴和李元芳（1985）对南极维斯特福尔德丘陵区瓦兹湖 DWI 剖面全新世介形类动物群的首次发现和报道。此后，勾韵娴（1994）对南极乔治王岛长城湾一些站位底质样品的介形虫进行了研究，遗憾的是该区介形虫标本极少，分析后仅见几枚壳瓣。蔡慧梅（1996）对南极长城湾 NG931 孔进行了介形虫属种统计分析，共计 11 属 21 种，其中以 *Loxoreticulatum fallax* 为最优势组成分子，介形虫属种组成指示该地区为滨岸-浅海沉积环境。孢粉化石在南极附近海域也有应用。段威武和曹流（1998）对乔治王岛海军湾亨内克角群上部凝灰质砂泥岩夹层中的孢粉化石组合特征进行了分析讨论，研究表明亨内克角群上部火山沉积岩中孢粉化石共 40 余种，主要成分为冈瓦纳早第三纪群落，含化石地层时代可能属渐新世，沉积环境为近中低山区的湖沼环境，气候温暖潮湿。

中国南极考察 30 年来，在普里兹湾采集了沉积物样品，为普里兹湾古海洋，古气候和古环境研究提供了良好的材料，但是到目前为止，公开发表的研究成果并不多。该区域研究最为详细的柱状样来自第 9 次和第 11 次南极考察时在普里兹湾采取的几个柱状样。

Np93-2 柱样是中国第 9 次南极考察期间在普里兹湾陆架区采集所得，采样点坐标为 67.59°S，73.13°E，水深 550 m，柱长 85 cm。该柱样具有明显的冰海沉积作用特征，受冰川和海洋共同作用。^{14}C 测年结果显示，该柱样记录了 12.7 ka 以来普里兹湾的古气候，古环境和古海洋历史。Tu 和 Fan（1996）详细研究了该柱样的有孔虫及其组合特征并与其他海区进行了对比，共鉴定出 21 个浮游有孔虫种和 57 个底栖有孔虫种，浮游有孔虫的优势种为 *Neogloboquadrina pachyderma*，占浮游有孔虫丰度的 24%~41%。底栖有孔虫大多为砂质胶结质壳型，但钙质壳型的种属分异度更高。底栖有孔虫丰度最高的种为 *Miliammina arehacea*。根据有孔虫种属组合特征，他们把该孔的沉积序列分为 3 个有孔虫组合带（Tu and Fan，1996），分别为：1~8 cm，*Cibicides Miliamnina* 组合，种类较丰富；9~66 cm，*Miliammina* 组合，种类较上层少，主要以胶结质壳的粟米虫为主；66~78 cm，*Globigerina pachyderma*、*Trifarina carinata* 组合，主要特征是出现较多的厚皮抑球虫和三粉虫，上层所见主要种 *Miliammina* 从高达

96.5%的含量下降到60%以下，但该孔有孔虫有明显的异地搬运特征。对该柱样的古地磁研究表明（王保贵等，1996），在60~67.5 cm处，^{14}C年龄为110 060~10 760 a BP，该柱样记录了反极性飘移事件，可能对应于哥德堡事件（~12 ka）；而在27.5~32.5 cm处^{14}C年龄为（5 390±600）a BP也出现了另一次转变迅速，持续时间短（1 000 a左右）的反向极性飘移事件，这次事件在全球仅有部分地区有记录。侯红明和王保贵（1996）分析了该孔沉积物组分，划出了12.7 ka以来该柱样记录的5个气候特征阶段，伴随着冰消期至全新世以来普里兹湾的气候冷暖变化。吴时国等（1998）在前人数据分析的基础上进一步分析了NP93-2的粒度和矿物组成，矿物成分主要以陆源碎屑沉积为主，其较高的砂级组分反映了冰海环境下的沉积特征。X射线衍射结果显示该孔的矿物组成显示沉积物主要包含斜长石、钾长石、石英、角闪石及少量黏土矿物，其中重矿物种类少，但含量较高，主要有角闪石和绿泥石；黏土矿物主要成分是伊利石，反映了极区环境中的化学风化分解和次生变化都十分缓慢（吴时国等，1998）。

NP95-1柱样取自普里兹湾外陆坡区，位于66°45.555′S，74°50.070′E，水深1 960 m，柱样全长170 cm，系1994/1995年中国第11次南极考察队在“雪龙”号首航时采得。古森昌和颜文（1997）对NP95-1柱样的元素地球化学特征及其古环境意义进行了研究。认为本区沉积物在沉积过程中受冰盖消融、淡水涌入和陆源物质的影响较大，沉积物中SiO_2、Al_2O_3、Fe_2O_3、CaO、MgO、P、S、Corg等组分较好地记录了由古气候变化而引起的物源改变，这些元素组分在地层中的分布规律与古海洋沉积环境及古气候变迁相一致。

陆钧（1997）分析了NP93-2和NP95-1柱样的硅藻组合特征发现 *Fragilariopsis curta* 和 *Thalassiosira antarctica* 为优势种，*Fragilariopsis kerguelensis* 和 *Fragilariopsis ritscheri* 为次优势种。常见种还有 *Actinocyclus antinochilus*，*Fragilariopsis angulata*，*Fragilariopsis cylindrus*，*Fragilariopsis obliquecostata*，*Thalassiosira gracilis* 和 *Thalassiosira lentiginosa* 等。

于培松等（2009）利用中国第21次南极科学考察获得沉积物样品，运用同位素^{210}Pb测年，探讨了该海域沉积物的近现代沉积速率及其影响因素。研究结果表明，普里兹湾海域的近现代沉积速率变化范围在0.47~1.88 mm/a，平均值为1.06 mm/a，高于南极罗斯海而低于威德尔海，总体上与南极多个海区的沉积速率相当。

自极地专项设立（2012年）以来，我国相关学者对南极周边海域地质调查逐步展开，已经发表数篇古海洋相关文章（聂森艳等，2014；葛淑兰等，2014），但仍需要广泛搜集相关数据，深入研究，以探索全新世以来南极地区古气候古环境变化。最近有关^{14}C年龄框架来自南极半岛Bransfield海峡的D1-7岩心，该研究利用TOC和底栖有孔虫单一属种的AMS^{14}C测年建立了近6.0 ka以来的精确年龄框架，并确认该海区老碳污染年龄为2.1 ka（聂森艳等，2014），这一年龄框架与葛淑兰等（2014）用磁化率对比建立的年龄框架存在差异，这将在后文具体讨论。MIS 3期以来，南极半岛Powell海盆南部沉积演化经历了4个阶段：单一静水沉积方式—多种沉积方式—单一静水沉积方式—多种沉积方式，沉积演化具有循环性特征（王百顺等，2014）。南极半岛Bransfield海峡6.0 ka以来黏土矿物高分辨率演化表明该地区黏土矿物以蒙脱石、伊利石和绿泥石为主，深度风化矿物含量很低，各组分含量稳定，反映了6.0 ka以来风化环境和物源基本稳定，蒙脱石作为黏土矿物的主要组分（大于60%），主要来源于南极半岛区域火山喷发玄武岩和火山灰的原地化学风化，并在火山灰层位显著增高（聂森艳等，2014）。在普里兹湾海域，陈金霞等（2014）探讨了普里兹湾表层沉积物孢粉的物源指示意义，王豪壮等探讨了普里兹湾表层沉积物粒度、碎屑矿物的物源指示意义及冰海沉积环境（王豪壮，2015；Wang et al.，2016）；武力等（2015）利用岩心 Ba_{xs} 与深海底栖有孔虫氧同位素标准曲线（LR04-$\delta^{18}O$）的对比和调谐构建了普里兹湾陆坡扇晚第四纪高分辨率地层年代模式；刘合林等（2015）通过对普里兹湾北部陆坡 P1-03 岩心沉积物敏感粒级组分的提取和年代学分析，揭示了过去 520 ka 以来该地区共发生了 8 次较大的冰筏碎屑事件，分选级粉砂指示冰期底流较弱，间冰期较强。这些研究为极地专项的深入开展奠定了基础。

2.3 考察海区概况（区域环境特征）

2.3.1 南大洋概况

2.3.1.1 洋流及水团

南极洲处于南极高纬中心，被南大洋环绕，最主要的环流为西风带驱动的南极绕极流（Antarctic Circumpolar Current，简称 ACC）（Belkin and Gordon，1996；Orsi et al.，1995）。在西风带和南极高压区之间有一个低压区，以 65°S 为中心，驱动着较窄的、不连续的东向表层环流，这一环流围绕南极洲沿岸海域，并伴随着稳定强大的罗斯海涡流和威德尔海涡流（Orsi et al.，1995；1993）（图 2-5）。威德尔海和罗斯海同时是南极底层水（Antarctic Bottom Water，简称 AABW）最重要的生成地（Foldvik and Grrammelsrod，1998）。

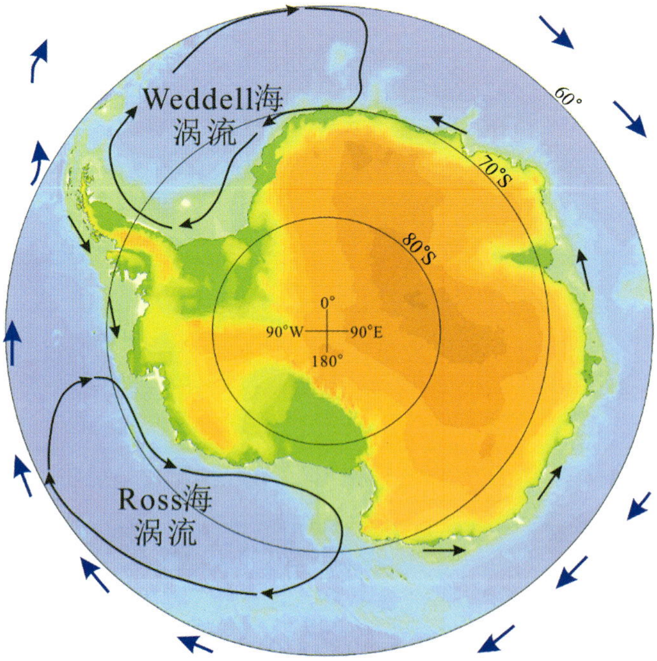

图 2-5 环南极大洋环流模式

图中深蓝色箭头：ACC；黑色箭头：沿岸逆流

资料来源：据 Morton，1999 修改

南极绕极流是南大洋最主要的环流，它流幅宽阔，深厚且强劲，南北跨越35°—65°S，主要集中在45°—55°S，与西风带分布区范围大体一致，在德雷克海峡流量为135 Sv（1 Sv = 10^6 m^3/s）（Orsi et al., 1995）。

根据水团温度、盐度及能量的南北向变化，南极绕极流包括几个主要锋面，由南到北分别为上部南极绕极深层水南部边缘（标记为Bdy）、南极绕极流南部锋面（Southern ACC Front，SACCF）、极锋（Polar Front，PF）、亚南极锋（Subantarctic Front，SAF）和亚热带锋（Subtropical Front，STF）（图2-6）。SACCF在威德尔海涡流和罗斯海涡流以北易受海底高地和漩涡的影响，在凯尔盖朗海台受阻，通过后向北边界流通。PF和SAF位置十分接近，尤其是海底高地和洋中脊区，是区分极地水团和亚极地水团的边界。SAF是亚南极水和亚热带水的转换带，在东南太平洋条带较宽；因较高的降水和河流输入，水体低盐。整体温差大（4~5 ℃），转换带以北温度大于11.5 ℃，盐度高于34.9。

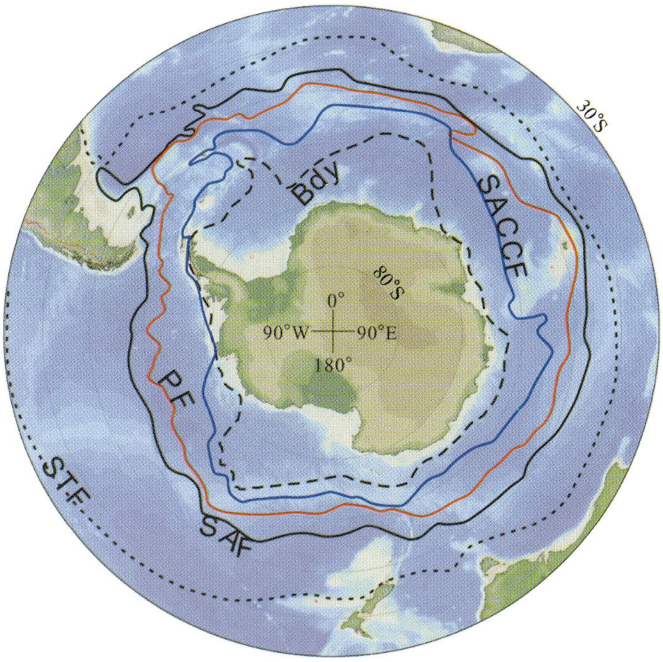

图2-6 环南极流（ACC）重要锋面分布

Bdy为UCDW南部边界，SACCF为ACC南部锋面，PF为极锋，

SAF为亚南极锋，STF为亚热带锋

资料来源：Belkin and Gordon, 1996; Orsi et al., 1995

南极绕极流在垂向上主要分布着表层水、中层水、深层水和底层水。表层水主要为南极表层水（Antarctic Surface Water，AASW）和亚南极表层水（Subantarctic Surface Water，SASW）：南极表层水性质均一，从极锋到陆架，总体上温度低，接近零度，盐度低，具有明显的季节效应；亚南极表层水的温度、盐度比南极表层水略高，但密度比南极表层水小。南极中层水（Antarctic Intermediate Water，AAIW）由南极表层水衍生，因南极表层水密度比亚南极表层水大，在向北流的过程中，下沉至亚南极表层水之下，于是形成南极中层水。这种向北传输下沉的界面形成极锋，即南极与亚南极海区的分界；其盐度较低，为34.2~34.4，温度3~5 ℃，深度在800~1 000 m。绕极深层水（Circumpolar Deep Water，CDW）位于南极

表层水之下，构成南极绕极流深层水的主体，温暖、高盐，混合了南极底层水（Antarctic Bottom Water，AABW）、北大西洋深层水（North Atlantic Deep Water，NADW）和南极中层水，是南大洋体积最大的水团，垂向上分为上层和下层绕极深层水（UCDW 和 LCDW）。上层绕极深层水具有温度最大值和溶解氧最小值，下层绕极深层水盐度较高。上层绕极深层水在强劲西风和高纬区盛行东风之间出现表层流的辐散，加剧了绕极深层水在南极沿岸海域的涌升。全球密度最大的海水形成于南极周边威德尔海、罗斯海、普里兹湾等海域，并沿陆坡下沉到深海底层（Mantyla and Reid，1983）。威德尔海底层水（Weddell Sea Bottom Water，WSBW）形成于威德尔海南部和西部（Foldvik and Gammelsrod，1998；Nicholls et al.，1991），构成南极底层水的主体。南极底层水从威德尔海盆流出，沿深海水道流入南大西洋、印度洋与东南太平洋。各水团分布示意图见图 2-7。

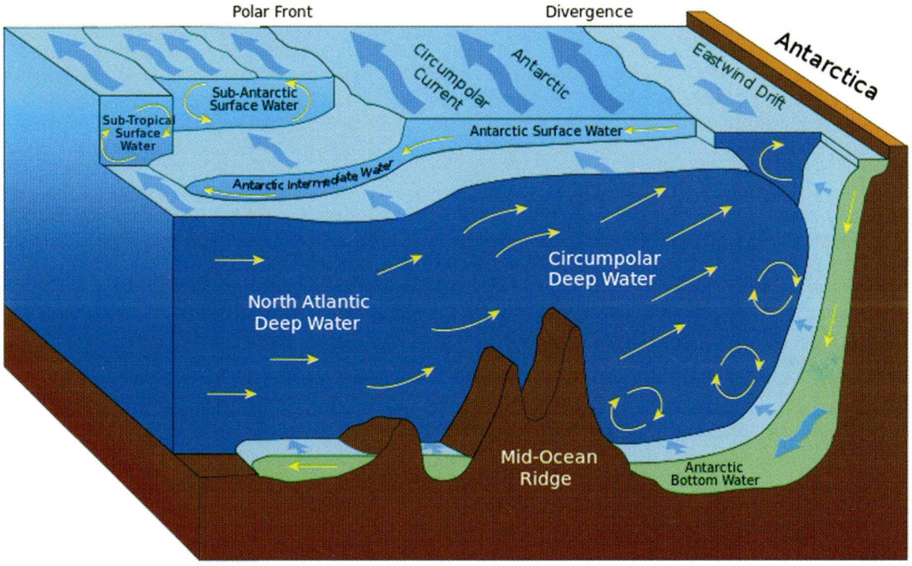

图 2-7　南大洋水团空间分布

资料来源：http：//en. wikipedia. orgwikiAntarctic_ Bottom_ Water

2.3.1.2　海冰分布

南半球冬季和夏季海冰分布范围变化大。冬季海冰面积最大，约 19×10^6 km²；夏季海冰面积最小，约为 3.5×10^6 km²（图 2-8）。海冰是重要的气候指标，它直接影响海表的反射率以及海洋与大气间的能量、水汽和气体等交换。同时，海冰的消长影响大洋温盐循环，也影响海洋初级生产力及其生物地球化学循环。

南大洋海冰多为一年生的海冰。海冰的范围受绕极风或流的影响，在推力较强的情况下，海冰在融化之前可向北传输至开阔大洋，为开阔大洋提供了大量的冰筏物质（Diekmann et al.，2000）。近数十年来，绕极风的改变使得南极部分地区海冰向北扩张，其扩张速率达每 10 年（1.3~2.0）$\times10^5$ km²，占南极年平均海冰量的 1.2%~1.8%，这与北极海冰的快速退缩正好相反。但是，海冰的增加并不代表南大洋在变冷，事实上其温度在上升。由于有关南极海冰厚度的调查仍十分有限，南极海冰总体积究竟是在减少、增加，还是处于稳定状态仍不清楚。

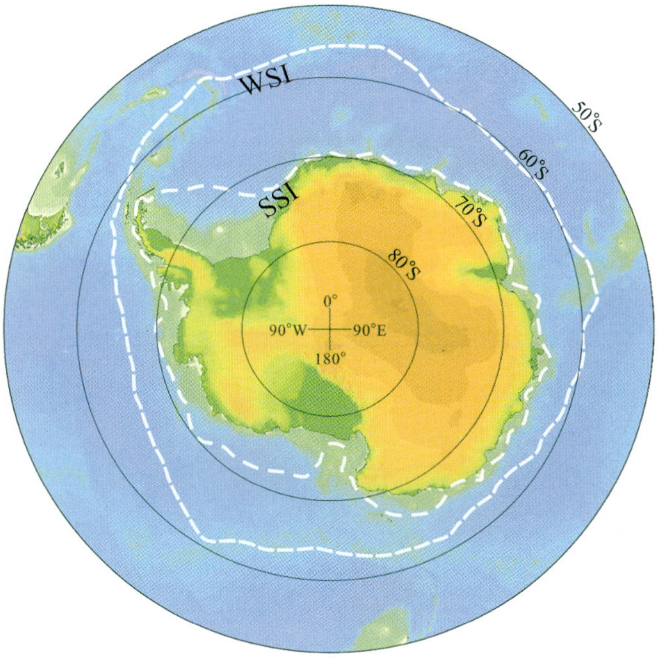

图 2-8 环南极冬、夏季海冰边界分布
WSI 为夏季海冰界限，SSI 为冬季海冰界限
资料来源：Comiso et al.，2003

2.4 考察目标

通过对南极半岛邻近海域、普里兹湾和罗斯海等重点海域的底质和悬浮体调查，系统掌握南极周边海域的底质特征、沉积环境及变化规律，重建该地区（晚）第四纪古海洋、古冰川（冰盖/海冰）和古气候演变历史，为南极环境综合分析与评价提供第一手资料。

（1）通过对南极半岛邻近海域、普里兹湾和罗斯海等重点海域的海洋地质考察，获取悬浮体、表层沉积物和柱状沉积物等样品，为南极周边海域海洋地质考察、海洋地球物理、海洋化学与碳通量、海洋生物多样性和生态等环境考察提供样品、数据和平台。

（2）基于悬浮体、表层沉积物和柱状沉积物的综合分析，编制有关图件，阐明考察区海底沉积物类型、物质组成（粒度、矿物、地球化学和古生物等）、沉积物来源以及极区冰-海沉积作用特点，重建该地区晚第四纪古环境、古气候、古海洋学和古生产力等演变历史。

（3）基于专题资料，结合国内外相关资料，综合评价南极周边重点海域现代与过去冰（冰盖-冰架-冰山-海冰）-海（水团、海流、底层水、生物生产力）-气（气候、大气环流与风成沉积）相互作用及生物地球化学环境的演变规律，增进对南极海洋与冰冻圈百年至轨道时间尺度古气候动力过程及全球变化机制的理解。

第 3 章　考察的主要任务

3.1　考察区域、断面、站位及路线

第 28～30 次南极海洋地质考察断面及站位情况统计于表 3-1，悬浮体与海洋沉积物取样断面和站位分布见图 3-1 和图 3-2。通过 4 次南极考察，在南极半岛东北部海域、普里兹湾海域、罗斯海西部及南大洋累计完成沉积物取样断面 20 条（含重复断面 6 条）、取样站位 126 站（图 3-1），悬浮体取样断面 22 条（含重复断面 6 条）（图 3-2）。

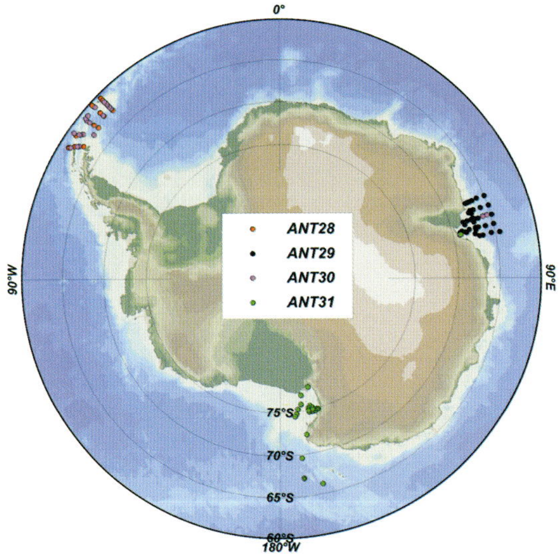

图 3-1　第 28～31 次南极海洋考察地质区及考察站位

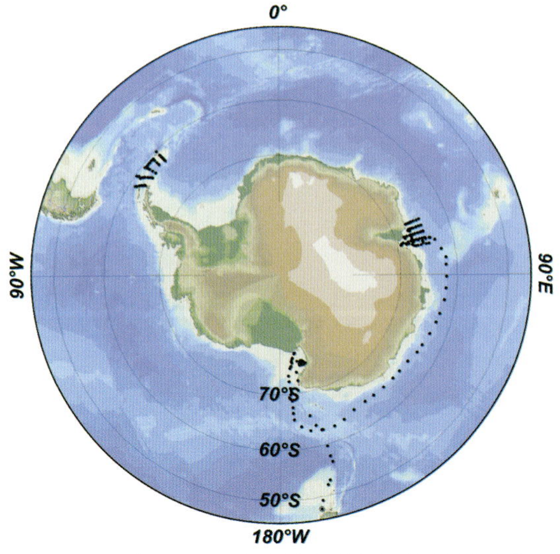

图 3-2　第 28～31 次南极考察悬浮体取样站位

表 3-1 第 28~31 次南极海洋地质考察完成断面及站位统计

		悬浮体取样		沉积物取样			
		断面	站位	断面	箱式样	多管样	柱状样
ANT28	南极半岛	5	19	5	11	4	6
ANT29	普里兹湾	5	61	5	21	10	10
ANT30	南极半岛	5	33	5	16	3	6
	普里兹湾	1	7	1		2	2
ANT31	罗斯海西部	4	29	4	19	3	8
	普里兹湾		6		1		
	南大洋	2	42				4
合计		22	197	20	68	22	36

3.1.1 南极半岛东北部海域

通过第 28 次和第 30 次南极考察，在南极半岛东北部海域完成了 5 条地质取样断面，累计完成表层海水悬浮体取样 52 站，箱式取样 27 站，多管取样 7 站，柱状取样 12 站。两次考察有部分站位重复，取样站位的分布也不均匀（图 3-3）。

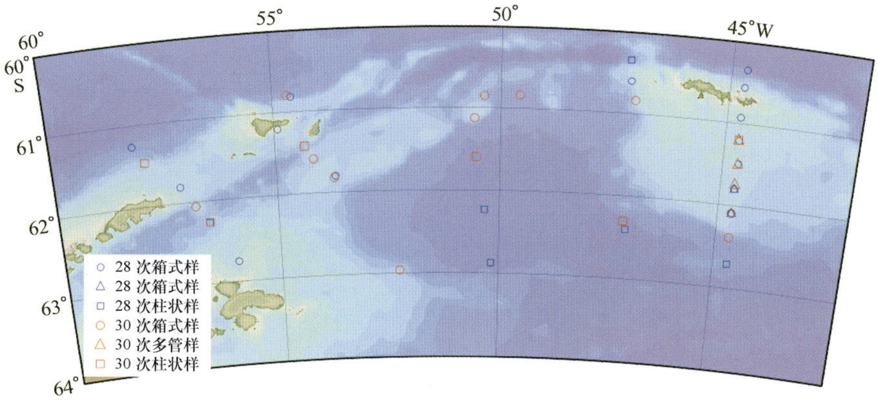

图 3-3 第 28 次和第 30 次南极考察在南极半岛东北部海域的地质取样断面和站位

3.1.2 普里兹湾海域

通过第 29~31 次南极考察，在普里兹湾海域累计完成了 6 条断面调查，累计获取表层海水悬浮体取样 74 站，沉积物箱式取样 22 站，多管取样 12 站，柱状取样 12 站。取样站位总体分布较均匀，历次考察重复站位较少（图 3-4）。

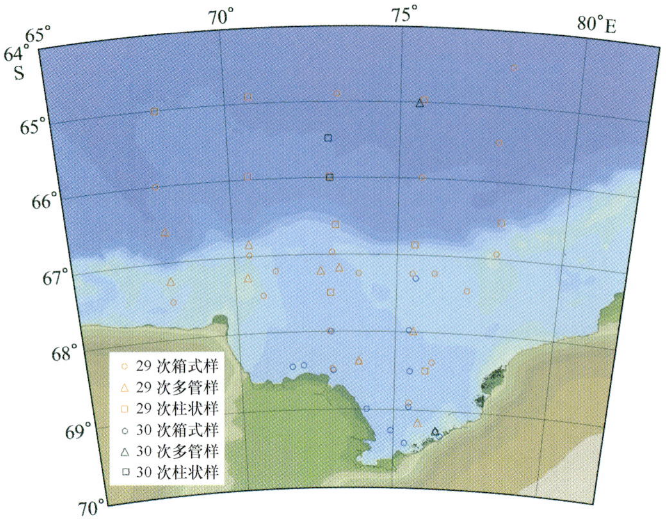

图 3-4　第 29 次和第 30 次南极考察在普里兹湾海域的地质取样断面和站位

3.1.3　罗斯海及邻近海域

通过第 31 次南极考察，在罗斯海西部海域累计完成了 4 条断面调查，进行表层海水悬浮体取样 60 站，箱式取样 19 站，多管取样 32 站，柱状取样 12 站（图 3-5）。

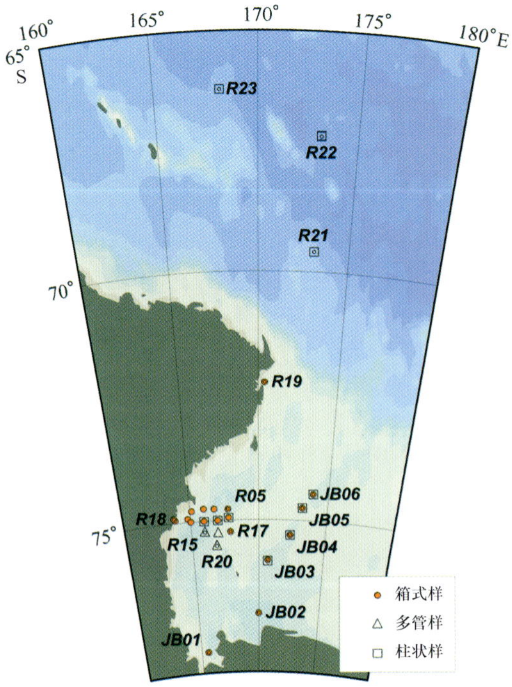

图 3-5　第 31 次南极考察在罗斯海西部及南大洋的地质取样断面和站位

3.2 考察内容

主要考察内容包括悬浮体取样、箱式取样、多管取样和柱状沉积物取样。

3.2.1 悬浮体考察

悬浮体采集。通过表层海水过滤，分析悬浮体含量、物质组成及分布，为沉积物物源示踪等提供基础资料。

3.2.2 表层沉积物考察

通过箱式取样器等获取表层沉积物样品，分析表层沉积物的粒度、矿物、元素、同位素、微体古生物、环境磁学等参数，绘制有关基础图件，揭示考察区海底沉积物类型、物质组成、沉积物来源和主要输运路径，探讨极区陆-冰-海相互作用下的沉积环境与沉积作用的特点。

3.2.3 多管沉积物考察

通过多管取样器等获取底层海水与浅表层沉积物样品；通过底层海水分析以及沉积物的^{210}Pb测年、沉积物粒度、有机组分及常微量元素等分析，探讨普里兹湾考察区沉积速率及近代环境与气候记录；揭示海水-沉积物界面生物地球化学过程及早期成岩作用特点。

3.2.4 柱状沉积物考察

通过重力取样器获取柱状沉积物样品。通过岩心沉积物的年代学（AMS^{14}C测年等方法）、沉积物学、矿物学、元素和同位素地球化学、微体古生物学、环境磁学与古地磁等分析重建考察区不同时间尺度（百年至万年等）的古环境、古气候记录，揭示该地区晚第四纪表层海水温度和盐度、古水团、古生产力、海冰等主要环境气候演变规律及其对全球变化的影响和反馈。

3.3 考察设备

3.3.1 船用设备

海洋地质考察以“雪龙”号考察船为平台。“雪龙”号破冰船长167.0 m，型宽22.6 m，型深13.5 m，满载吃水9.0 m，满载排水量21 025 t，最大航速18 kn，续航力20 000 n mile，能在1.1 m厚的冰层中（含20 cm积雪）以1.5 kn航速连续破冰前行。该船后甲板配备有万米绞车1台、6 000 m绞车1台以及A型架、综合实验室和4 ℃的地质样品库（图3-6和图3-7），可供地质取样、样品形成处理与分析、保存使用。

图 3-6 “雪龙”号考察船

图 3-7 “雪龙”号后甲板万米绞车与 A 型架

3.3.2 主要调查仪器设备

主要调查仪器设备包括：箱式取样器、多管取样器和重力取样器等。

3.3.2.1 箱式取样器

箱式取样采用大型不锈钢箱式取样器，箱体规格：60×60×65（cm^3），仪器重量约 500 kg，一次最大可采泥量约 250 kg。取样器开口面积大，重量大，适合在砾石含量较高的极地海域取样，缺点是比较笨重（图 3-8）。

3.3.2.2 多管取样器

采用 8 管式大型不锈钢多管取样器（图 3-9）。仪器重约 500 kg，一次可采 8 管样品，适

图 3-8 箱式沉积物取样（罗斯海西部 Scott 站附近海域）

合在陆架泥质沉积区取样，特点是扰动小，沉积物、上覆水和底栖生物等基本维持海底的层状分布。通常沉积物厚 25~35 cm，上覆水占半管以上。样品取上来后先照相，接着采集上覆水，然后处理沉积物。沉积物最好现场分样，分样间距通常为 1 cm。

图 3-9 多管沉积物取样

3.3.2.3 重力柱状取样器

重力柱状取样器长 8 m（有 4 m+4 m 和 6 m+2 m 两种取样管），配重约为 1.2 t（图 3-10）。特点是易操作，取样成功率高，但由于“雪龙”号 A 架和甲板高度不足，收放时须借助绞缆机牵引。

图 3-10　柱状沉积物取样

3.4　考察人员及分工

外业考察和研究人员主要由国家海洋局第一海洋研究所地质室、国家海洋局第三海洋研究所地质室、同济大学海洋地质国家重点实验室、国家海洋局第二海洋研究所地质室、国家海洋局东海分局下属的东海信息中心、国家海洋局南海分局下属的南海工程勘察中心和国家海洋局北海分局下属的北海海洋工程勘察研究院等科研骨干人员组成，涵盖海洋沉积学、矿物学、地球化学、微体古生物学、环境磁学与古地磁学、古海洋学、数学地质和仪器分析等多领域专业技术人才，具有丰富的海洋地质考察经验，部分成员为我国历次南北极海洋地质考察组骨干。

专题主要参加人员及任务分工见表 3-2。参加本专题考察与研究任务的主要科研人员共 81 人，其中研究员（教授、教授级工程师）12 名，副研究员（高级工程师）19 名，助理研究员（工程师、讲师）32 名，实验员 1 名，博士后 4 名，博士生 2 名，研究生 11 名。

表 3-2　专题主要参加人员及任务分工

序号	姓　名	年龄	职　称	专业	单　位	投入时间/（人·月·a^{-1}）
1	陈志华	45	研究员	地球化学	国家海洋局第一海洋研究所	8
2	王汝建	56	教授/博导	古海洋学	同济大学	5
3	李云海	35	副研究员	海洋地质	国家海洋局第三海洋研究所	6
4	韩喜彬	39	副研究员	海洋沉积	国家海洋局第二海洋研究所	6
5	王百顺	53	教授级高工	沉积学	国家海洋局东海分局	6
6	颜　彬	32	工程师	海洋地质	国家海洋局南海分局	6

续表

序号	姓 名	年龄	职 称	专业	单 位	投入时间/（人·月·a^{-1}）
7	毕建强	55	教授级高工	海洋地质	国家海洋局北海分局	6
8	黄元辉	35	助理研究员	微体古生物	国家海洋局第一海洋研究所	5
9	唐 正	32	博士后	微体古生物	国家海洋局第一海洋研究所	6
10	葛淑兰	45	研究员	海洋地质	国家海洋局第一海洋研究所	4
11	王春娟	34	助理研究员	信息系统	国家海洋局第一海洋研究所	5
12	陈金霞	37	助理研究员	微体古生物	国家海洋局第一海洋研究所	3
13	王昆山	42	副研究员	海洋矿物	国家海洋局第一海洋研究所	3
14	王湘芹	53	高级工程师	化学分析	国家海洋局第一海洋研究所	4
15	方习生	45	高级工程师	海洋地质	国家海洋局第一海洋研究所	3
16	杨 刚	40	高级工程师	海洋地质	国家海洋局第一海洋研究所	5
17	王豪壮	27	硕士生	海洋地质	国家海洋局第一海洋研究所	4
18	刘合林	27	硕士生	海洋地质	国家海洋局第一海洋研究所	4
19	赵仁杰	27	硕士生	海洋地质	国家海洋局第一海洋研究所	4
20	张亚龙	27	硕士生	海洋地质	国家海洋局第一海洋研究所	4
21	吴永华	41	副研究员	微体古生物	国家海洋局第一海洋研究所	5
22	朱志伟	35	助理研究员	沉积学	国家海洋局第一海洋研究所	4
23	朱爱美	33	助理研究员	化学分析	国家海洋局第一海洋研究所	3
24	张 俊	32	工程师	化学分析	国家海洋局第一海洋研究所	3
25	高晶晶	35	工程师	化学分析	国家海洋局第一海洋研究所	3
26	何连花	32	工程师	化学分析	国家海洋局第一海洋研究所	3
27	张 辉	33	工程师	化学分析	国家海洋局第一海洋研究所	3
28	白亚之	32	工程师	化学分析	国家海洋局第一海洋研究所	3
29	崔菁菁	32	助理研究员	化学分析	国家海洋局第一海洋研究所	3
30	张 颖	29	工程师	化学分析	国家海洋局第一海洋研究所	3
31	孟德臻	25	实验员	化学分析	国家海洋局第一海洋研究所	3
32	崔迎春	39	副研究员	岩石与矿床学	国家海洋局第一海洋研究所	3
33	李小艳	36	副研究员	微体古生物	国家海洋局第一海洋研究所	4
34	汪卫国	45	研究员	海洋地质	国家海洋局第三海洋研究所	4
35	徐勇航	35	副研究员	海洋化学	国家海洋局第三海洋研究所	6
36	陈 敏	35	副研究员	古生物	国家海洋局第三海洋研究所	6
37	王爱军	38	副研究员	海洋地质	国家海洋局第三海洋研究所	6
38	赖志坤	37	高级工程师	地理信息系统	国家海洋局第三海洋研究所	6
39	李东义	34	助理研究员	海洋地质	国家海洋局第三海洋研究所	3
40	尹希杰	38	副研究员	生物地球化学	国家海洋局第三海洋研究所	3
41	李前裕	58	教授/博导	过去全球变化	同济大学	3
42	刘志飞	46	教授/博导	地球化学	同济大学	3
43	黄湘通	38	讲 师	过去全球变化	同济大学	3
44	黄梦学	23	研究生	古生物学	同济大学	3
45	章涛亮	26	研究生	古生物学	同济大学	6
46	梅 静	25	研究生	古生物学	同济大学	3
47	聂森艳	25	研究生	古生物学	同济大学	3

续表

序号	姓　名	年龄	职　称	专业	单　位	投入时间/（人·月·a^{-1}）
48	谢　昕	38	讲师	地球化学	同济大学	3
49	肖文申	32	博士后	过去全球变化	同济大学	4
50	武　力	32	博士生	古生物学	同济大学	4
51	孟　飞	24	硕士生	古生物学	同济大学	4
52	初凤友	51	研究员	岩矿地球化学	国家海洋局第二海洋研究所	3
53	龙江平	57	研究员	地球化学	国家海洋局第二海洋研究所	3
54	杨克红	36	副研究员	岩矿地球化学	国家海洋局第二海洋研究所	4
55	章伟艳	43	副研究员	海洋沉积	国家海洋局第二海洋研究所	5
56	葛　倩	32	助理研究员	海洋沉积	国家海洋局第二海洋研究所	4
57	许　冬	33	助理研究员	海洋沉积	国家海洋局第二海洋研究所	4
58	杨海丽	36	助理研究员	同位素年代学	国家海洋局第二海洋研究所	4
59	雷吉江	32	助理研究员	海洋沉积	国家海洋局第二海洋研究所	4
60	赵建如	33	助理研究员	海洋沉积	国家海洋局第二海洋研究所	4
61	边叶萍	33	博士后	海洋地质	国家海洋局第二海洋研究所	4
62	张平萍	36	博士后	海洋地质	国家海洋局第二海洋研究所	4
63	唐灵刚	24	研究生	海洋地质	国家海洋局第二海洋研究所	4
64	黄　玥	35	讲师	微体古生物	云南大学	2
65	龙海燕	35	讲师	微体古生物	中国海洋大学	3
66	高　越	33	讲师	海洋生态	厦门大学	2
67	林钟扬	29	博士生	环境磁学	中国地质大学（武汉）	4
68	孟静娟	26	硕士生	海洋测绘	山东科技大学	3
69	朱志敏	31	助理研究员	岩石矿物	国家海洋局第二海洋研究所	4
70	郭伟其	49	教授级高工	物理海洋	国家海洋局东海分局	4
71	王西蒙	59	教授级高工	物理海洋	国家海洋局东海分局	4
72	谢文辉	40	高级工程师	自然地理	国家海洋局东海分局	3
73	张 杰	32	工程师	海洋地质	国家海洋局东海分局	4
74	吴少林	29	工程师	测绘	国家海洋局东海分局	4
75	戴清清	34	工程师	地质实验	国家海洋局东海分局	4
76	陈亮	33	工程师	海洋地质	国家海洋局南海分局	5
77	李团结	39	高级工程师	海洋地质	国家海洋局南海分局	4
78	李国刚	32	工程师	海洋地质	国家海洋局北海分局	6
79	布如源	35	工程师	环境工程	国家海洋局北海分局	4
80	冷启暖	52	高级工程师	海洋地质	国家海洋局北海分局	4
81	李薏新	28	工程师	海洋地质	国家海洋局北海分局	4
固定研究人员合计						302
流动人员或临时聘用人员合计						72
累计						374

3.5 考察完成工作量

自2011—2015，南极周边海域海洋地质考察计划一年一次，共5次；截至2015年4月，已执行完成第28~31次南极海洋地质考察任务，第32次南极海洋地质考察计划于2015年10月至2016年4月执行，考察区域为阿蒙森海及邻近海域。第28~31次南极考察计划悬浮体取样87站，实际完成197站；计划箱式沉积物取样51站，实际完成68站；计划多管沉积物取样16站，实际完成22站；计划柱状沉积物取样28站，实际完成36站；各航次均圆满或超额完成了外业考察任务（表3-3）。

表3-3 极地专项南极海洋地质考察外业考察计划工作量及实际完成情况 站

航次	考察区	悬浮体		箱式样		多管样		柱状样	
		计划站位	获取样品	计划站位	获取样品	计划站位	获取样品	计划站位	获取样品
ANT28	南极半岛	19	19	10	11	4	4	7	6
ANT29	普里兹湾	30	61	18	21	6	10	9	10
ANT30	南极半岛	18	33	7	16	4	3	7	6
	普里兹湾		7		0		2		2
ANT31	罗斯海西部	20	29	16	19	2	3	5	8
	普里兹湾		6		1				
	南大洋		42						4
合计		87	197	51	68	16	22	28	36

3.6 考察航次(路线)及考察重大事件介绍

第28次南极考察是“南北极环境综合考察与评估”专项实施以来的第一个南极试点航次。该航次历时160余天、行程2.8万余海里。在兼顾“雪龙”号一船三站（中山站、长城站和昆仑站）补给任务和传统考察任务的基础上，在南极半岛东北海域进行了物理海洋学、海洋地质、海洋地球物理、海洋化学、海洋生物生态等多学科大洋综合考察，完成考察断面5条，考察站位46个，填补了南大洋断面大、纵、深综合观测的空白。

第29次南极考察2012年11月5日从广州港启程，沿广州港—澳大利亚弗里曼特尔港—中山站—罗斯海—澳大利亚霍巴特港—中山站—澳大利亚弗里曼特尔港—济州岛—上海基地码头航线航行，于2013年4月9日返回上海基地码头，历时163 d，总航程29 000余海里，冰区航行5 000余海里。第29次南极科学考察取得了多项突破性成果。其中，“雪龙”号极地科学考察船首次航行到达75°7.2′S的最南纬度地区；极地专项大洋考察无论从项目数量、作业时间、考察里程、样本质量和覆盖范围等方面，均创造了我国南极考察南大洋调查近30年来的历史新纪录。

第30次南极考察2013年11月7日从上海出发，首次执行环南极考察航行任务，航线为上海港—弗里曼特尔港—中山站—罗斯海维多利亚地—乌斯怀亚—长城站—南极半岛附近海域—中山站—弗里曼特尔港—上海港；2014 年 4 月 15 日返回上海港，安全航行 3.19 万 n mile，冰区航行 2 200 余海里。实现了泰山站成功建站、首次环南极大陆航行、成功救援俄罗斯船员并自行脱困、临危受命搜寻马航失联客机等重大任务。第 30 次南极考察以南极半岛海域、普里兹湾海域为重点，开展了物理海洋、海洋地质、海洋化学、海洋生物与渔业资源等多学科综合考察，完成了南极半岛 6 个断面 33 个站点、普里兹湾两个断面 14 个站点以及罗斯海总长度为 300 km 的地球物理测线调查任务，实现了南大洋断面大纵深综合观测。

第 31 次南极考察 2014 年 10 月 30 日从上海国内基地码头起航，执行“一船三站”（中山站、泰山站、昆仑站）考察任务，航线为上海港—澳大利亚霍巴特—中山站—罗斯海维多利亚地—新西兰克莱斯特彻奇—中山站—澳大利亚弗里曼特尔—上海港，2015 年 4 月 10 日返回上海基地码头，总航程约 3 万 n mile，历时 163 d。南大洋作业亮点纷呈，是迄今为止我国规模最大、站位最多、作业面最广的一次南极大洋考察。“雪龙”船克服了有卫星资料记录以来罗斯海最严重的冰情，按计划到达 77°35′S，创造了我国航海新纪录。

第 32 次南极考察 2015 年 11 月 7 日从上海国内基地码头起航，执行“一船四站”（长城站、中山站、昆仑站、泰山站）考察任务，2016 年 4 月 12 日返回上海基地码头，历时 158 d；“雪龙”船航行约 3 万 n mile，“雪鹰 601”飞行近 8 万 km，两支内陆考察队行程 3 500 km，共完成 45 项科学考察项目和 30 项后勤保障与建设项目，成果丰硕，亮点频现。其中，“雪鹰 601”飞机成功首航南极，并获得南极冰盖探测重大发现，标志着我国南极考察步入航空时代。南大洋考察取得重要进展，考察队在威德尔海域、阿蒙森海域、罗斯海和普里兹湾海域圆满完成物理海洋、海洋地质、海洋地球物理、海洋化学、海洋生物与渔业资源等多学科综合考察。此次考察科学配置时间和任务，是开展南大洋调查以来受冰情影响最小、专业配合度最高、作业范围最大、测线最长、内容最系统、样品和数据质量较高的一次考察作业。

第4章 考察主要数据与样品

4.1 样品及获取方式

通过南极海洋地质考察专题（第28~31次南极考察），获取了悬浮体、箱式沉积物、多管沉积物和柱状沉积物等样品，样品清单见表4-1至表4-4。

表4-1 南极海洋地质考察获取悬浮体样品一览

总序号	航次号	滤膜号	站位	经度/（°）*	纬度/（°）*	水深/m	采样时间
1	ANT28	1	D1-3	-58.192 4	-61.242 5	2 750	2012-01-16 21：55
2	ANT28	2	D1-5	-57.208 6	-61.801 3	380	2012-01-17 7：21
3	ANT28	3	D1-7	-56.576 5	-62.243 3	1 053	2012-01-17 12：44
4	ANT28	4	D1-9	-55.991 9	-62.748 5	201	2012-01-17 17：24
5	ANT28	5	D2-2	-55.012 8	-60.427 4	3 535	2012-01-23 23：19
6	ANT28	6	D2-3	-54.681 0	-60.801 4	1 976	2012-01-23 16：41
7	ANT28	7	D2-4A	-54.914 6	-61.205 7	53	2012-01-21 16：35
8	ANT28	8	D2-6	-53.678 8	-61.793 6	689	2012-01-23 5：25
9	ANT28	9	D3-3	-50.760 2	-61.157 4	839	2012-01-24 22：28
10	ANT28	10	D3-5	-50.360 2	-62.232 4	3 404	2012-01-25 08：23
11	ANT28	11	D3-7	-50.183 4	-62.884 4	3 423	2012-01-25 19：01
12	ANT28	12	D4-7	-47.178 2	-61.798 0	1 291	2012-01-27 12：36
13	ANT28	13	D4-9	-47.185 3	-62.388 0	3 389	2012-01-26 18：44
14	ANT28	14	D5-1	-44.696 7	-60.316 9	3 196	2012-01-28 18：45
15	ANT28	15	D5-4	-44.693 8	-61.201 3	316	2011-12-31 00：05
16	ANT28	16	D5-5	-44.675 6	-61.482 5	364	2011-12-31 02：39
17	ANT28	17	D5-6	-44.683 2	-61.789 9	392	2012-01-29 8：28
18	ANT28	18	D5-7	-44.688 2	-62.091 7	487	2012-01-29 11：45
19	ANT28	19	D5-9	-44.689 2	-62.700 7	1 962	2012-01-29 19：39
20	ANT29	N-01	P7-07	77.406 9	-65.498 2	3 281	2013-01-31
21	ANT29	N-02	P7-06	77.989 0	-64.980 0	3 549	2013-01-31
22	ANT29	N-03	P7-05	78.020 8	-64.496 6	3 546	2013-02-01
23	ANT29	N-04	P7-08	78.010 2	-65.949 9	3 200	2013-02-01
24	ANT29	N-05	P7-09	78.011 5	-66.501 3	1 833	2013-02-01
25	ANT29	N-06	P7-10	78.019 4	-66.673 2	1 011	2013-02-01
26	ANT29	N-07	P7-11	78.029 6	-66.811 6	334	2013-02-02

续表

总序号	航次号	滤膜号	站位	经度/（°）*	纬度/（°）*	水深/m	采样时间
27	ANT29	N-08	P7-12	77.998 4	-66.937 2	226	2013-02-02
28	ANT29	N-09	P7-13	77.759 7	-67.230 8	245	2013-02-02
29	ANT29	N-10	P7-14	77.184 0	-67.437 8	311	2013-02-02
30	ANT29	N-11	P7-15	76.515 5	-67.982 7	438	2013-02-02
31	ANT29	N-12	P7-16	76.208 3	-68.383 0	559	2013-02-02
32	ANT29	N-13	ZS	76.473 2	-69.337 8	847	2013-02-03
33	ANT29	N-14	P6-13	75.811 9	-69.168 0	738	2013-02-07
34	ANT29	N-15	P6-12	75.489 7	-68.909 5	699	2013-02-07
35	ANT29	N-16	P6-11	75.997 2	-68.497 1	605	2013-02-11
36	ANT29	N-17	M4-old	76.641 1	-68.395 4	580	2013-02-11
37	ANT29	N-18	P6-10	75.573 9	-67.999 7	490	2013-02-12
38	ANT29	N-19	P6-09	75.499 1	-67.485 3	405	2013-02-12
39	ANT29	N-20	P6-08	75.494 8	-67.245 8	386	2013-02-12
40	ANT29	N-21	P5-03	72.958 9	-65.986 0	2 565	2013-02-13
41	ANT29	N-21	P5-03	72.958 9	-65.986 0	2 577	2013-02-13
42	ANT29	N-22	P5-02	72.998 2	-65.493 9	2 919	2013-02-13
43	ANT29	N-23	P5-01	73.024 9	-64.991 6	3 365	2013-02-14
44	ANT29	N-24	P6-01	75.499 8	-64.997 7	3 174	2013-02-14
45	ANT29	N-25	P6-02	75.506 8	-65.503 3	3 217	2013-02-15
46	ANT29	N-26	P6-03	75.501 7	-66.002 2	2 968	2013-02-15
47	ANT29	N-27	P6-04	75.508 8	-66.501 0	2 401	2013-02-15
48	ANT29	N-28	P6-05	75.524 8	-66.667 2	2 252	2013-02-15
49	ANT29	N-29	P6-06	75.507 1	-66.875 1	1 042	2013-02-15
50	ANT29	N-30	P6-07	75.506 5	-67.034 1	374	2013-02-15
51	ANT29	N-31	P5-11	73.046 8	-68.480 0	675	2013-02-16
52	ANT29	N-32	P5-10	72.988 9	-67.999 2	640	2013-02-16
53	ANT29	N-33	P5-09	72.981 1	-67.495 2	593	2013-02-17
54	ANT29	N-34	P5-08	73.000 3	-67.246 5	548	2013-02-17
55	ANT29	N-35	P5-07	73.044 4	-66.976 5	504	2013-02-18
56	ANT29	N-36	P5-06	72.978 5	-66.836 6	514	2013-02-18
57	ANT29	N-37	P5-05	73.164 7	-66.639 9	1 214	2013-02-18
58	ANT29	N-38	P5-04	72.936 6	-66.482 7	1 515	2013-02-18
59	ANT29	N-39	PA-05	76.179 9	-67.235 7	353	2013-02-18
60	ANT29	N-40	PA-04	74.691 6	-67.267 0	433	2013-02-19
61	ANT29	N-41	PA-03	73.827 3	-67.248 5	488	2013-02-19
62	ANT29	N-42	PA-01	71.320 7	-67.246 7	521	2013-02-20
63	ANT29	N-43	P5-12	73.810 0	-68.361 2	652	2013-02-26
64	ANT29	N-44	P4-03	70.573 9	-65.979 9	2 617	2013-02-27
65	ANT29	N-45	P4-02	70.479 7	-65.494 2	2 928	2013-02-28

续表

总序号	航次号	滤膜号	站位	经度/（°）*	纬度/（°）*	水深/m	采样时间
66	ANT29	N-46	P4-01	70. 508 3	-65. 030 7	3 124	2013-02-28
67	ANT29	N-47	P3-01	67. 979 4	-65. 000 9	2 858	2013-02-28
68	ANT29	N-48	P3-02	68. 031 5	-65. 486 7	2 726	2013-03-1
69	ANT29	N-49	P3-03	67. 951 4	-66. 016 3	2 669	2013-03-1
70	ANT29	N-50	P3-04	67. 994 9	-66. 459 7	2 662	2013-03-1
71	ANT29	N-51	P3-05	68. 02 49	-66. 652 6	2 067	2013-03-1
72	ANT29	N-52	P3-06	68. 078 7	-66. 829 7	1 937	2013-03-1
73	ANT29	N-53	P3-07	67. 991 2	-66. 983 3	1 661	2013-03-2
74	ANT29	N-54	P3-08	67. 995 0	-67. 250 7	169	2013-03-2
75	ANT29	N-55	P3-09	68. 011 9	-67. 512 3	251	2013-03-2
76	ANT29	N-56	P4-04	70. 544 8	-66. 466 6	2 111	2013-03-2
77	ANT29	N-57	P4-05	70. 525 5	-66. 663 4	1 916	2013-03-2
78	ANT29	N-58	P4-06	70. 483 7	-66. 861 1	414	2013-03-3
79	ANT29	N-59	P4-07	70. 482 0	-66. 989 7	293	2013-03-3
80	ANT29	N-60	P4-08	70. 396 2	-67. 283 6	155	2013-03-3
81	ANT29	N-61	P4-09	70. 862 2	-67. 518 7	283	2013-03-3
82	ANT30	1	D1-02	-58. 970 0	-60. 850 0	4 248	2014-02-8 00：30
83	ANT30	2	D1-03	-58. 186 1	-61. 246 1	2 783	2014-02-8 03：10
84	ANT30	3	D1-04	-57. 915 3	-61. 468 1	552	2014-02-8 06：37
85	ANT30	4	D1-05	-57. 204 4	-61. 798 9	380	2014-02-8 09：50
86	ANT30	5	D1-06	-56. 871 4	-62. 055 3	711	2014-02-8 11：54
87	ANT30	6	D1-07	-56. 578 1	-62. 261 9	1 063	2014-02-8 14：54
88	ANT30	7	D1-08	-56. 331 4	-62. 458 9	419	2014-02-8 20：55
89	ANT30	8	D1-09	-56. 061 9	-62. 546 4	397	2014-02-8 22：29
90	ANT30	9	D2-10	-52. 266 7	-62. 960 0	974	2014-02-9 17：58
91	ANT30	10	D2-09	-52. 361 7	-62. 878 1	1 712	2014-02-9 20：33
92	ANT30	11	D2-08	-52. 737 5	-62. 571 9	2 733	2014-02-9 23：18
93	ANT30	12	D2-07	-53. 162 5	-62. 261 7	2 331	2014-02-10 05：02
94	ANT30	13	D2-06	-53. 700 6	-61. 821 4	588	2014-02-10 8：55
95	ANT30	14	D2-05	-54. 149 4	-61. 585 3	450	2014-02-10 13：08
96	ANT30	15	D2-04	-54. 341 1	-61. 424 7	800	2014-02-10 16：33
97	ANT30	16	D2-03	-54. 684 2	-60. 797 2	1 938	2014-02-10 22：04
98	ANT30	17	D2-02	-55. 020 3	-60. 477 2	3 392	2014-02-11 04：06
99	ANT30	18	D3-02	-51. 159 2	-60. 708 9	1 270	2014-02-11 12：47
100	ANT30	19	D3-03	-50. 578 6	-61. 125 8	600	2014-02-11 17：22
101	ANT30	20	D3-04	-50. 535 0	-61. 595 0	3 078	2014-02-11 20：35
102	ANT30	21	DA-01	-50. 362 2	-60. 853 3	1 326	2014-02-12 04：14
103	ANT30	22	DA-02	-49. 581 4	-60. 835 8	2 592	2014-02-12 08：23
104	ANT30	23	DA-03	-48. 773 6	-60. 834 2	1 068	2014-02-12 16：38

续表

总序号	航次号	滤膜号	站位	经度/（°）*	纬度/（°）*	水深/m	采样时间
105	ANT30	24	DA-04	-47.980 8	-60.833 1	2 270	2014-02-12 19：07
106	ANT30	25	D4-02	-47.063 9	-60.836 4	432	2014-02-12 22：15
107	ANT30	26	D4-03	-47.180 8	-61.203 3	1 648	2014-02-13 00：59
108	ANT30	27	D4-04	-47.174 7	-61.798 1	1 297	2014-02-13 06：10
109	ANT30	28	D4-05	-47.156 1	-62.305 6	3 124	2014-02-13 11：22
110	ANT30	29	D5-08	-44.681 4	-62.389 4	1 559	2014-02-13 19：48
111	ANT30	30	D5-07	-44.687 8	-62.091 9	336	2014-02-13 23：10
112	ANT30	31	D5-06	-44.675 6	-61.739 7	394	2014-02-14 02：03
113	ANT30	32	D5-05	-44.658 3	-61.493 9	376	2014-02-14 05：50
114	ANT30	33	D5-04	-44.695 6	-61.200 0	324	2014-02-14 09：42
115	ANT30	34	IS-00	76.420 6	-69.265 8	355	2014-02-26 15：15
116	ANT30	35	P1-03	72.978 6	-66.000 8	2 531	2014-03-2 03：59
117	ANT30	36	P1-02	72.942 8	-65.484 7	2 860	2014-03-2 11：18
118	ANT30	37	PA-01	74.267 8	-65.557 8	2 799	2014-03-3 10：01
119	ANT30	38	P2-02	75.491 4	-65.473 3	3 183	2014-03-4 9：59
120	ANT30	39	P2-01	75.535 3	-65.021 1	3 126	2014-03-4 15：09
121	ANT30	40	P2-A1	75.529 4	-64.512 2	3 404	2014-03-4 23：59
122	ANT31	1	1	76.225 0	-67.205 3		2014-12-12
123	ANT31	2	2	76.083 6	-67.087 2		2014-12-12
124	ANT31	3	3	75.777 5	-66.242 5		2014-12-13
125	ANT31	4	4	76.587 5	-65.482 2		2014-12-13
126	ANT31	5	5	76.014 7	-64.087 2		2014-12-13
127	ANT31	6	6	75.998 9	-64.906 9		2014-12-14
128	ANT31	7	7	75.840 3	-64.245 6		2014-12-14
129	ANT31	8	8	77.051 7	-63.369 2		2014-12-14
130	ANT31	9	9	80.883 9	-62.562 8		2014-12-15
131	ANT31	10	10	83.993 3	-61.921 4		2014-12-15
132	ANT31	11	11	86.576 7	-62.021 9		2014-12-15
133	ANT31	12	12	90.718 9	-61.992 2		2014-12-16
134	ANT31	13	13	94.819 2	-61.999 2		2014-12-16
135	ANT31	14	14	98.946 1	-62.059 4		2014-12-17
136	ANT31	15	15	103.919 7	-62.381 4		2014-12-17
137	ANT31	16	16	107.219 2	-62.609 2		2014-12-17
138	ANT31	17	17	111.795 3	-62.986 4		2014-12-18
139	ANT31	18	18	116.590 8	-63.383 9		2014-12-18
140	ANT31	19	19	119.826 1	-63.572 5		2014-12-18
141	ANT31	20	20	124.459 2	-64.124 2		2014-12-18
142	ANT31	21	21	129.159 2	-64.250 0		2014-12-19
143	ANT31	22	22	132.781 4	-64.258 3		2014-12-19

续表

总序号	航次号	滤膜号	站位	经度/（°）*	纬度/（°）*	水深/m	采样时间
144	ANT31	23	23	137.529 4	-64.249 4		2014-12-19
145	ANT31	24	24	142.308 6	-64.251 4		2014-12-20
146	ANT31	25	25	146.346 4	-64.249 7		2014-12-20
147	ANT31	26	26	151.434 2	-64.014 4		2014-12-20
148	ANT31	27	27	156.170 3	-63.197 8		2014-12-21
149	ANT31	28	28	160.187 5	-62.748 6		2014-12-21
150	ANT31	29	29	164.397 2	-62.755 0		2014-12-21
151	ANT31	30	30	174.355 3	-65.452 2		2014-12-22
152	ANT31	31	31	171.903 3	-64.058 1		2014-12-22
153	ANT31	32	32	168.857 2	-63.082 8		2014-12-22
154	ANT31	33	33	174.519 7	-66.604 4		2014-12-23
155	ANT31	34	34	174.385 8	-67.607 8		2014-12-23
156	ANT31	35	35	174.456 4	-68.841 1		2014-12-23
157	ANT31	36	36	174.850 0	-69.926 4		2014-12-24
158	ANT31	37	37	174.719 2	-70.976 7		2014-12-24
159	ANT31	38	38	175.110 3	-72.225 6		2014-12-25
160	ANT31	39	39	175.208 9	-73.215 0		2014-12-25
161	ANT31	40	40	163.957 5	-74.949 2		2014-12-26
162	ANT31	41	41	166.193 3	-75.156 7		2014-12-26
163	ANT31	42	42	165.612 2	-75.190 3		2014-12-27
164	ANT31	43	43	164.869 4	-75.165 3		2014-12-27
165	ANT31	44	44	165.836 1	-75.496 1		2014-12-27
166	ANT31	45	45	168.869 4	-75.496 1		2014-12-27
167	ANT31	46	46	172.316 7	-75.331 9		2014-12-28
168	ANT31	47	47	173.160 0	-74.783 9		2014-12-28
169	ANT31	48	48	173.916 7	-74.469 2		2014-12-28
170	ANT31	49	49	172.663 9	-75.572 5		2014-12-28
171	ANT31	50	50	172.174 7	-75.911 4		2014-12-29
172	ANT31	51	51	171.578 3	-76.136 7		2014-12-29
173	ANT31	52	52	170.020 3	-76.827 5		2014-12-29
174	ANT31	53	53	169.483 3	-76.909 4		2014-12-29
175	ANT31	54	54	166.802 2	-75.472 5		2014-12-29
176	ANT31	55	55	167.000 8	-74.998 9		2014-12-31
177	ANT31	56	56	166.995 0	-75.259 2		2014-12-31
178	ANT31	57	57	166.776 9	-74.783 6		2014-12-31
179	ANT31	58	58	167.775 3	-74.776 9		2014-12-31
180	ANT31	59	59	167.803 3	-74.948 6		2014-12-31
181	ANT31	60	60	163.877 5	-74.941 4		2014-12-31

备注：除特殊说明外，经度的正值表示东经，负值表示西经；纬度的正值表示北纬，负值表示南纬；全书同.

表 4-2 南极海洋地质考察获取箱式沉积物样品一览

总序号	航次	站号	经度/（°）	纬度/（°）	水深/m	取样时间
1	ANT28	D1-5	-57. 186 600	-61. 808 367	367	2012-01-17 07：21
2	ANT28	D1-9	-55. 996 150	-62. 759 200	212	2012-01-17 17：24
3	ANT28	D2-4A	-54. 914 767	-61. 204 850	45	2012-01-21 16：35
4	ANT28	D2-6	-53. 677 167	-61. 801 633	627	2012-01-23 05：25
5	ANT28	D4-3	-47. 181 833	-60. 600 900	438	2012-01-28 00：24
6	ANT28	D4-7	-47. 157 100	-61. 791 600	2 912	2012-01-27 12：36
7	ANT28	D5-2	-44. 696 783	-60. 559 867	323	2012-01-29 00：03
8	ANT28	D5-3	-44. 708 833	-60. 928 050	243	2011-12-30 21：37
9	ANT28	D5-4	-44. 687 200	-61. 210 200	315. 6	2011-12-31 00：18
10	ANT28	D5-5	-44. 645 467	-61. 492 167	377. 2	2011-12-31 02：51
11	ANT28	D5-6	-44. 678 483	-61. 797 967	385	2012-01-29 08：28
12	ANT28	D5-7	-44. 687 233	-62. 091 817	479. 8	2012-01-29 11：45
13	ANT29	P7-07	77. 820 667	-65. 479 200	3 240	2013-01-31 13：00
14	ANT29	P7-05	78. 089 333	-64. 478 333	3 548	2013-02-01 05：02
15	ANT29	P7-12	77. 998 344	-66. 937 192	225	2013-02-02 05：55
16	ANT29	P7-14	77. 184 033	-67. 437 803	311	2013-02-02
17	ANT29	P7-16	76. 197 200	-68. 383 633	558	2013-02-03
18	ANT29	P6-12	75. 489 700	-68. 909 539	699	2013-02-07 11：：59
19	ANT29	P6-08	75. 494 750	-67. 245 833	386	2013-02-12 13：42
20	ANT29	P5-01	73. 212 378	-64. 897 322	3 421	2013-02-14
21	ANT29	P6-03	75. 676 081	-65. 991 683	2 920	2013-02-15
22	ANT29	P5-11	73. 000 111	-68. 478 631	655	2013-02-16
23	ANT29	P5-10	72. 921 683	-67. 995 367	642	2013-2-16 15：57
24	ANT29	P5-07	73. 021 114	-66. 970 797	510	2013-02-18
25	ANT29	PA-05	76. 179 867	-67. 235 733	353	2013-02-18 22：33
26	ANT29	PA-03	73. 827 250	-67. 248 483	487	2013-02-19 6：12
27	ANT29	PA-01	71. 282 383	-67. 206 100	487	2013-02-20 14：15
28	ANT29	P5-12	73. 837 967	-68. 390 617	667	2013-02-26
29	ANT29	P3-03	67. 811 506	-65. 999 989	2 689	2013-03-1
30	ANT29	P3-07	67. 991 233	-66. 983 283	1 661	2013-03-2 01：40
31	ANT29	P3-09	68. 011 917	-67. 512 317	251	2013-03-02
32	ANT29	P4-07	70. 485 583	-66. 988 883	294	2013-03-03
33	ANT29	P4-09	70. 868 283	-67. 515 750	288	2013-03-03
34	ANT30	D1-06	-56. 871 389	-62. 055 278	711	2014-02-08
35	ANT30	D1-07	-56. 578 056	-62. 261 944	1063	2014-02-08
36	ANT30	D2-10	-52. 266 667	-62. 960 000	974	2014-02-09

续表

总序号	航次	站号	经度/（°）	纬度/（°）	水深/m	取样时间
37	ANT30	D2-06	-53. 700 556	-61. 821 389	588	2014-02-10
38	ANT30	D2-05	-54. 149 444	-61. 585 278	450	2014-02-10
39	ANT30	D2-03	-54. 684 167	-60. 797 222	1938	2014-02-10
40	ANT30	D3-03	-50. 578 611	-61. 125 833	600	2014-02-11
41	ANT30	DA-01	-50. 362 222	-60. 853 333	1326	2014-02-12
42	ANT30	DA-02	-49. 581 389	-60. 835 833	2592	2014-02-12
43	ANT30	D4-02	-47. 063 889	-60. 836 389	432	2014-02-12
44	ANT30	D5-08	-44. 681 389	-62. 389 444	1559	2014-02-13
45	ANT30	D5-07	-44. 687 778	-62. 091 944	336	2014-02-13
46	ANT30	D5-06	-44. 675 556	-61. 739 722	394	2014-02-14
47	ANT30	D5-05	-44. 658 333	-61. 493 889	376	2014-02-14
48	ANT30	D5-04	-44. 695 556	-61. 200 000	324	2014-02-14
49	ANT30	IS-00	76. 420 556	-69. 265 833	355	2014-02-26
50	ANT31	ZS-1	76. 366 000	-69. 134 000	425. 8	2014-12-10 23：30
51	ANT31	JB03	170. 698 333	-75. 803 611	615. 07	2014. 12. 28 01：30
52	ANT31	JB04	172. 372 500	-75. 301 111	510. 8	2014-12-28 06：15
53	ANT31	JB05	173. 188 056	-74. 755 278	496. 81	2014-12-18 12：30
54	ANT31	JB06	173. 906 667	-74. 472 778	567. 52	2014-12-28 14：15
55	ANT31	JB02	169. 986 667	-76. 844 167	759. 98	2014-12-29 20：15
56	ANT31	JB01	165. 569 444	-77. 588 333	774	2014-12-30
57	ANT31	R10	167. 001 944	-75. 002 222	636	2014-12-31 09：45
58	ANT31	R04	166. 776 667	-74. 766 667	901	2014-12-31 12：20
59	ANT31	R05	167. 777 500	-74. 776 667	585. 59	2014-12-31 16：00
60	ANT31	R11	167. 805 556	-74. 949 167	449. 44	2014-12-31 18：10
61	ANT31	R17	167. 909 167	-75. 230 278	374. 4	2015-01-01 00：20
62	ANT31	R01	163. 868 056	-74. 946 944	516. 3	2015-01-01 09：30
63	ANT31	R14	164. 804 722	-74. 935 000	901. 13	2015-01-02 19：30
64	ANT31	R09	165. 997 967	-75. 003 283	1032. 06	2015-01-03 00：00
65	ANT31	R03	166. 013 000	-74. 755 000	809. 01	2015-01-03 03：05
66	ANT31	R02	165. 133 000	-74. 785 000	719. 22	2015-01-03 05：00
67	ANT31	R08	165. 012 000	-75. 003 000	891. 8	2015-01-03 06：45
68	ANT31	R18	163. 765 000	-74. 913 000	45. 97	2015. 01. 05 16：00
69	ANT31	R19	170. 394 444	-72. 254 444	516. 29	2015. 01. 07 04：50

表 4-3　南极海洋地质考察获取多管样品一览

总序号	航次	站号	经度/（°）	纬度/（°）	水深/m	取样时间	管数×样长
1	ANT28	D2-4A	-54. 914 767	-61. 204 850	45	2012-01-21 16：35	2×20 cm
2	ANT28	D5-2	-44. 696 783	-60. 559 867	323	2012-01-29 00：03	1×20 cm
3	ANT28	D5-3	-44. 708 833	-60. 928 050	243	2011-12-30 21：37	3×10 cm
4	ANT28	D5-7	-44. 687 233	-62. 091 817	480	2012-01-29 11：45	1×10 cm
5	ANT29	P6-13	75. 811 917	-69. 168 033	737	2013-02-07	7×29 cm
6	ANT29	P6-10	75. 573 858	-67. 999 736	489	2013-02-07	8×37 cm
7	ANT29	M3-old	73. 237 033	-67. 183 233	561	2013-02-19	5×16 cm
8	ANT29	M2-old	72. 668 378	-67. 221 356	560	2013-02-20	8×23 cm
9	ANT29	P5-12	73. 836 400	-68. 388 617	667	2013-02-26	8×24 cm
10	ANT29	P3-05	67. 959 278	-66. 608 417	2362	2013-03-01	8×35 cm
11	ANT29	P3-08	67. 995 000	-67. 250 717	169	2013-03-02	7×20 cm
12	ANT29	P4-06	70. 489 033	-66. 858 800	420	2013-03-03	7×22 cm
13	ANT29	P4-08	70. 402 267	-67. 283 850	155	2013-03-03	7×12 cm
14	ANT30	D5-06	-44. 675 556	-61. 739 722	394	2014-02-14	8×20 cm
15	ANT30	D5-05	-44. 658 333	-61. 493 889	376	2014-02-14	7×23 cm
16	ANT30	D5-04	-44. 695 556	-61. 200 000	324	2014-02-14	7×27 cm
17	ANT30	IS-00	76. 420 556	-69. 265 833	355	2014-02-26	4×10 cm
18	ANT31	R20	166. 847 778	75. 504 444	426	2014. 12. 31 08：30	7×25 cm
19	ANT31	R16	166. 997 222	75. 254 167	487	2014. 12. 31 10：45	8×27 cm
20	ANT31	R15	166. 014 183	75. 227 450	901	2014. 1. 3 00：30	7×32 cm
合计	样品 120 管，样品总长 28. 78 m						

表 4-4　南极海洋地质考察获取柱状沉积物样品一览

总序号	航次	站号	经度/（°）	纬度/（°）	水深/m	取样时间	样长/cm
1	ANT28	D1-3	-58. 161 767	-61. 258 117	2 712	2012-01-16 21：55	0，砾石
2	ANT28	D1-7	-56. 590 950	-62. 269 383	1 100	2012-01-17 12：44	310
3	ANT28	D3-5	-50. 344 900	-62. 232 183	3 397	2012-01-25 08：23	320
4	ANT28	D3-7	-50. 178 450	-62. 875 833	3 429	2012-01-25 19：01	320
5	ANT28	D4-2	-47. 209 700	-60. 341 967	2 268	2012-01-28 05：15	44
6	ANT28	D4-9	-47. 108 650	-62. 408 217	3 401	2012-01-26 18：44	300
7	ANT28	D5-9	-44. 666 067	-62. 709 383	2 036	2012-01-29 19：39	310
8	ANT29	P7-09	78. 064 717	-66. 529 317	1 118	2013-02-01	323
9	ANT29	P6-11	75. 997 198	-68. 497 075	605	2013-02-11 17：13	170

续表

总序号	航次	站号	经度/（°）	纬度/（°）	水深/m	取样时间	样长/cm
10	ANT29	P5-03	72.958 917	-65.986 000	2 576	2013-02-13 15：09	320
11	ANT29	P6-01	75.662 275	-64.973 836	3 196	2013-02-15	622
12	ANT29	P6-06	75.531 931	-66.869 861	1 065	2013-02-16	298
13	ANT29	P5-09	72.970 642	-67.494 375	595	2013-02-17	179
14	ANT29	P5-05	73.133 797	-66.619 600	1 263	2013-02-18	400
15	ANT29	P4-03	70.568 706	-65.959 111	2 640	2013-02-28	242
16	ANT29	P4-01	70.693 161	-64.914 883	3 162	2013-02-28	446
17	ANT29	P3-01	68.005 572	-65.011 739	2 830	2013-02-28	562
18	ANT30	D1-04	-57.915 278	-61.468 056	552	2014-02-08	0，砾石
19	ANT30	D1-07	-56.578 056	-62.261 944	1 063	2014-02-08	372
20	ANT30	D2-04	-54.341 111	-61.424 722	800	2014-02-10	60
21	ANT30	D3-04	-50.535 000	-61.595 000	3 078	2014-02-11	524
22	ANT30	D4-05	-47.156 111	-62.305 556	3124	2014-02-13	145
23	ANT30	D5-04	-44.695 556	-61.200 000	324	2014-02-14	131
24	ANT30	P1-03	72.978 611	-66.000 833	2 531	2014-03-02	599
25	ANT30	P1-02	72.942 778	-65.484 722	2 860	2014-03-02	653
26	ANT31	JB03	170.687 222	75.816 667	614.31	2014-12-28 02：30	141
27	ANT31	JB04	172.372 500	75.301 111	510.8	2014-12-28 07：00	313
28	ANT31	JB05	173.188 056	74.755 278	496.81	2014-12-28 12：30	128
29	ANT31	JB06	173.906 667	74.472 778	567.52	2014-12-28 15：00	303
30	ANT31	R10	167.001 944	74.996 667	636	2014-12-31 10：15	150
31	ANT31	R04	74.766 667	166.776 667	912.82	2014-12-31	23
32	ANT31	R11	167.814 444	74.951 389	447.94	2014-12-31 19：00	95
33	ANT31	R09	165.994 000	75.009 000	1 021.89	2015-01-03 02：00	0，砾石
34	ANT31	R21	173.077 778	69.596 111	2 460.4	2015-01-08 19：00	615
35	ANT31	R22	173.152 000	67.215 000	2 906	2015-01-09 20：00	420
36	ANT31	R22B	173.156 000	67.189 000	2 647	2015-01-09 23：35	50
37	ANT31	R23	168.185 650	66.229 767	2 967.34	2015-01-11 01：00	825
合计							10 713

4.1.1 悬浮体样品

悬浮体采集表层水样。待船停稳后，用干净的简易水桶采集表层水，定量过滤，分析悬浮体含量及成分。考虑到南极周边海域水体中悬浮体含量偏低的特点，单站过滤水体积宜在5 L以上。过滤后，用锡箔纸小心包好悬浮体滤膜，置于-20 ℃的冰箱中冷冻保存。

4.1.2 箱式沉积物样品

通过箱式取样器采集表层沉积物深海站位（水深大于2 000 m）采样时应两次定位：采样器下水前和到达海底时各测定一次船位。

样品采至甲板后，立即进行现场描述和必要的现场测试和处理。描述内容包括沉积物颜色、气味、厚度、稠度和黏性、分选性、结构与构造、沉积物现场命名等。样品现场测试包括沉积物温度、pH 值和 Eh 值等。

4.1.3 多管沉积物样品

通过多管取样器采集短柱状沉积物。样品采至甲板后，立即进行现场描述和必要的现场测试和处理。描述内容包括沉积物颜色、气味、厚度、稠度和黏性、分选性、结构与构造、沉积物现场命名等。样品现场测试包括沉积物温度、pH 值和 Eh 值等。样品特殊处理包括多管上浮水（底层海水）和间隙水的提取、处理和保存等。

4.1.4 柱状沉积物样品

通过重力取样器采集柱状沉积物。深海站位（水深大于2 000 m）采样时应两次定位：采样器下水前和到达海底时各测定一次船位。

样品采至甲板后，立即进行现场描述和必要的现场测试和处理。描述内容包括沉积物颜色、气味、厚度、稠度和黏性、分选性、结构与构造、沉积物现场命名等。

4.2 数据及获取方式

4.2.1 获取的主要数据

针对第28~31次南极考察获取的悬浮体、表层沉积物、多管沉积物和柱状沉积物样品，以及部分收集样品，开展了悬浮体含量与组成、沉积物粒度、矿物、元素与同位素、微体古生物、环境磁学与古地磁、地层年代学等综合分析测试工作，各年代计划工作量和实际完成工作量见表4-5。

据不完全统计，2012—2015年度，南极海洋地质专题任务承担单位累计完成了197站悬浮体、126站沉积物、22站多管或箱式插管、35站柱状沉积物样品的分析。悬浮体样品和表层沉积物样品在足量情况下，尽可能保证了各项常规指标的全分析，多管样的分析间距多为1 cm，柱状样的分析间距多为2 cm，部分柱状样的分析间距为1 cm。

表 4-5 专题内业分析工作量及完成情况一览

类别	实验分析项目		计划工作量/站				完成工作量/站				总完成率/%
			2012 年度	2013 年度	2014 年度	2015 年度	2012 年度	2013 年度	2014 年度	2015 年度	
悬浮体分析(站)	悬浮体含量		19	30	30	27	19	61	38	79	186
	颗粒有机碳/氮含量		19	30	30	27	19	61	38	79	186
箱式沉积物分析(站)	粒度		10	29	9	18	30	51	14	20	174
	冰筏碎屑含量		10	29	9	18	30	51	14	20	174
	矿物	碎屑矿物	10	29	7	15	28	58	14	15	189
		黏土矿物	10	29	7	15	26	48	7	15	157
	地球化学	碳酸钙、蛋白石	10	29	7	15	26	50	14	20	180
		常量、微量元素	10	29	7	15	26	50	14	20	180
		Sr、Nd、Pb 同位素	10				26				260
		有机元素(TOC, TN)	10	29	7	15	26	50	14	20	180
		同位素($\delta^{13}C$,$\delta^{15}N$)	10	29	7	15	26	36	14	15	149
		分子标志物	10	29	7	15	10	38	7	15	115
	微体古生物	硅藻	10	38	10	15	13	38	10	15	104
		有孔虫	10	20	7	15	5	30	10	15	115
		有孔虫碳氧同位素	10	20	7		5	20	7		86
	磁学	环境磁学	10	18	7	15	10	18	7	15	100
多管沉积物分析(站,柱)	^{210}Pb 测年与沉积速率分析		2	9	3	3	2	14	3	3	129
	粒度		2	9	3	3	2	14	3	3	129
	元素与同位素地球化学		2	9	3	3	2	14	3	3	129
	早期成岩作用		2	2	1	1	2	2	1	1	100

续表

类别	实验分析项目		计划工作量/站				完成工作量/站				总完成率 /%
			2012 年度	2013 年度	2014 年度	2015 年度	2012 年度	2013 年度	2014 年度	2015 年度	
柱状沉积物分析（柱）	整体性质	颜色反射率	6	9	5	6	6	10	7	12	135
		电阻率、磁化率、Gamma 密度等物理参数扫描	6	9	5	6	6	10	7	12	135
		XRF 扫描	6	9	5	6	6	10	6	12	131
	年代框架与沉积速率	有孔虫或有机质 AMS^{14}C 测年	6	9	5	7	6	9	5	7	100
	粒度	粒度与冰筏碎屑含量	6	9	5	7	6	10	7	7	111
	矿物	黏土矿物	5	9	5	7	5	10	6	7	108
	地球化学	碳酸盐、蛋白石含量	5	9	5	7	5	10	6	7	108
		常量、微量元素	5	9	5	7	5	10	6	7	108
		Sr、Nd、Pb 同位素	1				1			7	800
		有机元素（TOC，TN）	5	9	5	7	5	10	6	7	108
		同位素（$\delta^{13}C$，$\delta^{15}N$）	3	9	5	3	3	10	6	7	130
		分子标志物	2		1		2	1	1	1	167
	微体古生物	有孔虫或硅藻	5	9	5	6	5	10	6	6	108
		有孔虫优势种碳、氧同位素	1	4			2	4			120
	古地磁	环境磁学与古地磁	5	9	5	6	5	10	6	6	108
	早期成岩指标	Mn，Fe，Corg，TN，硫化物等	1	1	1	1	1	1	1	1	100

* 多管样的分析间距多为 1 cm，柱状样的分析间距多为 2 cm，部分柱状样的分析间距为 1 cm.

4.2.2 主要分析方法与程序

4.2.2.1 岩心物理参数扫描

应用英国产岩心物理参数扫描仪（Multi-sensor Core Logger）对各岩心进行物理参数扫描，扫描步长为0.2~0.5 cm，得到岩心沉积物P波速率（P-wave velocity）、湿密度（gamma density）、相对孔隙率（fractional porosity）、磁化率（magnetic susceptibility）、声学阻抗（IMP）、电阻率（electronic resistivity）等高分辨率物理参数变化曲线。

4.2.2.2 岩心颜色反射率测定

沉积物颜色反射率数据通过CM-700d/600d手持分光测色计获得。样品分析参照ODP样品分析程序。将岩心剖开后，铺上无色透明保鲜膜，抹平，每隔1 cm采集一个数据。测量数据输出格式与ODP沉积物颜色反射率输出格式一致，选择$L^* a^* b^*$色空间（CIELAB色空间）。该色空间可以通过立体的球来表示，球的轴为亮度参数L^*，从0~100；a^*、b^*为色度坐标，表示色方向：$+a^*$为红色方向，$-a^*$为绿色方向，$+b^*$为黄色方向，$-b^*$为蓝色方向。测量所得的可见光范围内的反射率是从400~700 nm，以10 nm为一间隔，共31组数据，即：re400 nm，re410 nm，re420 nm，…，re700 nm。

4.2.2.3 岩心XRF元素扫描

岩心剖开后，将表面处理平整，铺设专用测试薄膜（ultrlene，厚度4 μm），利用AVAATECH公司的X荧光光谱岩心扫描仪（XRF Core Scanner）进行步长为1 cm的多元素扫描（Jansen et al.，1998）。每个测试点的X光斑照射面积为10 mm×16 mm，计数时间30 s。对^{13}Al~^{26}Fe元素的测试条件为电压10 kV，电流0.2 mA，不适用滤光片；对^{27}Co~^{42}Mo元素的测试条件为电压30 kV，电流0.8 mA，适用厚Pb质滤光片；对^{43}Tc~^{92}U元素的测试条件为电压50 kV，电流0.2 mA，适用厚Cu质滤光片。最终得到岩心全岩^{13}Al~^{92}U元素相对含量的连续变化；数值单位：计数/(30 s)。

4.2.2.4 AMS^{14}C测年

AMS^{14}C测年在美国Beta实验室完成，测年材料优先选择浮游有孔虫或底栖有孔虫优势种、新鲜的贝壳；在没有碳酸盐壳体的情况下，采用酸不溶有机质为测年材料。得到的AMS^{14}C测年数据用Calib Rev 7.0软件和Marine 13校正曲线进行日历年计算（Stuiver and Reimer，1993；Reimer et al.，2013）。以南大洋区域较为常用的碳储库年龄1 300 a作为碳储库年龄（Berkman and Forman，1996；Gordon and Harkness，1992）。

4.2.2.5 粒度分析

沉积物粒度分析主要采用激光粒度分析仪，个别单位使用筛析法和沉析法（吸管法），即综合法。激光粒度分析仪适用于粒径小于2 mm的沉积物。筛析法适用于粒径大于0.063mm的沉积物，沉析法适用于粒径小于0.063 mm的物质。激光粒度分析程序大体如下：

称取约 0.15 g 烘干后样品，经双氧水去除有机质、醋酸去除钙质壳体以及用 NaOH 溶液去除生源蛋白石后，加入适量分散剂六偏磷酸钠，煮沸 1 min，使用全自动激光粒度分析仪分析其粒度组成。激光粒度仪的测量范围通常为 0.04~2 000 μm，对同一样品平均粒径的重复性测试偏差不大于 1%。

4.2.2.6 冰筏碎屑组分分析

粗颗粒组分（>63 μm、>150 μm、>250 μm、>2 mm）含量测定：将湿样在 50 ℃低温状态下烘干，取 15 g 左右干样，经水泡开，使用孔径为 63 μm 的筛子冲洗，收集筛子里的屑样，自然挥发水分后称重。再将大于 63 μm 的屑样用孔径为 150 μm 的筛子干筛，然后称重；将大于 150 μm 的屑样用孔径为 250 μm 的筛子干筛，然后称重。最后大于 250 μm 的屑样再用孔径为 2 mm 的筛子干筛，然后称重计算，分别得到大于 63 μm、大于 150 μm、大于 250 μm 和大于 2 mm 组分的百分含量。

4.2.2.7 火山灰分析

火山灰颗粒统计分析：取 5 g 左右 50 ℃低温烘干样品放入烧杯中，加入适量水、适量 H_2O_2 和 HCl，煮沸 0.5 h，直至反应结束；然后用孔径为 37 μm 的网筛冲洗样品，将筛子上的屑样收集到塑料瓶中，加水稀释至 100 mL，摇匀，并用注射器取 5~10 mL，用自然沉降法使颗粒均匀地沉淀在盖玻片上，沉降完全后用吸水纸条虹吸出去多余水分，自然晾干后，用加拿大树胶将盖玻片固定在载玻片上，然后在 Leica 透射显微镜下进行火山灰颗粒的统计，计算火山灰丰度。

4.2.2.8 碎屑矿物分析

碎屑矿物样品制备和鉴定按照《极地地质与地球物理考察技术规程》的规范要求进行。

称取一定量的湿样（10~50 g），用 0.25 mm、0.125 mm 和 0.063 mm 套筛进行筛分，经筛析冲洗后，烘干，再称重，制备鉴定样，样品烘干的温度应低于 60 ℃。如果矿物颗粒表面带有铁质或黏土质薄膜时，将样品盛入三角烧杯中，加入草酸钠溶液［（$Na_2C_2O_4$）= 2 g/dm^3］煮沸 1 h。

重、轻矿物的分离采用重液法。将上述样品通过密度为 2.89 g/cm^3 的三溴甲烷（$CHBr_3$）进行分离；充分搅拌 3 次后，静置 8 h，将轻、重矿物分离后，分别冲洗、烘干、称重，获得重、轻矿物的重量数据。

样品的分析鉴定采用双目实体镜进行鉴别。矿物定性分析后，在双目镜或偏光镜下采用条带颗粒记数或视域法进行定量计算。定量时，应分别对轻矿物和重矿物各数 300 个颗粒；在轻矿物的定量中，应将长石中的钾长石和斜长石（可利用染色法）、碳酸盐中的方解石、雯石（霰石）和贝壳颗粒分开计数。最后，根据重矿物、轻矿物的颗粒数计算出各矿物的矿物颗粒百分数。

4.2.2.9 黏土矿物分析

黏土矿物分析采用黏土粒级矿物（<2 μm）定向薄片的 X 射线衍射方法（XRD）。样品的预处理和黏土粒级颗粒定向薄片的制作方法按照《极地地质与地球物理考察技术规程》的

规范要求进行。

分析使用X射线衍射仪：CuKα发射，工作电压为50 kV，工作电流为100 mA，扫描宽度为3°~35°（2θ），扫描速率为2°/min；分别对自然条件、乙二醇条件（24 h）、加热条件（490 ℃烘箱中加热2 h）预处理过的样品薄片进行测试。

分析获得的扫描图谱与有关资料比对，确定出黏土矿物族种名称。黏土矿物半定量计量用Bicaye（1965）方法，即选用乙二醇饱和片或镁-甘油饱和片图谱上蒙脱石（17 Å）、伊利石（10 Å）、绿泥石（7 Å）+高岭石（7 Å）4种矿物的3个特征衍射峰的峰面积作为基础数据进行计算。峰面积计算方法为衍射峰高乘以半峰宽；权因子确定，蒙皂石重量因子为1，伊利石重量因子为4，绿泥石+高岭石重量因子为2，高岭石与绿泥石的含量比例以3.5Å附近的衍射峰高比值求得。同时，根据乙二醇曲线计算出伊利石的矿物学特征。伊利石化学指数为0.5 nm/1 nm峰面积比，伊利石结晶度为1 nm半峰宽。

4.2.2.10 生源组分（TOC、TN、蛋白石）

蛋白石含量测定：采用硅钼蓝比色法，该方法的误差小于3%（Mortlock，1989）。实验过程是：将样品低温（50 ℃）烘干后，称取0.15 g置于离心管中。先用过氧化氢溶液与稀盐酸溶液除去样品中的有机质与钙质，再利用碳酸钠溶液提取样品中的生物硅。然后和钼酸铵溶液反应生成硅钼黄，静置后再和抗坏血酸溶液反应生成硅钼蓝。最后用紫外分光光度计对溶液进行测试得到吸光度，通过回归方程计算出蛋白石的百分含量。其基本原理是用碳酸钠溶液将生物硅从样品中提取出来，然后和钼酸铵溶液反应生成硅钼黄，再和抗坏血酸溶液反应生成硅钼蓝，随后用分光比色仪对该溶液进行测试得到吸光度，通过回归方程计算出蛋白石的百分含量。

有机碳、氮含量测定：取适量样品低温（50 ℃）烘干，研磨后分成两份，一份加入稀盐酸去碳酸钙完全反应，用去离子水反复清洗至pH值呈中性；另一份直接用去离子水清洗。再次低温烘干后，用百万分之一天平分别秤取10 mg并用锡杯包好，然后通过有机元素分析仪测试，可同时获得有机碳、氮含量。

4.2.2.11 主微量元素分析

主微量元素分析测试采用电感耦合等离子体光谱仪（ICP-OES）、电感耦合等离子体质谱仪（ICP-MS）完成。取适量样品，低温冷冻干燥，用玛瑙研钵研磨至200目以上，经硝酸和氢氟酸高温消解后，蒸干并加入铑内标。稀释定容后分别上机测试。为监控仪器测试精度与准确度，进行了重复样和标样的分析，测定结果表明：采用电感耦合等离子体光谱仪（ICP-OES）对常量元素分析，相对标准偏差小于1%；采用电感耦合等离子体质谱仪（ICP-MS）对微量元素分析，标准偏差均小于5%。

4.2.2.12 有机碳、氮同位素分析

有机碳、氮同位素组成的分析方法采用元素分析仪与Delta Plus AD同位素质谱分析仪联机在线分析。分别用USGS-24、GBW4408和IAEA-N1标准物质对实验室钢瓶CO_2和N_2气进行标定。碳同位素以PDB国际标准为参考标准。选取20%的分析样品进行平行样分析，平行样分析双差$\delta^{13}C$和$\delta^{15}N$分别小于0.2‰和小于0.3‰。对于异常数据点，则采取了加做平行

样品分析的方法，以确认分析数据的可靠性。

根据《海洋调查规范第 8 部分：海洋地质地球物理调查（GB/T 12763.8-2007）》取一定量的沉积物样品，加入 4 mol/dm^3 HCl 至过量，反应 24 h。用去离子水洗酸至中性，将样品置于烘箱内 60 ℃烘干，恒重后称量，研磨成粉末，过 60 目的筛子。准确称取约 10 mg 去除碳酸盐的样品，用 4×6 锡杯包样，用元素分析仪-稳定同位素质谱仪联机（Flash EA 1112 HT -Delta V Advantages，Thermo 公司）测定沉积物中 TOC、和 $\delta^{13}C_{TOC}$。实验条件为：载气 He 流速 90 mL/min，反应管温度 960 ℃，色谱柱温度 50 ℃。其中总有机碳（TOC）STD<0.25‰；有机碳同位素（$\delta^{13}C_{TOC}$）STD<0.2‰。

4.2.2.13 分子标志物分析

分子生物标志化合物的测试分析依据中华人民共和国国家标准《气相色谱-质谱法测定沉淀物和原油中生物标志物（GB/T 18606-2001）》。

将沉积物样品冷冻干燥、粉碎至 80 目岩样，进行抽提 78 h，用石油醚沉淀沥青质，族组分分离用硅胶、氧化铝色层柱分离，正已烷、二氯甲烷和氯仿/乙醇混合溶剂洗脱饱和烃、芳烃和非烃。

样品经前处理后由气相色谱-质谱仪（Agilent 7890A GC/5975C MSD）进行测试分析，分析条件为气化室温度：310 ℃，传输管线温度：310 ℃；升温程序：柱始温 100 ℃，升温速率 4 ℃/min，柱终温 3 154 ℃，恒温时 22 min；色谱柱 DB5-MS 60 m×0.25 mm×0.25 μm；柱前压 170 kPa，分流比：20∶1；载气：氦气；线速：27 cm/s；采集方式：圈扫描（SCAN）/多离子检测（SIM）；离子源温度：250 ℃，扫描速率：0.46 scan/s；离化方式：电子轰击（EI）。

4.2.2.14 有孔虫属种鉴定和统计

在粗组分筛出的大于 150 μm 屑样中，用实体显微镜鉴定有孔虫，并统计其丰度。

4.2.2.15 有孔虫氧碳同位素（$\delta^{18}O$、$\delta^{13}C$）

样品低温冷冻干燥，然后室温浸泡于蒸馏水中约 48 h 至样品分散，随之用 63 μm 筛子湿筛。收集大于 63 μm 的部分，在 60 ℃下烘干后储存于冻存管中备用。于体式显微镜下（×50 倍），手工挑选 250~300 μm 范围内清洁无损的 *Neogloboquadrin pachyderma* sin 约 30 枚供 C、O 同位素分。从孔径大于 150 μm 屑样中挑出底栖有孔虫属种 *Bulimina aculeat* 壳径的完整个体 20 枚左右，进行稳定氧碳同位素的比值 $\delta^{18}O$ 和 $\delta^{13}C$ 测试。

测试在同济大学气体稳定同位素比质谱仪（Finnigan-MAT252 和 253）实验室进行。样品在小于 60 ℃的温度状态下烘干后，挑取新鲜未污染的个体若干；加无水酒精（浓度不小于 99.7 %）、在振荡频率为 40 kHz 的超声波清洗器（Branson 200）中清洗，根据化石状况处理约 5~10 s，倒去浊液后，将样品置于约 60 ℃的烘箱中烘烤 10 h 余；尔后放入碳酸盐制备装置（Kiel Ⅳ）的样品瓶中，在 70 ℃温度下经磷酸溶解后放出 CO_2，在稳定同位素比质谱仪（MAT253）上分析其中的氧、碳同位素比值（$\delta^{18}O$ 和 $\delta^{13}C$）。分析在同济大学国家重点实验室完成；分析精度用国际标样 NBS19 检测，分析检测的标准偏差：$\delta^{13}C$ 为 0.04‰，$\delta^{18}O$ 为 0.07‰。

4.2.2.16 硅藻属种鉴定及因子分析

样品的处理和制备过程采用德国阿尔弗雷德·魏格纳极地与海洋研究所（Alfred Wegener Institute，AWI）微体古生物室的标准方法（Gersonde and Zielinski，2000），过程如下：取足量真空冷冻干燥样品（0.5~1 g，依据硅藻含量）置于400 mL烧杯中，加入大约15 mL浓度为35%的双氧水和大约15 mL盐酸，加热煮沸促进反应。完全反应后，加水至400 mL。静止8~10 h虹吸去除上层水。再次加水至400 mL，静止8~10 h，虹吸去除上层水，该清洗过程重复10次左右直至所有的酸和部分黏土被去除完全。清洗干净后转移至50 mL Nalgene瓶中，定容至50 mL保存。加入2~3滴中性甲醛保存。取3个盖玻片（直径：1.8 cm）用乙醚浸洗后，放入培养皿（直径：5 cm，深度：2 cm），加入gelatine溶液（0.085 g/L）。上下摇动Nalgene瓶中的保存液，确保颗粒均匀悬浮，用移液枪深入悬浮液中央抽取一定量，移入培养皿，使悬浮液均匀分布。静止1~2 h，用吸水纸条通过虹吸除去培养皿中水分，自然晾干。将盖玻片用Mountex树脂：甲苯=2∶1永久固定在载玻片上。

硅藻属种的鉴定主要参考Zielinski和Gersonde（1997）；Armand和Zielinski（2001）；Iwai和Winter（2002）；Zielinski和Gersonde（2002）等提供的硅藻模板和新近发表的文献资料（Almandoz et al.，2007；Geary，2007；Cefarelli et al.，2010），同时参考相关研究单位或个人网络公开平台等发布的资料（如USGS），以及前人整理的南大洋硅藻资料等。由于单个属种*Chaetoceros*休眠孢子占硅藻绝对含量极高的百分比，每个样品鉴定约600~700枚硅藻个体。

对硅藻属种组合的鉴定和统计结果进行因子分析。因子分析是指从变量群中提取共性因子的统计技术。采用Q型因子分析的方法，从硅藻属种鉴定和统计数据中选择至少在一个样品中百分含量大于2%的种进行统计和计算，结果将显示硅藻属种中多个主要因子组合在不同的地质历史时期的变化规律以及该因子组合主要优势硅藻属种组合。

4.3 质量控制与监督管理

4.3.1 组织管理措施

在专题质量控制与监督管理方面，全面遵循《“南北极环境综合考察与评估”专项管理办法》和《“南北极环境综合考察与评估”专项质量控制与监督管理办法》（以下统称《办法》）的相关规定，由专题牵头单位国家海洋局第一海洋研究所成立了极地专项领导小组和专项管理办公室，各参与单位也成立了相应的质量保障机构，分年度明确南极海洋地质考察专题的质量管理措施及执行情况。

南极海洋地质专题明确专题技术负责人为陈志华和王汝建。同时，根据专题主要调查内容和实验室分析要素，指定了多名专业质量保障员，负责各学科仪器校准、作业规程的执行、调查和分析测试资料的质保工作。其中，悬浮体方面的负责人为李云海；沉积学分析的负责人为黄元辉、肖文申、王百顺、颜彬、李国刚；矿物学方面的负责人为王昆山；元素与同位素地球化学方面的负责人为陈志华、李云海；有机地球化学方面的负责人为韩喜彬；微体古生物方面的负责人为王汝建、唐正、肖文申、黄元辉。

4.3.2 质量控制

（1）外业考察。外业考察依据极地专项南极周边海域海洋地质考察各年度任务合同书和实施方案、各航次考察项目实施计划（大洋考察项目实施计划）、《极地地质与地球物理考察技术规程》以及《中国极地沉积物样品管理规定》进行，样品的采集、记录、现场分析、分配符合有关规定要求。航次结束以后，按有关规定办理“南北极考察样品、现场观测数据和样品分析数据注册”手续，向南北极数据中心（中国极地研究中心）移交了有关样品和数据，通过了极地专项办组织的各航次现场科考项目验收。

（2）内业分析。内业分析依据极地专项南极周边海域海洋地质考察各年度任务合同书和实施方案以及《极地地质与地球物理考察技术规程》进行，各项分析指标符合专项质量要求。

4.4 数据总体评价情况

专题外业考察与样品分析等的依据《极地地质与地球物理考察技术规程》及有关规定进行，样品和数据可靠。样品现场处理与保存方法可靠。岩心的物理参数扫描、颜色反射率测量、XRF 元素扫描仪器性能正常，数据可靠。样品的粒度分析、重矿物与轻矿物鉴定、黏土矿物分析、常微量元素分析、生源组分（蛋白石、TOC、TN、$\delta^{13}C_{org}$、$\delta^{15}N$）分析、分子标志物分析、有孔虫属种统计及其氧碳同位素（$\delta^{18}O$、$\delta^{13}C$）、硅藻属种统计与因子分析、AMS^{14}C 测年数据及日历年龄校正、古地磁分析等方法和数据可靠，并满足有关质量控制标准要求。

第5章 南极半岛周边海域悬浮体与海底沉积物特征

5.1 区域概况

南极半岛位于西南极洲，是南极大陆最大、向北伸入海洋最远（63°S）的大半岛，有“海洋性南极”之称。它东濒威德尔海，西濒别林斯高晋海，北隔德雷克海峡与南美洲相望，南接埃尔斯沃斯高地。该半岛属中-新生代褶皱带，通过海底山脉与南奥克尼群岛—南桑德韦奇群岛—南乔治亚岛—南美洲的安第斯山脉连成一蟠龙式的山系，发育火山岛弧和沉积岩（Eaglesa and Livermore，2002）。新生代南美南部与南极半岛的最后裂解促成了德雷克海峡的出现、南极绕极流的形成和南极冰盖的发育，深刻影响着当今地球环境和气候。南极半岛地区多山，多岛屿，山地冰川发育；海岸曲折呈峡湾形，东侧沿岸发育有菲尔希纳冰架和拉森等冰架。考察区位于南极半岛的东北部，主要为南极半岛、南设德兰群岛和南奥克尼群岛围成的长条形区域，其西部为南极半岛与南设德兰群岛陆架、陆坡、岛架、岛坡以及介于两者之间的布兰斯菲尔德海峡（Brendsfield Strait），东部为鲍威尔海盆（Powell Basin）、珍海盆（Jane Basin）、南奥克尼群岛岛架以及威德尔海（Weddel Sea）和斯科舍海（Scotia Sea）的一部分（图5-1）。

考察区水团和流系见图5-1，大体由威德尔海底层水（WSBW）、威德尔海深层水（WS-DW）、南极半岛陆架-岛架水和来自别林斯高晋海的表层暖水等组成，北部的南斯科舍海脊一带受南极绕极流（ACC）和绕极深层水影响明显（Jiang et al.，2013；Maldonado et al.，2003；Howe et al.，1998；Sangra et al.，2011）。考察区位于南半球夏季最小海冰分布区以北和冬季最大海冰分布区以南，属季节性海冰区；同时紧靠威德尔海西部的冰山输运通道。地形、海流和冰山等对该地区海底沉积物的发育起着重要作用（Jiang et al.，2013；Maldonado et al.，2003；Schodlok et al.，2006；Diekmann and Kuhn，1999）。

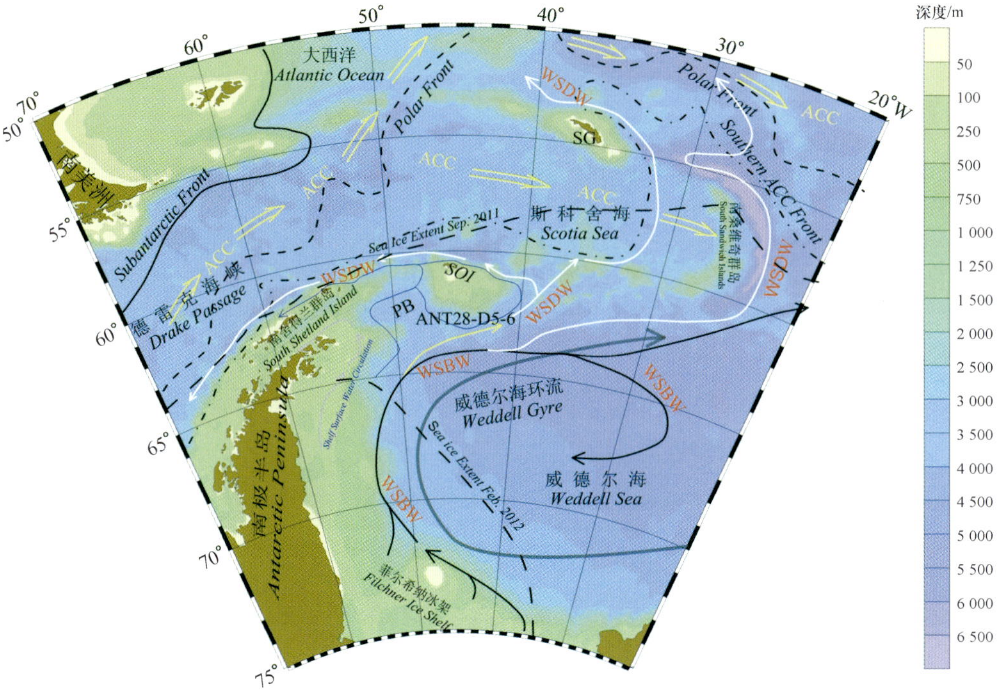

图 5-1　南极半岛东北海域环流示意图

ACC—南极绕极流（the Antarctic Circumpolar Current）；WSBW—威德尔海底层水（Weddell Sea Bottom Water）；WSDW—威德尔海深层水（Weddell Sea Deep Water）；the Weddell Gyre—威德尔海涡流；SOIs—南奥克尼群岛（South Orkney Islands）；PB—鲍威尔海盆（Powell Basin）

资料来源：地形等深线图来自 ODV 4.6.4 软件 http：//odv. awi. de/完成，海流示意图据 Hernández-Molina 等（2006）修改，海冰延伸界线来自 http：//nsidc. orgdataseaice_ index/

5.2　表层海水悬浮体特征

5.2.1　悬浮体浓度分布特征

南极半岛东北部海域表层海水悬浮体含量统计见表 5-1，悬浮体浓度分布见图 5-2。考察区表层海水悬浮体含量较低，其变化范围为 0.84~2.54 mg/L，平均浓度为 1.75 mg/L，高值区出现在南奥尼克群岛南部海域和象岛附近海域，低值区出现在乔治王岛北部海域，鲍威尔海盆区含量中等。

表 5-1　南极半岛东北部海域表层海水悬浮体浓度及组成

项目	悬浮体浓度 /（mg·L^{-1}）	POC 浓度 /（mg·L^{-1}）	PON 浓度 /（mg·L^{-1}）	C/N	$\delta^{13}C_{POC}$ /‰	$\delta^{15}N_{PON}$ /‰
最小值	0.84	0.31	0.06	2.00	−29.66	−2.31
最大值	2.54	0.86	0.21	9.72	−24.51	2.43
平均值	1.75	0.53	0.10	5.70	−27.94	−0.10

5.2.2 悬浮体组成特征

与表层悬浮体含量较低相对应，南极半岛东北部海域表层悬浮体中颗粒有机碳（POC）和颗粒有机氮（PON）含量也较低，其中POC含量为0.31~0.86 mg/L，平均值为0.53 mg/L；PON含量为0.06~0.21 mg/L，平均值为0.10 mg/L。如图5-3和图5-4所示，悬浮体中颗粒有机碳（POC）和颗粒有机氮（PON）含量的分布趋势大体与悬浮体含量的分布相一致，前者高值区出现在象岛附近海域以及南极半岛至南奥尼克群岛海域，后者高值区出现在南奥尼克群岛附近海域，反映出考察区表层悬浮体组成以生源组分（浮游植物）为主的特点。考察区表层悬浮颗粒物的碳、氮比（C/N）变化范围相对较大，介于2.00~9.72，平均值为5.70，显示区总体以海源有机质为主的特点；如图5-5所示，C/N的高值区出现在威德尔海、鲍威尔海盆至象岛附近，可能与陆源物质随海流和冰山的输运有关。

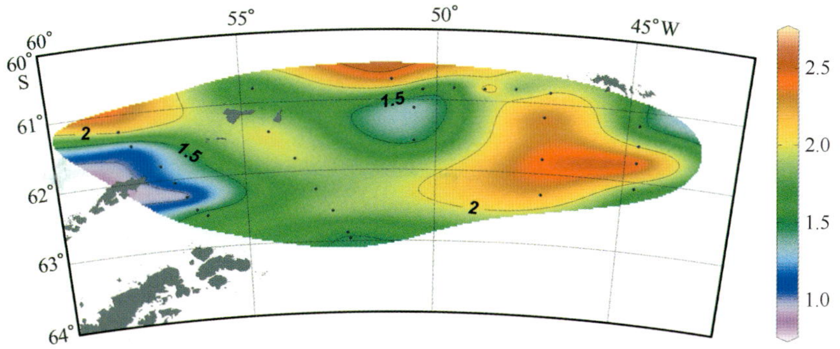

图5-2　南极半岛东北部海域表层悬浮体含量（mg/L）分布

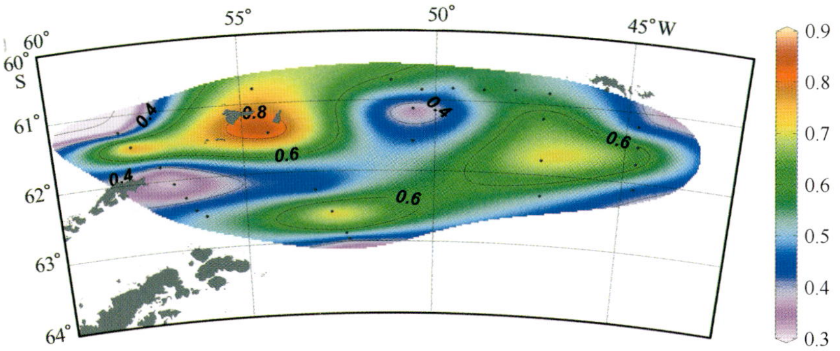

图5-3　南极半岛东北部海域表层悬浮颗粒有机碳含量（mg/L）

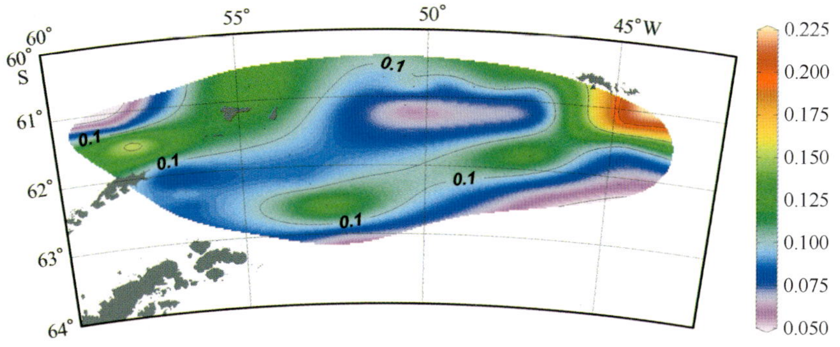

图5-4　南极半岛东北部海域表层悬浮颗粒有机氮含量（mg/L）

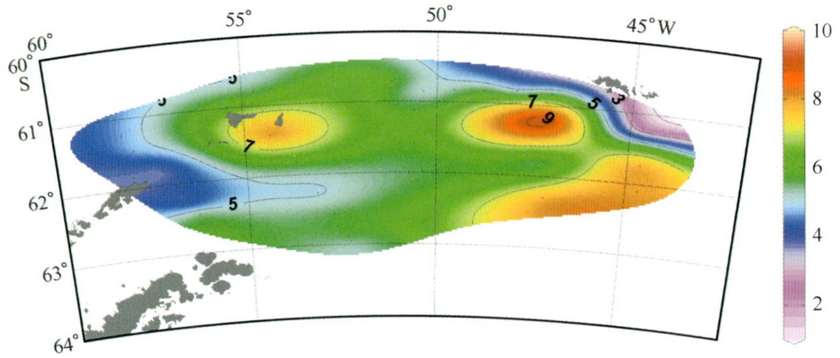

图 5-5　南极半岛东北部海域表层悬浮体 C/N 比值

南极半岛东北部海域表层悬浮颗粒有机碳同位素（$\delta^{13}C_{POC}$）相对较轻，变化范围在 −29.66 ‰~−24.51 ‰，平均值为−27.94 ‰，明显低于中低纬度海域的报道值，说明水温对颗粒有机物碳同位素组成起着主要控制作用。研究表明，海水温度每升高 1 ℃，$\delta^{13}C_{POC}$增加 0.3 ‰~0.5 ‰（Burkhardt et al., 1999）。如图 5-6 所示，$\delta^{13}C_{POC}$的高值区出现在南奥尼克群岛南部至南极半岛附近海域，显示该地区初级生产力高。

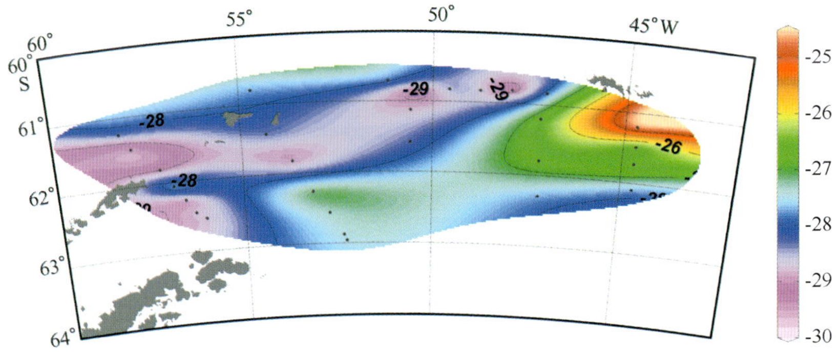

图 5-6　南极半岛东北部海域表层悬浮颗粒有机碳的 $\delta^{13}C_{POC}$值（‰）

南极半岛东北部海域表层悬浮颗粒有机氮同位素值（$\delta^{15}N_{PON}$）变化范围为−2.31 ‰~2.43 ‰，平均值为−0.10 ‰。如图 5-7 所示，$\delta^{15}N_{PON}$的高值区主要出现在考察区东部的南奥尼克群岛岛架和岛坡区，该地区初级生产力高，氮的利用率高。

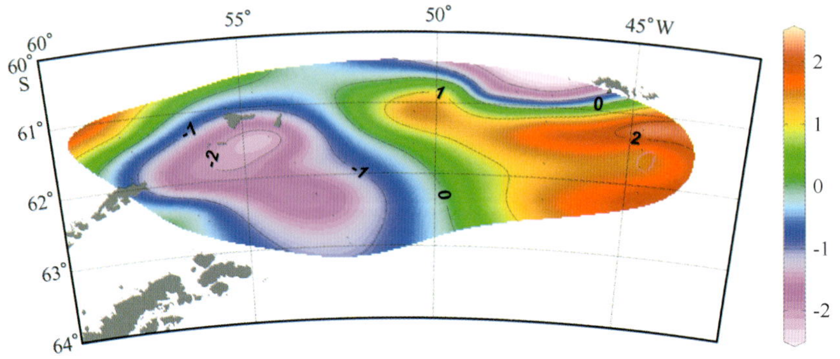

图 5-7　南极半岛东北部海域表层悬浮颗粒有机氮的 $\delta^{15}N_{PON}$值（‰）

5.2.3 基本分布规律

南极半岛东北部海域表层悬浮颗粒物浓度相对较低，悬浮颗粒物粒径较小，由于南极大陆陆源物质入海量相对较低，悬浮体主要以生源颗粒物为主。悬浮体的分布与海洋动力环境、悬浮颗粒物来源、组成等具有密切的关系，其分布具有以下特征。

（1）悬浮体含量大小与海表温度、盐度的相关性不明显（图5-8），但是悬浮体含量与颗粒有机碳、颗粒有机氮的分布基本一致，说明悬浮体以生源组分为主。如图5-9所示，悬浮体含量与颗粒有机碳含量呈正比，它们在南奥尼克群岛南部海域和象岛附近海域高，说明表层水生产力与岛屿、冰山融化以及海洋环流带来的营养物质关系密切。特别是南奥尼克群岛南部海域，位处现代海冰边缘区和威德尔海西部冰山通道上，海冰和冰山的融化释放大量的营养盐和冰藻，从而使得该地区硅质生物生产力特别高。

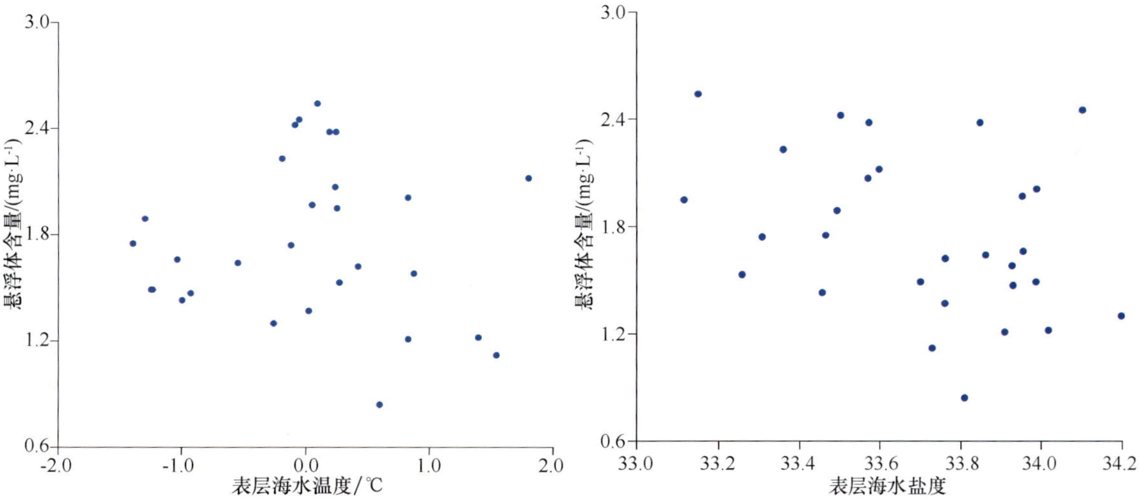

图5-8 南极半岛东北部海域表层悬浮体含量与表层海水温度、盐度之间的关系

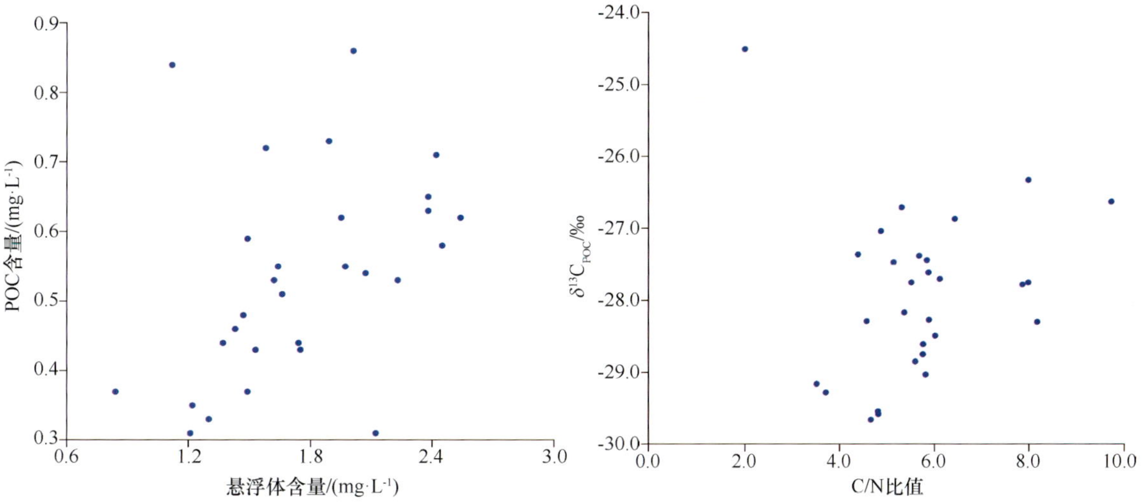

图5-9 南极半岛东北部海域表层海水颗粒有机碳与悬浮体含量、$\delta^{13}C_{POC}$与C/N比值关系

（2）悬浮体中颗粒有机碳（POC）和颗粒有机氮（PON）及其同位素值之间相关性相对较好，表明表层悬浮颗粒物中生源组分有同源性。但是，如图5-9所示，考察区悬浮体C/N比值与颗粒有机碳的$\delta^{13}C_{POC}$值亦有明显的正相关关系，说明南大洋冷水区海水颗粒有机碳的$\delta^{13}C_{POC}$值受陆源、海水温度与初级生产力（硅藻等）、冰藻等因素制约，不能简单地用来计算海源和陆源有机质的相对贡献。

5.3 表层沉积物特征

5.3.1 沉积物粒度特征

5.3.1.1 沉积物粒度组成

南极半岛东北部海域表层沉积物主要由砾石、砂、粉砂和黏土组成；与正常海洋沉积物相比，砾石和砂较为丰富，但分布很不均匀。

1）砾石含量

如图5-10所示，砾石主要分布在布兰斯菲尔德海峡盆地西北部和东北部一小块区域，鲍威尔盆地沉积物已基本不含砾石。南奥克尼群岛的东北部D5-01站沉积物主要由砾石组成，但其他站位砾石含量均小于5%。总体而言，砾级组分含量分布不均匀，离岸较近的海域相对比离岸较远的海域砾石含量高，指示砾石具有近源沉积的特点。

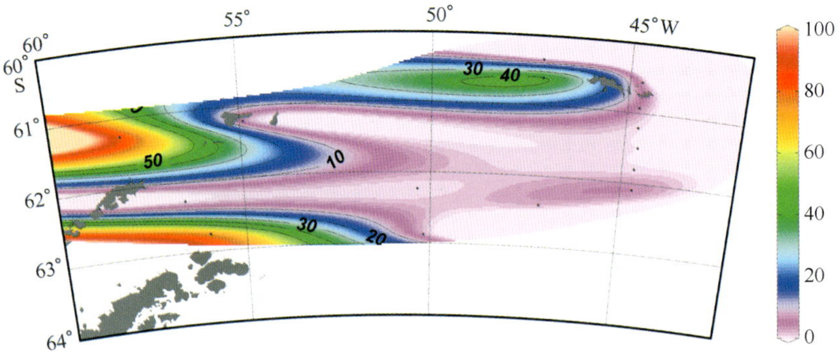

图5-10 南极半岛东北部海域表层沉积物中砾石的含量（%）分布

2）砂含量

考察区表层沉积物砂含量变化较大，从3.01%~87.00%不等，平均含量为19.08%。从图5-11可以看出，南奥克尼群岛周边海域砂含量高，鲍威尔海盆砂含量低，考察区西部南设德兰群岛周边海域和布兰斯菲尔德海峡区砂含量较低，变化也较大。

3）粉砂含量

考察区表层沉积物粉砂含量变化较大，从6.75%~77.49%不等，平均含量为31.28%。从图5-12可以看出，粉砂含量的高值区主要分布在鲍威尔海盆的北部与南奥克尼群岛南侧岛架，低值区出现在布兰斯菲尔德海峡、象岛以西海域、南奥克尼群岛北部海域以及研究区东

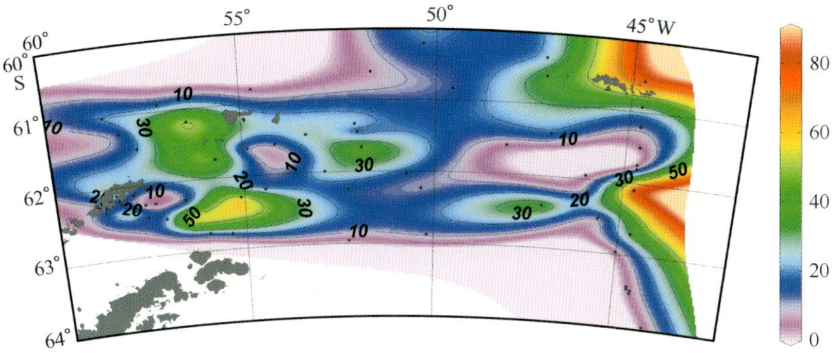

图 5-11 南极半岛东北部海域表层沉积物中砂的含量（%）分布

南部海域（威德尔海西北部海域）。

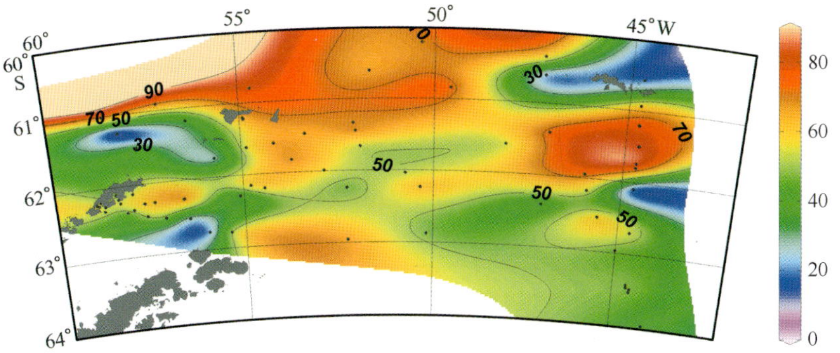

图 5-12 南极半岛东北部海域表层沉积物中粉砂的含量（%）分布

4）黏土含量

如图 5-13 所示，考察区表层沉积物中黏土的含量较低，为 1.50%～33.93%，明显低于考察区东南部的威德尔海盆沉积物。黏土的高值区主要分布在布兰斯菲尔德海峡东部和鲍威尔盆地的中部，含量最高的两个站位 D1-07 和 D3-05 分别达 28.71%和 33.93%。南奥克尼群岛周边海域的黏土较少，介于 3.48%～15.70%。

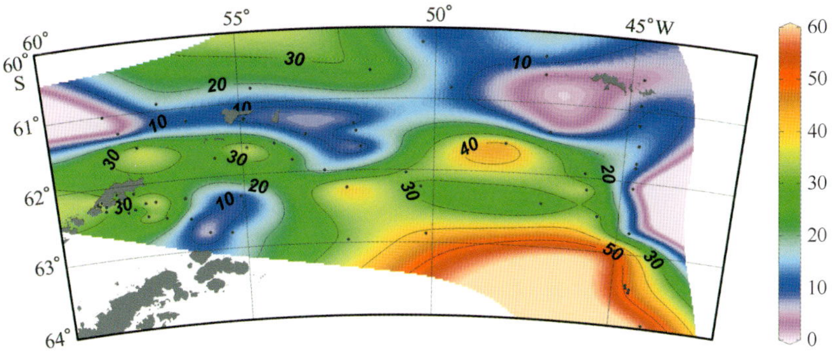

图 5-13 南极半岛东北部海域表层沉积物中黏土的含量（%）分布

5.3.1.2 沉积物粒度参数

粒度参数反映了沉积物的平均粒径、分选性和组成，不仅可以对沉积物的成因作出解释，而且能够间接说明其沉积环境特征，在区分沉积环境方面也具有重要的参考意义。

1）平均粒径（*Mz*）

平均粒径是沉积物粒度的平均值，能够反映沉积物粗、细组分分布的总趋势，可以用反映沉积介质的平均动能。

考察区表层沉积物平均粒径的变化范围为 2.27Φ～7.21Φ，平均值为 3.38Φ。由图 5-14 可知，布兰斯菲尔德海峡东部 D1-07 站和鲍威尔盆地中部的 D3-05 站沉积物平均粒径 Φ 最大，表明海盆中心沉积物较细，而外围沉积物平均粒径 Φ 值变小，沉积物相对较粗。南奥克尼群岛周边海域沉积物平均粒径为 2.27Φ～6.17Φ 不等，沉积物相对较粗。

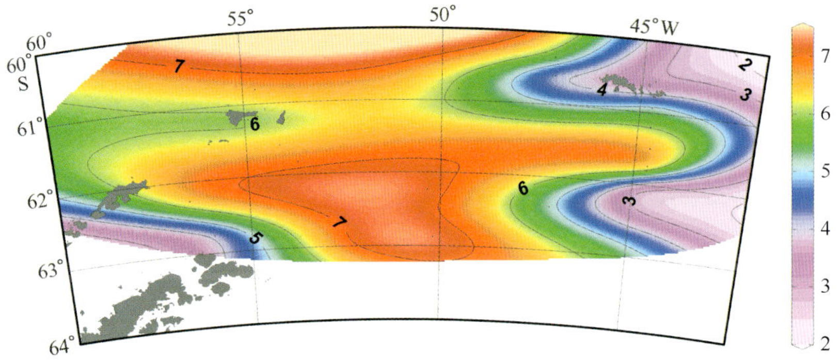

图 5-14　南极半岛东北部海域表层沉积物平均粒径（Φ）分布

2）分选系数（δ）的分布特征

分选系数反映的是沉积物颗粒大小的均匀性，代表沉积物粒度的集中态势，是判断沉积物分选好坏的一个标志。由图 5-15 可知，除 3 个采空的站位和 5 个只采到砾石的站位外，其他站位的沉积物粒度分选系数均大于 1.71，说明沉积物的分选程度很差，表现出极区冰川-海洋沉积的特点。布兰斯菲尔德海峡沉积物的分选系数为 1.982～2.697，鲍威尔海盆沉积物为 1.99～2.403，南奥克尼群岛周边海域沉积物为 1.34～2.926，均大于 1，考察区沉积物的分选程度总体很差。

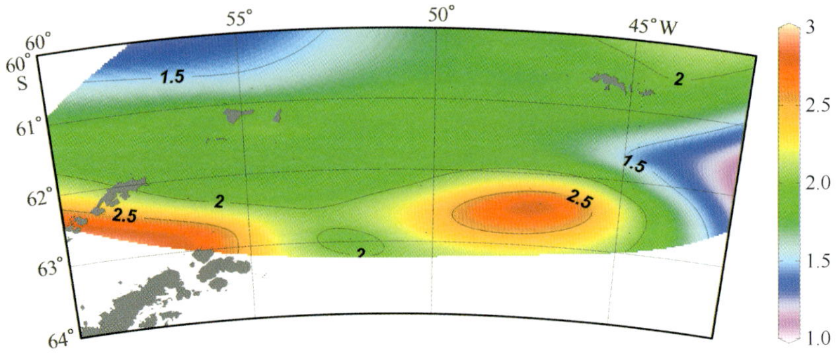

图 5-15　南极半岛东北部海域表层沉积物分选系数分布

3）偏度（*Sk*）的分布特征

偏度可判别粒度分布的对称性，并表明平均值与中位数的相对位置，研究偏度对于了解沉积物的成因有一定的作用。如为负偏，即平均值将向中位数的较粗方向移动，粒度集中于细端部分；正偏即平均值向中位数的较细方向移动，粒度集中在粗端部分。考察区沉积物的偏度（*Sk*）介于0.786~2.272之间，属正偏类型；除D1-5站和D5-6站外，其余各站均属于极正偏（图5-16）。

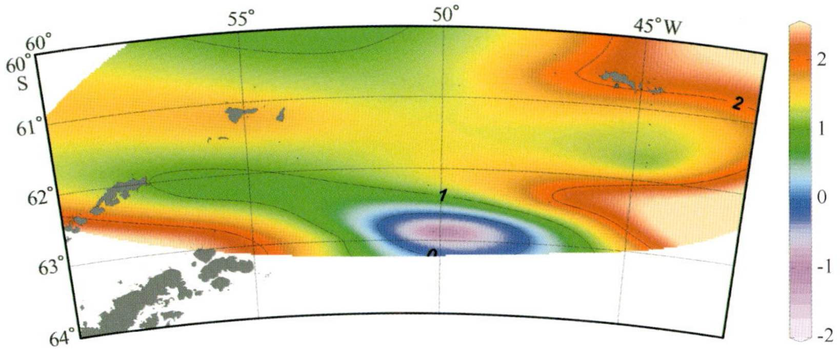

图5-16　南极半岛东北部海域表层沉积物偏度（*Sk*）分布

4）峰态（*Kμ*）的分布特征

峰态又称众数或尖度，用来说明样品的频率分布曲线与正态分布曲线相比对其峰宽窄的程度，用来度量粒度分布的中部和尾部的展形比。根据福克和沃德的分级标准，峰态可以分为宽峰态（*Kμ*小于0.88）、中等峰态（*Kμ*=0.88~1.50）和窄峰态（*Kμ*大于1.50）3种类型，考察区表层沉积物样品*Kμ*值最小为0.811，最大为3.517，说明考察区沉积物峰态宽窄范围变化较大。布兰斯菲尔德海峡沉积物峰态的变化范围为2.59~3.342，属于窄峰态。鲍威尔海盆沉积物的峰态范围为1.29~2.15，变化范围相对较小，属中等峰态至窄峰态。南奥克尼群岛周边海域的峰态范围为1.812~3.056，变化范围相对较大，属窄峰态（图5-17）。

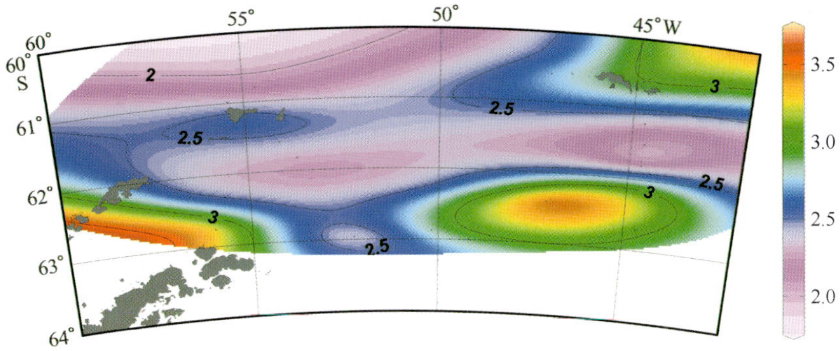

图5-17　南极半岛东北部海域表层沉积物峰态（*Kμ*）分布

5.3.1.3　表层沉积物类型与分布

南极半岛东北部海域海底地形单元复杂，包括浅海陆架（岛架）、陆坡（岛坡）和深海盆地，严格的沉积物分类较为复杂，但总体以大陆边缘陆源碎屑沉积为主，含不等量的硅质生物碎屑，贫碳酸盐。

根据水深和地貌单元，考察区表层沉积物类型可按照浅海陆架（或岛架）碎屑沉积物、半深海陆坡（或岛坡）沉积物和深海沉积物进行分类。其中，水深小于510 m的陆架和岛架碎屑沉积物命名采用福克沉积物命名方案进行命名，该方案能够很好地反映陆架浅海区沉积物的水动力环境及成因。先根据尤登-温德华氏等比制 φ 值粒级标准粒度划分标准进行沉积组分的粒级划分，然后在不同沉积物组分比值的基础上对沉积物进行命名。样品中含砾石（粒径大于2 mm）时，将粉砂和黏土的百分含量求和作为泥的百分含量，应用砾石、粉砂和泥为端元参与福克含砾沉积物的三角图解分类命名（图5-18a）；作为含砾福克法的扩充，在砾石含量为0时，使用砂、粉砂和黏土为端元的更加详细的无砾福克三角图解分类命名（图5-18b）。

根据沉积物主要粒级的百分含量，南极半岛周边海域表层沉积物大致可分为4大类：砾质、砂质、粉砂质以及泥质沉积物。根据不同的水深和地貌单元分为陆架（或岛架）碎屑沉积物、陆坡（或岛坡）沉积物和深海沉积物。南极半岛周边海域陆架和岛架浅海区的沉积物组成比较复杂，根据福克沉积物分类原则（图5-18），划分为12种基本类型，分别是：泥质砂质砾（msG）、砾质砂（gS）、含砾砂（（g）S）、含砾泥质砂（（g）mS）、泥质砂（mS）、粉砂质砂（zS）、砂质粉砂（sZ）、粉砂（Z）、含砾泥（（g）M）、砾质泥（gM）、砂质泥（sM）、泥（M）。

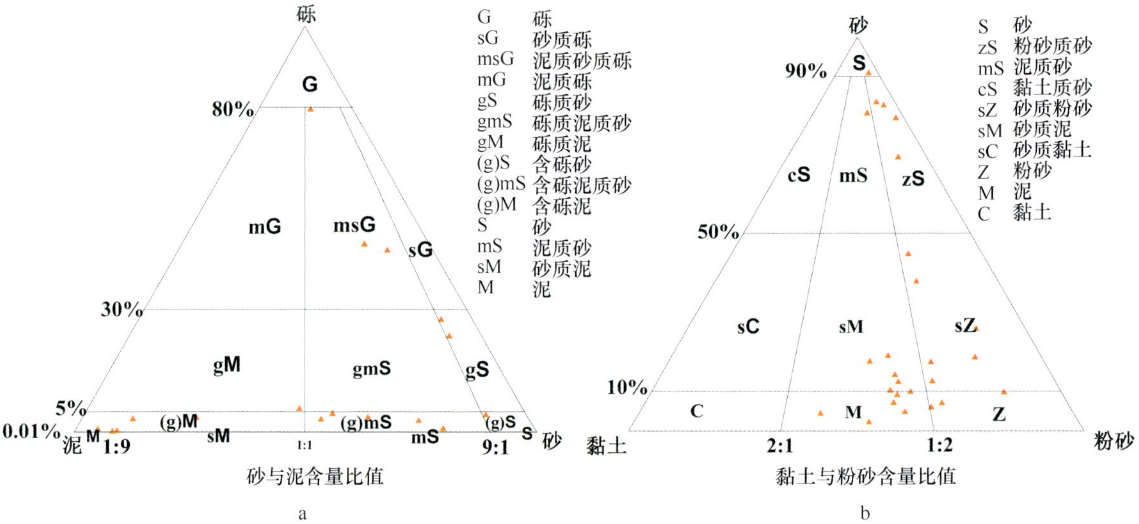

图5-18　南极半岛东北部海域表层沉积物福克分类

a：含砾；b：无砾

如图5-19所示，砾质沉积物主要分布于南极半岛北部迪维尔岛西南和东北陆架，在南奥克尼群岛西北岛架有少量分布。砂质和粉砂质沉积物分布较为广泛，包括南极半岛东部陆架大部分、南设得兰群岛大部分岛架以及南奥克尼群岛南北两侧小部分海域。泥质沉积物在南极半岛东北部陆架坡折带和南设得兰群岛大部分岛架坡折带和部分岛架均有分布，南奥克尼群岛南侧岛架大部分为泥质沉积物。总体看来，沉积物类型多且复杂，以砾和砂为主要成分，粉砂和泥为次。在沉积物概率累积曲线（图5-20）上表现为基本以滚动和跃移质组分为主，少量悬浮质，曲线形态各异，有二段式、三段式和四段式，粗、细截点明显，粗组分在40%以上，反映出较强的水动力条件。

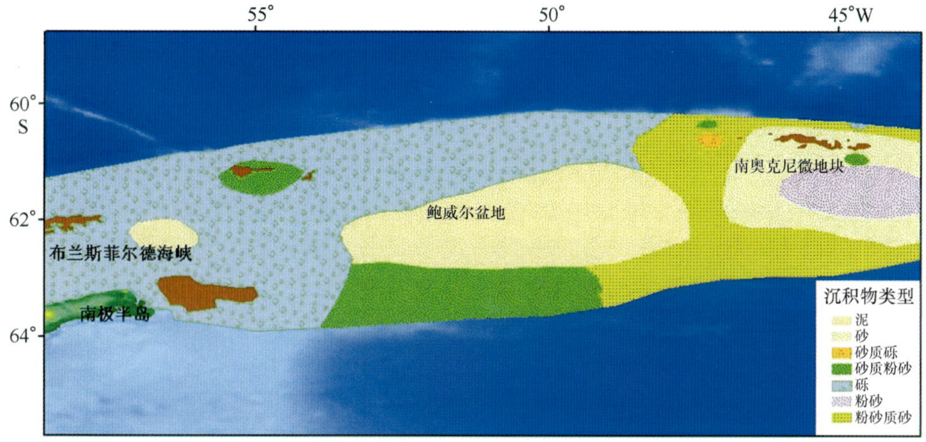

图 5-19 南极半岛东北部海域表层沉积物类型

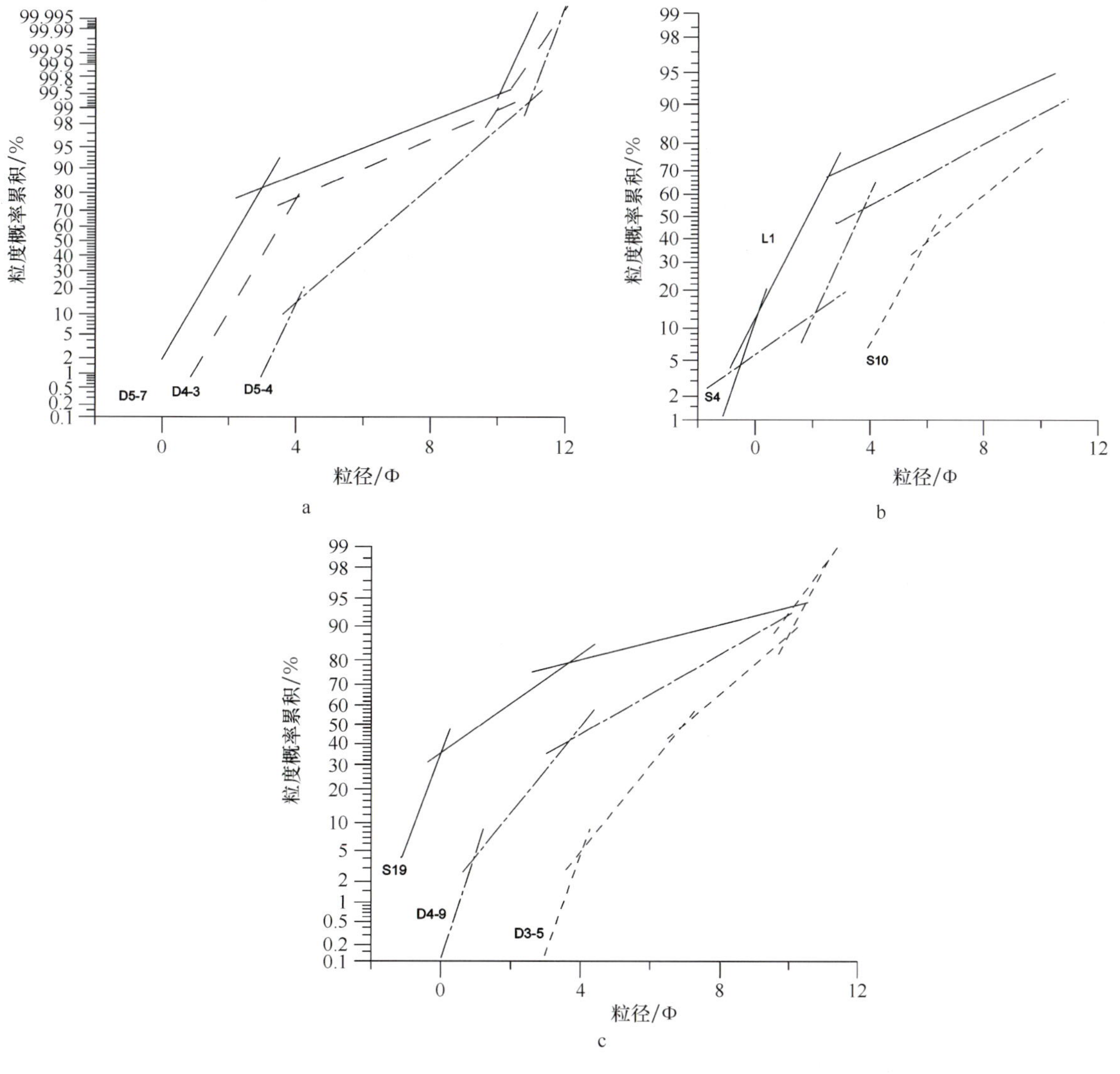

图 5-20 南极半岛东北部海域表层沉积物粒度概率累积曲线

a：陆架或岛架；b：陆坡或岛坡；c：深海

半深海沉积物主要分布于陆坡和岛坡，沉积物组分主要以砂和粉砂为主，个别站位以泥为主，沉积物中见有砾石，其含量各站位不一。沉积物类型复杂，概率累计曲线形态基本以二段式和三段式为主，一般表现为跃移质组分多，悬浮质组分次之，滚动质组分较少。

水深大于 2 000 m 的深海沉积物，主要以细粒沉积物为主，基本上是以泥质沉积物为主要类型，砂质沉积物次之，个别站位仍存在少量砾质沉积物，概率累积曲线形态以三段式为主，也有二段式、四段式，表现为总体以悬浮组分为主，跃移质组分为次，有的缺乏滚动质组分，反映出深海的水动力条件相对较弱。

5.3.2 表层沉积物矿物特征

5.3.2.1 碎屑矿物特征

1）重矿物组成

南极半岛东北部海域表层沉积物重矿物组分在碎屑矿物中所占的比重为 1.05%~50.86%，平均值为 9.16%，其高值区主要分布在考察区西北部的南设德兰群岛周边海域（图 5-21）。

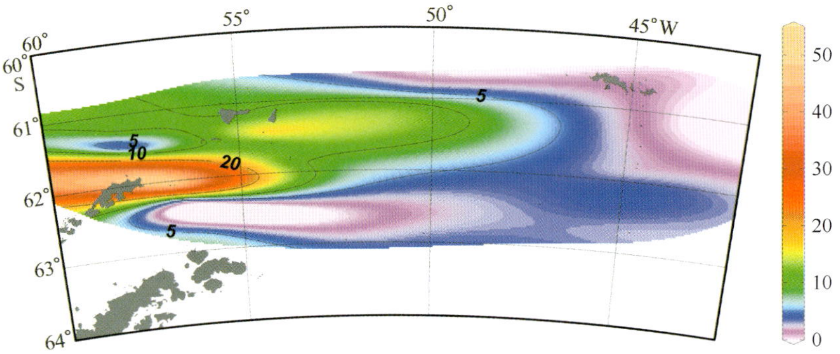

图 5-21 南极半岛东北部海域表层沉积物中重矿物的相对含量（%）

根据各种重矿物的平均百分含量，考察区表层沉积物中重矿物主要有石榴子石、紫苏辉石、绿帘石、普通角闪石、普通辉石、磁铁矿、赤铁矿、白云母、褐铁矿和风化碎屑，其他比较常见的重矿物有钛铁矿、锆石、黑云母、金红石、透闪石、榍石、菱铁矿、棕闪石、十字石、黝帘石等（表 5-2）。典型重矿物分布见图 5-22 至图 5-28。

表 5-2 南极半岛东北部海域矿物数据统计 %

站号	重矿物								轻矿物				
	普通角闪石	绿帘石	石榴子石	普通辉石	紫苏辉石	磁铁矿	赤铁矿	重矿物含量	石英	斜长石	无色火山玻璃	褐色火山玻璃	轻矿物含量
D1-3	4.8	3.0	4.5	—	72.9	8.3	0.9	10.53	46.8	11.9	—	16.1	89.47
D1-7	6.3	1.3	1.0	0.7	72.3	—	1.3	3.54	3.3	4.0	4.0	83.0	96.46
D1-9	1.0	2.4	1.0	66.2	—	7.4	5.4	5.83	40.6	10.1	9.4	8.0	94.17
D2-4	18.3	12.3	1.3	1.0	—	—	5.0	9.87	83.3	12.7	—	0.3	90.13
D2-6	1.0	0.7	9.3	—	62.3	16.7	6.3	15.33	42.7	4.0	13.3	10.7	84.67

续表

站号	重矿物								轻矿物				
	普通角闪石	绿帘石	石榴子石	普通辉石	紫苏辉石	磁铁矿	赤铁矿	重矿物含量	石英	斜长石	无色火山玻璃	褐色火山玻璃	轻矿物含量
D3-7	15.8	5.5	56.1	0.6	8.1	5.2	5.2	2.90	94.0	4.7	—	—	97.10
D4-9	24.2	5.2	36.8	—	14.8	5.8	4.5	3.25	92.7	5.3	—	—	96.75
D5--2	4.7	59.8	7.0	6.0	—	0.3	13.6	0.8	44.3	45.3	4.3	6.0	99.20
D5-3	9.3	36.3	34.3	1.7	6.7	2.0	6.0	0.96	58.0	29.3	4.7	8.0	99.04
D5-4	17.7	20.3	43.3	1.0	—	0.7	7.3	0.65	69.9	25.1	1.0	1.7	99.35
D5-5	25.0	17.7	44.3	1.3	1.0	0.3	5.0	0.76	82.0	12.3	—	4.0	99.24
D5-6	24.8	11.9	45.0	0.7	0.7	—	0.7	1.56	81.7	12.0	—	4.7	98.44
D5-7	7.0	3.3	65.0	0.7	7.0	15.0	0.7	4.70	84.6	11.0	—	3.7	95.30
D5-9-1	19.0	14.8	47.2	0.7	3.9	6.0	3.5	2.60	88.3	7.3	—	2.0	97.40
N08-1	0.7	1.3	0.7	—	79.4	—	3.0		26.3	28.0	—	36.0	
最小值	0.7	0.7	0.7	0.0	0.0	0.0	0.7	0.70	3.3	4.0	0.0	0.0	84.70
最大值	25.0	59.8	65.0	66.2	79.4	16.7	13.6	15.30	94.0	45.3	13.3	83.0	99.40
平均值	12.0	13.1	26.5	5.4	21.9	4.5	4.6	4.50	62.6	14.9	2.5	12.3	95.50

注："—"表示未见.

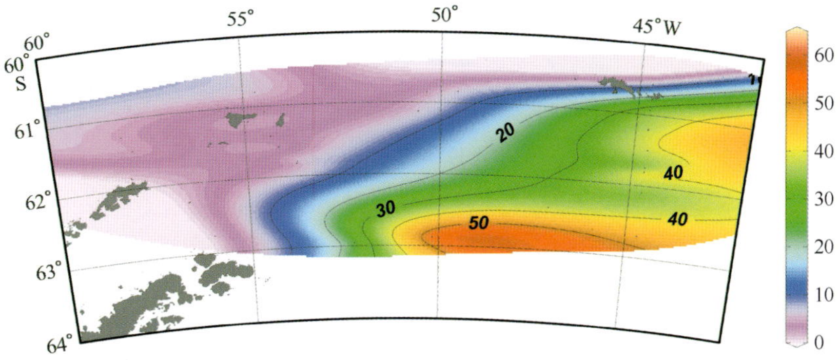

图 5-22 石榴子石在重矿物中的相对含量（%）

石榴子石：小粒状或碎粒状，以浅粉色为主，光泽较强，未见有完整晶形颗粒。如图5-22所示，石榴子石高值区主要分布在考察区东南部，包括南奥克尼群岛南部和威德尔海西部；低值区分布在考察区西部包括南极半岛北部、布兰斯菲尔德海峡、南设德兰群岛至南奥克尼群岛西北部。

普通角闪石：绿色或黑绿色，短柱状为主，断口不平坦、有破损，磨蚀。如图5-23所示，普通角闪石的高值区主要分布在考察区西北部的南设德兰群岛周边海域。

紫苏辉石：浅褐色，略带紫色调，磨蚀、表面不干净，以粒状为主，短柱状次之，断口处有粉末。如图5-24所示，紫苏辉石的高值区主要分布在考察区西部，包括象岛以西海域和布兰斯菲尔德海峡的东北部海域。

绿帘石：黄绿色，多为紫苏辉石蚀变而来，小粒状。如图5-25所示，绿帘石的高值区主要分布在南奥克尼群岛附近海域，其次为象岛附近海域。

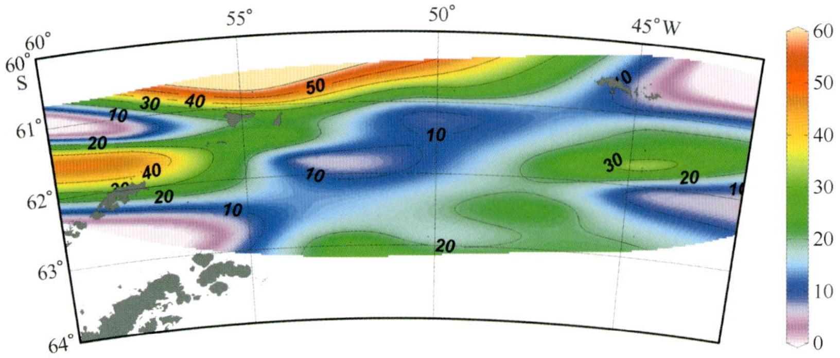

图 5-23　普通角闪石在重矿物中的相对含量（%）

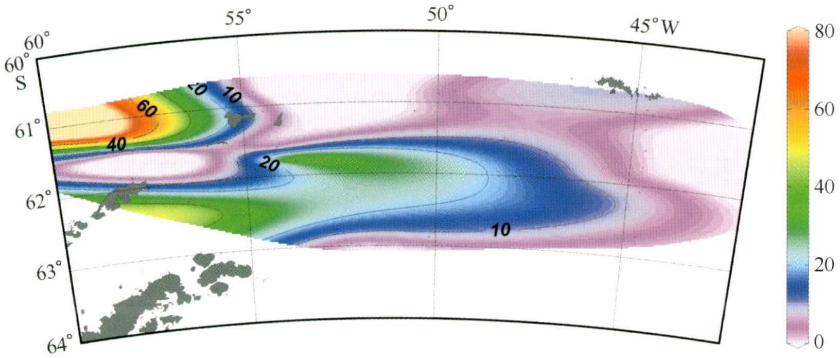

图 5-24　紫苏辉石在重矿物中的相对含量（%）

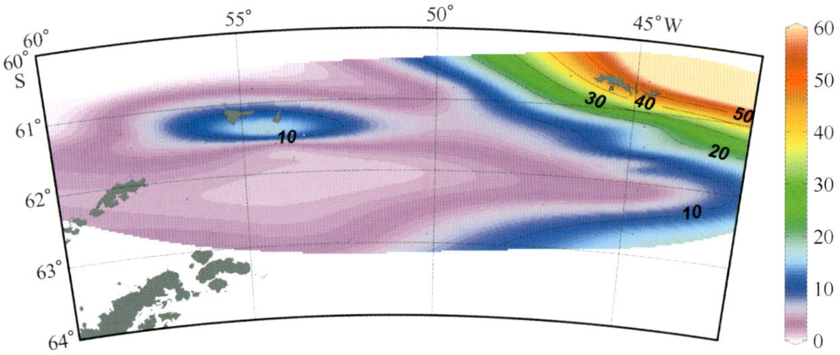

图 5-25　绿帘石在重矿物中的相对含量（%）

普通辉石：短柱状、粒状，绿色、褐绿色，次棱角状，新鲜。如图 5-26 所示，普通辉石的高值区主要分布在考察区中部，包括布兰斯菲尔德海峡的东北部海域和鲍威尔海盆北部海域。

磁铁矿：小粒状，表面较为干净，金属光泽。如图 5-27 所示，磁铁矿的高值区主要分布在考察区南部及象岛以西海域。

褐铁矿：黄褐色，粒状，表面不光滑，成熟度高。

赤铁矿：黑色，粒状，表面疏松。

黑云母：较厚，片状，褐黑色、边缘破损。

白云母：无色，片状。

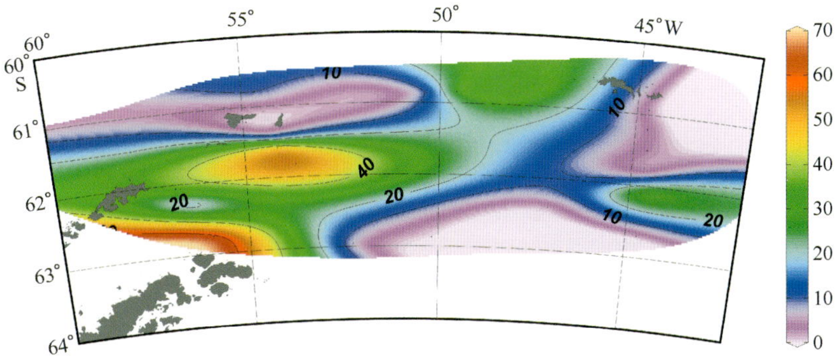

图 5-26　普通辉石在重矿物中的相对含量（%）

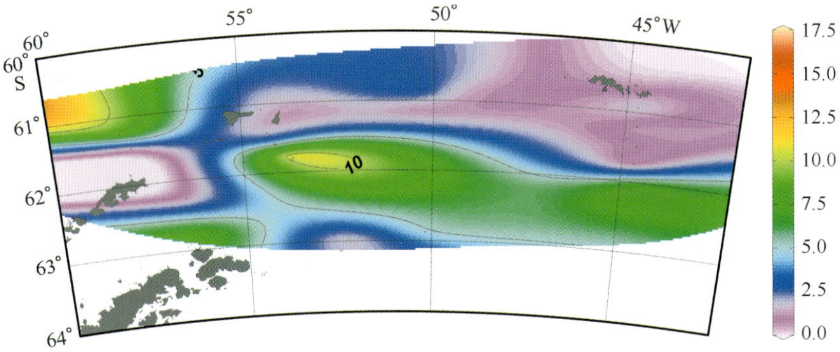

图 5-27　磁铁矿在重矿物中的相对含量（%）

2）轻矿物组成

考察区表层沉积物轻矿物组分约占碎屑矿物的 49.14%~98.95%，平均值为 90.84%，其高值区主要分布在考察区东部和南部，包括威德尔海西北部海域及南奥尼克群岛周边海域（图 5-28）。

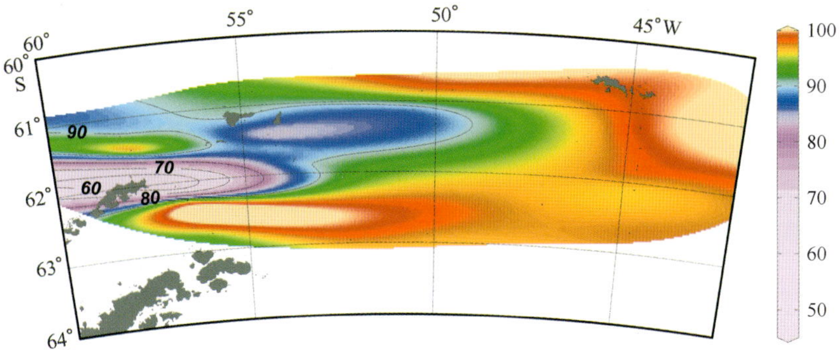

图 5-28　考察区表层沉积物中轻矿物组分的相对含量（%）

考察区轻矿物主要有石英、斜长石、褐色火山玻璃、黑色渣状物、风化碎屑、黑色火山物质等，其他常见的轻矿物组分还有生物碎屑、绿泥石、海绿石、白云母等（表 5-2）。

石英：无色透明，粒状，玻璃光泽，与长石伴生，有磨蚀，表面不干净。如图 5-29 所示，石英的高值区主要分布在考察区东南部，包括威德尔海西部和南奥克尼群岛南部，其次为象岛周边海域。

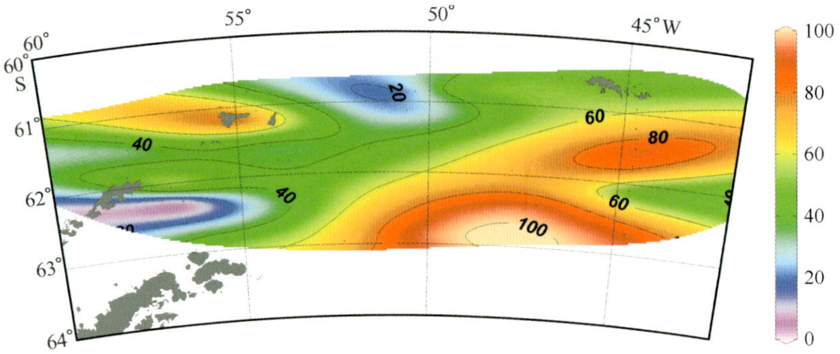

图 5-29　石英在轻矿物中的相对含量（%）

长石：基本上为斜长石。灰白色或无色透明，粒状，少数板柱状，玻璃光泽；通常有磨蚀和溶蚀，表面脏，部分为渣状粒。如图 5-30 所示，斜长石的高值区呈环带状主要分布在考察区的北部，从南奥克尼群岛向西延伸至象岛和乔治王岛附近海域；如图 5-31 所示，钾长石的高值区仅局限在象岛以东海域。

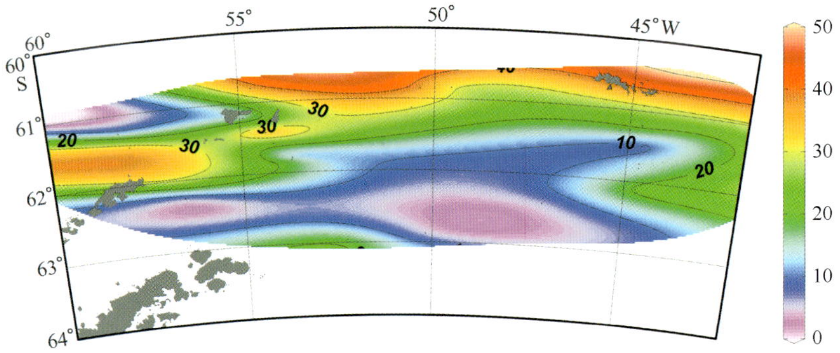

图 5-30　斜长石在轻矿物中的相对含量（%）

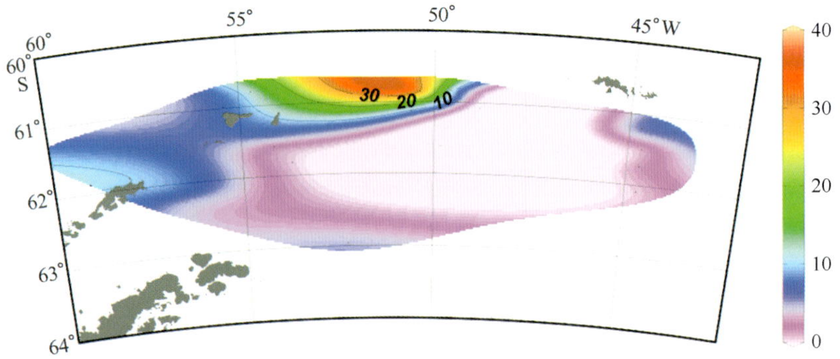

图 5-31　钾长石在轻矿物中的相对含量（%）

褐色火山玻璃：含量变化大，且分布广泛。以浅褐色为主，其形状有碎粒状、树枝状、腐竹状、鸡骨状、锥状、条状、蜂窝状、撕裂状等，棱角明显，有的气孔发育。颗粒表面的玻璃突起或褶皱已经磨蚀或溶蚀，表面沾染粉末。如图 5-32 所示，火山玻璃的高值区主要分布在布兰斯菲尔德海峡区以及象岛、南奥克尼群岛周边海域。

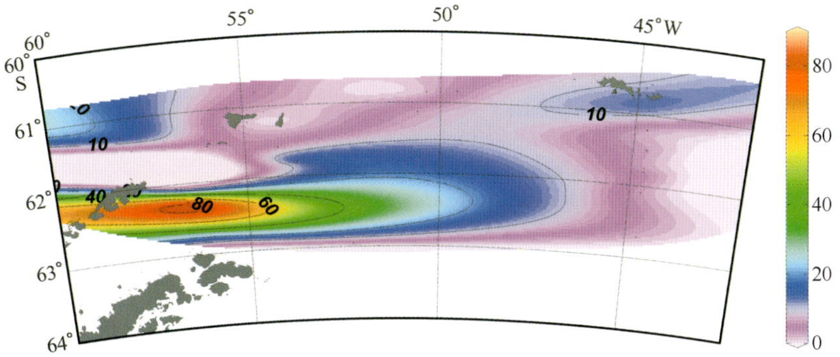

图 5-32 火山玻璃在轻矿物中的相对含量（%）

绿泥石：绿色、浅绿色，粒状，多为斜长石风化。

生物碎屑：生物溶蚀产物，多见硅质生物，渣状。

3）碎屑矿物成因特征

南极半岛东北部考察区重矿物主要包含石榴子石、紫苏辉石、绿帘石、普通角闪石，它们的平均含量分别为 26.5%、21.9%、13.1%和 12%（表 5-2）。重要矿物有普通辉石、磁铁矿、赤铁矿等。个别站位（D2-4）白云母含量突出（60%）。该区域的矿物组成种类少，主要矿物含量突出。轻矿物主要有石英、斜长石、火山玻璃，含量分别为：62.6%、14.9%和 14.8%；此外，有微量的风化碎屑。考察区碎屑矿物大致有两种物源，火山源与陆源碎屑矿物，整体矿物分布特征如下。

考察区普通辉石、紫苏辉石、角闪石、石榴子石、火山玻璃等火山源组分含量高。火山玻璃有褐色和无色两种，它们棱角明显，形状有片状，鸡骨状、腐竹状、弧面多角状等；以褐色玄武质玻屑居多，无色英安质玻屑含量较少。长石类矿物只见到斜长石。重矿物石榴子石、紫苏辉石、磁铁矿占优势，三者总和大于 50%。火山矿物主要分布在南设得兰群岛周围海域。

陆源矿物主要有石榴子石、绿帘石、普通角闪石、透闪石、白云母等，矿物多数晶形保存不完整，多有磨蚀、风化现象；也有部分矿物经过长距离搬运，呈次棱角状、次圆状。石榴子石未见完整晶型。考察区陆源碎屑矿物分布广泛，在南极半岛以东有一定程度富集，斯科舍海域相对于南极半岛沿岸陆源组分含量增加。

4）矿物组合特征与分区

根据南极半岛东北海域表层沉积物碎屑矿物的组合及分布特征，特别是几种主要矿物组分的空间分布状况，参考考察区区域地质地貌特征与洋流特征，大致将考察区划分为两大矿物组合区（图 5-33），碎屑矿物组合分区与物源区的关系极为密切。

Ⅰ区：辉石-磁铁矿-火山玻璃型，分布在考察区西部布兰斯菲尔德及南设德兰群岛周边海域。辉石占优势，普通辉石和紫苏辉石约占重矿物总量的 70.8%，其次为磁铁矿、赤铁矿、石榴子石、普通角闪石等。轻矿物以褐色火山玻璃含量高为特征，平均含量为 30.8%，个别站位含量显著（D1-7 站达 83%），斜长石含量较高，部分站位斜长石含量大于石英，其石英/长石之比为 2.75，这种矿物组合拟合于基性火山岩型。火山碎屑矿物（辉石、火山玻璃等）来自火山岩和火山喷发物。已知南设得兰群岛是由侏罗-白垩纪的中生代火山岩组成，主要为低钾钙碱性玄武岩和玄武安山岩。这些火山岩的风化碎屑物质通过冰川、浮冰、海流搬运入海和岛屿上火山灰的沉降或海底火山喷发提供了大量火山物质，从而形成了辉石-磁铁矿-火山玻璃矿物组合类型。这种矿物组合类型特征反映出，南设得兰群岛以及南极半岛北端的火山岩剥蚀与火山活动是形成该矿物区的主要控制因素。辉石是南设得兰火山岩矿物组合区中最突出的重矿物，布兰斯菲尔德海峡及附近地区的表层沉积物的矿物数据显示，辉石类矿物含量在60%以上且与高比例的火山玻璃和磁铁矿等金属矿物相关，进一步说明南设得兰群岛为考察区的重要物源。中酸性火山岩碎屑矿物与南极半岛关联度高，半岛西部以玄武岩为主，至东部变为以流纹岩为主。

Ⅱ区：石榴子石-绿帘石-角闪石-石英型，分布在威德尔海西北部与斯科舍海南部。石榴子石含量十分显著（42.1%），绿帘石（19.4%），角闪石（16.4%），其次有辉石、赤铁矿、磁铁矿等。轻矿物石英占主要地位（77.3%），另外有一定量的长石、褐色火山玻璃。石英/长石之比为4.56。这种矿物组合类型其源可能为变质岩，还反映可能有中酸性岩石的矿物组分加入。本区矿物组合石榴子石含量出众，绿帘石和角闪石含量较高，反映本区的源区以变质岩为主。南奥克尼变质矿物组合中石榴石含量高（57%），绿帘石平均浓度较高（23%）。此外，绿帘石组中，主要由斜黝帘石组成。低级和中等变质岩在南奥克尼群岛上广泛分布，这些资料显示南奥克尼群岛可能是Ⅱ区的主要物源区。角闪石和绿帘石含量与南设得兰群岛周边海域沉积物相比高出一定水平，而且一些矿物含量呈现出自南奥克尼群岛向深海方向降低的趋势，表征有近源性。前人研究表明，靠近南极半岛北端的威德尔海西部以东南极混合矿物组合、南威德尔海沉积岩-铁镁质岩浆岩混合组合为主，南奥尼克群岛周边海域以西威德尔海混合组合为主，其次为南奥克尼变质岩组合（Diekmann and Kuhn，1999），可见南奥克尼群岛物质、威德尔环流搬运的东南极物质、南极半岛及其附近岛屿物质对该区沉积物均有贡献。

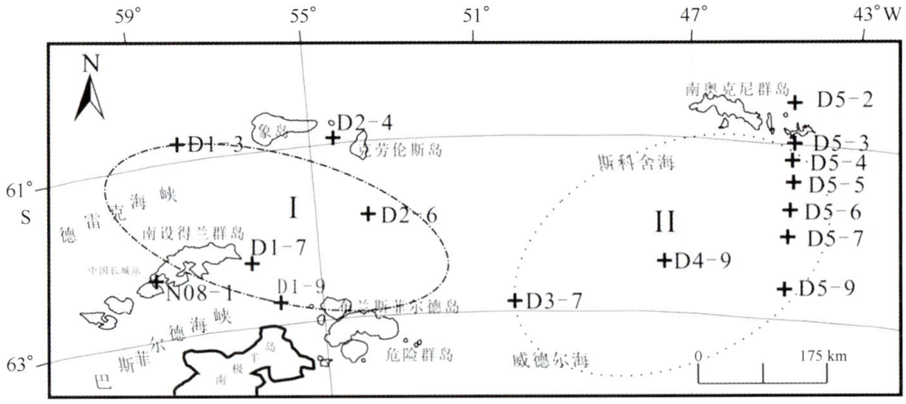

图 5-33 南极半岛东北海域矿物分区示意图

Ⅰ区为辉石-磁铁矿-火山玻璃型；Ⅱ区为石榴子石-绿帘石-角闪石-石英型

5.3.2.2 黏土矿物特征

黏土矿物具有颗粒微细、结构和成分多变等特点，对海洋沉积环境和地质作用反映敏感，因而具有重要的环境指示意义。利用海洋沉积物中的黏土矿物组合、结构和成分标型等特征，能够有效地识别沉积物中碎屑物质的来源和搬运路径，反映物源区岩石和气候特征等。综合第 28 次南极科学考察和国内外历史资料，绘制出南极半岛周边海域表层沉积物中蒙脱石、伊利石、绿泥石、高岭石的含量分布以及蒙脱石/伊利石、高岭石/伊利石比值等分布（图 5-34 至图 5-39）。该地区 4 种黏土矿物的相对含量变化较大，表现出以伊利石和蒙脱石为主，高岭石含量低，蒙脱石含量变化较大等特点。考察区西部的南极半岛、南设德兰群岛及布兰斯菲尔德海峡地区，沉积物中含有大量的火山物质，黏土矿物组合类型以蒙脱石为特征，蒙脱石的结晶度都处于良好的状态，且有典型的火山喷发沉积的水解型钠蒙脱石存在，海底火山喷发物质或陆上火山喷发物质对海底沉积物产生了重要的影响，别林斯高晋海水可将冰筏沉积物由西南向东北部搬运，直至象岛附近或更远处。考察区东部南奥尼克群岛周边海域黏土矿物以伊利石为主。考察区中部黏土矿物组合以蒙脱石和绿泥石为主。考察区北部的南大西洋区，斯科舍海岭区黏土矿物以蒙脱石和绿泥石为主。南设得兰群岛南北两侧以及斯科舍海岭区蒙皂石的高值区与该地区第四纪火山活动和火山岩的普遍发育有关。

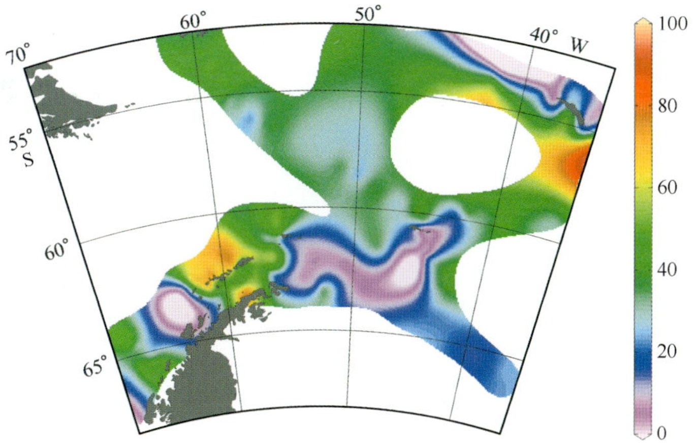

图 5-34　南极半岛周边海域表层沉积物中蒙脱石的相对含量（%）

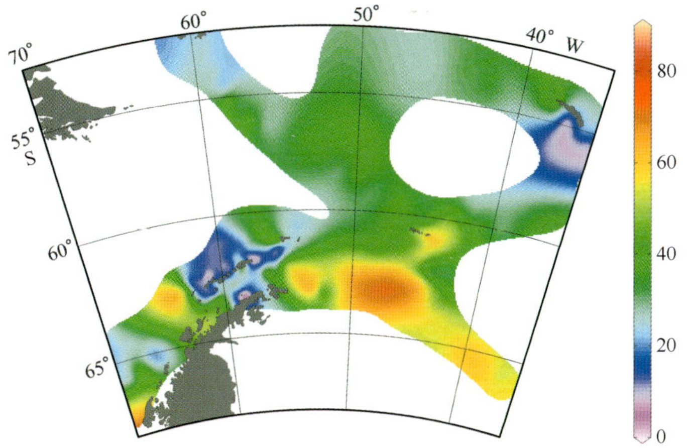

图 5-35　南极半岛周边海域表层沉积物中伊利石的相对含量（%）

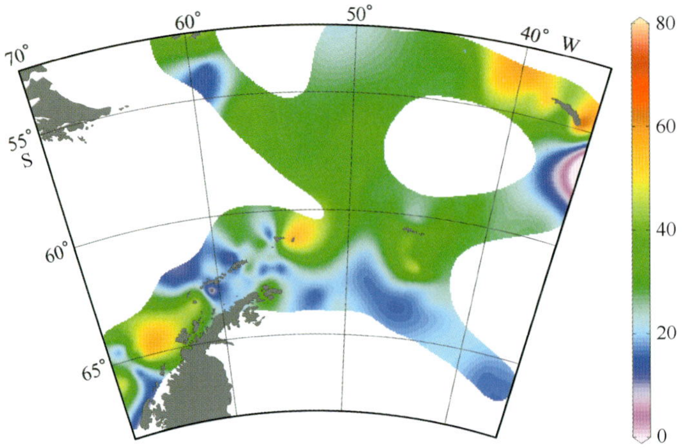

图 5-36　南极半岛周边海域表层沉积物中绿泥石的相对含量（%）

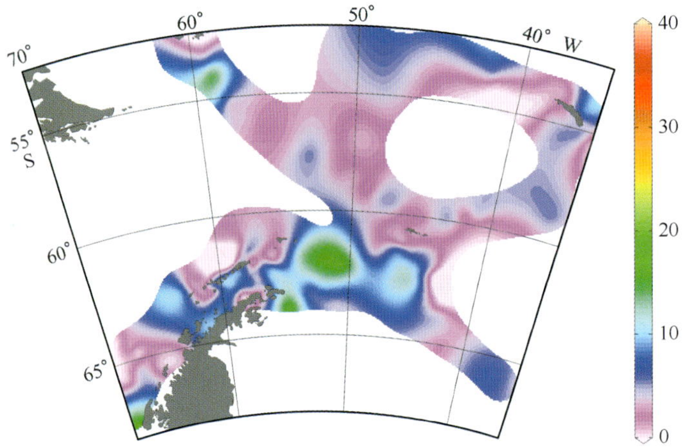

图 5-37　南极半岛周边海域表层沉积物中高岭石的相对含量（%）

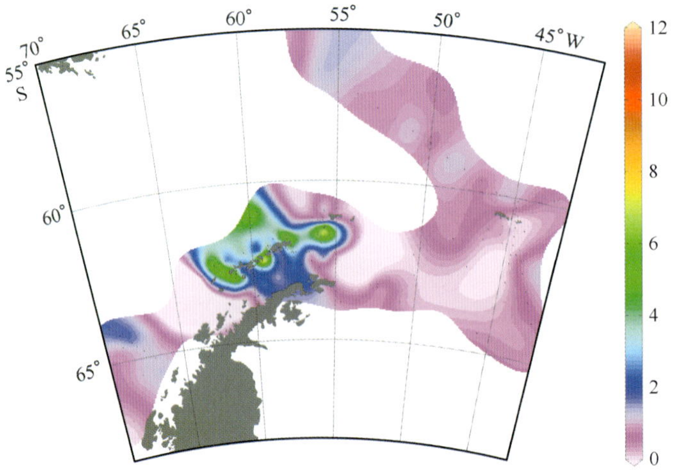

图 5-38　南极半岛周边海域表层沉积物中蒙脱石/伊利石比值

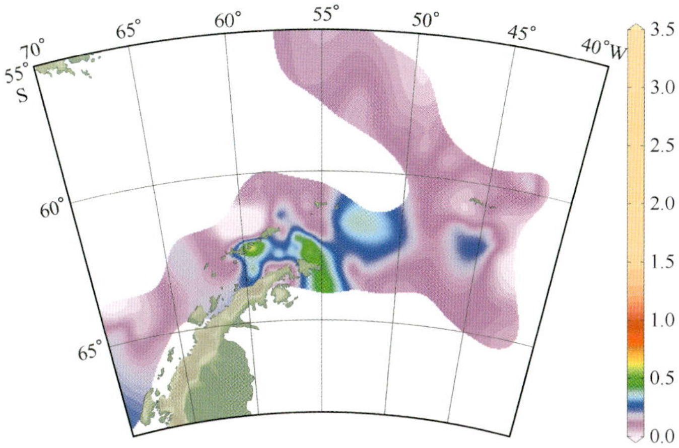

图 5-39　南极半岛周边海域表层沉积物中高岭石/伊利石比值

5.3.3　表层沉积物地球化学特征

5.3.3.1　生源组分

1）碳酸钙

南极半岛周边海域表层沉积物中 $CaCO_3$ 含量分布见图 5-40。$CaCO_3$ 高值区主要分布在南极半岛陆架、陆坡以及南设德兰群岛岛架、岛坡区，而在东部的鲍威尔海盆至南奥尼克群岛附近海域含量较低。南极半岛东北部海域基本上为季节性海冰区，钙质生物的生产力以及 $CaCO_3$ 的溶解作用、陆源碎屑及火山碎屑等非 $CaCO_3$ 物质的稀释作用对海区碳酸盐的分布均有不同程度的影响。

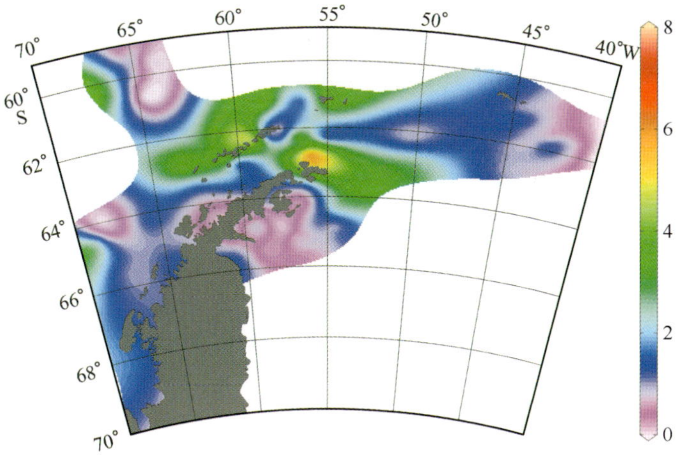

图 5-40　南极半岛周边海域表层沉积物 $CaCO_3$ 含量（%）分布

2）生源蛋白石

南极半岛周边海域表层沉积物中生源蛋白石含量分布见图 5-41。生源蛋白石的高值区主要分布在南奥尼克群岛南部岛架与岛坡区，其次为布兰斯菲尔德海峡区，在别林斯高晋海区含量较低。

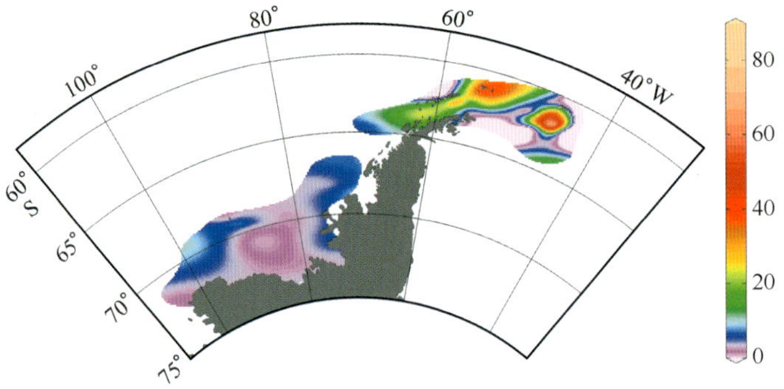

图 5-41　南极半岛周边海域表层沉积物生源蛋白石含量（%）分布

从考察区表层沉积物中生物成因蛋白石和碳酸盐含量的分布来看，极区或亚极区海洋硅质生物生产力和钙质生物生产力的制约因素不同。硅质生物偏向于在冷水区生长，特别是现在海冰边缘区生产力较高，而钙质生物的生长及钙质壳体在海水中的保存需要相对温暖、海冰覆盖不强的海洋环境。所以考察区硅质生物在南奥尼克群岛南部的现代海冰边缘区生产力高，相应海底沉积物中的生源硅含量高；考察区西部南极半岛陆架、陆坡以及南设德兰群岛岛架、岛坡区，受爬升的南大西洋水的影响，钙质生物生产力相对较高。

3）有机碳

如图 5-42 所示，南极半岛周边海域表层沉积物中有机碳的高值区主要沿南极半岛北部海岸分布，其次为南设德兰群岛地区和鲍威尔海盆区，在别林斯高晋海域特别是深水区含量较低，表层沉积物中有机碳含量的高低变化大体反映出海洋表层生产力的高低变化，即考察区初级生产力在纬度较低、水深较小的近岸海域较高。

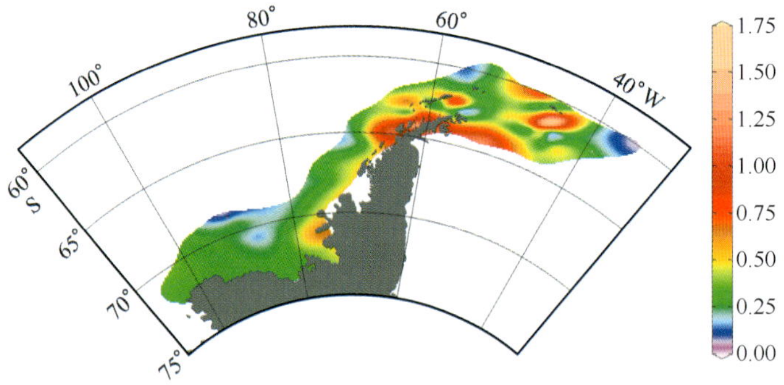

图 5-42　南极半岛周边海域表层沉积物有机碳含量（%）分布

5.3.3.2　常量元素

南极半岛周边海域表层沉积物 SiO_2、Al_2O_3、CaO、MgO、Fe_2O_3、Na_2O、K_2O、MnO、TiO_2、P_2O_5 含量分布见图 5-43 至图 5-52，SiO_2/Al_2O_3、$100\times TiO_2/Al_2O_3$、Na_2O/K_2O 等元素比值分布见图 5-53 至图 5-55。

如图 5-43 所示，南极半岛周边海域表层沉积物 SiO_2 含量的高值区主要沿南极半岛近岸分布，在南奥尼克群岛附近含量最高，在南设德兰群岛北侧含量最低，其分布受生物成因蛋白石-陆源铝硅酸盐碎屑-碎屑石英-碳酸盐等主要组分制约。

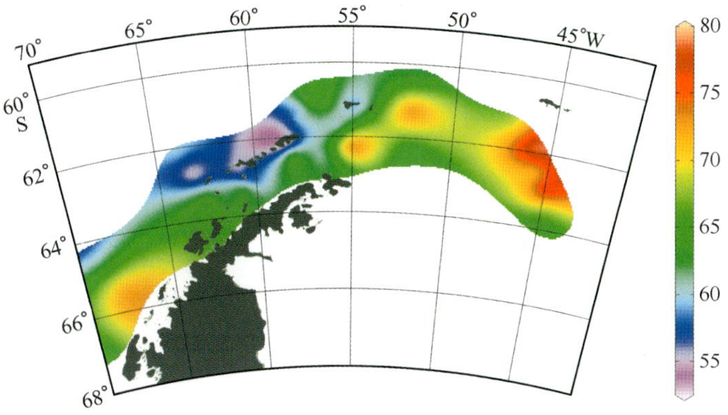

图 5-43 南极半岛周边海域表层沉积物 SiO_2 含量（%）分布

如图 5-44 所示，Al_2O_3 含量的高值区主要分布在考察区西部，从别林斯高晋海-南设德兰群岛-鲍威尔海盆-威德尔海西北部，最高值出现在南设德兰群岛北侧，低值区主要分布在南奥尼克群岛南部岛架，其分布主要受陆源铝硅酸盐及其结构、成分制约，南设德兰群岛高铝火山岩是造成其北侧海域 Al_2O_3 含量很高的主要原因。

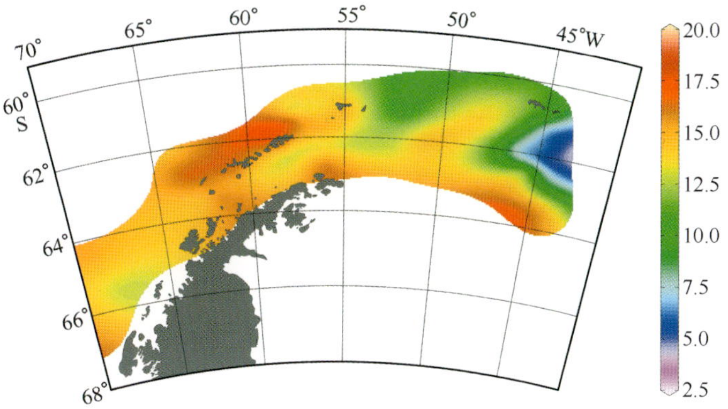

图 5-44 南极半岛周边海域表层沉积物 Al_2O_3 含量（%）分布

如图 5-45 所示，表层沉积物中 CaO 和 $CaCO_3$ 含量的分布相似，高值区主要分布在研究区西部，包括南极半岛陆架、陆坡以及南设德兰群岛岛架、岛坡区，低值区分布在南奥尼克群岛附近海域，其高值区对应于生源碳酸盐的高值区。

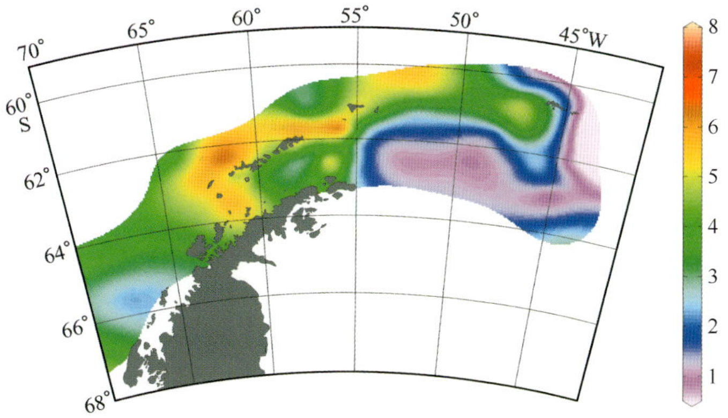

图 5-45 南极半岛周边海域表层沉积物 CaO 含量（%）分布

如图 5-46 和图 5-47 所示，MgO 和 Fe_2O_3 的高含量主要分布在南设德兰群岛周边海域，低值区分布在南奥克尼群岛南部和阿得莱德岛附近海域，其分布与 Al_2O_3 大致相似，主要与高铝火山岩的贡献和生物成因蛋白石的稀释作用有关。

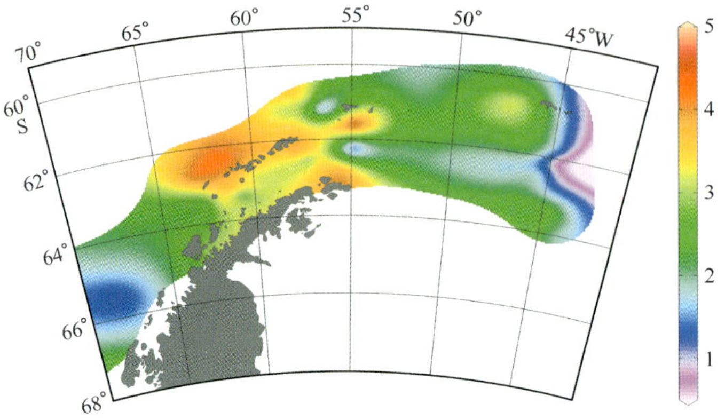

图 5-46　南极半岛周边海域表层沉积物 MgO 含量（%）分布

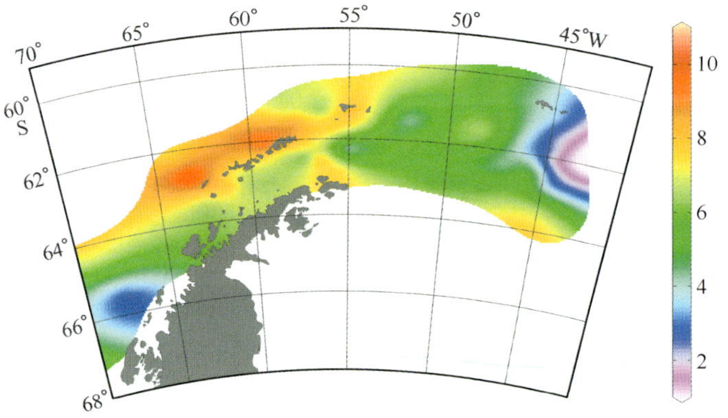

图 5-47　南极半岛周边海域表层沉积物 Fe_2O_3 含量（%）分布

如图 5-48 所示，Na_2O 的高值区主要分布在研究区西部和北部，受火山物质及沉积物化学成熟度影响明显。

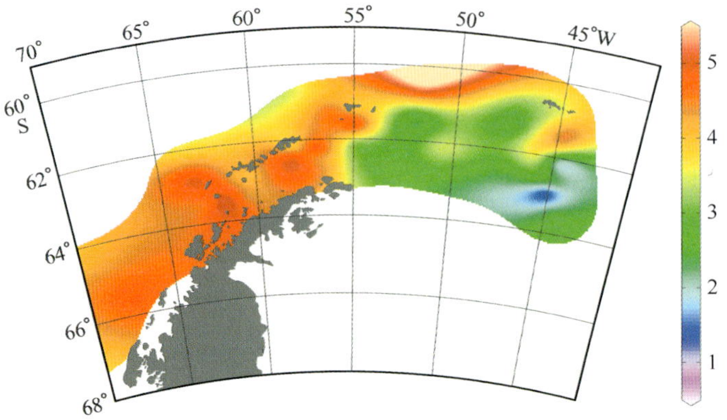

图 5-48　南极半岛周边海域表层沉积物 Na_2O 含量（%）分布

如图 5-49 所示，K_2O 的高值区主要分布在水深较大的鲍威尔海盆至威德尔海盆区，其次为布兰斯菲尔德海峡区，其分布可能为伊利石黏土富集有关。

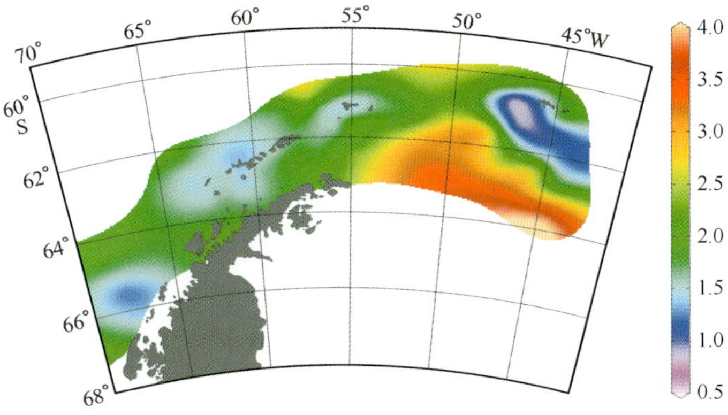

图 5-49 南极半岛周边海域表层沉积物 K_2O 含量（%）分布

如图 5-50 所示，MnO 含量的高值区主要分布在研究区东部的威德尔海盆边缘区和西北部南设德兰群岛北侧，可能与富氧的威德尔海深层水活动有关。

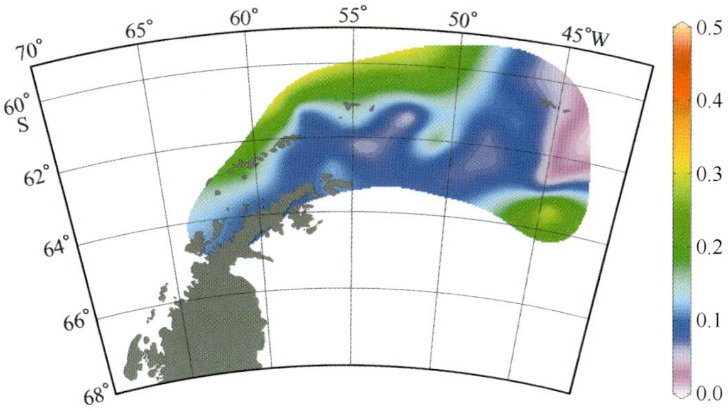

图 5-50 南极半岛周边海域表层沉积物 MnO 含量（%）分布

如图 5-51 所示和图 5-52 所示，TiO_2 含量的高值区南设德兰群岛与南极半岛周边海域，P_2O_5 含量的高值区主要分布在南设德兰群岛、南极半岛和南奥克尼群岛附近海域，前者主要以铝硅酸盐碎屑形式存在，后者与生源组分的关系较为密切。

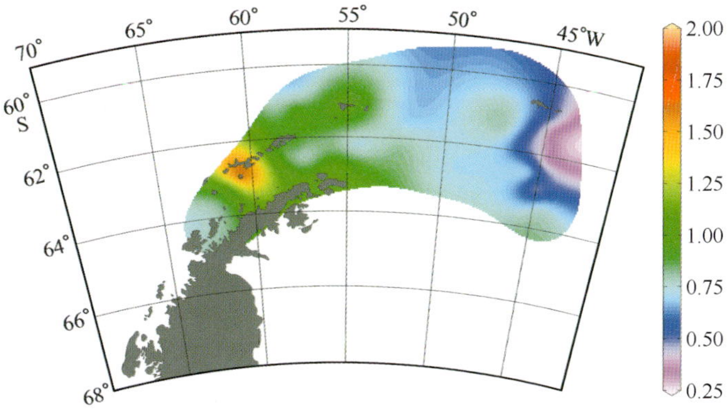

图 5-51 南极半岛周边海域表层沉积物 TiO_2 含量（%）分布

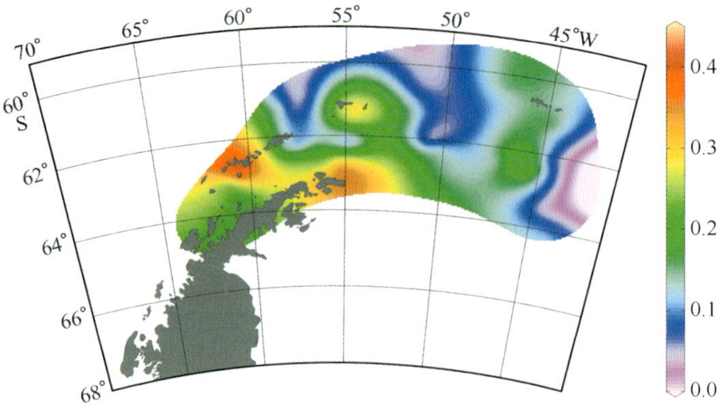

图 5-52　南极半岛周边海域表层沉积物 P_2O_5 含量（%）分布

从元素比值分布来看，SiO_2/Al_2O_3 比值的分布大致反映了硅质生物生产力的变化（图5-53）。$100×TiO_2/Al_2O_3$ 比值的高值区位于象岛附近，次高区位于研究区东南部（图5-54），在一定程度上反映了考察区底流的发育状况，前者对应于南大西洋水爬升流，后者对应于威德尔海深层水和底层水团的爬升。研究区西部和北部沉积物 Na_2O/K_2O 比值大，仅鲍威尔海盆至威德尔海区比值较低（图5-55），说明研究区北部沉积物中火山物质较多，沉积物化学风化作用弱，主要来自南设德兰群岛和南奥克尼群岛区。

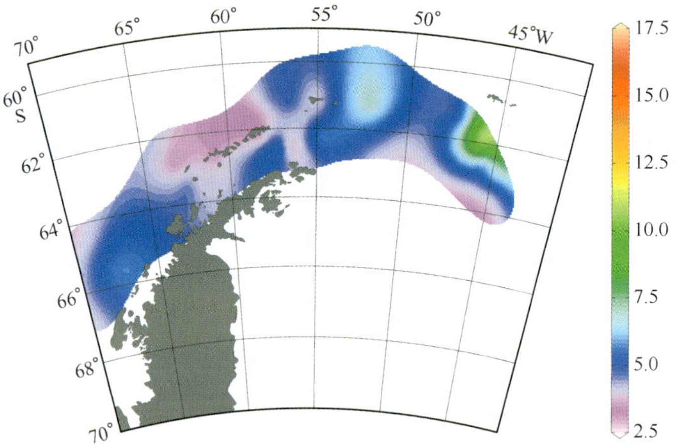

图 5-53　南极半岛周边海域表层沉积物 SiO_2/Al_2O_3 比值分布

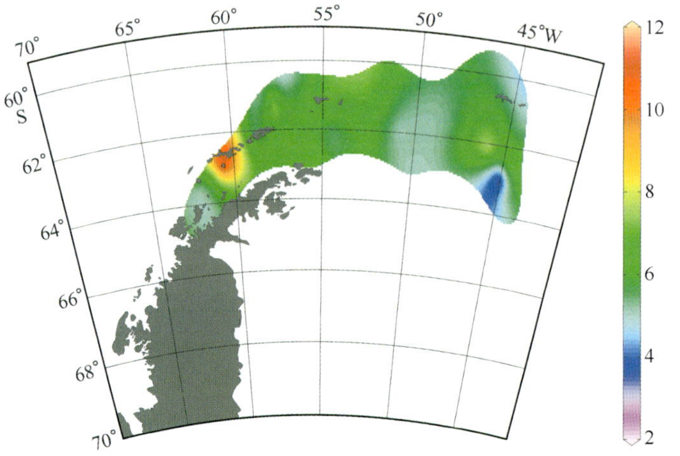

图 5-54　南极半岛周边海域表层沉积物 $100×TiO_2/Al_2O_3$ 比值分布

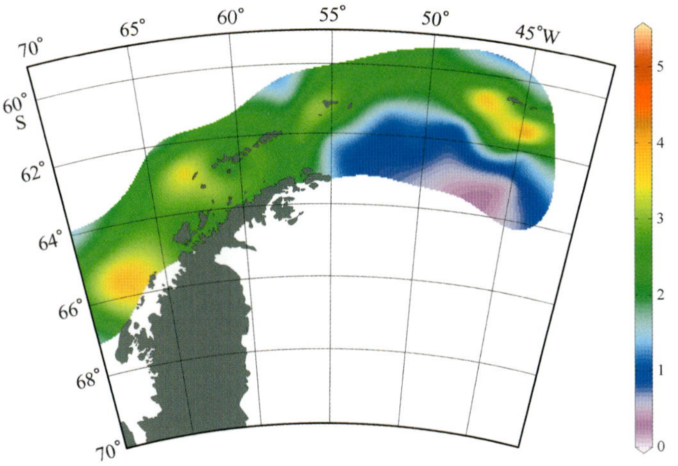

图 5-55 南极半岛周边海域表层沉积物 Na_2O/K_2O 比值分布

5.3.3.3 微量元素

微量元素的含量分布与常量元素的关系密切。

如图 5-56 所示，Sr 含量的高值区主要分布在南极半岛北侧与南设德兰群岛附近海域，低值区分布在南奥尼克群岛南部岛架和鲍威尔海盆区，与沉积物中 $CaCO_3$ 的含量分布相似（图 5-40），大致反映了海洋沉积物中钙质生物遗壳的丰度变化。

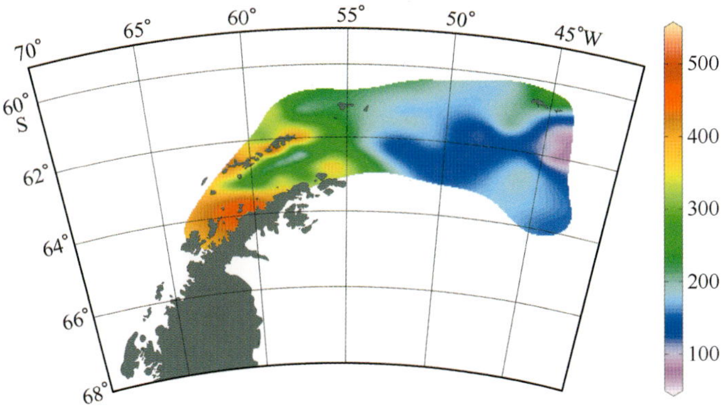

图 5-56 南极半岛周边海域表层沉积物 Sr 的含量（10^{-6}）分布

如图 5-57 至图 5-64 所示，微量元素 Li、Sc、V、Cr、Cu、Zn、U、Mo 等含量的分布与常量元素 Al_2O_3、Fe_2O_3、MgO、K_2O、TiO_2 的含量分布基本相似，它们在南极半岛、南设德兰群岛周边海域含量较高，其富集与该地区高铝火山岩物质的风化与沉积有关。

如图 5-65 至图 5-70 所示，微量元素 Ba、Rb、Cs、Zr、Th、Y 等含量的分布与常量元素 K_2O 的含量分布基本相似，其高值区主要分布在水深较大的鲍威尔海盆至威德尔海盆区，其次为布兰斯菲尔德海峡区，其分布主要与伊利石黏土的富集有关。如图 5-71 所示，微量元素 Co 含量的高值区呈斑块状分布，在南极半岛北部海域、鲍威尔海盆中部和象岛北部海域含量较高。

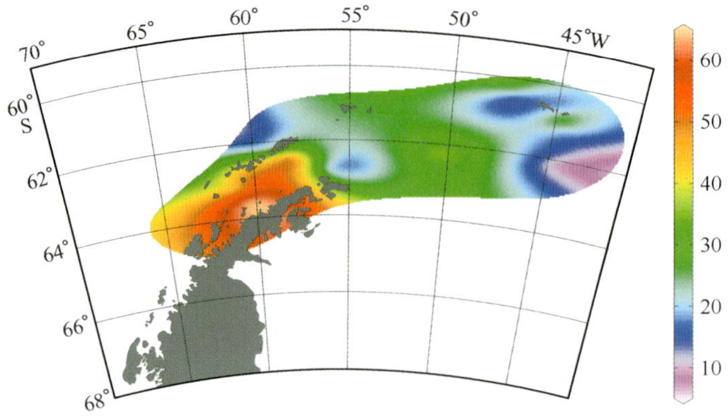

图 5-57　南极半岛周边海域表层沉积物 Li 的含量（10^{-6}）分布

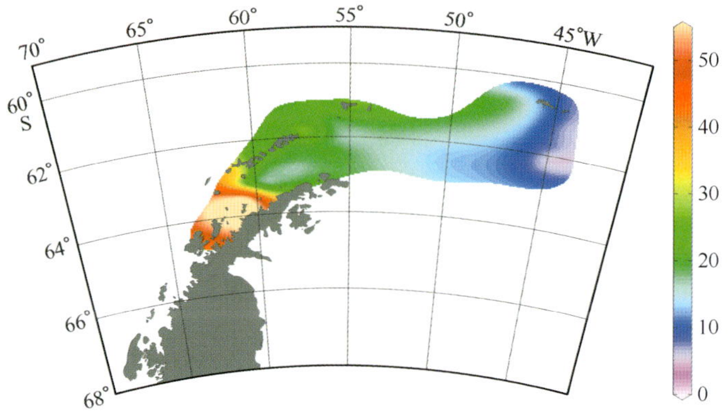

图 5-58　南极半岛周边海域表层沉积物 Sc 的含量（10^{-6}）分布

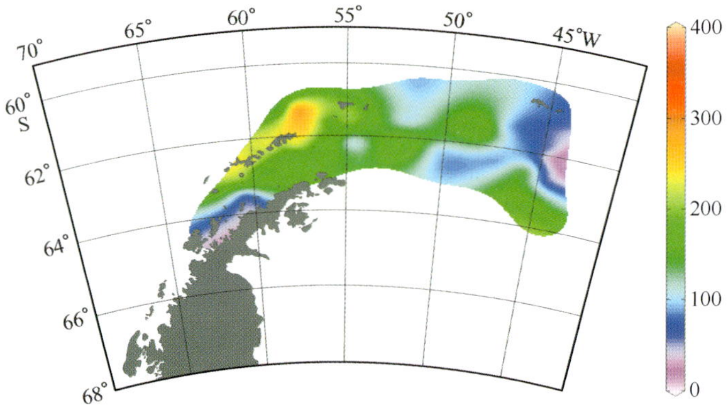

图 5-59　南极半岛周边海域表层沉积物 V 的含量（10^{-6}）分布

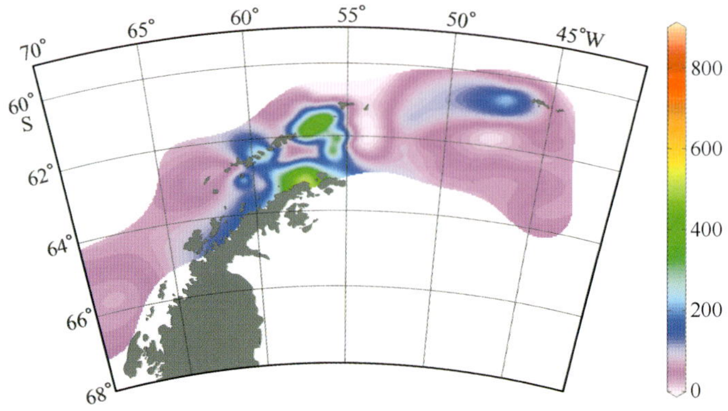

图 5-60　南极半岛周边海域表层沉积物 Cr 的含量（10^{-6}）分布

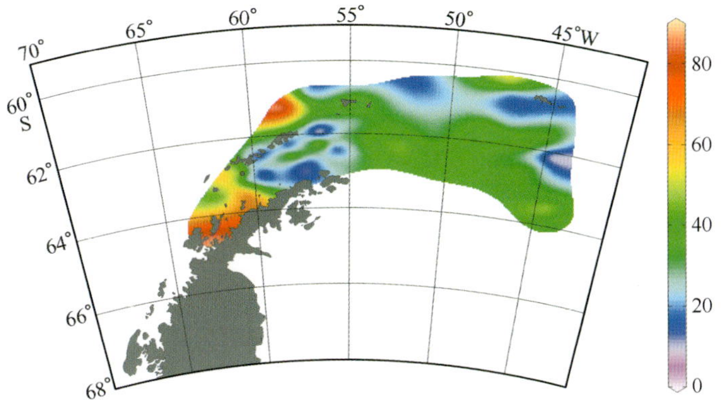

图 5-61　南极半岛周边海域表层沉积物 Cu 的含量（10^{-6}）分布

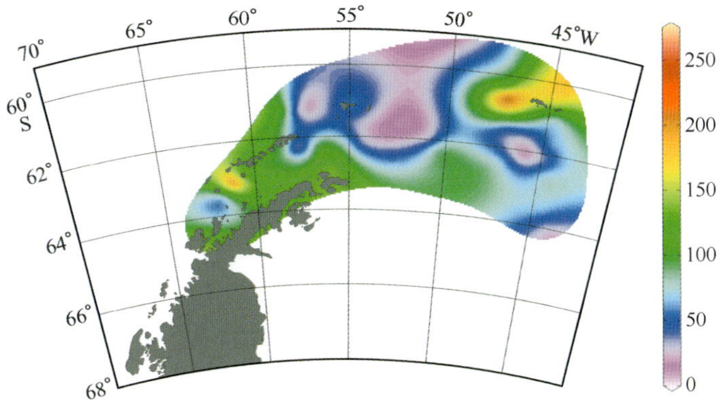

图 5-62　南极半岛周边海域表层沉积物 Zn 的含量（10^{-6}）分布

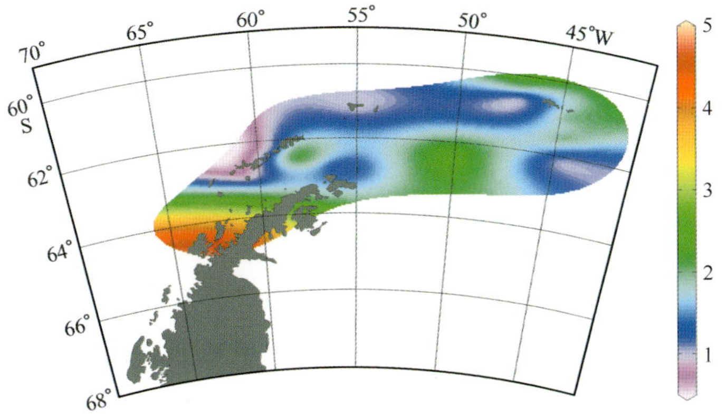

图 5-63　南极半岛周边海域表层沉积物 U 的含量（10^{-6}）分布

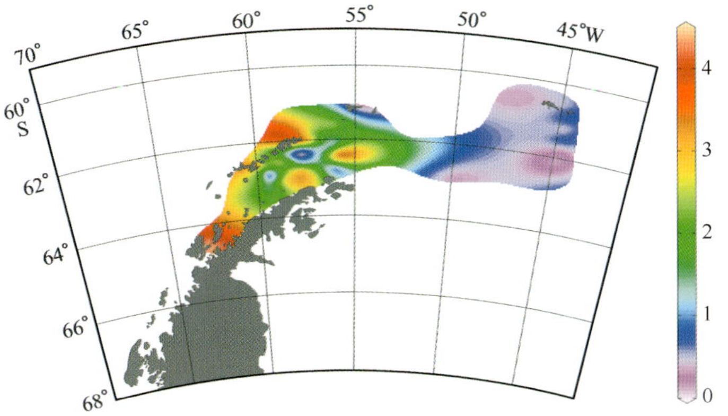

图 5-64　南极半岛周边海域表层沉积物 Mo 的含量（10^{-6}）分布

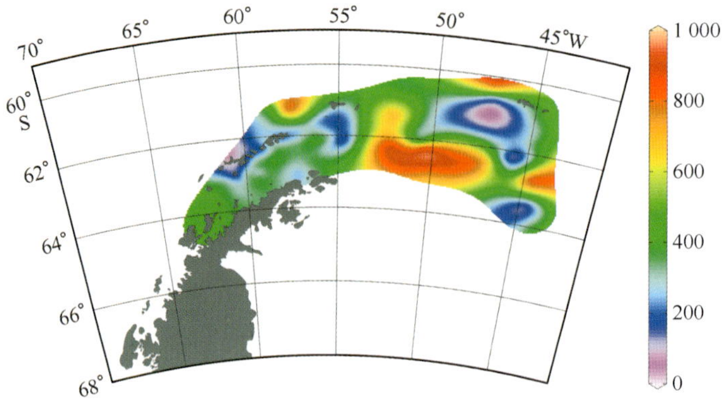

图 5-65　南极半岛周边海域表层沉积物 Ba 的含量（10^{-6}）分布

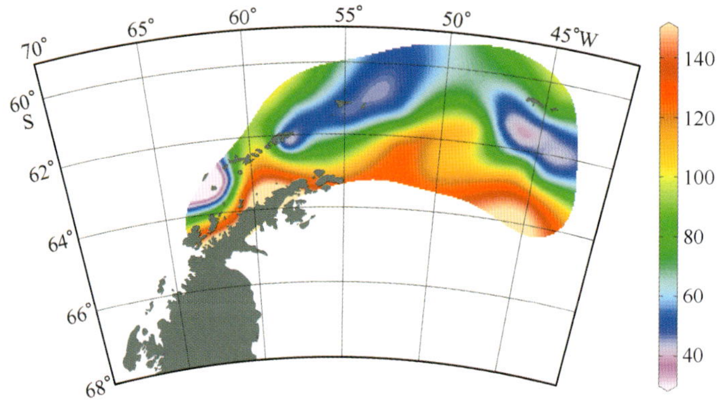

图 5-66　南极半岛周边海域表层沉积物 Rb 的含量（10^{-6}）分布

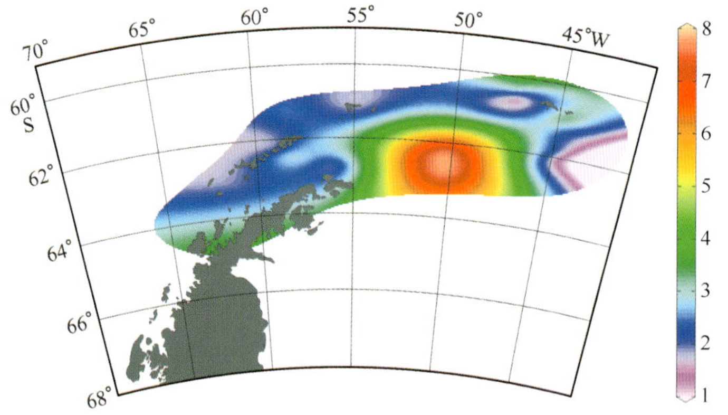

图 5-67　南极半岛周边海域表层沉积物 Cs 的含量（10^{-6}）分布

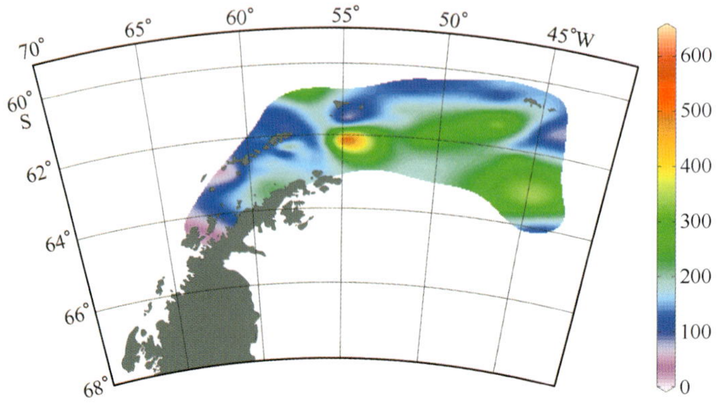

图 5-68　南极半岛周边海域表层沉积物 Zr 的含量（10^{-6}）分布

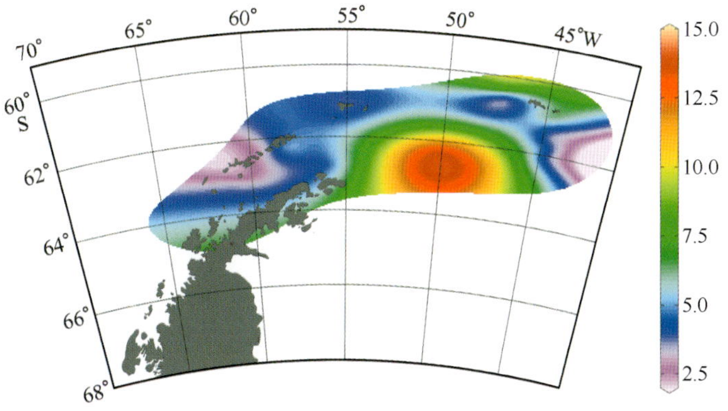

图 5-69　南极半岛周边海域表层沉积物 Th 的含量（10^{-6}）分布

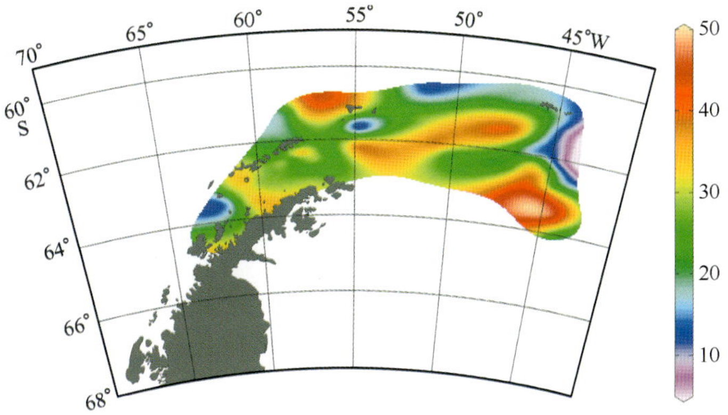

图 5-70　南极半岛周边海域表层沉积物 Y 的含量（10^{-6}）分布

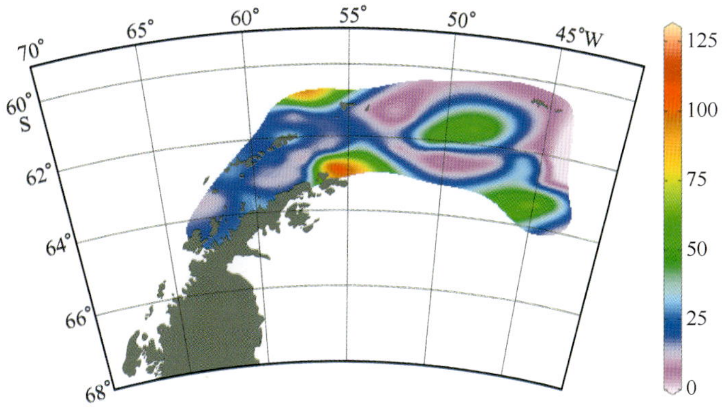

图 5-71　南极半岛周边海域表层沉积物 Co 的含量（10^{-6}）分布

5.3.3.4　稀土元素

稀土元素因物理和化学性质相似，溶解度低，在风化、剥蚀、搬运、沉积和早期成岩作用过程中不易迁移，产生的元素分异小，且表现出一定的系统性，因而对揭示海洋沉积物来源、形成条件、物源区特征和气候变化等具有重要意义（王中刚等，1989；赵一阳和鄢明才，1994）。在南极半岛地区，国内外学者先后应用稀土元素来研究岩石（王银喜和沈炎彬，

1994）、湖泊与鸟成沉积（Liu et al.，2011）、近岸海湾沉积（王先兰，1993；Santos et al.，2007）、布兰斯菲尔德海峡沉积（王先兰和赵云龙，1989；Lee et al.，2005）等特征、成因及环境气候记录，但基本未涉及南极半岛东北部海域。本节综合利用第28次和第30次南极考察样品，结合前人在邻近地区开展的一些工作，探讨了南极半岛东北部海域表层沉积物稀土元素的分布特点、制约因素及环境指示意义。

1）稀土元素的含量及分布

考察区表层沉积物稀土元素含量及相关参数见表5-3。表层沉积物REE含量范围为（45.47~183.60）$\times10^{-6}$，平均值为91.36$\times10^{-6}$，变异系数为0.35；LREE/HREE比值的变化范围为3.94~11.43，平均值为6.55。如图5-72所示，REE的高值区主要分布在考察区中南部靠威德尔海一侧（鲍威尔海盆），低值区主要分布在南奥克尼群岛南部岛架区和西部的布兰斯菲尔德海峡及南设得兰群岛北部岛架-岛坡区。如图5-73所示，LREE/HREE比值的分布与总稀土含量分布大体相似，体现出轻稀土占优势；但考察区西部的布兰斯菲尔德海峡及南设得兰群岛北部岛架-岛坡沉积物LREE/HREE比值明显偏低，而南奥克尼群岛南部岛架区沉积物LREE/HREE比值较大。

2）稀土元素的页岩标准化配分模式

采用北美、欧洲和俄罗斯页岩的平均值（Byrne and Sholkovitz，1996）对稀土元素进行标准化，典型样品的结果见图5-74。从曲线的倾向来看，考察区表层沉积物的页岩标准化稀土元素配分模式大体可分为两类：一类为重稀土富集型，沉积物的铕正异常明显，见于考察区西部靠南设得兰群岛和南极半岛一侧，如1号（ANT24-N08-1）、2号（ANT28-D1-03）、4号（ANT28-D1-09）、5号（ANT28-D2-04）样品；另一类为重稀土弱富集型或平缓型，沉积物的铕正异常不明显，见于考察区中部的鲍威尔海盆和东南部，如7号（ANT28-D3-07）、10号（ANT28-D4-09）样品等。南奥尼克群岛附近上述两种类型均有，如群岛西侧的9号（ANT28-D4-03）样品重稀土富集，铕正异常明显；群岛南侧的11号（ANT28-D5-02）和16号（ANT28-D5-07）样品稀土标准化曲线较平缓，铕正异常不明显。如表5-3和图5-74所示，考察区表层沉积物的铈异常值不明显，δCe值的变化范围为0.85~1.06，平均值为0.98；考察区东南部靠威德尔海一侧和东北部的南奥尼克群岛-南斯科舍海脊一带沉积物略显正异常，乔治王岛和象岛附近海域沉积物略显负异常（图5-75）。如表5-3和图5-74所示，考察区沉积物多表现为铕正异常，δEu的变化范围为0.96~1.46，平均为1.23；铕正异常在考察区西部的乔治王岛附近和考察区中部最为明显，在中南部海域较小或不明显（图5-76）。如图5-74所示，考察区沉积物除铕正异常外，镝（Dy）相对于页岩富集，显示出一定的地域性。

3）稀土元素的富集及其环境制约

南极半岛东北部海域位于南极夏季和冬季海冰边界线之间，大部分地区季节性海冰发育（Comiso et al.，2003），南翼威德尔海西侧至南奥克尼群岛南侧为威德尔海冰山向外输运的主要通道（Schodlok et al.，2006；Anderson，1999）。受冰筏碎屑影响，该地区海底沉积物相对较粗，属极地冰-海成因沉积物，因陆架、陆坡、深海等海底地形地貌的变化可分为砾质、砂质、粉砂质和泥质沉积物等类型，但均含有数量不等的砂砾质冰筏碎屑组分（王春娟等，2014）。从图5-77a来看，考察区表层积物物中黏土组分的含量变化较大，为0~42%不等，多数样品小于30%；尽管黏土组分含量相近的沉积物其稀土元素含量变化幅度较大，但稀土

表 5-3　考察区表层沉积物稀土元素含量(10^{-6})及相关参数值

代号	站号	La	Ce	Pr	Nd	Sm	Eu	Gd	Tb	Dy	Ho	Er	Tm	Yb	Lu	REE	LREE/HREE	δCe	δEu
1	ANT24-N08-1	12.41	26.84	4.00	17.34	4.02	1.28	3.55	0.62	3.76	0.73	2.07	0.31	2.01	0.34	79.28	4.92	0.93	1.46
2	ANT28-D1-03	15.60	33.28	4.49	18.23	3.94	1.18	3.63	0.63	3.88	0.76	2.17	0.33	2.17	0.35	90.64	5.52	0.97	1.34
3	ANT28-D1-07	13.90	30.39	3.99	16.26	3.64	1.04	3.20	0.58	3.58	0.68	1.97	0.30	2.02	0.33	81.88	5.46	1.00	1.30
4	ANT28-D1-09	14.83	32.16	4.40	18.41	4.19	1.33	3.83	0.68	4.26	0.81	2.36	0.37	2.42	0.40	90.45	4.98	0.97	1.42
5	ANT28-D2-04	13.76	29.89	4.26	18.29	4.45	1.37	4.23	0.80	5.30	1.03	3.03	0.45	2.96	0.48	90.28	3.94	0.95	1.35
6	ANT28-D3-05	36.17	77.81	9.01	33.85	6.50	1.40	5.50	0.88	5.10	0.95	2.79	0.43	2.75	0.44	183.60	8.74	1.05	1.00
7	ANT28-D3-07	35.06	72.13	8.93	32.97	6.27	1.36	5.53	0.89	5.25	0.99	2.84	0.44	2.73	0.45	175.84	8.20	0.99	0.99
8	ANT28-D4-02	20.74	45.95	5.48	21.23	4.58	1.19	4.05	0.69	4.02	0.79	2.34	0.36	2.34	0.38	114.14	6.62	1.05	1.18
9	ANT28-D4-03	9.63	20.15	2.70	10.89	2.58	0.86	2.57	0.50	3.34	0.66	1.94	0.30	1.94	0.32	58.37	4.05	0.96	1.44
10	ANT28-D4-09	25.19	53.35	6.43	23.75	4.54	1.11	4.09	0.67	4.09	0.77	2.22	0.35	2.28	0.37	129.22	7.70	1.02	1.10
11	ANT28-D5-02	17.99	39.15	4.69	17.77	3.47	0.85	3.04	0.48	2.99	0.54	1.59	0.24	1.55	0.25	94.60	7.85	1.04	1.12
12	ANT28-D5-03	19.74	41.81	5.04	18.81	3.71	0.87	3.30	0.54	3.26	0.61	1.79	0.28	1.76	0.29	101.82	7.61	1.02	1.07
13	ANT28-D5-04	11.24	23.79	2.95	11.19	2.24	0.58	2.04	0.35	2.05	0.39	1.14	0.17	1.15	0.19	59.47	6.94	1.01	1.16
14	ANT28-D5-05	9.38	19.42	2.46	9.45	1.89	0.51	1.71	0.30	1.83	0.35	1.03	0.16	1.03	0.17	49.67	6.55	0.99	1.20
15	ANT28-D5-06	12.55	26.18	3.23	12.28	2.46	0.63	2.14	0.35	2.15	0.40	1.17	0.18	1.19	0.19	65.11	7.37	1.00	1.18
16	ANT28-D5-07	10.30	21.38	2.62	9.81	1.96	0.49	1.72	0.29	1.81	0.36	1.05	0.17	1.09	0.18	53.23	6.99	1.00	1.15
17	ANT28-D5-09	19.25	40.45	4.73	18.32	3.65	0.92	3.37	0.60	3.86	0.76	2.19	0.36	2.24	0.36	101.05	6.35	1.03	1.13
18	ANT30-D1-04	17.18	33.46	4.22	18.30	3.93	1.12	3.32	0.56	3.38	0.70	2.12	0.30	1.89	0.33	90.81	6.21	0.96	1.33

续表

代号	站号	La	Ce	Pr	Nd	Sm	Eu	Gd	Tb	Dy	Ho	Er	Tm	Yb	Lu	REE	LREE/HREE	δCe	δEu
19	ANT30-D1-07	12.03	23.91	3.14	14.04	3.14	0.96	2.72	0.48	2.95	0.62	1.86	0.26	1.73	0.29	68.13	5.24	0.95	1.41
20	ANT30-D2-03	18.49	36.40	4.42	18.66	3.85	1.06	3.38	0.57	3.37	0.70	2.12	0.30	1.96	0.33	95.61	6.51	0.98	1.26
21	ANT30-D2-04	13.35	25.82	3.33	14.72	3.34	1.01	3.01	0.54	3.36	0.71	2.14	0.30	1.93	0.34	73.90	4.99	0.94	1.36
22	ANT30-D2-05	34.13	62.44	7.00	26.11	4.57	0.93	3.81	0.55	2.98	0.60	1.81	0.25	1.57	0.26	147.01	11.43	0.98	0.96
23	ANT30-D2-06	12.20	23.88	3.13	13.70	2.95	0.92	2.53	0.43	2.64	0.54	1.59	0.23	1.51	0.25	66.50	5.84	0.94	1.44
24	ANT30-D2-10	19.29	36.47	4.42	17.86	3.43	0.86	2.96	0.46	2.69	0.54	1.63	0.24	1.55	0.26	92.66	7.97	0.96	1.16
25	ANT30-D3-03	17.92	32.95	4.00	16.62	3.43	1.02	3.00	0.50	2.89	0.59	1.73	0.24	1.53	0.26	86.68	7.07	0.95	1.36
26	ANT30-D5-04	10.29	19.32	2.39	9.96	1.94	0.53	1.64	0.27	1.60	0.33	0.98	0.14	0.92	0.16	50.47	7.36	0.95	1.27
27	ANT30-D5-05	9.29	17.06	2.16	8.80	1.77	0.51	1.54	0.26	1.54	0.32	0.99	0.14	0.93	0.16	45.47	6.73	0.93	1.32
28	ANT30-D5-06	9.93	17.88	2.24	9.11	1.85	0.58	1.61	0.28	1.62	0.34	1.04	0.15	1.02	0.17	47.82	6.68	0.92	1.44
29	ANT30-D5-08	20.88	42.92	4.62	19.15	3.93	1.00	3.41	0.56	3.29	0.67	2.01	0.29	1.85	0.31	104.89	7.47	1.06	1.17
30	ANT30-DA-01	21.33	41.84	4.97	20.09	4.09	1.01	3.52	0.58	3.51	0.71	2.20	0.31	2.09	0.35	106.60	7.03	0.99	1.14
31	ANT30-DA-02	20.68	40.51	4.82	19.92	3.88	1.07	3.30	0.53	3.18	0.66	1.98	0.29	1.83	0.32	102.97	7.52	0.99	1.28
32	S3	20.88	45.41	5.89	20.38	4.56	0.98	3.57	0.60	3.37	0.71	2.07	0.32	2.15	0.35	111.24	7.47	1.00	1.04
33	S5	13.33	25.80	4.03	15.24	3.92	1.11	3.54	0.59	3.58	0.77	2.18	0.34	2.08	0.34	76.85	4.73	0.86	1.28
34	S23	19.67	40.59	5.64	20.82	4.99	1.29	4.21	0.68	4.07	0.86	2.43	0.38	2.40	0.39	108.42	6.03	0.94	1.21
35	S3*	17.80	35.80	5.36	25.90	5.89	1.70	6.35	0.88	5.62	1.16	3.39	0.50	3.19	0.50	114.04	4.28	0.89	1.19
36	S4*	13.50	30.00	3.84	15.90	3.65	0.88	3.49	0.54	3.13	0.76	1.87	0.28	2.11	0.26	80.21	5.45	1.02	1.06

续表

代号	站号		La	Ce	Pr	Nd	Sm	Eu	Gd	Tb	Dy	Ho	Er	Tm	Yb	Lu	REE	LREE/HREE	δCe	δEu
	研究区沉积物（n=36,本研究）	Min	9.29	17.06	2.16	8.80	1.77	0.49	1.54	0.26	1.54	0.32	0.98	0.14	0.92	0.16	45.47	3.94	0.85	0.96
		Max	36.17	77.81	9.01	33.85	6.50	1.70	6.35	0.89	5.62	1.16	3.39	0.50	3.19	0.50	183.60	11.43	1.06	1.46
		Av	17.22	35.18	4.42	17.61	3.70	0.99	3.29	0.55	3.31	0.66	1.94	0.29	1.89	0.31	91.36	6.55	0.98	1.23
		Cv	0.40	0.40	0.37	0.34	0.32	0.29	0.33	0.30	0.31	0.31	0.30	0.31	0.30	0.29	0.35	0.23	0.05	0.11
	长城站土壤/湖泊沉积物 * *（n=10,本研究）		8.74	21.24	2.95	13.40	3.31	1.12	2.82	0.52	3.25	0.63	1.80	0.28	1.78	0.29	62.13	4.48	1.01	1.62
	菲尔德斯半岛沉凝灰岩（n=8）		16.19	37.30	4.10	20.90	5.39	2.16	6.58	0.98	5.47	1.12	2.89	0.40	2.53	0.40	106.39	4.28	1.13	1.53
	菲尔德斯半岛玄武岩（n=16）		6.53	14.68	2.03	9.75	2.45	0.90	2.51	0.37	2.18	0.46	1.05	0.15	1.10	0.17	44.34	4.62	0.98	1.54
	菲尔德斯半岛玄武安山岩（n=10）		10.93	24.61	3.21	15.30	3.67	1.26	3.69	0.53	3.10	0.65	1.43	0.22	1.60	0.25	70.44	5.20	1.00	1.47
	菲尔德斯半岛安山岩（n=4）		19.53	43.22	5.46	25.56	6.12	1.72	5.85	0.82	5.07	1.07	2.73	0.39	2.68	0.43	120.64	5.31	1.01	1.25
	页岩平均		41	83	10	38	7.5	1.61	6.35	1.2	5.49	1.3	3.75	0.55	3.51	0.61	27	230.9	3.64	
	南大西洋有孔虫（n=4）		3.8	5.5		3.5	0.65	0.15		0.11					0.28	0.042	14.03	31.48		
	印度洋硅藻		5.78	8.21		6.71	1.56	0.404	1.78		1.69		0.998		0.859		27.99	4.25		1.04
	东威德尔海 CDW/10^{-12}		4.03	0.92		2.45	0.47	0.13	0.83		1.07	0.00	1.12		1.25	0.19			0.13	
	东威德尔海 AABW/10^{-12}		7.50	1.68		5.48	1.07	0.27	1.38		1.58	0.00	1.41		1.47	0.25			0.12	

注：Min：最小值，Max：最大值，Av：平均值，Cv：变异系数．代码1为第24次南极考察样品，取样地点为长城站附近的长城湾；代码2~17为第28次南极考察样品，18~31为第30次南极考察样品．*，柱状样顶部样品．* *长城站土壤/湖泊沉积物样品由王能飞博士提供．

参阅中国南极考察队（1987）；Lee等（2005）；王银喜和沈炎彬（1994）；Byrne和Sholkovitz（1996）；王中刚等（1989）；German等（1995）．

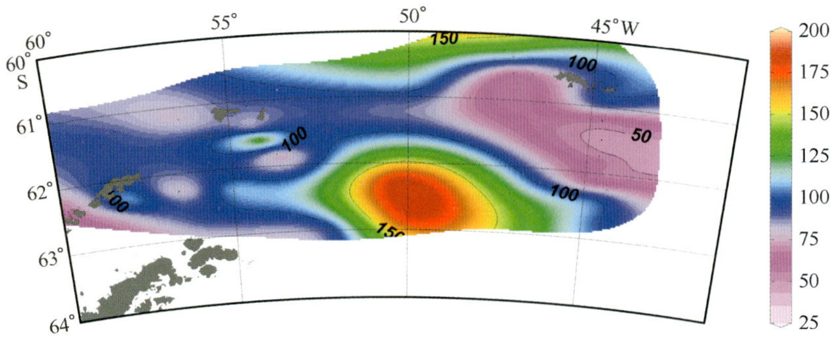

图 5-72　南极半岛东北部海域表层沉积物 REE 含量（10^{-6}）

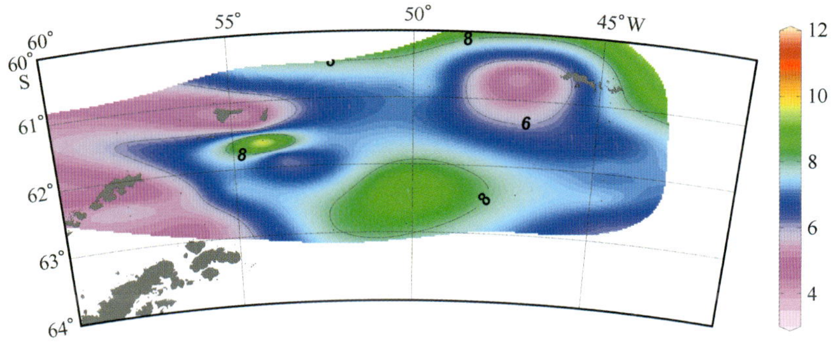

图 5-73　南极半岛东北部海域表层沉积物 LREE/HREE 比值

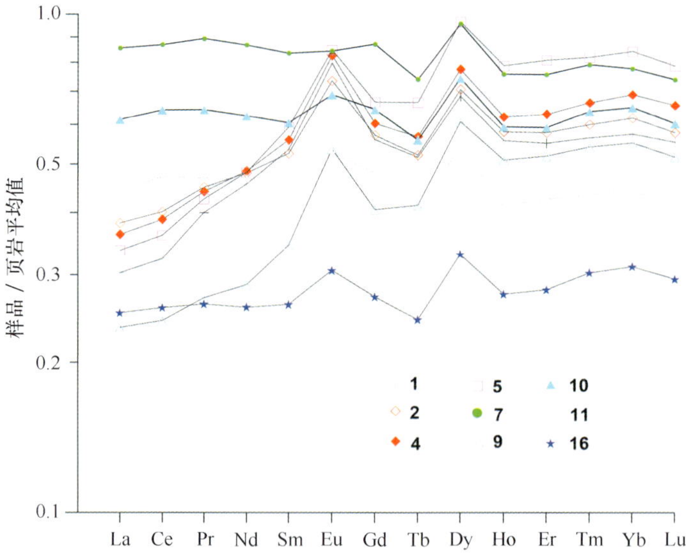

图 5-74　考察区典型表层沉积物样品的稀土元素页岩标准化分配模式

图中样品代号同表 5-3

元素含量随黏土组分含量增加的趋势明显，反映出稀土元素趋向于在细粒沉积物中富集，因为它们可以通过类质同象进入黏土矿物的晶格之中（赵一阳和鄢明才，1994），或以钛的氧化物、磷灰石等富稀土矿物形式出现在黏土相中（Caggianelli et al.，1992）。

极区海水温度低，钙质生物的生长与钙质壳体的保存受到很大限制，但硅藻等硅质生物

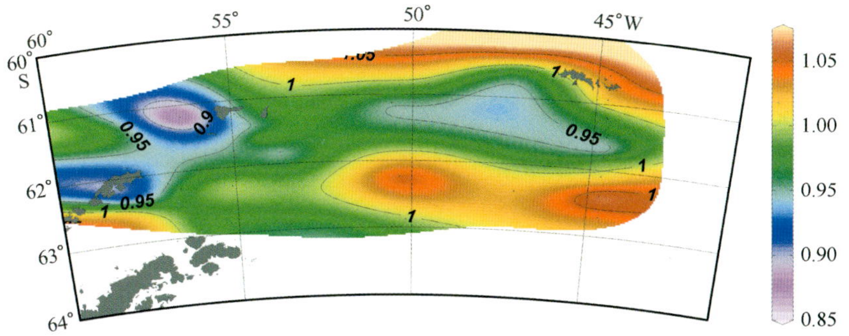

图 5-75 南极半岛东北部海域表层沉积物 δCe 分布

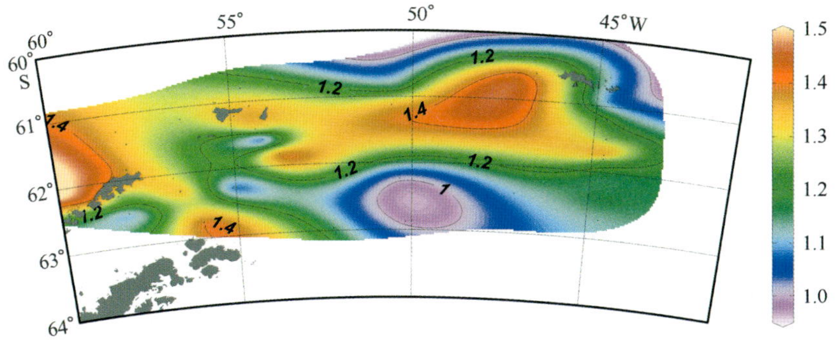

图 5-76 南极半岛东北部海域表层沉积物 δEu 分布

较为发育，特别是海冰边缘区因营养盐的大量释放，初级生产力往往很高。从图 5-77b 来看，考察区表层沉积物中生源蛋白石含量大约在 0~40%，显示出硅质生物遗壳在部分沉积物中占较大的比重；沉积物中生源蛋白石含量越高，稀土元素含量就越低，前者对后者具有明显的稀释效应。稀土元素含量最低（图 5-72）与生源蛋白石含量最高的区域位于南奥尼克群岛南侧岛架区。据研究，硅藻中总稀土含量不足 30×10^{-6}，不到考察区沉积物平均稀土含量的 1/3（王中刚等，1989）。南奥尼克群岛南侧浅水岛架位处威德尔海西侧冰山输运通道上，春、夏季属海冰边缘区（Schodlok et al., 2006；Anderson, 1999），冰山和海冰融化释放的大量营养盐使该海区初级生产力高，而浅水岛架环境则有利于硅质生物壳体快速沉降到海底并得以在沉积物中保存。

从图 5-77 来看，尽管稀土元素偏向于在黏土沉积物中富集、在富硅质沉积物中亏损，但两者对考察区沉积物稀土元素的制约还是有限的。从图 5-78a 可以看出，如果用 Al_2O_3 含量来表征黏土组分含量，考察区稀土元素最为富集的样品为鲍威尔海盆区的深海富铝硅酸盐黏土（6~7 号样品），最为亏损的沉积物来自南奥尼克群岛南侧岛架（如：13~16 号样品、26~28 号样品），而其他稀土元素含量中等的样品则分化为两类：一类 Al_2O_3 含量偏低，介于深海黏土和富生源硅沉积物之间，它们多为正常的岛架或岛坡沉积（如：10~12 号样品、17、22、29 号样品）；另一类 Al_2O_3 含量偏高，相应沉积物的 Sm/Nd 分子比值偏大（大于 0.2），它们多集中分布在布兰斯菲尔德海峡或南设德兰群岛（乔治王岛、象岛等）附近海域，具有明显的地域性。钕的同位素 ^{143}Nd 是长周期放射性核素 ^{147}Sm 的子体（$t_{1/2}=10^6$ Ga），因而沉积物的 Sm/Nd 比值越大，意味着该沉积物相对于亏损地幔的模式年龄越小，指示它们来源于相对较为年轻的地质体（杨杰东和徐士进，2007）。南极半岛和南设德兰群岛同属中-新生代褶皱带，前者多发育中生代火山岩，后者发育中、新生代火山岩（Eaglesa and Livermore，2002；刘嘉麒等，2002），且以高铝的玄武岩、玄武安山岩位置，安山岩、英安岩、沉凝灰岩等次之（匡福祥和金庆民，1989。来自布兰斯菲尔德海峡东部的岩心沉积物记录表明该地区全新世沉积有多层火山灰，海峡西部的欺骗岛是该地区晚第四纪以来最为重要的火山来源（聂森艳等，2014）。如图 5-79 所示，Sm/Nd 分子比值在乔治王岛、象岛附近海域沉积物中较大，说明该地区沉积物受现代火山活动或年轻的火山岩风化剥蚀产物影响。从图 5-78a 来看，象岛以东位于南斯科舍海脊上的 4 个沉积物样品（20、25、30、31 号样品）Al_2O_3 含量大于 11%，但 Sm/Nd 分子比值小于 0.2，说明该海脊区可能发育相对较老的高铝火山岩；此外，南奥尼克群岛西侧的 9 号站沉积物位 Sm/Nd 分子比值较大（图 5-79），说明该海脊局部可能发育较为年轻的火山岩，或受南设德兰群岛等物源影响。

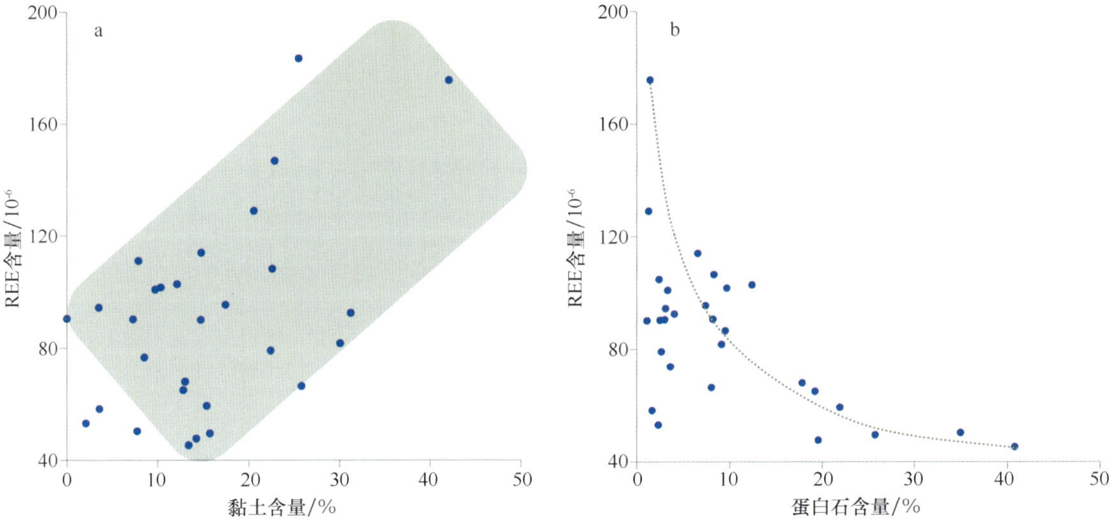

图 5-77 考察区表层沉积物 REE 含量与黏土组分含量、蛋白石含量的制约关系

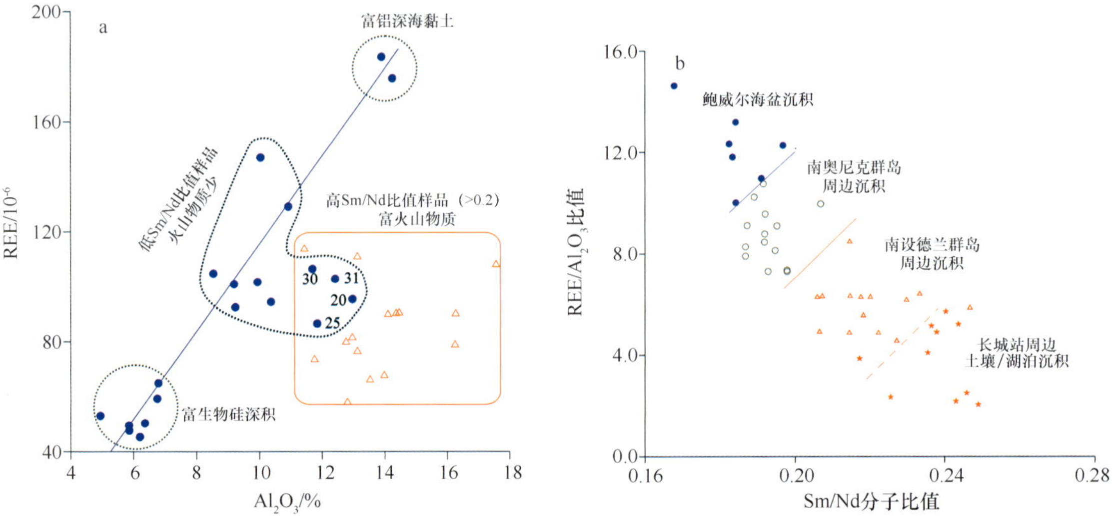

图 5-78 考察区表层沉积物 REE 与 Al_2O_3、REE/Al_2O_3 与 Sm/Nd 分子比值之间的制约关系

a 中样品代号同表 5-3

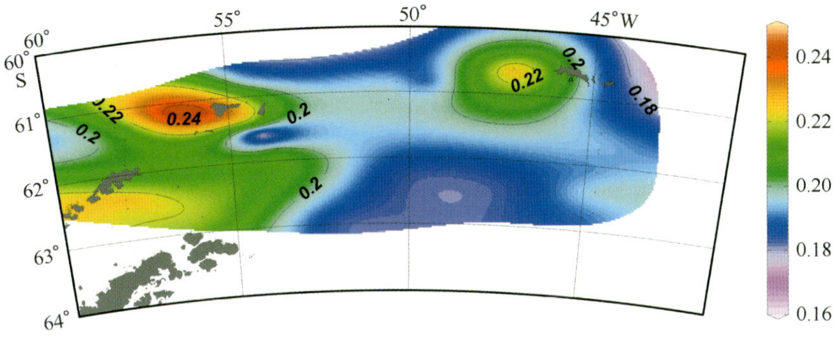

图 5-79 南极半岛东北部海域表层沉积物 Sm/Nd 分子比值分布

如图 5-80a 所示，从考察区表层沉积物与其他相关端元组分稀土配分模式的对比来看，考察区表层沉积物稀土元素的平均值介于远洋黏土（王中刚等，1989）与（印度洋）硅藻（王中刚等，1989）、（南大西洋）有孔虫（王中刚等，1989）等生源组分之间，其页岩标准化曲线逼近南极长城站周边土壤/湖泊沉积物的平均值，只是其轻稀土略微富集。与 Dome C 冰心粉尘（Gabrielli et al., 2010）和南美洲黄土（Gallet et al., 1998）相比（图 5-80a），考察区表层沉积物页岩配分模式与后者更为接近，反映出考察区沉积物与南美洲黄土发育的构造背景大体一致，中-新生代火山岩发育，且不排除考察区部分细粒沉积物来源于南美洲的风尘物质。

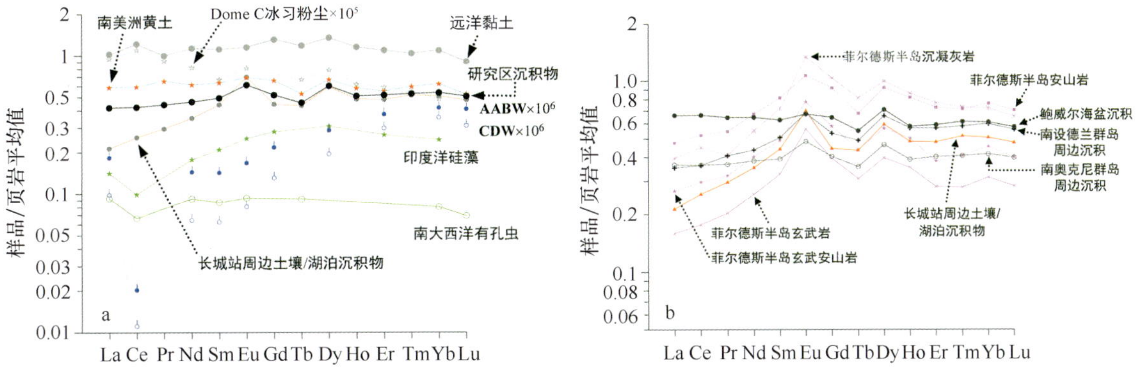

图 5-80 考察区沉积物与相关沉积端元的稀土元素页岩标准化模式对比

4）稀土元素分区与物源指示意义

从上述对比和讨论来看，考察区表层沉积物稀土元素的区域分异特点明显。如图 5-78b 所示，对考察区沉积物和南极长城站周边土壤/湖泊沉积物综合作图，发现随着沉积物 REE/Al_2O_3 比值的变小和 Sm/Nd 分子比值的逐渐变大，大体可将考察区表层沉积物划分为 3 组，表现出明显的地域分布特点，分别对应于鲍威尔海盆沉积、南奥克尼群岛周边沉积（包括南侧的岛架沉积和西侧的南斯科舍海脊沉积）和南设德兰群岛周边沉积（包括布兰斯菲尔德海峡沉积、乔治王岛和象岛西侧岛架-岛坡沉积），且后者与南极长城站周边土壤/湖泊沉积物没有明显的分界。对上述 3 组沉积物稀土元素的平均值作图（图 5-80b），发现鲍威尔海盆沉积和南奥克尼群岛周边海域沉积物的稀土元素配分模式基本一致，均为平坦型，只是稀土元素含量相差近 1 倍，说明它们的物质来源基本相似，以正常深海-半深海沉积和正常岛架-陆架沉积为主。南设德兰群岛周边沉积，包括布兰斯菲尔德海峡沉积及乔治王岛、象岛西侧岛架-岛坡沉积，其稀土页岩标准化模式为重稀土富集型，铕正异常明显，逼近长城站周边土壤与湖泊沉积物的平均值，只是含量略高一点，且大体落在乔治王岛南部菲尔斯半岛系列火山岩（包括玄武岩、玄武安山岩、安山岩、沉凝灰岩）的页岩标准化模式区间内，充分说明该海域沉积物主要来源于邻近的南设德兰群岛。

依据图 5-78b 给出的沉积物分组，结合前面对南斯科舍海脊沉积物的成因探讨，大体可将考察区沉积物分为东、西两个大区，而东部沉积物区又进一步细分为鲍威尔海盆、南奥克尼群岛岛架、南斯科舍海脊 3 个沉积小区（图 5-81）。大致以象岛东侧至南极半岛北部的茹安维尔岛为界，西部沉积区包括布兰斯菲尔德海峡沉积、乔治王岛和象岛西侧岛架-岛坡沉积，沉积物主要来源于南设德兰群岛地区，包括乔治王岛、象岛等岛屿；该地区普遍发育中-新生代高铝火山岩，全新世及现代火山活动频繁，火山岩或火山灰经冰川、冰山、海冰、海流等刨蚀与搬运，在布兰斯菲尔德海峡及乔治王岛、象岛西侧岛架-岛坡等地沉积下来；在西风带驱动的自西向东的海流（如：别林斯高晋海表层暖水）及风力（冬半年以 ESE 向风为主）等作用下，布兰斯菲尔德海峡西部欺骗岛等地火山喷发产生的火山灰亦被带往海峡东部沉积（聂森艳等，2014）。考察区东部沉积区包括鲍威尔海盆、南奥克尼群岛岛架、南斯科舍海脊 3 个小区，沉积物稀土元素页岩标准化配分模式总体表现为平坦型，轻稀土明显抬升，铕正异常不显著，Sm/Nd 分子比值小，沉积物主要来源于相对较老的地层和岩石。Diekmann 和 Kuhn（1999）通过对威德尔海及邻近海域表层沉积物的重矿物研究揭示，威德尔海东南部近海以挪威角铁镁质岩浆岩组合和东南极混合组合为主，南部近海以南威德尔海沉积岩组合、南威德尔海沉积岩-铁镁质岩浆岩混合组合、东南极混合组合为主，中央海盆以东南极混合组合和东南极变质岩组合为主；靠近南极半岛北端的威德尔海西部以东南极混合组合、南威德尔海沉积岩-铁镁质岩浆岩混合组合、南威德尔海沉积岩组合和西威德尔海混合组合为主；南奥尼克群岛周边海域以西威德尔海混合组合为主，其次为南奥克尼变质岩组合、东南极混合组织和南威德尔海沉积岩-铁镁质岩浆岩混合组合；南极半岛北端与南设德兰群岛之间为南设德兰火山岩组合。刘忠诚等（2014）依据碎屑矿物的组合特征将考察区划分为两个区：西区（Ⅰ区）为辉石-磁铁矿-火山玻璃型，主要来源于南设得兰群岛及南极半岛北段；东区（Ⅱ区）为石榴子石-绿帘石-角闪石-石英型，南奥克尼群岛物质、南极绕极环流搬运、南极半岛及附近岛屿物质对该区沉积物均有贡献。综合稀土元素分区与前人的有关矿物组合分区，推断考察区东部包括鲍威尔海盆、南奥克尼群岛岛架、南斯科舍海脊沉积物主要来源于威德尔海西部和南部，局部受南设德兰群岛和南斯科舍海脊物质的影响。在威德尔海西部和西北部，表层流、冰山、海冰的搬运方向大体与威德尔海底层水、深层水的搬运方向一致，前者对冰筏碎屑等粗组分的贡献较大，后者对细粒沉积物的影响比较大，较强的底层流、等深流和阵发性浊流等对粉砂沉积的影响比较大（Jiang et al.，2013；Maldonado et al.，2003；Howe et al.，1998；Sangra et al.，2011）；在其共同作用下，来自威德尔海西部、南部和东南极内陆的部分沉积物被带到南奥尼克群岛附近和鲍威尔海盆等地沉积下来（Diekmann and Kuhn，1999）。

如图 5-81 所示，威德尔海底层水（WSBW）随着流涡沿南极半岛东侧的陆坡向北流，在鲍威尔海盆南部分成两支，一支向西进入鲍威尔海盆，然后向西北绕鲍威尔海盆一圈，又转向海盆东南部进入威德尔海；另一支沿着珍海盆南部向东演变成威德尔海深层水

(WSDW)，然后再分为两支，其中一支向东绕过南奥克尼台地沿南斯科舍海脊向东南进入南极半岛西部的别林斯高晋海（Maldonado et al.，2003）。进入鲍威尔海盆的威德尔海底层水在海盆的北缘又分出一支强烈的底层流，沿南奥克尼群岛西北边缘向北，对海底沉积物有明显的冲刷作用（王春娟等，2014）。南奥尼克群岛南侧浅水岛架位处威德尔海西侧冰山输运通道上，水深的变浅使部分冰山在该台地滞留，春、夏季海冰和冰山的融化不仅释放大量的沉积物，同时释放大量的营养盐，促使该地区硅质生物生产力高，形成富硅藻快速堆积；从矿物和稀土元素配分模式来看，岛架区陆源碎屑沉积主要来源于威德尔海西部，南奥克尼群岛附近海域受岛上变质岩的影响。象岛与南奥尼克群岛之间的南斯科舍海脊沉积物 Al_2O_3 含量相对其他半深海沉积（正常陆坡或岛坡）偏高，个别站位 Sm/Nd 分子比值较大，其元素地球化学特征介于南奥尼克群岛南侧岛架、鲍威尔海盆沉积物与南设德兰群岛周边海域沉积物之间，总体以混合成因为主，同时不排除海底火山岩的蚀变、侵蚀和再沉积。从环流特征来看，南斯科舍海脊区地貌复杂，台地与沟槽发育，沿海脊北部向西流动的威德尔海深层水会带来一部分威德尔海沉积物，从北部进出鲍威尔海盆的一些海流会促进鲍威尔海盆和斯科舍海之间的物质交换，受西风带驱动的自西向东的海流和冰山等也可将来自南设德兰群岛地区的沉积物带到海脊区沉积。

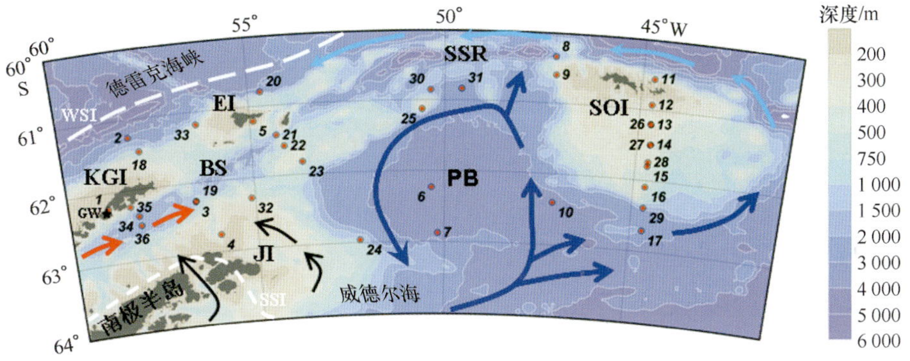

图 5-81 考察区沉积物稀土元素分区

图中 KGI 为乔治王岛，EI 为象岛，SOI 为南奥尼克群岛，JI 为茹安维尔岛，GW 为长城站；BS 为布兰斯菲尔德海峡，PB 为鲍威尔海盆，SSR 为南斯科舍海脊；研究区流系主要由威德尔海底层水（蓝色）、威德尔海深层水（蓝灰色）、沿岸流（黑色）、别林斯高晋海表层暖流（红色）等组成（Jiang et al.，2013；Maldonado et al.，2003；Howe et al.，1998；Sangra et al.，2011）；WSI 和 SSI 分别为南半球冬、夏季海冰边界（Comiso et al.，2003）．图中红色虚线为稀土元素分区界线．

5.3.4 考察区现代冰海沉积作用

南极半岛周边海域海底沉积物具有明显的冰川——海洋环境标志，为典型的冰海沉积物。Anderson 等（1980）综合不同学者意见将冰海沉积物定义为：由冰川和海洋作用叠加堆积于海底，经历冰川、冰架或有关水流搬运的沉积物，其中含有冰川冰筏带来的未经分选、粒径大小各异的岩石物质。由于环境要素的差别，不同区域可以出现特征各异的冰海沉积物类型。Harland（1966）在对比南极冰碛物和冰碛层时提出了正冰碛物（orthotill）和副冰碛物（paratill）的概念。前者系搁浅冰架融化后沉积的产物，特点是缺乏分选、无层理、不含海洋生物化石以及几乎未受底流的改造；而后者则指冰架或冰山、浮冰融化后所形成的沉积物，主要特点是沉积颗粒经受过不同程度的海流改造，并含丰富的海洋生物化石。Anderson 等

（1980）通过南极威德尔海、罗斯海冰海沉积物的研究，提出根据粒度参数、层理、古生物和海洋环境将副冰碛物进一步划分为以细粒泥、粉砂组分为主的混合副冰碛物（compound paratill）和以砂砾为主的残副冰碛物（residual paratill）。吴能友等（2002）根据布兰斯菲尔德海峡冰海沉积物的特点，将混合副冰碛物和残副冰碛物更进一步进行了划分，石丰登等对此进行了总结归纳（表 5-4）。

表 5-4　冰海沉积物类型的划分方案

冰海沉积物				
正冰碛物	副冰碛物			
	残副冰碛物		混合冰碛物	
	Ⅰ A	Ⅰ B	Ⅱ A	Ⅱ B
无层理，缺乏分选；不含海洋生物化石；几乎未受底流的改造	以砂砾为主，基本缺乏粉砂、泥	以砂砾为主，含粉砂、泥	以细粒泥、粉砂组分为主，含砂砾	以细粒泥、粉砂组分为主，基本缺乏砂砾
	经受不同程度的海流改造，含丰富的海洋生物化石			

根据表 5-4 提出的冰海沉积物划分依据，结合考察区冰海沉积物的分类特征（表 5-5），可以认为南极半岛周边海域的冰海沉积物呈现了几种副冰碛物特征，即基本缺乏粉砂、泥的Ⅰ A 型残副冰碛物、含粉砂和泥的Ⅰ B 型残副冰碛物、含砂砾的Ⅱ A 型及基本缺乏砂砾的Ⅱ B 型混合副冰碛物。

表 5-5　南极半岛周边海域冰海沉积物分类特征

冰碛物类型			资料来源	粒度特征	砾/%	砂/%	粉砂/%	泥/%	平均粒径/Φ
残副冰碛物/%	Ⅰ	Ⅰ	吴能友等（2002）	平均	33.4	47.3	12.2	7.2	3.61~5.15
				范围	0~77.3	12.7~92.7	1.7~24.4	0~21.9	
		Ⅰ A	本研究	平均	35.9	55.8	6.1	2.2	2.3~3.9
				范围	4.2~79.5	11.5~87.0	4.6~7.5	1.5~3.5	
		Ⅰ B	本研究	平均	8.95	61.9	20.7	8.4	2.04~4.64
				范围	0~59.8	19.9~83.5	6.3~40.7	1.8~22.5	
混合副冰碛物/%	Ⅱ	Ⅱ A	Anderson 等（1980）	平均	1.3	15.5	41.7	41	5.27~9.34
				范围	0~13.8	1.4~52.0	27.7~54.5	18.3~62.8	
			本研究	平均	1.5	24.1	49.8	24.6	4.41~6.85
				范围	0~11.5	8.1~47.9	29.6~66.7	10.0~43.6	
		Ⅱ B	吴能友等（2002）	平均	0.4	1.9	71.5	26.2	6.43~7.44
				范围	0~3.2	0.1~6.2	67.9~78.3	16.2~33.9	
			本研究	平均	0.2	4.3	52.8	33.8	6.10~7.66
				范围	0~3.8	0.4~9.9	24.9~90.8	1.2~69.1	

冰海沉积物的类型分区主要受各种环境因素的制约，如岸线轮廓、海底地形及水文条件等。不同类型的冰海沉积物有着不同的介质条件和相应的生态环境组合，反映特定的沉积环

境。本研究根据表层沉积物的粒度特征以及冰海沉积物的不同类型，将南极半岛周边海域进行了分区（图 5-82），反映了现代冰海沉积物类型的基本分布情况。

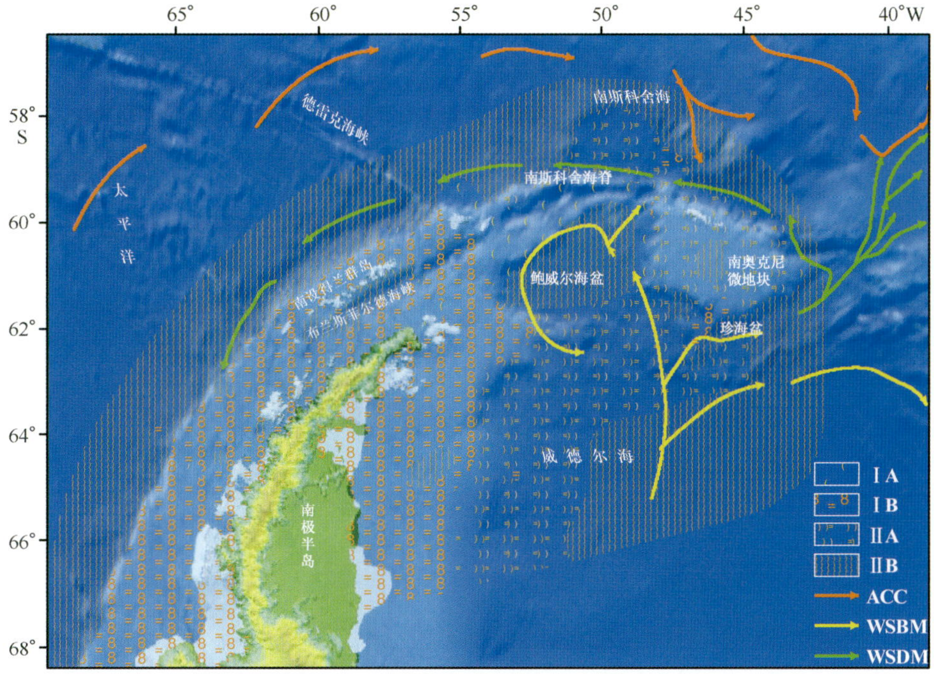

图 5-82　南极半岛周边海域冰海沉积物类型分布

残副冰碛物沉积区（Ⅰ）大部分集中分布于环南极半岛的陆架海域，另外，南设得兰群岛的利文斯顿岛南部岛架、南斯科舍海脊东南部、南奥克尼群岛的西部和北部小部分海域、南奥克尼群岛中南部岛坡-深海区域、威德尔海西部海域的陆坡至深海区域等，有较小范围的分布。残副冰碛物区域的大部分为含粉砂和泥的ⅠB 型冰海沉积物，沉积物以砂砾为主，含少量粉砂和泥，分选较差。基本缺乏粉砂和泥的ⅠA 型沉积物主要分布于南极半岛北部的迪维尔岛和茹安维尔岛的岛架岛坡以及环鲍维尔海盆东北西三侧海域，基本上属于一种无屏障开放性海洋环境，表层沉积物薄或缺失，分选性差，沉积物以砂砾为主，基本缺乏泥和粉砂，物源复杂，海流改造作用强烈，可能是南极底层水流和威德尔海水流流经处，或者是一个高密度寒冷水团。另外，南极半岛西部陆架和南奥克尼群岛南部小部分海域有少量的分布。

含砂砾的ⅡA 型混合副冰碛物主要分布于南极半岛东北部的威德尔海中北部陆坡至部分深海区域、南奥克尼群岛岛架的大部分以及南斯科舍海的南部、在布兰斯菲尔德海峡的北部象岛陆架海域和西南岛坡区域、海峡内靠近南设得兰群岛的乔治王岛—纳尔逊岛—格林威治岛一线以南岛架岛坡带，另外南极半岛东部陆架也有少量分布，沉积物以泥和粉砂为主，含少量砂砾，分选性较差。基本缺乏砂砾的ⅡB 型混合副冰碛物分布较有规律，以水深大于 2 000 m 的深海区域为主。南极半岛西侧的陆坡及深海区域直至部南斯科舍海的深海海域、布兰斯菲尔德海峡的中央海槽和南部下陆坡环境、鲍威尔海盆、珍海盆及威德尔海水深大于 3 500 m 的大多深海海域都有集中分布，基本反映了半深海-深海的沉积特征。另外，威德尔海西部靠近南极半岛的陆架和南奥克尼群岛岛架有少量分布，沉积物以泥和粉砂为主，基本不含砂砾，分选性较差。

考察区沉积物来源及输运路径同时可通过沉积物的稀土元素及碎屑矿物特征来反映。大致以象岛至南极半岛北部的茹安维尔岛为界，考察区西部的布兰斯菲尔德海峡及南设得兰群岛北部岛架-岛坡沉积物稀土含量较低，稀土元素页岩标准化模式与长城站周边土壤/湖泊沉积物、火山岩相一致，表现为重稀土相对富集，铕正异常明显，Sm/Nd 分子比值大，推断该区沉积物主要来源于南设德兰群岛中-新生代火山岩分布区与现代火山活动区。考察区东部鲍威尔海盆、南奥克尼群岛岛架和南斯科舍海脊区沉积物稀土元素的页岩标准化配分模式表现为平坦型，轻稀土明显抬升，铕正异常不显著，Sm/Nd 分子比值小，稀土元素含量受沉积物中黏土组分含量、硅质生物组分等制约，推断沉积物陆源碎屑主要来源于威德尔海西部和南部，局部受南奥尼克群岛、南斯科舍海脊和南设德兰群岛物质的影响，沉积物的搬运主要受冰筏和海流制约。

5.3.5 有机地球化学特征与早期成岩作用

分子有机地球化学是地球化学的一个分支，是研究地质体中有机质的组成、结构、来源和地质环境意义的学科。生物标志化合物（又称分子化石，Biomarker）是指地质体中那些具有明确生物学意义的有机化合物分子，根据它们的含量或相对丰度作为分子指纹已经被广泛应用于海洋地质学以及古环境和古气候演变的研究中（Zhao et al.，2006；张海生等，2007；贺娟等，2008；Martínez-Garcia et al.，2009；张海峰等，2014）。也可以根据生物成因分子的结构重排情况来鉴定某些类型的烃类化合物（黄汝昌，1997；王翠苹和宋之光，2007）。正构烷烃、类异戊二烯、甾烷和萜类就是这样一类典型分子级生物标志物。应用分子有机地球化学方法研究南极周边海域表层沉积物中的生物标志化合物的特征，建立起生物标志化合物参数组合、通过识别分子标志物来研究沉积有机质来源和沉积环境、有机质演化程度等，对探索南大洋海底沉积物中有机质丰度及早期成岩作用环境具有重要意义。

5.3.5.1 氯仿沥青“A”、有机碳丰度及碳同位素特征

海底沉积物中的有机质主要有两个来源：一是来自陆地高等植物，通过河流、大气和冰川输送入海；二是源自海洋自身，主要来自海洋上部透光层带的海洋生物，在达到海底之前大部分经过食物链的传递转化，其中难分解部分最终通过水柱沉入海底，成为沉积物的组成部分并参与成岩作用在有利条件下可以成为能够生成油气藏的原始物质（赵其渊，1989）。有机碳、氯仿沥青“A”和烃含量是直接衡量沉积物中有机质丰度的重要指标（赖斯和崔光明，1992）。从表 5-6 可以看出，南极半岛东北海域海底表层沉积物中可溶有机质的含量较小，氯仿沥青“A”为 0.0079%~0.097%，样品中可溶有机质转化率［W（A）/W（C）］值较低，仅为 0.011~0.099，但氯仿沥青“A”和有机碳含量的相关性较好。该区总有机碳（TOC）含量变化范围为 0.45%~2.04%，平均值为 1.05%。其中南奥克尼群岛附近的 D5-2、D5-3、D5-4、D5-5 和 D5-6 站位的沉积物 TOC 含量为高值区，南设德兰群岛附近的 D1-7 和 D2-4A 站位的 TOC 含量次之，鲍威尔海盆内的 D3-5、D4-9 站位和南奥克尼群岛南部靠威德尔海的 D5-7 和 D5-9 站位的 TOC 含量较低，但也高于现代深海沉积物中有机质的平均含量 0.2%（陈建平，2012）。海岛附近海底沉积物有机碳 TOC 含量高说明海岛陆源物质输入，有利于促进海洋生物的生长和初级生产力的增长，南奥克兰群岛附近的 D5-3 和 D5-4 站

表 5-6 南极半岛东北海域表层沉积物中氯仿沥青、有机碳及碳同位素

序号	站位	经度/°	纬度/°	水深/m	质量/mg	氯仿沥青"A"/%	TOC/%	转化率A/C	$^{13}C_{V-PDB}$/‰
1	D1-7	-56.59	-62.27	1100	13.40	0.097	0.98	0.099	-26.35
2	D2-4A	-54.91	-61.20	45	16.161	0.020	0.83	0.024	-26.43
3	D3-5	-50.34	-62.23	3397	15.25	—	0.52	—	-24.45
4	D4-9	-47.11	-62.41	3401	14.496	0.050	0.58	0.086	-25.53
5	D5-2	-44.70	-60.56	323	16.178	0.024	1.25	0.019	-25.60
6	D5-3	-44.71	-60.93	243	13.947	0.031	1.52	0.020	-24.93
7	D5-4	-44.69	-61.21	315.6	14.164	0.043	2.04	0.021	-25.39
8	D5-5	-44.65	-61.49	377.2	12.772	0.040	1.69	0.024	-25.66
9	D5-6	-44.68	-61.79	385	15.686	0.013	1.19	0.011	-25.71
10	D5-7	-44.69	-62.09	479.8	14.919	0.007	0.48	0.015	-25.93
11	D5-9	-44.67	-62.71	2036	16.206	0.009	0.45	0.020	-25.92

位的现场取样发现有大量诸如海绵、海鞘等底栖生物也证明此点。沉积有机质碳同位素（$\delta^{13}C$）可以用来追踪海洋生物和水体环境的生物化学过程，区分有机质海洋来源与大陆来源（J and J, 2011；贺晓蕾和张彦, 2011；高建华等, 2007；葛晨东等, 2007）。从表5-6来看，该区有机质碳同位素 δ^{13}Corg 的值变化为-26.43‰~-24.45‰，平均值为-25.55‰。前人研究表明，海底沉积物有机质主要来源于海洋生物分解后残存的 δ^{13}Corg 组成为-19‰~-23‰（Grantham and Wakefiled, 1988），来源于陆源 δ^{13}Corg 值为-26.3‰~-29.0‰（陈践发和徐永昌, 1992），说明该区有机碳以海洋水生生物和陆源混合为主（Deines, 1980；Salomons and Mook, 1981；Fry and Sherr, 1984）。D3-5站位于鲍威尔海盆区，其有机碳来源受陆源影响较小，主要以海洋水生生物为主，所以其有机质碳同位素 δ^{13}Corg 值接近-23‰。同理，D5-3站有机质来源也以海洋水生生物为主，含少量陆源物质。而位于布兰斯菲尔德海峡的D1-7和D2-4A站的 δ^{13}Corg 值分别为-26.35‰和-26.43‰，有机质以陆源为主，这与该区沉积物主要来源于南极半岛和南设得兰群岛的陆源碎屑和火山物质相符合（王光宇等, 1996）。

5.3.5.2 饱和烷烃特征

南极半岛东北部海域表层沉积物中除布兰斯菲尔德海峡个别站位的饱和烃总离子图为双峰型以外，其他站位均以前锋型为特征，碳数分布范围为 C_{13}~C_{31}（或 C_{32}、C_{33}、C_{34}），主峰碳分别为 C_{16}~C_{18}。沉积物的CPI值和OEP值分布在1.04~1.69之间，大多接近"大于1"，大多数站位表层沉积物有机质中高碳数和中间碳数的正构烷烃无奇碳数优势和无明显奇偶优势，有机质的演化程度较高（表5-7）。

表 5-7　南极半岛东北海域表层沉积物正构烷烃地球化学参数

站位	碳数范围	主峰碳	CPI	OEP	$\sum C_{21}^{-}/\sum C_{22}^{+}$	$(C_{21}+C_{22})/(C_{28}+C_{29})$	C_{23}/C_{17}	Pr/Ph	Pr/nC_{17}	Ph/nC_{18}
D1-7	nC_{13}~nC_{32}	nC_{16}、nC_{27}	1.1	1.04	1.02	0.99	0.76	1.16	0.78	0.64
D2-4A	nC_{13}~nC_{31}	nC_{17}	1.18	1.26	1.98	1.02	0.25	0.74	0.63	0.91
D5-2	nC_{13}~nC_{31}	nC_{17}	1.69	1.39	3.15	1.52	0.19	0.85	0.91	1.21
D5-3	nC_{13}~nC_{31}	nC_{18}	1.06	1.31	2.64	3.29	0.41	0.83	0.96	0.79
D5-4	nC_{13}~nC_{31}	nC_{18}	1.1	1.31	1.78	0.83	0.38	0.67	0.98	1.05
D5-5	nC_{13}~nC_{34}	nC_{17}	1.26	1.32	1.44	0.6	0.21	0.71	0.71	1.24
D5-6	nC_{13}~nC_{33}	nC_{17}	1.2	1.19	2.07	1.19	0.19	0.73	1.05	1.51
D5-7	nC_{13}~nC_{34}	nC_{16}	1.13	1.15	0.5	0.61	0.96	0.83	1.03	1.6
D5-9	nC_{13}~nC_{31}	nC_{18}	1.26	1.05	1.91	1	0.38	0.9	0.99	0.82

南极半岛东北部海域表层沉积物中 Pr/Ph 比值除了 ANT28-D1-7 站位外，其他站位的 Pr/Ph 比值在 0.71~0.90，显示出植烷优势，表明除南极半岛附近的 ANT28-D1-7 站位呈现出明显的氧化环境外，其他站位的表层沉积环境为还原环境，同时有机碳含量高，缺氧环境有利于有机质的保存。同时，Ph/C_{18}比值也说明这些站位处于还原或者甚至强还原环境。这可能是这些站位受到南极海冰和低温高盐的威德尔海底层水和威德尔海深层水流经的影响有关。ANT28-D1-7 站位的 Pr/Ph 比值和 Ph/C_{18}比值指示的氧化环境可能是受来自别林斯高晋海的高温、低盐的别林斯高晋海水和附近火山喷发物质的影响有关（吴能友等，2002）。

5.3.5.3　甾烷、萜烷特征

从生物标志物化合物与生物门类之间的关系来看，甾烷类生物标志化合物代表了海洋沉积物中真核生物如藻类的贡献，霍烷类生物标志物则代表了原核生物如细菌的贡献，而显然这两类生物的归属是不同的。甾烷化合物和萜烷化合物都是重要的生物标志化合物，可以指示有机质母源和判断有机质演化程度。

不同生物体有机质甾烷的 C_{27}、C_{28}和 C_{29}含量分布类型不同，一般讲 C_{27}甾烷主要来源于海洋浮游动物（Volkman et al.，1987），C_{28}甾烷在海洋中更多的来自于浮游植物（Volkman，1986），而 C_{29}甾烷来自陆源高等植物，也可来源不同的藻类（Goad，1977）。从甾烷（m/z 217）质量色谱图（图 5-83）和表 5-8 来看，考察区表层沉积物中检出丰富的 C_{27}、C_{28}、C_{29}规则甾烷、4-甲基甾烷、孕甾烷和重排甾烷。其中，规则甾烷含量最丰富，其他 3 项在不同站位比重有所不同，但都不超过规则甾烷的含量。总体上看，9 个站位沉积物中的甾族化合物主要有 20R、5α（H）14α（H）17α（H）-20S 和 5α（H）14β（H）17β（H）-20S 和 20S 构型的规则甾烷系列，以及 13β（H）17α（H）-20S 和 20R、13α（H）17α（H）-20S 和 20R 构型的重排甾烷系列组成，其中以 24-甲基-5α（H）14α（H）17α（H）-C29-胆甾烷（20R）含量最高。考察区表层沉积物中所检出的甾族化合物中主要是 C_{29}、C_{27}，其次是

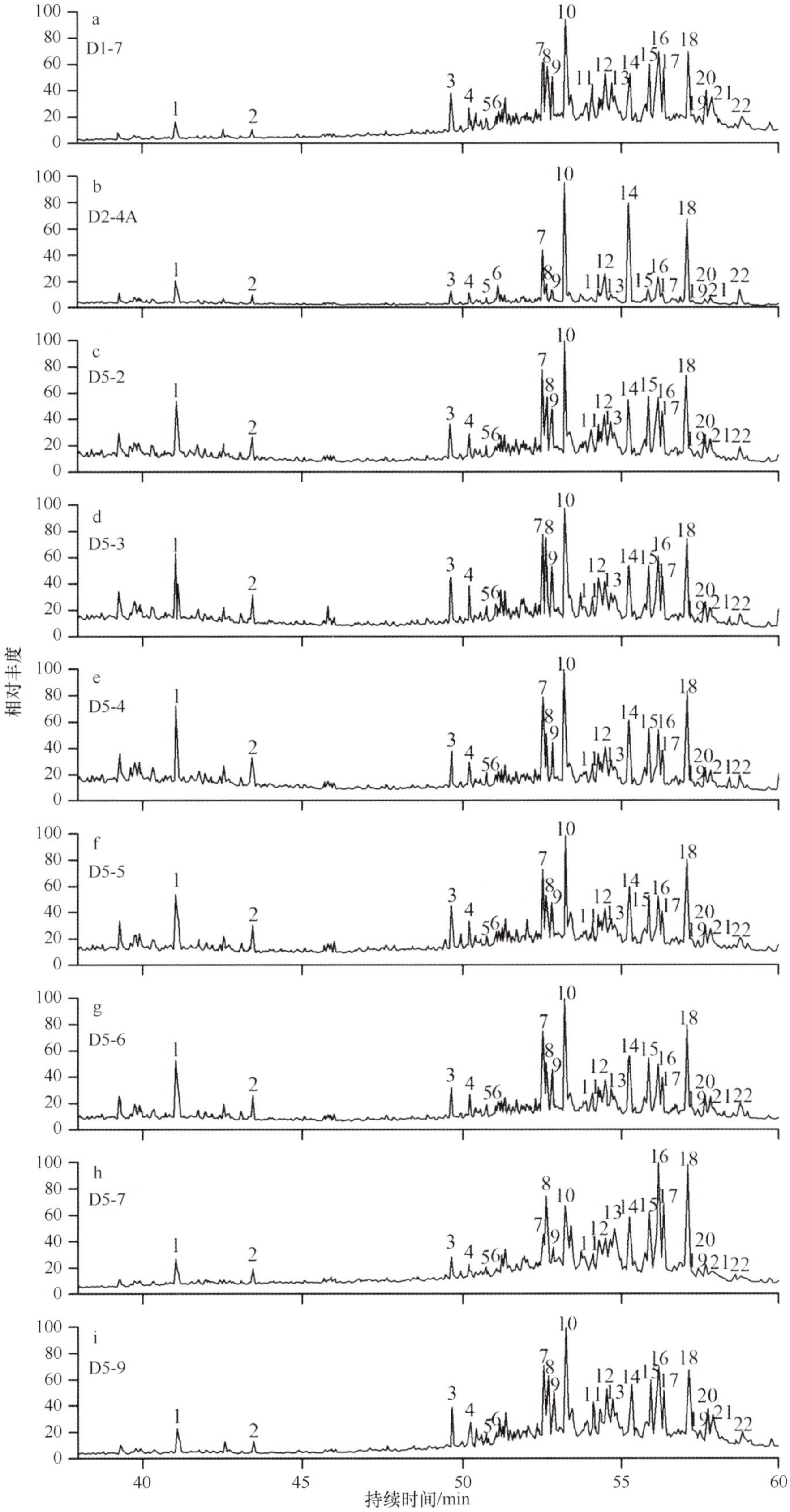

图 5-83 南极半岛东北海域表层沉积物有机质 m/z217 质量色谱图

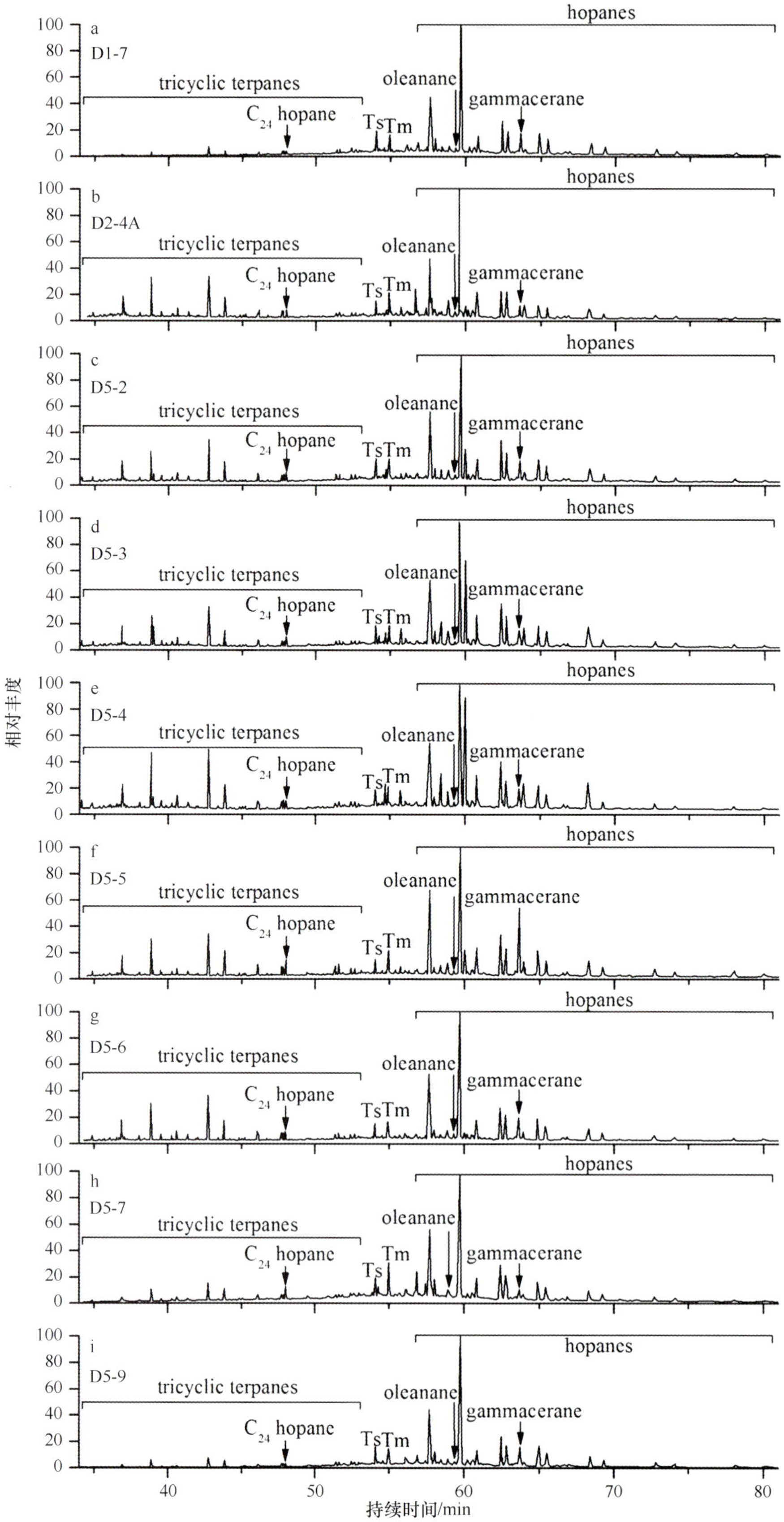

图 5-84　南极半岛东北海域表层沉积物 m/z191 质量色谱图

C_{28}（表5-8）。这些表层沉积物C_{27}、C_{28}、C_{29}含量分布类型不同，除了D2-4A站位外，大多呈不对称的“V”形分布（图5-84），也就是说D2-4A站位的甾烷主要来自浮游植物，与其他站位明显不同，前文知道D2-4A站位有机质来自陆源，成熟度低，藻类少，沉积环境为还原的环境，这可能与D2-4A紧邻象岛（Elephant Island）南侧海域，象岛为冰层覆盖，该处水下地形坡度较陡，与受快速搬运的冰海沉积物影响有关。南奥克尼群岛南侧海域的D5-3和D5-5站位表层沉积物甾烷C_{27}、C_{28}、C_{29}的分布类型为$C_{27}>C_{29}>C_{28}$，有机质甾烷C_{27}含量最多，沉积物有机质主要来自于海洋浮游动物，D5-5的甾烷C_{27}含量和C_{29}含量比较接近，有机质来源受陆源物质影响比D5-3的多。剩余的其他站位的甾烷C_{27}、C_{28}、C_{29}的分布类型皆是$C_{29}>C_{27}>C_{28}$（图5-84和表5-8），来源混杂，以陆源为主。根据规则甾烷优于重排甾烷发生降解及$C_{27}>C_{28}>C_{29}$的甾烷的生物降解难易顺序（Goodwin et al.，1983），考察区表层沉积物有机质来源都为就近沉积，生物降解活动不够充分，可能是受南极低温环境的影响。

藿烷系列化合物中，升藿烷的分布特征常被用于沉积环境氧化还原性的指标。在弱氧化-弱还原的环境中，升藿烷通常按照随碳数增加，含量之间降低的“正常分布”特征出现；而在海相强还原沉积环境中，则出现较高丰度的C_{33}、C_{34}或C_{35}升藿烷等“异常分布”，尤其是高丰度的C_{35}升藿烷近来被作为强还原环境的指标，与类异戊二烯老鲛烷/植烷（Pr/Ph）比值有较好的对应性。从图5-84、图5-85和表5-8可以看出，在本考察区长链三环萜烷系列较完整，其碳数分布范围在C_{19}~C_{29}，其中C_{23}占优势，C_{26}含量极少（缺C_{27}），还检出γ-蜡烷。表层沉积物中萜类化合物的分子标志物C_{29}藿烷/C_{30}藿烷和C_{31}升藿烷/C_{30}藿烷比值较接近，在0.38~0.58和0.40~0.54范围，γ-蜡烷/C_{30}藿烷比值在0.09~0.55，高于南极布兰斯菲尔德海峡表层低成熟度的沉积物γ-蜡烷/C_{30}藿烷比值0.09~0.19（李晋超，1988），通常认为演化程度较高的沉积物含较多的γ-蜡烷，反之则具有较少的γ-蜡烷。Σ三环萜烷/Σ五环三萜烷比值在0.08~0.28之间变化。图谱显示的萜烷类化合物组成特征：C_{20}的13β（H），14α（H）-三环萜烷（$C_{20}H_{36}$）；C_{23}的13β（H），14α（H）-三环萜烷（$C_{23}H_{42}$）；C_{24}的13β（H），14α（H）-三环萜烷（$C_{24}H_{44}$），这种以C_{23}为顶点，与C_{21}、C_{24}呈倒“V”字分布特征，表明样品的长链三萜具有菌藻低等生物输入的特点（王铁冠，1995；Smith and Littlewood，1994）。五环三萜烷（可分为藿烷和非藿烷系列）碳数分布多集中在C_{27}~C_{33}，包括C_{27}的18α(H)-22，29，30-三降藿烷（Ts）和17α(H)-22-、29-、30-三降藿烷（Tm）；17α(H)，21β(H)-30-降藿烷（C_{29}αβ）；17β(H)，21α(H)-30-降藿烷即C_{29}莫烷（C_{29}βα）；以17α(H)，21β(H)-藿烷（C_{30}αβ）含量最高；17β(H)，21α(H)-藿烷即C_{30}莫烷（C_{30}βα）；22S-17α(H-)、21β(H)-升藿烷（22S-C_{31}αβ）；22R-17α(H-)、21β(H)-升藿烷(22R-C_{31}αβ)；含量较高的伽玛蜡烷（G）；22S-17α(H)、21β(H)-二升藿烷（22S-C_{32}αβ）；22R-17α(H)，21β(H)-二升藿烷（22R-C_{32}αβ）；22S-17α(H)，21β(H)-三升藿烷（22S-C_{33}αβ）；22R-17α(H)，21β(H)-三升藿烷22R-C_{33}αβ)，藿烷的母源主要来自细菌和蓝绿藻（Peters et al.，2005，Azevedo et al.，1992），这进一步说明南极半岛东北海域表层沉积物的有机质大多以低等生物输入为特征。

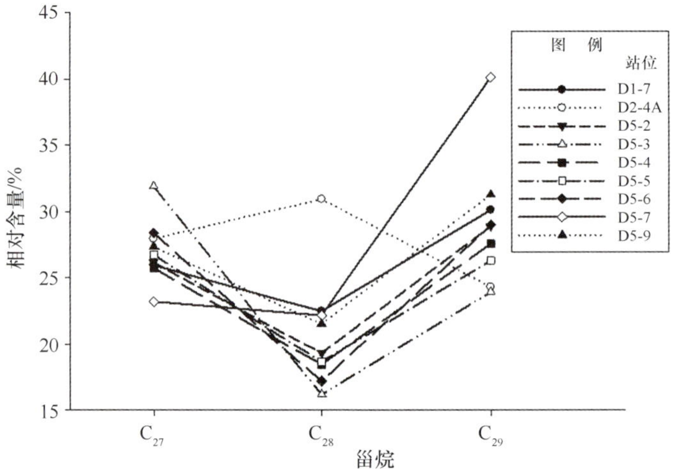

图 5-85　南极半岛东北海域表层沉积物中甾烷 C_{27}、C_{28} 和 C_{29} 相对含量分布类型

表 5-8　南极半岛东北海域表层沉积物甾、萜烷组成特征

站位	甾烷类化合物组成特征/%				原生甾烷相对组成		规则甾烷相对组成/%			萜烷类化合物组成特征			
	规则甾烷	4-甲基甾烷	孕甾烷	重排甾烷	5α-C_{27} 20R/5α-C_{29}20R	5α-C_{28} 20R/5α-C_{29}20R	C_{27}	C_{28}	C_{29}	C_{29}藿烷/C_{30}藿烷	C_{31}升藿烷/C_{30}藿烷	γ-蜡烷/C_{30}藿烷	Σ三环萜烷/Σ五环三萜烷
D1-7	78.55	9.77	2.97	7.85	0.93	0.80	25.95	22.49	30.11	0.46	0.45	0.21	0.08
D2-4A	83.18	5.95	4.50	4.43	0.94	1.32	27.93	30.95	24.30	0.48	0.40	0.12	0.25
D5-2	74.35	7.82	7.94	7.48	0.89	0.68	26.16	19.31	28.88	0.46	0.52	0.18	0.23
D5-3	72.02	6.42	8.87	9.53	1.37	0.65	31.91	16.17	23.94	0.50	0.52	0.13	0.20
D5-4	71.75	7.03	9.83	7.57	0.91	0.76	25.73	18.45	27.57	0.50	0.54	0.16	0.28
D5-5	71.69	7.47	10.23	8.01	0.97	0.73	26.74	18.65	26.30	0.58	0.51	0.55	0.23
D5-6	74.52	8.04	6.54	7.52	0.89	0.71	28.38	17.17	28.97	0.49	0.47	0.21	0.27
D5-7	85.50	3.99	3.71	5.61	0.70	0.48	23.21	22.18	40.11	0.50	0.50	0.09	0.12
D5-9	80.17	8.50	3.86	6.57	0.87	0.67	27.35	21.53	31.29	0.38	0.45	0.20	0.09

由表 5-9 可见，表层沉积物的 C_{29}ααα20S/C_{29}ααα(20S+20R) 比值为 0.12~0.44，C_{29}αββ/C_{29}（ααα+αββ）比值为 0.30~0.51，C_{32}22S/C_{32}(22S+22R) 比值为 0.53~0.62，Ts/(Tm+Ts) 比值为 0.34~0.52。甾烷类参数 C_{29} ααα20S/(20S+20R) 值小于 0.25 是未成熟有机质的特征，在 0.25~0.4 为低成熟有机质，达到 0.4~0.55 为成熟有机质，由表 5-9 可见 D1-7 和 D5-9 的 C_{29}ααα20S/(20S+20R) 值分别为 0.43 和 0.44，体现了这些站位有机质演化的程度较高，可能与这两个站位的氧化与弱还原环境有关；D5-2、D5-3、D5-4、D5-5、D5-6、D5-7 的 C_{29}ααα20S/(20S+20R) 值分布在 0.25~0.4 之间，为低成熟有机质，受低等海洋生物来源和极低寒冷海洋强还原环境影响；D2-4A 的 C_{29}ααα20S/(20S+20R) 值 0.12 为未成熟有机质，与前面的饱和烷烃生物标志化合物组合特征表现一致，受到陆源快速搬运和低温还原环境的影响。

表 5-9 南极半岛东北海域表层沉积物甾烷和萜烷生物标志化合物成熟度参数

站位	$C_{29}\alpha\alpha\alpha$20S/ $C_{29}\alpha\alpha\alpha$（20S+20R）	$C_{29}\alpha\beta\beta$/ C_{29}（$\alpha\alpha\alpha$+$\alpha\beta\beta$）	C_{31}22S/ C_{31}（22S+22R）	C_{32}22S/ C_{32}（22S+22R）	Ts/（Tm+Ts）
D1-7	0.43	0.47	0.56	0.58	0.52
D2-4A	0.12	0.30	0.48	0.53	0.40
D5-2	0.40	0.42	0.57	0.58	0.47
D5-3	0.36	0.41	0.58	0.57	0.46
D5-4	0.36	0.37	0.60	0.62	0.46
D5-5	0.38	0.38	0.57	0.61	0.34
D5-6	0.38	0.38	0.55	0.59	0.46
D5-7	0.35	0.50	0.57	0.57	0.37
D5-9	0.44	0.51	0.54	0.58	0.49

5.4 柱状沉积物特征

5.4.1 近代沉积特征

5.4.1.1 岩心沉积速率

以多管样品 D5-06 岩心为代表，分析探讨了南奥尼克群岛南部岛架的沉积速率与近代沉积环境记录。

D5-06 岩心的取样水深为 385 m。岩心上部 0～11 cm 沉积物粒度较细，密度较小，主要为生物成因的硅藻遗壳。下部 11～17 cm 沉积物粒度较粗，含有部分砂砾，沉积物密度明显增大。从$^{210}Pb_{ex}$垂向分布剖面来看，岩心下部和上部并未发现有明显的分段，物源的变化对该处的沉积速率影响不大，说明该处$^{210}Pb_{ex}$主要大气沉降，然后随生物碎屑颗粒沉积下来。如图 5-86 所示，D5-06 柱沉积物中$^{210}Pb_{ex}$随柱样深度呈指数衰减，说明该海区沉积速率和$^{210}Pb_{ex}$输入沉积物的通量稳定，并且沉积物中积累的$^{210}Pb_{ex}$基本上不发生沉积后迁移。利用 CIC 模式就可以算出该柱样的平均沉积速率 $S=0.19$ cm/a。

5.4.1.2 岩心环境记录

根据沉积速率计算得出，D5-06 岩心的大体反映了过去近百年来该地区海洋沉积环境的变化。从图 5-87 可以看出，D5-06 岩心沉积物粒度的变化自下而上可以分Ⅱ层（8～17 cm）和Ⅰ层（0～8 cm）。Ⅱ层又分为$Ⅱ_1$层（8～11 cm）和$Ⅱ_2$层（11～17 cm），$Ⅱ_1$层（8～11 cm）为Ⅱ层和Ⅰ层之间的过渡阶段。

Ⅱ层（8～17cm）：颗粒较粗，粒度参数、各级组分含量变化较大，由 25.85%的砂、61.48%的粉砂、12.67%的黏土组成，对应的沉积物类型为砂质粉砂（ST）、黏土质粉砂（YT）和粉砂（T）。其平均粒径为 4.77 Φ，中值粒径为 13.13 μm。该层沉积物主要由粉砂

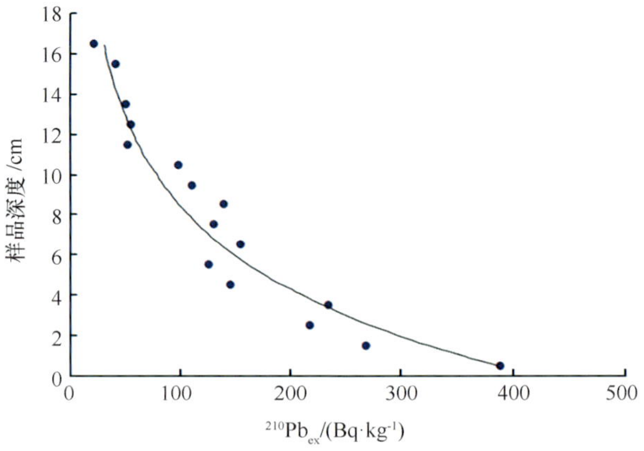

图 5-86　D5-06 岩心中$^{210}Pb_{ex}$的垂向分布

计算沉积速率 $S=0.19$ cm/a，相关系数 $R=0.96$（$n=18$）

和砂组成，粒度频率曲线为双峰态（图 5-88a）。其中 8～11 cm 为由粗到细的过渡类型。典型层位（13～14 cm）主峰的众数值 6Φ，次峰的众数值 3Φ。双峰态对应的概率曲线为两段式，切点为 2.5Φ。双峰态对应的概率曲线为二段式，截点为 2.5Φ。悬浮搬运沉积物由粒级 12Φ～2.5Φ 组成，含量为 86.76%；滚动及跳跃搬运沉积物由 2.5Φ～0Φ 组成，含量为 13.24%。主要由悬浮搬运沉积物为主，跳跃和滚动搬运沉积物次之。

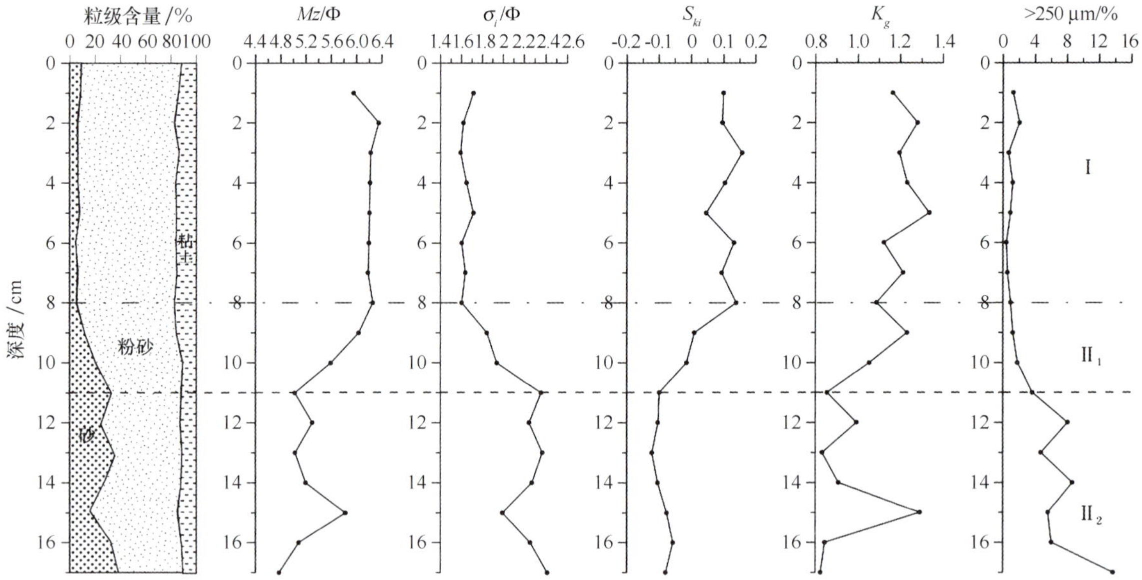

图 5-87　D5-6 岩心沉积物粒度参数垂直分布

I 层（0~8 cm）：颗粒相对稍细，由 6.25%的砂、77.89%的粉砂、15.87%的黏土组成，对应的沉积物类型为粉砂（T）。平均粒径为 6.20Φ，中值粒径 14.67 μm，粒度频率曲线为单峰态（图 5-88b）。典型层位（3～4 cm）主峰的众数值 6Φ。对应的概率曲线为一段式，悬浮搬运沉积物由粒级 12Φ～7Φ 组成，含量为 28.09%；跳跃搬运沉积物由粒级 4Φ～7Φ 组成，含量为 64.29%，斜率较悬浮组分的小；滚动搬运沉积物由 0～4Φ 组成，含量为 7.62%，斜率较跳跃组分大。主要由跳跃搬运沉积物为主，悬浮搬运沉积物次之，滚动搬运沉积物最少。

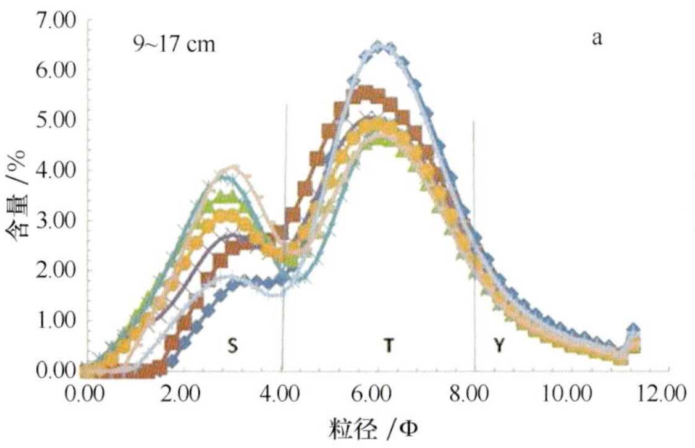

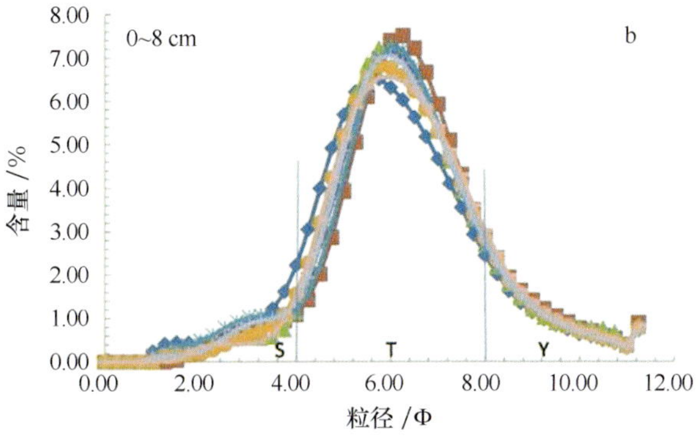

图 5-88　D5-6 岩心沉积物 9~17 cm（a）和 0~8 cm（b）粒度频率分布

ANT28-D5-6 岩心沉积物冰筏碎屑含量分布见图 5-87，最低为 0.43%，最高为 13.7%，平均 3.62%。在 11~17 cm 层位冰筏碎屑出现 3 个峰值，具体为 11~12 cm、13~14 cm、16~17 cm，冰筏碎屑含量分别为 8.0%、8.6%和 13.7%（图 5-87），其中 13~14 cm 处除了磨圆度好的石英颗粒碎屑外，还有一磨圆度较好的、较大的火山岩碎屑，16~17 cm 处碎屑颗粒主要为石英颗粒，数量上也多于 13~14 cm 处，磨圆度好。0~11 cm 层位冰筏碎屑含量较低（小于 4.0%）。

已有的研究表明，海洋沉积物粒度组成及特征能够间接反映沉积时的水动力强弱、海流和物源状况等沉积环境的变化（Hall et al.，2011）。在从 1922—2011 年近百年的时间内，ANT28-D5-6 岩心沉积物在总体上随着时间变化，粒度组成砂质粉砂逐渐过渡到粉砂和黏土质粉砂，平均粒径（Mz）值也逐渐变大，分选系数（σ_i）值逐渐变小，偏态（S_{ki}）值逐渐从负偏逐渐转变为近对称和正偏，峰态（K_g）值逐渐变大，从宽峰态、中等峰态逐渐变为窄峰态，冰筏碎屑物含量逐渐变低（图 5-89）。这表明在 1922—2011 年间，南极威德尔海北部总体上从动荡的、高能和较强的沉积动力环境逐渐过渡到平稳、低能和较弱的沉积动力环境。1972 年是沉积动力环境明显变化的分界线，其下的 1922—1972 年间（Ⅱ段）水动力较强，可搬运粗颗粒的物质，冰筏碎屑物含量较多；其上 1972—2011 年（Ⅰ段）水动力较弱，水动力较为稳定和平静，主要搬运沉积较细的物质，分选性较好。从南北半球的温度异常图（图 5-89）上来看，1972 年以来全球气温持续升温。

Ⅱ段（1922—1972 年）根据变化特征又可分为 $Ⅱ_2$ 段（1922—1955 年）和 $Ⅱ_1$ 段（1955—1972 年）。

1922—1955 年，南极威德尔海北部处于高能动荡的环境，水流速度较快，可快速搬运和沉积较粗的物质（包括冰筏碎屑物），冰筏碎屑物含量较高。这说明当时该区的海流很强，可能是当时南极大陆相对较冷，南极离岸风可能也很强，浮冰携带较多的冰筏碎屑物在此沉降。

在 1930—1936 年间和 1946—1952 年间出现了两次水动力明显的变弱事件 W1 和 W2，但这两次水动力变弱事件中冰筏碎屑物含量的变化明显不同，在 W1 期间冰筏碎屑含量是减少的，而在 W2 期间的冰筏碎屑含量是增加的。与南北半球的温度异常图相比，在 W2 期间全球年均气温相对增加，因此导致南极陆缘冰减少，威德尔环流携带到考察区的海冰相继减少，导致冰筏碎屑物沉积减少有关。相反地，在 W2 期间全球平均气温降低，南极半岛东北冰架增加，威德尔海环流携带了更多菲尔希纳冰架断裂的浮冰到这里融化沉积有关。

有意思的是 1939 年和 1950 年的两次冰筏碎屑物含量高值分别对应着太阳黑子第 16 和第 18 个太阳活动峰年（图 5-89）。太阳黑子是在太阳的光球层上发生的一种太阳活动，活动周期为 11.2 a。太阳活动峰年与全球气温降低的年份有很好的对应关系（Lassen and Friis-Christensen，1995），太阳黑子活跃时会使地球南北极和赤道的大气环流作经向流动，也带动威德尔环流经向流动增强，从而携带更多浮冰。

1955—1972 年，南极威德尔海北部水动力环境持续逐渐减弱，逐渐从高能动荡环境持续转变为低能静水环境，携带的沉积物粒度也持续逐渐变细，分选性逐渐从很差转为较差，对沉积物的改造分选作用逐渐增强，冰筏碎屑物的含量逐渐减少（图 5-89），这充分说明 1955—1972 年间南极威德尔海水动力环境处在一个过渡的阶段。南极威德尔海在 1955 年水动力开始急剧变化，全球气温于 1954—1956 年下降 0.1～0.2℃后才开始缓慢上升，1955—1956 年是拉尼娜严重暴发的年份。

1972—2011 年，南极威德尔海北部处在一个低能静水环境，水动力较为稳定，主要携带的是细粒物质，水流对沉积物的改造作用较强，分选较好，冰筏碎屑物含量来源也少。这说明威德尔海北部的水动力自 1972 年处在一个较长的稳定阶段。自 1972 年全球气温处在持续的增温趋势中，但厄尔尼诺暴发，全球出现气候异常，低纬度大面积干旱，自此后全球气候变得异常，各国灾情频发（Caviedes，1975，章名立和曾昭美，1984），这是否与南大洋水动力减弱有关需要进一步的研究。在 1987—1992 年间有一次小的波动 C1，虽然水动力没有变化，但沉积物分选系数增大 0.1，峰度和偏态变化较大，显示了沉积物分选的变化，冰筏碎屑物含量略微增加，并且全球气温变化处在一个较高的平台，对应着太阳活动峰年，这与早期的认识——太阳黑子较活跃的年份会发生较多的冰川融化较为一致。在全球变暖的背景下，南极大陆冰架向海运移融化，沉积了较多的冰筏碎屑物。这也正反映了全球变暖正在改变着南极大陆和南大洋的气候，改变着南极的海-冰-气相互作用模式，虽然这种改变较为缓慢，但是这种改变再反馈到全球气候系统造成的结果可能是不可逆转的。

如图 5-90 所示，D5-06 柱下部沉积物（17～8 cm，对应年份为 1921—1963 年）TOC 含量、TN 含量较低，C/N 比值较大，说明当时的初级生产力较低，陆源有机质的贡献相对较大。岩心上部（8～0 cm，对应年份为 1963—2011 年）TOC 含量与 TN 含量较高，C/N 比值较小，说明近 50 年以来初级生产力增强，海源有机质的贡献增大。

5.4.1.3 早期成岩作用

ANT28-D5-6 岩心沉积物中可溶有机质含量变化较大，氯仿沥青“A”含量为 0.011%～0.087%。氯仿沥青“A”和总烃含量低，反映沉积物成熟度较高的特征。ANT28-D5-6 岩心沉积物氯仿沥青“A”与有机碳含量没有很好的相关性，这可能是随着有机质演化程度的升高，在不同演化阶段都可以生成一定量的油气，并可能有烃排出（马中振等，2009）。ANT28-D5-6 岩心沉积物中 $\delta^{13}C$ 值在-25.30‰～-25.91‰，表明沉积物中有机质以海洋低等藻类输入为主，混有少量陆源植物；还有一种可能是缺氧环境会严重影响 $\delta^{13}C$ 值的原始同位素平衡，当环境缺氧条件占优势时，$\delta^{13}C$ 有偏轻的趋势（Kleemann，1990）。从正构烷烃分子组合特征来看，ANT28-D5-6 岩心沉积物的碳数分布范围为 C_{13}～C_{34}（或 C_{30}、C_{31}），总体上呈低碳数的单峰群，主峰碳分别为 C_{18}（表层为 C_{16}）（图 5-91）。轻烃/重烃比值（$\sum C_{21}^{-}/\sum C_{22}^{+}$和

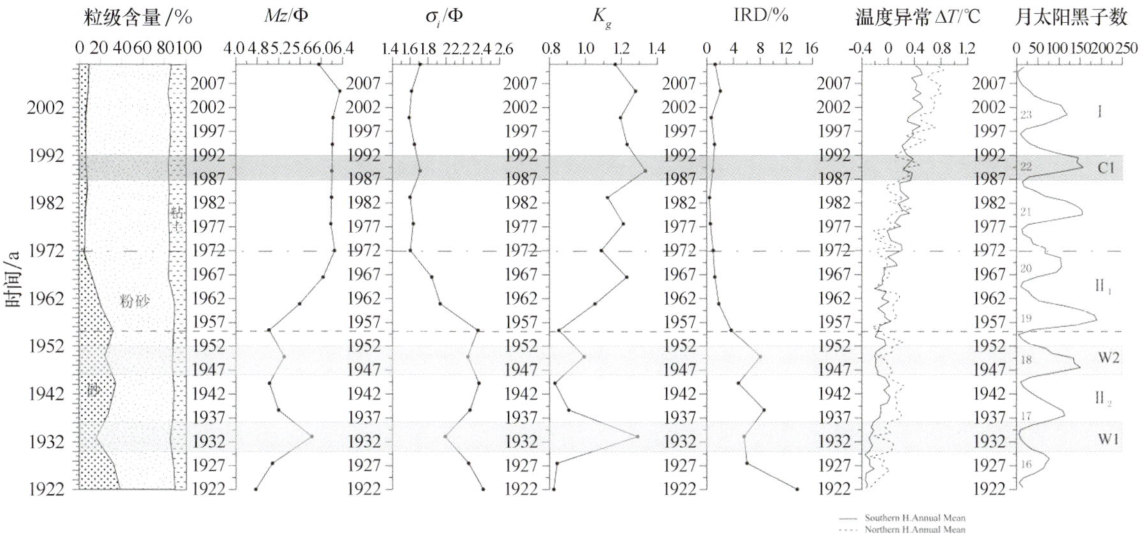

图 5-89 近 100 年来南极威德尔沉积环境随时间变化、全球温度变化和太阳黑子活动

资料来源：全球温度变化数据来自 http：//data. giss. nasa. gov/gistemp/graphs_ v3/；太阳黑子活动数据来自 http：//solarscience. msfc. nasa. gov/greenwch/

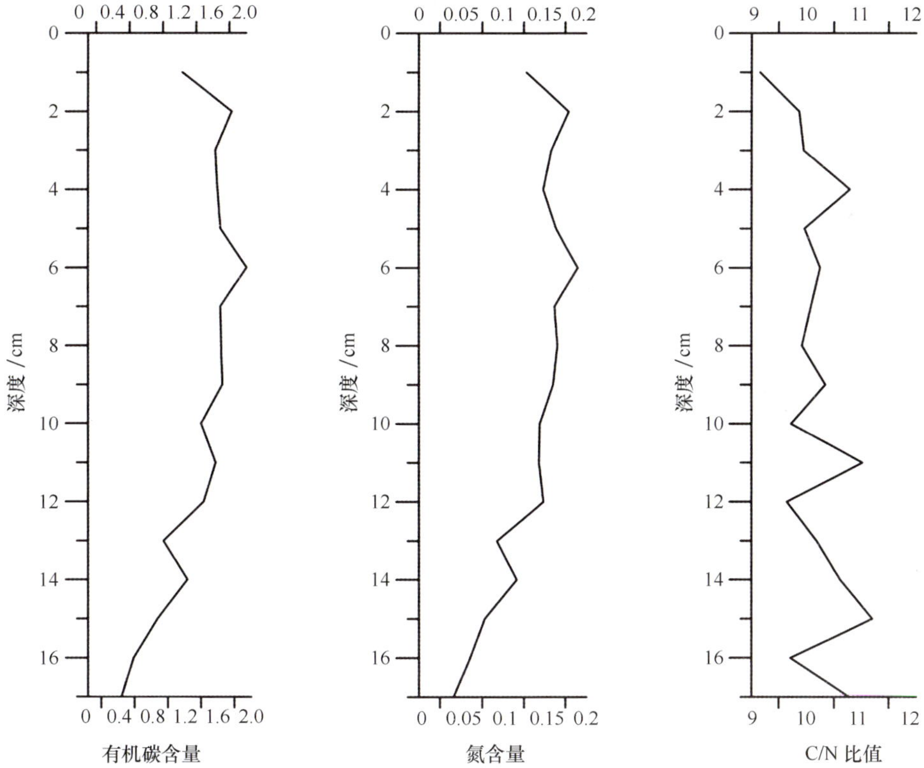

图 5-90 D5-6 岩心沉积物中有机碳、氮含量及碳氮比值变化

（C_{21}+C_{22}）/（C_{28}+C_{29}））大于 1，表明低碳数较高，岩心沉积物中有机质主要来源于海洋菌藻类，混有极少量陆源高等植物。

随着有机质成熟度的提高，长链的正构烷烃会裂解成短链的烷烃，而使碳数范围减小，

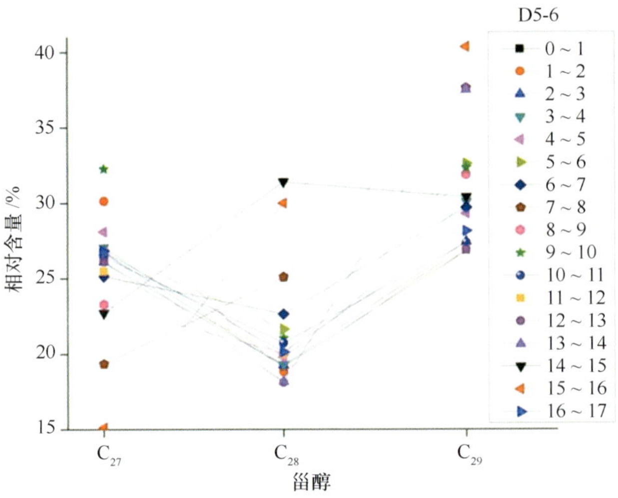

图 5-91　ANT28-D5-6 岩心中甾烷 C_{27}、C_{28} 和 C_{29} 相对含量分布类型

在生烃门限之前，沉积物饱和烃的 CPI ｛［（$C_{25}+C_{27}+C_{29}+C_{31}+C_{33}$）/（$C_{26}+C_{28}+C_{30}+C_{32}+C_{34}$）+（$C_{25}+C_{27}+C_{29}+C_{31}+C_{33}$）/（$C_{24}+C_{26}+C_{28}+C_{30}+C_{32}$）/2］｝和 OEP（（$C_{23}+6\times C_{25}+C_{27}$）/4×（$C_{24}+C_{26}$））值主要受源岩有机输入和沉积环境的影响，具有明显的奇偶或偶奇优势；进入生烃门限后，由于干酪根生成的烃类具有奇偶或偶奇优势，而使 CPI 和 OEP 值接近 1，通常在 0.8~1.2 时可以认为奇偶优势消失。ANT28-D5-6 岩心沉积物中有机质成熟度指标 CPI 在 0.93~1.22，OEP 值为 0.65~1.37，大多接近 1，表明有机质经过了高度降解，已经不具备明显的奇偶优势。

ANT28-D5-6 岩心沉积物中有机质的 Pr/Ph 值为 0.41~0.97，姥鲛烷相对含量普遍低于植烷，指示了弱氧化-还原的沉积环境。Pr/C_{17} 值为 0.63~2.11，Ph/C_{18} 值在 0.74~1.41，说明早期成岩环境为强还原特征，因此该海域沉积物生烃条件非常优越。ANT28-D5-6 岩心沉积物中甾烷化合物组成中以规则甾烷为主，占甾烷总量的 71.09%~85.64%，4-甲基甾烷含量占甾烷总量的 4.88%~8.95%，孕甾烷含量在 3.35%~10.47%，重排甾烷在 3.87%~9.06%，重排甾烷的丰度明显低于规则甾烷。ANT28-D5-6 岩心沉积物中原生甾烷 $5\alpha-C_{27}$ 20R/$5\alpha-C_{29}$20R（除 15~16 cm 为 35.4%；7~8 cm 为 44.08%）在 68.21%~101.46%，$5\alpha-C_{28}$20R/$5\alpha-C_{29}$20R（除 13~14 cm 为 45.65%）在 67.48%~87.94%，所检出的甾族化合物中主要是 C_{29}、C_{27}、其次是 C_{28}，具有潜在的古生态和生物群落指示意义。

应用生物标志物示踪技术，结合分子组合（碳数范围、主峰碳、$\sum C_{21}^-/\sum C_{22}^+$、（$C_{21}+C_{22}$）/（$C_{28}+C_{29}$）、Pr/Ph、$Pr/nC_{17}$、$Ph/nC_{18}$、CPI、OEP 等特征指数和甾醇 C_{27}、C_{28} 和 C_{29} 分布类型综合判断，南极半岛东北海域沉积物发育的沉积环境为还原或强还原环境，有机母质主要为低等水生生物，细菌和藻类生源输入对烃类生成具有重要意义—有机质类型好，大多为较高成熟度；多项指标表明，有机质沉积时的水体沉积环境为还原-强还原环境、高盐度的厌氧环境。综合各种界定成熟油判别指标［$C_{29}\alpha\alpha\alpha$20S/$C_{29}\alpha\alpha\alpha$(20S+20R)、$C_{29}\alpha\beta\beta/C_{29}$($\alpha\alpha\alpha+\alpha\beta\beta$) 和 C_{31}22S/C_{31}(22S+22R)、C_{32}22S/C_{32}(22S+22R)、Ts/(Tm+Ts)］，综合确认 ANT28-D5-6 岩心整体接近优质沉积物，其形成于强还原沉积环境。

5.4.2 全新世沉积特征

通过第 28 次南极考察，在南极半岛布兰斯菲尔德海峡东部获得了高分辨率的 D1-7 岩心（图 5-92）。通过该岩心的年代学、沉积学、矿物学、地球化学、微体古生物学与古地磁等综合分析，系统揭示了该地区过去 6 000 a 以来的环境与气候变化规律。

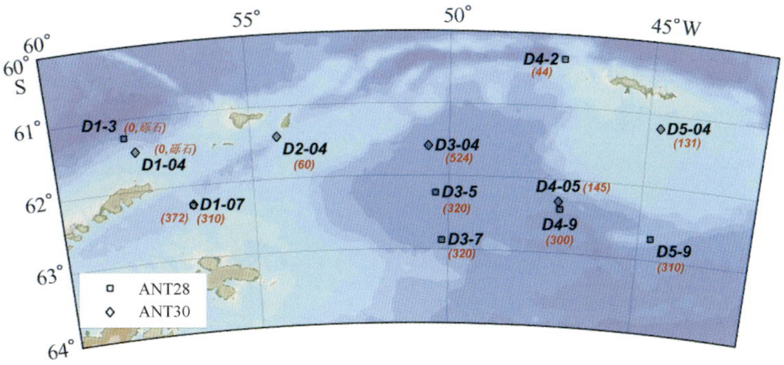

图 5-92 南极半岛东北部海域柱状沉积物取样与分析站位

D1-7 岩心位于 62°16. 163′S、56°35. 457′W，站位水深 1 100 m；岩心长 307 cm，主要为粉砂质黏土沉积，214~222 cm 为黑色富砂层，界限明显，为火山灰层。此外，显微镜下鉴定发现若干富含火山灰的层位。

5.4.2.1 年代框架的建立

1）有机碳和有孔虫的 AMS^{14}C 测年

南极海区在极锋以南水体较冷，沉积物中生物钙质壳体保存较差（Diekmann，2007；Heroy et al.，2008）。同样，D1-7 沉积物中碳酸钙含量极低，该孔的年代框架利用 8 个 TOC 和 1 个底栖有孔虫单一属种（*Bulimina aculeata*）的 AMS^{14}C 测年来建立，共得到 9 个 AMS^{14}C 年龄控制点（表 5-10）。

AMS^{14}C 测年数据显示 TOC-AMS^{14}C 年龄明显老于底栖有孔虫单一属种 AMS^{14}C 年龄（图 5-93），考虑到 TOC-AMS^{14}C 测年在该区域易受较老陆源有机碳影响，因此必须去除这部分老碳的污染。在南极半岛 Palmer Deep 的 ODP 1098 站位和布兰斯菲尔德海峡一岩心利用有孔虫和 TOC-AMS^{14}C 建立年代框架时也存在 TOC 测年年龄比有孔虫年龄老的问题，后者 TOC-AMS^{14}C 选用柱顶^{14}C 年龄值 2 833 a 来校正，去除老碳污染和碳储库年龄的综合影响（Domack et al.，2001；Heroy et al.，2008）。本研究利用对 TOC-AMS^{14}C 测年数据进行插值，得到有孔虫测年对应层位 TOC-AMS^{14}C 年龄，其与有孔虫 AMS^{14}C 年龄的差值即为老碳污染（约为 2. 1 ka）。将该差值用在校正柱顶沉积物年龄得到 200 a 左右的柱顶年龄，为近现代沉积。因此 2. 1 ka 的有机碳老碳校正年龄基本可靠。预设老碳污染在全新世恒定，将 8 个 TOC-AMS^{14}C 年龄统一去除 2. 1 ka 的老碳污染。之后去除该区域的碳储库年龄 1 300 a（Gordon and Harkness，1992；Berkman and Forman，1996），利用 Calib Rev 7. 02 软件和 Marine 13 校正曲线对所有 AMS^{14}C 年龄进行日历年计算（Stuiver and Reimer，1993；Reimer et al.，2013），获得 D1-7 岩心的年代框架。（表 5-10 和图 5-93b）

表 5-10　布兰斯菲尔德海峡 D1-7 岩心的 AMS^{14}C 年龄数据

深度/cm	测试材料	^{14}C 年龄/a（±1σ）	老碳污染校正^{14}C 年龄/a（±1σ）	碳储库年龄/a	日历年龄/cal a BP
0~2	有机碳	3 630±30	1 530±30	1 300	278±30
28~30	有机碳	3 840±30	1 740±30	1 300	475±30
80~90	*B. aculeata*	2 690±40	2 690±40	1 300	1 333±40
98~100	有机碳	5 110±30	3 010±30	1 300	1 691±30
114~116	有机碳	5 380±30	3 280±30	1 300	2 008±30
138~140	有机碳	5 500±30	3 400±30	1 300	2 170±30
204~206	有机碳	6 610±30	4 510±30	1 300	3 506±30
226~228	有机碳	7 240±30	5 140±30	1 300	4 346±30
298~300	有机碳	8 330±40	6 230±40	1 300	5 686±40

注：有机碳^{14}C 经过 2 100 a 老碳污染校正。日历年计算用 Calib 7. 0. 2（Stuiver and Reimer, 1993；Reimer et al；2013）.

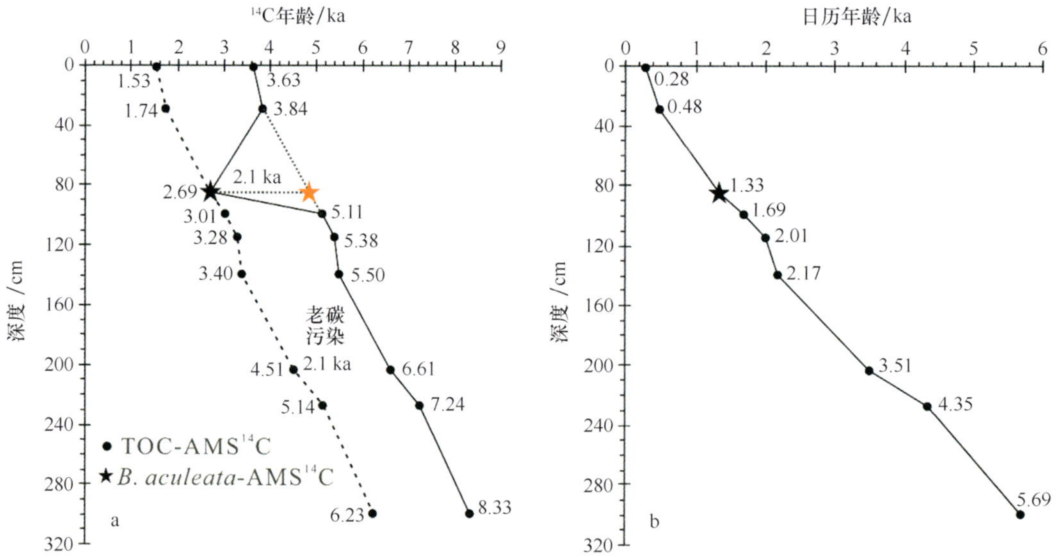

图 5-93　布兰斯菲尔德海峡 D1-7 岩心的 AMS^{14}C 数据与年龄控制点

a：AMS^{14}C 年龄数据与控制点及 TOC 年龄的 2. 1 ka 老碳污染校正；b：AMS^{14}C 校正日历年龄与控制点，图中红色五角星为 TOC-AMS^{14}C 在 *B. aculeate*-AMS^{14}C 测年深度的 TOC-AMS^{14}C 年龄插入值

资料来源：聂森艳等，2014

通过 9 个年龄控制点数据之间的插值计算，得到 D1-7 岩心顶部沉积物年龄为 0. 28 ka，底部沉积物年龄为 5. 83 ka。葛淑兰等（2014）依据古地磁对比，认为该钻孔底部年龄为 8 ka。但是受参考曲线调谐的影响，古地磁的年代框架可能并不准确，本研究 AMS^{14}C 测年提供了另一种年龄框架的模式。连续的 AMS^{14}C 测年数据也显示，该站位沉积连续，没有大的沉积扰动或浊流影响。

2）火山灰年代对比

火山灰地层学通过区域沉积记录的对比可以间接地获得沉积物地层序列。为检验^{14}C 年龄的准确性，将 D1-7 沉积物中的火山灰经过显微镜下统计，得到的火山灰丰度数据与邻近记录进行区域对比。在 D1-7 中发现 13 个火山灰丰度峰值，年龄分别为 0.33 ka、0.47 ka、0.54 ka、0.78 ka、0.93 ka、1.59 ka、2.12 ka、2.29 ka、2.82~2.94 ka、3.34 ka、3.96 ka、4.76 ka 和 5.57 ka，并将这 13 个火山灰层用火山灰层 a，b，c，d，e，f，g，h，i，j，k，l 和 m 标识（图 5-94）。

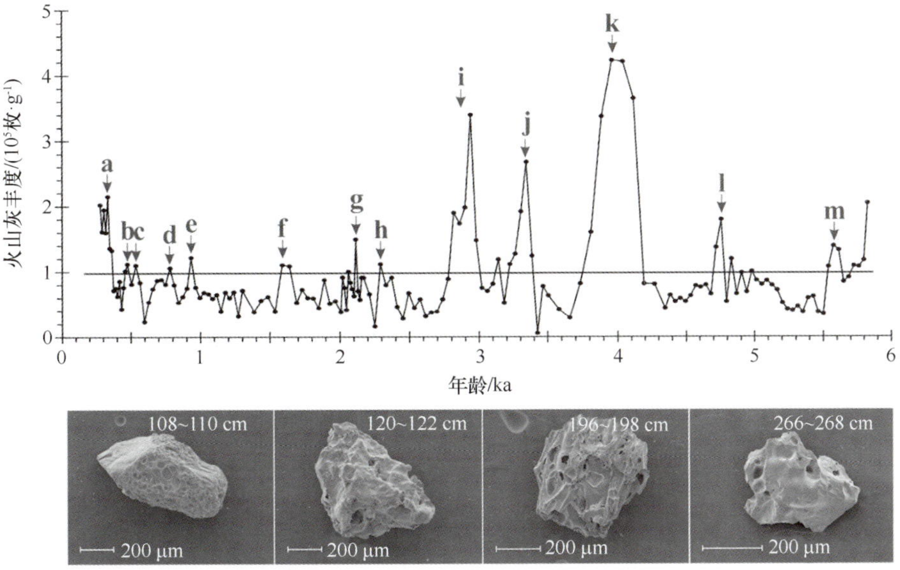

图 5-94 布兰斯菲尔德海峡 D1-7 岩心火山灰丰度及部分火山灰颗粒扫描电镜照片
（据聂森艳等，2014 修改）
图中水平实线为火山灰丰度平均值

将 D1-7 火山灰层与邻近区域已确认火山灰层对比发现，火山灰层 a（0.33 ka）与 James Ross 冰心记录中发现的 0.31 ka 火山灰十分相近（Smellie，1999），同时与 Livingston 岛湖泊沉积中发现 0.33 ka 火山灰层十分相近（Toro et al.，2013），也与 Ap1（0.25 ka）比较接近（Björck et al.，1991；Smellie，1999）。火山灰层 b（0.47 ka）与 Ap2（0.45 ka）十分相近（Björck et al.，1991；Smellie，1999），同时也与 Livingston 岛湖泊沉积中发现 0.41 ka 火山灰层十分相近（Toro et al.，2013）。火山灰层 c（0.54 ka）与 Livingston 岛湖泊沉积中发现 0.51~0.57 ka 火山灰层均十分相近（Toro et al.，2013）。火山灰层 d（0.78 ka）与 Ap3（0.75 ka）十分相近（Björck et al.，1991；Smellie，1999）。火山灰层 e（0.93 ka）与 Ap4（1.05 ka）十分相近（Björck et al.，1991；Smellie，1999），同时也与 Livingston 岛湖泊沉积中发现 1.08 ka 火山灰层十分相近（Toro et al.，2013）。火山灰层 f（1.59 ka）与 Ap5（1.35 ka）和 Ap6（1.85 ka）均相隔较远（约 0.25 ka），邻近站位暂无发现对应的火山灰层。火山灰层 g（2.12 ka）与 Ap7（2.10 ka）十分相近（Björck et al.，1991；Smellie，1999），该火山灰层与 Livingston 岛湖泊沉积中的火山灰记录（2.1 ka）相当（Toro et al.，2013）。火山灰层 h（2.29 ka）与 Ap8（2.25 ka）十分相近（Björck et al.，1991；Smellie，1999），同时也与 Livingston 岛湖泊沉积中发现的 2.26 ka 火山灰层十分相近（Toro et al.，2013）。由火山灰丰度统计图可推测，火山灰层 i（2.82~2.94 ka）应至少为两个火山喷发事件，与 Ap10-12（2.65~2.75 ka）相近（Björck et al.，1991），而 Livingston 岛湖泊记录显示 Ap10 年龄为 2.80~2.87 ka（Toro et al.，2013），与我们的记录更为相近。火山灰层 j（3.34 ka）与西 Bransfield 海盆沉积记录中

的火山灰记录（3.35 ka）相近（Willmott et al., 2006），而在相近时间内 Livingston 岛湖泊记录中也发现 3.25 ka 和 3.52 ka 两个火山灰层（Toro et al., 2013）。火山灰层 k（3.96 ka）与邻近的西 Bransfield 海盆岩心中发现的 3.73 ka 火山灰层接近，后者年代框架的建立是基于磁化率对比，火山灰层年龄的确定在文献中存在前后不一致现象，3.73 ka 火山灰层为文献提供的图上读取得到（Willmott et al., 2006），该火山灰层在 Bransfield 海盆一岩心（3.85 ka）（Heroy et al., 2008）以及 Livingston 岛湖泊沉积（3.71 ka）（Toro et al., 2013）也有记录。火山灰层 l（4.76 ka）与 Ap14 年龄（4.70 ka）十分相近（Björck et al., 1991）。火山灰层 m（5.57 ka）与 Livingston 岛湖泊以及 Bransfield 海盆沉积记录中的 5.55 ka 火山灰层十分相近（Heroy et al., 2008; Toro et al., 2013）。本研究确认的 13 个火山灰层与邻近不同记录较好的一致性表明，该钻孔年龄框架建立的可靠性（图 5-95）。

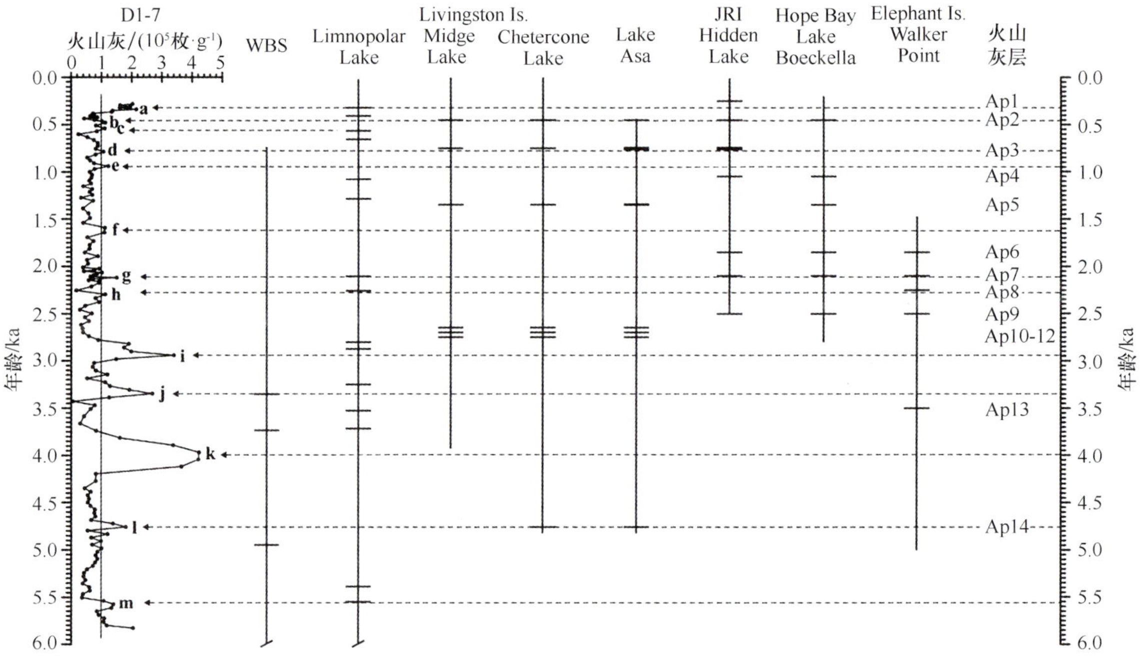

图 5-95　南极半岛区域火山灰层对比

资料来源：Björck et al., 1991; Smellie, 1999; Willmott et al., 2006; Heroy et al., 2008; Toro et al., 2013

5.4.2.2　陆源组分含量变化

1）火山灰丰度变化

布兰斯菲尔德海峡 D1-7 岩心中火山灰镜下丰度统计与分析结果显示（图 5-94），火山灰丰度变化范围为（0.06~4.23）$\times 10^5$ 枚/g，平均值为 0.94×10^5 枚/g。火山灰丰度出现 14 个高于平均值的层位，对应的年龄分别为 0.33 ka（a）、0.47 ka（b）、0.54 ka（c）、0.78 ka（d）、0.93 ka（e）、1.59 ka（f）、2.12 ka（g）、2.29 ka（h）、2.82~2.94 ka（i）、3.34 ka（j）、3.96 ka（k）、4.76（l）、5.57 ka（m）和 5.83 ka（表 5-11）。其中 k 层火山灰显著，厚达 8 cm。而 5.83 ka 位于岩心底层部，火山灰丰度记录不完整，但含量达到 2.0×10^5 枚/g，该火山灰层在已发表的火山灰记录中并未发现，在本研究中不作为一独立火山灰层进行讨论。除火山灰层 f 外，其他火山灰层及其年龄与已发表的火山灰记录都有较好的一致性（Björck et al., 1991; Smellie, 1999; Willmott et al., 2006; Heroy et al., 2008; Toro et al., 2013)。其中，2.82~2.94 ka 间的火山灰丰度值呈现双峰态（图 5-94），指示了该火山至少有两次喷发，相近时间段邻近区域较高分辨率记录观测到了多次火山喷发事件（Björck et al., 1991; Smellie, 1999）。

表 5-11　布兰斯菲尔德海峡 D1-7 岩心火山灰层及其年龄

火山灰层	深度/cm	年龄/ka
a	8~10	0.33
b	28~30	0.47
c	32~34	0.54
d	48~50	0.78
e	58~60	0.93
f	94~96	1.59
g	130~132	2.12
h	144~146	2.29
i	172~178	2.82~2.94
j	196~198	3.34
k	216~218	3.96
l	248~250	4.76
m	292~294	5.57

2）粗颗粒组分含量变化（>63 μm、>150 μm 和 250 μm）

布兰斯菲尔德海峡 D1-7 岩心沉积物中粗颗粒组分（>63 μm、>150 μm 和 250 μm）分析结果如图 5-96 所示。大于 63 μm 组分含量变化范围为 0.8%~19.5%，平均值为 2.7%，大于 150 μm 组分含量变化范围为 0.2%~11.5%，平均值为 1.3%，大于 250 μm 组分含量变化范围为 0~10.7%，平均值为 0.8%。这 3 种不同粒径组分变化趋势几乎一致，在较强的火山灰层 a、g、i、j 和 k 这 5 个火山灰层年龄段都明显增加。除此之外，在其他火山灰层时间段，这 3 种不同粒径组分的变化不显著，这可能指示了火山灰颗粒较细，火山爆发较弱。

这 3 种组分与火山灰层对应的高峰排除了火山灰层的影响，除此之外，它们还在 0.84 ka、0.97 ka、1.18 ka、1.89 ka、2.05 ka、2.25 ka、2.45 ka、4.46 ka 和 5.09 ka 时间段含量增加，这极有可能来源于冰川排泄输入 IRD（Ice Rafted Detritus），因此可以认为是 9 次 IRD 事件，分别标记为 IRD 1、2、3、4、5、6、7、8 和 9（表 5-12）。粗颗粒组分大于 150 μm 和 250 μm 组分含量分别在 9 次 IRD 事件时期超过平均含量，粗颗粒组分大于 63 μm 组分含量在 IRD 2 事件时期近似平均值。除此之外，在其他 8 次 IRD 事件时期均超过平均含量。其中，在 2.12 ka 和 4.46 ka 分别出现冰漂砾，它们的最大直径都约 2 cm。

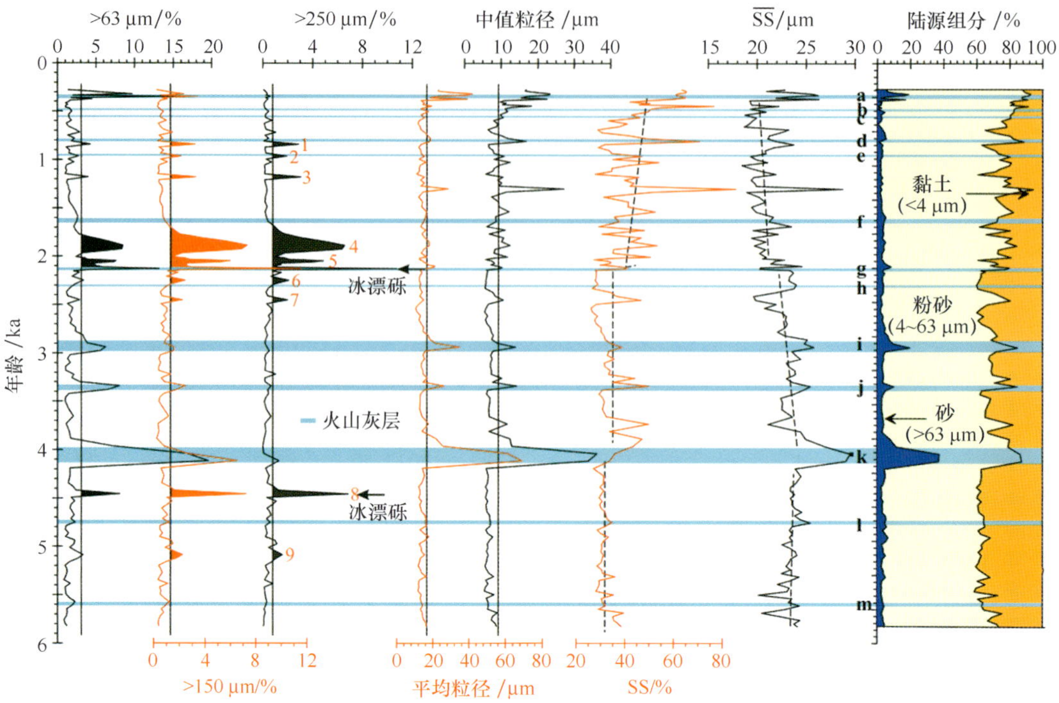

图 5-96 布兰斯菲尔德海峡 D1-7 岩心粗组分及粒度组分变化

图中竖向实线显示数据平均值，虚线显示数据变化趋势，黑色、红色阴影部分和红色数字代表 IRD

表 5-12 布兰斯菲尔德海峡 D1-7 岩心粗组分所显示的火山灰层和 IRD 事件

粗组分-火山灰层			粗组分-IRD		
火山灰层	深度/cm	年龄/ka	IRD	深度/cm	年龄/ka
a	8~10	0.33	1	52~54	0.84
g	130~132	2.12	2	60~62	0.97
i	176~178	2.94	3	74~76	1.18
j	196~198	3.34	4	108~110	1.89
k	216~218	3.96	5	120~122	2.05
			6	142~144	2.25
			7	152~154	2.45
			8	232~234	4.46
			9	266~268	5.09

5.4.2.3 粒度变化

布兰斯菲尔德海峡 D1-7 岩心沉积物粒径分析结果显示（图 5-96），平均粒径变化范围为 10.6~69.1 μm，平均值为 16.4 μm；中值粒径变化范围为 5.6~36.4 μm，平均值为 9.3 μm。平均粒径和中值粒径的变化几乎完全一致，大致与筛选法所得粗组分的变化相对应，均在较明显的5个火山灰层a、g、i、j和k所处年龄段粒径变大，尤其是在火山灰层a和k最为显著。除此之外，中值粒径在2.1~0.3 ka期间变化频率增强，出现多处较高值，分别出现于0.81 ka、1.02 ka和1.30 ka，分别与IRD1、2和3相差数十年，这表明陆源输入和筏冰碎屑输入在完全新世增加。

分选级粉砂（sortable silt：$\overline{SS}$，10~63 μm）的含量变化范围为26.3%~85.9%，平均值为38.0%。在5.8~4.0 ka期间，$\overline{SS}$含量处于相对稳定状态，平均含量为31.9%；在4.0~2.1 ka期间，与5.8~4.0 ka期间相比，$\overline{SS}$平均含量为33.7%，并且其含量分别在3.89 ka、3.73 ka、3.34 ka和2.45 ka期间突然升高，但3.89 ka处高峰接近最大火山灰层k，3.73 ka高峰与中值粒径高峰相对应，而3.34 ka和2.45 ka高峰分别对应火山灰层j和IRD7；在2.1~0.3 ka期间，SS含量显著增加，变化幅度加大，平均含量为44.8%。

分选级粉砂平均粒径变化范围为18.6~29.6 μm，平均值为22.6 μm，其变化趋势呈现由基本稳定至缓慢下降的趋势，5.8~4.0 ka期间基本稳定，有小幅度上升趋势，平均值为23.7 μm，在4.0 ka出现最高峰，对应于火山灰层k；在4.0~2.1 ka期间呈现小幅度下降趋势，平均值为23.6 μm，较高峰分别出现在火山灰层g、h、i和j时间段，而在2.1~0.3 ka期间的平均值下降至21.3 μm，并分别在1.3 ka、0.84 ka、0.69 ka和0.33 ka粒径依次增大，其中，0.84 ka和0.33 ka的粒径增大对应于IRD1和火山灰层a。粒度组分区分的黏土（<4 μm）、粉砂（4~63 μm）和砂（>63 μm）组分变化显示，砂组分较高值均出现在火山灰层时间段，除此之外相对含量稳定；粉砂组分在4.0~0.3 ka期间逐渐增加，而黏土组分相应降低。

5.4.2.4 黏土矿物含量变化

布兰斯菲尔德海峡D1-7岩心黏土粒级沉积物的X射线衍射分析结果显示（图5-97），5.8~0.3 ka期间黏土矿物组合以蒙脱石为主（60%~84%），平均值达到64%，绿泥石次之（11%~27%），平均值达到24%，伊利石（2%~12%）和高岭石（1%~6%）最少，平均值分别为9%和4%。蒙脱石与绿泥石及伊利石的变化趋势呈现负相关关系，而高岭石变化规律不明显。蒙脱石在4.11 ka处出现最高峰，对应于火山灰层k。蒙脱石含量最高峰可能来源于玄武岩及火山玻璃原地化学风化作用，蒙脱石的稀释作用也使得伊利石、绿泥石和高岭石相对含量达到最低值。除此火山灰层之外，伊利石和绿泥石相对含量稳定。伊利石化学指数变化范围为0.18~0.40，平均值为0.24；结晶度变化范围为0.14°~0.25°Δ2θ，平均值为0.19°Δ2θ，两者变化幅度不大，且平均值较小，揭示了高纬度区域较冷的气候特征，化学风化作用较弱（Diekmann et al.，2000）。

5.4.2.5 生源组分变化

1）蛋白石、TOC及TN含量变化

布兰斯菲尔德海峡D1-7岩心生源组分分析结果显示（图5-98），D1-7沉积物中生源组分含量受火山灰稀释作用影响显著，尤其在火山灰层a、i、j和k层，蛋白石，有机碳、氮含量均明显降低。中晚全新世以来蛋白石含量变化范围分别为4%~17%，平均值12%。在显著火山灰k层之下的5.8~4.0 ka期间，蛋白石含量逐渐增加，至4.5 ka左右，含量达到约15%；火山灰k层之上的4.0~1.3 ka期间，蛋白石含量呈现小幅度缓慢增加的趋势，此后呈

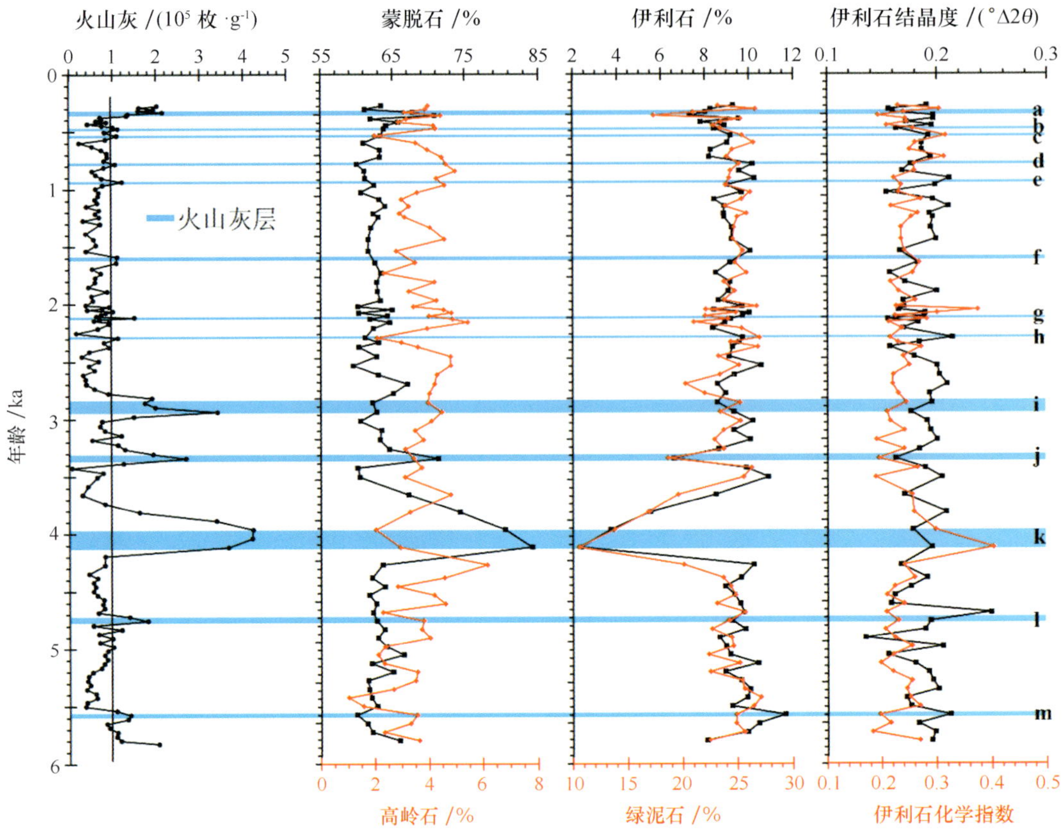

图 5-97　布兰斯菲尔德海峡 D1-7 岩心粗颗粒组分、黏土矿物组分及火山灰丰度记录

图中竖向实线为火山灰丰度平均值界限

现下降的趋势。TOC 含量在 0.2%~1.4%之间波动，平均 1.0%。在 5.8~4.0 ka 期间基本处于稳定状态，在平均值范围波动；4.0~0.5 ka 期间呈现缓慢的增加趋势，此后呈现下降趋势。TN 含量变化范围 0.06%~0.2%，平均 0.16%，在 5.8~4.0 ka 期间呈现两次增加-降低的循环变化，4.0 ka 以来变化趋势与 TOC 含量一致。

2）C/N 比值与有机碳同位素（$\delta^{13}C_{org}$）变化

布兰斯菲尔德海峡 D1-7 岩心中的 C/N 比值（TOC/TN 比值）结果显示（图 5-98），其变化范围为 3.34~8.22，平均值为 6.3。从 5.8~4.0 ka，C/N 比值的变化由低到高，在 4.0 ka 的火山灰 k 层下降至最低值 3.2。自 4.0 ka 以来，C/N 比值呈逐渐上升的趋势，并在火山灰 j 层明显降低。有机碳稳定同位素 $\delta^{13}C_{org}$ 变化范围为 −26.3‰~−23.5‰，平均值为−24.6‰，其变化趋势与 C/N 比值等变化趋势明显不同。在 5.8~4.8 ka 期间，$\delta^{13}C_{org}$ 值快速变轻；而 4.8~4.6 ka 期间 $\delta^{13}C_{org}$ 快速变重；从 4.6~1.2 ka，$\delta^{13}C_{org}$ 值逐渐变轻，至大约 1.2 ka 出现−26‰的轻值，而 1.2 ka 以来，$\delta^{13}C_{org}$ 值呈现出轻—重—轻的变化趋势。

有机碳同位素 $\delta^{13}C_{org}$ 是区分海源与陆源有机质的敏感指标（Meyers，1997）。海源有机碳的 $\delta^{13}C_{org}$ 多来源于海洋浮游植物，其值通常在−20‰~−22‰之间（Meyers，1994），而陆源有机碳的 $\delta^{13}C_{org}$ 值为−26‰~−28‰（Fontugne and Jouanneau，1987）。采用简单的两端元混合模式：当 $\delta^{13}C_{org}$ 值为−27‰时完全代表陆源；而当 $\delta^{13}C_{org}$ 值为−21‰时完全代表海洋端元，根据这两个端元值估计沉积物中海源和陆源有机质的百分含量。用 TOC_{mar} 和 TOC_{ter} 分别表示海源

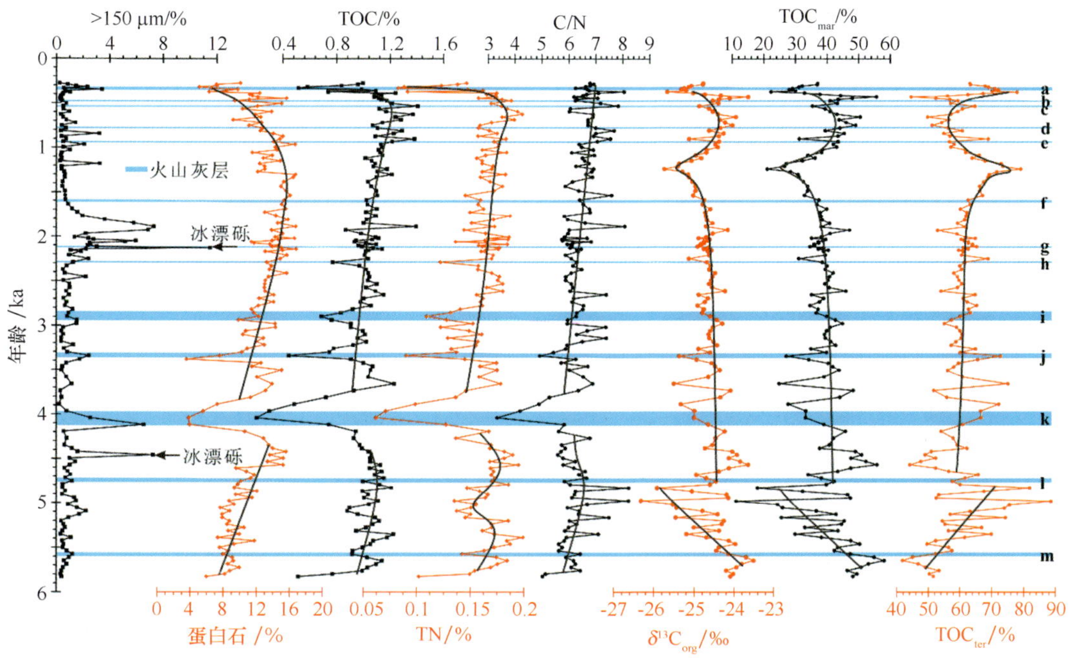

图 5-98 布兰斯菲尔德海峡 D1-7 岩心生源组分（蛋白石、TOC 和 TN）、C/N 比值，$\delta^{13}C_{org}$及其估算的 TOC 海源组分（TOC_{mar}）和陆源组分（TOC_{ter}）含量变化

图中实线显示数据变化趋势

有机碳和陆源有机碳的百分含量，估算结果显示（图 5-98），TOC_{mar}占 TOC 的 11.4%～58.2%，平均值为 39.2%。在 5.8～4.8 ka 期间，TOC_{mar}含量呈现快速降低的趋势；而 4.8～4.6 ka 期间，TOC_{mar}含量快速升高；在 4.6～1.2 ka 期间，TOC_{mar}含量缓慢降低，至～1.2 ka 出现 21.1%的低值，而 1.2 ka 以来，TOC_{mar}含量呈现出低—高（约 40%）—低的变化趋势。TOC_{ter}含量占 TOC 的 41.8%～88.6%，平均值为 60.8%，其变化趋势与 TOC_{mar}含量正好相反。根据$\delta^{13}C_{org}$值计算得到的 TOC_{mar}和 TOC_{ter}含量变化与 C/N 比值变化不一致，由于该区域$\delta^{13}C_{org}$受到多种因素的影响，其并不适用于该地区陆源/海源有机碳输入的判别。

5.4.2.6 有孔虫丰度及其氧碳同位素变化

布兰斯菲尔德海峡 D1-7 岩心中有孔虫鉴定和统计结果显示（图 5-99），有孔虫丰度较低，变化范围为 0.8～76 枚/g，平均值 18 枚/g，且绝大部分为砂质壳属种。5.8～4.0 ka 期间，有孔虫丰度由高降低，但幅度很小，至 4.0 ka 的火山灰 k 层处几乎缺失；在 4.0～1.3 ka 期间，有孔虫丰度缓慢增加；在 1.3～0.3 ka 期间，有孔虫丰度呈现低—高—低的变化趋势。浮游有孔虫丰度极低，丰度范围为 0～3.6 枚/g，平均每克干样 0.3 枚，仅占有孔虫丰度的 1.5%，，比有孔虫丰度低一个数量级，部分层位缺失，仅依次在 4.6 ka、2.7 ka、1.7 ka、1.3 ka 和 0.9 ka 丰度增加。底栖有孔虫丰度相对较高，变化范围为 0.6～72.4 枚/g，平均值为 17.7 枚/g，占有孔虫变化总丰度的 98.5%，其变化趋势与有孔虫丰度一致。底栖有孔虫钙质壳丰度变化范围为 0～33.8 枚/g，平均值为 2.4 枚/g，仅占底栖有孔虫丰度的 12.5%，其变化趋势类似浮游有孔虫丰度，仅在 3.3 ka、1.3 ka 和 0.9 ka 出现较高丰度。底栖有孔虫砂质壳丰度变化范围为 0.1～48.2 枚/g，平均值为 15.4 枚/g，占底栖有孔虫丰度的 87.5%，比底栖钙质壳高 1 个数量级，其变化趋势与有孔虫丰度和底栖有孔虫丰度变化趋势一致。而底栖有孔虫砂质壳中的 *Miliammina arenarea* 占绝大部分，其含量范围为 83.7%~100%，平均值为 98%。

布兰斯菲尔德海峡 D1-7 岩心中的底栖有孔虫 *Bulimina aculeata* 的 $\delta^{18}O$ 变化范围 4.34‰~3.10‰，平均值为 4.00‰。该种 $\delta^{18}O$ 值整体上在平均值上下波动，晚全新世出现 3 个较轻值，依次在 2.4 ka 和 1.0 ka 明显变轻。*B. aculeata* 的 $\delta^{13}C$ 变化范围 0.04‰~-0.95‰，平均值为-0.34‰，在 3.3 ka 出现明显变轻。

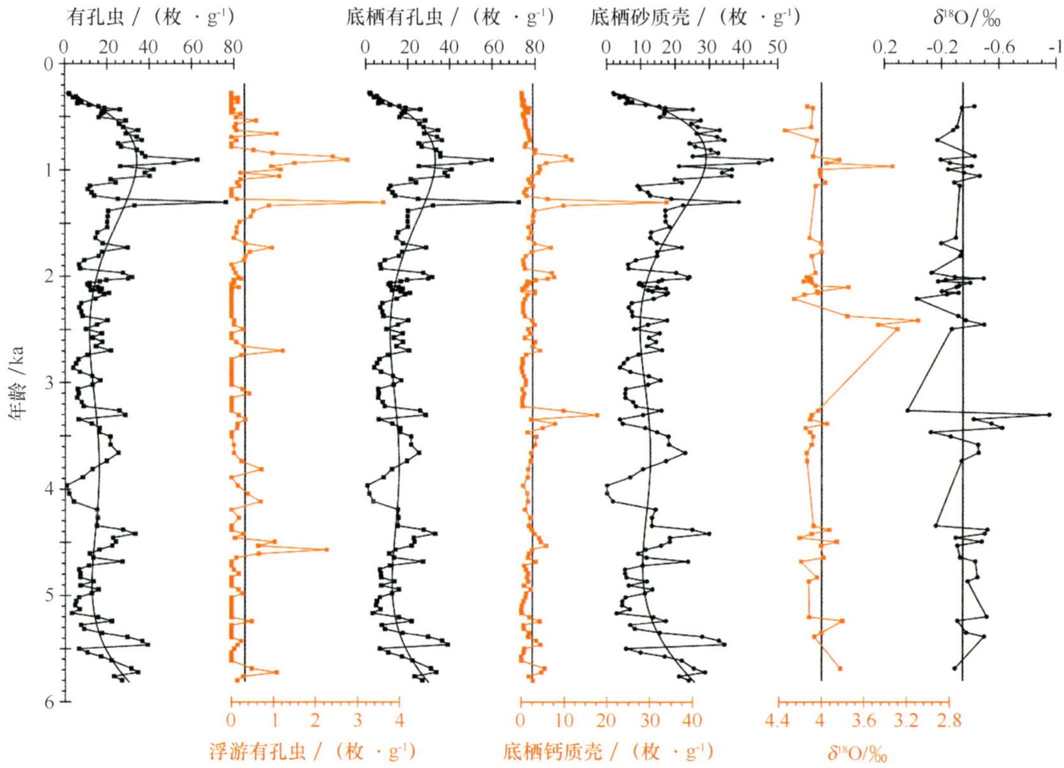

图 5-99 布兰斯菲尔德海峡 D1-7 岩心有孔虫丰度及底栖有孔虫（*B. aculeata*）氧、碳同位素记录

图中竖向实线为相应指标平均值，黑色实线为相应指标变化趋势

5.4.2.7 硅藻组合变化

布兰斯菲尔德海峡 D1-7 岩心样品中硅藻属种的鉴定和统计结果显示（表 5-13），*Chaetoceros* 休眠孢子（resting spore，RS）占总硅藻含量的 73.3%~96.2%，平均值为 88.4%，是该区域硅藻的绝对优势种，这一记录与该区域诸多记录相一致（Armand et al.，2005；Heroy et al.，2008；Etourneau et al.，2013）。为更清楚地分辨各个硅藻属种的环境信号，现去除 *Chaetoceros* RS（CRS），以保证部分相对含量较低，但又具有环境指示意义的硅藻属种相对含量变化不受 CRS 的影响（Allen et al.，2005）。去除 CRS 后，平均含量超过 2%的硅藻优势种有 12 个，其中最具代表性的优势种是 *Fragilariopsis curta* 和 *Thalassiosira antarctica*，其最高含量分别达到 37.2%和 33.8%，平均值分别为 20.8%和 17.2%。其余种包括 *Fragilariopsis kerguelensis*、*Proboscia alata*、*Rhizosolenia antennata* f. *semispina*、*Fragilariopsis cylindrus*、*Thalassiosira gracilis*、*Fragilariopsis separanda*、*Corethron criophilum*、*Thalassiosira gravida*、*Odontella weissflogii* 和 *Nitzschia vanheurckii* 等 10 个种，其含量平均值都超过 2%（表 5-13）。所有样品中至少一有个样品中含量超过 2%的种有 46 个。

表 5-13 布兰斯菲尔德海峡 D1-7 岩心中主要硅藻属种及其含量

主要属种	平均值/%	最大值/%	最小值/%
Fragilariopsis curta	20. 78	37. 21	4. 30
Thalassiosira antarctica	17. 21	33. 78	5. 30
Fragilariopsis kerguelensis	9. 69	23. 94	0
Proboscia alata	5. 11	17. 04	0
Rhizosolenia antennata f. *semispina*	4. 98	19. 78	0
Fragilariopsis cylindrus	4. 47	15. 15	0
Thalassiosira gracilis	3. 88	11. 9	0
Fragilariopsis separanda	3. 51	13. 11	0
Corethron criophilum	2. 89	22. 45	0
Thalassiosira gravida	2. 17	13. 04	0
Odontella weissflogii	2. 08	7. 77	0
Nitzschia vanheurckii	2. 07	8. 4	0
Porosira pseudodenticulata	1. 78	8. 09	0
Actinocyclus actinochilus	1. 77	9. 09	0
Thalassiosira lentiginosa	1. 46	8. 89	0
Eucampia antarctica	1. 32	5. 61	0
Fragilariopsis rhombica	1. 3	6. 06	0
Navicula directa	1. 29	5. 52	0
Fragilariopsis obliquecostata	1. 29	7. 21	0
Pseudo-nitzschia turgiduloides	1. 06	4. 55	0
Fragilariopsis sublinearis	0. 96	5. 04	0
Thalassiosira tumida	0. 93	4. 59	0
Stellarima microtrias	0. 81	4. 55	0
Fragilariopsis ritscheri	0. 78	6. 45	0
Cocconeis sp.	0. 64	4. 96	0
Thalassiothrix antarctica	0. 6	3. 03	0
Thalassiosira trifulta	0. 57	4. 65	0
Thalassiosira eccentrica	0. 4	4. 76	0
Thalassionema nitzschioidesfo	0. 3	3. 88	0
Thalassionema nitzschioides	0. 28	2. 76	0
Thalassiosira oliverana	0. 26	5. 3	0
Rhizosolenia antennata	0. 22	2. 38	0
Nacicula valida	0. 21	3. 6	0
Rhizosolenia hebetata f. *semispina*	0. 19	2. 99	0
Rhizosolenia bergonii	0. 18	3. 39	0
Asteromphalus hyalinus	0. 18	2. 04	0
Asteromphalus parvulus	0. 15	2. 04	0
Thalassiosira gracilis var. *expecta*	0. 13	3. 39	0
Rouxia leventerae	0. 13	2. 22	0
Fragilariopsis lineata	0. 12	3. 1	0
Pleurosigma directum	0. 09	5. 78	0
Asteromphalus hookeri	0. 08	2. 04	0
Nitzschia pseudonana	0. 06	2. 96	0
Azpeitia tabularis	0. 05	3. 82	0
Nitzschia peragallii	0. 04	2. 9	0
Actinocyclus curvatulus	0. 04	2. 15	0

采用Q型因子分析方法，对D1-7岩心沉积样品中至少一个样品中含量大于2%（除去*Chaetoceros*-RS的所有硅藻属种）的46个硅藻种进行了Q型因子计算，得到4个方差极大因子，共说明了总方差的92.21%，很好地解释了硅藻属种组合的变化。Q型因子分析得到的方差极大因子得分矩阵见表5-14。

表5-14　D1-7岩心主要硅藻属种Q型因子分析

主要属种	因子1	因子2	因子3	因子4
Fragilariopsis curta	0. 979	0. 008	-0. 076	0. 007
Thalassiosira antarctica	-0. 017	0. 978	-0. 043	-0. 062
Fragilariopsis kerguelensis	-0. 059	0. 044	-0. 081	0. 912
Proboscia alata	-0. 008	-0. 044	-0. 667	-0. 162
Rhizosolenia antennata f. *semispina*	-0. 097	-0. 064	-0. 688	0. 011
Fragilariopsis cylindrus	0. 102	0. 003	-0. 015	0. 221
Thalassiosira gracilis	0. 03	0. 054	-0. 092	0. 133
Fragilariopsis separanda	0. 073	-0. 002	-0. 018	0. 192
Corethron criophilum	0. 012	0. 064	-0. 149	-0. 026
Thalassiosira gravida	0. 071	0. 035	-0. 001	0. 015
Odontella weissflogii	-0. 009	0. 105	-0. 04	-0. 007
Nitzschia vanheurckii	0. 039	0. 002	-0. 033	0. 087
Porosira pseudodenticulata	-0. 004	0. 062	-0. 076	-0. 011
Actinocyclus actinochilus	-0. 019	0. 028	-0. 058	0. 099
Thalassiosira lentiginosa	-0. 008	0. 004	-0. 113	0. 025
Eucampia antarctica	-0. 013	0. 055	-0. 024	0. 037
Fragilariopsis rhombica	0. 025	0. 011	0. 004	0. 066
Navicula directa	0. 034	0. 044	0. 023	0. 009
Fragilariopsis obliquecostata	-0. 011	0. 044	-0. 053	0. 011
Pseudo-nitzschia turgiduloides	0. 017	0. 006	-0. 01	0. 052
Fragilariopsis sublinearis	-0. 001	0. 025	-0. 016	0. 035
Thalassiosira tumida	0. 02	0. 019	0. 006	0. 029
Stellarima microtrias	0. 005	0. 036	-0. 014	-0. 009
Fragilariopsis ritscheri	0. 019	0. 019	0. 006	0. 013
Cocconeis sp.	0. 015	0. 023	-0. 004	-0. 01
Thalassiothrix antarctica	0. 014	0. 013	0. 009	0. 02
Thalassiosira trifulta	0. 007	-0. 002	-0. 038	0. 002
Thalassiosira eccentrica	-0. 018	-0. 014	-0. 062	0. 029
Thalassionema nitzschioidesfo	-0. 007	0. 023	0. 02	0. 025
Thalassionema nitzschioides	-0. 002	0. 002	0. 003	0. 031
Thalassiosira oliverana	-0. 007	0. 01	-0. 002	0. 021
Rhizosolenia antennata	-0. 009	-0. 005	-0. 038	0. 005
Nacicula valida	0. 006	-0. 005	-0. 004	0. 012
Rhizosolenia hebetata f. *semispina*	0. 003	0. 006	-0. 004	0
Rhizosolenia bergonii	0. 001	0. 013	0. 006	0
Asteromphalus hyalinus	0. 01	-0. 001	0. 006	0. 007
Asteromphalus parvulus	0. 002	0. 008	0	-0. 004
Thalassiosira gracilis var. *expecta*	0	0. 008	-0. 004	-0. 005
Rouxia leventerae	0. 01	0. 005	0. 011	-0. 003
Fragilariopsis lineata	0. 002	0. 006	0. 003	0. 001
Pleurosigma directum	-0. 002	0. 002	-0. 013	-0. 007
Asteromphalus hookeri	0	0. 005	0. 001	0. 001
Nitzschia pseudonana	0. 004	-0. 004	-0. 004	0. 003
Azpeitia tabularis	-0. 005	-0. 002	-0. 006	0. 011
Nitzschia peragallii	0. 003	-0. 003	-0. 001	0. 003
Actinocyclus curvatulus	-0. 006	-0. 002	-0. 001	0. 017

根据样品中硅藻属种的因子载荷分布（图5-100）显示，因子1代表海冰变化，其标志种*F. curta*方差极大因子得分0.979，对因子1组合的贡献量为36.0%。该因子在4个因子中均占最大的优势，解释了总方差的84.66%。该因子载荷分布分为3个阶段：在5.8~3.6 ka期间呈现先增加后降低的趋势，平均值为0.55；在3.6~1.1 ka期间其载荷整体上相比较5.8~3.6 ka期间略微上升，但变化幅度增大，平均值为0.60，其变化趋势亦呈现出先增加后降低的趋势，并先后在最大火山灰k层和1.1 ka出现较低值，后者载荷得分最低，仅0.06；在1.1~0.3 ka期间因子载荷呈现快速的先升高后降低的趋势，在0.7 ka达到最大值。因子2代表与因子1变化趋势呈现负相关关系，两者的相关系数R达到-0.64，其标志种*T. antarctica*的方差极大因子得分为0.978，对因子组合标志种的贡献量为29.8%，说明了该因子总方差的3.98%。该因子载荷分布也分为3个阶段：在5.8~3.6 ka期间因子载荷呈现小幅度先增加后下降的趋势，振幅较小，因子载荷平均值为0.57；在3.6~1.6 ka期间因子载荷整体相比较5.8~3.6 ka期间其载荷略微降低，变化幅度稍有增强，平均因子载荷值为0.50，呈现小幅度先降低后上升趋势；在1.6~0.3 ka期间因子载荷变化增快，出现两次降低—升高的循环变化。因子3代表夏季海水混合情况，标志种有*P. alata*和*Rhizosolenia antennata* f. *semispina*，方差极大因子得分分别为-0.667和-0.688，分别占因子组合的8.8%和8.6%，说明了该因子组合总方差的1.92%。该因子载荷在5.8~5.5 ka期间基本稳定；在5.8~4.8 ka期间因子载荷呈现先快速升高后缓慢降低的趋势；在4.8~3.3 ka期间因子载荷呈现先升高后降低的趋势；在3.3~1.1 ka期间因子载荷亦呈现先升高后降低趋势，变化幅度增大；在1.1~0.3 ka期间因子载荷呈现快速增加的趋势。因子4代表开阔水体，其标志种*F. kerguelensis*的方差极大因子得分为0.912，对因子组合标志种的贡献量为16.8%。该因子载荷变化趋势完全不同于其他3个因子，变化更多样。在5.8~4.0 ka期间因子载荷呈现先降低后增加趋势，因子载荷平均值为0.37；在4.0~1.0 ka期间因子载荷出现3次降低—升高的循环变化，因子载荷总体较低，平均值为0.26；在1.0~0.3 ka期间因子载荷基本稳定，平均值0.30。

通过硅藻属种的Q型因子分析，选出5个硅藻指示种，同时也是该海区相对含量最高的属种，其含量变化（去除CRS）与硅藻丰度和CRS占总硅藻丰度的百分含量的变化见图5-101所示。硅藻丰度变化范围为0.5~7.2 Mv/g（1 Mv/g = 10^6 枚/g），平均值为3.7 Mv/g，其变化趋势在5.8~4.0 ka期间呈现下降趋势，在4.0 ka受火山灰k层稀释的影响出现最低值；在4.0~1.3 ka期间，其丰度呈现先增加后降低的趋势，并分别在3.3 ka和2.8 ka出现丰度降低，亦是受火山灰层j和i稀释的影响；在1.3~0.3 ka期间，硅藻丰度呈现先小幅度上升，后快速下降的趋势。硅藻壳体中CRS的含量变化范围为73.3%~96.2%，平均值达到88.4%，是硅藻丰度贡献最大的属种，其变化趋势总体稳定。在5.8~3.3 ka期间，CRS呈现缓慢下降的趋势；在3.3~0.3 ka期间，CRS出现两次增加—降低循环变化，但变化幅度均较小。*F. curta*含量变化范围为4.3%~37.2%，平均值为20.8%。在5.8~4.0 ka期间，*F. curta*呈现小幅度先增加后降低的趋势，变化幅度较小，平均含量为19.3%；在4.0~1.1 ka期间，*F. curta*亦呈现先增加后降低的趋势，震荡幅度增大，平均含量21.0%；在1.1~0.3 ka期间，*F. curta*出现短时间增加—降低趋势，含量相对较高，平均值为22.3%。*T. antarctica*含量变化范围为5.3%~33.8%，平均值为17.2%；与*F. curta*相比变化幅度小，*T. antarctica*除了在3.6 ka和1.6 ka含量较高（分别为33.8%和33.3%）外，其百分含量在平均值上下波动；5.8~3.6 ka期间*T. antarctica*含量相对较高，达到17.5%；在3.6~1.6 ka期间，*T. antarctica*

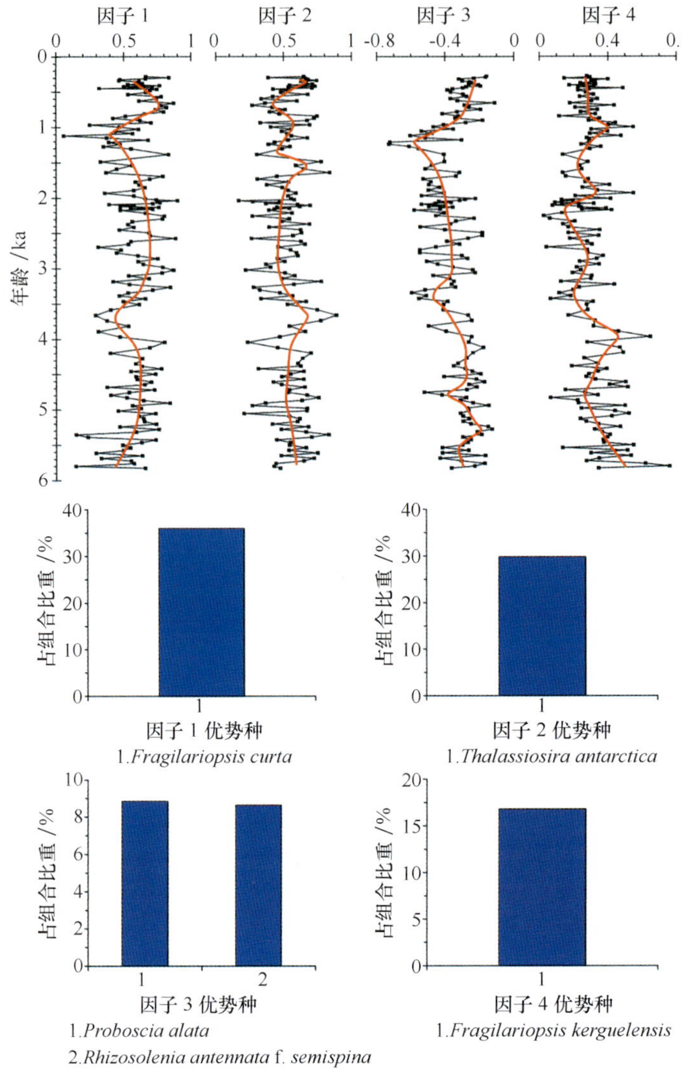

图 5-100　D1-7 岩心的主要硅藻属种 Q 型因子分析所得组合载荷分布特征（上图）和各因子组合优势种直方图（下图）

图中红色实线为各数据变化趋势

含量有小幅度降低，平均含量为 16.2%；在 1.6~0.3 ka 期间 *T. antarctica* 含量有小幅度升高，平均含量为 18.1%，除在 3.6 ka 和 1.6 ka 含量明显升高外，其变化趋势整体较为稳定，在平均值上下波动。*F. kerguelensis* 含量变化范围为 0~23.9%，平均值为 9.7%，其变化趋势分为 3 个阶段：在 5.8~4.0 ka 期间，*F. kerguelensis* 含量呈现出高—低—高的变化趋势，平均含量达到 11.3%；在 4.0~2.1 ka 期间，*F. kerguelensis* 呈现出先降低后小幅度升高—降低的趋势，平均含量为 7.7%；在 2.1~0.3 ka 期间，*F. kerguelensis* 含量总体有所回升，呈现两次增高—降低的循环变化，平均含量达到 9.7%。*P. alata* 含量变化范围为 0~17.0%，平均值为 5.1%，其变化趋势分为 3 个阶段：在 5.8~4.0 ka 期间，*P. alata* 含量相对较低，平均含量为 3.3%，其变化趋势呈现两次增高—降低的循环变化，并依次在 5.5 ka 和 4.7 ka 出现较高值；在 4.0~1.0 ka 期间，*P. alata* 含量显著增高，平均含量达到 7.1%，其变化趋势呈现 3 次增高—降低的循环变化，依次在 3.3 ka、2.0 ka 和 1.2 ka 出现高值；在 1.0~0.3 ka 期间，*P. alata* 含量相对较低，平均含量为3.2%，其变化呈现逐渐增加的趋势。*R. ant.* f. *semispina* 含量变化范围为0~19.8%，平均值为5.0%，其变化趋势分为3个阶段：在5.8~4.7 ka期间，*R. ant.* f. *semispina* 含量出现微弱的下降趋势，并在4.7 ka出现一较高值；在4.7~1.1 ka期间，*R. ant.* f. *semispina* 含量持续增高，至1.1 ka达到最大值；在1.1~0.3 ka期间 *R. ant.* f. *semispina* 含量呈现下降趋势。

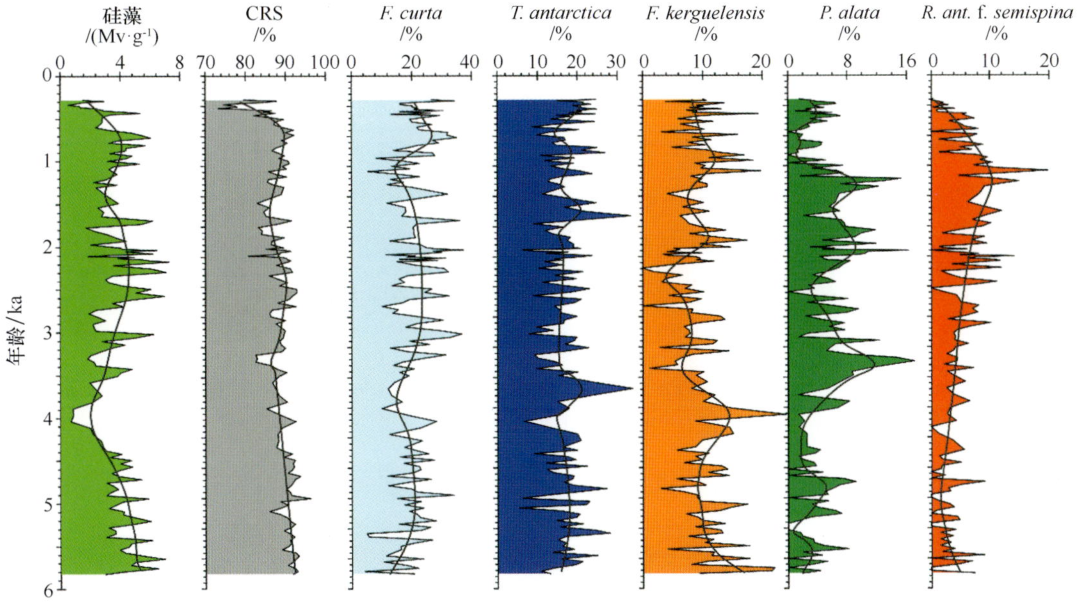

图5-101 布兰斯菲尔德海峡D1-7岩心中的硅藻丰度及主要硅藻属种相对含量的变化
其中CRS是其占硅藻总量的百分含量，其余属种为去除CRS后所占百分含量
图中实线为各数据变化趋势线

5.4.2.8 南极半岛地区过去6 000 a以来的环境与气候变化

1）陆源组分的变化及其古环境指示意义

布兰斯菲尔德海峡D1-7岩心中的粗颗粒组分（大于63 μm和大于150 μm）分析结果显示（图5.96和图5-103），在5.8~0.3 ka期间粗组分峰值显示有9次IRD事件（IRD 1~9），出现时间依次为：0.84 ka、0.97 ka、1.18 ka、1.89 ka、2.05 ka、2.25 ka、2.45 ka、4.46 ka和5.09 ka），除了IRD 8和IRD 9，其余7次IRD事件均集中在晚全新世，这表明晚全新世以来IRD输入增加。而粒度组分中的平均粒径、中值粒径及砂组分含量也在IRD事件处对应出现高峰，同时粉砂组分含量在4.0~0.3 ka期间明显增加，而黏土组分含量在此时间段逐渐减小。分选级粉砂（$\overline{SS}$）含量自4.0 ka以来显著增加，尤其是2.1 ka以来，这与粗组分变化一致，均表明晚全新世以来，冰川排泄增多，IRD输入增加。分选级粉砂平均粒径（$\overline{SS}$）值常用来指示古洋流流速的变化（McCave et al., 1995; McCave and Hall, 2006; Denis et al., 2009）。D1-7岩心中的分选级粉砂平均粒径在4.0 ka以前粒径较大，此后有两次不同幅度的粒径变小，幅度相对较大的是2.1 ka以来的粒径变小，这表明考察区域洋流流速在4.0 ka以来逐渐减弱，2.1 ka以来洋流流速明显减弱，这应与西风带从早全新世至中全新世向南移动1°左右，从而使得中全新世ACC的增强，而此后西风带向北移动，与晚全新世ACC在南边

缘的减弱有关（Lamy et al., 2010; Voigt et al., 2015）。D1-7岩心中的分选级粉砂相对含量与分选级粉砂平均粒径变化趋势相反，在4.0 ka以前基本稳定，而4.0 ka以来呈现增加的趋势，尤其是2.1 ka以来，这说明分选级粉砂不仅来源于洋流的输入，根据IRD 1~5均集中于2.1 ka以来，分选机粉砂还可能部分来源于陆源输入，其变化趋势更趋向于指示陆源输入的变化。

布兰斯菲尔德海峡D1-7岩心中的火山灰记录显示，5.8 ka以来该区域经历多次火山喷发事件，D1-7岩心记录的火山灰层有13层（火山灰层a~m，其出现的时间分别为0.33 ka、0.47 ka、0.54 ka、0.78 ka、0.93 ka、1.59 ka、2.12 ka、2.29 ka、2.82~2.94 ka、3.34 ka、3.96 ka、4.76 ka和5.57 ka）。布兰斯菲尔德海峡主要受西风带驱动的自西向东洋流影响，在流和风的搬运下，火山灰沉积多沉积于火山口附近及火山口下游/下风口。距D1-7岩心西侧不远的Palmer Deep的ODP 1098站位岩心磁化率在中全新世（5.8~3.4 ka期间）保持持续低值，沉积物中主要成分为硅藻软泥（Leventer et al., 1996; Pike et al., 2013），未发现火山灰层记录，而D1-7钻孔却发现多处火山灰层（火山灰层j、k、l和m），这说明D1-7岩心火山灰层源区处于两站位之间。该区域处于火山喷发中心，可能受多个火山喷发岛屿的影响（Smellie, 1999; Kraus and Kurbatov, 2010），但第四纪以来最活跃的火山喷发中心为Deception岛，Livingston岛多处湖泊记录及Bransfield海盆记录确认其火山灰层来源于该岛（Björck et al., 1991; Smellie., 1999; Toro et al., 2013），且较活跃的火山喷发中心Deception岛距离D1-7岩心较近，位于D1-7西侧。因此，D1-7岩心记录的火山灰层应多来源于Decption岛。但如需定量分析，需借助地球化学痕迹分析，调查各火山喷发中心的火山灰地球化学成分，并与该岩心火山灰成分进行对比。

布兰斯菲尔德海峡D1-7岩心中的黏土矿物组合结果显示，蒙脱石、伊利石和绿泥石为主要成分，含少量高岭石。蒙脱石平均含量高达64%，明显高于周边邻近海域，如南极半岛西部海域（Pudsey et al., 2000）、东南大西洋（Pike et al; 2013）、威德尔海以及Scotia海（Diekmann et al., 2000）。因此在运输距离短，分选作用不强的情况下，蒙脱石主要来源于周边大洋洋流输入的可能性较小。出露在大气中的火山物质的风化剥蚀和再改造易形成蒙脱石（Chamley, 1989），同时，海底火山活动基本上都是基性岩浆作用，其喷发出来的玄武岩和火山灰在海水的作用下，容易原地风化生成蒙脱石（Petschick et al., 1996; 刘志飞和李夏晶，2011）。全新世以来，布兰斯菲尔德海峡受多个火山喷发中心多次喷发事件的影响（Björck et al., 1991; Smellie, 1999），因此，该区域较高含量的蒙脱石主要来源于邻近区域多次火山喷发物质的原地化学风化。

高纬地区沉积物中的伊利石和绿泥石与变质的沉积岩和火成岩的化学风化作用关系密切（Chamley, 1989）。布兰斯菲尔德海峡地处高纬，气候寒冷，化学风化作用较弱，因此D1-7岩心中伊利石和绿泥石主要来源于火成岩及火山灰化学风化作用，含量高低受风化强度的影响。伊利石和绿泥石与蒙脱石较好的负相关关系也进一步揭示黏土矿物主要来源于邻近区域多次火山喷发，邻近区域南极半岛西部海域PC108和PC113站位岩心伊利石和绿泥石与蒙脱石亦具有较好的负相关关系（Pudsey, 2000）。

被称为“低纬度产物”的高岭石（Petschick et al., 1996）主要代表了较强的水解条件，常为温暖湿润气候条件的产物（Chamley., 1989），在南半球高纬度海区含量较低甚至为零（Petschick et al., 1996; Purdsey, 2000）。因此，D1-7岩心中高岭石较低的含量揭示了该海域寒冷的环境以及较弱的水解条件。布兰斯菲尔德海峡西部海域较低的高岭石含量以及威德尔海较高的高岭石含量表明，海峡内高岭石极有可能来源于威德尔海洋流的输送，威德尔海较高含量的高岭石主要来源于西南极 Ronne 和 Filchner 冰架以及 Berkner 岛，同时受 ACC/威德尔海涡流的影响，形成以威德尔海涡流为中心的高岭石高值区（Petschick et al., 1996；Diekmann et al., 2000；Purdsey, 2000）。

2）古生产力及其制约因素

布兰斯菲尔德海峡 D1-7 岩心中的蛋白石、TOC 及 TN 的变化趋势表明（图 5-102），在 5.8~0.3 ka 期间除了在火山灰层 a、h、i、j 和 k 受到火山灰稀释作用的影响导致生源组分含量降低外，在 5.8~4.0 ka 期间生源组分含量存在波动，在 4.0~0.3 ka 期间蛋白石含量呈现先缓慢增加后快速降低的趋势，TOC 和 TN 的变化趋势基本一致，亦呈现先缓慢增加后快速降低的趋势，与蛋白石含量变化不同的是，TOC 和 TN 仅在 0.5 ka 以来呈现下降趋势，而蛋白石早在 1.3 ka 即开始降低。通过对蛋白石主要来源的硅藻进行属种鉴定和统计分析发现，硅藻的绝对优势种 *Chaetoceros* Resting Spore（CRS）占硅藻含量的 88.4%，其含量变化在平均值范围波动，并未在 1.3 ka 开始呈现下降趋势，相反，仅在 0.5 ka 以来出现下降趋势。这说明该海域硅藻在蛋白石的贡献量小于对有机碳的贡献量，这与该海域主要以硅质壳较薄的 CRS 为主有关，而较为粗壮的硅藻种（如 *F. kerguelenses*）较为缺乏（Abelmann et al., 2006）。

C/N 比值变化范围为 5.0~8.2，平均值为 6.4，除去火山灰层 j 和 k 的影响，在 5.8~4.0 ka 期间保持较低值，4.0~0.3 ka 期间呈现逐渐增高趋势。藻类 C/N 比值通常在 4~10 之间，而陆地维管植物的 C/N 比值一般不小于 20（Meyers, 1994），若以此为依据，在 5.8~0.3 ka 期间该海域以海源输入为主。有机物 C/N 比值在沉降与埋藏过程中会偏离原始 C/N 比值，如沉降时，有机物的选择性优先降解类蛋白组分会使得 C/N 比值升高（Meyers, 1997）；再矿化时，有机物降解释放的氨易被沉积物所吸收，同时碳易被释放，这使沉积物中 C/N 比值降低（Müller, 1977）；沉积物颗粒大小所导致的沉积物水动力分选也会影响 C/N 比值，通常细颗粒组分包含了更多的黏土矿物，比表面积大，且表面带负电荷，可吸附氨，粗颗粒相比细组分包含更多的陆源碎屑，因此细颗粒 C/N 比值多比粗颗粒低（Thompson and Eglinton, 1978；Keil et al., 1994；Prahl et al., 1994）。图中 C/N 比值在 4 ka 以来逐渐升高的趋势与细颗粒黏土矿物的逐渐减少呈负相关关系，根据 C/N 比值受影响因素可推测，黏土矿物的减少可能造成了 C/N 比值的小幅度增加。但 C/N 比值总体仍小于 7，因此可推测考察区域有机碳来源主要为海源输入。

有机碳稳定同位素 $\delta^{13}C_{org}$ 变化趋势与生产力指标（蛋白石、TOC 和 TN）以及 C/N 比值等变化趋势明显不同，在 5.8~4.8 ka 期间 $\delta^{13}C_{org}$ 值显著变轻，变化振幅较大，至 5.0 ka 出现最轻值，此后快速变重，至 4.6 ka 达到较重值；在 4.6~1.2 ka 期间 $\delta^{13}C_{org}$ 值呈现逐渐变轻的趋势，至 1.2 ka 出现较轻值，此后快速变重，至 0.4 ka 再次变轻。如前文方法所述，取海源 $\delta^{13}C_{org}$ 值为 −21‰（Meyers, 1994），陆源有机碳的 $\delta^{13}C_{org}$ 值为 −27‰（Fontugne and Jouanneau, 1987），利用 $\delta^{13}C_{org}$ 端元法估算陆源/海源有机碳贡献量显示，TOC_{ter} 含量变化范围为 41.8%~88.6%，平均值为 60.8%，其变化趋势与 $\delta^{13}C_{org}$ 相反，TOC_{mar} 含量变化范围为 11.4%~58.2%，平均值为 39.2%，其变化趋势与 $\delta^{13}C_{org}$ 一致。TOC_{ter} 含量明显高于 TOC_{mar} 含量，表明该海域 TOC 以陆源输入为主，这与 C/N 比值指示海源输入为主相矛盾。考虑到有机碳稳定同

位素 $\delta^{13}C_{org}$ 在极冷水体中受 CO_2 更大溶解度的影响，藻类会产生更大的同位素分馏，在极地较冷水体中的海洋藻类所产生的有机质 $\delta^{13}C_{org}$ 具有-28‰的低值（Meyers，1997）。已有研究证明，在南极峰范围内现代表层沉积物中 $\delta^{13}C_{org}$ 季节性变化范围达到～1.5‰（-26.5‰～-25‰），极峰区到亚南极区现代表层沉积物中 $\delta^{13}C_{org}$ 变化范围达到-26.5‰～-23‰（Lourey et al.，2004）。因此，不能利用 $\delta^{13}C_{org}$ 变化判别该海域陆源和海源有机碳的输入比例，而该海域 $\delta^{13}C_{org}$ 变化影响因素复杂，需搜集更多的现代证据来判别其影响因素。

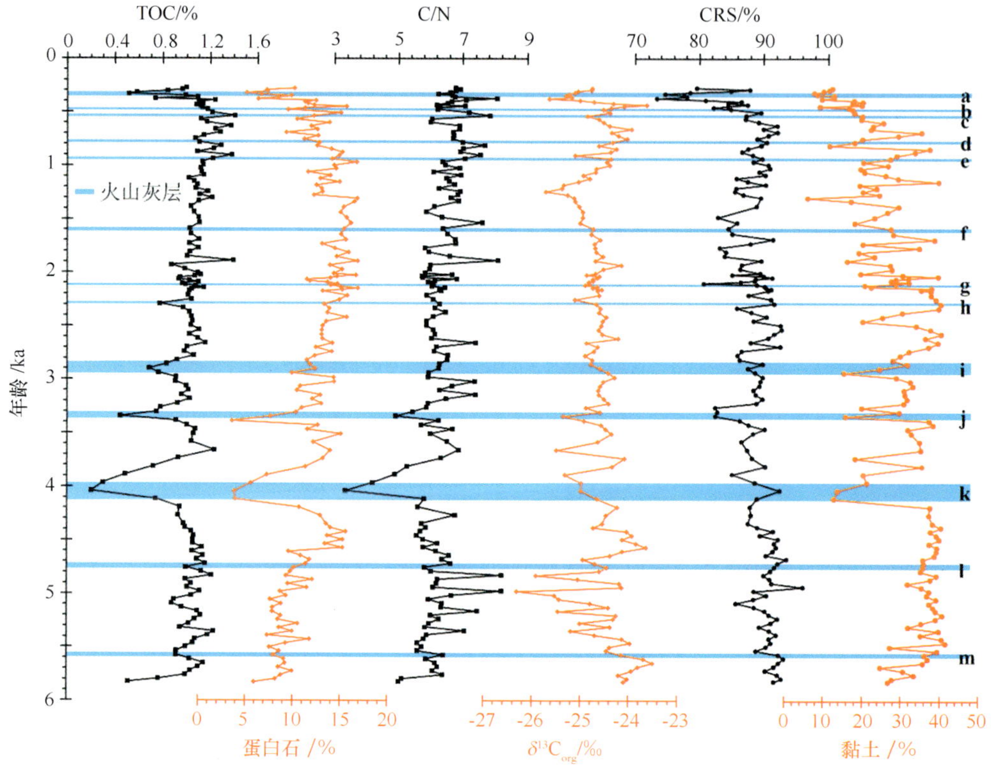

图 5-102 布兰斯菲尔德海峡 D1-7 岩心的生源组分 TOC、蛋白石、C/N 比值、$\delta^{13}C_{org}$ 与硅藻 CRS 及黏土组分的对比

布兰斯菲尔德海峡 D1-7 岩心中的有孔虫壳体丰度统计结果表明（图 5-103），有孔虫丰度整体偏低，仅在 1.3 ka 和 0.9 ka 存在显著高值。该海域有孔虫含量以底栖有孔虫砂质壳为主，占有孔虫含量的 86.4%，而底栖有孔虫砂质壳中的 *Miliammina arenarea* 单一属种又占有孔虫壳体百分含量的 85.7%，这说明该海域有孔虫属种相对单一，这与该海域寒冷多冰的环境有关（Ó Cofaigh et al.，2014；Weber et al.，2014）。浮游有孔虫丰度极低（图 5-103），平均值仅 0.3 枚/g，仅在 4.6 ka、2.7 ka、1.7 ka、1.3 ka 和 0.9 ka 出现较高值，除去 2.7 ka 较高峰外，其余几次高峰依次延后于 IRD 8（4.46）、4（1.89）、3（1.18）和 1（0.84），其中浮游有孔虫丰度 4.5 ka 的高峰值，还对应于同一时期 Palmer Deep 的 JPC-10 岩心中的 D/T 的较高值（Etourneau et al.，2013）及 ODP 1098 站位 TEX_{86} 记录的 4.5 ka 暖事件（Shevenell et al.，2011）。这些记录均显示该时间段海冰排泄增加，表层海水温度小幅度升高。从而推测可能是温度短时间的增高，引发西风带南移，环南极流向南增强，UCDW 上涌增加，导致水体垂直通风量增强，底层 CO_2 得到释放。因此，在这一增暖事件之后，UCDW 上涌，CO_2 得到

释放，继后钙质壳体得到保存。除此之外，其他浮游有孔虫的保存滞后于 IRD 输入，在 IRD 输入增高时，冰川排泄增加造成表层水低温低盐，水体层化增强，从而导致水体垂直通风作用减弱，表层向底层水输入氧含量降低，从而形成底层水相对低氧的环境，在这相对低氧的环境条件下，有机物降解效率降低，有机物降解产生的有机酸及二氧化碳排泄降低，使得浮游有孔虫壳体得以保存下来。尚未发现浮游有孔虫 2.7 ka 的高值与其他记录的关系，原因还无法解释。底栖有孔虫钙质壳丰度亦较低，平均值只有 2.4 枚/g，仅在 3.3 ka、1.3 ka 和 0.9 ka 出现较高值，后两个高值机制与浮游有孔虫一致；在 3.3 ka 的钙质壳较高值对应硅藻混合层深度相关中 *P. alata* 含量高峰，亦指示混合层深度增加使得钙质壳保存率增加。

晚全新世以来底栖有孔虫（*B. aculeata*）$\delta^{18}O$ 值出现两次明显的变轻（图 5-103），其机制基本相同。在 2.4 ka 的 $\delta^{18}O$ 值的变轻与 Palmer Deep 的 ODP1098 岩心和 JPC-10 岩心中 TEX_{86}反演的 SST 降低记录相对应（Shevenell et al., 2011；Etourneau et al., 2013），同时也对应于 James Ross 岛冰心中的降温记录（Mulvaney et al., 2012）。由此推测，$\delta^{18}O$ 值的变轻可能是由于气候变冷，夏季温度降低，导致季节性海冰持续扩张，从而使得海水盐分析出形成轻卤水下沉所致。最近 1.0 ka 以来，$\delta^{18}O$ 值亦存在变轻趋势，同时 Palmer Deep 的 JPC-10 岩心由 TEX_{86}反演的 SST 却达到最高值（Etourneau et al., 2013），但 James Ross 岛冰心中的温度记录是明显降低（Mulvaney et al., 2012），前者温度升高与 60°S 夏季太阳辐射量达到最大值相一致，而后者温度降低与 60°S 年平均太阳辐射量和春季太阳辐射量降低相一致，这使得季节性海冰扩张时间增长，消退延迟。快速的春-夏季太阳辐射量变化又使得季节性海冰在夏季快速排泄消融，对应于 IRD 2，反映了海冰排泄的增高，融冰水导致 $\delta^{18}O$ 值的变轻，而 JPC-10 岩心中代表海冰/开阔水体指标 D/T 也在 1.0 ka 显著增高（Etourneau et al., 2013）。由于底栖有孔虫（*B. aculeata*）壳体并不充裕，仅有 58 个 $\delta^{18}O$ 数据，大部分层位缺失，因此该种 $\delta^{18}O$ 值的变化并不能全面和详细地阐明 5.8 ka 以来的海洋和气候演化，在后期工作中将进一步搜集该种 $\delta^{18}O$ 的资料，为该种 $\delta^{18}O$ 的海洋与气候变化解释提供资料。

考虑到有孔虫钙质壳体在该区域的溶解作用问题，除去钙质壳，底栖有孔虫胶结质壳即砂质壳常用于反映底层环境，如水流等的变化。如布兰斯菲尔德海峡 JPC-10 岩心中底栖有孔虫属种记录显示，该地区海底水动力条件的强弱是影响有孔虫保存的一个重要因素（陈超云，1996），同时 Osterman 等（2001）利用 ODP 1098 站位底栖砂质壳丰度变化来指示底流的强弱。布兰斯菲尔德海峡 D1-7 岩心中的有孔虫壳体丰度统计结果显示（图 5-103），底栖有孔虫砂质壳丰度在 5.8~4.8 ka 呈现小幅度下降趋势，平均值 14.5 枚/g，在 4.8~2.1 ka 期间基本稳定，平均值 11.9 枚/g，而 2.1 ka 以来底栖砂质壳丰度平均值明显升高，达到 18.9 枚/g，并呈现出先增加后降低的趋势，这与 ODP1098 站位中晚全新世稳定的底栖砂质壳丰度所指示的底层流无显著变化（Osterman et al., 2001）存在差异。D1-7 岩心中底栖砂质壳丰度的变化指示了考察区域 2.1 ka 以来底层流减弱的趋势，这与分选级粉砂平均粒径（$\overline{SS}$）记录所指示的 2.1 ka 以来底层流减弱相一致，这表明底层流的减弱确是利于有孔虫的埋藏和保存（图 5-104）。除此之外，2.1 ka 以来底栖砂质壳丰度、底栖有孔虫丰度及有孔虫丰度也显示了先增加后降低的趋势，它们在 1.3 ka 和 0.9 ka 的高峰可能与南半球夏季太阳辐射量的增加有关，因为南半球夏季太阳辐射量自 5.8 ka 以来呈现先增加后降低的趋势，并在 1.4~0.9 ka 期间太阳辐射量达到最大值，这说明夏季太阳辐射量的增加导致夏季温度升高，有利于有孔

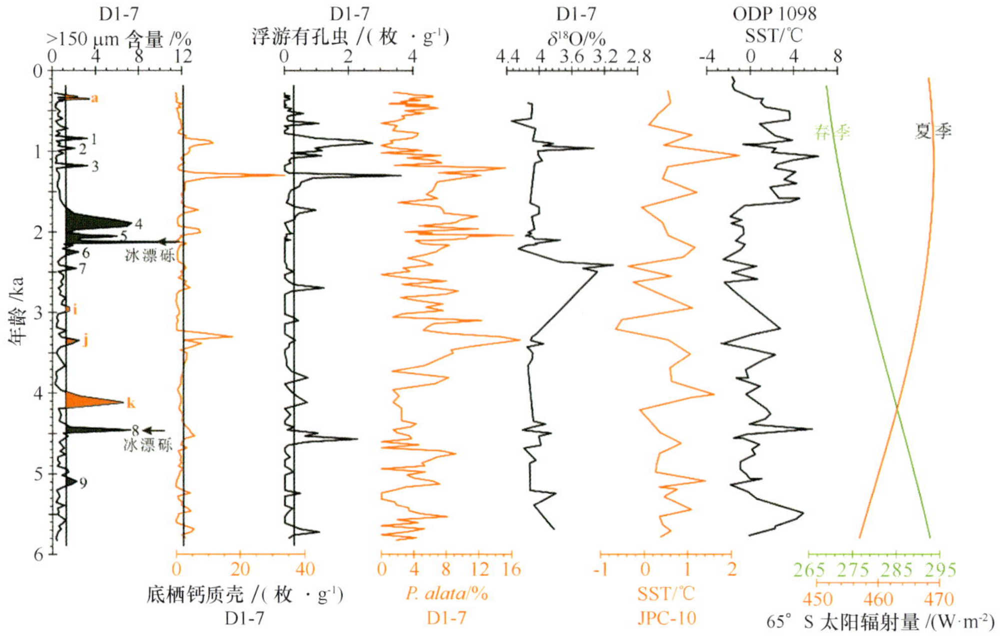

图 5-103 布兰斯菲尔德海峡 D1-7 岩心粗组分（大于 150 μm）含量、底栖钙质壳丰度、浮游有孔虫丰度、硅藻 *P. alata* 含量及底栖有孔虫（*B. aculeata*）氧同位素与 JPC-10（Etourneau et al., 2013）、ODP 1098（Shevenell et al., 2011；Pike et al., 2013）岩心 SST 记录及太阳辐射量等相关记录的对比

图中黑色填充和黑色数字代表 IRD，红色填充和红色字母为火山灰层。

虫的生长，也有利于有孔虫壳体的埋藏和保存。

3）冰筏碎屑事件及其对 ENSO 的响应

在 5.8~3.5 ka 期间，粗颗粒组分整体较为稳定，仅出现 3 个高峰，依次指示两次 IRD 事件（IRD 9 和 IRD 8）和火山灰层 k（图 5-105）。IRD 9（5.1 ka）处粗颗粒组分峰值较低，指示此次 IRD 事件相对较弱，IRD 8（4.5 ka）主要来源于一个直径 2 cm 冰漂砾的贡献。除此之外，粗颗粒组分含量没有明显变化，这表明陆源物质输入较少，冰架较为稳定。相比邻近海域 Palmer Deep 的 ODP1098 站位磁化率在该阶段表现为持续低值（Domack et al., 2001），同样表明陆源输入较低；该站位硅藻 $\delta^{18}O$ 值呈现百年尺度的波动，但总体稳定，反映周期性的稳定的冰川排泄（Pike et al., 2013）。该时间段 ODP1098 站位沉积物中主要成分为硅藻软泥（Pike et al., 2013；Leventer et al., 2002），陆源物质的输入较少，这与该阶段 D1-7 岩心粗颗粒组分含量较低的记录一致。总体来说，这个阶段南极半岛海域冰筏较少，反映了冰架的稳定。

垂直线代表粗颗粒组分（大于 150 μm）平均含量，字母代表火山灰层，数字 1~9 代表 IRD 1~9。垂直虚线代表 James Ross 岛冰心站位 1961—1990 年间的平均温度。

在 3.5~0.3 ka 期间，粗颗粒组分出现多个峰值，其中 3 个峰值发生于较大火山灰层 a、i 和 j 时间段；除此之外，粗颗粒组分的高峰指示 7 次 IRD 事件（IRD 1~7），均发生于 2.5 ka 以来，说明粗颗粒组分在此时间段主要表现为冰筏碎屑，且在 2.5 ka 以来，冰筏碎屑输入显著增加，冰川的不稳定性增加。该阶段 D1-7 岩心粗颗粒组分含量的增加与邻近海域 Palmer Deep 的 ODP1098 站位磁化率信号的显著增强都反映了陆源物质输入增加（Domack et al.,

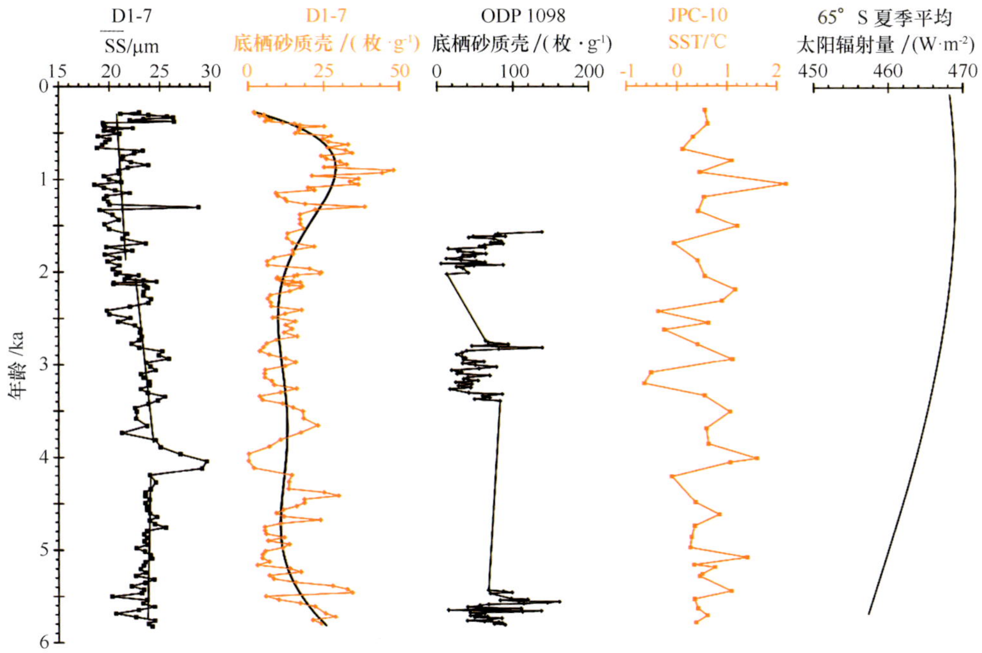

图 5-104 布兰斯菲尔德海峡 D1-7 岩心中的分选级粉砂平均粒径（$\overline{SS}$）、底栖砂质壳丰度与邻近 ODP 1098 岩心砂质壳丰度（Osterman et al., 2001）、JPC-10 岩心 SST（Etourneau et al., 2013）以及 60°S 夏季太阳辐射量记录对比

图中实线为相应数据变化趋势

2001），以及硅藻 $\delta^{18}O$ 值变轻反映的表层海水变淡一致，均指示晚全新世以来冰川融化速度加快。这些记录说明晚全新世南极半岛海域冰筏碎屑输入显著增加，冰架处于不稳定期。

D1-7 岩心中的粗颗粒组分含量变化与来自秘鲁沿岸的 El Junco 湖的湖泊沉积物的砂组分含量变化基本一致（图 5-105），尤其是晚全新世以来 D1-7 岩心中 IRD 含量的频繁波动很好地对应了 El Junco 湖泊沉积物中砂组分含量的显著增高。这说明南极半岛海域的冰川稳定性与南美气候有潜在的联系。El Junco 湖泊的砂组分含量变化反映了 ENSO 活动的强弱及湖区降水量的变化：在 ENSO 活动增强时，ENSO 活动带来的水汽增多，降水增多，导致湖泊沉积中砂组分的含量增加；反之，ENSO 活动减弱时，降水减少，导致湖泊沉积物颗粒变细。因此，El Junco 湖泊沉积物中砂组分含量的变化显示，ENSO 活动在 3.5 ka 以来显著增强，尤其是 2.5 ka 以来，其中在 2.5～1.5 ka 期间 ENSO 活动最强，对应于 D1-7 岩心中较为显著的 IRD 4～7；在 1.2～0.7 ka 期间 ENSO 活动再次增强，对应于 D1-7 岩心中的 IRD 1～3。ENSO 活动的强弱记录与 D1-7 岩心中粗颗粒组分记录形成很好的遥相关关系。晚全新世以来 ENSO 活动显著增强，向南极半岛输送的水汽增多，进而使得南极半岛冰川不稳定性增强，从而导致该区域 IRD 输入增加。

4）海冰和底流对气候变化的响应

在 5.8～3.5 ka 期间，D1-7 岩心中分选级粉砂平均粒径相对较粗，没有明显的变化，仅在最大火山灰层 k 处出现高峰，这表明南极半岛海域底流较强且稳定。该阶段硅藻海冰种 *F. curta* gr 含量较低，整体稳定，表明该阶段海冰浓度较低，且相对稳定。这与来源于 James Ross 岛的冰心记录显示的该时期大气温度较温暖相一致（图 5-105），同时也对应于 ODP

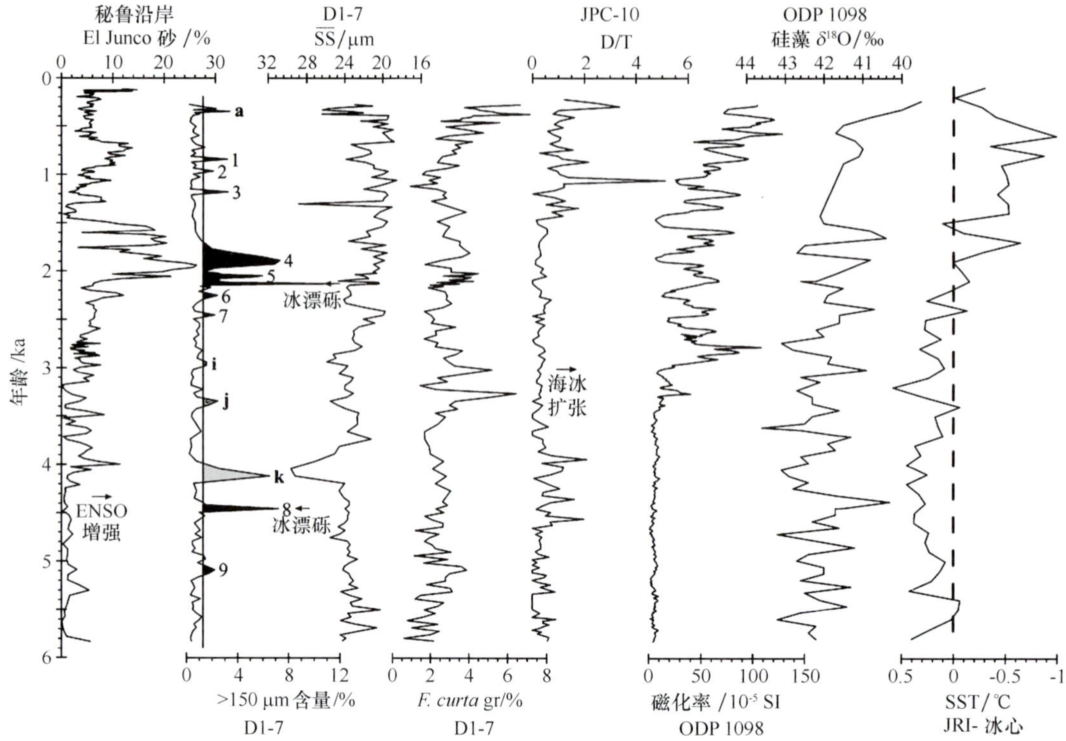

图 5-105　南极半岛 BransfieldD1-7 岩心粗颗粒组分（大于 150 μm）、分选级粉砂平均粒径（$\overline{SS}$）和海冰指示种 *F. curta* gr. 与 JPC-10 岩心[15]、ODP 1098 站位（Pike et al., 2013; Domack et al., 2001）及 James Ross 岛冰心（Mulvaney et al., 2013）的不同指标，以及 ENSO（Conroy et al., 2008）指标的对比

1098 站位较低的磁化率和高硅藻含量所反映的相对温暖的环境。这些记录显示了该阶段南极半岛海域较温暖的气候，海冰浓度较低，底流流速较快。

在 3.5~0.3 ka 期间，D1-7 岩心中分选级粉砂平均粒径除受较大火山灰层 a（0.3 ka）的影响外，整体呈现下降的趋势，这表明该阶段南极半岛海域底流流速减弱。与此同时，该阶段 D1-7 岩心中硅藻海冰指示种 *F. curta* gr. 含量在 3.5 ka 以来显著增加，指示海冰浓度增高，海冰扩张，与此相对应的是 James Ross 岛冰心记录的大气温度降低（Mulvaney et al., 2012）。而且邻近海域 Palmer Deep 的 JPC-10 岩心中硅藻海冰种在晚全新世也显著增加，生物标记物的海冰指标（D/T 指标）升高，都同时指示了海冰的增加（Etourneau et al., 2013）。这些记录表明，该阶段南极半岛海域海冰浓度增加，底流流速减弱。

综合以上分析，D1-7 岩心中的分选级粉砂平均粒径所指示的底流流速和硅藻海冰种 *F. curta* gr 含量变化所指示的海冰情况都反映了南极半岛海域晚全新世以来的变冷过程。在这个过程中，海冰扩张，导致南大洋高纬海域温度梯度变小，使得西风带北移（Voigt et al., 2015; Lamy et al., 2010），造成西风带对洋流的驱动力减弱，进而使得底流流速变慢。

5.4.3　第四纪沉积特征

通过第 28 次和第 30 次南极考察，在南极半岛东北部海域特别是鲍威尔海盆等地获取了多个重力柱状岩心（图 5-92）。但是这些岩心普遍缺失有孔虫，且沉积速率偏低，加之受到第四纪冰期-间冰期旋回中冰川、底流或重力作用的反复改造，年代地层框架的建立十分困难。典型岩心的地层学特征总结如下。

5.4.3.1 鲍威尔海盆中北部 D3-04 岩心地层特征

ANT30-D3-04 岩心采集于南极半岛东北部的鲍威尔海盆区（图 5-92）。该岩心位于 61°35′S，50°31′W，站位水深 3 060 m，岩心长度 508 cm。取样站位沉积环境相对稳定，沉积速率较低，为重建高分辨率的古气候变化历史，对样品进行 2 cm 分样，共分子样 253 个。开展了微体古生物种属鉴定、放射性 ^{14}C 测年（有孔虫）、粒度分析、有机碳氮及其同位素分析、黏土矿物分析、地球化学分析（ICP-AES）、环境磁学等分析测试。ANT30-D3-4 岩心较好地反映了第四纪冰期/间冰期的沉积旋回特征。

1）岩性地层

ANT30-D3-4 岩心总体上成分、结构较均一，沉积物颜色相对较稳定，以黏土和粉砂质黏土为主。岩性特征分层描述如下。

（1）0~11 cm：5YR 4/2，粉砂质黏土；11~32 cm：灰色 5YR 3/2，粉砂质黏土；32~41 cm：5YR 5/1，粉砂质黏土；41~46 cm：有生物扰动，5YR 4/2 与 5YR 5/3，黏土；46~76 cm：5YR 5/1，粉砂质黏土；76~81 cm：5YR 5/1 砂质黏土（可能存在砾石或属于冰筏碎屑层）；81~123 cm：5YR 6/1 含黏土粉砂；116 cm 含砾石（直径约为 0.5 cm）；117 cm 含砾石（直径约为 0.5 cm）。

（2）123~223 cm：5YR 6/1 含黏土粉砂，其中 180~182 cm 处有生物扰动，5Y 5/2。

（3）223~257 cm：黄灰色黏土，以黏土为主。

（4）257~283 cm：灰色或浅灰色黏土，以黏土为主。

（5）283~296 cm：褐灰色粉砂质黏土，颜色不均一，以灰色调为主，含褐色斑块，以黏土为主，粉砂次之。

（6）296~323 cm：黄灰色粉砂质黏土，颜色成分较均一，以黏土为主，粉砂次之。

（7）323~358 cm：黄灰色粉砂质黏土。上部 323~350 cm 为黄灰色或褐灰色粉砂质黏土，含少量砂、砾质组分，下部 350~358 cm 呈浅灰色，与下层呈渐变。

（8）358~423 cm：上层呈渐变，358~365 cm 为灰色黏土，365~368 cm 略呈褐色调，368~386 cm 呈深灰色，以黏土为主，379~381 cm 有砾石，次棱角状，直径约 2.5 cm，下部 381~423 cm，颜色较浅，406~407 cm 含次棱角状砾石，直径约为 1.5 cm。

（9）423~434 cm：深灰色黏土，颜色成分较均一，基本由黏土组成，含少量粉砂。

（10）434~493 cm：灰色黏土，灰色或浅黄色黏土，颜色较上层浅，基本由黏土组成。

（11）493~508 cm：黄灰色含粉砂或粉砂质黏土，颜色不均一，以灰色调为主，含黄灰色斑块，粒度组成以黏土为主含较多的粉砂（15%~30%）。

2）颜色反射率特征

ANT30-D3-4 岩心颜色反射率变化相对较小，亮度呈现由下部向上可分为 3 部分，在 280~508 cm，亮度由下向上逐渐减小，在 170~280 cm 之间亮度增加，在 170 cm 以上，亮度又逐渐减小（图 5-106）。这种变化很大程度上与碳酸钙含量有正相关关系，体现出碳酸钙变化的旋回特征。

3）物理特征

应用英国产岩心物理参数扫描仪（Multi-Sensor Core Logger）对 ANT28-D3-5 岩心进行物

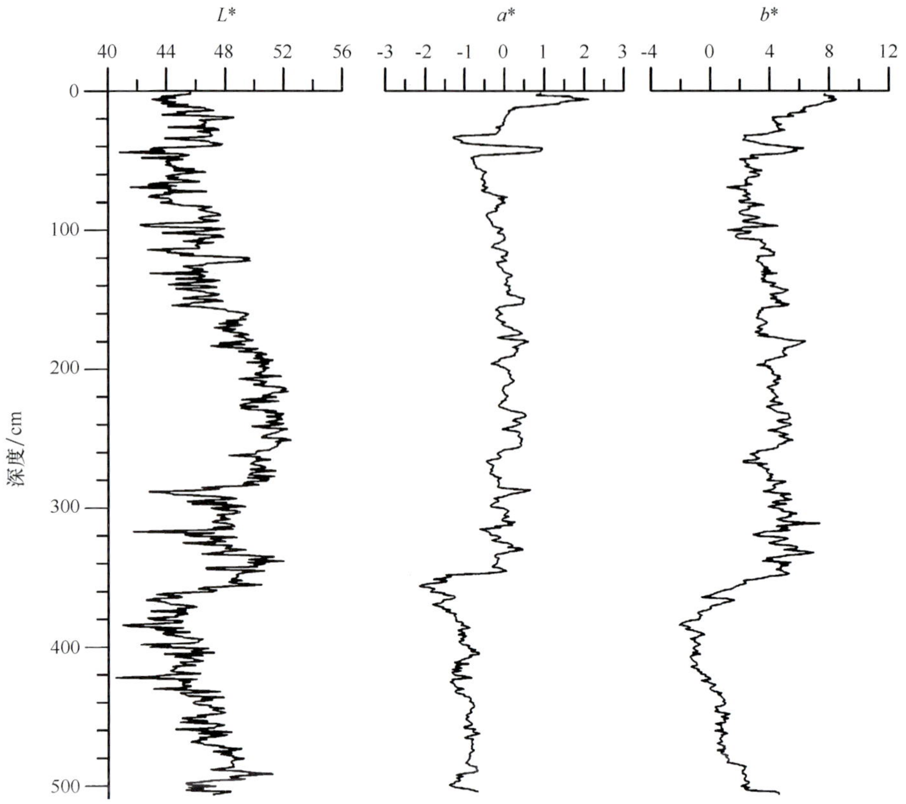

图 5-106　ANT30-D3-4 岩心颜色反照率

理参数扫描，扫描步长为 2 mm，得到岩心沉积物 P 波速率（P-wave velocity）、湿密度（Gamma density）、相对孔隙率（Fractional porosity）、磁化率（Magnetic susceptibility）、声学阻抗（IMP）、电阻率（Electronic resistivity）等高分辨率物理参数变化曲线见图 5-107。

ANT30-D3-4 岩心磁化率变化范围为 8.41~465.81 SI，平均磁化率值为 51.13 SI。从磁化率与深度变化关系图上可见，磁化率变化大致可以分为 4 个旋回阶段，磁化率高低与陆源物质的输入有很大关系，在磁化率高值期很大程度上与冰期陆源物质进入海盆有很大关系，低值期则意味着在间冰期与远洋—半远洋的生物沉积有关。同时，由于站位附近火山活动比较频繁，一定量的火山灰在洋流系统的循环下也对磁化率造成一定影响。

岩心沉积物湿密度的变化范围为 0.13~2.31 g/mL，平均为 1.81 g/mL（图 5-107）。

岩心沉积物相对孔隙率的变化范围为 0.26~1.52，平均值为 0.55。相对孔隙率随深度的变化与密度变化正好相反，即粗碎屑沉积物相对孔隙率较低，而细粒黏土沉积物相对孔隙率较高。

岩心的湿密度与相对孔隙率呈镜像关系，两者的值均与沉积物的颗粒大小和压实程度有很大关系。自下而上的变化过程中，沉积物的相对孔隙率逐渐增大，压实程度相对较弱。

岩心沉积物声学阻抗（IMP）变化范围为 13.09~2576.77，平均声学阻抗值为 197.86。岩心沉积物声学阻抗的变化与密度变化大致相同，粗碎屑沉积物声学阻抗较高，而细粒黏土沉积物声学阻抗较低。

岩心沉积物电阻率（RES）变化范围为 0.48~7.77 hm · m，平均值为 0.81 hm · m。

岩心沉积物 P 波速率的变化范围为 104.44~1 394.66 m/s，平均值为 109.37 m/s。

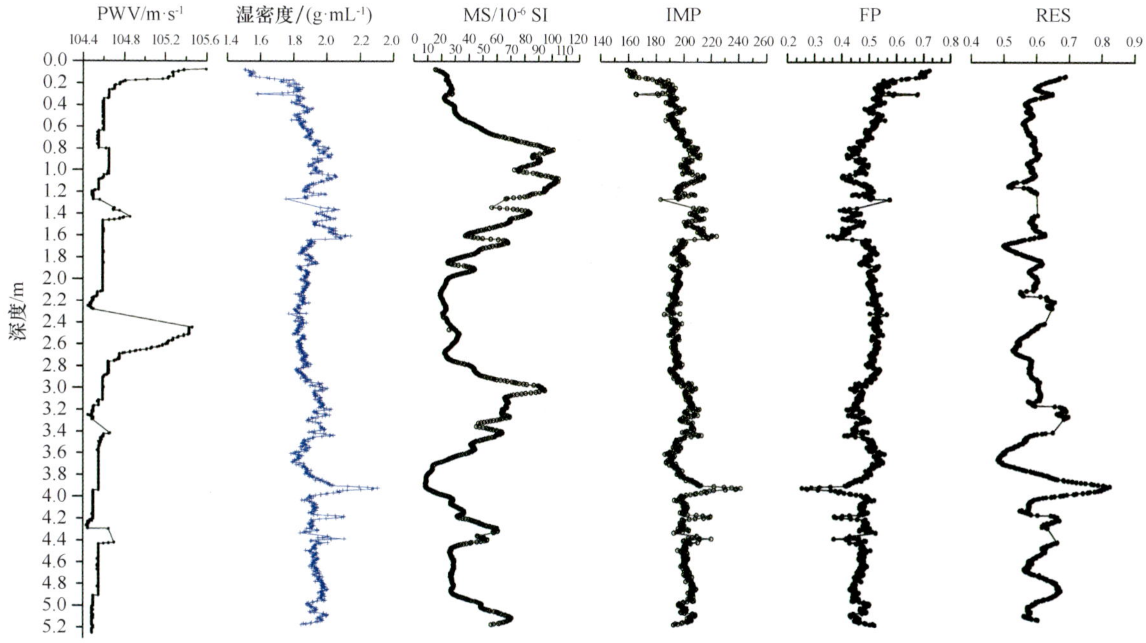

图 5-107 D3-04 岩心物理参数扫描曲线

PWV：P 波速率（P wave velocity，m/s），FP：相对孔隙率（Fractional porosity），MS：磁化率（Magnetic susceptibility），JMP：声学阻抗，RES：电阻率

4）粒度特征

ANT30-D3-4 岩心以黏土质粉砂为主，样品中粉砂含量最高，平均含量约为 56%，在整个柱样中其含量基本稳定；其次为黏土，含量一般在 20%~30%；砂含量最低，一般小于 20%。总体上，柱样中黏土和砂的含量呈负相关（图 5-108）。

根据岩心中粉砂、黏土和砂等 3 种粒级的含量和分布，由上到下整个岩心可以分为 7 段。① 0~26 cm，该段样品主要为砂质粉砂，其中黏土含量略小于 20%，粉砂含量相对较高，变化不大，砂含量略大于 20%。② 26~68 cm，该段样品主要为黏土质粉砂，样品中黏土含量相对较高，在 20%~30%，砂含量相对较低，一般在 10%左右。③ 68~154 cm，该段样品主要为砂质粉砂，间或出现砂-粉砂-黏土层，整体看粉砂含量相对较高，砂含量次之，黏土较低，都在 15%~20%变动，差值不大。④ 154~280 cm，该段样品为黏土质粉砂，黏土含量接近 30%，砂含量在 10%左右。⑤ 280~332 cm，该段样品为砂质粉砂，砂含量在 20%以上，略高于黏土的含量。⑥ 332~494 cm，样品主要为以粉砂为主的黏土质粉砂，样品中黏土含量较高，约为 30%，砂含量较低，约为 10%。在 380 cm、426 cm、480 cm 处为突变点，砂含量增高，粗组分增多，极大可能与冰川倾泻排放有关。⑦ 494~508 cm，样品为砂质粉砂，黏土含量约为 30%，砂含量在 10%. 整个柱状样呈现有韵律的粗—细—粗—细—粗—细—粗的变化现象。

样品的岩性相对应，样品各粒度参数也呈现出相应的变化。样品平均粒径在 4Φ~8Φ，大部分在 6Φ~7Φ。从上到下，样品平均粒径的变化趋势与黏土含量类似，样品的平均粒径随着黏土含量的增加而增加，随着黏土含量的降低而降低。整体上与黏土含量变化趋势保持一致。

样品的分选系数在 2 左右，分选为中等到差，总体上呈现从上向下分选系数逐渐降低的趋势。在黏土和砂含量急剧变化层位，样品的分选系数变化相对较大。

样品的偏态和峰态变化趋势相类似，从上到下，两参数的变化范围均相对较小。偏态在 -0.2~0.2，显示样品中的粒度基本呈正态分布；在粗组分含量高时，偏态值也相应增大；峰态在 1 左右，显示出样品粒度分布峰值相对较扁平。

各种参数的垂向特征显示在 100~150 cm 粗组分含量最高，其次为 300~350 cm，在底部 500 cm 处粗组分最低。

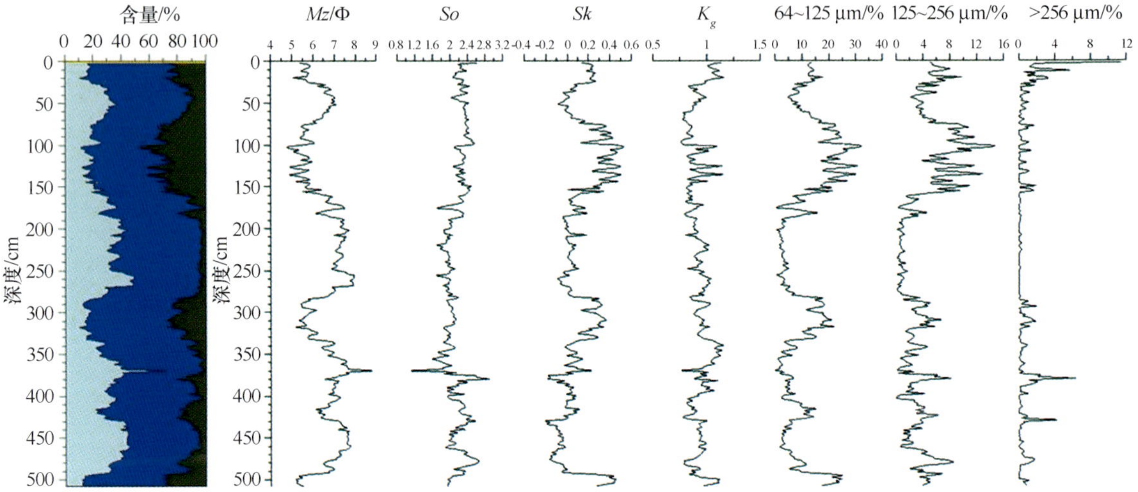

图 5-108　ANT30-D3-4 岩心岩性及粒度特征

沉积物的岩性及粒度特征是沉积区物质来源以及海洋沉积环境的综合反映。ANT30-D3-4 岩心岩性及粒度参数的周期性变化显示出冰期/间冰期旋回特征，大体反映了南极半岛附近海域的气候变化特征。

5）有机碳、氮及其同位素分布特征

ANT30-D3-4 岩心中 TOC 的变化范围在 0.07%~0.66%，平均值为 0.28%。TOC 含量整个沉积柱剖面表现为随着深度增加而逐渐减小，只是在沉积柱的底部有出现增加的趋势。垂直剖面上整根沉积柱可以分成明显的 3 部分。在 0~72 cm 沉积柱的上部 TOC 含量较高，其平均值达到 0.37%，垂直剖面上随深度增加表现为减小的趋势；72~352 cm 以下沉积物中 TOC 含量明显较小，垂直剖面上随深度增加表现为减小的趋势，平均含量为 0.23%；352~508 m 沉积物中 TOC 含量升高，平均含量为 0.34%，在深度上表现为随深度增加，TOC 含量减小。岩心 0~352 cm 段 TOC 含量的垂直变化趋势表明，该地区有机质的输入相对均一，其随深度增加而减小主要是因为有机质埋藏后的早期矿化作用所致。370~420 cm 段 TOC 含量较高，预示着沉积环境发生改变，极大可能是由于输入物质增加表现出快速埋藏的过程，这还需要通过其他指标来论证。

ANT30-D3-4 岩心中 TON 含量的变化范围在 0.02%~0.07%，平均值为 0.04%。TON 含量在 ANT30-D3-4 柱状沉积物垂直剖面上的变化趋势与 TOC 含量变化趋势一致，都能分为明显的 3 段，在 0~72 cm，TON 含量较高，在 72~353 cm，TON 含量降低，在 352 cm 以下，TON 陡增后又趋于降低的趋势。除 370~420 cm 之间 TON 含量较高外，整体上看沉积物样品

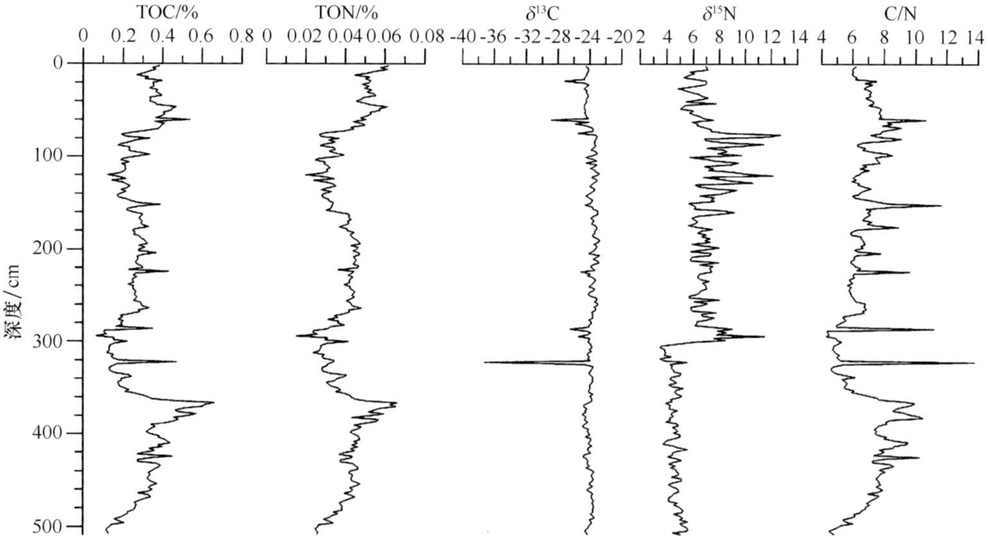

图5-109 ANT30-D3-4岩心有机碳、氮及其同位素和比值分布

在垂直剖面上其值波动范围较小，表明沉积物中TON在整个时期内输入较为稳定。

C/N比值已被广泛用于区分沉积有机质的来源是海洋藻类还是来源于陆地植物。这个示踪的应用是建立在不同的有机质类型有不同的C/N比值基础上，C/N比值是蛋白质含量的指示剂。蛋白质是生物体中最重要的含氮成分，蛋白质与碳水化合物和脂肪一起构成了生物体中有机质最主要的部分。动物一般比植物含有更多的蛋白质，海洋藻类比陆地高等植物多。Bordovsk认为C/N比值小于8是典型的海洋物质；Prahl等给出了比值大于12，代表沉积物陆源有机质的值。

ANT30-D3-4岩心的C/N比值范围4.35~13.80，其平均值为6.9。ANT30-D3-4柱状沉积物C/N比值在垂直剖面上随深度增加，变化趋势较为复杂。具体变化趋势如下：0~380 cm间隔内，C/N比值基本小于8，在60 cm、80 cm、152 cm、286 cm、320 cm处，C/N比值有峰值，大于10，其中在320 cm处接近14，很可能预示着此时陆源有机质的大量输入（图5-109）；在380 cm以下，C/N比值增大，随深度增加而减小，比值由9减至5左右。

有机碳的同位素比经常被用来确定沉积物有机质的形成过程、来源（陆源还是海洋来源）和组成。有机碳同位素组成主要反映了在光合作用中碳同化作用的动力学过程以及碳源的同位素碳组成。大多数光合作用植物用C3（Calvin）循环合成碳，Emerson和Hedges给出了典型的陆源C3植物的有机质的碳同位素值，为-26‰~-28‰；有些植物用C4（Hatch-Slack）循环合成碳，其产生的碳同位素平均值为-14‰。Fontugne和Jouanneau给出了典型的海洋有机质的碳同位素值，为-19‰~-22‰，$\delta^{13}C$值在此范围之间的有机质被认为是陆源和海洋有机质的混合造成的。

ANT30-D3-4柱状沉积物中有机碳的$\delta^{13}C_{TOC}$值变化范围为-37.18‰~-22.70‰，其平均值为-23.96‰。$\delta^{13}C_{TOC}$值在整个沉积柱垂直剖面上基本都在-24‰附近变化，在60 cm和322 cm处出现低值，分别为-28.87‰和-37.18‰。这与相对应深度的C/N比值的峰值吻合，能够反映出陆源物质的输入。

氮同位素组成也已被成功用来指示水生系统有机质来源。区分有机质来源的基础是水生和陆生有机质来源中的氮同位素组成不同。典型的海洋浮游生物的 $\delta^{15}N$ 值，范围为 4‰~10‰，平均为 6‰；陆源有机质的 $\delta^{15}N$ 值的范围为-10‰~10‰，平均为 2‰，土壤有机氮硝酸盐的 $\delta^{15}N$ 值在 3‰~8‰变化。

ANT30-D3-4 柱状沉积物中有机氮的 $\delta^{15}N$ 值变化范围为 3.52‰~12.75‰，其平均值为 6.12‰。有机氮同位素在垂直剖面上以 310 cm 处为界限，上部变化幅度大，下部变化幅度小，上部的平均值大于下部的平均值。很可能预示着此时沉积物的主要来源发生了变化。总体上看，样品中 $\delta^{15}N$ 值的变化范围和平均值表明沉积物中有机质主要为海相来源。

ANT30-D3-4 柱状沉积物中的碳、氮同位素的垂直变化特征对陆源/海源的示踪反映表现出一致性。沉积过程极具规律性，能够与粒度变化和物理参数变化互相印证，对于气候的响应过程产生了积极的效应。

6）元素地球化学分布特征

整体上看，Al、Si、P、Fe、K 元素的沿垂直方向的变化趋势表现出一致性：大体可分为 4 部分：0~130 cm 含量较低，在 130~230 cm 含量变高，在 230~320 cm 含量变低，在 320~508 cm 含量变高，S、Ca 元素的含量与 Al 等元素变化呈负相关关系，当 Al 元素为等高值区时，S 元素等表现为低值区，反之亦然。Cr、Nb、Mo、Pb、B 元素在垂直方向上的变化较为均匀，没有明显的规律性，其余元素的变化（Ti、Mn、Rh、Cu、Zn、Ga、Br、Rb、Sr、V）在 130 cm 处都表现出了极低值，在整个柱状样品的沉积过程中，并没有表现出明显的规律性（图 5-110）。

冰期事件：大的 IRD（冰筏碎屑）出现的层位见图 5-111。

这 5 次坠石事件极大可能预示着该区发生过 5 次较大的冰川消长事件。对于反演该地区气候演化历史有着重要的作用。

5.4.3.2 鲍威尔海盆中部 D3-05 岩心地层特征

ANT30-D3-5 岩心位于鲍威尔海盆中部（图 5-92），62°13.931′S，50°20.694′W，站位水深 3 397 m，岩心长 316 cm。取样站位沉积环境相对稳定，沉积速率较低，为研究相对高分辨率的古海洋学演化特征，对样品进行 1 cm 分样，共分子样 311 个。开展了微体古生物（硅藻）种属鉴定、放射性 ^{14}C 测年（有孔虫）、粒度分析、有机碳氮及其同位素分析、黏土矿物分析、地球化学分析、环境磁学等分析测试。

ANT28-D3-5 的沉积序列显示出典型的深海海盆沉积特征，能够很好地显示出该区域深层水的活动特征。

1）岩性地层

ANT28-D3-5 岩心岩性特征分层描述如下。

（1）0~15 cm：黄灰色含粉砂黏土。表层含水量较大，较稀软。以黏土为主，含 20%左右的粉砂及少量的砂砾（小于 2%）。

（2）15~37 cm：褐灰色-深褐色黏土。颜色渐变：15~24.5 cm 呈褐灰色；24.5~25.5 cm 呈深褐色；25.5~28 cm 呈灰褐色；28~30.5 cm 呈深褐色，30.5~37 cm 呈褐灰色，向下褐色调渐弱，灰色调渐强。沉积物基本上由黏土组成，含少量粉砂及细砂，含极少量的有孔虫（小于 1%）。

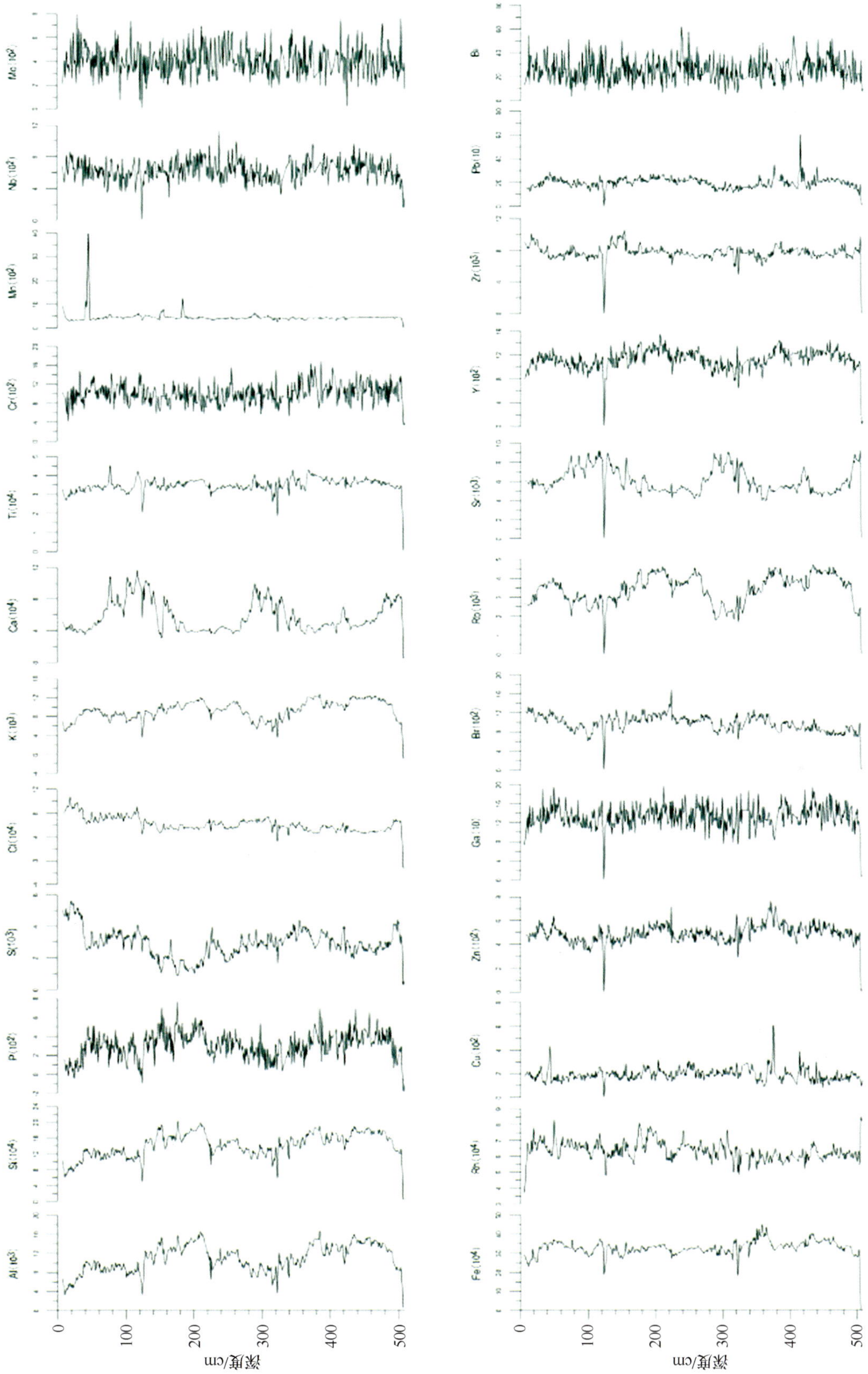

图5-110 ANT30-D3-4岩心元素垂直变化分布

图 5-111　ANT30-D3-4 岩心冰期坠石照片

（3）37～60 cm：灰色含粉砂黏土。颜色不均一：37～44 cm 为青灰色，44～45.5 cm 发育灰褐色不连续条带，45.5～60 cm 为灰色。以黏土为主，含 15%～25%的粉砂，上部（37～44 cm）青灰色层粒度略粗。

（4）60～67 cm：灰褐色黏土，颜色不均一。灰褐色中心层位于 62～63 cm 和 64～65.5 cm，中心层两侧褐色调渐弱，灰色调渐强。以黏土为主，含少量粉砂及极少量的砂砾。

（5）67～99 cm：灰色-青灰色黏土。颜色不均一，可见灰色和青灰色互层，层厚约 0.5 cm。以黏土为主，含少量粉砂和少量碎壳。

（6）99～150 cm：灰黑色-黄褐色黏土。颜色不均一，整体颜色偏灰黑色，中间夹黄褐色条带。基本上以黏土为主，粒度较均匀。

（7）150～188 cm：黄褐色黏土。颜色不均一，整体以黄褐色为主，夹杂灰黑色细条带，不连续。沉积物以黏土为主，粒度较均匀。

（8）188～208 cm：黄褐色-灰黑色黏土。颜色不均一，整体以黄褐色为主，夹大量灰黑色条带。188～191 cm，197～204 cm 段条带较集中，204～207 cm 段含大量黑色泥炭。沉积物以黏土为主，粒度较均匀。

（9）208～228 cm：灰褐色黏土。颜色渐变，上部 208～211 cm 呈褐黄色。沉积物以黏土为主，成分较均一。

（10）228～241 cm：灰黑色黏土：颜色较深，呈灰黑色，不均一。沉积物以黏土为主，成分均一。

（11）241～266 cm：灰褐色黏土。颜色不均一，自上而下颜色逐渐变浅。以黏土为主，在 245 cm、253～255 cm、258 cm 和 260 cm 处见砾石。

（12）266～279 cm：黑褐色黏土：颜色不均一，黑褐色夹大量灰黄色团块。成分以黏土为主，成分均一。

（13）279～290 cm：灰黄色黏土。颜色总体较浅，灰黄色夹黑褐色硬块。含水量低，成分以黏土为主。

（14）290～301 cm：褐色黏土-粉砂。颜色较深，深褐色。297～298 cm 处存在断裂带，断裂带内粒度较粗，以粉砂为主，其他层位以黏土为主。

（15）301～316 cm：灰褐色-灰黑色黏土。颜色不均一，从灰褐色逐渐变深，变为灰黑色，在308~310 cm，311~313 cm段出现黑色条带，条带较连续。沉积物以黏土为主。

2）物理性质

ANT28-D3-5岩心物理参数变化曲线见图5-112。

ANT28-D3-5岩心磁化率变化范围为5.046~36.442 SI，平均磁化率值为16.046 SI。从磁化率与深度变化关系图上可见，磁化率变化大致可与岩性特征对比：在相对粗碎屑沉积物中磁化率值较高，而在细粒的黏土沉积物中磁化率值较低。由于生物成因蛋白石、碳酸盐和有机质对磁化率有稀释作用，因此在生物硅、碳酸盐和有机质含量高的层位，沉积物磁化率会降低。除此之外，沉积物磁化率还受到沉积环境的影响。、

岩心沉积物湿密度的变化范围为1.551~1.882 g/mL，平均值为1.709 g/mL。从岩心密度随深度的变化图及其与岩心岩性关系来看，在粗碎屑沉积物密度值较高，而在细粒的黏土沉积物中密度较低。

岩心沉积物相对孔隙率变化范围为0.503~0.684，平均值为0.604。相对孔隙率随深度的变化与密度变化正好相反。即粗碎屑沉积物相对孔隙率较低，而细粒黏土沉积物相对孔隙率较高。

岩心沉积物声学阻抗（IMP）变化范围为170.420~203.142，平均值为184.726。岩心沉积物声学阻抗的变化与密度变化大致相同，粗碎屑沉积物声学阻抗较高，而细粒黏土沉积物声学阻抗较低。

岩心沉积物电阻率（RES）变化范围为0.554~1.512 hm·m，平均值为0.724 hm·m。岩心沉积物P波速率的变化范围为107.344~108.736 m/s，平均值为107.967 m/s。

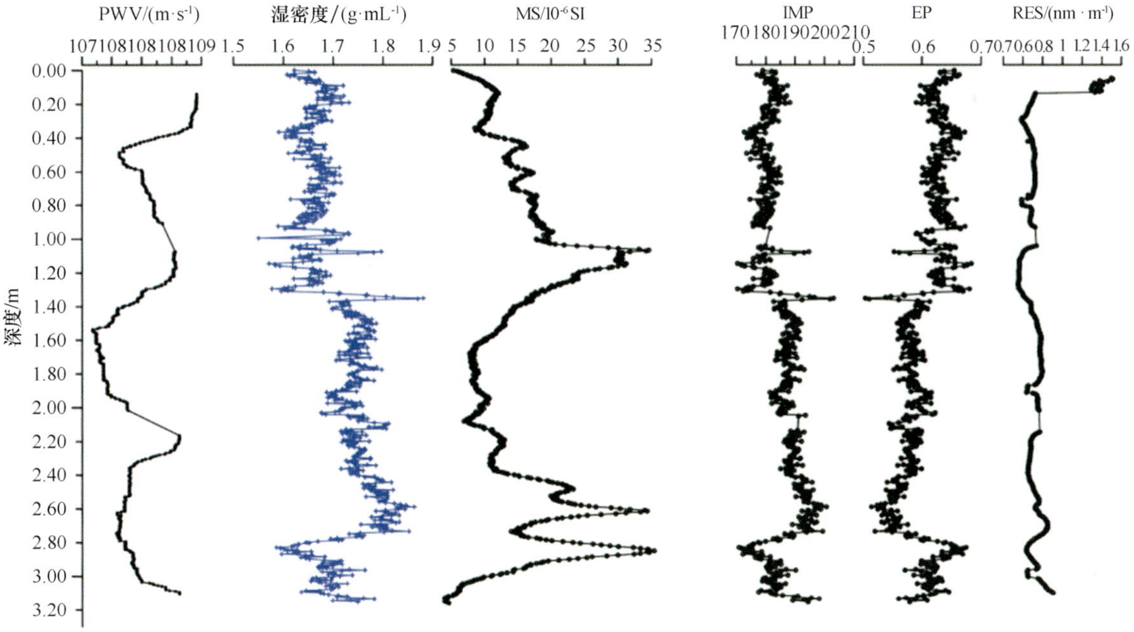

图5-112 ANT28-D3-5岩心物理参数分布

3）粒度特征

ANT28-D3-5岩心以黏土质粉砂为主，样品中粉砂含量最高，一般在60%左右，在整个岩心中其含量基本稳定；其次为黏土，含量一般在20%~30%；砂含量最低，一般小于20%。

总体上，岩心中黏土和砂的含量呈负相关（图 5-113）。

根据岩心中粉砂、黏土和砂等 3 种粒级的含量和分布，由上到下整个岩心可以分为 5 段。① 0~100 cm，该段样品主要为黏土质粉砂，其中黏土和粉砂含量相对较高，变化不大，砂含量较低，一般小于 10%。② 100~160 cm，该段样品主要为砂质粉砂，样品中砂含量相对较高，在 10%~20%，黏土含量相对较低，一般小于 20%。从上到下，样品中砂含量逐渐降低，黏土含量变化不大。③ 160~230 cm，该段样品主要为黏土质粉砂，样品中粉砂和黏土含量相对较高，砂含量较低，一般小于 10%。④ 230~280 cm，样品主要为以粉砂为主的粉砂-砂-黏土混合，样品中黏土含量逐渐降低，砂含量逐渐升高，两者均在 20%左右。⑤ 280 cm 以下，样品以砂质粉砂为主，样品中黏土含量急剧降低，砂含量急剧增加，在部分层位砂含量大于 50%。

与样品的岩性相对应，样品各粒度参数也呈现出相应的变化。样品平均粒径在 4Φ~8Φ 之间，大部分在 6Φ~7Φ。从上到下，样品平均粒径的变化趋势与黏土含量类似，样品的平均粒径随着黏土含量的增加而增加，随着黏土含量的降低而降低。

样品的分选系数在 2 左右，分选为中等到差，总体上呈现从上向下分选系数逐渐降低的趋势。在黏土和砂含量急剧变化层位，样品的分选系数变化相对较大。

样品的偏态和峰态变化趋势相类似，从上到下，两参数的变化范围均相对较小。偏态在 -0.2~0.2，显示样品中的粒度基本呈正态分布；峰态在 1 左右，显示出样品粒度分布峰值相对较扁平。

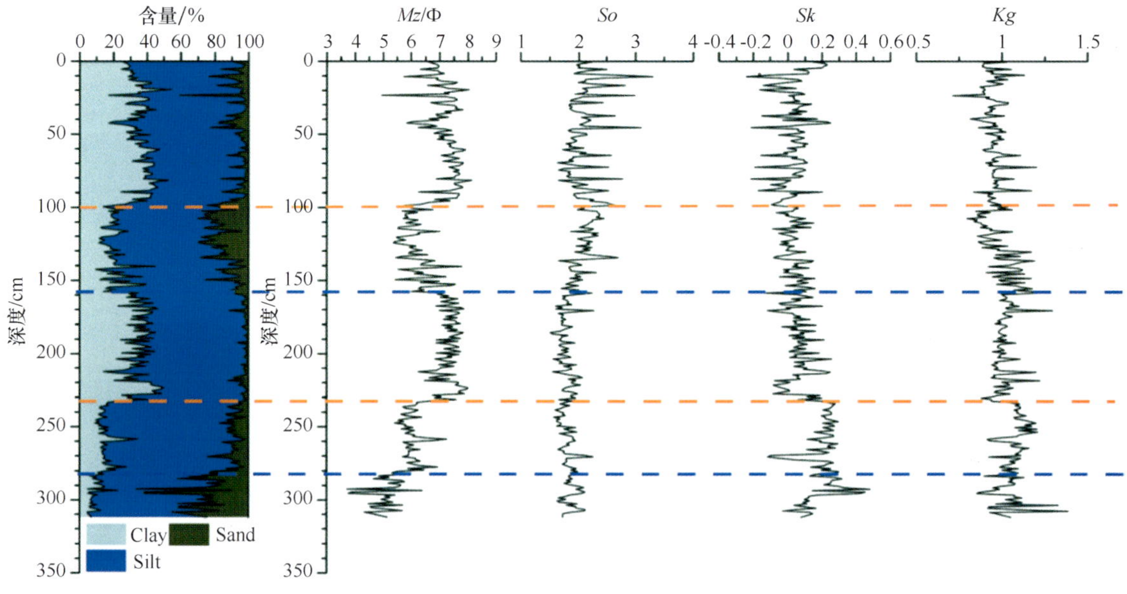

图 5-113　ANT28-D3-5 柱状样岩性及粒度特征

ANT28-D3-5 柱状样沉积岩性及粒度参数显示出周期性变化，能够对该区沉积环境（包括物质来源）周期性变化产生积极的响应。沉积物的岩性及粒度参数蕴含了丰富的沉积环境演化信息，结合沉积测年和不同区域之间的比对，将使对南极周边海域沉积环境演化的认识更加完善和深入，这也是下一步重点研究的内容之一。

4）黏土矿物特征

ANT28-D3-5 岩心中 4 种黏土矿物含量差别较大（图 5-114），其中伊利石含量最高，一般大于50%；其次为绿泥石，一般在16%~28%；高岭石含量大部分在8%~16%；蒙脱石含量最低，一般小于12%。

总体上，根据柱状样中黏土矿物分布特征，可以将岩心分为两段，0~130 cm之间为含量相对稳定层，4种矿物含量相对稳定，在个别层位出现显著变化；130 cm以下为下半段，蒙脱石含量波动幅度增加，总体上比上段的要高，在150 cm、190 cm、270 cm和290 cm左右出现相对高值。伊利石和高岭石含量相对变化不大，但在下半段，两矿物波动幅度相对上半段的略有增加。绿泥石含量总体上呈现逐渐降低的趋势。在290 cm以下，4种矿物含量也出现相对显著的变化，其中伊利石含量相对增加，而蒙脱石、高岭石和绿泥石含量均相对降低。

在柱状样的部分层位，黏土矿物含量出现相对异常的变化，其中在130 cm附近黏土矿物含量变化最大。伊利石含量急剧降低，高岭石、绿泥石和蒙脱石含量急剧增加。

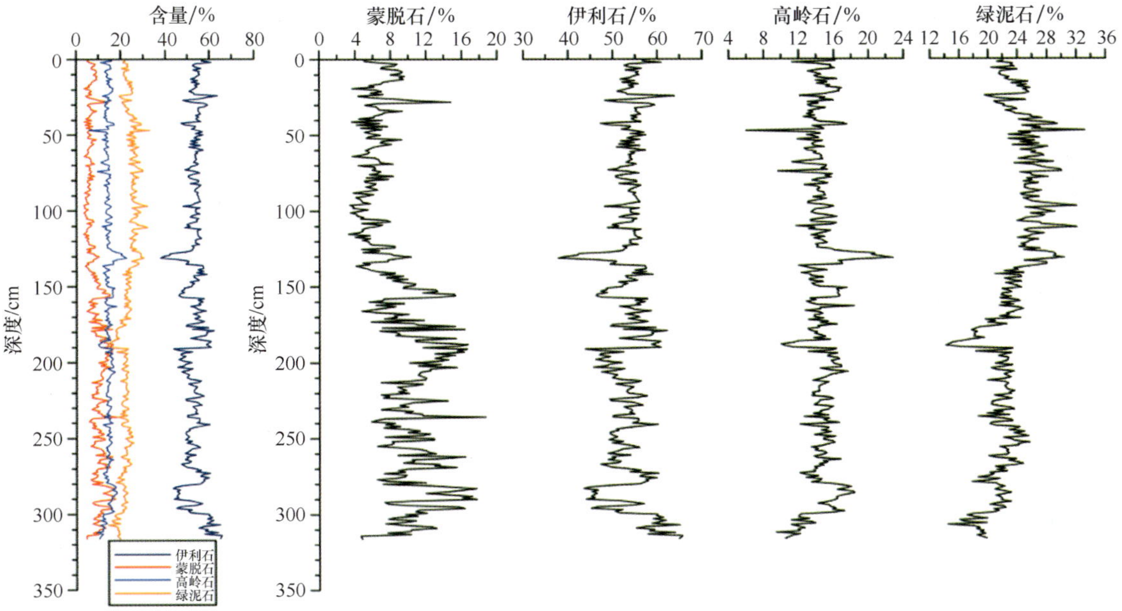

图5-114 ANT28-D3-5柱状样黏土矿物含量分布

岩心中伊利石化学指数和结晶度也存在显著的变化（图5-115）。与岩心中4种黏土矿物含量分布对应，130 cm以上伊利石化学指数和结晶度变化相对剧烈，总体上可以再分为两段，0~40 cm，伊利石化学指数和结晶度均相对较高，40~130 cm两者相对较低并呈显著的波动变化。130 cm以下，两者相对较稳定，整体上呈现逐渐降低的趋势。

柱状样中黏土矿物组合及其含量是指示其物质来源的良好指标，ANT28-D3-5岩心中黏土矿物组合和含量变化特征显示该站沉积物来源相对较稳定，主要以伊利石为主，蒙脱石含量并不显著，绿泥石含量也相对高一些，高岭石含量很低。这些都说明了该地区的风化程度相对较强，低温寒冷的环境并不利于黏土矿物的完全水解，所以高岭石含量较低，绿泥石含量特征说明了鲍威尔海盆底部还原环境较强。以碱性环境为主。黏土矿物组分特征有助于判断鲍威尔海盆的底层水的含氧量和物源示踪。

5）有机碳、氮及其同位素分布特征

ANT28-D3-5岩心TOC变化范围在0.13%~0.58%，平均值为0.35%（图5-116）。TOC

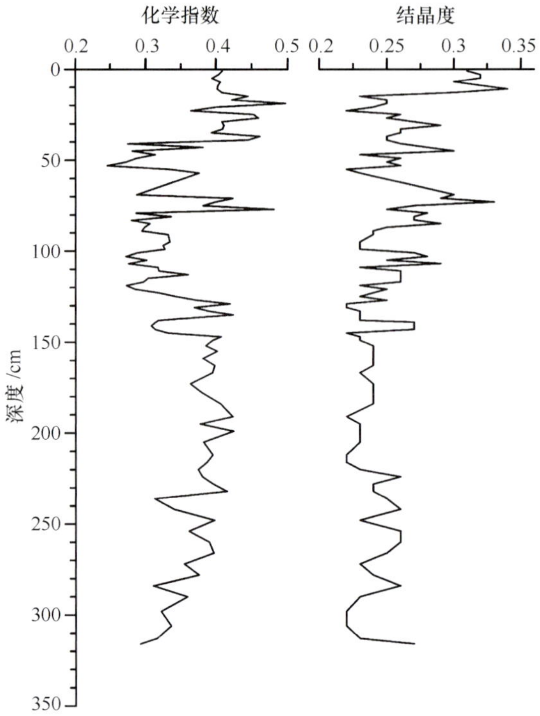

图 5-115　ANT28-D3-5 柱状样黏土矿物化学指数和结晶度分布

含量整个沉积柱剖面表现为随着深度增加而逐渐减小，只是在沉积柱的底部有出现增加的趋势。垂直剖面上整根沉积柱可以分成明显的 4 部分。在 0~95 cm 沉积柱的上部 TOC 含量最高，其平均值达到 0.46%，其平均值为 0.34%，垂直剖面上随深度增加表现为减小的趋势；96~225 cm 以下沉积物中 TOC 含量明显较小，垂直剖面上随深度增加表现为减小的趋势；225~250 cm 沉积物中 TOC 含量明显减小，从 225 cm 深度附近的 0.33%快速减小到 250 cm 深度附近的 0.13%，该段其平均值为 0.19%；251~302 cm 沉积物中 TOC 含量在垂直剖面上与上部表现相反的变化趋势，随深度的增加而逐渐减小，其值由 0.15%增加到 0.44%，其平均值为 0.25。该站位柱状样品 0~225 cm 沉积物中 TOC 在垂直剖面上的变化趋势，表明该地区该段时间内有机质的输入相对均一，其随深度增加而减小的主要原因是：有机质埋藏后的早期矿化作用所致。225~250 cm 间隔中 TOC 含量的快速减小，表明该段时间内该地区沉积物中由于其他因素影响有机质的输入减小。225~302 cm 深度间隔 TOC 含量随深度增加而增大，表现了其相反的变化趋势。

ANT28-D3-5 柱状沉积物垂直剖面上 TON 变化范围在 0.03%~0.08%，平均值为 0.05%。TON 含量在 ANT28-D3-5 柱状沉积物垂直剖面上的变化趋势为随深度的增加逐渐减小，但是减小的范围相对较小。在 95~130 cm 间隔的沉积物中 TON 含量的变化范围相对较大，该时期表现为明显的波动，其他沉积物样品在垂直剖面上其值波动范围较小，表明沉积物中 TON 在整个时期内输入较为稳定。

ANT28-D3-5 柱状样品的 C/N 比值范围 4.6~11.2，其平均值 7.9。ANT28-D3-5 柱状沉积物 C/N 比值在垂直剖面上随深度增加，变化趋势较为复杂。具体变化趋势如下：0~33 cm 间隔内，沉积物中 C/N 表现为增加的趋势，其值由 7.1 增加到 9.5，该段的平均值为 7.9；34~220 cm 间隔内，C/N 比值在垂直剖面上较为稳定，其平均值为 8.4（图 5-116）；221~

250 cm 间隔内，沉积物中 C/N 比值随深度增加快速减小，由 8.5 减小到 4.6；251~302 cm 间隔内，沉积物中 C/N 比值随深度增加而快速增大，由 4.9 增大至 9.2。

ANT28-D3-5 柱状沉积物中有机碳的 $\delta^{13}C_{TOC}$ 值变化范围为-24.59‰~-22.64‰，其平均值为-23.54‰。$\delta^{13}C_{TOC}$ 值在整个沉积柱垂直剖面上表现为随深度的增加而增大。其具体的变化趋势如下：0~28 cm 深度，$\delta^{13}C_{TOC}$ 值随深度增加逐渐增大，由-24.46‰增加至-23.78‰；之后其值突然减小，其波动范围也相应减小，直至 81 cm 深度，该段间隔内 $\delta^{13}C_{TOC}$ 平均值为-24.33‰；81~117 cm 间隔内，$\delta^{13}C_{TOC}$ 值随深度增加快速增大，由-24.59‰增加至-22.77‰；之后出现一个较低的峰值，其最低值为-24.22‰；130~273 cm 间隔内，$\delta^{13}C_{TOC}$ 值较为稳定，在剖面没有明显的变化趋势；其平均值为-23.10‰；274~302 cm 间隔内，$\delta^{13}C_{TOC}$ 值波动范围增加，并表现为随深度增加有减小的趋势。

ANT28-D3-5 柱状沉积物中有机氮的 $\delta^{15}N$ 值变化范围为 2.97‰~8.54‰，其平均值为 5.21‰。有机氮同位素在垂直剖面上没有明显的变化趋势，样品中 $\delta^{15}N$ 值的变化范围和平均值表明，沉积物中有机质主要为海相来源。

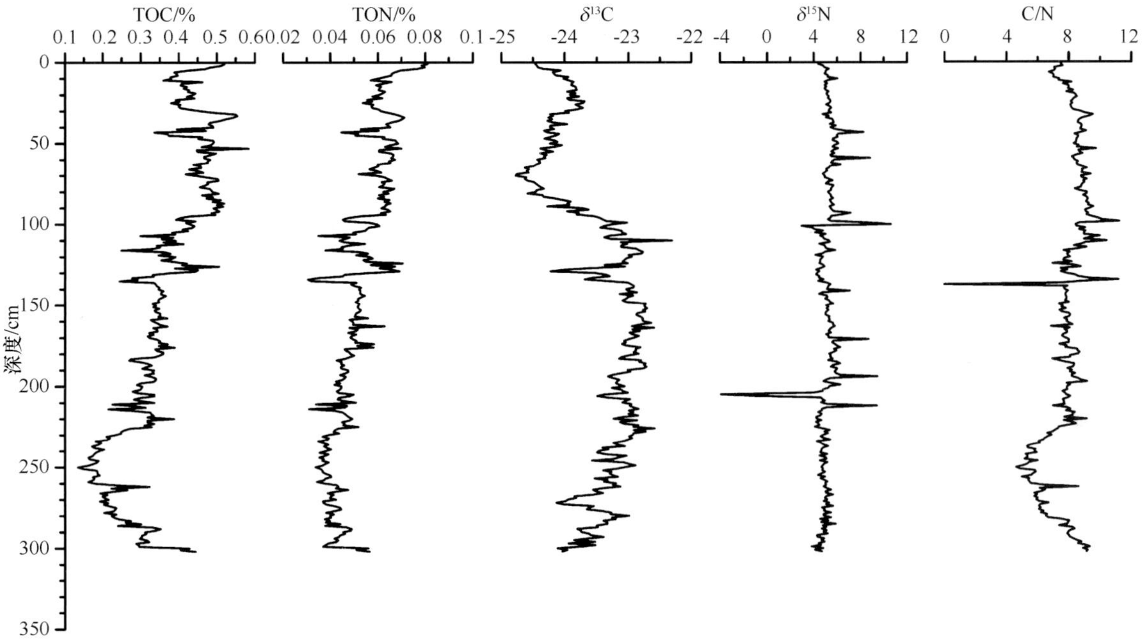

图 5-116 ANT28-D3-5 柱状样有机碳、氮及其同位素和比值分布

有机碳、氮及其同位素的垂直分布特征表明沉积序列基本以海相为主。受到陆源物质的干扰较弱。结合黏土矿物组分的含量能够说明鲍威尔海盆内的典型海相沉积序列。

6）无机碳及碳、氧同位素分布特征

从图 5-117 中可以看出，总无机碳含量为 5.73×10^{-6} ~ $1\ 161.58\times10^{-6}$，碳同位素值（$\delta^{13}C_{V-PDB}$）为-20.68‰~1.12‰，氧同位素值（$\delta^{18}O_{V-PDB}$）为-45.06‰~-4.05‰。总无机碳在 75~245 cm 含量较高，变化较大，在其余层段则数值较低，变化较小。因此 75 cm 与 245 cm 处为明显的岩性地层界面。碳、氧同位素具有相同的变化趋势，可以分为 3 个阶段。

（1）0~75 cm，$\delta^{13}C_{V-PDB}$ 范围为-2.10‰~-20.68‰，在 28 cm 处达到最低值-20.68‰；$\delta^{18}O_{V-PDB}$ 范围为-8.00‰~-25.61‰，在 35 cm 处达到最低值-25.61‰，变化幅度较大，且值

负偏。

（2）75~240 cm，$\delta^{13}C_{V-PDB}$范围为-5.57‰~1.12‰，$\delta^{18}O_{V-PDB}$范围为-18.97‰~-4.05‰，数值较稳定，数值较大。

（3）240~300 cm，$\delta^{13}C_{V-PDB}$范围为-17.39‰~-0.33‰，在278 cm处达到最小值；$\delta^{18}O_{V-PDB}$范围为-45.06‰~-5.17‰，在295 cm处达到最小值，变化幅度增大，且值偏负。从总体来看，$\delta^{13}C_{V-PDB}$和$\delta^{18}O_{V-PDB}$经历了低—高—低的变化，其中高值段较稳定，低值段变化较剧烈。

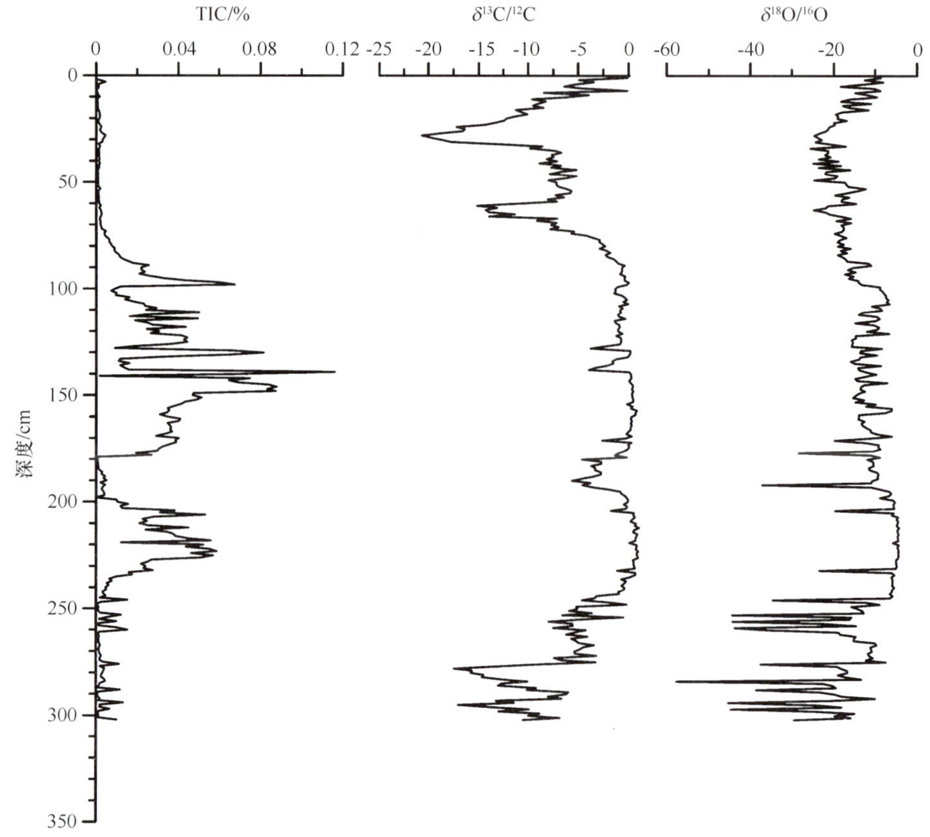

图 5-117　ANT28-D3-5 柱状样无机碳及无机碳和全样氧同位素含量分布

7）元素地球化学分布特征

根据 ANT28-D3-5 岩心中常量元素的分布特征可以将岩心分成上下两段（图 5-118）。

0~170 cm 为上段，该段内各常量元素含量相对较低，变化幅度也相对较低，其中 K_2O、Fe_2O_3、MgO、P_2O_5 和 TiO_2 含量基本稳定。其他几种元素在 30~50 cm 层出现显著波动。

170 cm 以下为下段，该段内各主要常量元素含量相对上段的逐渐增加，并呈现显著的波动变化。

5.4.3.3　鲍威尔海盆西南部 D3-07 岩心地层特征

ANT28-D3-07 岩心长 320 cm，采集于鲍威尔海盆的西南角，威德尔海西侧，地理坐标为 62°52.55′S，50°10.707′W，水深为 3 429 m（图 5-92）。

ANT28-D3-07 岩心下部灰色，带黄色色调，层理不明显。中部水平状层理，由颜色表现

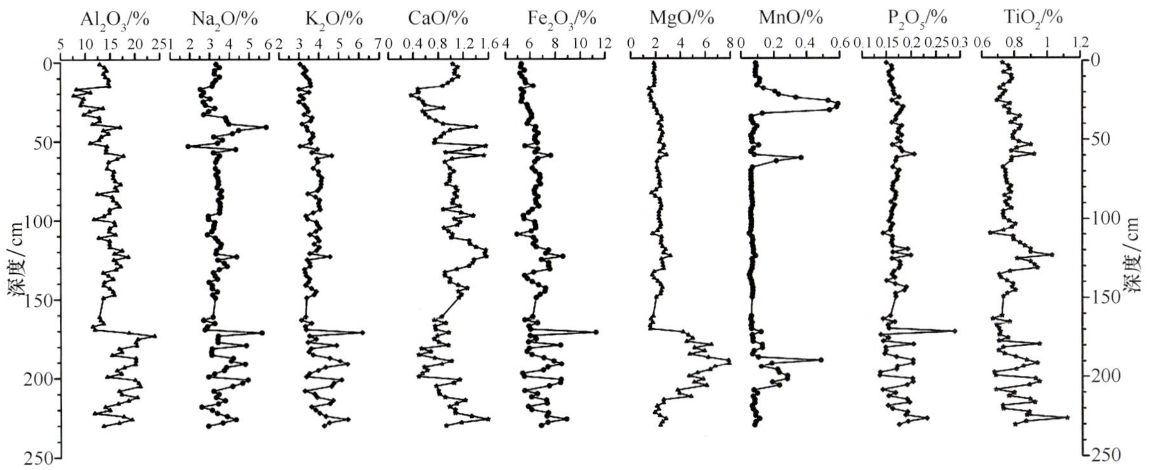

图 5-118　ANT28-D3-5 柱状样常量元素含量分布

出来。上部呈浅黄灰色，颜色较为均匀，块状构造。207～208 cm 处有机质丰富，186～208 cm 处硅藻丰富。

1）年代地层框架

根据 ANT29-P4-03 岩心不同位置和沉积特征变化，挑选深度 21 cm、41 cm、101 cm、189 cm、207 cm 和 293 cm 处沉积物进行有机质 AMS^{14}C 测年，由美国贝塔分析实验室（Beta Analytic Inc.）测试，结果见表 5-15。

表 5-15　D3-07 岩心 AMS^{14}C 测年数据

序号	样品编号	距顶位置/cm	AMS14C 年龄/a BP
1	ANT28-D3-07-01	21	18 550±65
2	ANT28-D3-07-02	41	25 700±100
3	ANT28-D3-07-03	101	31 300±150
4	ANT28-D3-07-04	189	30 000±150
5	ANT28-D3-07-05	207	26 500±120
6	ANT28-D3-07-06	293	33 500±270

2）粒度与冰筏碎屑

D3-7 岩心沉积物由砾石、砂、粉砂和黏土组成，以细粒沉积物为主。砾石含量 0.00%～8.11%，平均含量 0.66%。砂含量 0.43%～19.14%，平均含量 6.61%，所有样品均含有砂。粉砂含量 20.89%～56.11%，平均含量 34.73%。黏土含量 29.03%～75.76%，平均含量 58.01%。

细砾和砂含量的分布规律相似，主要分布于岩心中部 159～244 cm 和顶部 0～40 cm 处。粉砂的分布规律性不明显，黏土含量的高低变化与细砾和砂含量正好相反。D3-7 岩心沉积物主要由粉砂质黏土（TY）和黏土质粉砂（YT）组成。黏土质粉砂分布于岩心的顶部和中部，其余均为粉砂质黏土（图 5-119）。

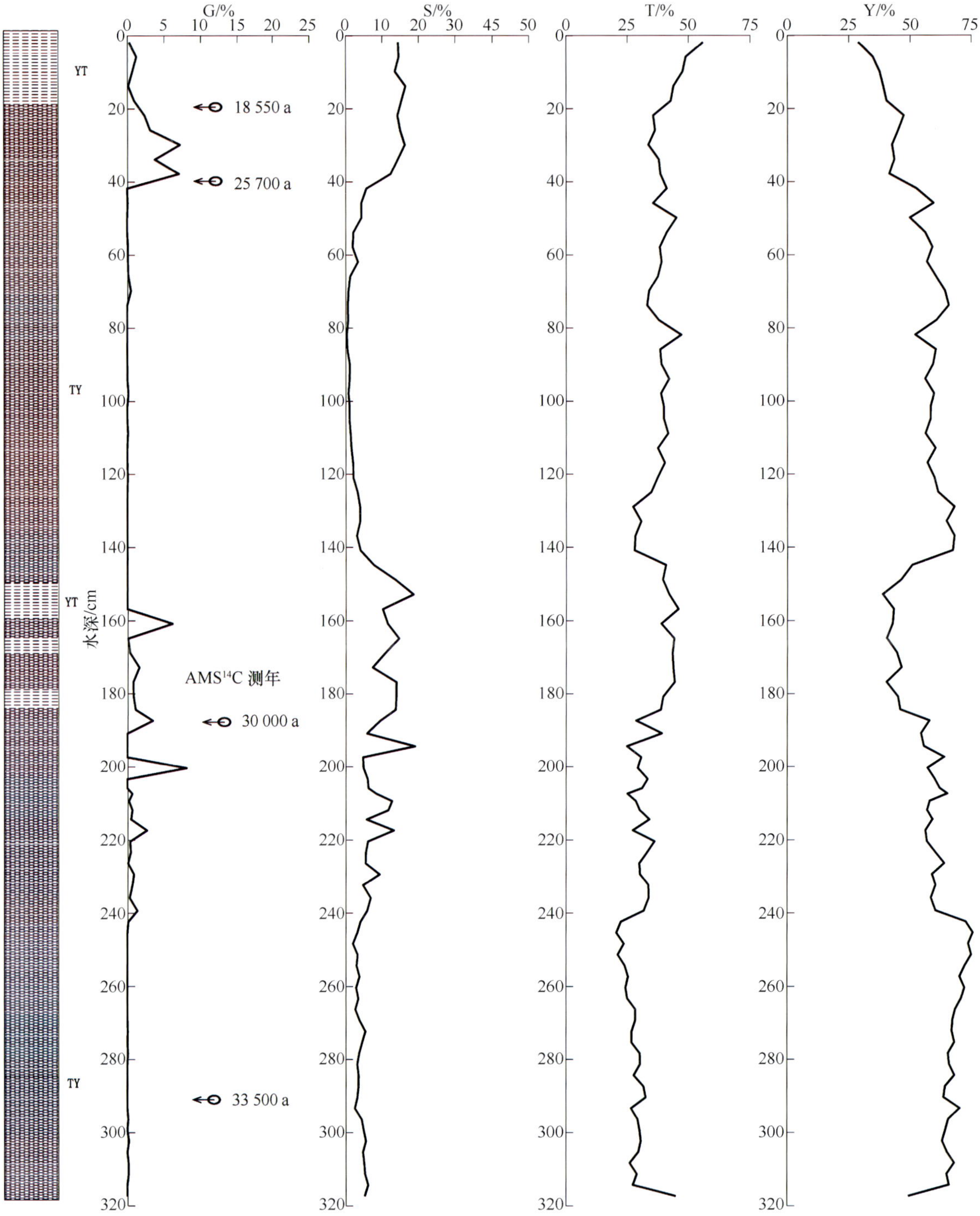

图 5-119　ANT28-D3-07 岩心沉积地层与粒度组成

G—砾石；S—砂；T—粉砂；Y—黏土；YT—黏土质粉砂；TY—粉砂质黏土

D3-7 岩心沉积物中值粒径（M_d）6.79Φ~9.36Φ；中值粒径呈两高、两低的特征；两低分布在中段 150~180 cm 和上段 0~30 cm 处，对应砾石、砂高含量段。偏态（S_{ki}）-0.75~0.33，平均为-0.33，正偏态仅见于局部，与中值粒径的低值区对应较好。峰态（K_g）的变化范围为 0.50~1.29，平均值为 0.75，总体扁平，仅局部层段（200 cm 处）起伏明显，相应沉积物粒度也较粗。分选系数 σ_i 的变化范围为 1.87~3.93，平均为 2.50，分选差；中、上段分选系数较大，对应砾石、砂的高值区，沉积分选更差（图 5-120）。

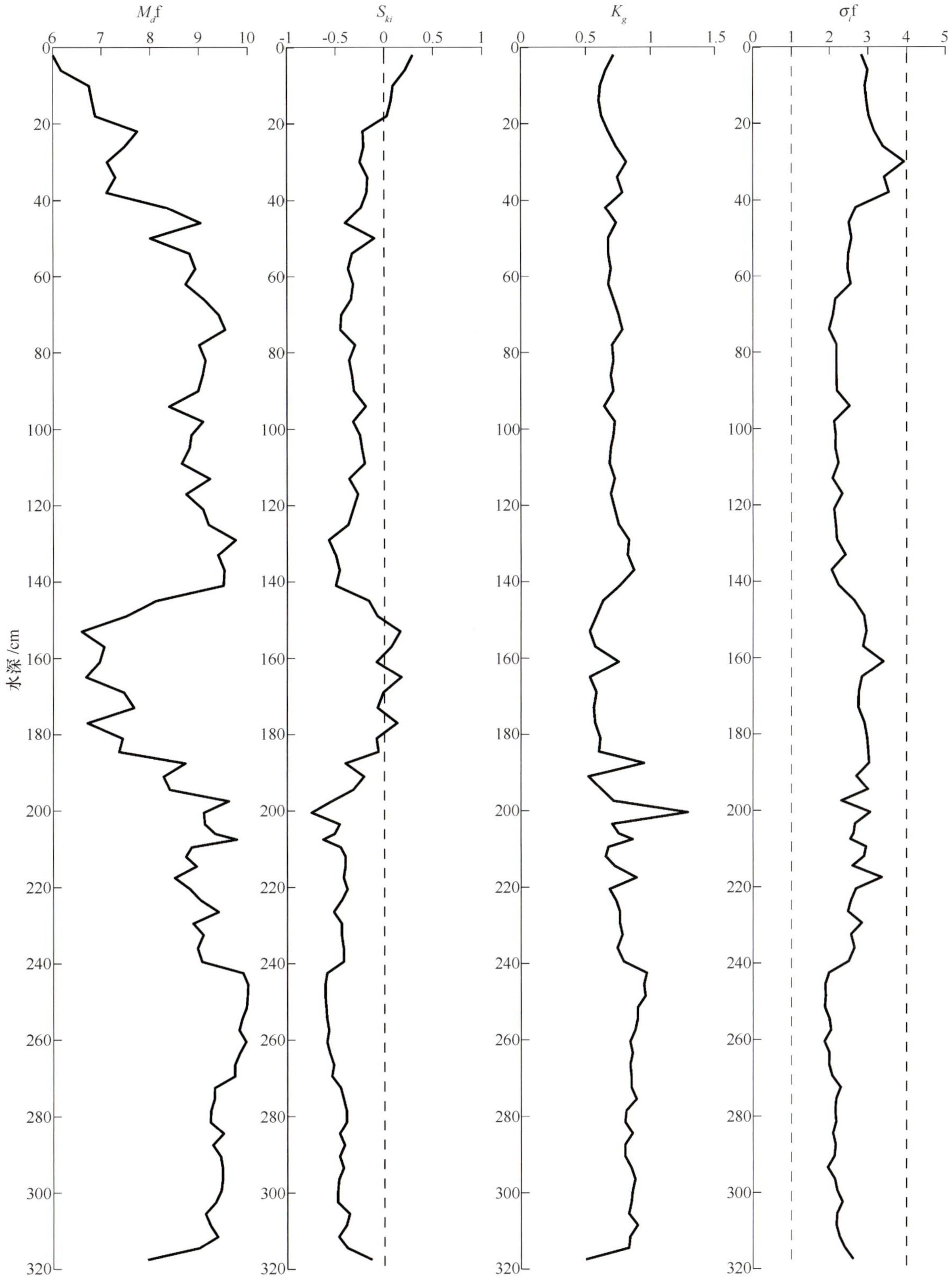

图 5-120　D3-7 岩心沉积物粒度参数

AMS^{14}C 测年表明 D3-07 岩心属于 MIS3（晚更新世后期）以来沉积。CM 图结果表明，岩心为静水悬浮沉积，可划分成 4 个沉积阶段。

第 1 阶段：沉积期 33.4～35.0 ka，位于 D3-07 岩心 319（底部）～241 cm 处，沉积厚度 78 cm。属于静水悬浮沉积Ⅷ亚类，平均沉积速率 4.9 cm/(100 a)。推断沉积物环境较为稳定（图 5-121）。

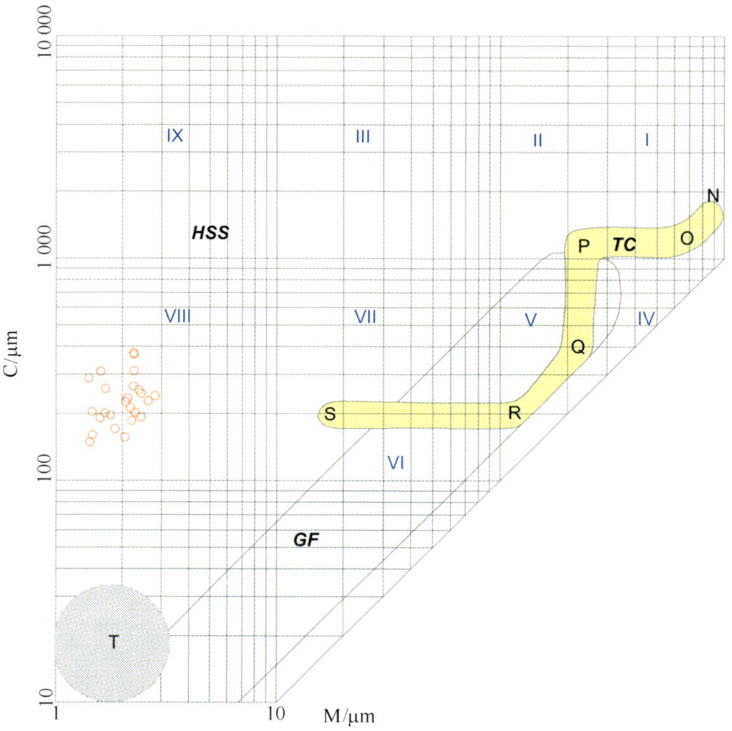

图 5-121　D3-07 沉积岩心第 1 沉积阶段 CM 图

TC—牵引流；*GF*—重力流；*HSS*—静水悬浮沉积；*T*—远洋悬浮

第 2 阶段：沉积时间 29.6～33.4 ka，位于 D3-07 岩心 143～241 cm 处，沉积厚度 98 cm。属于静水悬浮沉积Ⅷ、Ⅶ和Ⅸ亚类，平均沉积速率 2.6 cm/(100 a)。颗粒相对较粗，冰筏作用影响较大（图 5-122）。

第 3 阶段：沉积时间 26.8～29.6 ka，位于 D3-07 岩心 52～143 cm 处，沉积厚度 91 cm。属于静水悬浮沉积Ⅷ亚类，平均沉积速率 3.6 cm/(100 a)。与第一阶段沉积方式类似，沉积环境较为稳定（图 5-123）。

第 4 阶段：沉积时间 0～26.8 ka，位于 D3-07 岩心顶部～52 cm 处，沉积厚度 52 cm。属于静水悬浮沉积Ⅷ、Ⅸ、Ⅲ和Ⅶ亚类，变化趋势为Ⅷ→Ⅸ→Ⅲ→Ⅶ亚类，全新世为悬浮沉积Ⅶ亚类。沉积速率 0.2 cm/（100 a），沉积速率明显变慢。与第 1 阶段沉积方式类似，颗粒相对较粗，推断沉积物有包括冰筏沉积在内的多种来源（图 5-124）。

3）微体古生物

ANT28-D3-07 岩心上部 0～28 cm 含少量有孔虫，但有孔虫壳体保存差，大多已破碎，个体多呈黄色，共见 5 属 8 种（表 5-16）。以底栖有孔虫为主，未见浮游有孔虫，且底栖有孔虫全部为胶结质壳类有孔虫，均为深水种；*Cyclammina compressa* 为优势种，其次为 *Cyclammina cancellata*，常见种为 *Cribrostomoides nitidum* 和 *Rhabdammina abyssorum* 等。

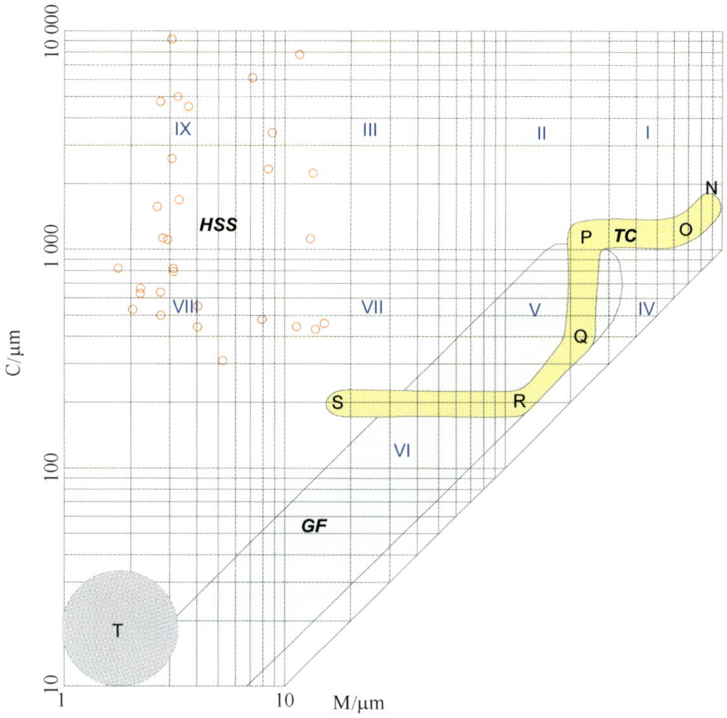

图 5-122　D3-07 沉积岩心第 2 沉积阶段 CM 图

TC—牵引流；*GF*—重力流；*HSS*—静水悬浮沉积；*T*—远洋悬浮

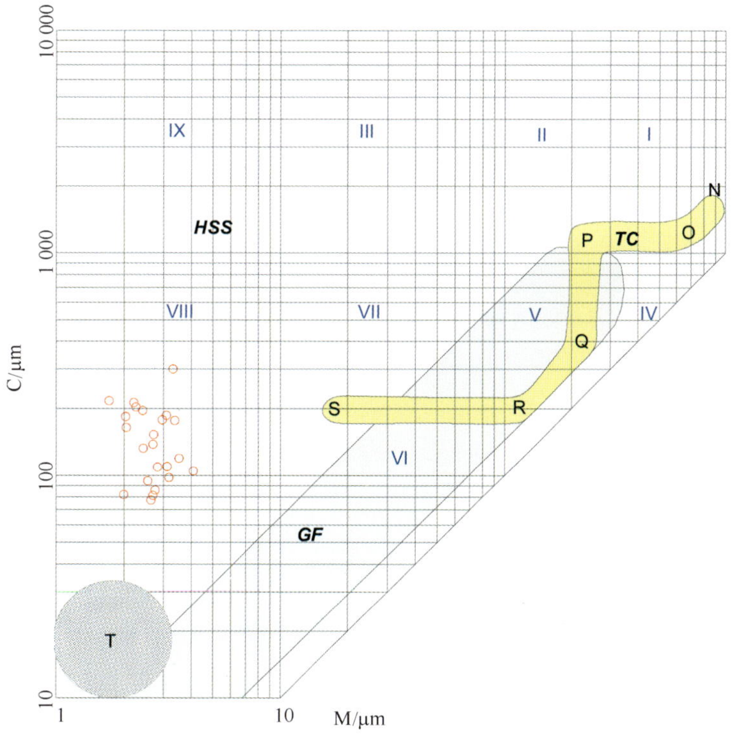

图 5-123　D3-07 沉积岩心第 3 沉积阶段 CM 图

TC—牵引流；*GF*—重力流；*HSS*—静水悬浮沉积；*T*—远洋悬浮

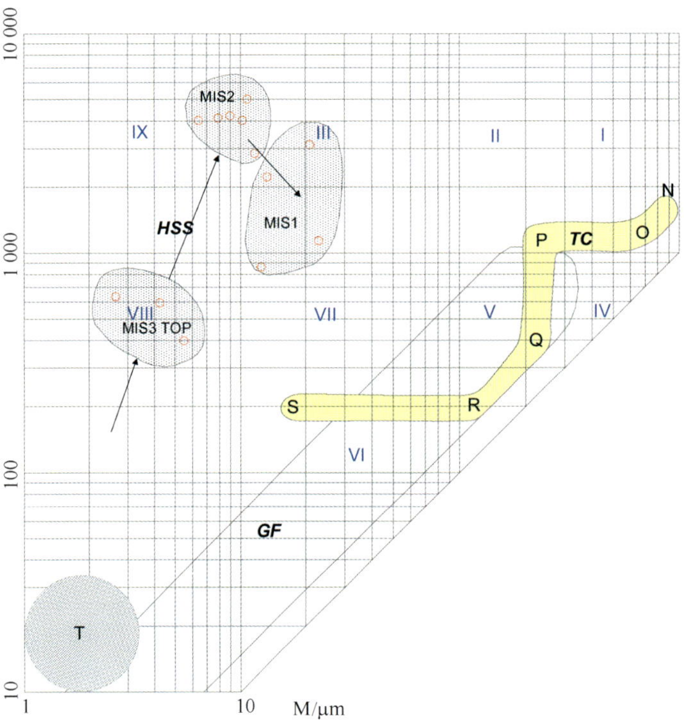

图 5-124　D3-07 沉积岩心第 4 沉积阶段 CM 图

TC—牵引流；*GF*—重力流；*HSS*—静水悬浮沉积；*T*—远洋悬浮

表 5-16　ANT28-D3-07 岩心有孔虫化石鉴定统计

序号	层位/cm	总个体数	*Cyclammina cancellata*	*Cyclammina compressa*	*Cribrostomoides nitidum*	*Cribrostomoides crassimargo*	*Hyperammina* sp. *indet*	*Reophax pllulifer*	*Reophax* sp. *indet*	*Rhabdnmmina abyssorum*
1	0~4	380	15	204	2			8	1	150
2	8~12	无								
3	16~20	110	2	101	3	3	1			
4	24~28	49		46	1					2
5~47	32~316	无								

ANT28-D3-07 岩心上部 0~40 cm 硅藻含量丰富，均为海洋种（图 5-125），主要为 *Nitzschia kerguelensis*-*Fragiaropsis oceanica*-*Thalassionema longissima*-*Thalassiothrix nitzschiodes* 组合。其中 *Nitzschia kerguelensis* 和 *Fragiaropsis oceanica* 为在白令海表层发现的浮游种，推测 40 cm 以上为寒冷水域的海洋环境。岩心 46 cm 处硅藻急剧减少，主要为 *Charcotia actionocilus*，*Thalassiosira nidulus* 和 *Thalassionema longissima*。54 cm 处主要为 *Coscinodiscus marginatus*，*Thalassiosira autarctica* 和 *Nitzschia kerguelensis*。62 cm 以下未鉴定出硅藻，仅见极少量的硅藻碎片，硅藻种类少，仅为海洋浮游种的 *Coscinodiscus nodulifer*，*Coscinodiscus marginatus* 和 *Coscinodiscus exentrcus* 的碎片。

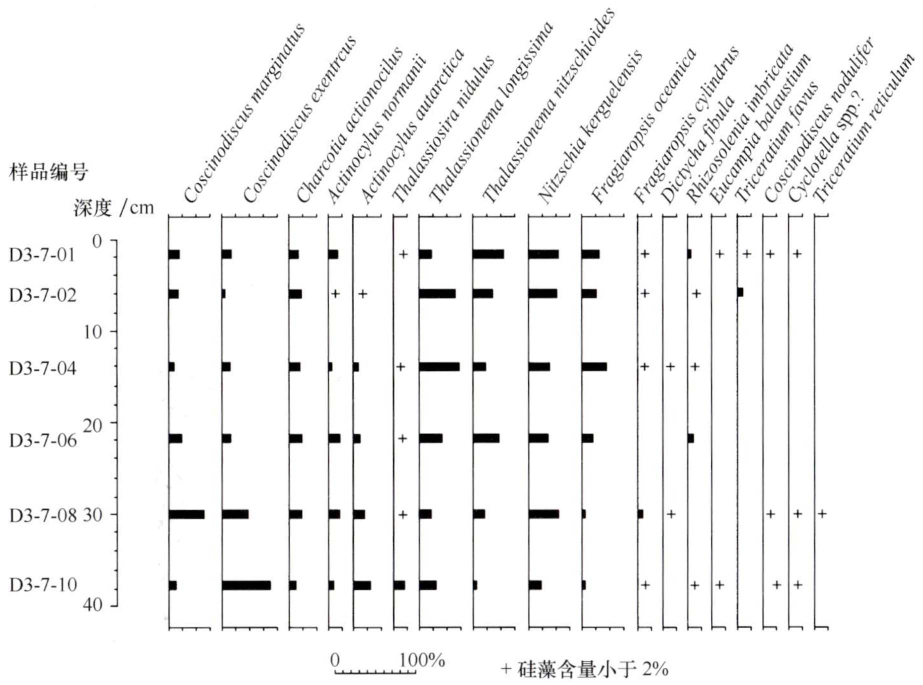

图 5-125　D3-07 孔岩心上部 0~40 cm 段的硅藻分析图谱

5.4.3.4　鲍威尔海盆东南部 D4-09 岩心的地层特征

D4-09 岩心采集于鲍威尔海盆东南部与威德尔海西北部交接处。岩心位于 62°24. 493′S，47°6. 519′W，水深 3 401 m，岩心长 298 cm（图 5-92）。

1）古生物地层

放射虫特征

D4-9 岩心的放射虫种群以极区属种 *Antarctissa denticulata* 为主要优势种，其他主要属种为：*Cenosphaera antarctica*、*Lithocarpium polyacanthe*、*Saccospyris antarctica*、*Spongoplegma antarcticum*、*Cenosphaera antarctica*、*Prunopyle hayesi*、*Spongodiscus biconcavus*、*Siphocampe arachnea* 和 *Actinomma yosii*。

岩心放射虫丰度随深度变化趋势见图 5-126，其中图 5-126b 是针对图 5-126a 中的放射虫丰度低于 100 个/g 来放大、以便能清楚地了解这部分的变化趋势；图 5-126c 是针对图 5-126b 中的放射虫丰度低于 10 个/g 来放大，从而使得这部分的细微变化趋势更加明了。岩心放射虫丰度分布变化较为明显，可分为 4 段：① 2~44 cm 段，放射虫数量较为丰富，变化趋势明显，存在两个高峰，分别位于 2~6 cm 和 20~28 cm，在 8~18 cm 深度丰度明显降低、形成一个低谷，但在 30~44 cm 间也存在一个小的低值波动；② 46~62 cm 段，放射虫数量少，变化平稳；③ 64~120 cm 段，放射虫数量甚少，除了在 72~76 cm、98~104 cm 和 114~120 cm 深度处有零星出现外，其他样品未发现放射虫存在；④ 122~296 cm 段，放射虫近乎缺失。

海绵骨针

海绵体骨骼是由大量的、多种类型的骨针组成，海绵体死亡后一般以骨针形式保存为化石；在深水沉积中，完整的实体硅质海绵化石很难保存下来，但是分散的硅质海绵骨针在地

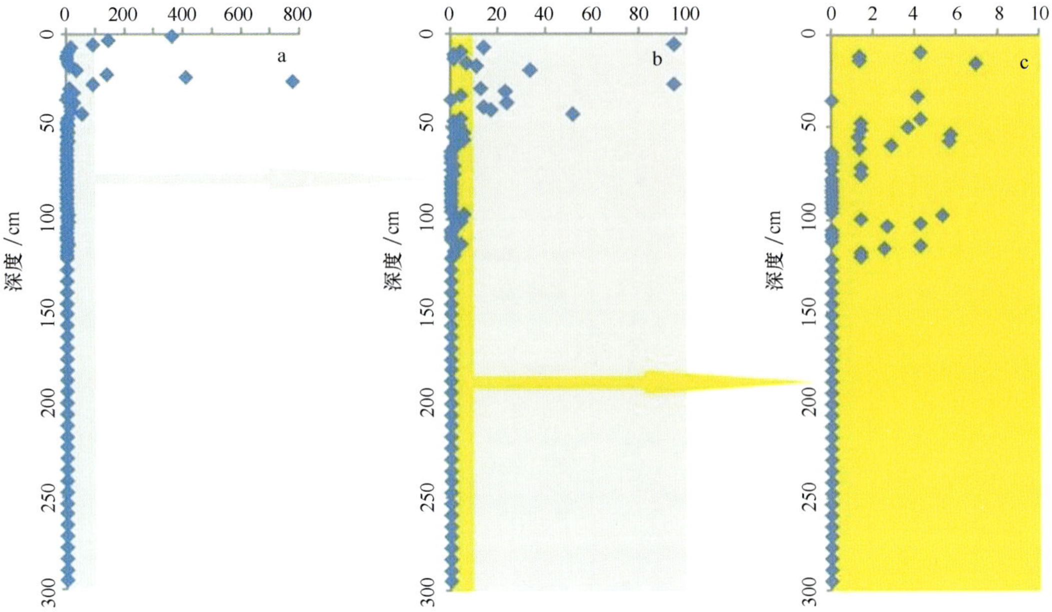

图 5-126 D4-9 岩心的放射虫丰度随深度变化曲线

a：放射虫丰度/（个·g^{-1}）；b：放射虫丰度/（个·g^{-1}）；c：放射虫丰度/（个·g^{-1}）

层中很容易保存。D4-9 岩心中发现了丰富、多样且保存较好的硅质海绵骨针，以光滑类和带刺类型的骨针居多。海绵骨针丰度随深度变化趋势见图 5-127。其中图 5-127b 是针对图 5-127a 中的海绵骨针丰度低于 500 个/g 来放大，以便能清楚地看到这部分的细微变化趋势；而图 5-127c 是针对图 5-127b 中的海绵骨针丰度低于 50 个/g 来放大，从而使得这部分数据变化趋势更明了。经过样品加密分析之后，硅质海绵骨针的丰度分布变化趋势更加清楚、明显且更具可信性。

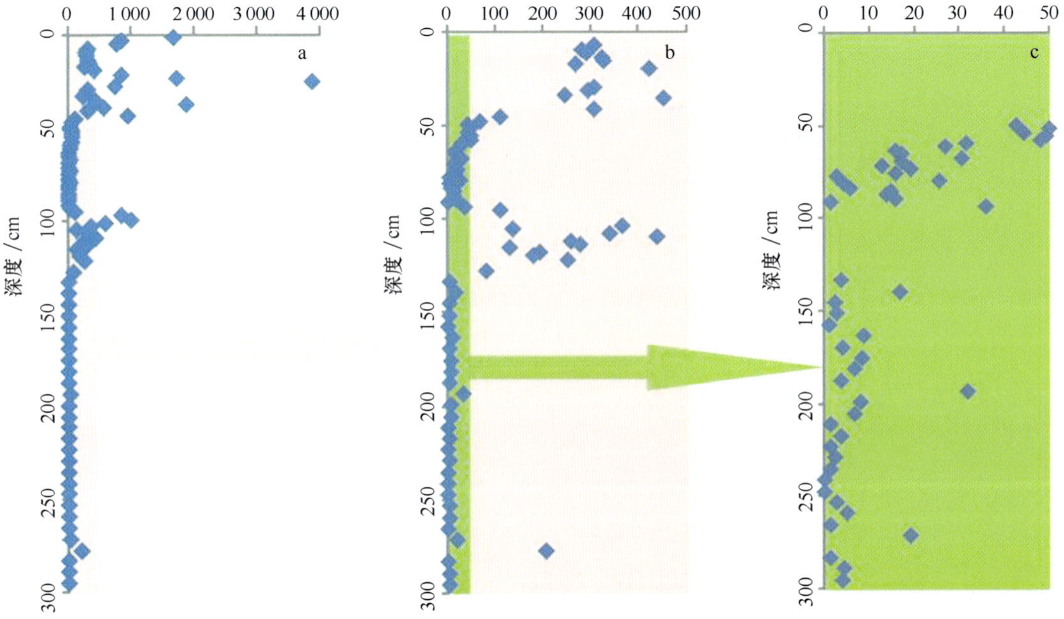

图 5-127 D4-9 岩心的海绵骨针丰度随深度变化曲线

a：海绵骨针丰度/（个·g^{-1}）；b：海绵骨针丰度/（个·g^{-1}）；c：海绵骨针丰度/（个·g^{-1}）

D4-9 岩心硅质海绵骨针的丰度变化大致可分 4 个阶段：① 0~60 cm 段，总体丰度偏高，且变化幅度较大，存在 3 个高峰，分别位于 2~6 cm、20~24 cm 和 36~44 cm 段，从 48 cm 处开始显著下降；② 62~94 cm 段，硅质海绵骨针丰度普遍较小，变化不明显；③ 96~128 cm 段，硅质海绵骨针数量丰富，出现一个先增高、后降低的小高峰；④ 134~296 cm 段，该段硅质海绵骨针丰度也都比较低，变化略有起伏，个别位置有丰度骤升的现象，如 194 cm 处和 278 cm 处。

硅藻

一般按照硅质生物骨骼抗溶性能增强的次序，依次为硅鞭藻（最易溶）、硅藻、放射虫和海绵骨针（最抗溶）。海洋硅藻数量丰富，种类繁多，对环境因子反应灵敏，并且是海洋初级生产力的主要代表。海洋中的硅绝大多数是以硅藻的形式保存，但是 D4-9 岩心中硅藻数量甚少，推测可能与溶解有关。D4-9 岩心中海绵骨针数量最丰富、放射虫次之、硅藻数量甚少的现象也符合这一规律。

2）古地磁特征

古地磁年代学分析

由于岩心有孔虫和有机质含量少，且沉积年代久远，传统的碳同位素测年方法很难完整地确定该岩心的沉积年龄，因此采用古地磁定年具有其独特的优势。古地磁定年常用的参数为磁倾角，由于磁极漂移及倒转具有全球性，因此将获取的磁倾角与已知磁性事件对比便能够得出沉积物形成时的年代。近年，已有学者采用磁强度变化来进行对比定年，在第四纪沉积物中运用较多的为 Sint-800 曲线（Guyodo et al.，1999），该曲线较好地反映了 800 ka 以来古地磁强度的相对变化，为高分辨率确定各层沉积物年龄提供了可能。

在南极地区对布容-松山界限发现的报道较多，Patrizia Macrì 曾对东南极数根柱状古地磁做过分析，其中一根 4 m 多长的岩心记录到了 780 ka 前的反向极性时期（Macrì et al.，2005），Luigi Jovane 曾对南极玫瑰海外部一根 16 m 长岩心进行了古地磁分析，在该岩心 5 m 多的位置记录到了松山反极性时期（Jovane et al.，2008）。将 D4-9 岩心磁倾角变化与 Luigi Jovane 所研究的 Eltanin 27-21 岩心磁倾角变化对比发现（图 5-128），二者变化趋势具有较大的相似性。布容正向极性时期的地磁倒转事件，在之前南极古地磁研究中较为少见（Macrì et al.，2001；Macrì et al.，2006；Macrì et al.，2010），由于地磁漂移具有短时性，岩心所在海区沉积速率均较低，若要对古地磁年代进行高分辨率识别，沉积速率须达 10 cm/ka 以上才能将测量的影响降到最低（Roberts et al.，2006）。

因此，在沉积速率低于该值的区域识别短期的极性事件具有一定的不确定性。但在布容与松山正负极性时期交界处二者具有极好的对应关系（图 5-128），在由松山负极性时期进入布容正向极性时期时，发生了一次明显的地磁反转然后才进入正向极性时期，两根岩心均显著地记录了这一事件，进一步说明了 D4-9 岩心确实记录到了 780 ka 前的地磁反极性时期。

对 D4-9 岩心沉积物年龄分析后，可以大致得出，780 ka 以来该岩心所在海域的沉积速率约为 0.35 cm/ka，沉积速率非常低。Ansa Lindeque 等（2013）利用地球物理数据分析后认为鲍威尔海盆在中新世至晚更新世沉积速率为 7.0 cm/ka，也有学者认为在威德尔海盆中部深海区域沉积速率低于 0.4 cm/ka（Diekmann et al.，2009；Walter et al.，2001）。但与相邻海区已报道相关文献对比，D4-9 岩心所记录沉积速率仍属较低，可能与所在海域更新世后的海洋环境变化有关。

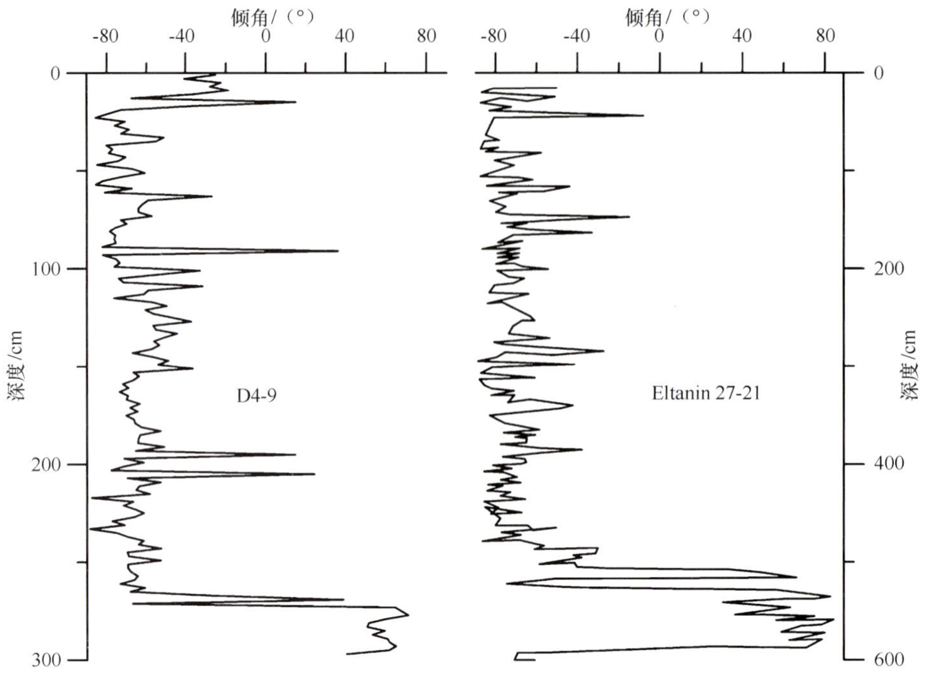

图 5-128　D4-9 岩心与 Eltanin 27-21 岩心磁倾角对比

古地磁特征与沉积过程分析

对 D4-9 岩心沉积物粒级组成变化及磁化率值进行分析，发现该岩心大致记录了 5 次较为明显的沉积事件（图 5-129），突出表现为砂含量的突然升高及对应磁化率值的增加。磁组构测量结果显示，D4-9 岩心中，共有 84 个样品的最大主磁化率轴倾角小于 20°，且最小磁化率轴倾角大于 60°（图 5-129），说明这部分层位磁组构基本上反映了沉积物的原生沉积组构，能够反映出古流向的方向，利用剩磁偏角对主磁化率轴进行岩心采样方位校正，然后绘制出 1~4 次沉积事件中及各事件之间水流流向玫瑰花图（图 5-129），其中由于第 5 次沉积事件及顶底部分层位所记录原生沉积磁组构较少，未能进行玫瑰花图的绘制。

全球气候在过去的 500 ka，普遍认为存在一个 100 ka 的周期震荡，而在 1 000 ka 前该周期为 41 ka（Imbrie et al., 1993; Franck et al., 1994; Petit et al., 1999）。根据南极冰心记录，800 ka 以来全球气候经历了 8 次冰期旋回，在早期 740~430 ka，暖期温度并不高，但暖期在每个旋回中所占比例较高，在约 430 ka 前发生了由冰期向间冰期的转换，该转换持续达 28 ka 之久，这一时期也对应于布朗中期气候突变（Laurent et al., 2004; King et al., 2005; Wolff et al., 2008）。D4-9 岩心磁化率变化并没有显示出明显的旋回变化，但磁化率各向异性度 P 值却存在多次峰值，说明该处水流强度经历了多次强弱变化，现代该处海流主要来自于威德尔海底层冷水流（Oliver et al., 2008），冷水流主要由鲍威尔海盆的南部进入，暖期开始时，冰川大量融化，冷水流也会随之增强，暖期结束时，冰川融化速度减小，冷水流也随之减弱。

第 1 次沉积事件位于松山反极性时期，突出表现为砂含量的突然升高，磁化率值也有所升高，持续时间较短，水流方向以 NW—SE 向为主。第 1 次事件结束之后，沉积物粒级组成未发生大的波动，磁化率值在底部有所变化，相对来讲属于一个较稳定时期，古水流方向主要为两组，分别为 N—S 向及 SE—NW 向。

第 2 次沉积事件发生时间也较短，古水流并没有集中的方向，以 NS 向的一组占主导。第

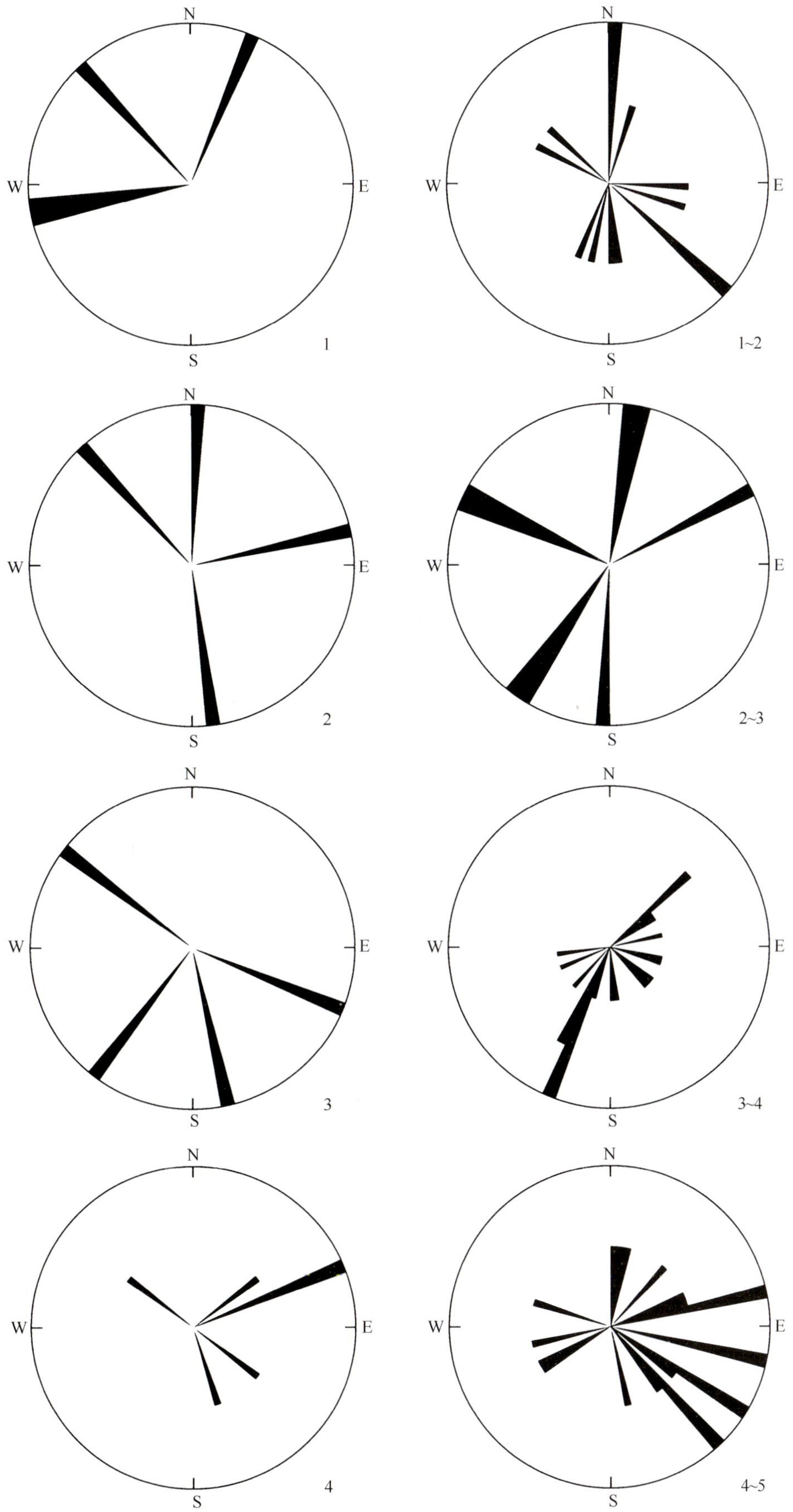

图 5-129　各层位最大主磁化率轴偏角方位玫瑰花

2 次事件结束之后，沉积物粒级逐渐由粗变细，而后又逐渐变粗，磁化率值处于逐渐降低的趋势，古水流向也并不太集中，以 NE 及 SW 向为主。

第 3 次沉积事件位于 200 cm 处，古水流方向也较为分散，但以 SE—NW 向为主。第 3 次沉积事件结束之后，沉积物粒径也表现出先由粗到细、再由细到粗的特征，磁化率值也表现出逐渐降低的趋势，这一时期古水流向较为集中，主要为 SSE—NE 向，说明这一时期沉积环境较为稳定。

第 4 次沉积事件持续时间较长，突出表现在磁化率值的突然升高，沉积物粒径突然升高之后在波动之中逐步降低，并持续了较长时间，古水流向以 NEE 向为主，这一时期可能对应于 430 ka 前的布朗中期气候突变。第 4 次沉积事件之后，沉积物粒径也表现出轻微的先由粗到细、再由细到粗的特征，磁化率值变化不大，表明沉积环境较为稳定，处于渐变之中，这一时期古水流向也较为集中，以 SEE 向为主。

第 5 次沉积事件持续时间较短，表现为粒径的变粗及磁化率值的升高，该次沉积事件之后，磁化率值一直到顶部，波动均不大。

由分析可以看出，在第 2~5 次事件沉积之间的 3 次过渡间断，大都存在这样一个特点，即沉积物粒径逐渐变粗，然后又逐渐变细，磁化率值在平稳中逐渐降低，沉积物粒级的变化反映了气候由暖到冷，再由冷向暖的过渡。冷期，沉积物来源较少，粒级偏细；暖期，由于冰雪融化，大量细粒物质被冰川携带至此沉积，说明这 5 次沉积事件主要为暖期冰雪融化事件。通过磁组构特征来反映古水流向，相位差可达 180°（吴能友等，1998），结合鲍威尔海盆地貌特征及现代海流特征，可以得出在沉积较稳定时期古流向应主要以 NS 向为主，在几次事件沉积之间的稳定时期，古流向也表现出了这一特点。在 4 次事件沉积过程中，古水流向并没有集中的优势，由于这一时期处于冰雪大量融化阶段，便造成了底层海流的不稳定性。

第6章 普里兹湾海域悬浮体与海底沉积物特征

6.1 区域概况

6.1.1 地理概况

普里兹湾（Prydz Bay）位于南大洋的印度洋扇区、南极大陆边缘65°—85°E之间，是嵌入南极大陆仅次于威德尔海和罗斯海的第三大海湾（图6-1）。其南端与兰伯特冰川-埃默里冰架体系相连接，是东南极冰川（约占东南极冰川的16%~22%）的主要入海口和筏运物质的一个沉积中心（Passchier et al., 2003; Passchier, 2011）。湾东南为英格丽-克里斯滕森海岸（Ingrid Christensen Coast），西侧为麦克-罗宾逊地（Mac. Robertson Land）和达恩利角（Cape Darnley）。

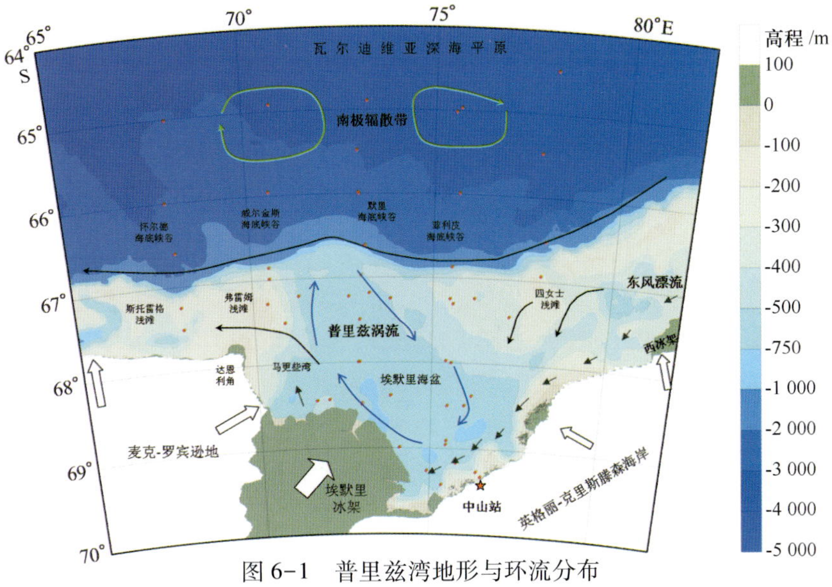

图6-1 普里兹湾地形与环流分布

图中红点为地质取样站位

普里兹湾陆架中央为埃默里洼地或海盆（Amery Depression or Amery Basin），水深600~700 m。埃默里海盆被两条浅滩所包围，东面为四女士浅滩（Four Ladies Bank），西面为弗拉姆浅滩（Fram Bank）。四女士浅滩水深在200~300 m之间，呈NE—SW走向，浅滩向西和向外陆架方向的坡度较小，南部与陆地之间有500 m水深的水道与沿英格丽-克里斯滕森海岸外水深达1 000 m的斯文纳深槽（Svenner Channel）相接。弗拉姆浅滩位于达恩利角的东北侧，将浅水区从岸边向陆架延伸。两条浅滩构成的天然屏障阻碍了海湾与外海水体的交换（Smith and Tréguer, 1994)，仅通过较为狭窄的普里兹水道将埃默里海盆与外海发生水体交换。

普里兹湾陆架以北为半深海—深海区。陆坡上分布着众多的海底峡谷，包括菲利皮峡谷、莫里峡谷、威尔金斯峡谷和怀尔德峡谷；普里兹湾的西北为瓦尔迪维亚深海平原，东北为凯尔盖朗海台。

6.1.2 水团特征

普里兹湾及邻近海域的主要水团包括绕极深层水（CDW）、南极底层水（AABW）、南极表层水（AASW）和普里兹湾陆架水（SW）（蒲书箴，1985）。

CDW 是南大洋分布最广的水团，CDW 的温度 0.5 ℃ $\leqslant T \leqslant$ 2 ℃，盐度 34.50 $\leqslant S \leqslant$ 34.75。可以按温度最大值和盐度最大值，把绕极深层水分为两个核心，上层核心的温度为 0.9～2.5 ℃，盐度为 34.60～34.75，下层核心温度为 1.0～1.8 ℃，盐度为 34.60～34.75。从图 6-2 可以看出，CDW 广泛分布在普里兹湾陆架以北的海域中，是体积最大的水团，主要分布在 200～2 000 m 的深度的海域。CDW 向南基本能延伸到 66°S 附近的海域，68°E 和 70°E 断面向南延伸到 66.5°S，其他几条断面向南延伸到 66°S。CDW 具有很强的涌升现象，主要表现为温度、盐度和密度高于同深度其他纬度的海水。CDW 向上涌升和向南延伸对南极底层水的形成具有重要的意义，CDW 涌升和南伸过程中能否到达陆架上是形成底层水的关键因素，但目前还没有观测数据表明 CDW 可以到达普里兹湾陆架上。

AABW 是全球密度最大的水体，形成于南极周边海域，主要分布在全球大洋的底层，位温小于 0 ℃，34.60 $\leqslant S \leqslant$ 34.72，是低温冰架水和高盐绕极深层水混合密度增加形成的。AABW 与全球大洋环流输送带密切相关，直接影响向极热输送，具有重要的气候意义。目前，已经确认南极威德尔海和罗斯海是 AABW 的重要来源，虽然有些学者讨论了普里兹湾形成 AABW 的可能性，但是还没有观测证据表明普里兹湾是 AABW 的来源。除了 88°E 断面由于观测资料有限之外，在其他 6 个断面的底层均可以发现 AABW 的存在。AABW 在普里兹湾陆架以北海域纬度越低其所处的深度越深。但是，还无法确认普里兹湾邻近海域的 AABW 是局地生成的还是远处输运来的。

SW 陆架水特征与冬季水相似，不同之处在于其形成和分布的位置与冬季水不同，SW 通常被认为是陆架海域对寒冬的"记忆"，是由陆架区中大气、海洋、冰架、海冰和冰川相互作用综合过程形成的。SW 可以分为两类：高盐陆架水（HSSW）和低盐陆架水（LSSW）。HSSW 位温大约-1.8 ℃，盐度大于 34.50，主要分布在普里滋湾内；LSSW 位温大约-1.8℃，但是盐度低于 34.25，主要分布在西冰架附近。图 6-2 显示 HSSW 主要分布在普里兹湾的底层，而 LSSW 仅出现在局部海域。

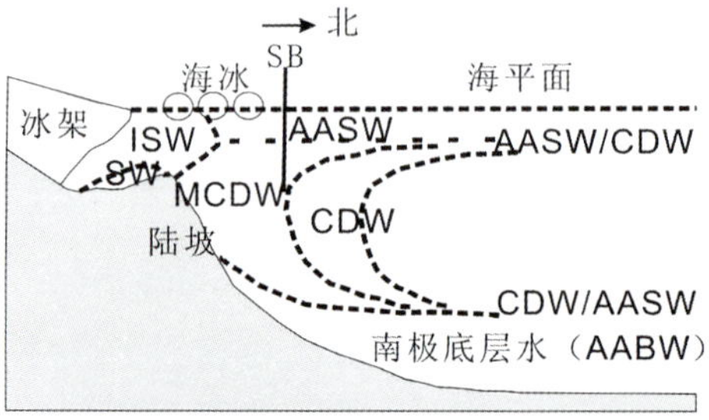

图 6-2　普里兹湾及其邻近海域水团的径向分布示意

6.1.3 海流特征

普里兹湾表层的封闭环流被称为普里兹涡流（Prydz Bay Gyre），其中心位于海湾中西部，气旋式延伸至外海，在大约65°S附近包围南极辐散带（Antarctic Divergence）（Smith et al.，1984；Vaz and Lennon，1996）。普里兹湾沿岸流为东风漂流，经西冰架、埃默里冰架、达恩利角，继续向西流出海湾（Vaz and Lennon，1996）。在陆架坡折处，自东向西流动的海流称为极地流（polar current），它与受西风带控制自西向东流动的绕极流（ACC）之间为南极辐散带的上升流区，相对温暖的绕极深层水在辐散带上涌并侵入陆架。普里兹湾外陆隆区发育等深流，这支等深流可能源自南极绕极深层水的活动（Simith et al.，1984；郑少军，2011）。

6.1.4 海冰

在南半球冬季，普里兹湾自陆架至57°S附近完全冰封。夏季，海冰退至66°S以南，在普里兹湾内形成大面积的开阔水域。来自埃默里冰架和西冰架的浮冰常在四女士浅滩和弗拉姆浅滩着陆，海冰密集度可达60%~100%。埃默里冰架边缘海冰密集度小于68°S以北海域，仅有20%~30%（Dong et al.，2004）。

6.2 表层海水悬浮体特征

6.2.1 悬浮体含量分布特征

普里兹湾及其周边海域表层悬浮体的浓度含量为0.08~6.63 mg/L，平均含量为0.65 mg/L，整体上呈现近岸相对较高、外海相对较低，东部高于西部的分布趋势（图6-3）。悬浮体含量最大值出现在离岸较远的ANT30-P2-2站，最低值出现在ANT29-P7-07站，其中ANT29-IS-01和ANT29-IS-0站分别是另外两个含量高值中心，其含量值分别达到3.08 mg/L和3.45 mg/L；另外两个含量低值中心分别位于ANT29-P5-07和ANT29-P3-02，其含量值分别为0.09 mg/L和0.13 mg/L。从平面分布上看，在普里兹湾近岸与湾口以北65.5°S为中心悬浮体含量为高值区以外，整体悬浮体含量含量偏低。

6.2.2 POC与PON分布特征

南半球夏季，普里兹湾及其周边海域表层悬浮POC的含量范围为0.282~0.838 mg/L，平均含量为0.477 mg/L，整体上呈现近岸相对较高，外海相对较低的分布趋势，POC含量最大值出现在中山站近岸的ANT29-P5-09站，最低值出现在ANT29-P3-03站（图6-4）。在纬向上，大致以67.5°S为界，界线以北的普里兹湾外海海域，表层悬浮POC含量一般小于0.5 mg/L。界线以南的普里兹湾内，表层悬浮POC含量一般大于0.5 mg/L。在66.8°—67.5°S之间的海域，表层悬浮POC含量变化不大，在0.4~0.5 mg/L。而在66.8°S以北的海域表层悬浮POC的含量变化较大，总体上东部高于西部，以ANT29-P3-03站和ANT29-P4-01站为中心出现两个含量低值区，最低含量低于0.2 mg/L。在外海，东部表层悬浮POC含量较西部

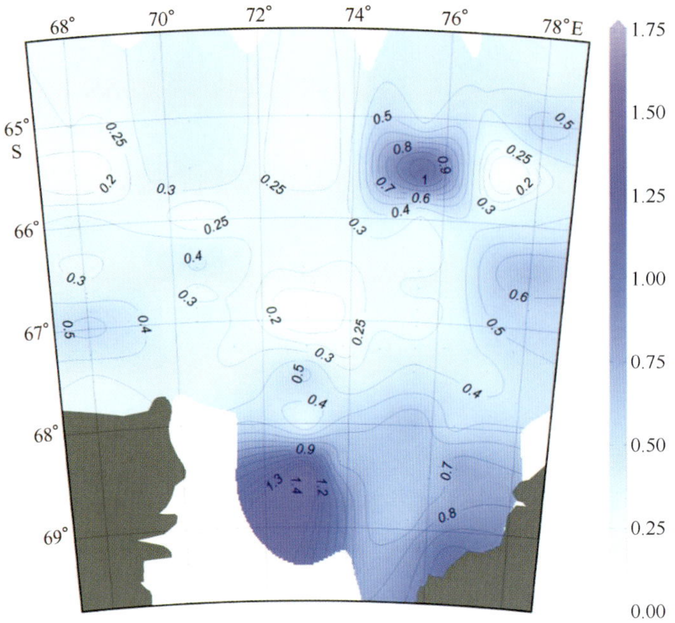

图 6-3　普里兹湾表层悬浮体含量（mg/L）分布

高，在 0.5 mg/L 左右，也呈现由近岸向深水逐渐降低的趋势。

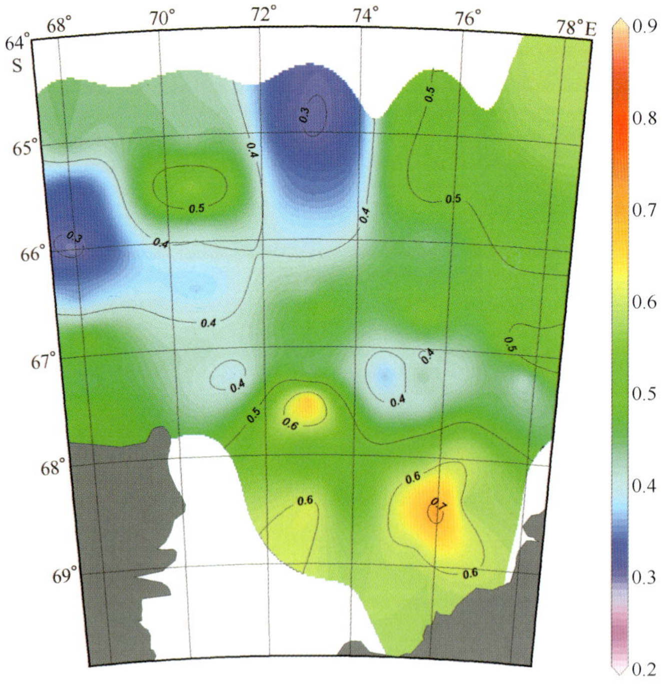

图 6-4　普里兹湾表层悬浮 POC 含量（mg/L）分布

夏季普里兹湾及周边海域表层悬浮 PON 的含量相对较低，分布范围为 0.06~0.17 mg/L，平均含量为 0.10 mg/L，整体上呈现近岸相对较高，外海相对较低的分布趋势，PON 含量最大值出现在中山站近岸的 P6-11 站，最低值出现在 ANT29-P5-01 站（图 6-5）。在纬向上，大致以 67.5°S 为界，界线以北的普里兹湾外海海域，表层悬浮 PON 含量一般小于 0.1 mg/L。

界线以南的普里兹湾内，表层悬浮 PON 含量一般大于 0. 10 mg/L。在 66. 8°—67. 5°S 的海域，表层悬浮 PON 含量变化不大，在 0. 09~0. 10 mg/L。而在 66. 8°S 以北的海域表层悬浮 PON 的含量变化较大，总体上东部要高于西部，ANT29-P5-01 站出现含量低值区，一般含量最低低于 0. 08 mg/L。在外海东部表层悬浮 PON 含量相对较西部高，在 0. 11 mg/L 左右，呈现由近岸向深水逐渐增加的趋势。

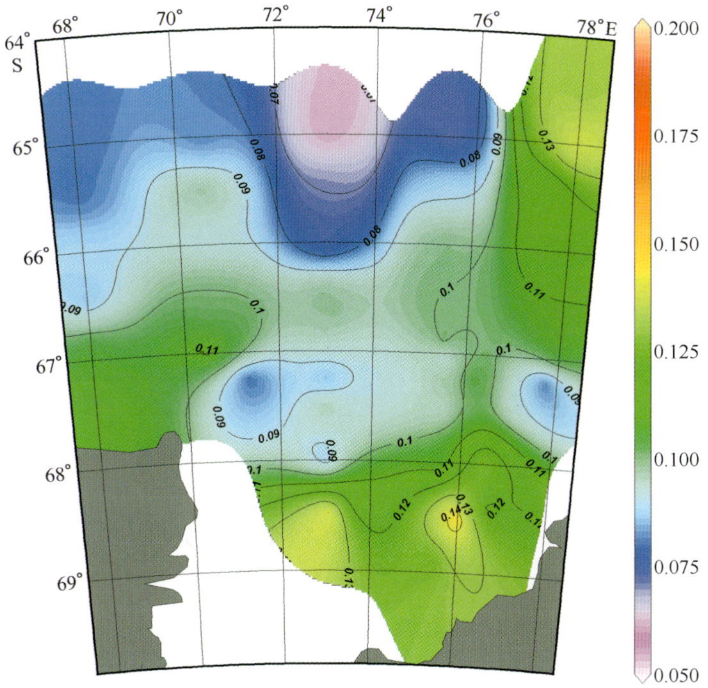

图 6-5　普里兹湾表层悬浮 PON 分布（mg/L）

表层悬浮体中有机 C/N 比值可以作为判断悬浮体物质来源的指标之一。本次调查中普里兹湾周边海域表现悬浮体有机 C/N 比值为 3. 74~10. 25，大部分站位两者比值为 5~6；在外海以 ANT29-P5-01 站为中心，C/N 比值最高，大于 10。而在普里兹湾西部海域 C/N 比值较低，一般小于 5（图 6-6）。总体上显示普里兹湾海域表现悬浮体中有机碳和有机氮具有同源性。

6. 2. 3　$\delta^{13}C_{POC}$与 $\delta^{15}N_{PON}$分布特征

表层悬浮 POC 的 $\delta^{13}C_{POC}$值变化是 POC 物质来源和浮游植物生长过程等的反映。普里兹湾表层悬浮 POC 的 $\delta^{13}C_{POC}$值范围为-29. 68‰~-26. 45‰，平均值为-28. 06‰。$\delta^{13}C_{POC}$值的分布特征相对表层悬浮 POC 含量要复杂，整体上存在自东向西逐渐偏负的趋势，最低值出现在 ANT29-P6-11 站（-29. 68 ‰）和 P4-02 站（-29. 51 ‰），最高值出现在 ANT29-P3-09 站（图 6-7）。在纬向上，68°S 以南区域，$\delta^{13}C_{POC}$值一般小于-28 ‰，相对外海区域明显偏负。在 68°S 以北海域整体呈现西部比东部偏负的趋势。以 72°—74°E 为界，两侧出现显著差异的变化。在 72°E 以西，$\delta^{13}C_{POC}$值由近岸向外海逐渐减小，从近岸的大于-27‰降低至小于 -29 ‰。在 74°E 以东，$\delta^{13}C_{POC}$值由近岸向外海逐渐增加，从近岸的小于-28‰增加至大于-27‰。

普里兹湾表层悬浮 PON 的 $\delta^{15}N_{PON}$值变化较大，变化范围为-22. 52‰~-2. 72‰，平均

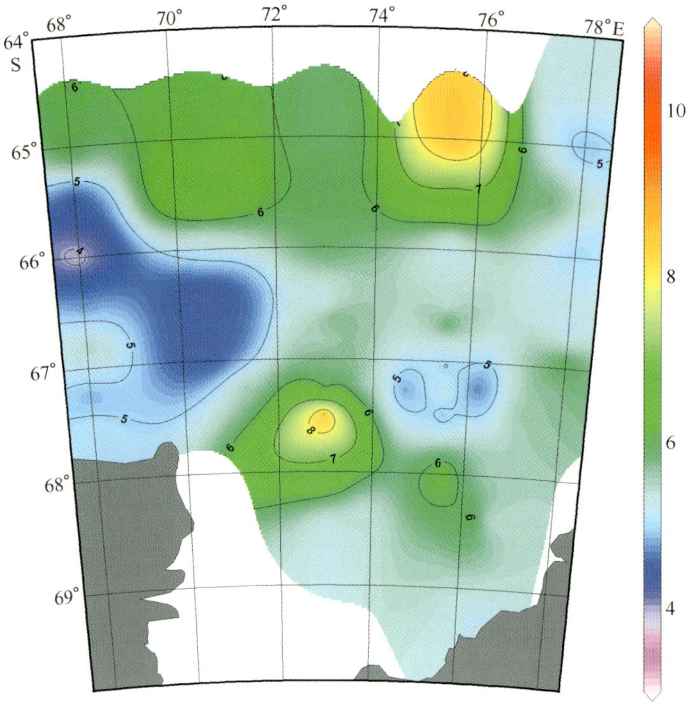

图 6-6　普里兹湾表层悬浮有机 C/N 比值分布

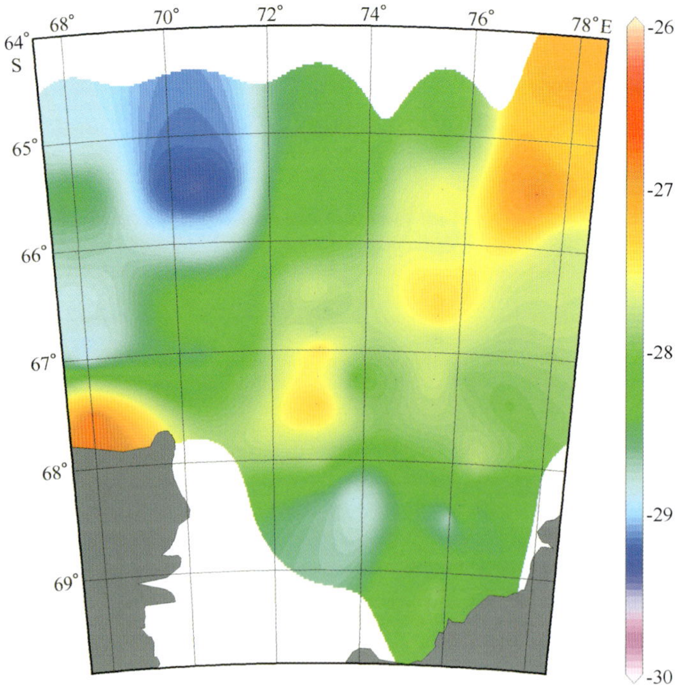

图 6-7　普里兹湾表层悬浮 POC 的 $\delta^{13}C_{POC}$值（‰）分布

值为-12.12‰，$\delta^{15}N_{PON}$值的分布特征相对表层悬浮 PON 含量要复杂，整体上存在从东部向西部逐渐偏负的趋势，最低值出现在 ANT29-P5-07 站（-22.52‰），最高值出现在 ANT29-P6-13 站（图 6-8）。在纬向上，68°S 以南的普里兹湾内，$\delta^{15}N_{PON}$值大于 -10‰，明显高于外部站位。在 68°S 以北的海域整体呈现西部比东部偏负的趋势。以 74°E 为界，两侧出现显著差异的变化。在 74°E 以西，$\delta^{15}N_{PON}$ 值普遍偏负，变化不大。在 74°E 以东，$\delta^{15}N_{PON}$ 值由近岸向外海逐渐降低，从近岸的大于-10‰变为小于-10 ‰，在北部深水区又相对变高。

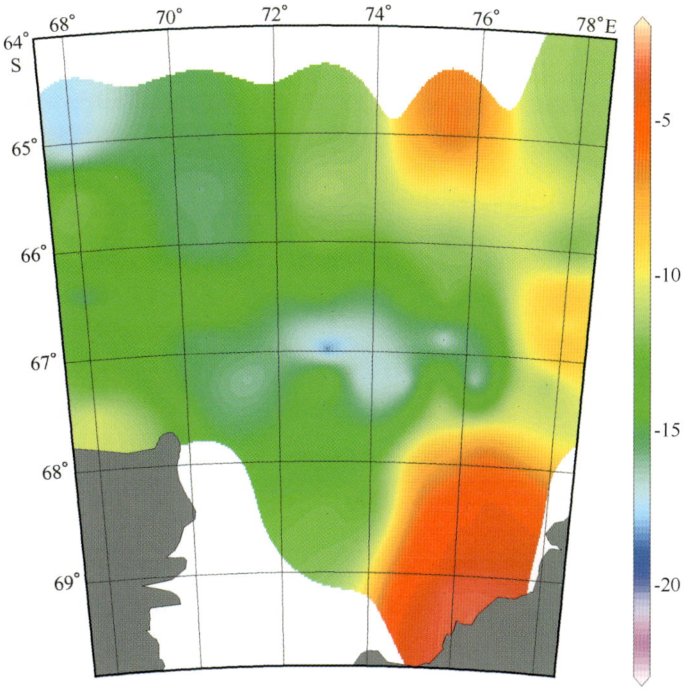

图 6-8　普里兹湾表层悬浮 PON 的 $\delta^{15}N_{PON}$ 值（‰）分布

6.2.4　悬浮体颗粒物质组成

普里兹湾悬浮体物质组分主要为单颗粒和絮凝体两种类型，其中单颗粒粒径普遍较小，个别生物颗粒相对较大，而絮凝体粒径普遍较大。本研究将各站位样品扫描电镜分析结果按照悬浮体组成、絮凝体含量、单颗粒大小、絮凝体大小和 SEM 结果描述等分别进行了估算和统计，其结果见表 6-1。

表 6-1　普里兹湾及其邻近海域悬浮体样品 SEM 分析结果

站号（ANT29-）	悬浮体颗粒组成/%			絮凝体含量/%	单颗粒大小/μm	絮凝体大小/μm	SEM 结果描述
	生物颗粒	矿物颗粒	其他颗粒				
P3-01	60	10	30	5	1~100	10~50	单颗粒为主，生物颗粒以硅藻为主，见有矿物絮凝体
P3-02	80	10	10	5	1~100	10~150	生物颗粒形态完好，以硅藻为主
P3-03	70	20	10	10	1~100	5~30	矿物颗粒见磁铁矿和钛铁矿，见有混杂絮凝体，有机包膜和矿物絮凝体
P3-04	70	10	20	10	1~200	10~150	单颗粒以硅藻为主，絮凝体以混杂絮凝体为主
P3-05	70	10	20	10	1~20	10~50	矿物颗粒见有石英和长石，絮凝体以混杂絮凝体和有机包膜为主
P3-06	50	30	20	15	1~80	10~50	矿物颗粒较多，有石英、长石和云母等

续表

站号（ANT29-）	悬浮体颗粒组成/%			絮凝体含量/%	单颗粒大小/μm	絮凝体大小/μm	SEM 结果描述
	生物颗粒	矿物颗粒	其他颗粒				
P3-07	30	20	50	20	1~100	10~80	其他颗粒为主，絮凝体主要为混杂絮凝体
P3-08	50	20	30	10	1~150	10~100	矿物颗粒以石英和长石为主，絮凝体见硅藻絮凝体和混杂絮凝体
P3-09	75	10	15	10	1~200	10~50	以硅藻为主的生物颗粒为主，絮凝体见硅藻絮凝体和混杂絮凝体
P4-01	80	5	15	15	1~200	10~100	生物颗粒为主，主要为硅藻，絮凝体见硅藻絮凝体和混杂絮凝体
P4-02	70	5	25	15	1~200	10~100	生物颗粒为主，主要为硅藻，絮凝体见有机包膜
P4-03	80	10	10	10	1~200	10~50	生物颗粒为主，主要为硅藻，絮凝体主要为混杂絮凝体
P4-04	65	20	15	5	1~200	10~30	以硅藻为主的生物颗粒为主，矿物以石英和长石为主，见有云母
P4-05	70	10	20	20	1~250	10~100	生物以硅藻为主，矿物以石英为主，絮凝体以硅藻絮凝体和混杂絮凝体为主
P4-06	50	20	30	5	1~150	10~50	生物颗粒为主，矿物以石英和长石为主，絮凝体以混杂絮凝体为主
P4-07	80	10	10	10	1~200	10~30	生物颗粒为主，矿物以石英和长石为主，絮凝体主要为混杂絮凝体
P4-08	70	5	25	30	1~100	10~200	以硅藻为主，絮凝体以硅藻絮凝体为主
P4-09	80	5	15	5	1~150	10~30	以硅藻为主，絮凝体见硅藻絮凝体
P5-01	60	10	30	10	1~100	10~30	以硅藻为主，矿物颗粒中见有磁铁矿，絮凝体以有机包膜为主
P5-02	80	5	15	10	1~100	10~30	生物颗粒为主，矿物以石英和长石为主，偶见云母，以混杂絮凝体为主
P5-03	50	25	25	10	1~200	10~100	矿物颗粒以石英和长石为主，见钛铁矿，絮凝体以混杂絮凝体为主
P5-04	70	10	20	10	1~150	10~100	矿物以石英和长石为主，絮凝体以混杂絮凝体为主
P5-07	75	10	15	5	1~200	10~100	单颗粒形态较好，矿物见方解石，絮凝体以混杂絮凝体为主
P5-09	60	10	30	10	1~300	10~150	生物颗粒以硅藻为主，絮凝体以硅藻絮凝体和混杂絮凝体为主
P5-10	80	10	10	5	1~250	10~30	生物颗粒为主，矿物以石英和长石为主
P5-11	50	10	40	30	1~50	10~50	生物以硅藻为主，矿物以石英和长石为主，絮凝体以有机包膜为主
P6-01	70	15	15	10	1~150	10~50	生物以硅藻为主，矿物中见有锆石，絮凝体以混杂絮凝体为主
P6-02	40	10	50	10	1~200	10~50	以其他颗粒为主，絮凝体以混杂絮凝体为主
P6-03	85	5	10	5	1~350	10~30	以硅藻为主，矿物主要为石英
P6-04	65	20	15	5	1~100	10~30	生物以硅藻为主，矿物以石英为主

续表

站号（ANT29-）	悬浮体颗粒组成/%			絮凝体含量/%	单颗粒大小/μm	絮凝体大小/μm	SEM结果描述
	生物颗粒	矿物颗粒	其他颗粒				
P6-06	75	10	15	5	1~400	10~30	生物颗粒以硅藻为主，矿物见有片状矿物
P6-08	65	20	15	5	1~200	10~30	生物颗粒主要为硅藻，矿物较多，以石英和长石为主
P6-09	50	30	20	15	1~300	10~50	矿物较多，石英和长石为主，见方解石，絮凝体以硅藻和混杂絮凝体为主
P6-10	80	10	10	5	1~400	10~30	生物颗粒以硅藻为主，矿物以石英和长石为主
P6-11	80	5	15	10	1~400	10~50	生物颗粒以硅藻为主，絮凝体主要为硅藻絮凝体
P6-12	80	5	15	10	1~150	10~150	生物颗粒以硅藻为主，矿物以石英为主
P6-13	85	5	10	5	1~50	10~150	生物颗粒以硅藻为主，絮凝体以混杂絮凝体为主
P7-05	70	15	15	10	1~50	10~50	生物颗粒为主，絮凝体以混杂絮凝体为主
P7-06	70	15	15	10	1~100	10~50	矿物以石英、长石为主，见有片状矿物，见有微型藻类絮凝体和混杂絮凝体
P7-07	75	10	15	5	1~200	10~30	生物颗粒为主，形态完好，矿物颗粒见方解石
P7-08	60	25	15	10	1~200	10~50	以硅藻颗粒为主，矿物以石英和长石为主
P7-10	75	10	15	5	1~150	10~30	生物颗粒为主，矿物以石英和长石为主
P7-12	70	15	15	10	1~400	10~50	生物颗粒为主，絮凝体以混杂絮凝体为主
P7-13	80	10	10	10	1~200	10~30	生物颗粒为主，矿物中偶见方解石，絮凝体以混杂絮凝体为主
P7-14	80	5	15	5	1~50	10~100	生物颗粒主要为硅藻，形态较好
P7-15	80	5	15	10	1~400	10~100	生物颗粒为主，主要为硅藻，絮凝体以混杂絮凝体为主
P7-16	80	5	15	5	1~50	10~30	生物颗粒为主，主要为硅藻，颗粒形态完好
M4-old	80	5	15	15	1~250	10~150	生物颗粒为主，主要为硅藻，絮凝体以硅藻絮凝体为主
Zs	80	5	15	10	1~30	10~100	生物颗粒为主，主要为硅藻，絮凝体以混杂絮凝体为主
PA-01	70	10	20	10	1~30	10~30	生物颗粒为主，絮凝体以混杂絮凝体为主
PA-03	80	10	10	10	1~300	10~30	生物颗粒为主，形态较好，矿物多见石英和长石，混杂絮凝体为主
PA-04	70	15	15	5	1~30	10~30	生物颗粒为主，形态较好，矿物多见石英和长石，混杂絮凝体为主
PA-05	60	25	15	5	1~150	10~30	矿物颗粒较多，石英、长石为主，絮凝体主要为混杂絮凝体
平均	70	12	18	10	-	-	-

注：表中百分含量为在扫描电镜40倍放大条件下各组分的面积百分比.

6.2.4.1 颗粒组成

单颗粒悬浮颗粒物主要包括生物碎屑颗粒、矿物碎屑颗粒和其他颗粒等3种类型。

1）生物碎屑颗粒

根据扫描电镜与能谱分析结果，悬浮颗粒物中生物颗粒含量在单颗粒组分中占有绝对优势，其含量在30%~85%，平均值达70%（表6-1）。生物碎屑颗粒主要为硅藻等硅质生物（图6-9），其中硅藻种类较多，主要为中心纲和羽纹纲的种类，包括胡克星脐藻（*Asteromphalus hookeri*）、海链藻（*Thalassiosira* sp.）、角毛藻（*Chaetoceros* sp.）、辐杆藻（*Bacterias-*

trum sp.）、南极弯角藻（*Eucampia antarctica*）、柱状拟脆杆藻（*Fragilariopsis cylindrus*）、克格伦拟脆杆藻（*Fragilariopsis kerguelensis*）等。

图 6-9　普里兹湾表层悬浮颗粒物中的生物颗粒

a~b：胡克星脐藻；c~e：海链藻；f~h：羽纹纲硅藻；i~j：角毛藻；k~l：环毛藻；m：南极弯角藻；n~o：克格伦拟脆杆藻；p~r：硅鞭藻

2）矿物颗粒

悬浮颗粒物粒度细小，矿物颗粒在扫描电镜中，只通过形貌很难准确判断其种类，结合能谱半定量分析的颗粒物元素组成及比例可以相对准确地确定矿物种类。考察区样品中矿物颗粒相对较少，其含量在5%~30%，平均为12%（表6-1）。矿物颗粒主要为石英、钾长石、钠长石和钙长石等铝硅酸盐造岩矿物，还偶见有锆石、磁铁矿、钛铁矿等氧化物以及方解石等碳酸盐矿物和云母等片状矿物。其中锆石（表6-1和图6-10 m）仅在P6-01站有发现；磁铁矿（表6-1和图6-10n）在P3-03站和P5-01站有发现；钛铁矿（表6-1和图6-10o）在P3-03站和P5-03站有发现；云母（表6-1和图6-10q~r）则在P3-06站和P4-04站有发现；方解石（表6-1和图6-10p）相对较多，在P5-07站、P6-09站、P7-07站和P7-13站均有发现。

3）其他颗粒

其他颗粒主要是一些细小的有机物，还包含少量的黏土矿物等，其粒径普遍较小，其含量在10%~50%，介于生物颗粒和矿物颗粒之间，平均为18%（表6-1）。

6.2.4.2 絮凝集合体的类型

对扫描电镜中不同颗粒物的含量进行统计，发现考察区表层悬浮颗粒物中絮凝集合体的含量在5%~30%，平均为10%（表6-1）。根据絮凝集合体中的主要物质组成差异可以将其分为硅藻絮凝集合体、微型藻类絮凝集合体、矿物絮凝集合体、有机包膜和混杂絮凝集合体等5种类型。

硅藻絮凝集合体和微型藻类絮凝集合体的形成均与生物过程有关，是由硅藻和微型藻类分泌的胞外聚合物（extracellular polymeric substances，EPS）的黏合形成的（李洪波和邵魁双，2011），其中硅藻絮凝集合体是由于硅藻的刚毛及其分泌黏液在粘连的同时吸附其他细小颗粒形成的；微型藻类絮凝集合体是在有机质作用下微型藻类与细小颗粒相互吸附形成的（方建勇和陈坚，2008；Alldredge and Silver，1988）。硅藻絮凝集合体在考察区表层水体中广泛存在（表6-1和图6-11a~c），而微型藻类絮凝集合体则仅在P7-06站有发现（表6-1和图6-11h~i），该站悬浮颗粒物中直径1~2 μm的微型藻类组成的絮凝集合体可达到60~70 μm。

矿物絮凝集合体是在海水中有机质的作用下，许多细小的单个碎屑矿物聚集而成的（方建勇和陈坚，2008；Alldredge and Silver，1988）。考察区表层选颗粒物中矿物絮凝集合体出现的站位不多，仅在P3-01站和P3-03站中有观察到（表6-1和图6-11f~g）。

有机包膜是一种膜状的胶体物质，扫描电镜下呈暗黑灰色膜状覆盖在滤膜上，其形态因为在采水过滤中受到破坏与其在水中的原始状态有差异。有机包膜能够捕获和聚集矿物颗粒和生物碎屑，在海洋生物地球化学过程中有重要意义（张怀静等，2007；Alldredge and Silver，1988）。能谱测试显示其化学元素组成主要为C、N和O，有机包膜在考察区样品中广泛出现（表6-1和图6-11j~l）。

混杂絮凝集合体主要由生物碎屑、矿物颗粒等在布朗运动和生物黏液作用下，经过颗粒之间的碰撞和粘附而形成（Alldredge，1998）。混杂絮凝集合体成分比较复杂，主要为各种硅藻、碎屑矿物颗粒以及细小的黏土颗粒等（表6-1和图6-11m~r）。

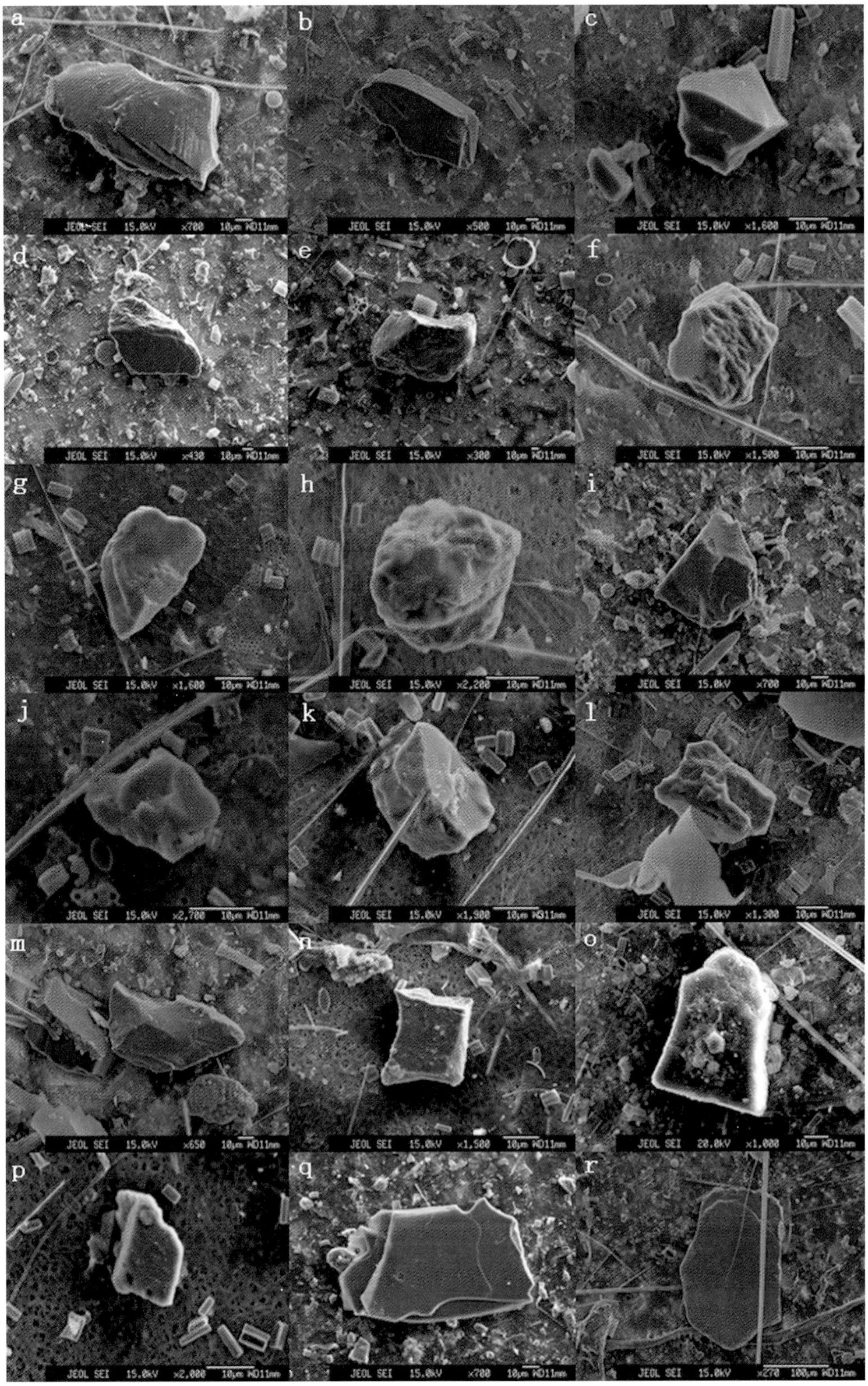

图 6-10　普里兹湾表层悬浮颗粒物中的矿物颗粒

a~c：石英；d~f：钾长石；g~i：钠长石；j~l：钙长石；m：锆石；n：磁铁矿；o：钛铁矿；p：方解石；q~r：云母

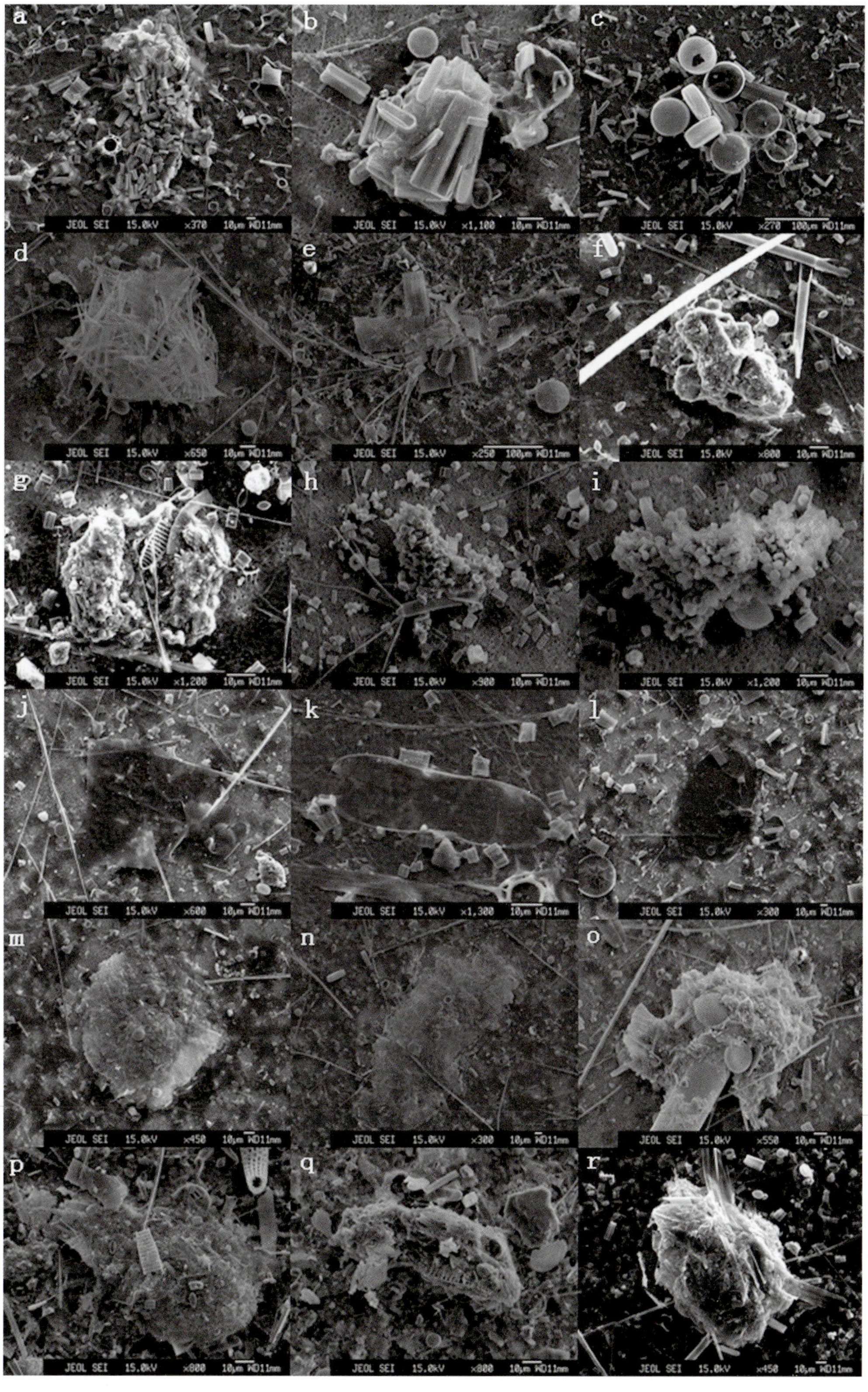

图 6-11 普里兹湾表层悬浮颗粒物中的絮凝集合体

a~e：硅藻絮凝集合体；f~g：矿物絮凝集合体；h~i：微型藻类絮凝集合体；j~l：有机包膜；m~r：混杂絮凝集合体

6.2.5 悬浮体有机碳同位素的物源与环境指示意义

利用遥感反演计算获得夏季普里兹湾表层水体叶绿素 a 含量、海表水温（SST）和浮冰覆盖率等数据，可以弥补现场观测区域小和时间局限的缺点，从宏观上展示普里兹湾及其周边海域夏季海洋环境状况，为研究悬浮颗粒 POC 的分布及其变化提供参考。图 6-12 为利用遥感资料解译的 2013 年 2—3 月普里兹湾及其周围海域海表叶绿素 a 含量、海表水温（SST）和浮冰覆盖率平均分布图。

夏季普里兹湾表层水叶绿素 a 含量变化范围为 0.1~1.2 mg/m^3，总体上含量相对较低，呈现近岸高，深水区低的趋势。高值区主要位于普里兹湾内以及南极洲大陆近岸海域，分布范围较局限（主要在 67.5°S 以南），叶绿素 a 含量一般大于 0.6 mg/m^3。在普里兹湾内呈现东部高于西部，中山站附近最高的特征。在 67.5°—62.5°S 的广大海域，叶绿素 a 含量非常低，一般小于 0.3 mg/m^3，属于南大洋寡生产力海域。62.5°S 以北的东部海域，叶绿素 a 含量又有增加，一般在 0.4~0.8 mg/m^3（图 6-12a）。

大量海冰常年存在形成南极海域独有环境特征，海冰阻碍了大气环境对下覆水体的影响，形成了相对孤立的环境。海冰的季节性变化会影响下覆水体的水文过程、水温和光合作用，从而主导了水体浮游生物的生存环境。普里兹湾夏季的表层海冰覆盖率由湾内向湾口降低，在湾外部的开阔海域逐渐较小为 0（图 6-12c）。浮冰覆盖率在冰架入海处最高，一般大于 0.8；同时，在外海也存在零星的浮冰，覆盖率一般小于 0.5。湾外东部海区海冰的覆盖率明显高于西部海区，与表层水体叶绿素 a 含量分布特征一致。

南大洋表层水温的分布主要受太阳辐射、融冰以及海洋气象、海流时空变化等因素控制。2013 年 2—3 月普里兹湾周边海域表层水温度范围为-1.4~1.8 ℃，平均为-0.98 ℃，整体上呈现由南向北逐渐增加的趋势，受大陆冰川及近岸浮冰的影响，普里兹湾内及南极大陆海岸附近水温最低，一般低于 0 ℃（0 ℃等温线大致在 66°S 附近）。66°S 以北海域海表温度逐渐增加，一般大于 0 ℃（图 6-12b）。普里兹湾夏季的海表温度与表层浮冰覆盖率分布特征的对应良好。

海洋中 POC 含量分布受陆地径流、沿岸上升流、光照、营养盐、生物活动等各种物理、化学和生物过程的影响。本次调查中发现夏季普里兹湾 POC 高值区主要分布在冰架沿岸，等值线密集，在整个调查区域上 POC 浓度表现为由湾内向外海逐渐减小的趋势，湾内 POC 平均含量 0.61 mg/L，中山站附近海域 POC 含量最高，湾外平均含量 0.33 mg/L，湾内的 POC 含量远远大于湾外的。于培松等（2011）在南极 22 航次调查期间对普里兹湾及其邻近海域表层海水 POC 调查发现，普里兹湾内 POC 平均值高达 0.72 mg/L，湾外较低，只有 0.13 mg/L；扈传昱等（2001）在 15 航次调查中也发现，普里兹湾内 POC 平均值高达 0.53 mg/L，湾外平均值 0.17 mg/L，这些结果与本次调查获得 POC 含量及其空间分布基本一致。邱雨生等在 15 航次和 16 航次期间对该海域的初级生产力研究也发现，水体初级生产力也呈现湾内高，湾外低（陆坡、深海区最低）的特征，也与本次调查结果相印证。刘子琳等（1997）在 1991 年和 1992 年夏季，对普里兹湾邻近海域初级生产力以及颗粒有机碳浓度研究中发现，在普里兹湾周边北部陆架和湾外东部海区初级生产力和颗粒有机碳浓度均高于西部海区，这一结果也与本研究中获得的普里兹湾外东部海区表层 POC 高于西部的相一致。通过本航次对 POC

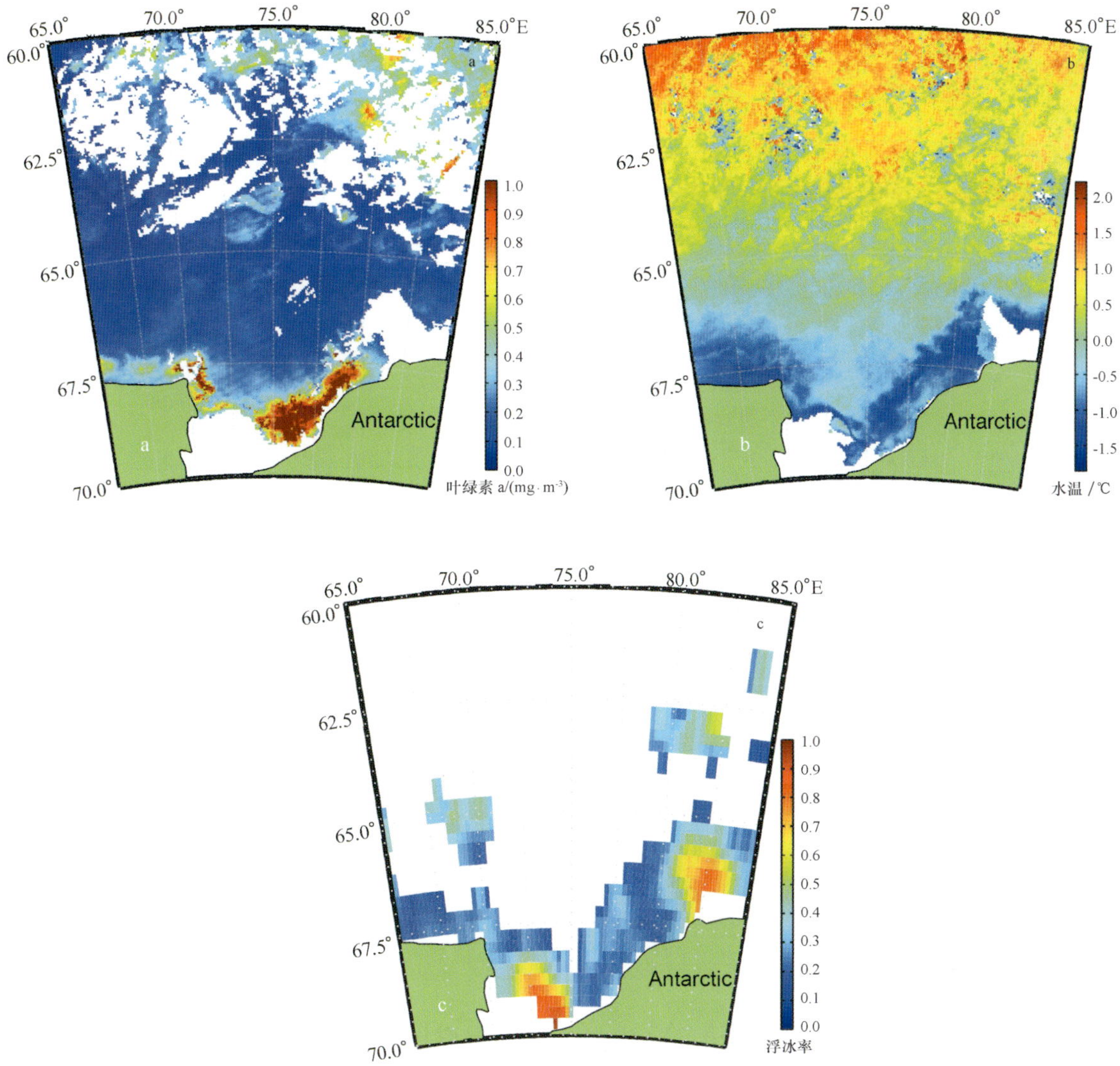

图 6-12 普里兹湾表层叶绿素 a（a）、水温（b）和浮冰覆盖率（c）分布

含量和遥感资料解译获得表层叶绿素 a 含量数据分布特征也与这一分布趋势相一致。

由遥感解译获得普里兹湾附近海域表层叶绿素 a 含量与悬浮 POC 含量的分布趋势基本一致。第 15 和 22 南极航次对表层 POC 与叶绿素 a 调查发现 POC 与叶绿素 a 之间存在显著相关，其相关系数分别为 0.889（$n=91$）和 0.79（$n=114$），这一结果反映了普里兹湾海域 POC 的分布和变化主要受浮游植物的影响。综合本次调查和以前调查结果，普里兹湾附近海域表层悬浮 POC 主要是夏季浮游植物产生的。

海冰的分布也是影响表层悬浮 POC 含量的因素之一，刘广山等（2005）对普里兹湾及邻近海域初级生产力分布的研究发现，考察船附近海冰溶解以后，海冰中的冰藻融入海水，海水中初级生产生物量达到最大值，初级生产力成数量级的增加。刘子琳等（1997）对 1991/1992 年夏季普里兹湾及湾口区叶绿素 a 和初级生产力研究也发现，海湾和陆架区现场生产力均超过 1.5 g/(m^2·d)（以碳计），而陆坡、深海区约 0.5 g/(m^2·d)（以碳计），高生产力位于高生物量的近岸海湾和陆架冰间湖区；金思韵等（2012）也发现普里兹湾区的叶绿素 a 的分布以陆架坡为界，湾内向湾外表现出明显的递减趋势。本研究通过遥感反演获得调查区海冰覆盖率的分布，发现调查区海冰分布规律与水体 POC 含量和叶绿素 a 浓度基本一致。综合以上结果，普里兹湾海冰的消融对该地区海洋的初级生产力具有重要的影响。在普里兹湾内靠近中山站附近海域浮冰覆盖率最高，密集的浮冰在海面形成屏障，阻挡了风浪的传播，减弱了水体的交换，使该海域水体相对稳定，为浮游植物的生长繁殖提供了良好的环境，因此该海域表层水中的叶绿素 a 浓度最高。在普里兹湾内，由于东西两侧四女士浅滩和福拉姆浅滩及其冰山、浮冰的阻挡，使湾外的风浪难以向湾内传播，减小了湾内外深层水的交换。同时，夏季埃默里冰架区冰雪的融化不仅将部分冰中的藻类释放到海水中，还使表层海水的盐度降低，低密度的冰融水浮于高密度的海水之上，产生稳定的层化，促使浮游植物快速生长。随着海冰的溶解，带来了大量的陆源物质，特别是南大洋中生物生长需要的活性铁等，也增加了水体初级生产力，形成相对高的叶绿素 a 和 POC 含量区。Lin 等（2011）通过对南极附近浮冰周围海水中活性铁的研究发现，海冰附近水体中溶解铁的含量从 0. 58 nmol/L 增加到 2. 92 nmol/L，在海冰 1 km 半径内海水中的溶解铁的浓度增加 60%。Shaw 等（2011）在威德尔海的研究也发现南极浮冰是南大洋表层水体中生物活性铁的重要来源。而普里兹湾外的大陆坡是东风漂流和西风漂流的交汇处，深海区处于西风带的南沿，风浪大，水体混合剧烈，稳定性小，不利于浮游植物的栖息和生长，从而使浮游植物丰度和现存量减小，初级生产力和新生产力降低，相应的表层水中叶绿素 a 含量和 POC 含量也较低。

海洋 POC 的来源多样，即使对于同一海区，不同时间，不同空间 POC 的来源组成也可能不同，利用 $\delta^{13}C_{POC}$ 可以较准确地判断 POC 的主要来源和形成过程。影响水体 POC 碳同位素组成的主要因素包括陆源有机质输入，浮游植物的生长速率，浮游植物种属，二氧化碳的溶解度等。夏季普里兹湾外的深海区，陆源有机质的输入相对较少，水体中 POC 主要来源为夏季浮游植物产生，水体中 POC 的碳同位素主要受到了浮游植物自身形成过程的影响。Kopczyńska（1994）和 Zhang 等（2013）研究发现，普里兹湾表层悬浮有机颗粒物 $\delta^{13}C_{POC}$ 的值变化与有机质含量直接相关，POC 含量越高其 $\delta^{13}C_{POC}$ 值相应的也偏高。Brian 等（1999）在南极附近海域发现，颗粒有机碳 $\delta^{13}C_{POC}$ 值与海水溶解 CO_2 含量之间有很好的相关性，有机碳 $\delta^{13}C_{POC}$ 值随着海水溶解 CO_2 含量增加而逐渐减小，同时发现浮游植物种属和生长速率对颗粒有机碳 $\delta^{13}C_{POC}$ 值存在较大的影响。以上的这些因素可能是普里兹湾东部海域表层悬浮颗粒物中 $\delta^{13}C_{POC}$ 值由近岸向外海，以及 67°S 以北海域从东向西逐渐偏负的原因，即表层水中浮游植物生长速率降低，海水中溶解 CO_2 的转化速率变低，浮游植物在从无机碳向有机碳的转化过程中产生了较强的生物分馏作用，导致低生产率海区 $\delta^{13}C_{POC}$ 出现偏负的现象。

张远辉等（1997）在 1991 年 12 月至 1992 年 1 月采用红外分析法，现场测定了普里兹湾及其邻近海域表层水和大气分压，发现表层水 PCO_2 的分布大致呈近岸低、远岸高的特征。Gao 等（2008）通过对表层水 PCO_2 调查发现，普里兹湾表层水的 PCO_2 以 65. 5°S 为界，湾内（陆架及陆坡区）明显低湾外深海区。这些结果进一步证实了在普里兹湾外海域表层水中 $\delta^{13}C_{POC}$ 值可能受到浮游植物吸收固定 CO_2 速率的影响。

Zhang 等（2014）在第 22 南极考察期间对本次调查区东部海域水中的 POC 的碳同位素进行研究，发现普里兹湾陆架至深海表层悬浮有机颗粒物 $\delta^{13}C_{POC}$ 的值变化范围为 −25. 3‰～−27. 5‰，变化趋势也表现为从近岸向远海逐渐降低。这些结果与本次调查中相同海域的分布趋势类似。然而，本次调查中还发现靠近中山站附近近岸海域的 $\delta^{13}C_{POC}$ 值相对附近海域异常偏负，这与其他调查区高浓度叶绿素 a 对应高的悬浮有机颗粒物 $\delta^{13}C_{POC}$值的分布规律相矛盾。Kopczyńska 等（1994）对普里兹湾附近海域浮游植物的组成和颗粒有机碳同位素研究发现，不同种属藻类的 $\delta^{13}C_{POC}$值存在较大差异；普里兹湾 3 种生物组合的碳同位素存在明显的差异，其中羽纹硅藻如 *Nitzschia curta* 和 *N. subcurvat* 具有相对高的碳同位素值，其范围为 -20.12‰~-22.37‰；而棕囊藻（*Phaeocystis*）、裸鞭毛虫（naked flagellates）、自养甲藻（autotrophic dinoflagellates）等具有较低的碳同位素值，其值范围在-29.73‰~-31.85‰，因此普里兹湾内东部海域低的悬浮有机颗粒物 $\delta^{13}C_{POC}$值可能是浮游植物种属改变的影响。

Cozzi 等（2011）在南极洲特拉诺瓦湾对颗粒有机质浓度和同位素研究中发现，冰层上的陆源颗粒有机碳的同位素值显著偏负，其 $\delta^{13}C_{POC}$一般低于-29.3‰。夏季中山站附近海域近岸陆地出露，部分低碳同位素的陆源腐殖质可能随着冰川的消融输入到近岸的水体中，相应降低了该海域水体中悬浮有机颗粒物 $\delta^{13}C_{POC}$的值。

6.2.6 悬浮颗粒物类型及分布的控制因素

海洋中悬浮颗粒物的物质组分及分布受多种因素影响，与其所处的海洋系统密切相关。考察区海域主要受西向的东风漂流和南极陆坡流影响。考察区颗粒物的输入包括季节浮冰携带入海的矿物颗粒以及夏季海冰融化，海水营养盐升高，海洋生物（主要为硅藻）暴发产生的生源物质等。考察区特殊的海底地形和单一西向的海流使悬浮颗粒物含量整体呈现近岸高，向远海逐渐降低的分布特征（图 6-3）。

悬浮颗粒物中以硅藻占绝大多数的生物颗粒为主。硅藻是南大洋生态系统中的主要生产者，贡献了输入到深海有机碳通量的50%以上（Nelson et al., 1995）。在普里兹湾，表层沉积物中生物硅的含量平均高达 30.9%（扈传昱等，2007）。普里兹湾近岸海域受到冰川融化入海的影响，包括营养盐在内的陆源碎屑物质入海，使得初级生产力得以提高，海洋生物含量增加，水体叶绿素 a 浓度、初级生产力的高值均出现在内湾和湾口陆架区，其量值远高于陆坡和深海区（Yin et al., 2014；刘诚刚等，2004），这种分布格局与悬浮颗粒物含量的分布大体一致（图 6-13），在 P6-2 站悬浮颗粒物含量明显比周围站位的要高（含量大于 1 mg/L），扫描电镜显示该站悬浮颗粒物以细小的有机物为主（占总悬浮颗粒物颗粒数量的 40%以上），矿物颗粒和生物颗粒含量相对较低，可能是在取样和抽滤过程中有杂质混入，其具体成分及其来源有待深入研究确认。从悬浮颗粒物各组分的含量分布上可以看出（图 6-13），生物颗粒总体上呈现 SE—NW 向带状高含量分布特征，东南部近岸海域生物颗粒含量相对较高是普里兹湾东岸冰川携带大量陆源物质入海，引起生物暴发，海洋初级生产力较高的主要体现。该区域是陆地冰川入海的直接通道，陆源矿物颗粒物的入海通量应该也较高，研究结果显示该区域矿物颗粒物的含量在悬浮颗粒物中所占百分比相对较低，这可能是受到悬浮颗粒物中生源组分及絮凝体组分含量高的影响，其含量稀释了矿物颗粒物相对含量。由于扫描电镜无法确定各组分的绝对含量，无法定量讨论陆地冰川入海在近岸海域对各组分的通量的影响。在水深相对较深的西北部悬浮颗粒物中生物颗粒总体上也较高，可能入海海冰在东风漂流以及普里兹湾环流的携带下向西北部运移过程中逐渐融化促进了海洋生物的生长引起的。在遥感反演的本次调查期间考察区海冰覆盖率分布上显示在 65°S、68°E 附近海域（与生物颗粒相对高值区范围基本一致）海冰覆盖率明显高于周边其他海域（Yin et al., 2014），海冰在运移过程中逐渐融化，携带的颗粒物（包括营养盐等）逐渐向海水中转移，促进了海水中的生物生长（Lin et al., 2011; Shaw et al., 2011），故该区域内生物颗粒的增加可能主要与海冰融水有关。与生物颗粒含量分布不同，矿物颗粒含量高值区主要分布在66.5°S附近的陆架坡折带，这种特征显示其含量分布可能与地形急剧变化及其导致的海洋水动力变化有关。其他单颗粒含量和絮凝集合体含量分布具有相似的特征，整体呈现西北相对高、东南相对低的趋势。这种分布趋势与总的悬浮颗粒物含量分布相反，是以硅藻为主的生物颗粒含量在总表层悬浮体颗粒中占主导地位的反映，同时顺时针方向的普里兹湾环流在颗粒物输运中也起到了重要的作用。

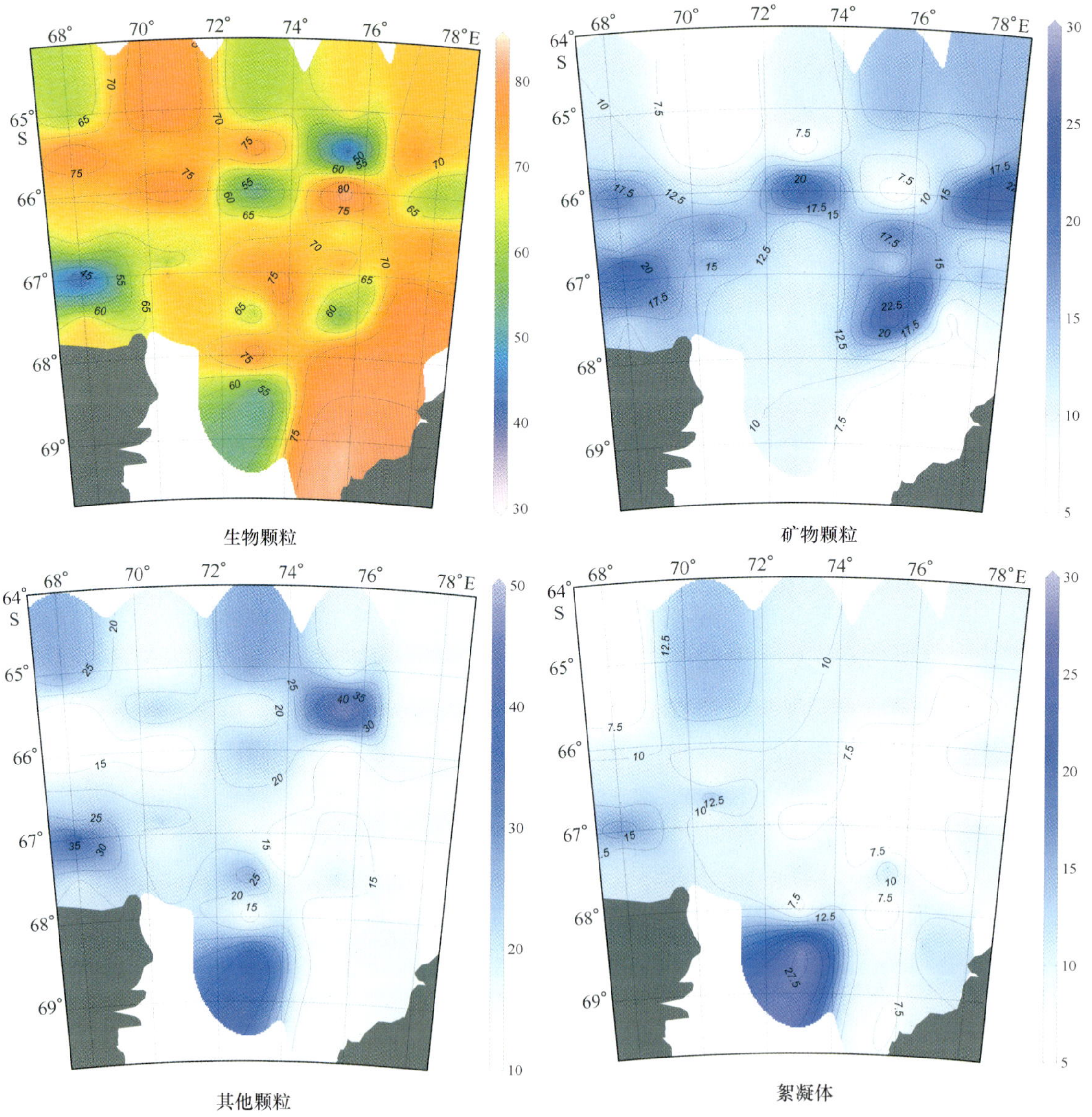

图6-13　悬浮颗粒物各组分含量（%）分布

综上所述，普里兹湾的流系和海底地形地貌以及冰川携带陆源物质输入是影响表层悬浮颗粒物物质组分及其分布的主要因素。

6.2.7 悬浮颗粒物絮凝集合体的絮凝沉积作用

根据悬浮颗粒物中絮凝集合体的形态大小，可以分为微型、小型和大型集合物等几种，分别对应于胞外聚合物（extracellular polymeric substances，EPS）、透明胞外聚合物（transparent exopolymer particles，TEP）和“海洋雪花”（简称“海雪”）等。

EPS在海洋环境中广泛分布，以原核生物（真细菌和古细菌）和真核生物（包括硅藻、蓝藻细菌和鞭毛藻类等）为主，通常以自由溶解、胶体和与颗粒物有关的包括细胞聚合体、岩屑、菌膜和微生物垫等形式出现（Bhaskar and Bhosle，2005）。TEP是由酸性多糖组成的可以被爱尔新蓝染色的透明颗粒物（Alldredge，1993），是处于颗粒有机物和溶解有机物之间的一种中间形态。有机物被胶体溶解后通过凝结化、凝胶化及退火等非生物作用过程聚集成TEP（孙军，2005），其形成是溶解有机物向颗粒有机物转化过程中重要的一步（Passow，2002），颗粒物表面的吸附和吸收作用会增强TEP的形成。TEP在海水中絮凝过程中既可表现为自身的直接沉降，也可以通过吸收溶解有机物和黏接其他颗粒物而共同沉降。TEP在食物网中连接微生物和浮游动物，使得食物链得以缩短，显著影响生态系统（Albert and Valiela，1994）。海雪是在聚合颗粒物最长方向上长度不小于500 μm的絮状、无定型的聚合体，在上层海水中大量存在（Alldredge and Silver，1988）。其形成主要有两种途径：一种是由海洋生物体（主要包括絮凝的粪球团、尾海鞘纲房室、翼足动物网和胶状的浮游植物鞘等）生成；另外一种则是较小的颗粒（浮游植物、生物粪球、微型聚合体、微生物和无机颗粒等）通过海流剪切、不均匀沉降和布朗运动等物理过程被桥连在一起并形成小的聚合体，这些小的聚合物在生物、物理和化学等作用（诸如胞外聚合物和分泌液、细胞裂解的产物、物理化学驱动和细胞表面特性等）下黏结在一起形成（Silver and Alldredge，1981；Shanks and Trent，1979，1980）。同时，海雪也可降解、分解成为小的聚合体。

考察区悬浮颗粒物中絮凝集合体以硅藻絮凝集合体和有机包膜为主，含量总体较低，占总悬浮颗粒物的5%~30%，平均为10%（表6-1）。扫描电镜图像显示絮凝集合体以生物胞外聚合（EPS）和透明胞外聚合（TEP）为主，“海洋雪花”所占比例相对较小。造成悬浮颗粒物中“海洋雪花”含量较低的原因可能有两个：其一可能是考察区表层水体颗粒物含量相对较少（絮凝集合体主要为EPS和TEP），颗粒物之间的粘连、碰撞几率较低，未能结合在一起；其二也可能是因为在悬浮颗粒物取样和抽滤过程中大的絮凝颗粒物被破坏的原因。

受到颗粒物物质来源和水体海洋系统因素的影响，考察区水体中悬浮颗粒物总体含量较低。普里兹湾周边陆地冰川的入海对周边海域悬浮颗粒物的分布和沉降具有重要的意义。首先，陆地冰川入海融化带来了大量的陆源颗粒物和营养盐，陆源颗粒物直接增加了水体悬浮颗粒物（尤其是矿物和岩屑组分）的含量，营养盐及部分微量元素（比如铁离子等）促进了水体生物生长，增加了水体初级生产力，显著提高了悬浮颗粒物中生物组分的含量（Lin et al.，2011；Shaw et al.，2011）。其次，随着冰川的逐渐融化，在浮冰周边海水中形成了变化剧烈的盐度梯度，而水体盐度变化是颗粒物发生絮凝和沉降的重要水文条件之一，促进了水体悬浮颗粒物中絮凝集合体的形成和沉降（Shanks and Trent，1980）。水体中絮凝集合体的形成增加了颗粒物的沉降可能，加速了颗粒物向海底的沉降，显著影响水体生物化学过程和物质转移。然而，截至目前对普里兹湾内悬浮颗粒物物质组成，包括絮凝集合体的絮凝、沉降过程的研究相对较少，尤其是将海水悬浮颗粒物与底质沉积物之间的相关关系尚待进一步研究。同时，由于扫描电镜无法定量计算各组分的绝对含量，有关悬浮颗粒物运移和输运通量的研究也有待进一步开展。继续深入开展该地区悬浮颗粒物物质组成及其控制因素研究将为科学了解和认识整个普里兹湾海域海洋物质循环过程提供科学支持。

6.3 表层沉积物特征

6.3.1 表层沉积物类型与粒度特征

6.3.1.1 沉积物粒度组成

1）砾石含量

如图 6-14 所示，普里兹湾表层沉积物均含有不同程度的砾石。除 N08-3 站位取到的样品只含有 95.77%的砾石外，其他含砾石组分的样品均由砾石、砂、粉砂和黏土组成，粒径大于 2 mm 的砾石组分含量差异很大，分布具有一定的规律性。砾石主要集中分布在弗拉姆浅滩和埃默里冰架前缘一带，以及海湾东部的伊丽莎白公主地沿岸，砾石含量最高甚至超过 60%，湾内其他区域沉积物砾石含量低。总体趋势为，砾石级组分含量分布不均匀，离陆地近的海区含量相对比离岸远的海区含量高，说明该考察区受冰川影响作用明显，大部分的粗组分均来源于入海冰川。将砾石颗粒数等值线与砾石组分含量等值线图比较分析，发现二者的分布较为一致，但是在海湾的东南角处砾石组分含量很高，而砾石颗粒数却较低，说明该区砾石颗粒较粗，海岸冰川输运作用显著（图 6-15）。

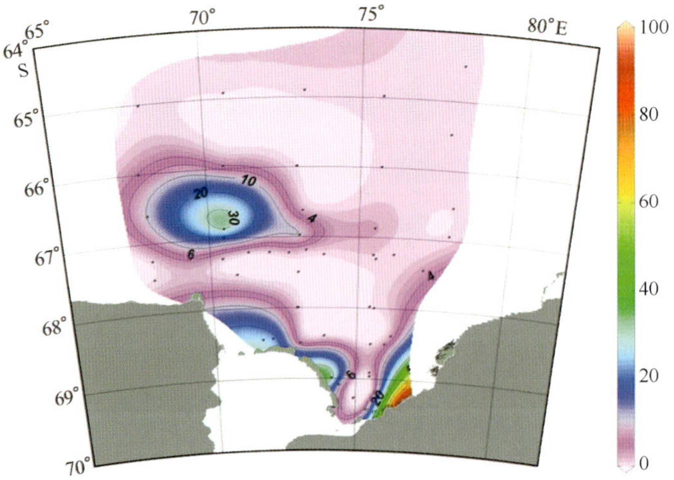

图 6-14　普里兹湾表层沉积物砾石含量（%）分布

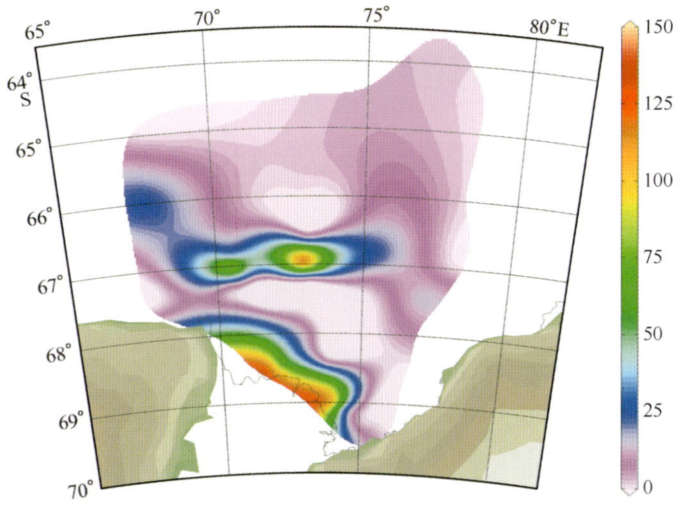

图 6-15 普里兹湾表层沉积物砾石颗粒数（颗/g）分布

2）砂含量

砂粒级组分在考察区变化较大，从 0.41%~90.768%不等。从图 6-16 可以看出，砂粒级组分集中分布在弗拉姆浅滩至达恩利角的外陆架、埃默里冰架至海盆的相邻一小部分区域和四夫人浅滩部分海域。埃默里海盆和陆架外区域沉积物中砂粒级组分的含量较低，含量范围小于 10%。弗拉姆浅滩处砂粒级组分含量较高，最高可达 74.63%。总体趋势为，砂粒级含量呈现水深较深处含量较低，水深浅处含量较高（图 6-16）。

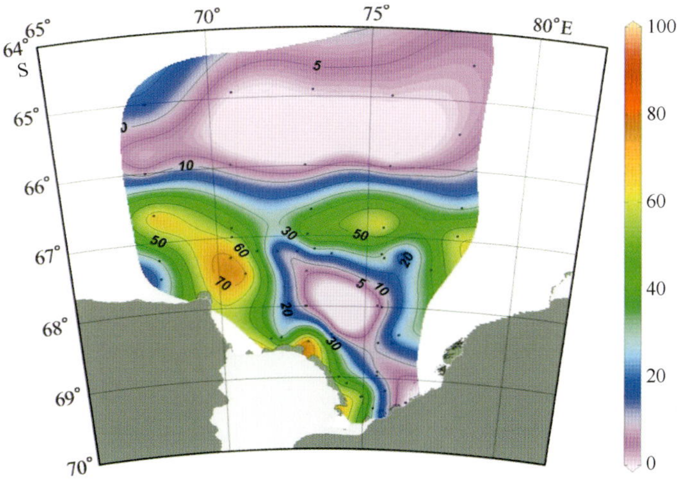

图 6-16 普里兹湾表层沉积物砂含量（%）分布

3）粉砂含量

考察区表层沉积物粉砂粒级组分含量丰富，在 7.55%~84.216%，变化范围较大。从图 6-17 可以看出，粉砂粒级组分含量分布与砂粒级含量恰好呈相反的分布，在海湾 66°S 附近大致以水深 2 000 m 为分界线，分界线以南的远洋深水区为粉砂粒级组分含量高值区，含量均大于 60%，最大值可达 83.57%，在 P6-3 站位，即伊丽莎白公主海槽区。粉砂粒级含量的另一个高值区集中分布于埃默里海盆，也是砂粒级含量的低值区，此处高值区位于海盆中心，呈椭圆状由中心向外呈辐射状逐渐减小，最高值为 80.34%，为 P4-11 站位。另外，在海湾西南部达恩利角以西海域有少部分高值区，粉砂组分含量大于 50%。低值区几乎与砂粒级组分的高值区吻合，均小于 20%。

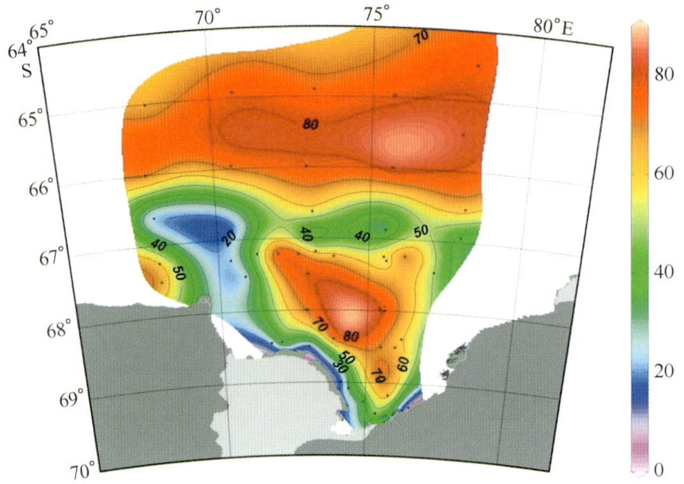

图 6-17　普里兹湾表层沉积物粉砂含量（%）分布

4）黏土含量

如图 6-18 所示，普里兹湾表层沉积物中黏土粒级组分的含量较低，在 1.69%~27.96%，变化范围相对较小。黏土含量的高值区主要分布在瓦尔迪维亚深海平原和埃默里海盆区。弗拉姆浅滩和四女士浅滩周边的黏土组分含量较低，均在 5%以下。埃默里海盆处于黏土粒级组分的含量相对较高值区，平均在 20%左右。

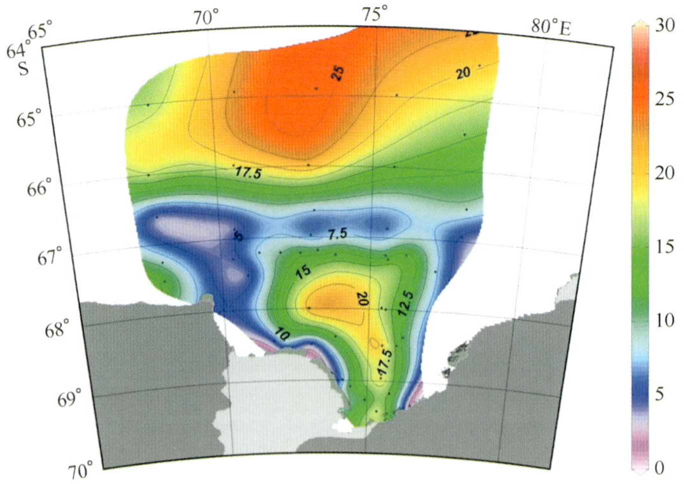

图 6-18　普里兹湾表层沉积物黏土含量（%）分布

6.3.1.2　沉积物粒度参数分布特征

1）平均粒径的分布特征

如图 6-19 所示，普里兹湾表层沉积物平均粒径变化范围为 2.062Φ~7.091Φ，平均值为

5. 236Φ。瓦尔迪维亚深海平原中部和埃默里海盆中部沉积物平均粒径的 Φ 值较大，向外沉积物逐渐变粗，但整体上都在 6. 5Φ 以上。弗拉姆浅滩和四女士浅滩附近沉积物平均粒径的 Φ 值较小，均在 3. 5Φ 以下，沉积物总体较粗。

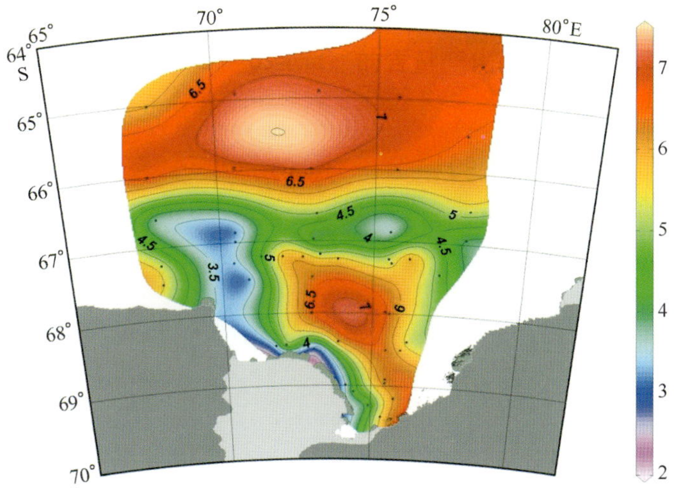

图 6-19　普里兹湾表层沉积物平均粒径（Φ）分布

2）分选系数（δ）的分布特征

如图 6-20 所示，普里兹湾表层沉积物分选系数的变化范围为 1. 426～2. 791，均大于 1，表明沉积物的分选程度很差；瓦尔迪维亚深海平原区和埃默里海盆沉积物分选系数相对较小，沉积物分选性相对较好。

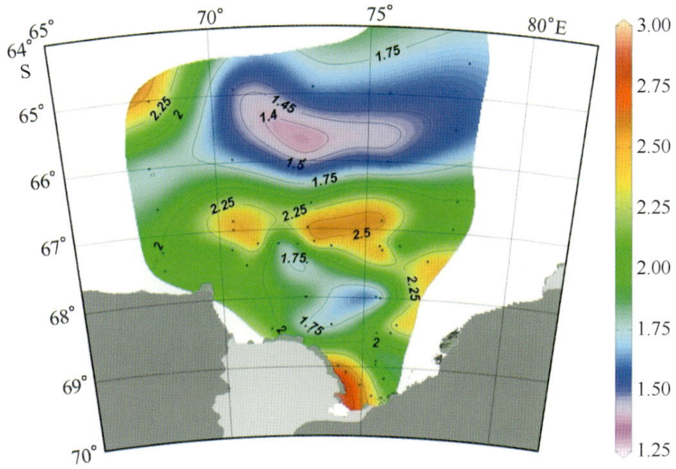

图 6-20　普里兹湾表层沉积物分选系数（δ）分布

3）偏度（*Sk*）的分布特征

如图 6-21 所示，普里兹湾表层沉积物 *Sk* 值在-1. 992～2. 834；瓦尔迪维亚深海平原西部沉积物偏度为负值，沉积物粒级集中在细粒部分；其余海区沉积物偏度基本上为正值，沉积物粒度集中在粗粒部分。埃默里冰架前缘和达利恩角附近海域沉积物偏度值大，说明沉积物中粗颗粒冰筏碎屑含量高。

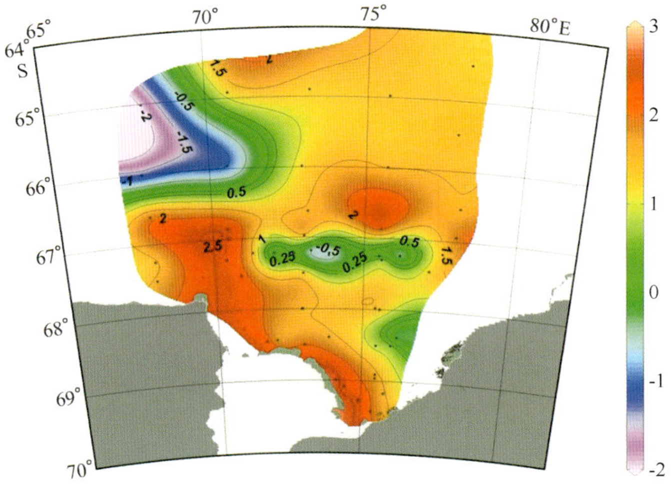

图 6-21 普里兹湾表层沉积物偏度（*Sk*）分布

4）峰态（*K*μ）的分布特征

如图 6-22 所示，考察区表层沉积物峰态值变化范围为 1.955~3.682，说明各站沉积物的粒度频率分布曲线均表现为窄峰态（*K*μ 大于 1.50）。考察区东北部深海平原区和埃默里海盆中央沉积物峰态值均在 2.5 以下，沉积物粒度频率分布曲线相对宽缓。普里兹湾陆架大部及瓦尔迪维亚深海平原西部，特别是埃默里冰架前缘区沉积物峰态值较大，沉积物粒度频率分布曲线明显偏离正态分布曲线，说明海区沉积环境明显偏离正常海洋沉积环境。

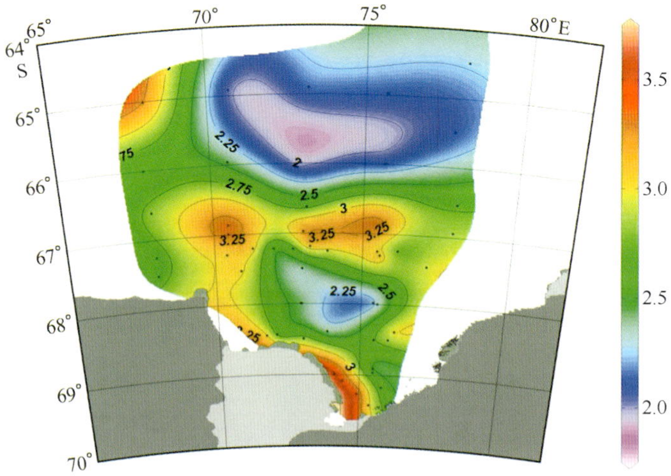

图 6-22 普里兹湾表层沉积物峰态（*K*μ）分布

6.3.1.3 沉积物类型与分布

根据图 6-23 沉积物分类三角图，结合现场描述，将考察区表层沉积物划分如下类型。

（1）砾石（G）：仅 N08-3 站，基本上由砾石组成，砾石含量达 95.77%。

（2）泥质砂质砾（msG）：见于 P4-06 站和 IS-05 站，砾石的平均含量为 41.88%，砂的平均含量为 43.33%，粉砂和黏土的含量较少，分选相对较好。

（3）含砾泥质砂（(g)mS）：见于P4-09站、P4-09站、P6-06站和IS-02站，砾石的平均含量为1.25%，砂的平均含量为63.92%，分选差，含少量的粉砂和黏土。

（4）砂（S）：仅见于P3-15站位，砂含量为87.00%，砾石少。

（5）砾质泥质砂（gmS）：见于P3-05站、P4-07站、P5-07站和IS-11站，砾石的平均含量为15.24%，砂的平均含量为59.0%，粉砂的平均含量为21.65%，沉积物整体分选差。

（6）粉砂质砂（zS）：仅见于P7-12站，砂与粉砂含量分别为59.87%和35.77%，粉砂和黏土组分合计为4.35%。

（7）砂质粉砂（sZ）：见于PA-01站、PA-03站、PA-05站、P3-01站、P3-08站和P7-09站，沉积物中无砾石，以粉砂为主，砂次之，黏土含量较低。

（8）粉砂（Z）：见于P4-01站、P5-03站、P5-09站、P6-10站、P6-12站、P7-05站和P4-11站，粉砂的平均含量为78.19%，黏土的平均含量为17.83%，含少量的砂，不含砾石。

（9）含砾泥（(g)M）：见于M1-old、M2-old、M3-old、P3-03、P3-09、P4-03、P5-01、P5-05、P5-10、P6-01、P6-03、P6-08、P6-11、P6-13、P7-07、P7-14、P7-16、N08-2、N08-4、P3-14、P4-12、P4-13站和ISA站；沉积物中砾石含量较低，为0.04%~4.12%。

（10）砾质泥（gM）：仅见于IS-09站位，其砾石含量为26.47%，砂含量为8.03%，粉砂含量为52.89，黏土含量为12.61%。

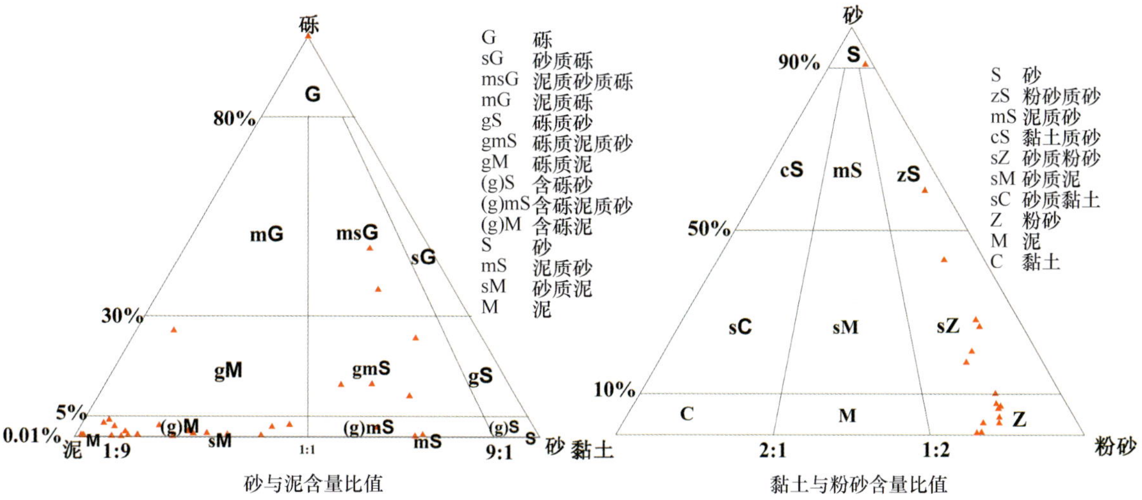

图6-23 南极普里兹湾表层沉积物含砾和无砾Folk等三角图解分类

如图6-24所示，普里兹湾的沉积物类型多且复杂，以砂和粉砂为主要成分，砾石和黏土为次。砾质沉积物主要分布于伊丽莎白公主地海岸和埃默里冰架前缘海域。砂质沉积物大致主要分布于67°S以水深1 500 m和2 500 m的带状区域，属于陆坡—半深海沉积的类型，东部较窄，西部较宽；另外，在埃默里冰架前缘至埃默里海盆过渡区以及67°S、75°E附近海域亦有少量分布。粉砂质沉积物主要分布在埃默里海盆区和北部的半深海—深海平原区。由于泥质沉积物均含有不同程度的砾石，且砾石含量处于“含砾沉积物”的分类范围内，因此，普里兹湾的泥质沉积物多为含砾泥质沉积物；考察区含砾泥质沉积物分布广泛，包括普里兹湾大部分陆架海域和瓦尔迪维亚深海—半深海平原大部分海域。

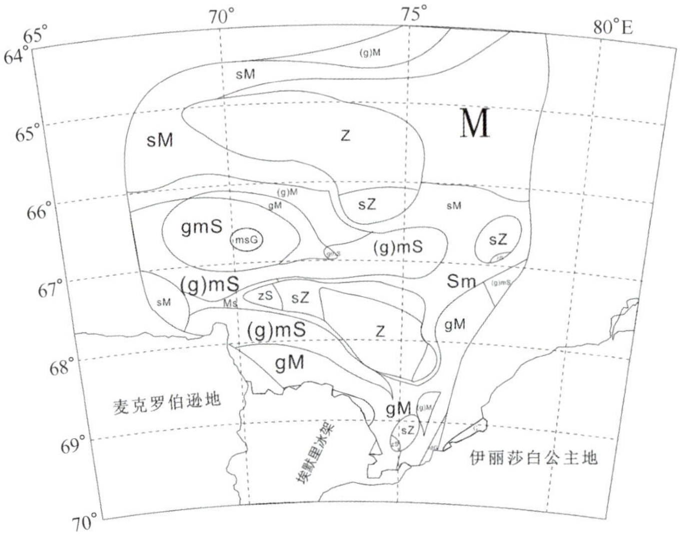

图 6-24　普里兹湾及周边海域表层沉积物类型

从区域分布来看，考察区北部半深海-深海平原区沉积物以粉砂（Z）、泥（M）和砂质泥（sM）为主，粉砂主要分布于考察区中部，北部和南部为砂质泥，东部为泥质沉积，南部靠近陆坡有一小块砂质粉砂。

普里兹湾陆架西部弗拉姆浅滩沉积物以砾质泥质砂（gms）和含砾泥质砂（(g)mS）为主，浅滩东部沉积物则以砂质泥为主。东部四女士浅滩沉积物从北向南由砂质泥过渡为砾质泥。

埃默里海盆中部沉积物以粉砂为主，向弗拉姆浅滩和四女士浅滩则分别过渡为粉砂质砂和砂质泥；海盆南部及埃默里冰架前缘区沉积物主要为含砾泥质砂（(g)mS）和砾质泥(gM)。海盆北部靠近大陆坡折处为冰川运动的出口处，相应沉积物为含砾泥质砂（(g)mS）。

6.3.2　表层沉积物矿物特征

6.3.2.1　*碎屑矿物特征*

普里兹湾海域表层沉积物碎屑矿物分析站位见图 6-25。

1）重矿物组成

普里兹湾表层沉积物中共鉴定出重矿物 17 种，轻矿物 8 种，重矿物在碎屑矿物中所占的比重为 0.7%~17.9%，平均值为 7.9%。其中石榴子石、普通角闪石和磁铁矿的平均含量超过 10%，分别为 44.4%、29.9%和 12.7%，为考察区的优势矿物；紫苏辉石、赤铁矿和黑云母的平均含量在 1%~10%，属于常见矿物；其他矿物平均含量较低，部分矿物仅在少数站位零星出现。矿物颗粒含量变化见表 6-2，主要重矿物分布见图 6-26 至图 6-36。

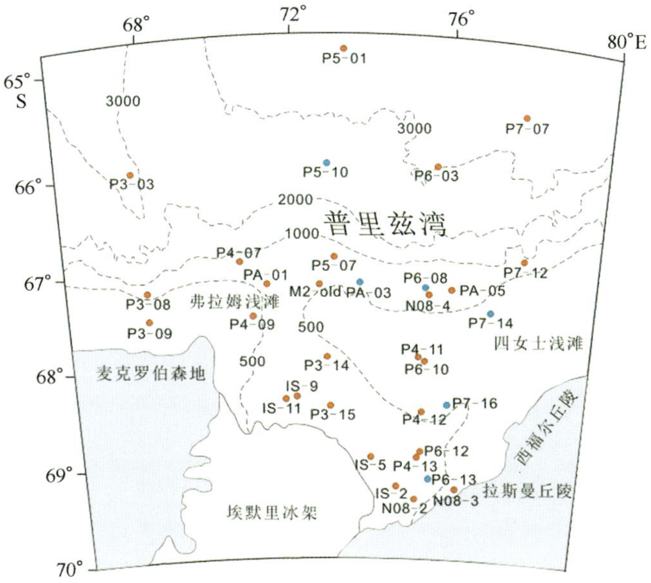

图 6-25　普里兹湾表层沉积物碎屑矿物分析站位

表 6-2　普里兹湾表层沉积物碎屑矿物数据统计　　%

序号	样号	石榴子石	普通角闪石	磁铁矿	紫苏辉石	橄榄石	赤铁矿	重矿物含量	石英	长石	绿泥石	轻矿物含量
1	N08-2	66. 2	12. 6	4. 8	13. 8	–	0. 3	3. 5	98. 7	–	–	96. 5
2	N08-3	6. 0	5. 3	17. 0	63. 7	–	0. 3	5. 8	95. 7	2. 3	–	94. 2
3	N08-4	47. 7	15. 8	25. 5	8. 2	–	0. 6	9. 9	90. 0	1. 0	0. 3	90. 1
4	IS-02	39. 7	22. 9	10. 6	20. 9	–	1. 8	2. 9	81. 3	2. 3	1. 3	97. 1
5	IS-05	33. 0	33. 0	21. 0	7. 7	–	0. 7	3. 3	94. 7	1. 3	2. 0	96. 7
6	IS-09	61. 4	1. 1	26. 9	8. 1	–	0. 3	0. 8	94. 7	2. 0	0. 7	99. 2
7	IS-11	65. 7	1. 5	20. 6	9. 6	–	0. 6	1. 0	93. 0	4. 0	0. 3	99. 0
8	P3-14	26. 3	43. 9	17. 5	6. 7	–	–	4. 7	34. 0	1. 3	0. 7	95. 3
9	P3-15	47. 6	31. 6	13. 9	5. 8	–	–	2. 6	61. 7	2. 0	0. 3	97. 4
10	P4-11	24. 1	47. 6	12. 6	5. 0	–	1. 2	0. 7	75. 3	3. 3	0. 7	99. 3
11	P4-12	42. 5	29. 1	23. 4	2. 6	–	0. 6	0. 8	98. 1	–	–	99. 2
12	P4-13	36. 7	42. 0	7. 5	10. 2	–	0. 3	1. 6	81. 3	1. 3	16. 3	98. 4
13	M2-old	44. 5	36. 5	13. 5	0. 6	–	3. 2	5. 8	84. 0	2. 7	–	94. 2
14	P3-03	34. 2	48. 4	13. 1	–	–	3. 2	12. 6	91. 0	2. 0	0. 7	87. 4
15	P3-08	88. 7	3. 0	2. 0	3. 7	–	2. 7	9. 6	91. 0	1. 3	0. 3	90. 4
16	P3-09	74. 7	0. 7	1. 7	1. 7	19. 0	1. 3	4. 6	91. 7	3. 7	–	95. 4
17	P4-07	87. 0	1. 0	5. 3	4. 0	–	1. 0	17. 0	97. 0	2. 3	–	83. 0
18	P4-09	87. 0	0. 7	6. 7	3. 0	–	1. 0	15. 4	96. 0	3. 0	0. 7	84. 6
19	P5-01	19. 4	53. 9	8. 4	0. 9	6. 4	1. 7	8. 8	85. 8	5. 2	–	91. 2
20	P5-07	22. 0	62. 4	6. 7	1. 2	4. 0	1. 2	9. 3	93. 7	2. 6	–	90. 7
21	P5-10	21. 5	56. 3	12. 0	1. 6	1. 3	2. 4	6. 3	62. 7	0. 7	16. 3	93. 7
22	P6-03	22. 8	50. 0	12. 2	2. 7	–	1. 6	7. 6	77. 0	5. 7	–	92. 4

续表

序号	样号	石榴子石	普通角闪石	磁铁矿	紫苏辉石	橄榄石	赤铁矿	重矿物含量	石英	长石	绿泥石	轻矿物含量
23	P6-08	44.3	23.5	24.0	4.1	2.1	-	11.1	95.3	1.0	-	88.9
24	P6-10	27.3	40.4	13.1	-	-	6.1	12.5	56.9	2.0	-	87.5
25	P6-12	36.0	39.3	15.7	-	-	-	9.3	83.0	3.0	0.7	90.7
26	P6-13	45.7	30.7	7.7	8.0	-	1.3	11.5	95.0	3.7	-	88.5
27	P7-07	11.9	50.7	15.8	1.2	-	2.1	7.5	86.0	3.7	-	92.5
28	P7-12	25.5	66.9	3.5	-	-	1.9	7.7	97.3	1.7	0.3	92.3
29	P7-14	49.4	41.9	3.6	2.7	-	0.9	15.8	97.0	2.0	-	84.2
30	P7-16	54.0	30.3	9.7	0.7	-	3.0	17.9	89.3	4.7	1.0	82.1
31	PA-01	68.3	6.7	15.7	2.7	-	3.0	11.6	92.0	5.7	-	88.4
32	PA-03	47.6	33.1	15.0	-	-	0.8	8.7	84.0	6.0	0.3	91.3
33	PA-05	57.4	25.5	11.0	1.2	-	1.2	11.7	86.4	3.3	0.3	88.3
最小值		6.0	0.7	1.7	0.0	0.0	0.0	0.7	34.0	0.7	0.3	82.1
最大值		88.7	66.9	26.9	63.7	19.0	6.1	17.9	98.7	6.0	16.3	99.3
平均值		44.4	29.9	12.7	6.1	1.0	1.4	7.9	85.8	2.6	1.3	92.1

碎屑矿物研究表明，普里兹湾表层沉积物重矿物特征主要有3点：①重矿物含量较高，平均为7.9%；②石榴子石含量占重矿物总量的近一半，说明考察区矿物成熟度较低；③矿物组成种类少，主要矿物含量突出，优势矿物含量变化表现出不同的物质来源。这反映出本区碎屑物质输入量低，矿物成熟度低，物质来源单一。

重矿物含量：它指重矿物重量占轻、重矿物重量之和的百分含量，受底质类型、沉积物改造程度以及矿物风化能力等影响，可以反映沉积物物源和成熟度等方面的信息。重矿物平均含量7.9%，变化范围0.7%~17.9%。含量分布上表明，普里兹湾两侧浅滩（弗拉姆浅滩和四女士浅滩）重矿物含量高，达到15%左右；中部重矿物含量较低，平均含量在4.6%以下（图6-26）。

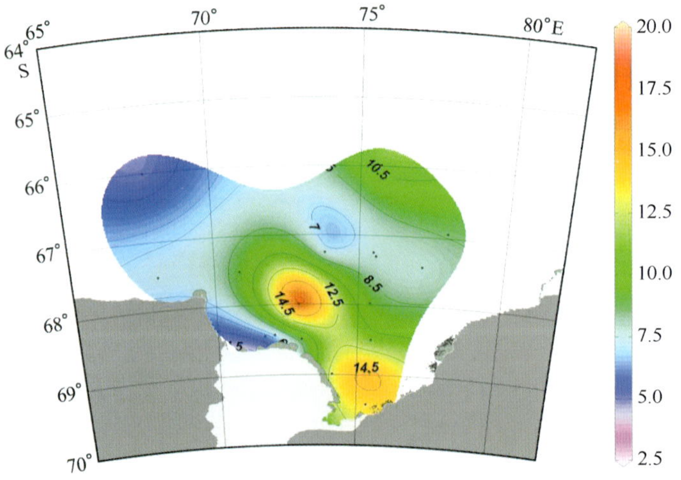

图6-26　普里兹湾表层沉积物中重矿物含量（%）所占比重

普通角闪石：短柱状，绿色、黑绿色，颗粒有破损、磨蚀。平均含量29.9%，变化范围0.7%~66.9%，在每个站位沉积物中都有出现，分布广泛。含量变化跨度大，含量分布与石榴子石分布具有负相关性，高含量出现在普里兹湾北部深水区，较低含量出现在麦克罗伯森地沿岸沉积物中（图6-27）。

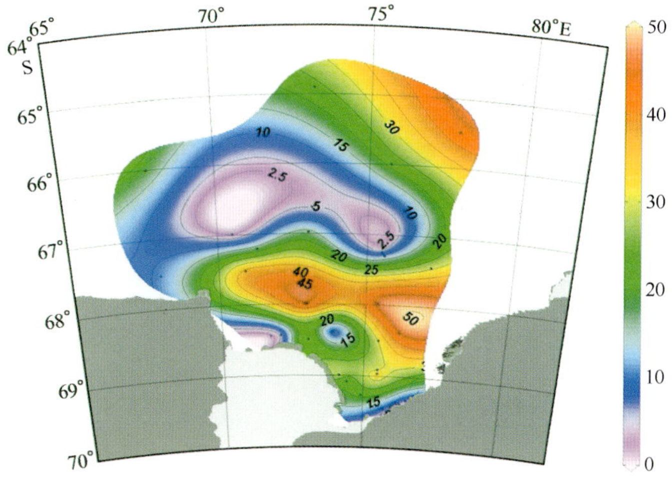

图6-27 普里兹湾表层沉积物中普通角闪石在重矿物中的相对含量（%）

石榴子石：粒状，以浅粉色为主，光泽较强，晶形不完整。平均含量44.4%，最高含量88.7%，在每个站位沉积物中都有出现，分布广泛，在重矿物中所占比重最大。统计数据表明其含量变化大，高含量区出现在普里兹湾西侧弗拉姆浅滩，并由此向东部四女士浅滩和北部深水区含量逐渐减少（图6-31）。

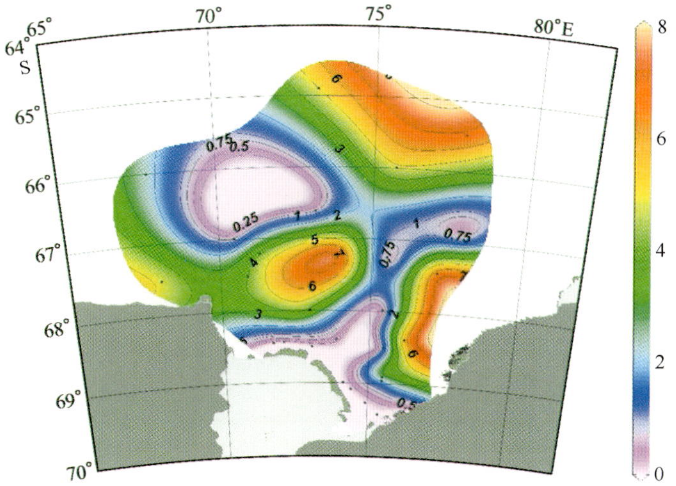

图6-28 普里兹湾表层沉积物中透闪石—阳起石在重矿物中的相对含量（%）

紫苏辉石：以粒状为主，短柱状，浅褐色，略带紫色调，表面磨蚀。平均含量6.1%，最高含量63.7%，在所有样品中出现率为85%。含量变化幅度大，个别站位（N08-3）含量突出为63.7%。拉斯曼丘陵沿岸地区紫苏辉石含量较高，其他地区含量均在7%以下（图6-32）。

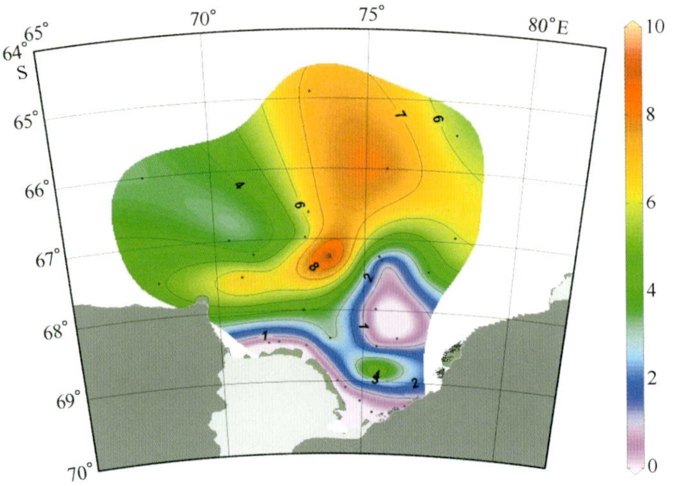

图 6-29　普里兹湾表层沉积物中绿帘石在重矿物中的相对含量（%）

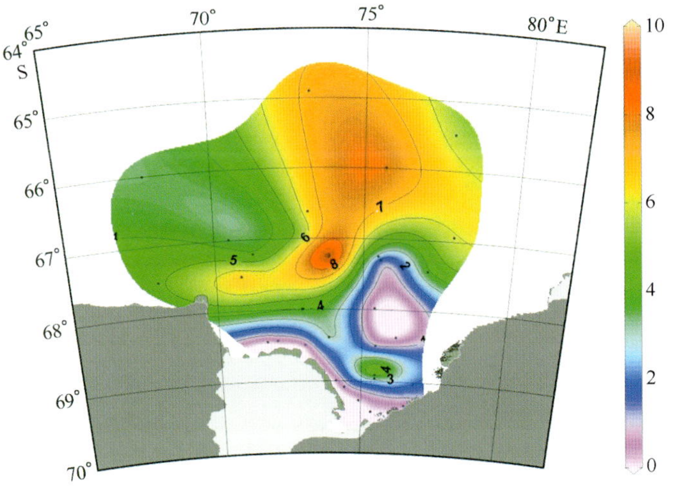

图 6-30　普里兹湾表层沉积物中黑云母在重矿物中的相对含量（%）

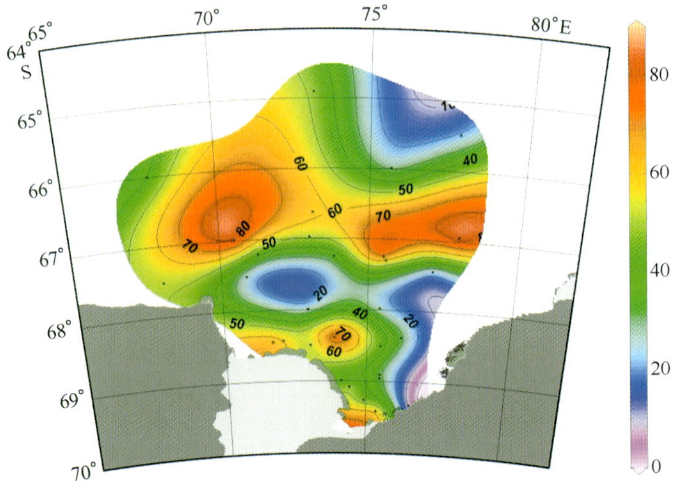

图 6-31　普里兹湾表层沉积物中石榴子石在重矿物中的相对含量（%）

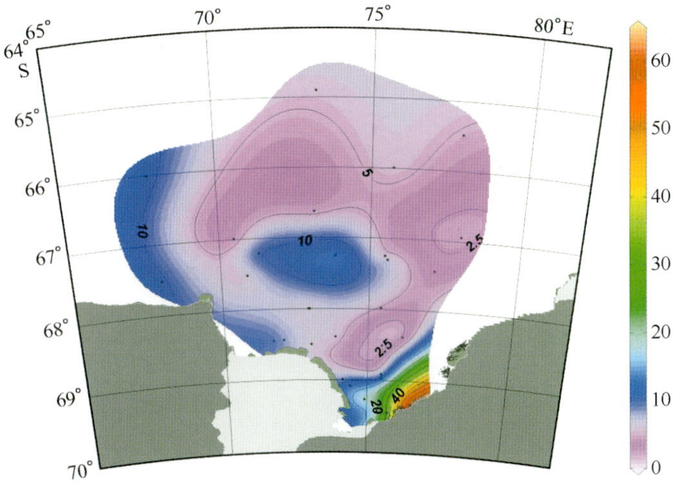

图 6-32 普里兹湾表层沉积物中辉石在重矿物中的相对含量（%）

磁铁矿：小粒状，黑色，表面较为干净，金属光泽。平均含量 12.7%，最高含量 26.9%，在每个站位沉积物中都有出现，分布广泛，是考察区主要金属矿物。普里兹湾中部磁铁矿含量较高，两侧浅滩含量较低（图 6-34）。

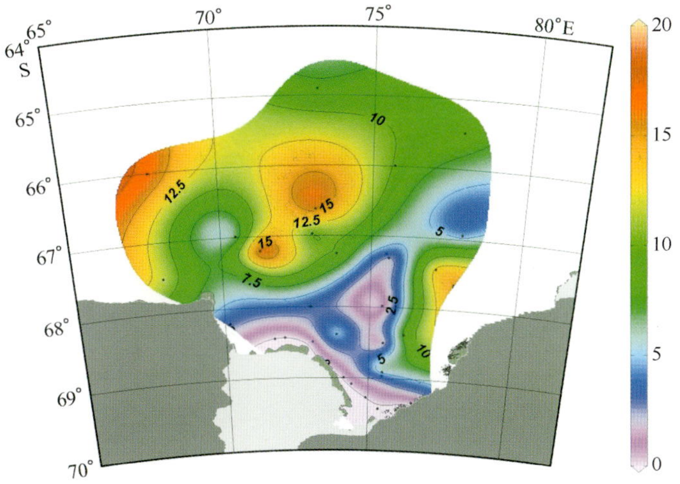

图 6-33 普里兹湾表层沉积物中钛铁矿在重矿物中的相对含量（%）

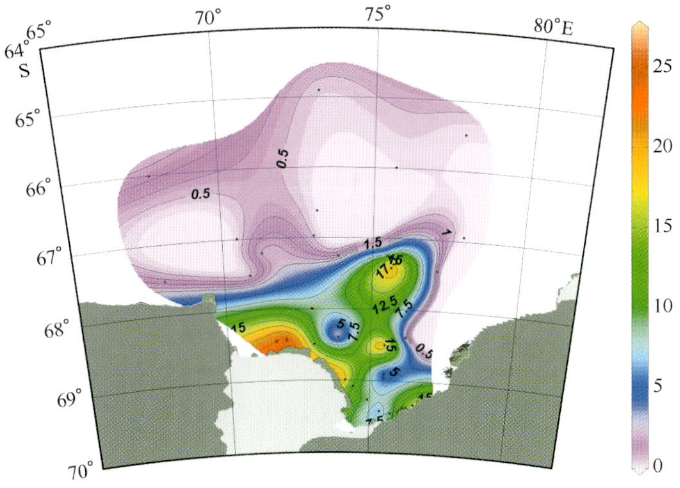

图 6-34 普里兹湾表层沉积物中磁铁矿在重矿物中的相对含量（%）

赤铁矿：粒状，黑色，表面疏松。平均含量1.4%，最高含量6.1%，在所有样品中出现率为88%。赤铁矿在考察区分布较均匀，在沉积物中含量较其他主要重矿物低（图6-35）。

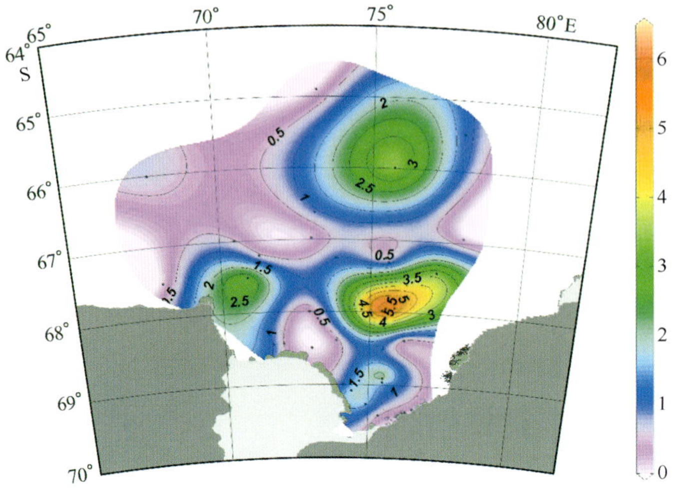

图6-35　普里兹湾表层沉积物中赤铁矿和褐铁矿在重矿物中的相对含量（%）

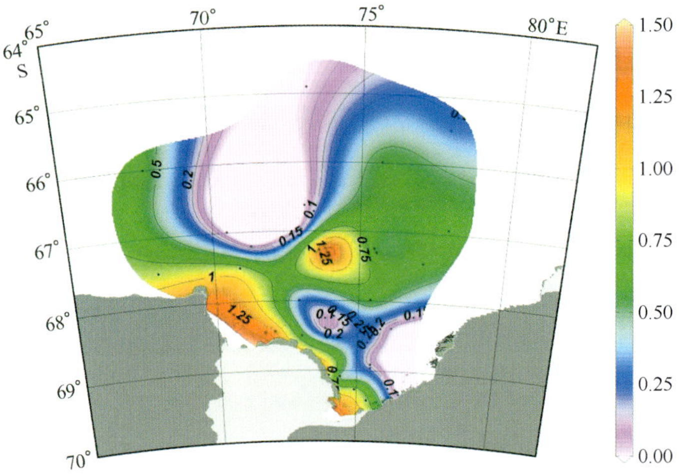

图6-36　普里兹湾表层沉积物中风化碎屑和岩屑在重矿物中的相对含量（%）

2）轻矿物组成

轻矿物组分在碎屑矿物中所占的比重为82.11%～95.40%，平均值为89.37%（图6-37）。

普里兹湾海域表层沉积物中主要轻矿物有石英、生物碎屑—蛋白石、斜长石、绿泥石等，其他常见的轻矿物组分还有风化碎屑、有机质、钾长石、水黑云母、黑云母、海绿石、褐色火山玻璃等。典型轻矿物分布见图6-38至图6-42。

3）石榴子石化学组成

石榴子石会在花岗岩、伟晶岩、酸性火成岩和金伯利岩中出现，但多存在于变质岩中。在不同种类的含石榴子石岩石中，其的组成也存在很大差异（Andrew et al., 2004; Harley and Kelly, 2007；谢静和丁仲礼，2007；Hokada et al., 2013）。因此，石榴子石在确定沉积物源区中具有较明确的指示作用。石榴子石有6个端元组分，综合考虑后本研究将铁铝榴石+锰铝榴

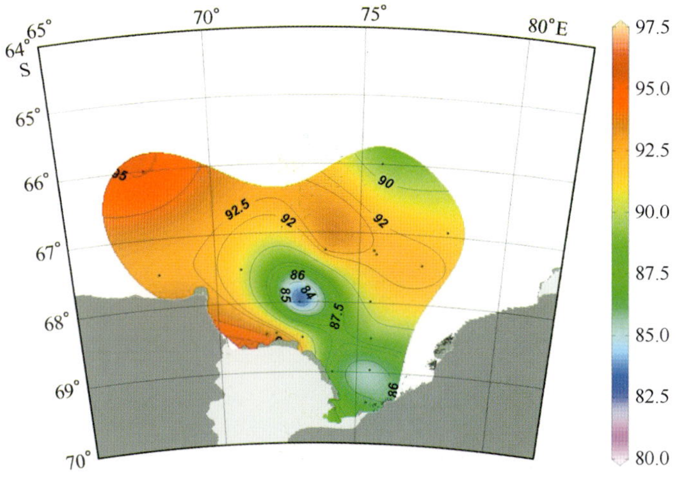

图 6-37　普里兹湾表层沉积物中轻矿物在碎屑矿物中的相对含量（%）

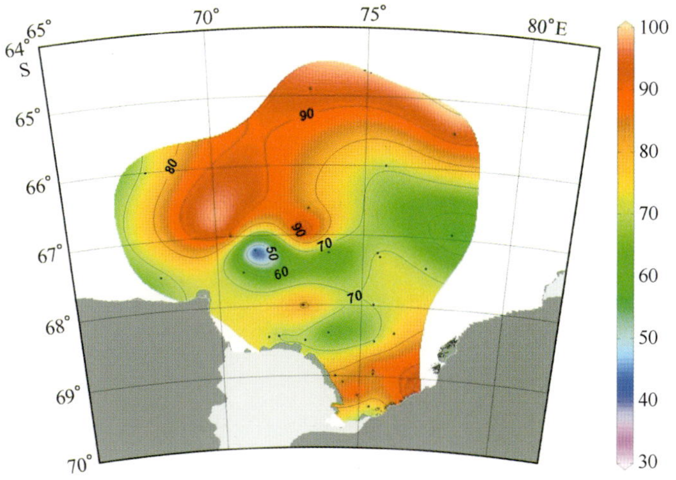

图 6-38　普里兹湾表层沉积物中石英在轻矿物中的相对含量（%）

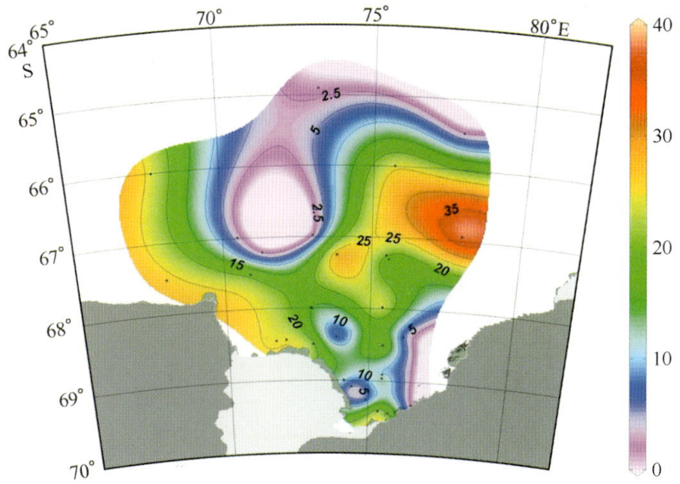

图 6-39　普里兹湾表层沉积物中斜长石在轻矿物中的相对含量（%）

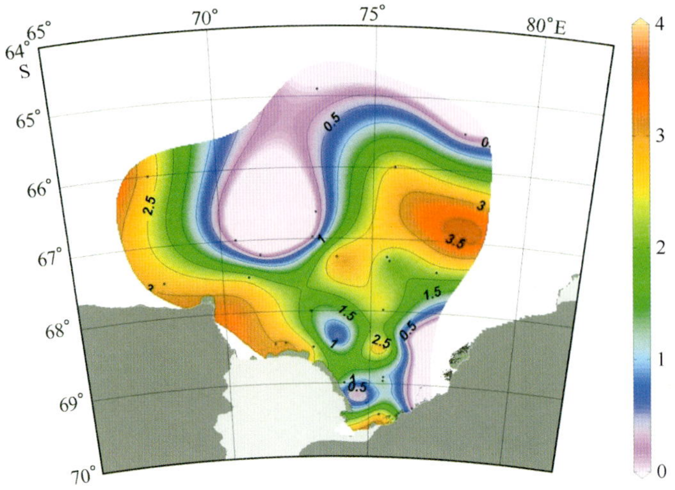

图 6-40　普里兹湾表层沉积物中钾长石在轻矿物中的相对含量（%）

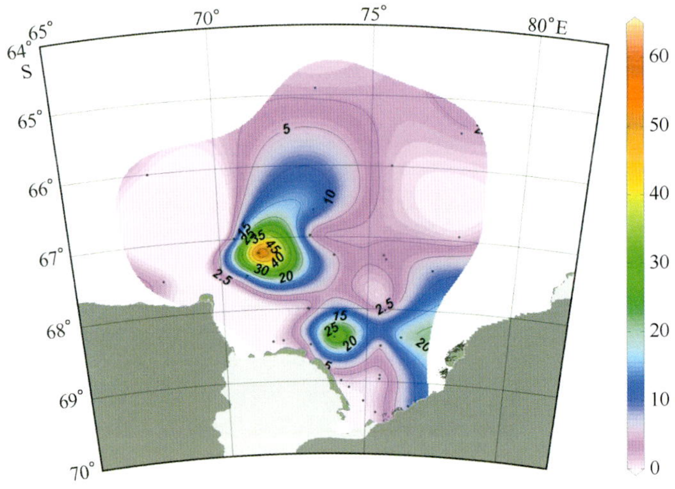

图 6-41　普里兹湾表层沉积物中生物碎屑—蛋白石在轻矿物中的相对含量（%）

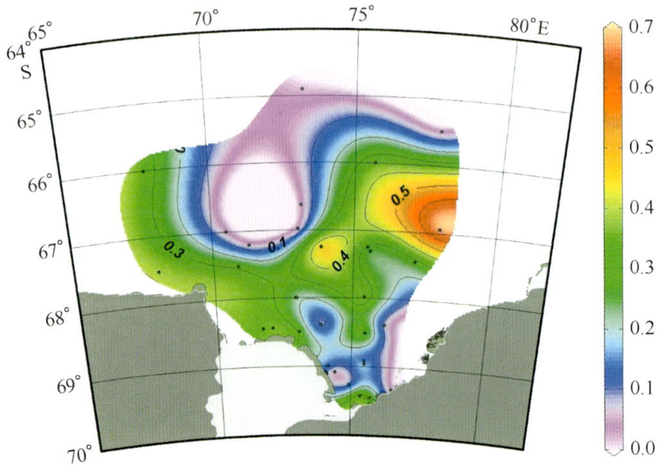

图 6-42　普里兹湾表层沉积物中斜长石/石英比值分布

石、锰铝榴石、和钙铝榴石作为三角图的端元组分。在铁铝榴石+锰铝榴石—锰铝榴石—钙铝榴石三角图中（图6-43），可以看出，6个样品的碎屑石榴子石组分变化不大，表明它们的物质来源比较单一。前人将碎屑石榴子石组成按照其不同来源划分为3种类型，其中A型石榴子石含有较高的Fe、Mg和较低的Ca、Mn，这种石榴子石常出现在高级麻粒岩相副变质岩和紫苏花岗岩（谢静和丁仲礼，2007），但是紫苏花岗岩是石榴子石含量相对较小的岩石，因此普里兹湾碎屑矿物中的石榴子石大多属来源于高级麻粒岩相副变质岩的A型石榴子石。

由石榴子石组成三角图（图6-43）可发现，普里兹湾海域的碎屑石榴子石有一个显著特点，钙铝榴石比例较小，镁铝榴石约占1/4，而铁铝榴石所占比例较大，平均含量在70%左右。钙铝榴石一般于接触变质条件下生产，锰铝榴石一般在压力稍高的低级区域变质条件下生成，铁铝榴石在压力更高的中级区域变质条件下生成，而镁铝榴石只能在压力极高的条件下生成。铁铝榴石主要产于片麻岩、麻粒岩中，由此推断，普里兹湾海域的石榴子石主要来源于古老变质岩中。另外，在P6-13站位中有个别颗粒镁铝榴石含量超过70%，指示该区域在形成过程中受到极高的压力，有可能来源于深部榴辉岩、金伯利岩（图6-44）。

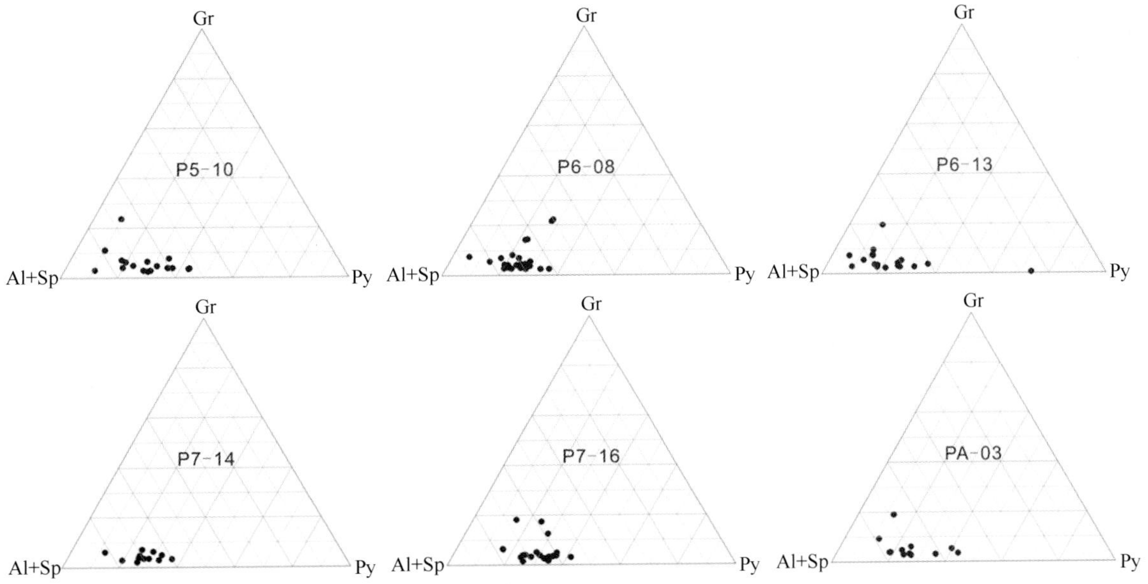

图6-43 普里兹湾6个站位沉积物中碎屑石榴子石组成三角图

Al+Sp：铁铝榴石+锰铝榴石，Py：镁铝榴石，Gr：钙铝榴石

6.3.2.2 黏土矿物特征

对考察区31个表层沉积物样品进行了黏土矿物的X-射线衍射分析，得到4种主要黏土矿物伊利石、蒙脱石、高岭石和绿泥石的相对含量（表6-3）。考察区表层沉积物中黏土矿物以伊利石为主，绿泥石次之，高岭石和蒙脱石含量较低。

考察区表层沉积物中蒙脱石含量的范围为0~22.70%，平均含量为3.95%。如图6-45所示，蒙脱石的高值区主要分布在考察区西部Burton海盆地区附近，次高值区分布在考察区东北部的深海区和埃默里冰架前缘局部海域。

P5-10

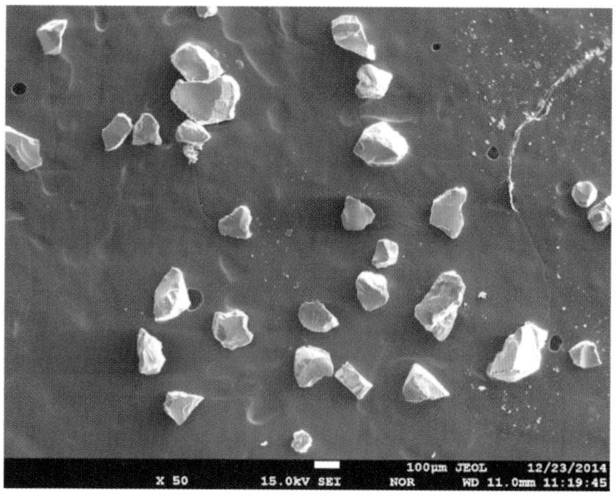

P6-08

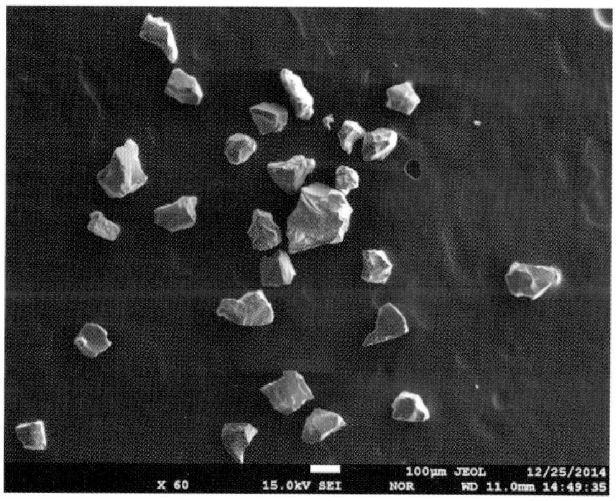

P6-13

P7-14

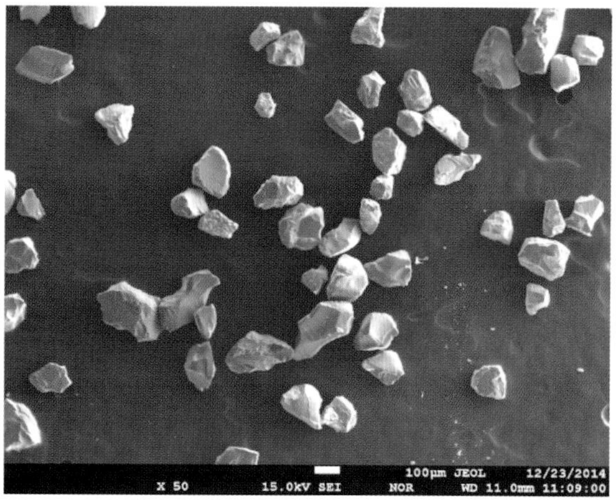

P7-16

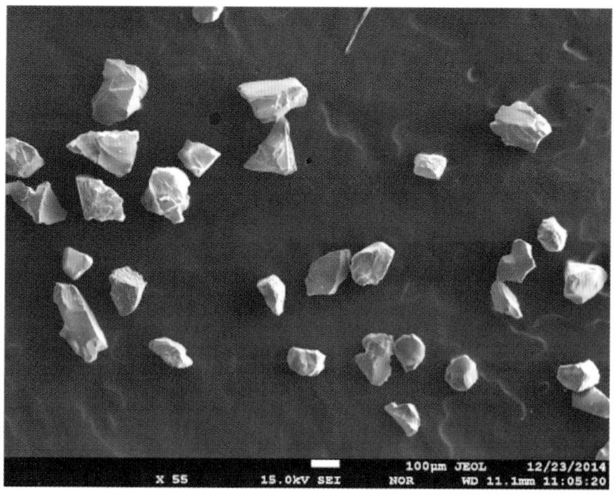

PA-03

图 6-44 普里兹湾表层沉积物中石榴子石电子探针影像

考察区表层沉积物中伊利石含量整体较高，变化范围为 57.20%～92.62%，平均值为 78.87%。如图 6-46 所示，伊利石的高值区主要分布在埃默里海盆一带，最高值出现在考察区东南沿岸；次高值区分布在四夫人浅滩和弗拉姆浅滩，Burton 海盆附近海域蒙脱石含量较低。

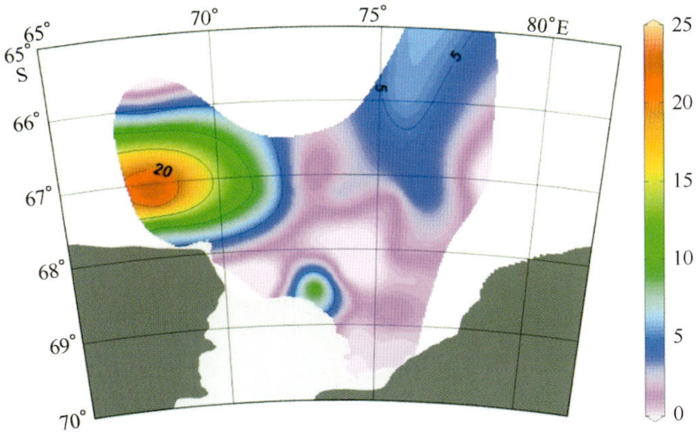

图 6-45 普里兹湾表层沉积物中蒙脱石含量（%）分布

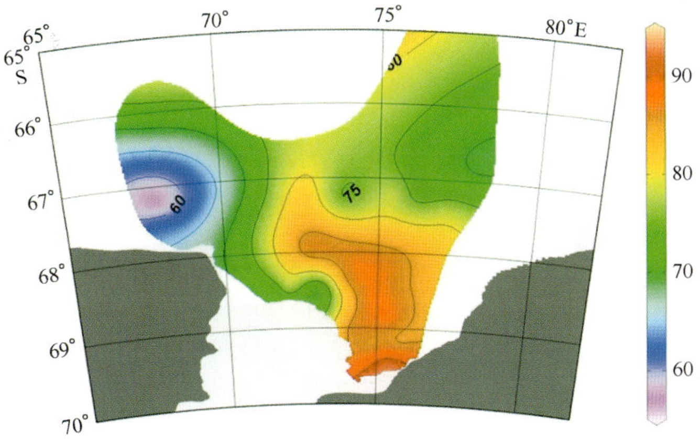

图 6-46 普里兹湾表层沉积物中伊利石含量（%）分布

考察区表层沉积物中绿泥石的含量范围为0.10%~14.60%，平均值为3.89%。如图6-47所示，绿泥石的高值区主要分布在中山站附近海域，此外，在考察区内的西北和东北部深水区绿泥石含量中等，而在埃默里海盆沉积物中绿泥石含量很低。

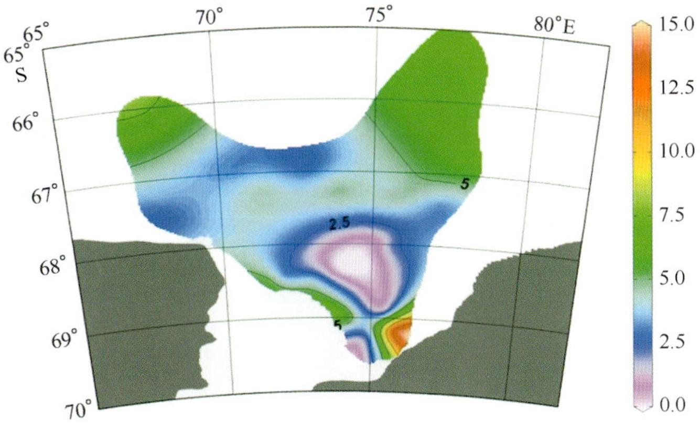

图 6-47 普里兹湾表层沉积物中绿泥石含量（%）分布

考察区表层沉积物中高岭石的含量范围为 1.90%～24.00%，平均值为 13%。如图 6-48 所示，高岭石的高值区呈斑块状分布，主要分布在研究达恩利附近海域和四女士浅滩区，次高值分布在埃默里海盆区内，而中山站附近海域沉积物高岭石含量很低。

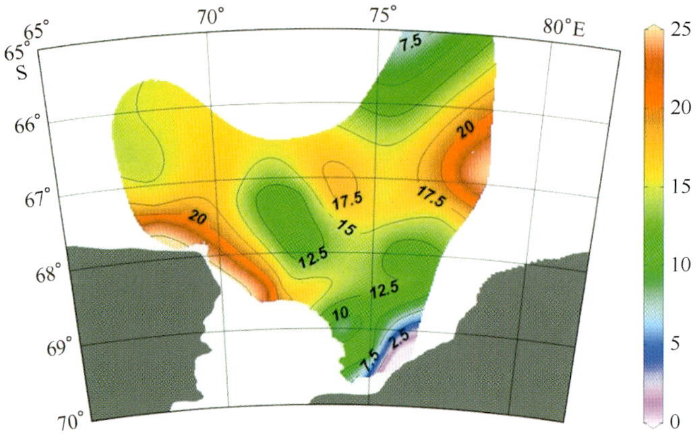

图 6-48　普里兹湾表层沉积物中高岭石含量（%）分布

如图 6-49 和图 6-50 所示，伊利石的化学指数在普里兹湾陆架区相对较高，在北部深海区较小；伊利石的结晶度指数在达恩利角沿岸海域和埃默里海盆区较高；此外在考察区的东南角中山站附近海域也较高，说明整体上伊利石在陆架沉积物中风化、蚀变较弱，在外海中伊利石在沉积物中风化、蚀变较强。

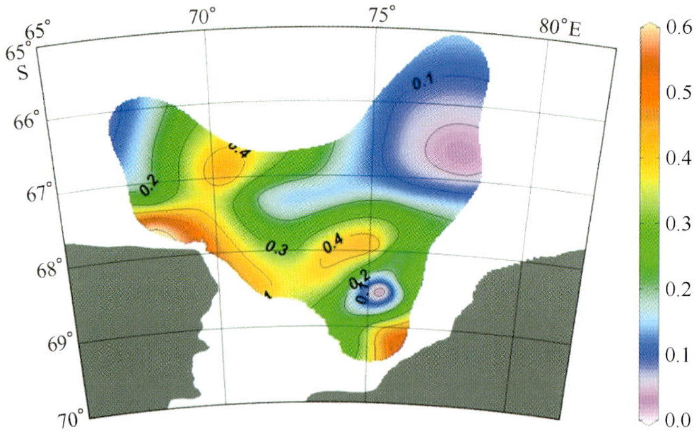

图 6-49　普里兹湾表层沉积物中伊利石化学指数分布

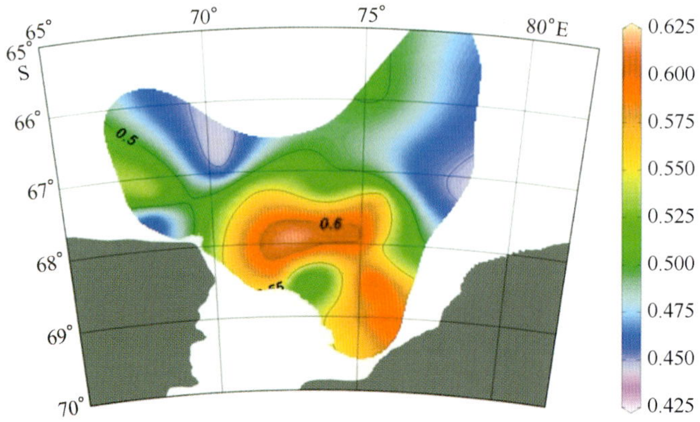

图 6-50　普里兹湾表层沉积物中伊利石结晶度指数分布

表 6-3 普里兹湾海域表层沉积物黏土矿物含量

区域	站位	蒙脱石/%	伊利石/%	高岭石/%	绿泥石/%	伊利石化学指数	伊利石结晶度
四夫人浅滩	P6-08	2.4	80.1	13.9	3.6	0.16	0.52
	P7-12	0.00	70.1	24	5.9	0.05	0.45
	P7-14	2.8	78.9	15.3	3.1	0.19	0.47
	PA-05	5.1	73.2	16.9	4.8	0.14	0.49
	N08-4	0.29	76.81	17.77	5.13	0.2	0.58
Burton 海盆	P3-08	22.7	57.2	16.6	3.5	0.25	0.54
	P3-09	10.9	62.6	23.7	2.7	0.57	0.46
Svenner 水道	P6-12	2.7	88.4	8.2	0.8	0.23	0.57
	P6-13	0.00	83.5	1.9	14.6	0.51	0.59
	P7-16	0.2	84.6	12.9	2.3	0.27	0.56
	N08-2	0.31	92.62	2.36	4.72		
	P4-12	0.55	86.16	12.48	0.81	0.00	0.61
	P4-13	0.3	85.98	10.11	3.61	0.42	0.6
弗拉姆浅滩	P4-07	12.1	68.2	16.6	3.1	0.45	0.45
埃默里冰架前缘	IS-02	0.16	84.09	14.11	1.65	0.31	0.56
	IS-05	0.14	86.51	6.59	6.75	0.24	0.56
	IS-9	0.95	81.66	14.93	2.45	0.36	0.6
	IS-11	0.11	71.83	22.94	5.11	0.42	0.57
	P3-15	12.09	66.45	17.18	4.28	0.37	0.5
科奥珀雷申海区	P3-03	4	73.3	15.1	7.7	0.13	0.47
	P5-01	2.1	80.8	15.1	2	0.31	0.58
	P6-03	5.6	77	11.3	6.1	0.1	0.5
	P7-07	4.1	75.5	13.8	6.5	0.11	0.47
埃默里海盆	P5-10	0.1	89.1	8	2.8	0.12	0.61
	P5-12	0.1	84.9	15	0.1	0.37	0.52
	P6-10	2.2	85.8	9.3	2.7	0.16	0.53
	P3-14	0.44	83.62	14.76	1.17	0.55	0.62
普里兹水道	M2-OLD	1.9	82.4	11.8	3.8	0.15	0.54
	P5-07	0.5	79.8	16.9	2.8	0.22	0.52
	PA-01	9.3	73.9	12.2	4.5	0.21	0.54
	PA-03	3.1	73.7	18.3	4.9	0.15	0.51

6.3.3 表层沉积物地球化学特征

6.3.3.1 生源组分

普里兹湾海域表层沉积物以陆源碎屑为主，含有不等量的生源蛋白石和碳酸钙（表 6-4）。

表 6-4 普里兹湾表层沉积物主要生源组分数据

元素	样品数/个	最小值/%	最大值/%	平均值/%	标准偏差/%	变异系数
TON	50	0.02	0.29	0.1	0.07	0.71
TC	50	0.08	1.41	0.54	0.34	0.64
TOC	50	0.06	1.19	0.42	0.31	0.72
$CaCO_3$	51	0.27	7.62	1.85	1.37	0.74
$BSiO_2$	12	2.31	25.99	12.93	8.82	0.68

1）$CaCO_3$ 含量

普里兹湾及周边海域表层沉积物中 $CaCO_3$ 含量变化范围为 0.27%～7.62%，平均值为 1.85%，标准偏差为 1.37%，变异系数为 0.74。如图 6-51 所示，$CaCO_3$ 的高值区主要分布在考察区北部外海，包括普里兹湾北部陆坡、瓦尔迪维亚半深海-深海平原与海底峡谷分布区，低值区主要分布在普里兹湾陆架特别是埃默里冰架前缘。普里兹湾及邻近海域位处南极极锋以南，冬季完全冰封，夏季海冰退至 66°S 以南，考察区全年水温较低，$CaCO_3$ 的溶解作用强，钙质生物如有孔虫、贝壳、冷水珊瑚等生长受到很大的抑制，沉积物中钙质壳极易溶解。碳酸钙含量的高低变化与初级生产力、碳酸盐的溶解（CCD 界面深度）以及陆源物质和硅质生物的稀释作用有关。

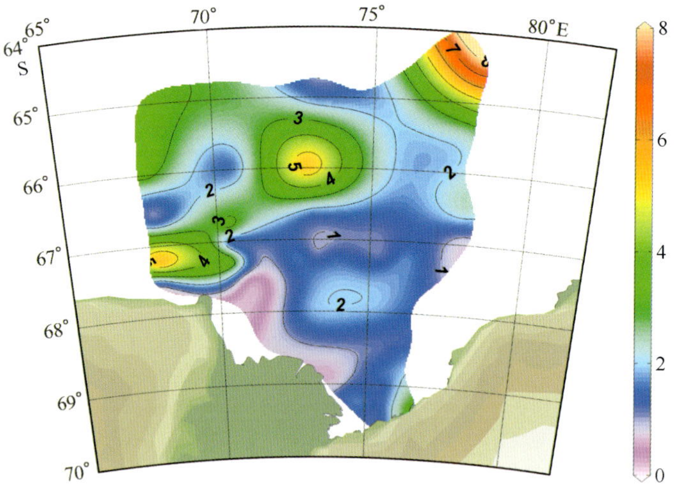

图 6-51 普里兹湾表层沉积物 $CaCO_3$ 含量（%）

2）生源蛋白石（$BSiO_2$）

普里兹湾及周边海域表层沉积物中生源蛋白石含量为 2.31%～25.99%，平均值为 12.93%，标准偏差为 8.82%，变异系数为 0.68。如图 6-52 所示，蛋白石的高值区主要分布在普里兹湾陆架，尤其是埃默里海盆区。硅质生物偏向于在冷水区生长，特别是季节性海冰边缘区生产力较高；同时，埃默里海盆区细粒物质的快速堆积也有利于蛋白石的埋葬和保存。

3）TOC、TON 与 C/N 比值

普里兹湾及周边海域表层沉积物中 TOC 含量变化较大，其变化范围为 0.06%～1.19%，平均含量为 0.42%。表层沉积物中 TOC 含量分布总体表现为近岸高于湾内，而湾内高于湾外。沉积物中 TOC 含量最大值出现在中山站附近的埃默里海盆区，次大值出现在湾东部靠近

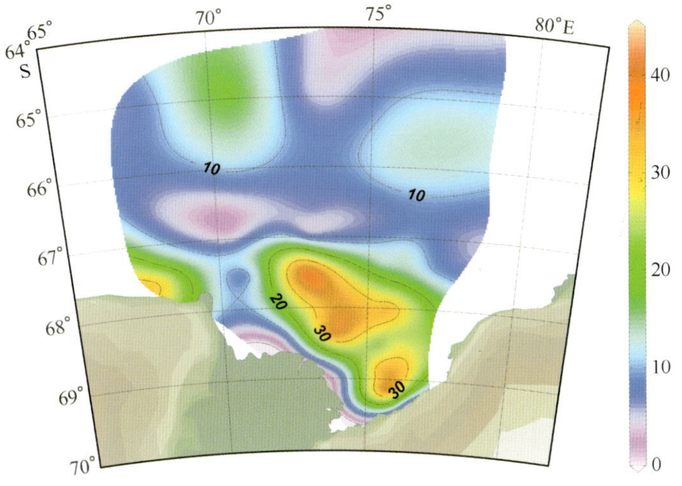

图 6-52　普里兹湾表层沉积物生源蛋白石含量（%）

达恩利角附近海域，低值区出现在考察区西部陆坡区域（图 6-51）。

考察区表层沉积物中的有机氮含量变化范围为 0.02%～0.29%，平均值为 0.10%。如图 6-54 所示，沉积物中有机氮的含量变化与有机碳的分布基本相似，表现为从近岸向远海逐渐减小，表明控制该地区沉积物中 TON 分布的因素与 TOC 一致，主要受到水体初级生产力和 POC 沉降被埋藏的影响（图 6-53 和图 6-54）。

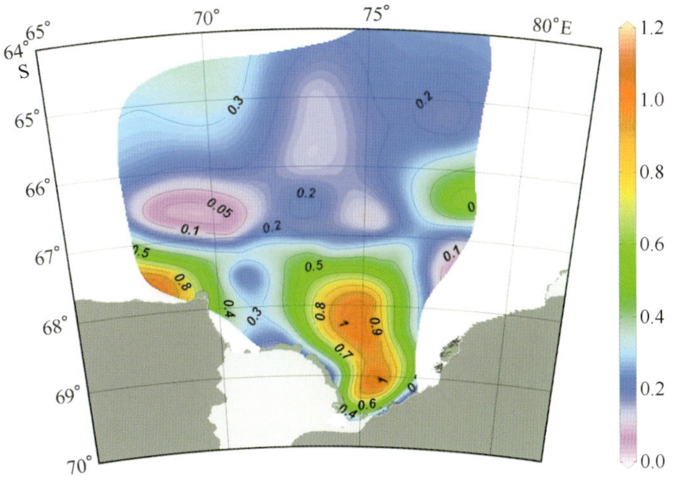

图 6-53　普里兹湾表层沉积物 TOC 含量（%）

普里兹湾表层沉积物中有机质的 C/N 比值较小，其变化范围为 4.77～9.953，平均值为 6.423。如图 6-55 所示，C/N 比值在考察区西北部和埃默里海盆南部沉积物中较高，在考察区中部埃默里海盆前大陆架边缘处沉积物中较低。C/N 比值被认为是一个有效的判断海洋沉积物中有机质来源的指标（Stevenson and Cheng，1972）。通常，浮游植物 C/N 比值为 6～7（Emerson and Hedges，1988），而沉积物中海源有机质的 C/N 比值为 8～9，比浮游植物略高一些（Thunell et al.，1992）；陆源有机物的 C/N 比值则一般为 20～200（Hedges et al.，1986）。一般来说，沉积物中有机质的 C/N 比值在高生产力环境中要比在贫养环境中高得多（Suess and Müller，1980）。从考察区表层沉积物有机质 C/N 比值的分布来看，该区沉积物中的有机

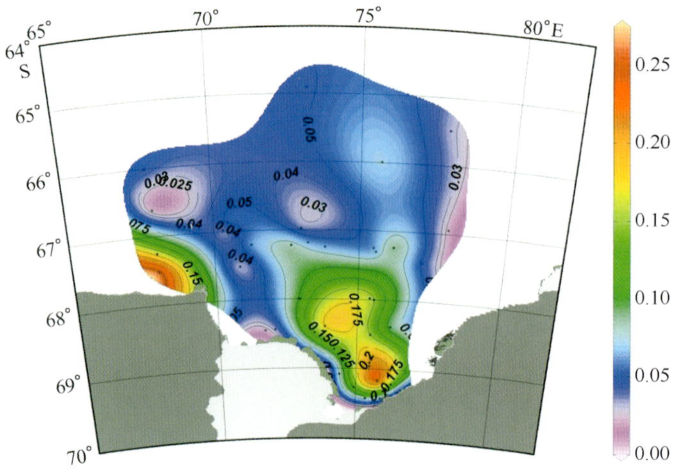

图 6-54　普里兹湾表层沉积物 TON 含量（%）

碳和总氮可能以海洋自生为主，但也不排除在普里兹湾沉积物中存在部分陆源有机质，而且陆源有机质所占比重在埃默里冰架前缘较大。

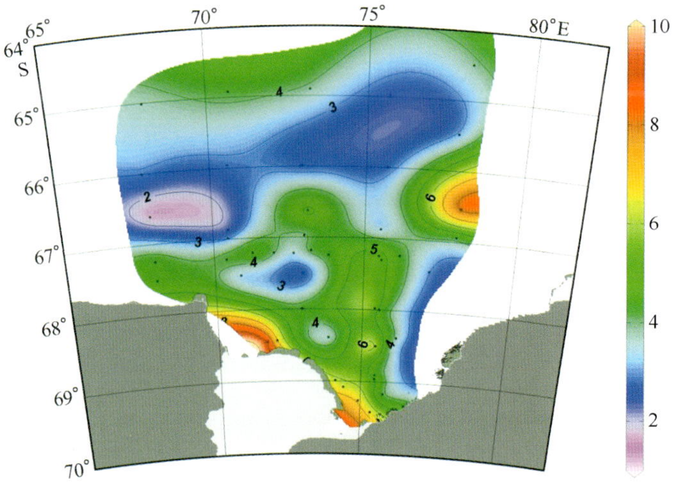

图 6-55　普里兹湾表层沉积物 C/N 比值

4）$\delta^{13}C_{TOC}$和$\delta^{15}N_{TON}$

沉积物中有机质的碳稳定同位素的分析可以用来更好地识别其物质来源，这已被越来越多的学者所应用。普里兹湾表层沉积物中有机质的$\delta^{13}C_{TOC}$值变化是 TOC 物质来源的综合反映。普里兹湾表层沉积物$\delta^{13}C_{POC}$值变化范围为-26.21‰~-23.29‰，平均值为-24.98‰。如图 6-56 所示，表层沉积物$\delta^{13}C_{TOC}$的高值区主要分布在普里兹湾陆架和埃默里海盆区，其次为东北部外海。低值区主要分布在中山站附近海域。

普里兹湾表层沉积物 TON 的$\delta^{15}N_{TON}$值变化范围为 0.59 ‰~8.35 ‰，平均值为 5.10 ‰。整个空间上的变化趋势从湾内表层沉积物中$\delta^{15}N_{TON}$值明显低于湾外，以 68°S 为界限，以南湾内区域，表层沉积物$\delta^{15}N_{TON}$值相对均一，其平均值基本为 4.1‰左右，而 68°S 以北的外部海域表现为由近岸向远海逐渐的偏正（图 6-57）。

海洋沉积物中普遍含有少量的有机质，有机质的物质组成包括元素组成、同位素组成和

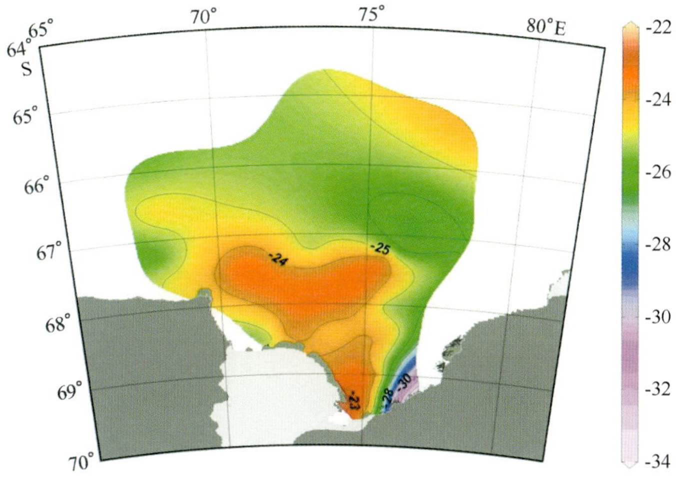

图 6-56 普里兹湾表层沉积物 $\delta^{13}C_{TOC}$ 含量（‰）

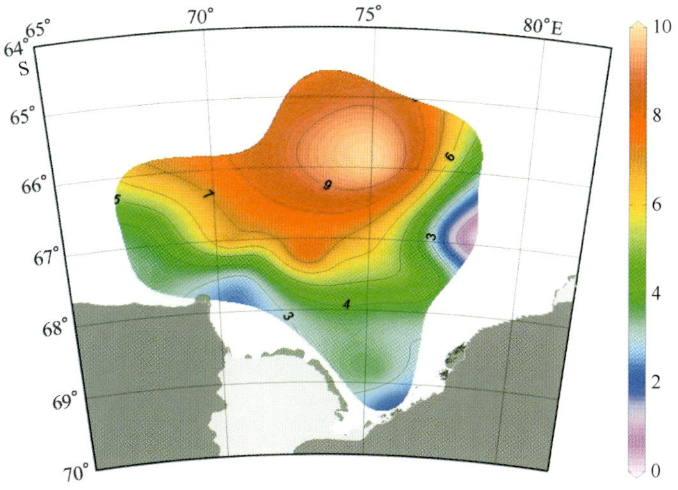

图 6-57 普里兹湾表层沉积物 $\delta^{15}N_{TON}$（‰）

分子组成等，它反映了有机质构成单元的属性，蕴含着丰富的物质来源信息，但是发生在水体和沉积物中的多种生物地球化学过程随时可能改变有机质的组成，并影响到有机质来源的判别。普里兹湾沉积有机质主要来源于水体悬浮颗粒物的沉降，但沉积有机质的碳同位素普遍重于悬浮颗粒有机质。已有研究表明，沉积物颗粒由细到粗，碳同位素值增加，沉积物的再悬浮作用会使悬浮颗粒物的粒度偏细，从而富集轻同位素，使得沉积有机质的碳同位素值大于悬浮颗粒有机质。同时，局部环境的改造作用也使得悬浮颗粒有机质和沉积有机质的同位素值产生差异。

6.3.3.2 常量元素

普里兹湾表层沉积物 Al_2O_3、CaO、TFe_2O_3、K_2O、MgO、MnO、Na_2O、P_2O_5、TiO_2 含量及 Na_2O/K_2O、MnO/Fe_2O_3、TiO_2/Al_2O_3 等元素比值分布分布见图 6-58 至图 6-69。

普里兹湾海域表层沉积物中 Al_2O_3 的含量范围为 4.41%~14.25%，平均值为 9.28%。如

图 6-58 所示，Al_2O_3 的高含量主要分布在北部半深海-深海区，对应沉积物以深海黏土为主；低值主要分布在埃默里海盆处，从海盆中心向四周方向逐渐增多，Al_2O_3 受生物硅和及陆源石英的稀释明显。

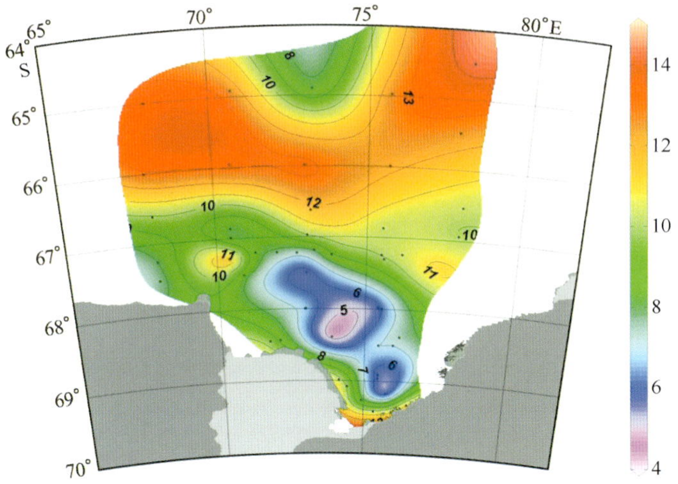

图 6-58　普里兹湾海域表层沉积物 Al_2O_3 含量（%）分布

普里兹湾海域表层沉积物中 Fe_2O_3 的含量范围为 2.02%～10.56%，平均值为 4.24%。如图 6-58 所示，TFe_2O_3 的含量最高值位于海域东南角处，而高含量主要分布在考察区北部的瓦尔迪维亚深海平原，低值区则分布在考察区的埃默里海盆以及弗拉姆浅滩和四女士浅滩靠近大陆架的部分区域内，其分布与 Al_2O_3 大致相似。

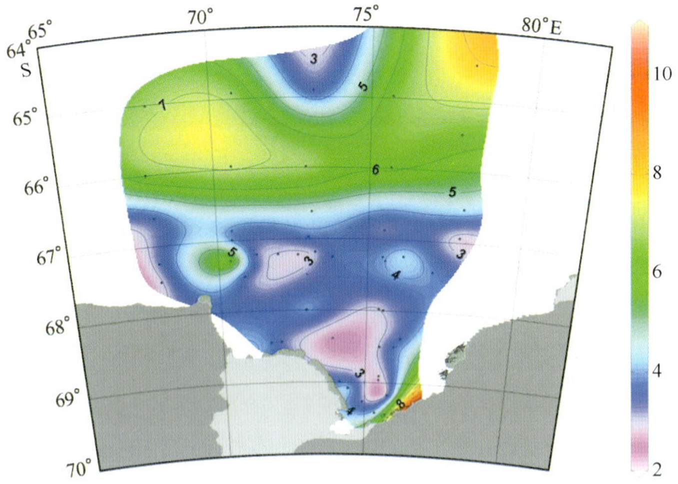

图 6-59　普里兹湾海域表层沉积物 Fe_2O_3 含量（%）分布

Na_2O 的含量范围为 1.53%～6.85%，平均值为 3.57%。如图 6-60 所示，Na_2O 的高值区主要分布在埃默里海盆处，低值区主要分布在弗拉姆浅滩以及麦克罗伯逊地大陆架边缘和考察区瓦尔迪维亚深海平原北部区域及东北角，此外从弗拉姆浅滩向东到四女士浅滩东北 Na_2O 含量逐渐减小，并在四女士浅滩东北部有一低值区。

K_2O 的含量范围为 1.16%～3.49%，平均值为 2.39%。如图 6-61 所示，K_2O 的高值区主要分布水深较大的瓦尔迪维亚深海平原，并且在埃默里冰架前缘西北部与弗拉姆浅滩相邻的

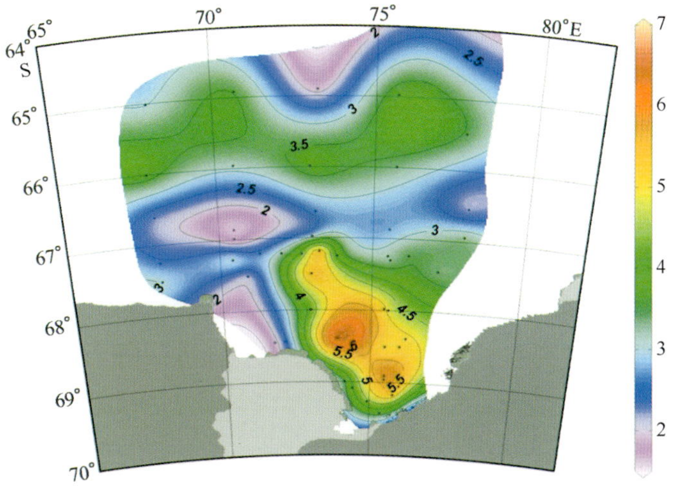

图 6-60 普里兹湾海域表层沉积物 Na_2O 含量（%）分布

部分有一高值区。如图 6-62 所示，整个考察区的埃默里海盆区域内 Na_2O/K_2O 比值大于 2.0，海盆以外的其他区域 Na_2O/K_2O 比值均在 2.0 以内，说明埃默里海盆物质成分成熟度低，主要为冰筏碎屑成因物质。

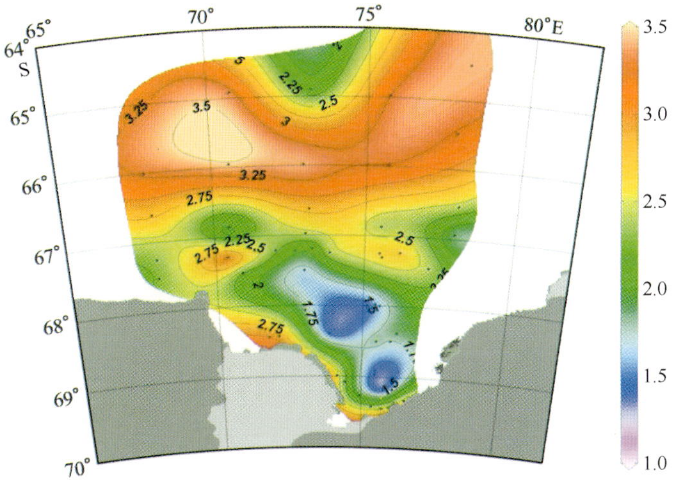

图 6-61 普里兹湾海域表层沉积物 K_2O 含量（%）分布

普里兹湾海域表层沉积物中 MgO 的含量范围为 0.90%~3.34%，平均值为 1.77%。如图 6-63 所示，MgO 的高含量主要分布在考察区北部的瓦尔迪维亚深海平原的西北和东北部，低值区则主要分布在考察区最北部和弗拉姆浅滩东南部与埃默里冰架相邻区域及其与西部的斯托雷格浅滩相邻区域。

普里兹湾海域表层沉积物中 CaO 的含量变化范围为 1.05%~4.76%，平均值为 1.86%。如图 6-64 所示，CaO 的高含量呈斑块状分布，主要分布在考察区瓦尔迪维亚深海平原东北角及其中部；低值区分布在考察区埃默里海盆和弗拉姆浅滩区。

普里兹湾海域表层沉积物中 MnO 的含量范围为 0.02%~0.17%，平均值为 0.07%。如图 6-65 所示，MnO 的高含量主要分布在瓦尔迪维亚深海平原，此外在该海域东南角有一高值区，

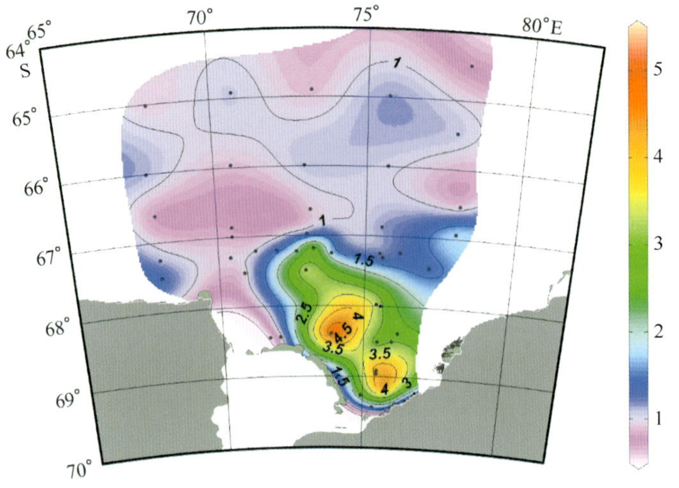

图 6-62　普里兹湾表层沉积物 Na_2O/K_2O 比值的分布

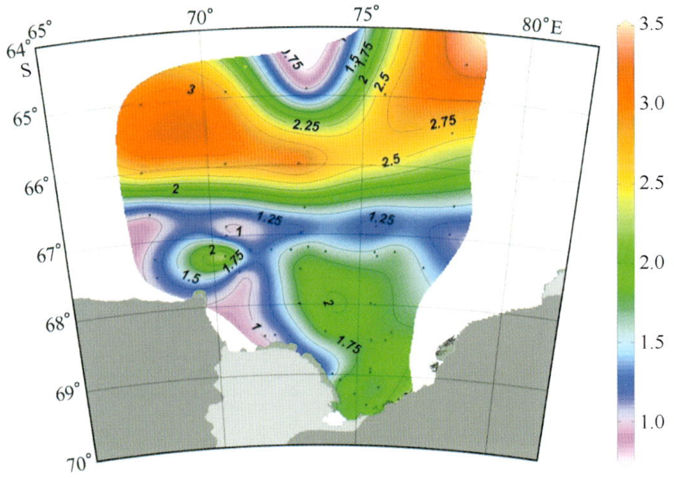

图 6-63　普里兹湾表层沉积物 MgO 含量（%）分布

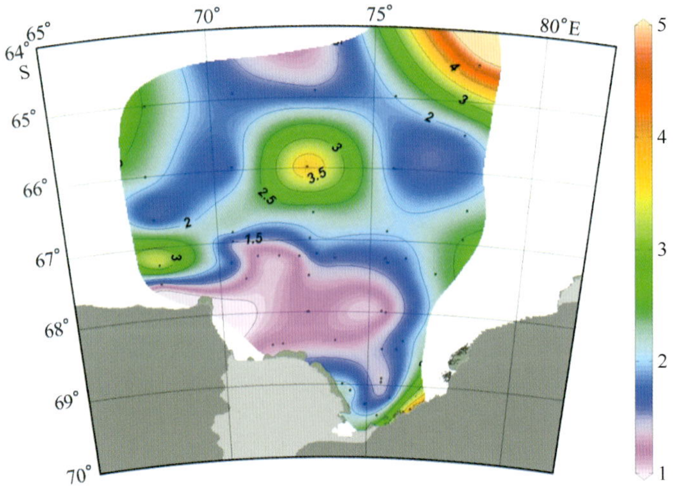

图 6-64　普里兹湾表层沉积物 CaO 含量（%）分布

而海区中部埃默里海盆处沉积物含量较低。如图 6-66 所示，$100\times MnO/Fe_2O_3$ 比值在该海域内有两个低值点，分别在埃默里海盆最低值区和在四女士浅滩东部区域，从埃默里浅滩向外呈辐射状逐渐增大。$100\times MnO/Fe_2O_3$ 比值在北部的瓦尔迪维亚深海平原和从弗拉姆浅滩到麦克罗伯逊地大陆架边缘区高，反映该地区底层海水相对富氧，可能是普里兹湾底层水的生成区或外流区。

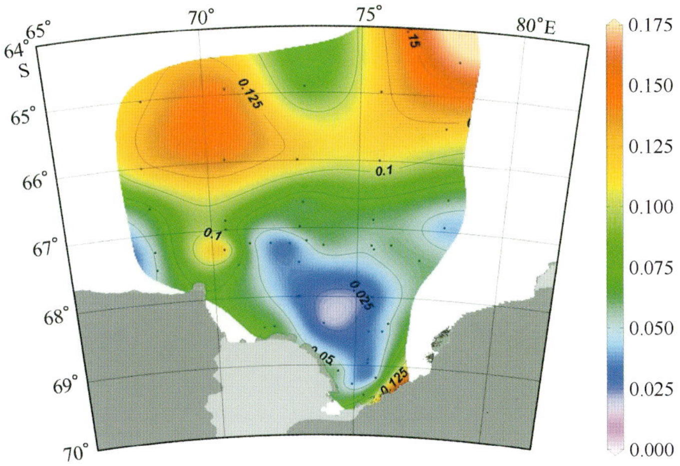

图 6-65　普里兹湾表层沉积物 MnO 含量（%）分布

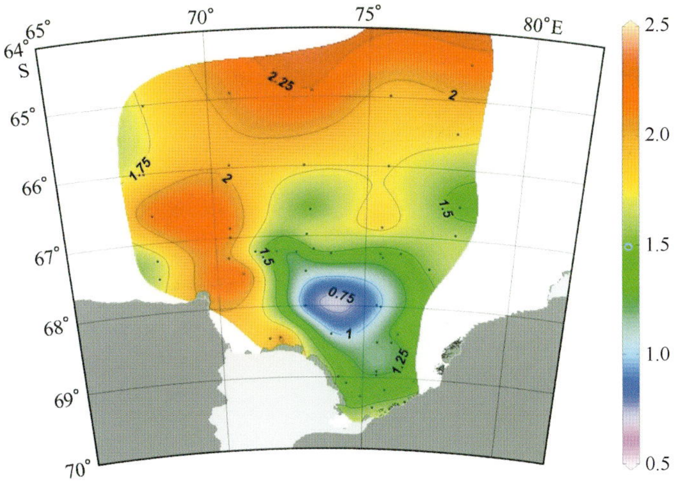

图 6-66　普里兹湾海域表层沉积物 $100\times MnO/Fe_2O_3$ 比值的分布

TiO_2 的含量范围为 0.25%～1.30%，平均值为 0.54%。如图 6-67 所示，TiO_2 含量在考察区东南角处有一个高值区。TiO_2 含量较低的区域位于埃默里海盆处。考察区沉积物中 $100\times TiO_2/Al_2O_3$ 范围为 3.59～11.13，平均值为 5.78。如图 6-68 所示，$100\times TiO_2/Al_2O_3$ 的高值区位于考察区东南角处，范围很小，次高区位于埃默里冰架前端，似乎与钛铁矿等富钛矿物来源有关。

P_2O_5 的含量范围为 0.07%～0.33%，平均值为 0.13%。如图 6-69 所示，P_2O_5 含量在该海域东南角处有一最高值区，低值区有两处，分别位于弗拉姆浅滩前方大陆架边缘以及瓦尔迪维亚深海平原北部区域，其分布与 Na_2O 相似。

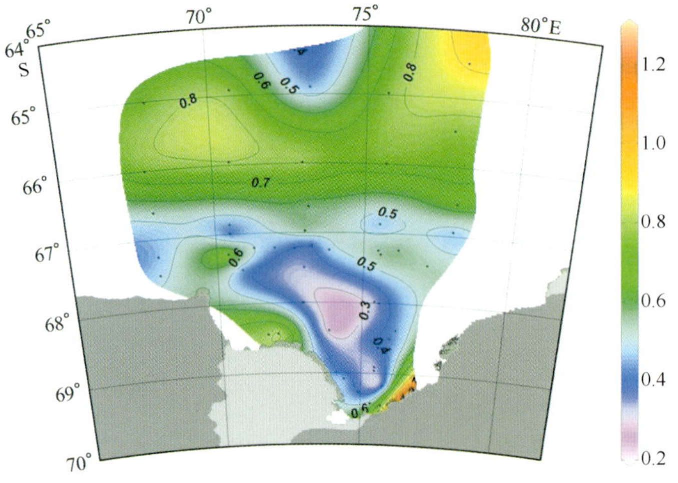

图 6-67　普里兹湾海域表层沉积物 TiO_2 含量（%）分布

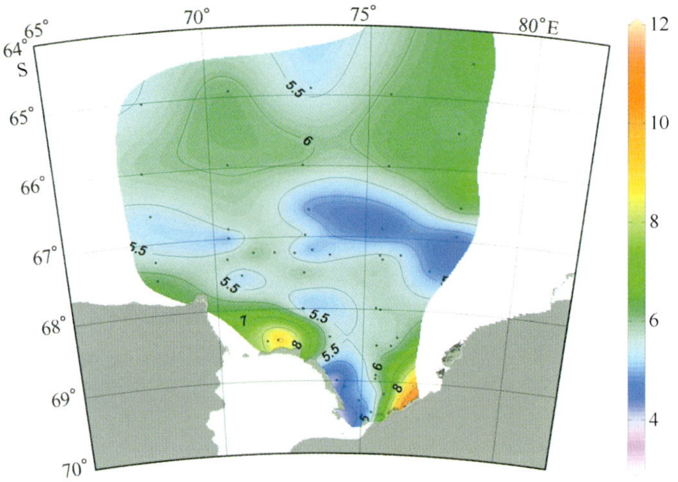

图 6-68　表层沉积物 $100\times TiO_2/Al_2O_3$ 比值分布

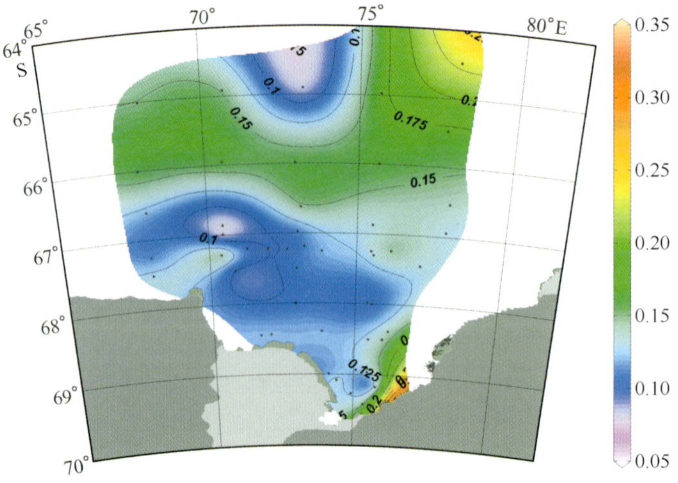

图 6-69　普里兹湾表层沉积物 P_2O_5 含量（%）分布

6.3.3.3 微量元素

对普里兹湾海域 51 个表层沉积物样品进行了微量元素分析。有关微量元素及比值分布见图 6-70 至图 6-85。典型微量元素的分布描述如下。

普里兹湾海域表层沉积物中 Sr 的含量范围为 $102\times10^{-6}\sim250\times10^{-6}$，平均值为 162.51×10^{-6}。如图 6-70 所示，Sr 分布的高值区在考察区呈 NW—SE 向分布，并且在考察区东北角也存在一个高值区，均在 200×10^{-6}以上。低值区出现在弗拉姆浅滩向埃默里海盆变化地区，在埃默里海盆中心部位为 Sr 含量最低区域，反映了海洋沉积物中碳酸盐含量的高低变化。

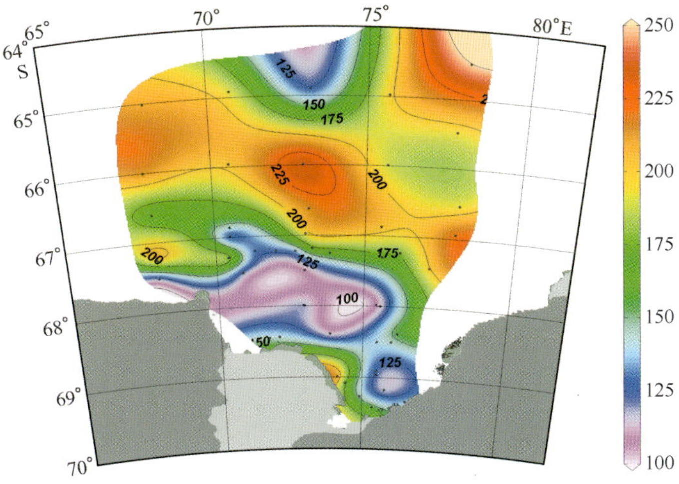

图 6-70 普里兹湾海域表层沉积物 Sr 含量（10^{-6}）分布

考察区表层沉积物中 Ba 的含量范围为 $371\times10^{-6}\sim2\ 632\times10^{-6}$，平均值为 966.62×10^{-6}。如图 6-71 所示，Ba 的高值区主要分布在考察区西北角的瓦尔迪维亚深海平原，其次是深海平原的东北角，并且有一斑块状区域位于弗拉姆浅滩处。Ba 含量的低值区则呈斑块状出现在埃默里海盆和四女士浅滩处。微量元素 Cr、V、Zn、Zr、Li、Sc、Co、Ge 等与常量元素 MgO、K_2O、Al_2O_3、MnO、Fe_2O_3、TiO_2 等分布相似，趋向于在细粒沉积物中富集（图 6-70 至图 6-79）。

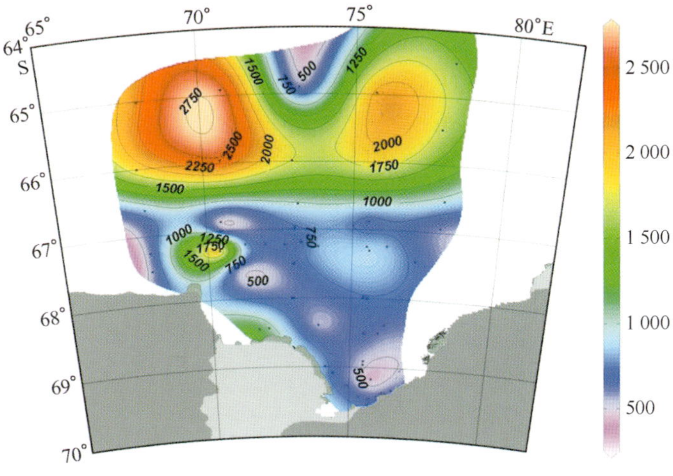

图 6-71 普里兹湾海域表层沉积物 Ba 含量（10^{-6}）分布

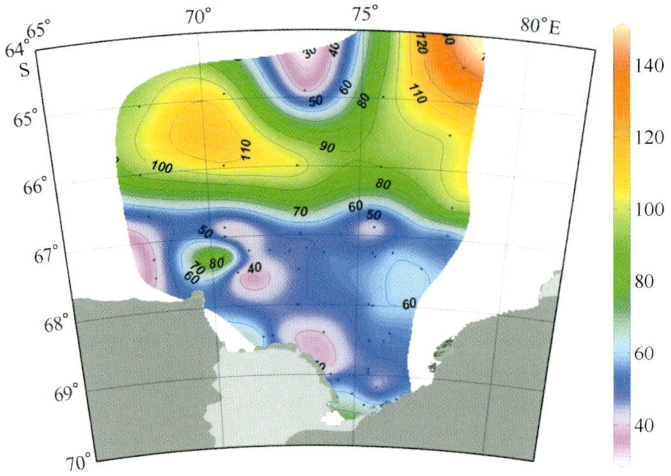

图 6-72　普里兹湾海域表层沉积物 Cr 含量（10^{-6}）分布

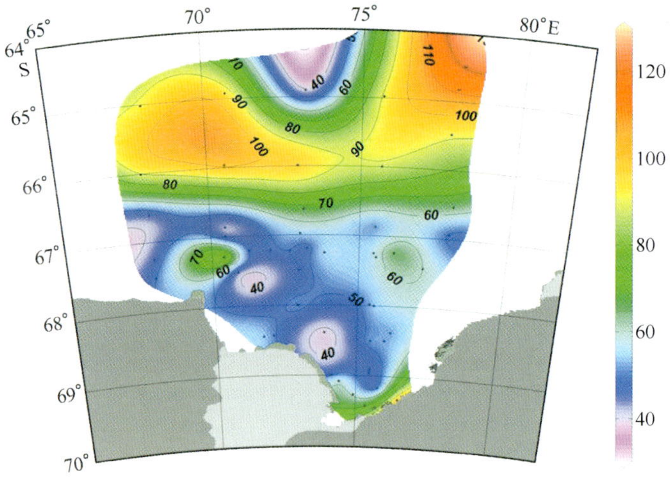

图 6-73　普里兹湾海域表层沉积物 V 含量（10^{-6}）分布

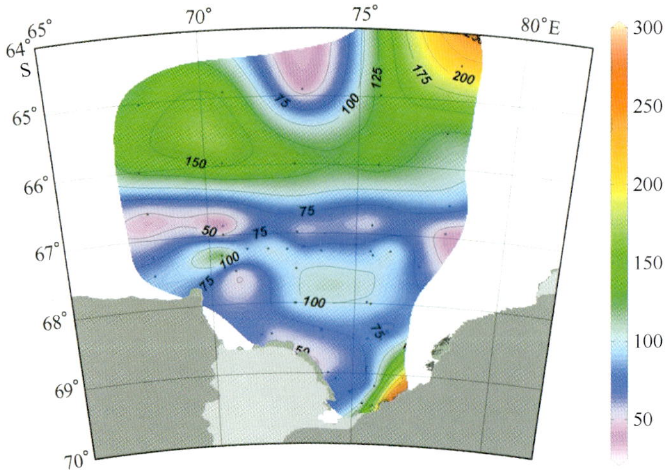

图 6-74　普里兹湾海域表层沉积物 Zn 含量（10^{-6}）分布

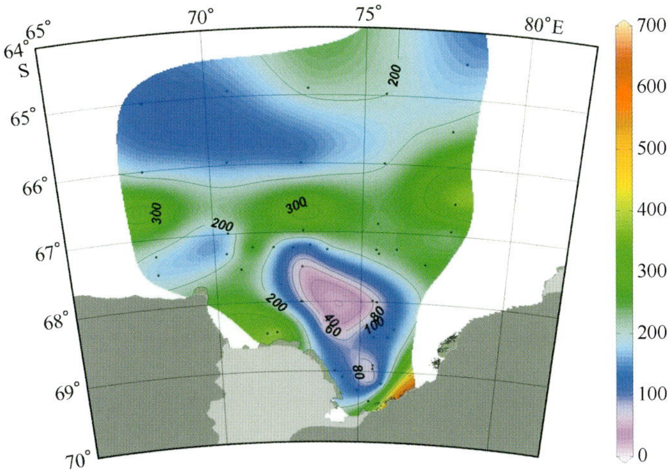

图 6-75　普里兹湾海域表层沉积物 Zr 含量（10^{-6}）分布

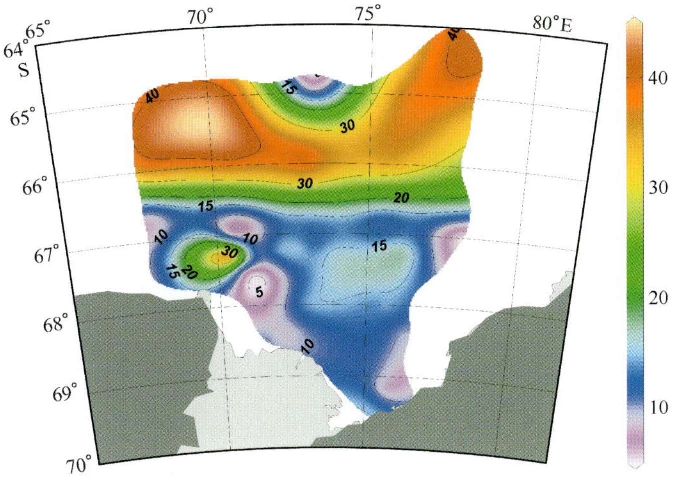

图 6-76　普里兹湾海域表层沉积物 Li 含量（10^{-6}）分布

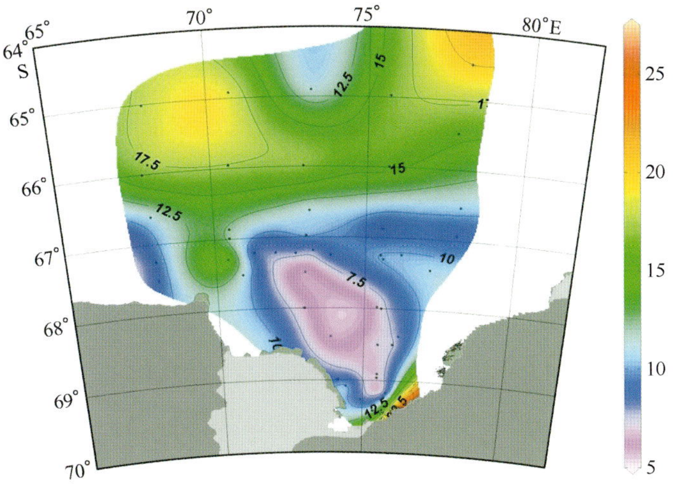

图 6-77　普里兹湾海域表层沉积物 Sc 含量（10^{-6}）分布

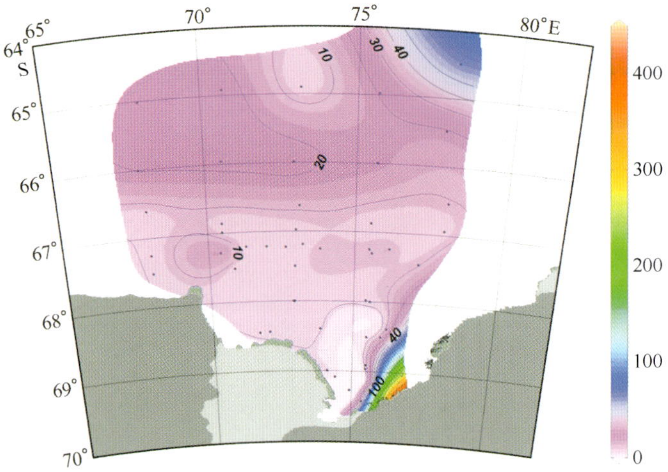

图 6-78　普里兹湾海域表层沉积物 Co 含量（10^{-6}）分布

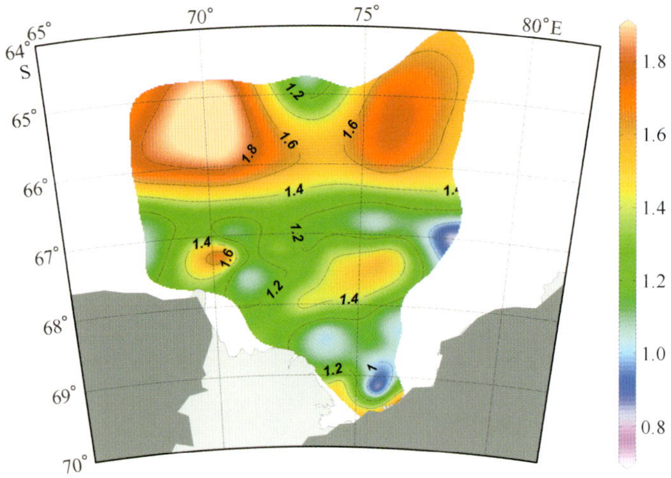

图 6-79　普里兹湾海域表层沉积物 Ge 含量（10^{-6}）分布

如图 6-80 至图 6-85 所示，普里兹湾海域表层沉积物 Ge/Li 比值、Ba/Al 比值、Be/Li 比值、U/Th 比值、Rb/Sr 比值、Sr/Ba 比值分布的区域分异明显，对沉积物物源及沉积环境具有重要的指示意义。

6.3.3.4　稀土元素

普里兹湾海域不同站位的稀土元素含量与沉积物类型关系密切。REE 总量的分布范围为 84.19～358.32×10^{-6}，平均值为 175.73×10^{-6}，小于页岩的平均值（Byrne and Sholkovitz, 1996）。各类沉积物中稀土元素特别是轻稀土元素的含量变化较大，但总的来说，稀土元素在浅水区砂、砾质沉积物中含量较低，在深水区富黏土沉积物中含量较高（图 6-86）。轻重稀土元素的含量之比（LREE/HREE）为 5.82～14.18，平均值为 10.98（图 6-87）。LREE/HREE 比值与 REE 总量之间呈正相关。如图 6-88 所示，考察区表层积物中总稀土含量与黏土组分含量、水深之间具有明显的正相关，说明水深越大，沉积物越细，稀土元素含量越高，稀土元素趋向于在细粒沉积物中富集，因为它们可以通过类质同象进入黏土矿物的晶格之中

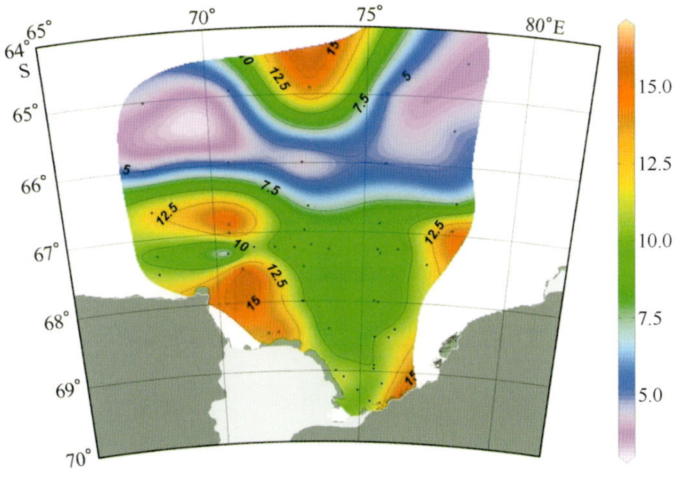

图 6-80 普里兹湾海域表层沉积物 Ge/Li 比值分布

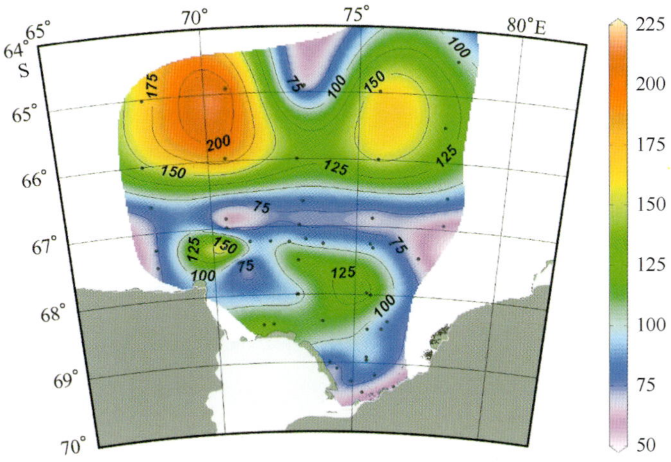

图 6-81 普里兹湾海域表层沉积物 Ba/Al 比值分布

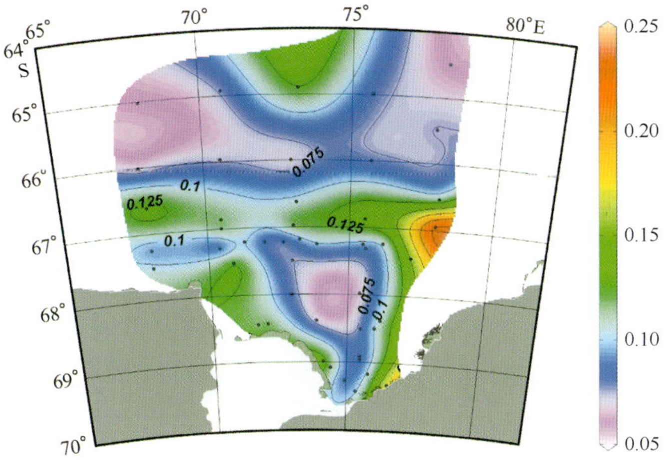

图 6-82 普里兹湾海域表层沉积物 Be/Li 比值分布

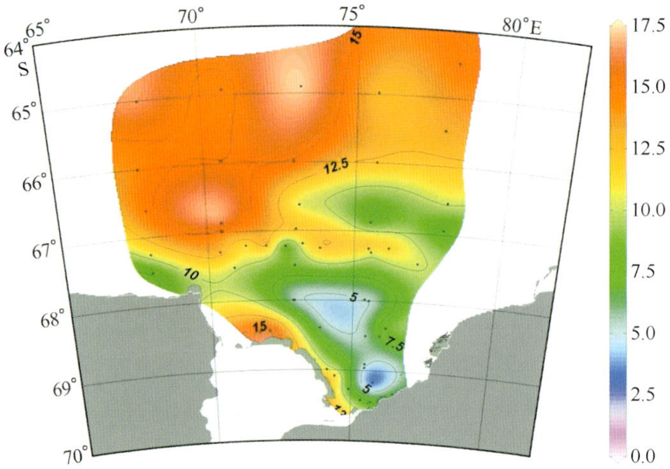

图 6-83　普里兹湾海域表层沉积物 U/Th 比值分布

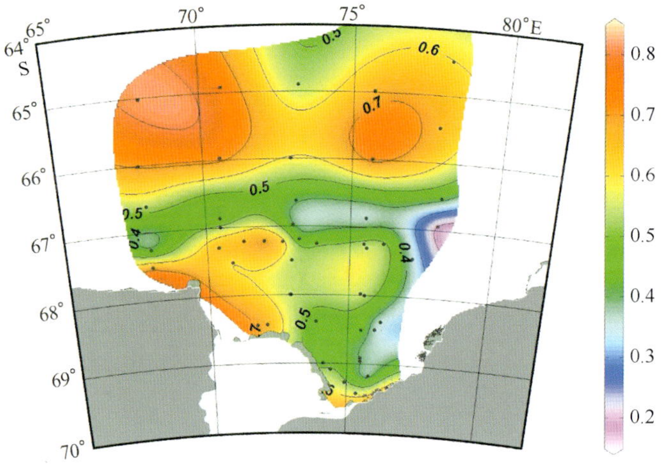

图 6-84　普里兹湾海域表层沉积物 Rb/Sr 比值分布

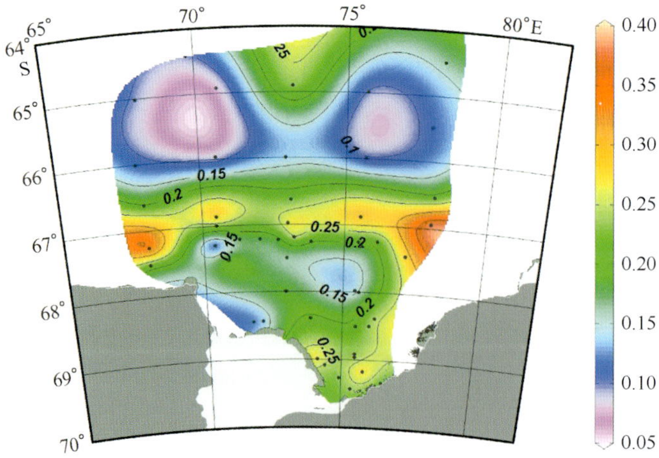

图 6-85　普里兹湾海域表层沉积物 Sr/Ba 比值分布

（赵一阳和鄢明才，1994），或以钛的氧化物、磷灰石等富稀土矿物形式出现在黏土相中（Caggianelli et al.，1992）。

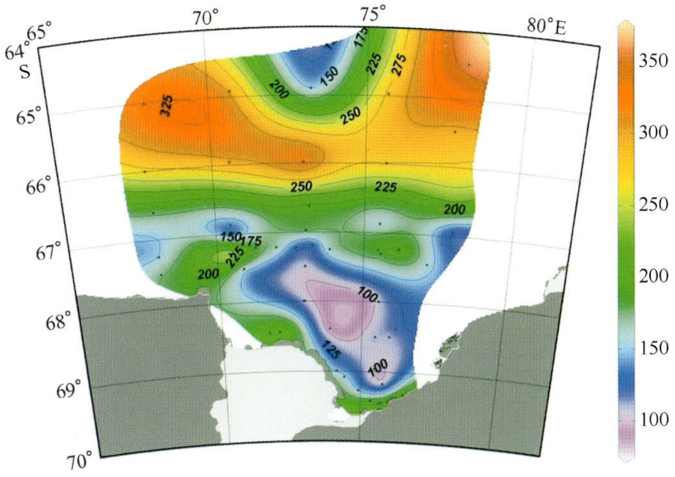

图 6-86　普里兹湾海域表层沉积物 REE 含量（10^{-6}）分布

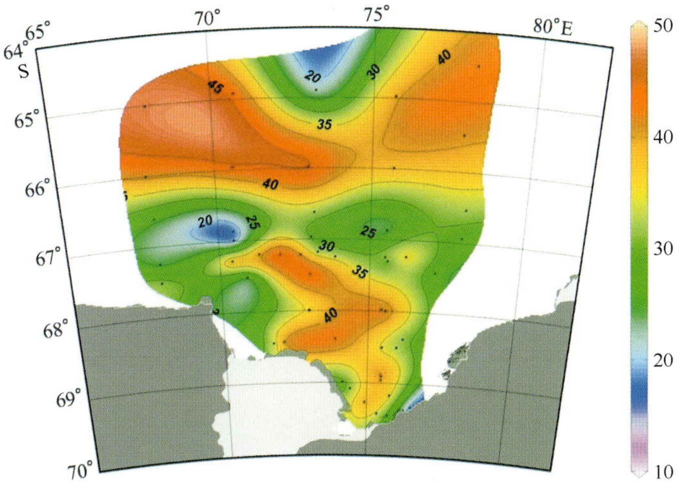

图 6-87　普里兹湾海域表层沉积物 LREE/HREE 比值

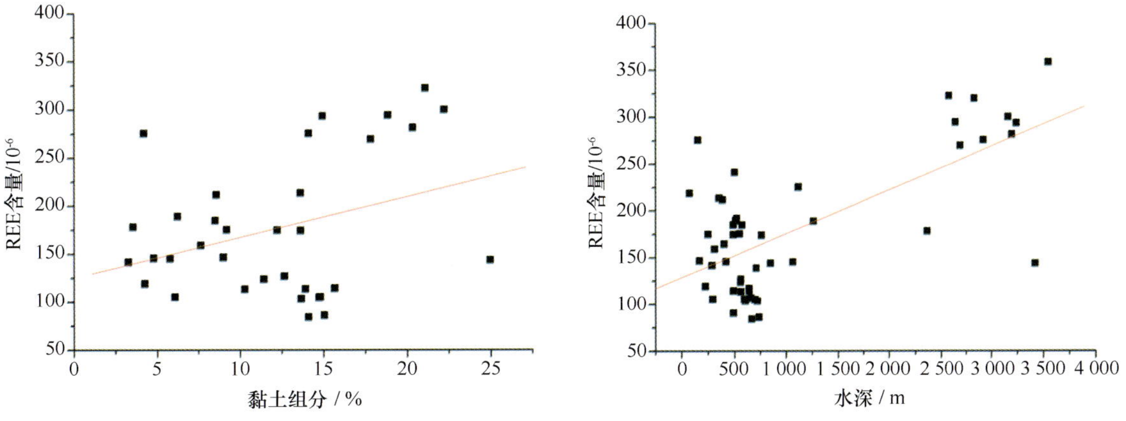

图 6-88　表层沉积物稀土元素含量与黏土组分、站位水深的关系

采用北美、欧洲和俄罗斯页岩的平均值（Byrne and Sholkovitz，1996）对稀土元素进行标准化，结果见图 6-89 至图 6-92。从曲线的倾向来看，考察区表层沉积物的页岩标准化稀土元素配分模式大体可分为 3 类：一类为轻稀土富集型，沉积物的铕正异常明显；一类为重稀土富集型或平缓型，沉积物的铕正异常不明显；还有一类为中间型，轻稀土弱富集。整个考察区表层沉积物的铈异常值（δCe 值）的变化范围为 0.95～1.32，多表现为弱正异常（图 6-93）。考察区沉积物 δEu 的变化范围为 0.8～1.30，部分样品为轻微铕正异常，小部分样品为轻微铕负异常（图 6-94）。沉积物中 δCe 值与 LREE/HREE 比值呈明显正相关，与 δEu 关系不明显（图 6-95）。

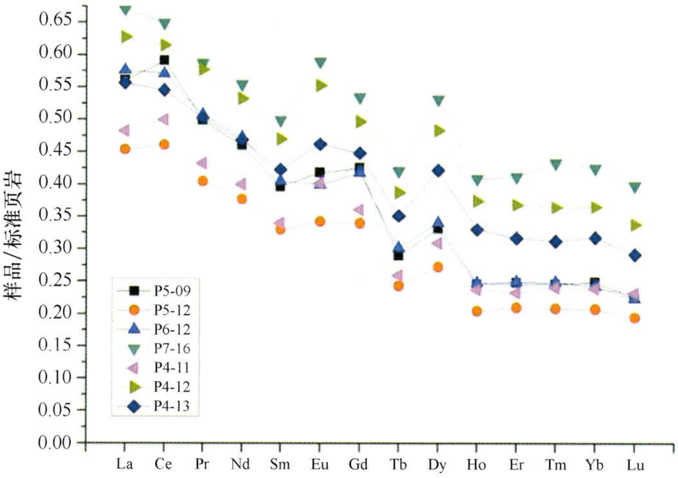

图 6-89　普里兹湾表层沉积物稀土元素页岩标准化模式 1

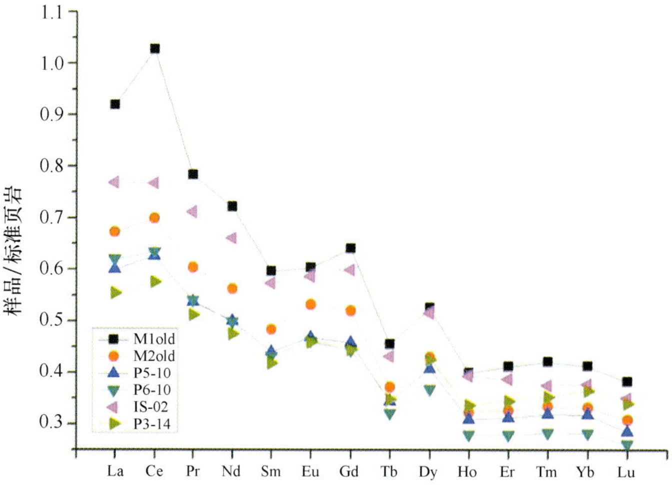

图 6-90　普里兹湾表层沉积物稀土元素页岩标准化模式 2

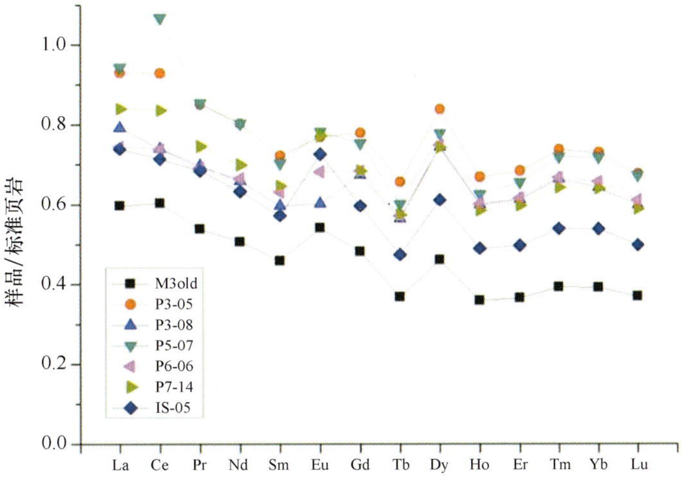

图 6-91 普里兹湾表层沉积物稀土元素页岩标准化模式 3

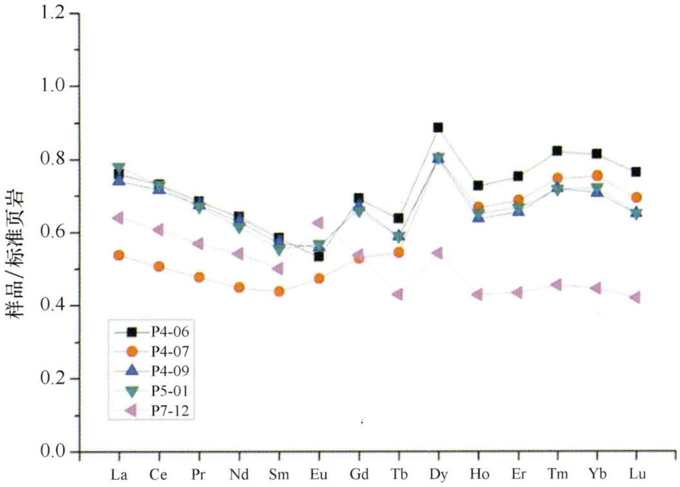

图 6-92 普里兹湾表层沉积物稀土元素页岩标准化模式 4

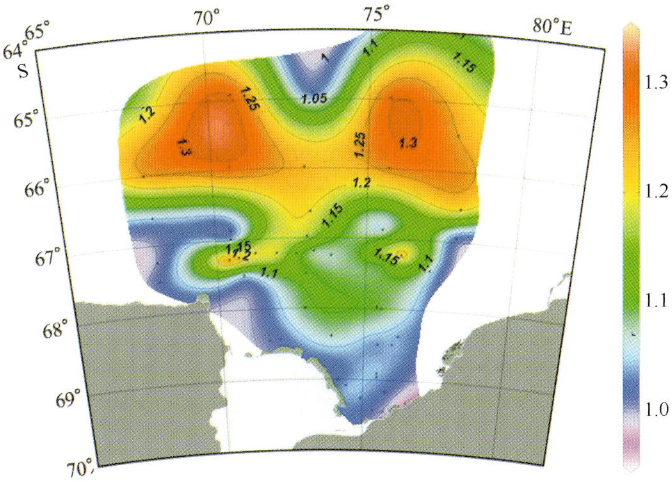

图 6-93 普里兹湾表层沉积物 δCe 异常分布

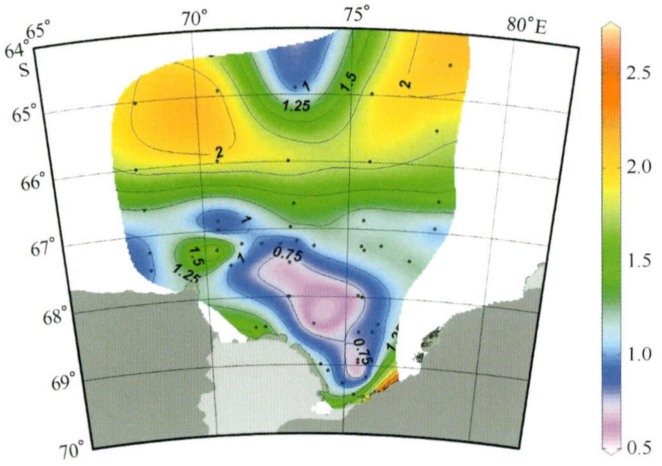

图 6-94　普里兹湾表层沉积物 δEu 异常分布

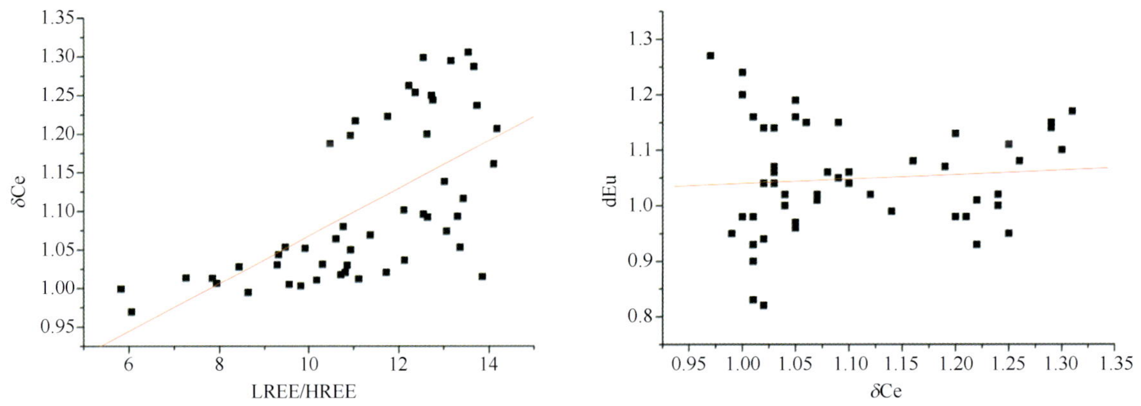

图 6-95　普里兹湾表层沉积物 LREE/HREE、δCe、δEu 之间的相互关系

6.3.3.5　元素组合特征

对普里兹湾海域 50 个表层沉积物样品的常微量元素进行 Q 型因子分析，取特征值大于 1 的 4 个初始因子（表 6-5），进行最大方差旋转，得到旋转后各因子的得分情况见表 6-6。

表 6-5　因子提取信息表（$n=50$，主因子分析，最大方差旋转）

因子	初始因子提取结果			旋转因子提取结果		
	特征值	方差/%	累积方差/%	特征值	方差/%	累积方差/%
F1	15. 74	56. 22	56. 22	11. 73	41. 88	41. 88
F2	4. 09	14. 62	70. 84	5. 15	18. 40	60. 28
F3	2. 76	9. 86	80. 70	5. 14	18. 36	78. 65
F4	1. 45	5. 17	85. 87	2. 02	7. 22	85. 87

表 6-6 因子得分情况（$n=50$，主因子分析，最大方差旋转）

元素	F1	F2	F3	F4
TOC	-0.19	-0.03	-0.85	-0.03
$CaCO_3$	0.50	0.24	0.08	0.62
Al_2O_3	0.71	0.19	0.60	0.16
Na_2O	-0.08	-0.05	-0.85	0.19
K_2O	0.77	0.13	0.57	-0.06
MgO	0.82	0.31	-0.29	0.31
CaO	0.25	0.43	0.39	0.72
TFe_2O_3	0.66	0.64	0.28	0.16
MnO	0.69	0.45	0.44	0.14
P_2O_5	0.38	0.83	0.12	0.22
TiO_2	0.57	0.62	0.49	-0.06
Li	0.97	0.07	0.02	0.19
Sr	0.53	-0.08	0.52	0.51
Ba	0.95	0.05	0.14	-0.06
Sc	0.60	0.60	0.44	0.12
V	0.84	0.46	0.13	0.20
Cr	0.89	0.20	0.09	0.20
Co	-0.05	0.97	0.15	0.06
Ni	0.89	0.27	-0.13	0.30
Cu	0.86	0.33	-0.19	0.10
Zn	0.56	0.78	-0.10	0.12
Pb	0.09	0.01	0.23	-0.49
Th	0.77	-0.17	0.42	-0.14
U	0.25	-0.13	-0.57	-0.15
Y	0.40	0.49	0.72	0.08
Zr	-0.14	0.57	0.69	-0.24
Rb	0.91	0.12	0.31	0.01
Ge	0.84	0.30	0.13	-0.11

从表 6-6 来看，4 个因子中均有一些得分很高的元素出现，说明各因子的意义比较明显，元素组合的环境制约较为简单。

因子 F1 在初始因子中所占的方差贡献为 56.22%，旋转后所占的方差贡献为 41.88%，代表的元素组合为［MgO、K_2O、Al_2O_3、MnO、Fe_2O_3、TiO_2、Li、Ba、Rb、Cr、Ni、Cu、V、Ge、Th、Sc、Zn］。常量元素 MgO、K_2O、Al_2O_3、MnO、Fe_2O_3、TiO_2 等是黏土矿物伊利石、绿泥石、高岭石和蒙脱石等的构成元素，微量元素 Li、Ba、Rb、Cr、Ni、Cu、V、Ge、Th、Sc、Zn 等多与黏土矿物等细粒物质的吸附或者结合有关，从图 6-96 所示因子得分分布来看，上述元素趋向于在考察区北部半深海-深海富黏土沉积物中富集，在普里兹湾两侧近岸海域含量较低，在冰架前缘的埃默里海盆区含量中等。

因子 F2 在初始因子中所占的方差贡献为 14.62%，旋转后所占的方差贡献为 18.40%，代

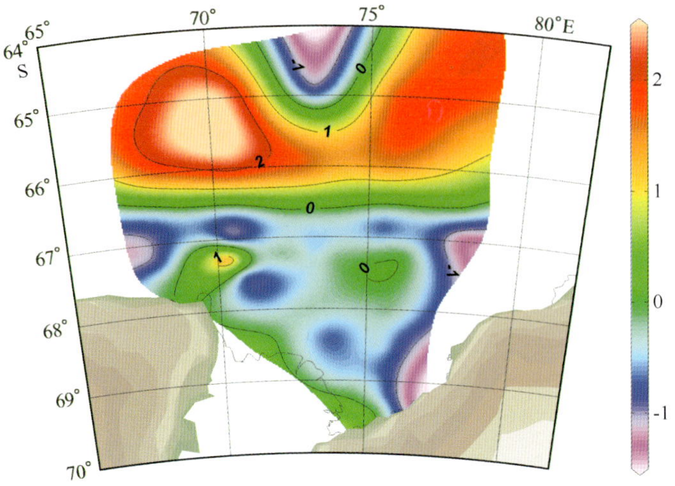

图 6-96 元素地球化学因子 F1 得分分布

表的元素组合为［P_2O_5、TFe_2O_3、TiO_2、Co、Zn、Sc、Zr］，以高场强元素为主，在重矿物中相对富集，也易为黏土矿物、铁锰氧化物-氢氧化物等吸附。从图 6-97 所示因子得分分布来看，上述元素趋向于在中山站附近海域沉积物中富集，在海区东北部深海沉积物中次之，在埃默里冰架前缘区含量较低。

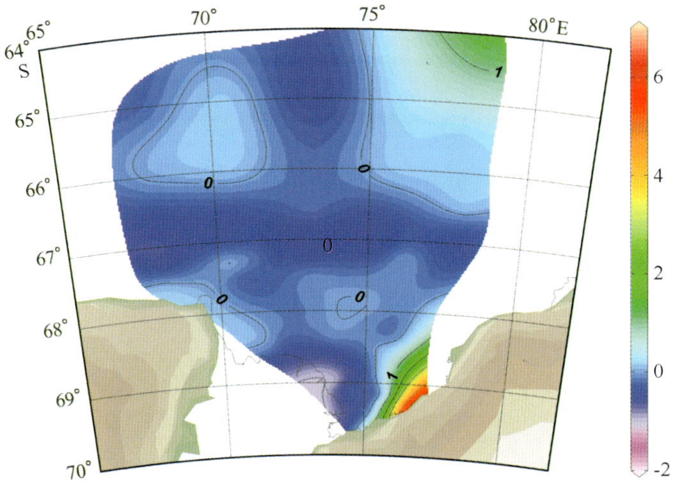

图 6-97 元素地球化学因子 F2 得分分布

因子 F3 在初始因子中所占的方差贡献为 9.86%，旋转后所占的方差贡献为 18.36%，代表的元素组合为［Y、Zr、Al_2O_3、K_2O、Sr/U、TOC、Na_2O］。从图 6-98 所示因子得分分布来看，上述元素趋向于在埃默里冰架前缘以及陆架-陆坡区沉积物中富集，在埃默里海盆区含量较低。

因子 F4 在初始因子中所占的方差贡献为 5.17%，旋转后所占的方差贡献为 7.22%，代表的元素组合分别为［CaO、$CaCO_3$、Sr］。Ca 和 Sr 在低纬度海洋沉积物中主要以碳酸盐形式存在，在高纬度海洋沉积物中部分以碳酸盐形式存在，部分以硅酸盐形式存在。从图 6-99 所示因子得分分布来看，其高值区出现在考察区东北部深海区，低值区出现在达恩利角附近冰架前缘区。

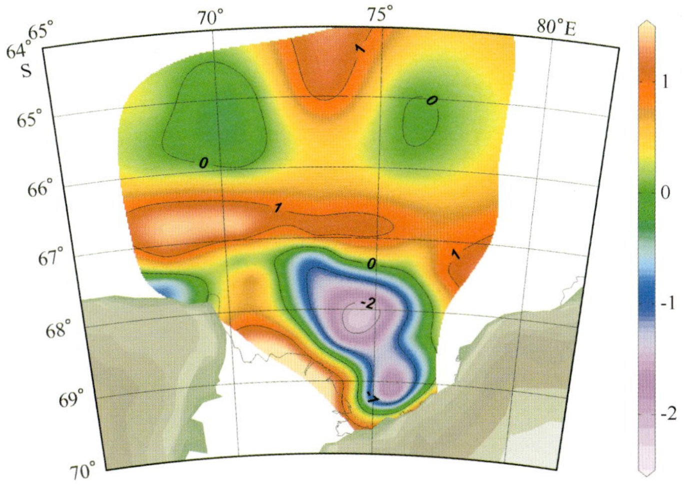

图 6-98 元素地球化学因子 F3 得分分布

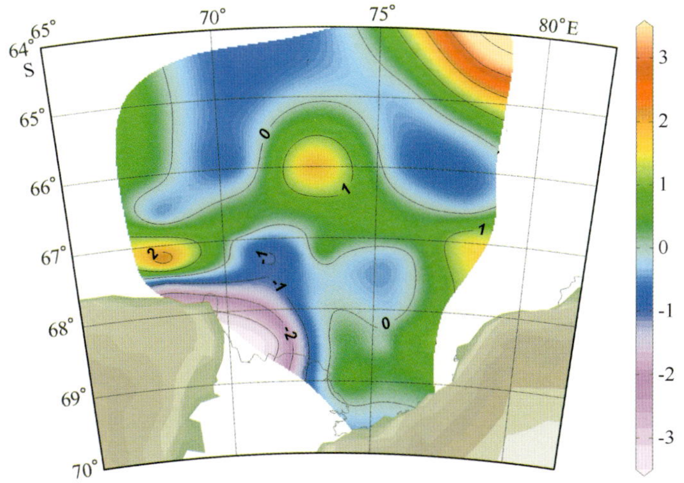

图 6-99 元素地球化学因子 F4 得分分布

6.3.4 表层沉积物微体古生物特征

6.3.4.1 有孔虫

对普里兹湾 20 个表层沉积物样品（图 6-100）中的浮游和底栖有孔虫的鉴定和统计结果表明，底栖有孔虫无论是属种和数量都占绝对的优势，显示出其较高的多样性（图 6-101）。而浮游有孔虫仅出现 *Neogloboquadrin pachyderma*（s.）厚壁新方球虫（左旋），该种只出现在 PA-01、PA-03、PA-05、P3-03、P3-08、P4-07、P4-09、P5-01 和 P6-03 等 8 个站位，其丰度变化从 1 022.9~0 枚/g，平均 55.9 枚/g（图 6-102）。底栖有孔虫出现在所有站位，且种类和数量都很丰富，砂质壳类 37 种，瓷质壳类 3 种，玻璃质壳瓶虫类 9 种，玻璃质壳列式类 9 种，玻璃质壳螺旋类 16 种。底栖有孔虫丰度变化从 2 324.8~0.7 枚/g，平均 143.6 枚/g。有孔虫总丰度变化从 3 347.7~0.7 枚/g，平均 199.5 枚/g（图 6-103）。

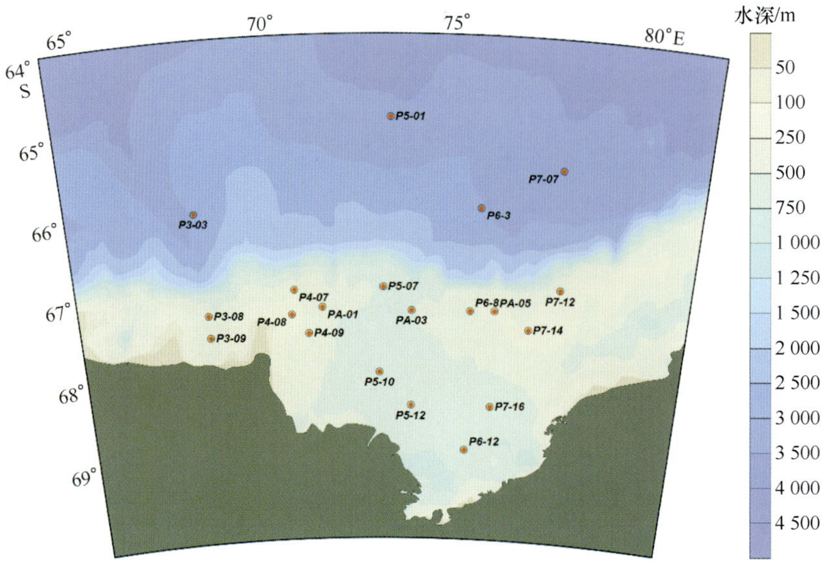

图 6-100　普里兹湾表层沉积物中有孔虫分析站位

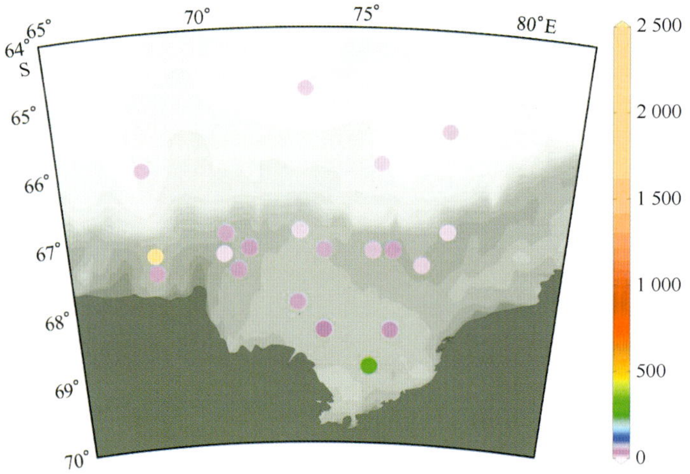

图 6-101　普里兹湾表层沉积物中底栖有孔虫丰度（枚/g）分布

6.3.4.2　浮游有孔虫氧碳同位素特征

对普里兹湾 20 个表层沉积物样品中浮游有孔虫的鉴定和统计结果表明，浮游有孔虫仅出现 *Neogloboquadrin pachyderma*（s.）厚壁新方球虫（左旋），该种只出现在 PA-01、PA-03、PA-05、P3-03、P3-08、P4-07、P4-09、P5-01 和 P6-03 等 8 个站位。除 PA-01 站位外，其余 7 个站位均能挑出满足氧碳同位素分析测试的个体。该种的 $\delta^{18}O$ 值分布范围为 4.69‰~3.42‰，平均值 3.79‰；该种的 $\delta^{13}C$ 值分布范围为 0.93‰~0.17‰，平均值 0.72‰。以 67°S 为界线，此界线以南，该种的 $\delta^{18}O$ 值小于 3.8‰，而此界线以北，该种的 $\delta^{18}O$ 值大于 4.2‰，反映陆架至陆坡区受陆架冰融水的影响，该种 $\delta^{18}O$ 值偏轻，而深水区该种 $\delta^{18}O$ 值属于正常范围（图 6-104）。该种的 $\delta^{13}C$ 值分布与 $\delta^{18}O$ 值相反，陆架、陆坡区 $\delta^{13}C$ 值偏重，而深水区该种 $\delta^{13}C$ 值属于正常范围（图 6-105）。

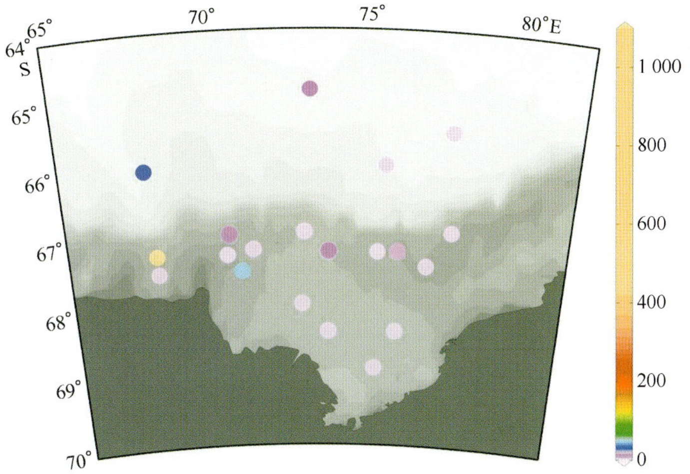

图 6-102 普里兹湾表层沉积物中浮游有孔虫丰度（枚/g）分布

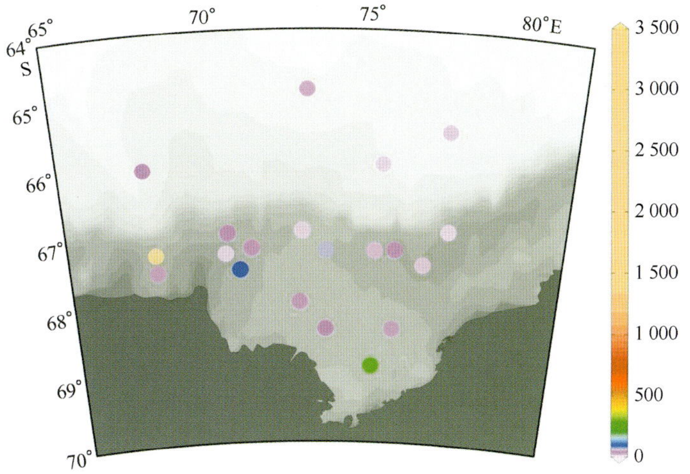

图 6-103 普里兹湾表层沉积物中有孔虫总丰度（枚/g）分布

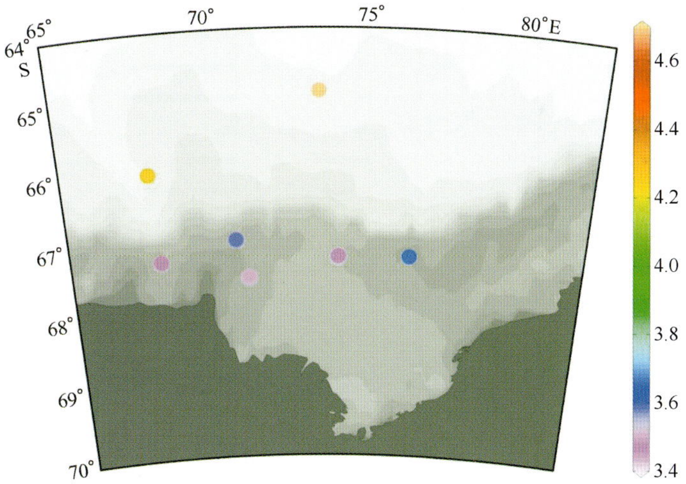

图 6-104 普里兹湾表层沉积物中浮游有孔虫 Nps-$\delta^{18}O$ 值（‰）分布

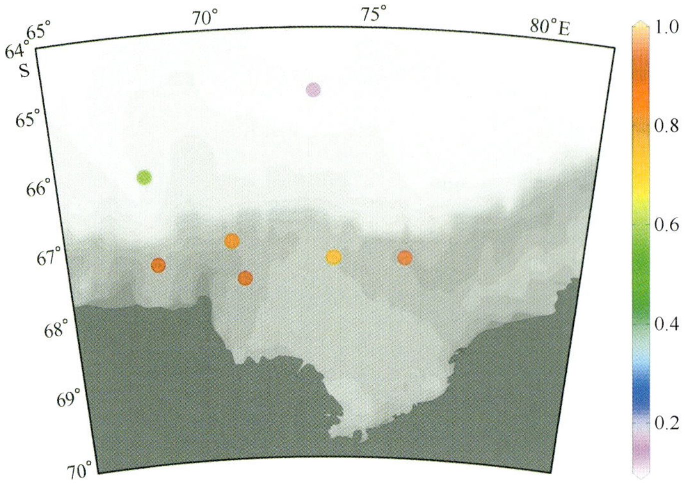

图 6-105 普里兹湾表层沉积物中浮游有孔虫 Nps-δ13C 值（‰）分布

6.3.4.3 硅藻

普里兹湾 19 个表层沉积物样品共鉴定出硅藻 32 种，分属 13 属。其中 *Fragilariopsis curta*、*F. kergulensis*、*F. cylindrus*、*F. rhombica*、*F. ritscheri*、*F. separanda*、*F. sublinearis*、*Porosira pseudodenticulata*、*Thalassiosira antarctica*、*Thalassiothrix antarctica* 为数量较多的主要种，且 *F. curta* 与 *F. kergulensis* 在各表层数量最多，占 40%~70%（图 6-106）。

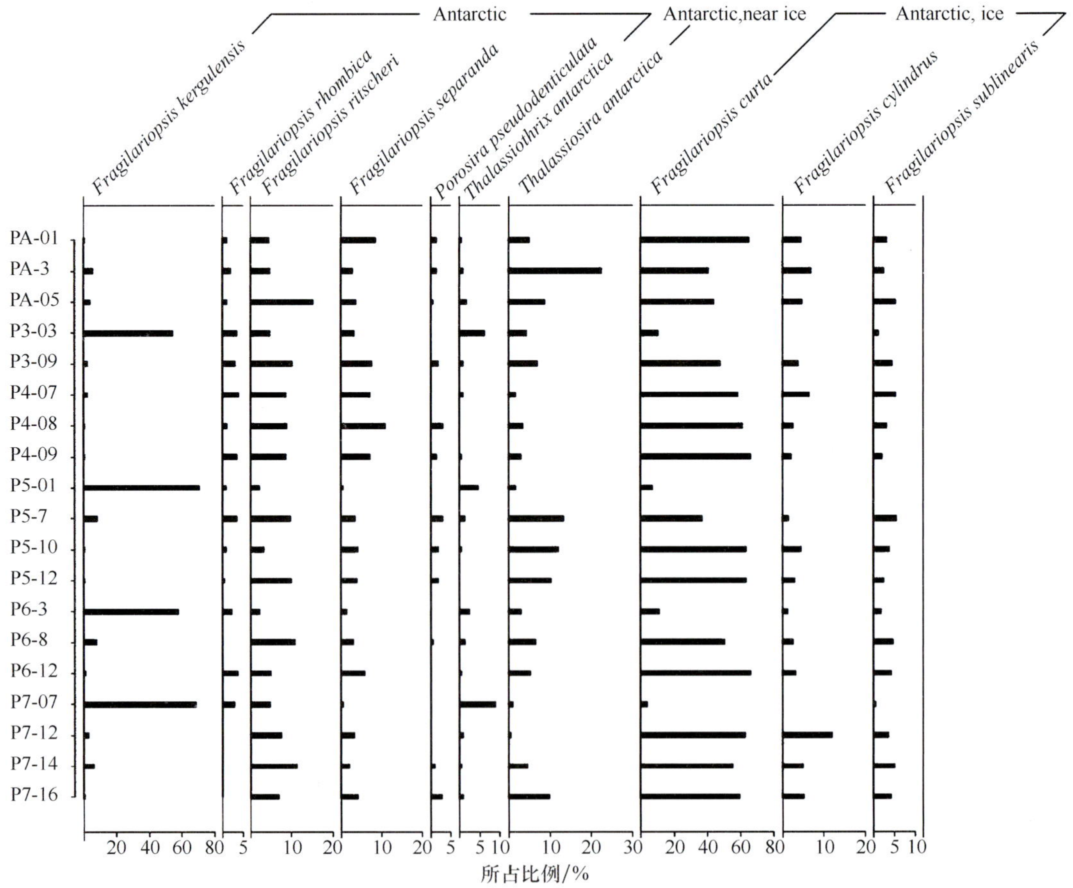

图 6-106 普里兹湾表层沉积物中主要硅藻种属含量（%）分布

依照 British Antarctic Survey（1990）以及 Hasle 和 Syvertsen（1997）对本研究涉及的主要硅藻生态的研究，可以将普里兹湾表层硅藻分为极地种、近海冰种及海冰种 3 大类（表 6-7）。通过消除趋势对应分析（Detrended Correspondence Analysis，DCA）方法（Ter Braak and Smilauer，2002），对普里兹湾 19 个表层沉积物硅藻样品进行了计算。由于硅藻数据的标准偏差斜度大于 4，表明非线性方法更适合运算（Birks，1995）。计算结果显示，轴 1 反映整体数据的 55.8%，为主要影响表层沉积物硅藻分布的因子（图 6-107）。

表 6-7　普里兹湾表层沉积物主要硅藻种类与生态

硅藻种属	生态
Fragilariopsis kergulensis	极地种，浮游种
F. ritscheri	极地种，浮游种
F. separanda	极地种，浮游种
F. rhombica	极地种，浮游种
Porosira pseudodenticulata	极地种
Thalassiosthrix antarctica	极地种
Thalassiosira antarctica	近海冰种
F. curta	海冰种，浮游种
F. cylindrus	海冰种，浮游种
F. sublinearis	海冰种

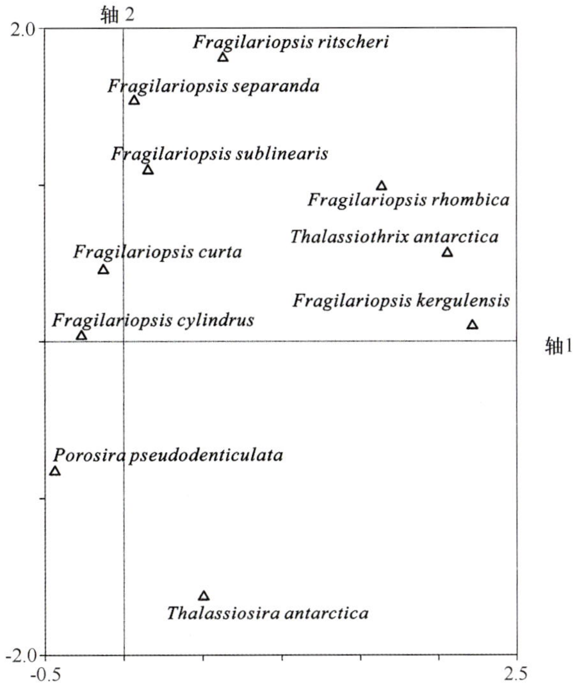

图 6-107　除趋势对应分析（DCA）获得的主要硅藻种属分布

在除趋势对应分析（DCA）硅藻种属分布图上（图 6-107），三角形符号代表每一个硅藻种的分布状况，其间距离代表着不同硅藻种属的相异程度：距离越大，硅藻的生活环境差异也越大。各个硅藻种属在轴上的投影即为受该轴所代表的环境因子影响程度的高低。

结合表 6-7 所示部分硅藻生态，图 6-107 中 *Fragilariopsis kergulensis*、*F. rhombica* 和 *Thalassiothrix antarctica* 这些极地种分布在轴 1 的正方向，海冰种 *F. curta* 和 *F. cylindrus* 则分布在靠近轴 1 负方向的位置，而它们中间则分布着近海冰种 *Thalassiosira antarctica*，故轴 1 很有可能代表着海水温度的高低，正方向水温相对较高，负方向海冰出没。

与硅藻鉴定结果相结合，在普里兹湾区域，*Fragilariopsis kergulensis* 是典型的远离湾口硅藻种，而 *F. curta* 则是海冰的指示种。

依照不同表层样品中硅藻组合面貌，利用聚类分析方法，可将普里兹湾表层样下分为 3 个硅藻分布区（图 6-108），这与除趋势对应分析（DCA）所得站位分布图（图 6-109）结果一致。

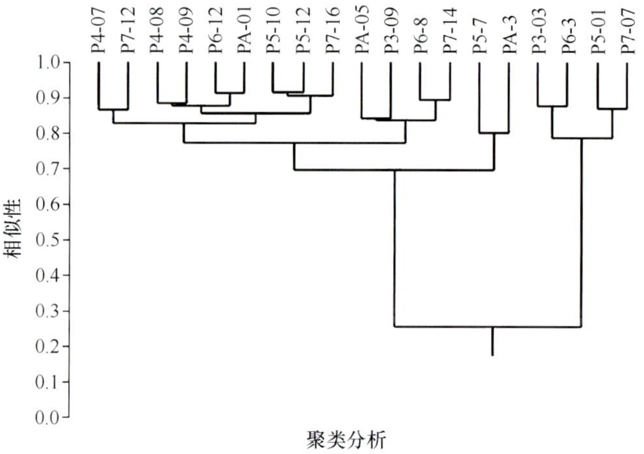

图 6-108　聚类分析树状图

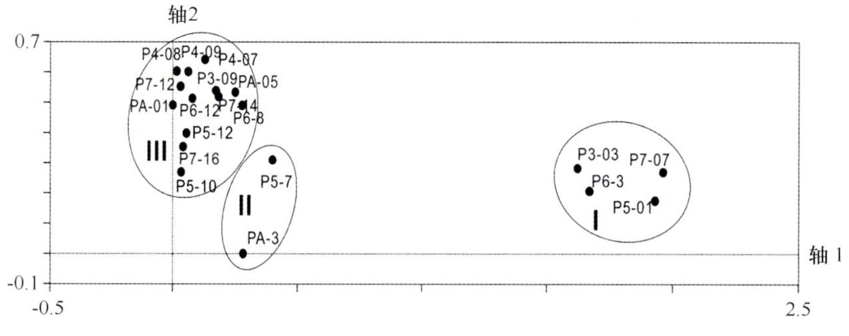

图 6-109　硅藻站位的除趋势对应分析（DCA）结果

Ⅰ区：包括 P3-03、P5-01、P6-3 和 P7-07 四个表层站位。*Fragilariopsis kergulensis* 是Ⅰ区含量最为丰富的硅藻种属，占 50%～70%，该种为极地浮游硅藻。而代表着更低温度的近海冰种 *Thalassiosira antarctica* 和海冰种 *F. curta*、*F. cylindrus* 和 *F. sublinearis* 数量稀少，甚至缺失。

Ⅱ区：本区包括 PA-3 和 P5-7 两个表层站位，在此 *Fragilariopsis kergulensis* 数量迅速减少，近海冰种 *Thalassiosira antarctica* 却达到 10%～20%的峰值，同时。海冰种 *F. curta*、*F. cylindrus* 和 *F. sublinearis* 的数量也快速上升，达到 50%以上。

Ⅲ区：其余13个表层站位归于Ⅲ区，包括PA-01站、PA-05站、P3-09站、P4-07站、P4-08站、P4-09站、P5-10站、P5-12站、P6-8站、P6-12站、P7-12站、P7-14站和P7-16站。本区硅藻以海冰种 *Fragilariopsis curta*、*F. cylindrus* 和 *F. sublinearis* 为主，尤其是 *F. curta* 成为数量最多的种类，占到40%~70%，而近海冰种 *Thalassiosira antarctica* 数量下降到10%以下，相对远离海冰的 *F. kergulensis* 依旧不多。

6.3.4.4 超微化石

对普里兹湾采集的20个表层沉积物样品进行涂片，分别在×1 250偏光显微镜下检查200个视域后的结果发现，只有3个样品有零星的超微化石，且数量贫乏。仅在P4-07样品中发现 *Gephyrocapsa oceanica* 个体2枚，*Umbilicospheara sibogae* 个体1枚；在P5-10样品中发现 *Gephyrocapsa oceanica* 个体5枚，*Umbilicospheara sibogae* 个体1枚，*Calcidiscus leptoporus* 个体1枚；在P3-08样品中发现 *Gephyrocapsa oceanica* 个体1枚。如此贫乏的超微化石属种和数量与前人的研究结果完全一致，显示受到浅的CCD和底层流的影响，超微化石难以保存下来。

6.3.4.5 孢粉

普里兹湾海域表层沉积物中虽见有大量耐酸蚀微植物有机质颗粒，特别是分类归属不明的孢囊，在IS-2、P4-13、P4-12、P4-11和P3-14等几份样品中大量出现，但是每份样品中孢粉含量均不高，虽然每个样品几乎都看完底样，但仍不足统计数量（图6-110）。该区样品中的孢粉颗粒由现代孢粉和再沉积孢粉共同组成，现对这两类孢粉的分布特征进行分别描叙。

1）现代孢粉

镜下的鉴定特征标志为浅色、无明显压扁现象，成分可与现代孢粉属种对比。在本研究所分析的每份样品中均可见，数量极少，孢粉类型除了草本植物禾本科（Gramineae）、藜科（Chenopodiaceae）、菊属（*Asteraceae*）、蒿属（*Artemisia*）外，还有一些松科（Pinaceae）、金合欢属（*Acacia*）、桑寄生科（Loranthaceae）花粉和蕨类孢子。无明显分布规律。

2）再沉积孢粉

镜下的鉴定特征标志为深褐色至棕黑色，孢粉体极度压扁，呈扁平或片状，外壁残破保存不全，或外壁纹饰不清（郑卓等，1996）。在本研究所分析的所有站位中均可见，数量比现代孢粉多。孢粉类型以木本植物花粉为主，蕨类孢子次之，草本植物花粉含量最少。木本植物花粉中主要的优势种属为双束松粉属（*Pinuspollenites*）、雪松粉属（*Cedripites*）、罗汉松粉属（*Podocarpidites*），此外还有少量云杉粉属（*Piceapollis*）、铁杉粉属（*Tsugaepollenites*）、南洋杉粉属（*Araucariacites*）、山毛榉粉属（*Faguspollenites*）、胡桃粉属（*Juglanspollenites*）和麻黄粉属（*Ephedripites*）等；藜粉属是草本植物花粉的主要种属；水龙骨单缝孢属（*Polypodiaceaesporites*）在蕨类孢子中含量相对较多。

再沉积孢粉的分布情况是：① P4-11站中再沉积花粉粒数最多，N08-2、IS-5、P4-13、P4-12站次之，粒数最少的为IS-9、IS-2、P3-14和N08-4站。② 从组分上看，IS-2、IS-5、IS-9和P3-14站木本植物花粉比较缺乏；N08-2、P4-13、P4-12、P4-11和N08-4站木本植物花粉相对较丰富，并且在这5站样品中，再沉积蕨类孢子含量呈现近岸含量低，随着

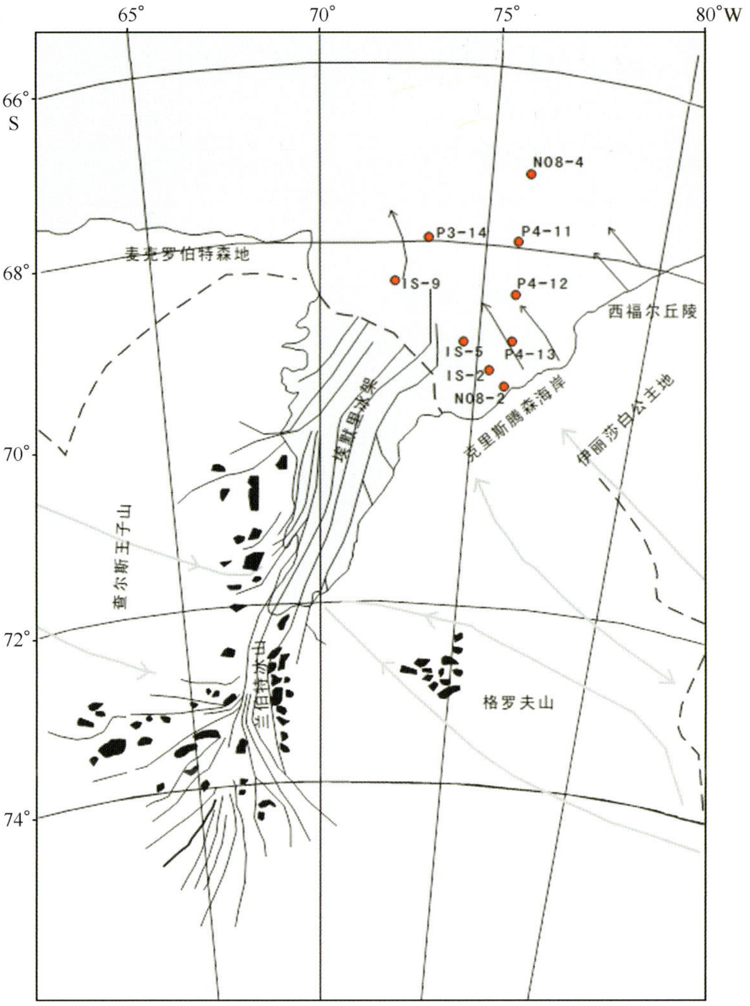

图 6-110　普里兹湾孢粉分析站位

资料来源：修改自 Veevers et al., 2008

离岸距离增加，含量先逐渐增加，之后又逐渐降低的基本态势；再沉积松类花粉呈现近岸含量较低，远岸含量较高的特点。

现代孢粉来源：南极大陆寒冷干燥，95%以上的面积被厚度极高的冰雪所覆盖，只有在南极大陆边缘区域有季节性的岩石出露。南极恶劣的自然环境决定了南极植被的组成比较简单，南极大陆上的植被主要为地衣和苔藓，维管植物只有南极发草（*Deschampsia antarctica*）和南极漆姑草（*Colobanthus quitensis*）两种（李政等，2009）。但是，本次调查研究中，我们却从取自普里兹湾的表层沉积物中发现了一些草本植物、蕨类植物甚至是乔木植物的孢粉，这种情况并不仅仅出现在我们的结果中，前人研究亦显示南极地区有较多的各种类型的现代孢粉，如 Linskens 等（1993）从维多利亚地北部沿海一带绿洲上取得的苔藓样品中提取出了松科（Pinaceae）、金合欢属、桦木属（*Betula*）、金莲属（*Tropaeolum*）、荨麻属（*Urtica*）、榛属（*Corylus*）、车前属（*Plantago*）和日中花属（*Mesembryanthemum*）等植物的花粉；郑卓等（1996）对南极半岛西北海域的表层沉积物进行分析时发现，其中部分样品中存在现代孢粉，组分中除常见的单缝孢子外，尚有零星的草本植物和木本植物花粉；李政等（2009）在中国第 22 次南极考察中，采用大容量悬浮颗粒采样器收集了“雪龙”号航线海洋边界层气溶胶样品，并对其中的部分样品进行了孢粉分析，发现采自普里兹湾的样品中含有苏铁属(*Cycas*)、木麻黄属（*Casuorina*）、松属、桉属（*Eucalyptus*）、金合欢属、十字花科（Cruciferae）、禾本科、蒿属、菊科等花粉。显然，这些在南极地区发现的现代孢粉并非出自南极大陆。那么，它们又是来自哪里？是怎么传播到考察区的呢？

所分析的9份样品中，除了一些世界广布种，如松属、禾本科、藜科、菊属、蒿属等外，还有一些特征的地区种属，如样品N08-2中发现了金合欢属花粉，该属植物泛生于热带与亚热带地区，除欧洲和南极大陆外，其他大陆均有分布，澳大利亚、非洲和南美洲为主要分布区，而澳大利亚为分布中心；样品N08-2、P4-13和P4-11中发现了桑寄生科花粉，该科植物大部分分布于热带地区，少数分布于温带地区。因此，我们推测普里兹湾表层沉积物中的现代孢粉可能部分来自澳洲大陆和南半球热带地区，另外南极大陆周围其他陆地亦可能是该区现代花粉的一个源区。风可能是携带这些花粉到达南极的主要载体，南半球热带地区及南极周围陆地产生的花粉和孢子通过上升流进入平流层参与全球循环，在气流到达南极上空后，发生沉降，然后在环南极流作用下运动，花粉被输送至南极沿海地区（李政等，2009）。

3）再沉积孢粉形成时代及与物源关系

普里兹湾表层沉积物中再沉积孢粉共23属种，其中木本植物以双束松粉属为主，该属在中新生代广为分布（宋之琛等，1999）；另外，还见有小囊粉属、雪松粉属、南洋杉粉属、罗汉松粉属等，其中小囊粉属分布于中生代（宋之琛等，1999）；雪松粉属分布于中新生代（宋之琛等，1999）；南洋杉粉属和罗汉松粉属在南半球包括南极半岛白垩—第三纪地层中都有分布，而且在南极半岛白垩纪地层中更为常见，成为当时雨林群落的常见分子（曹流，1990）。草本植物花粉以藜粉属和蒿粉属为主，其中藜粉属在新近纪均经历了从少量出现到逐渐繁盛的过程，而蒿粉属目前被认为从晚第三纪才在世界各地开始较多出现，其含量随着时间的推移而增加。具体来说，一般认为草本植物花粉自中新世早期开始少量出现，但限于少数或个别科属；中新世晚期较常见，而且科属数量也大大增加；至上新世这类植物才开始大量出现；尤其是在上新世末期常可形成一些优势组合（方爱民等，2004）。根据以上资料，我们推测普里兹湾表层沉积物中再沉积孢粉的形成时代可能为中生代至第三纪，其中白垩—第三纪居多。

虽然由于所分析样品数太少，导致表层沉积物中再沉积孢粉的分布特征不太明显，但是仔细研究，仍可发现某些规律。样品N08-2、P4-13、P4-12、P4-11和N08-4中再沉积孢粉颗粒数呈现出随离岸距离增加，数量逐渐减少的趋势；而这几份样品中再沉积松属花粉则呈现近岸低，随着离岸距离增加含量逐渐增加的特征，松类花粉一般个体较大，在水中具有较强的漂浮能力，能被沿岸流带离到远海中，如在南海松属花粉能漂浮沉落到离岸更远处（孙湘君和李逊，1997）。以上几份样品中再沉积孢粉的分布特征可能暗示普里兹湾表层沉积物中再沉积孢粉主要来自普里斯湾沿岸内陆，冰川将普里兹湾周边内陆的基岩拔起，冰沿着查尔斯王子山（Prince Charles Mountains）和莫森陡崖（Mawson Escarpment）间的地堑谷地流动，从埃默里冰架（Amery Ice Shelf）进入普里兹湾，并将陆源物质带入普里兹湾。方爱民等（2004）对东南极格罗夫山地区蓝冰表面碎石带新生代冰碛岩漂砾中孢粉进行分析发现，其主要成分均来自冈瓦纳大陆第三纪以来的生物群落，该些孢粉的形成时代与本研究所分析的再沉积孢粉形成时代比较相近，更进一步证实普里兹湾表层沉积物中的再沉积孢粉可能主要来自普里兹湾周边内陆。

6.3.5 普里兹湾现代冰海沉积过程

沉积物粒度是沉积环境包括沉积物来源和沉积动力的综合反映，如何利用高分辨率的激光粒度资料（分析精度 0.25Φ）提取和反映某一沉积环境条件的敏感粒度组分是近年来沉积学研究的前沿课题。近年来，发展了一些针对海洋沉积物的粒度敏感组分分离和提取的技术，主要有如下 3 种：①Sun 等（2002）基于 Weibull 分布的拟合函数，运用数学方法对多成因沉积物粒度进行了组分分离；②端元组分模拟算法（Prins and Postma，2000），在近年来古环境和古气候研究中获得了较好的应用；③ Boulay 等（2005）的粒径-标准偏差法，该方法在国内得到了较好的应用，并在古环境和古气候研究中有很好的应用前景。

本研究采用具有最高标准偏差的方法来提取最敏感的粒度组分（Boulay et al.，2005），这种方法能够很容易地鉴别出沉积序列中具有最大变化率的粒度间隔。通过粒度实验分析可以获得样品各粒级的体积百分含量，然后计算其标准偏差，并以对数粒级为横坐标，以标准偏差为纵坐标作粒级-标准偏差图，就可以知道各粒级所对应的体积百分含量的离散程度；某一粒级所对应的标准偏差越大，说明该粒级对环境的变化也就越敏感。观察各粒级与标准偏差的关系，并按照其中的峰值确定对沉积环境变化敏感的粒级范围，即为敏感粒度组分。将它们的百分含量变化分别提取出来，这样可得到变化特征较为显著的粒度曲线。

通过对普里兹湾 51 个表层沉积物样品粒度数据进行分析，获得了每个粒级组分的标准偏差随粒级组分的变化曲线（图 6-111），得出 3.90~63 μm 和 63~840 μm 两个标准偏差较大的单元，即为对沉积环境敏感的粒度组分，前者为粉砂粒级，后者为极细砂-细砂-中砂粒级，两者搬运和沉积的机制不同，对海洋沉积环境的指示意义也不同。在极地海洋沉积物中，粗颗粒的冰筏碎屑普遍存在，大于 63 μm 的砂砾级组分通常用来作为冰筏碎屑的指示粒级（Bischof et al.，1996；Clark and Hanson，1983；Reimnitz et al.，1998；王汝建等，2009；陈志华等，2014）；与此同时，4~63 μm 的粉砂和小于 4 μm 的黏土是构成正常海洋沉积物的主要物质基础。从前面的因子分析来看，普里兹湾陆架及北部半深海-深海表层沉积物粒度组成的变化总体上反映了正常海洋沉积（小于 63 μm 粒级）与极地冰筏碎屑沉积（大于 63 μm 粒级）的消长变化。

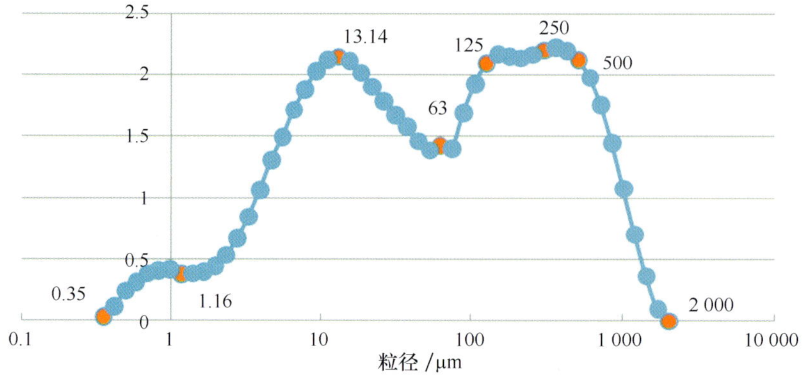

图 6-111 普里兹湾及邻近海域表层沉积物粒径标准偏差曲线

6.3.5.1 冰筏碎屑的输运与沉积

冰筏碎屑（IRD）是一种主要由冰山筏运的无分选的海洋混杂堆积，其粒径变化范围很大，包括砾石、砂、粉砂和黏土，因其与正常海洋沉积物相比富含粗碎屑组分，所以人们常用砾石（大于 2 mm）、砂（63 μm~2 mm）或 63~125 μm、125~250 μm、250~500 μm、大于 500 μm、大于 150 μm 等粒级含量来表征冰筏碎屑的含量变化（Bischof et al.，1996；Clark and Hanson，1983；Reimnitz et al.，1998；王汝建等，2009；陈志华等，2014）。从图 6-111 可以看出，63 μm 是普里兹湾及邻近海域表层沉积物粒径标准偏差曲线的重要拐点，因而也是区分该地区冰筏碎屑与正常海洋沉积物的特征指示粒级。根据标准偏差的大小，63~840 μm 粒级区间是指示该地区冰筏碎屑沉积的敏感窗口，但是该窗口可明显分为 63~125 μm、125~500 μm、500~840 μm 三段，以 125~500 μm 段粒级对冰筏碎屑的指示最为敏感，而传统的 63~125 μm、125~250 μm、250~500 μm 三个粒级区间与 125~500 μm 粒级区间的差别不大。从图 6-112 至图 6-115 所示 4 种不同冰筏碎屑指示粒级的分布对比来看，63~125 μm 粒级的指示意义不如其他 3 个粒级突出，冰筏碎屑在埃默里冰架前缘至达利恩角北部一带含量最高，在四夫人浅滩含量较高，在埃默里海盆和北部的半深海-深海区含量较低，大致反映出该地区冰山的来源和主要运行路线，即冰山主要来源于埃默里冰架及其他小冰架的解体，并在沿岸流或东风漂流的作用下沿埃默里冰架向西，然后在大量、达利恩角附近海域向北搬运，然后进入南极绕极流区并迅速变得小而稀疏，使冰山筏运沉积物大部分在普里兹湾陆架地区沉积下来。从 500~840 μm 粒级组分的含量分布来看，埃默里冰架前缘伴随着冰架解体和融化，很大一部分冰筏碎屑物质从冰体中快速释放并沉降到海底；普里兹水道两侧、67°S 附近的普里兹湾外陆架浅滩可能是冰山着底和相对拥集的一个区域，冰山的滞留和融化是该地区成为两个次一级的冰筏碎屑沉降中心。

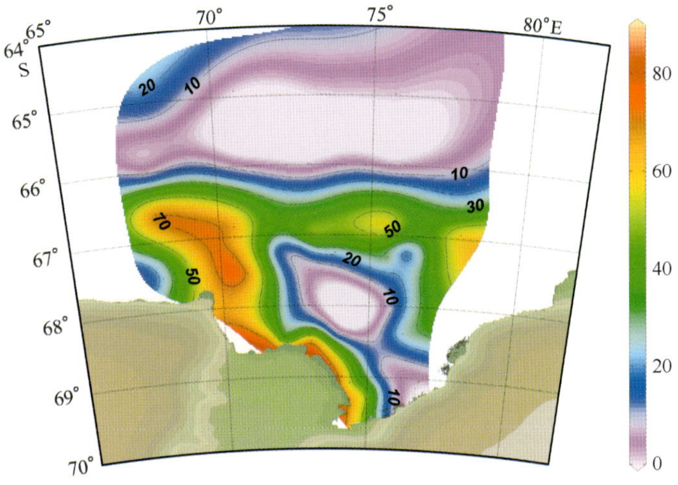

图 6-112　普里兹湾表层沉积物中 63~840 μm 粒级组分含量（%）分布

6.3.5.2 正常海洋沉积及主要输运路径

小于 63 μm 粒级包括粉砂和的黏土，它们是构成正常陆源海洋沉积物的主要物质基础。根据标准偏差的大小，小于 63 μm 的粉砂和黏土组分大体可分为 4 段，3.90~13.14 μm 和

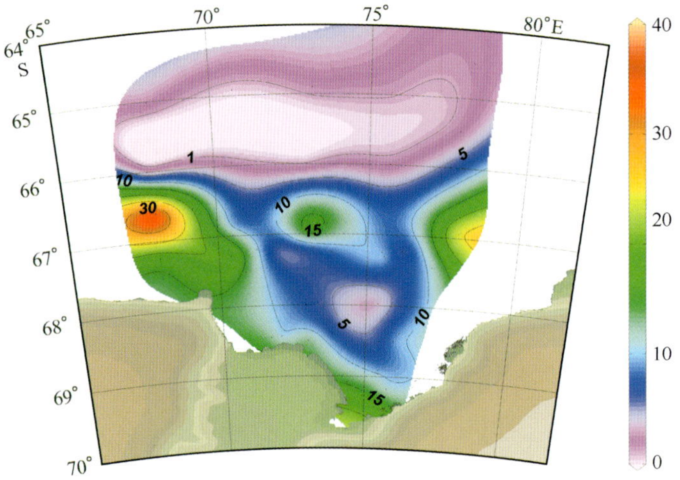

图 6-113　普里兹湾表层沉积物中 63~125 μm 粒级组分含量（%）分布

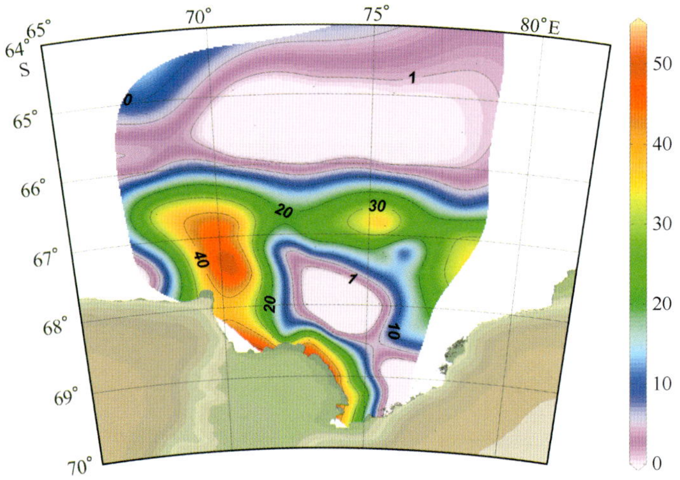

图 6-114　普里兹湾表层沉积物中 125~500 μm 粒级组分含量（%）分布

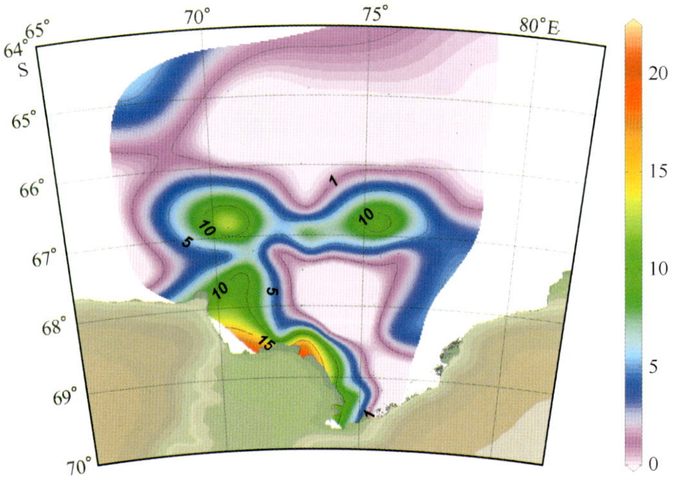

图 6-115　普里兹湾表层沉积物中 500~840 μm 粒级组分含量（%）分布

13.14~63 μm 段粒级组分的标准偏差较大（约大于1.5），它们分属细粉砂和粗粉砂；小于3.9 μm 的黏土组分标准偏差总体较小，但也可划分为1.16~3.9 μm 粒级和小于1.16 μm 两个区间。10~63 μm 的粗粉砂粒级通常被称之为可分选粉砂（SS），因为它在水体中既不发生粘连，亦能被海流搬运和簸选，所以其含量的高低变化可用来表征海底流速的变化；底流越大，深海沉积物的簸选就越明显，黏土组分越不易沉淀，粗粉砂含量随之增加（Denis et al.，2009；Jouzel et al.，2007；McCave and Hall，2006）。如图6-116所示，考察区表层沉积物13.14~63 μm 粒级（粗粉砂）含量的高值区主要位于瓦尔迪维亚深海平原东部和埃默里海盆以及达恩利角西部的怀尔德海底峡谷及其大陆架上，而低值区主要位于弗拉姆浅滩和埃默里海盆区，四女士浅滩及瓦尔迪维亚深海平原西部含量中等，说明普里兹湾陆架的底流明显较北部的半深海-深海区大，同时普里兹湾东西两侧浅滩的底流作用明显强于埃默里海盆。如图6-117所示，3.90~13.14 μm 粒级组分（细粉砂）含量的高值区位于北部半深海-深海区，其含量均在30%以上，其低值区位于埃默里冰架前缘至弗拉姆浅滩一带，含量均在15%以下，而在埃默里海盆区含量在30%~40%之间，在普里兹湾外陆架含量在15%~30%。如图6-118所示，小于1.16 μm 细黏土组分含量高值区主要位于埃默里海盆和北部半深海-深海区，其含量在4%~12%，低值区分布于普里兹湾陆架大部，特别是埃默里冰架前缘、克里斯滕森海岸和达恩利角附近海域。从图6-119所示 $W_{(13.14\sim63\ \mu m)}/W_{(3.9\sim13.14\ \mu m)}$ 的比值分布来看，粗/细粉砂比值的高值区位于普里兹湾陆架，低值区位于北部的半深海-深海沉积区，说明普里兹湾陆架水深浅，底流较强。与此同时，$W_{(13.14\sim63\ \mu m)}/W_{(3.9\sim13.14\ \mu m)}$ 比值的高低变化还暗示，伊丽莎白公主地海岸（英格丽-克里斯滕森海岸）、埃默里冰架前缘和达利恩角附近海域底流作用较强，对海底沉积物的簸选较强，细粉砂和黏土粒级不易沉积，而陆架中部的埃默里海盆水深较大，同时位处普里兹气旋涡流的中心，所以底流相对较弱，来自四周特别是东、西两侧的细粒沉积物大部分在该海盆沉积下来。

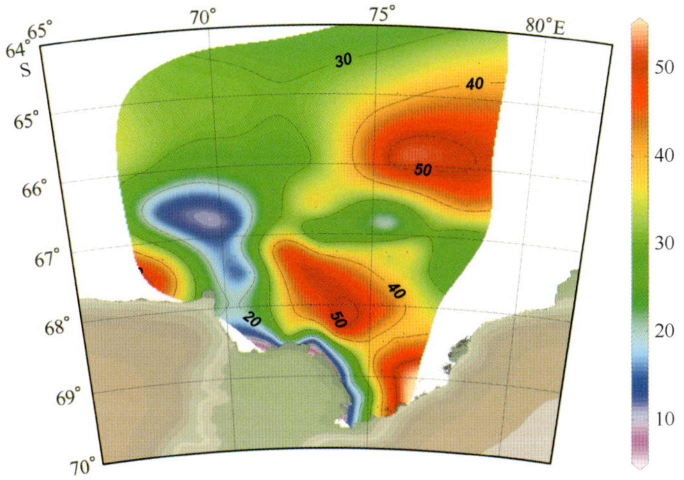

图6-116 普里兹湾表层沉积物中63~13.14 μm 粒级组分含量（%）分布

6.3.5.3 冰筏碎屑的输运与沉积

1）普里兹湾陆架

普里兹湾位于南大洋印度洋扇区，是东南极大陆边缘最大的海湾，其南端与兰伯特冰

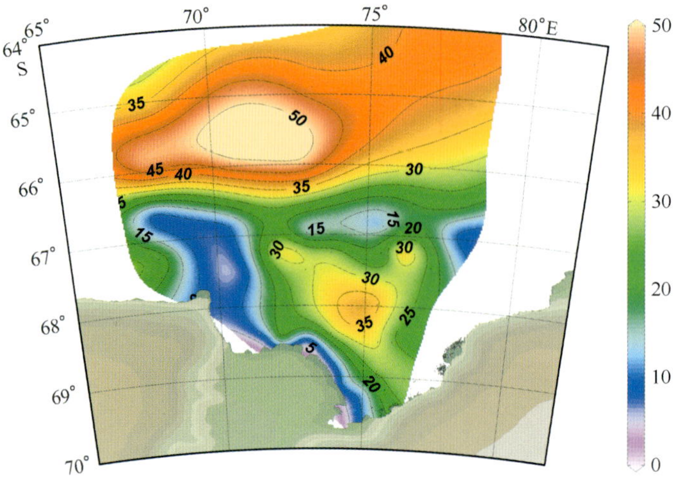

图 6-117　普里兹湾表层沉积物中 3.90~13.14 μm 粒级组分含量（%）分布

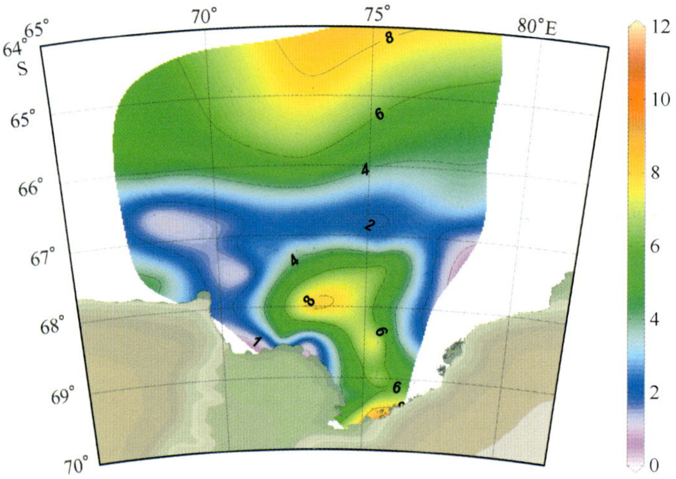

图 6-118　普里兹湾表层沉积物中小于 1.16 μm 粒级组分含量（%）分布

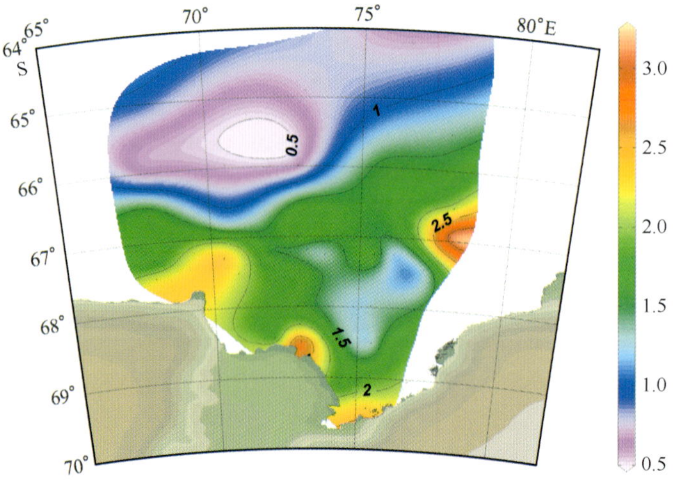

图 6-119　普里兹湾表层沉积物中 $W_{(13.14\sim63\ \mu m)}/W_{(3.9\sim13.14\ \mu m)}$ 比值分布

川-埃默里冰架体系相连接，是东南极冰川（约占东南极冰川的16%~22%）的主要入海口和筏运物质的一个沉积中心（Passchier et al., 2003; Passchier, 2011）。影响普里兹湾陆架沉积的主要因素包括：埃默里冰架及其周边小型冰架的扩张和退缩、冰山最大刨蚀深度、海流和海冰等（Harris et al., 1998）。基于对普里兹湾陆架表层沉积物粒度的因子分析，可将普里兹湾陆架沉积环境大体分为两个区（图6-120），Ⅰ区主要包括四夫人浅滩、弗拉姆浅滩与埃默里冰架前缘区，Ⅱ区包括埃默里海盆、普里兹水道和Svenner水道区。

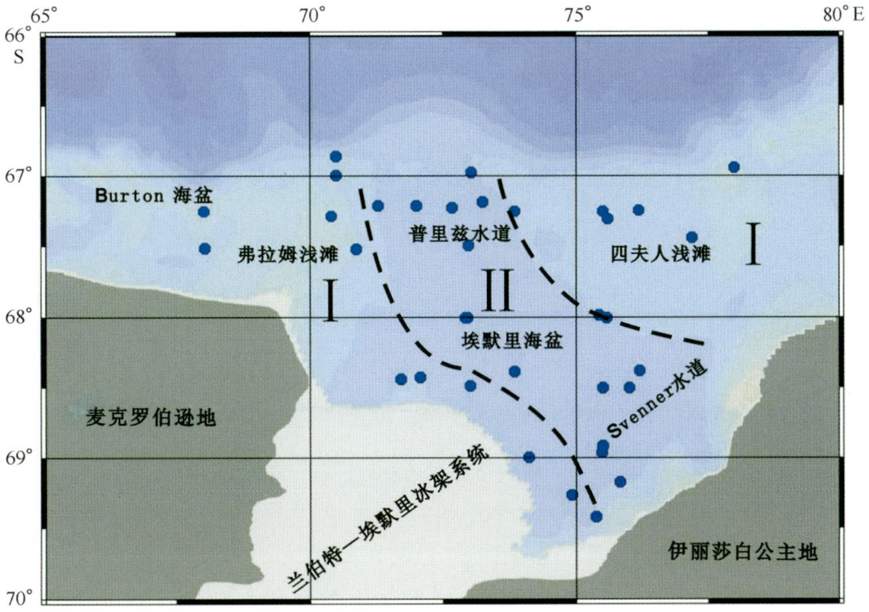

图6-120　普里兹湾陆架区沉积分区

在Ⅰ区，表层沉积物中砂含量较高，黏土和粉砂含量较低。Hodgkison等在普里兹水道前端陆坡处测得的近海底底流平均流速为14 cm/s，而在考察区西侧约63°E附近陆坡处测得的海流流速为2 m/s（Hodgkinson, 1988; Hodgkinson et al., 1991）。研究表明，在流速介于13~20 cm/s的环境下，可分选粉砂的沉积速率随着流速的增加而增加，而黏土和细粉砂的堆积速率减小（Gross and Williams, 1991; McCave and Hall, 2006），故该地区海流的簸选作用会使得沉积物中粉砂含量高、黏土含量低。对该地区表层沉积物中硅藻的研究表明，硅藻主要为*F. curta*，属海冰环境下的硅藻种，此处海冰密集度较高（Harris et al., 1998），这与我国南极科考在该处获得的海冰密集度数据相一致，海冰的存在延缓了冰山随洋流漂移速度；同时，该地区由于水深较浅，大量的冰山在该浅滩区着陆，故冰山与海水的相互作用时间增加，大量冰山在该海区融化后，其携带的陆源碎屑物质也大部分快速沉积下来，所以在该区沉积物中砾石和砂平均含量也较高。这与该海区海底观测到冰山侵蚀地貌相一致（Harris and O'Brien, 1998）。在埃默里冰架前缘靠近埃默里海盆区，Hogdkson等测得的近海底底流平均流速为5 cm/s，最大为27cm/s（Hodgkinson, 1988; Hodgkinson et al., 1991），流速较大促进沉积物的簸选，使细粒黏土不易沉积。与此同时，冰架前缘区冰架与海水之间复杂的冰海相互作用导致冰山从冰架上解体和融化，使冻结在冰中的碎屑物质释放出来，在原地发生沉积，因此沉积物中砂和砾石含量较高。值得注意的是埃默里冰架前缘的 IS-09 站沉积物中砂含量较低，粉砂和黏土含量较高，这可能与该海区发育冰间湖有关，同时该处附近（73°E）是迄今为止发现的唯一一个有冰架水形成且向北流动的区域，虽然不是常年存在。在冰间湖海冰的形成过程中，海水盐度增加，伴随着高盐海水向底部流动，海水中的细颗粒物质也随之下沉，造成沉积物中黏土和粉砂含量较高，砂含量很低。

在Ⅱ区，沉积物中粉砂和黏土含量较高，砾石和砂含量较低，沉积作用主要受海流和地形影响。在普里兹水道、埃默里海盆和 Svenner 水道，平均水深较深，且大部分地区水深大于 500 m，而南极大陆周边陆架地区现代冰山对海底沉积作用的扰动深度不超过 500 m（Dunbar et al., 1985）。因此，这些区域的沉积作用不受或者很少受到冰山的扰动作用（Harris and O'Brien, 1996）；该海区沉积物粒度较细，分选好，近海底底流平均流速小于 13 cm/s，海底水动力环境较弱，故在该环境下主要沉积黏土和细粉砂。这与 Harris 等在该处沉积物中发现的硅藻（主要为 *F. curta*）及硅质泥质软泥相一致（Harris et al., 1998）。该地区沉积作用还受到普里兹环流的影响，反映在沉积物组成上则是位处环流中心的埃默里海盆区沉积物中黏土和粉砂含量较高，粒度偏细，分选好。此外，该地区沉积作用也受冰山的影响，如沉积物中砂含量中等，这是冰山随沿岸流向西流动时，普里兹环流将其捕获后携带到埃默里海盆和普里兹水道区，然后融化和释放出一些相对较粗的沉积物。Svenner 水道区沉积物中黏土含量高，这是由于沿岸流在流经此处时流速减缓，使得细颗粒物质可以沉降下来。除此之外，观测表明，在普里兹湾东部，沿着 76°E 经线，湾外的水流向南流动，在海湾东南角遇阻，分成两部分，其中一部分与沿岸流汇合，继续向西运动；另一部分则向东运动（Vaz and Lennon, 1996），这也在一定程度上导致了沿岸流流速减缓，从而有利于细颗粒物质沉积下来。

2）普里兹湾北部半深海-深海区

普里兹湾北部陆架坡折以北为陆坡、陆隆和半深海-深海平原区，沉积物以粉砂（Z）、泥（M）和砂质泥（sM）为主。

如图 6-121a 所示，陆坡区沉积物中砂和粉砂含量较高，黏土含量很低，但在砂粒级范围内存在波峰，其中 P6-06 站波峰主要在砂区（1Φ），P5-05 站沉积物的波峰位于中砂（2Φ）和粗粉砂区（6Φ），且粗粉砂处峰值较高；P7-09 站沉积物的波峰范围在细砂至粉砂之间（4Φ~6Φ）。在陆坡区，观测到流速很快的南极陆坡流，其流速均超过 25 cm/s，而在普里兹水道口的海底扇之上，平均底流流速为 0.14 m/s。在该环境下，粗粉砂（可分选粉砂）会沉积下来，而细粒黏土组分则会被海流带走。此外，Harris 等（1998）在普里兹海底扇的顶部也发现有大量的冰山刨蚀痕迹，且该地区沉积物中开阔水域硅藻种 *F. kerguelensis* 含量较高，说明冰山随着陆坡流向西搬运并逐渐融化，使得其携带的部分陆源碎屑物质沉积下来。此外，陆坡顶部沉积物因为不稳定，也可能出现重力流。

如图 6-121b 所示，在半深海-深海区（科奥珀雷申海区），除 P3-05 站外，沉积物频率曲线均在粉砂粒级（6Φ~7Φ）出现较高的波峰，此外在黏土粒级（10Φ）和砂粒级（1Φ）也有一个较小的波峰（如 P3-01 站），表明其沉积作用主要受底流影响。该区域属于远洋-半远洋沉积区，地震反射资料显示在陆坡底部和大陆隆区存在大量与底流有关的沉积体，如波浪形的沉积体和形似等深流的大型脊状沉积体，而观察到的波状沉积体和槽状体东西两侧的区别则说明这些底流是自东向西流动（Kuvaas and Leitchenkov, 1992）。底流对细颗粒组分的冲刷使得沉积物中黏土组分减少，相应的砂和粉砂含量增加。P3-05 站沉积物粒度频率曲线在3Φ附近的波峰是冰筏碎屑的反映，因为该地区海冰和冰山的密集度较高。此外，由于P3-05站位于海底峡谷的末端，沉积物中砂含量较高，也可能受到重力流、浊流、陆坡流及陆架与陆坡间物质交换的影响，这与O'Brien和Harris（2004）在普里兹湾陆坡岩心中揭示的浊流沉积S特点相吻合。

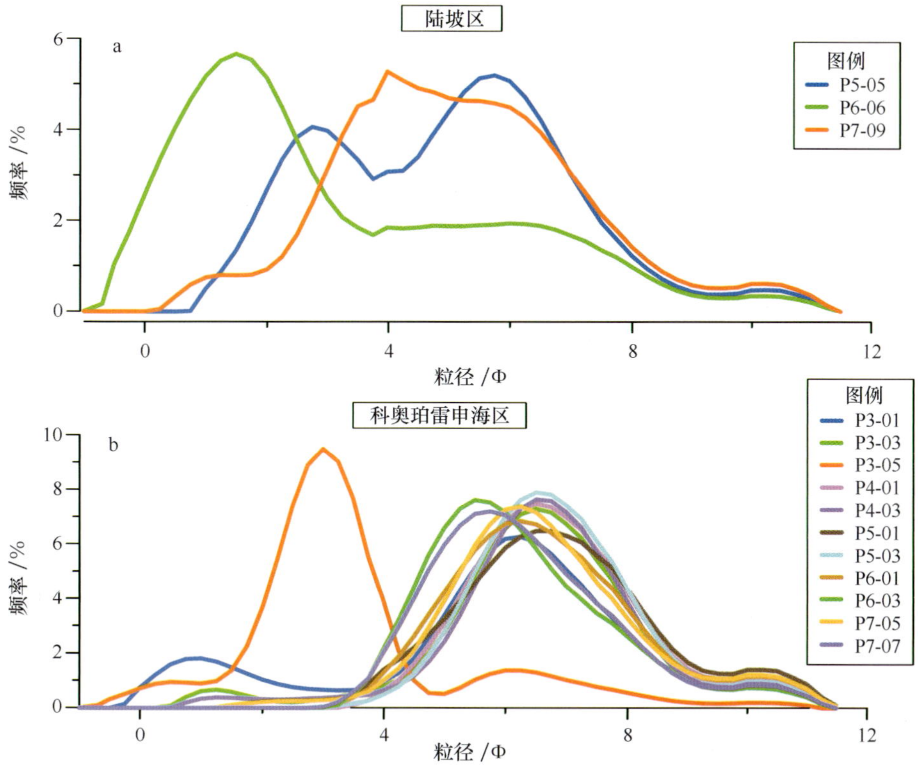

图6-121 普里兹湾北部陆坡及半深海—深海区沉积物的粒度频率

6.3.6 普里兹湾表层沉积物来源与输运

6.3.6.1 重矿物物源示踪

重矿物由于其抵抗外界风化作用的能力较强，因而被广泛用来示踪陆源粗碎屑组分的来源（Vaz and Lennon，1996；Forsberg et al.，2008）。

将普里兹湾表层沉积物中主要的6种矿物参数作为变量，即重矿物含量、石榴子石、普通角闪石、磁铁矿、紫苏辉石和赤铁矿，利用数学聚类方法进行碎屑矿物组合分区。重矿物含量参数可以反映沉积物的分布，与碎屑矿物富集程度密切相关，石榴子石、普通角闪石和磁铁矿为重矿物的优势矿物，紫苏辉石和赤铁矿为常见矿物。这5种矿物的平均含量之和达到了94.5%，完全可以代表整体矿物的分布趋势。聚类结果显示出4个较为不同的分区（图6-122）：普里兹湾西部5样品最先独立出来，成为一个分区，东部四女士浅滩海域成为一个分区，中部的样品为混合区，以及离岸较远的深水区。

综合重矿物含量分布以及聚类结果，将考察区分为4个矿物组合区：Ⅰ区为弗拉姆浅滩矿物区；Ⅱ区为埃默里冰架外缘矿物区；Ⅲ区为四女士浅滩矿物区；Ⅳ区为深海矿物区。各

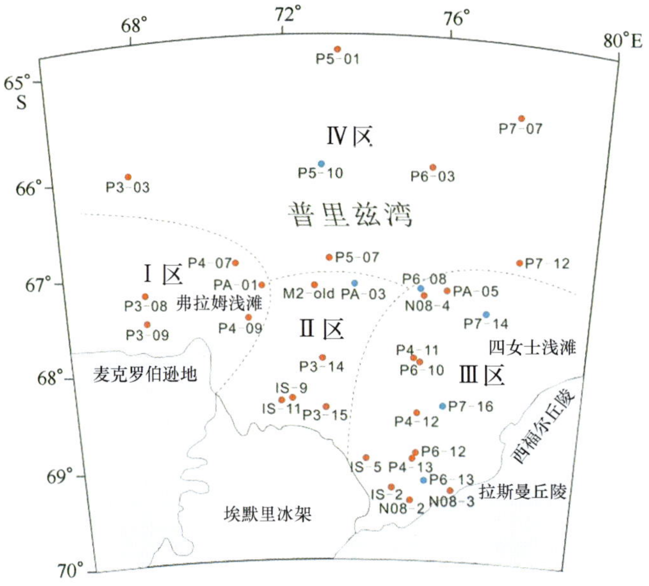

图 6-122　普里兹湾矿物分区示意图

Ⅰ区：弗拉姆浅滩矿物区；Ⅱ区：混合矿物区；Ⅲ区：四女士浅滩矿物区；Ⅳ区：深水矿物区

组合分区矿物种类和含量变化较为明显，与物质来源、沉积环境和水动力条件密切相关。表 6-8 为各分区主要矿物参数含量统计。

表 6-8　普里兹湾表层沉积物 4 个矿物组合区重矿物含量（*n* 为样品数目）　　%

组合区		重矿物	石榴子石	普通角闪石	磁铁矿	紫苏辉石	赤铁矿
Ⅰ区 $n=5$	平均值	11.6	81.1	2.42	6.28	3.02	1.8
	最小值	4.6	68.3	0.7	1.7	1.7	1
	最大值	17	88.7	6.7	15.7	4	3
Ⅱ区 $n=6$	平均值	3.9	48.9	24.6	17.9	6.16	1.2
	最小值	0.8	26.3	1.1	13.5	0.6	0.3
	最大值	8.7	65.7	43.9	26.9	9.6	3.2
Ⅲ区 $n=15$	平均值	7.9	40.7	29.3	13.8	11.4	1.4
	最小值	0.7	6.0	5.3	3.6	0.7	0.3
	最大值	17.9	66.2	47.6	25.5	63.7	6.1
Ⅳ区 $n=7$	平均值	8.5	22.5	55.5	10.2	1.5	2.0
	最小值	6.3	11.9	48.4	3.5	0.9	1.2
	最大值	12.6	34.2	66.9	15.8	2.7	3.2

Ⅰ区：弗拉姆浅滩矿物区，样品数 5。本区重矿物含量为考察区最高，平均达到 11.6%，优势矿物为石榴子石和磁铁矿。特征矿物为石榴子石，含量为 81.1%，高于Ⅱ、Ⅲ、Ⅳ区 1 倍以上。而普通角闪石含量为远低于全区平均水平。

Ⅱ区：混合矿物区，样品数 6。重矿物含量略低于全区平均含量，变化范围大，优势矿物为普通角闪石、石榴子石和磁铁矿，其中磁铁矿平均含量为 4 个区中最高，样品聚类表明其与Ⅲ区矿物组成较为相似。

Ⅲ区：四女士浅滩矿物区，样品数15，站位分布较为密集。优势矿物为石榴子石、普通角闪石、磁铁矿和紫苏辉石。特征矿物为紫苏辉石，平均含量达到11.4%，变化范围相对较大，个别站位高达63.7%。

Ⅳ区：深水矿物区，样品数7。优势矿物为普通角闪石、石榴子石和磁铁矿。该区普通角闪石在重矿物中含量较大，高于其他3个区1倍左右；而石榴子石含量不到其他3个区的1/2。

上述4个矿物分区的矿物特征及其分布，表明普里兹湾沿岸麦克罗伯森地、拉斯曼丘陵—西福尔丘陵地区与离岸较远的格罗夫山是该矿物组合区主要物源区。普里兹湾的基底主要为太古代及元古代的变质岩（Boger et al., 2002；Boger et al., 2009）。Ⅰ区矿物组合石榴子石含量最高，角闪石和磁铁矿含量较高，矿物成熟度高，为接受沉积较为稳定的区域。近岸铅同位素测定结果指出该区是南极最古老的变质岩区，年龄约（4 000±200）Ma（Liu et al., 2009；Phillips et al., 2006；Pierce et al., 2014）。碎屑沉积物的主要物质来源麦克罗伯森地，该地区是由原始火成岩经变形和变质发育成石榴子石片麻岩，且变余糜棱岩带（石榴子石-磁铁矿-辉石-斜长或石英片岩）通常含有较多的石榴子石和磁铁矿（Dirks and Wilson, 1995；李淼等, 2007；李淼等, 2010），这些变质岩的碎屑物质通过冰川运动、浮冰输送和海流搬运入海，从而在海底表层碎屑沉积物中形成了石榴子石-角闪石-磁铁矿的矿物组合类型。该区水动力强，重矿物含量为4区中最高。Ⅱ区所处位置与普里兹水道大体吻合，海底深度比东西两侧的四女士浅滩和弗拉姆浅滩地区大，重矿物含量4区中最低，沉积速率低。但该区受普里兹水道影响海流作用力较大，优势矿物石榴子石、角闪石、磁铁矿与特征紫苏辉石、赤铁矿等矿物混合较好，无明显差异性，属于混合物源区。Ⅲ区紫苏辉石含量与周围站位相比高出一定水平，而且一些矿物含量出现自拉斯曼丘陵—西福尔丘陵沿岸地区向深海方向降低的趋势，表明其具有近源性。本区基底为铁镁质-长英质复合片麻岩，原岩为双模式火山岩，结晶年龄约为1 100 Ma；随后于990 Ma进行第一次麻粒岩相变质事件；接着约600~500 Ma的泛非期发生的第二次麻粒岩相变质作用的叠加，基底岩石形成于中元古代（胡建民等, 2008），晚于恩德比地地区，因此该区石榴子石含量比Ⅰ区明显减小，而角闪石有所增加，矿物成熟度相对较低。同时该区紫苏辉石含量明显高于其他3区，可能是由于该区沿岸拉斯曼丘陵—西福尔丘陵地区有大量的泛非期紫苏花岗岩体出露（Mikhalsky et al., 2006；胡建民等, 2008；刘健等, 2011；刘晓春等, 2013；周信等, 2014），为Ⅲ区带来大量的紫苏辉石，个别站位（N08-3）紫苏辉石含量高达63.7%。Ⅳ区普通角闪石含量占一半以上，石榴子石含量与其他3区相比明显降低，矿物成熟度相对较低。冰筏运动在沿岸地区盛行，代表大陆沉积环境，而该区离岸较远，水深较大，因此接受海冰携带的沉积物碎屑量较少。

6.3.6.2 黏土矿物物源示踪

黏土矿物是深海沉积物的主要成分。其作为古气候和古海洋学的代用指标已经在全球范围内被广泛应用（Junttila et al., 2005；陈志华等, 2004；陈志华等, 2011；董林森等, 2014）。与全球其他地区相比，南极大陆化学风化作用弱，但冰盖对基岩的物理风化和磨蚀作用使得岩石破碎（Ehrmann and Polozek, 1999）。南极大陆边缘的冰海相互作用为南大洋提供了相当多的黏土矿物。由于冰川的搬运作用，黏土矿物组合很少能直接反映其源区的岩石组成特点。南大洋沉积物中的黏土矿物主要来源于冰架前缘着地线附近的冰碛物，这些冰碛物是在冰川融化后由碎屑堆积而成，其中的细颗粒物质含量较高（Anderson et al., 1980）。尽管在南极大陆可以观测到有很小的矿物碎屑被包裹在积雪中，但南极冰雪中的矿物尘埃十分有限（Petschick et al., 1996）。因此，在现代在大洋中，冰架通过其上崩塌的冰山对海洋黏土的贡献非常小（Anderson et al., 1980）。

从前面的讨论来看，考察区海流是制约黏土组分沉积的关键因素。在陆坡区，大量的黏土颗粒物质由浊流和高密度水团携带向下运动（Kuhn and Weber, 1993）。距离海岸越远，温盐流对黏土矿物组成的制约越明显，底流（尤其是能使这些碎屑物质受扰动并再悬浮的底流）塑造了雾状层以及水平漂流体，其规模甚至可以达到数百千米。

Borchers 等研究表明，普里兹湾—凯尔盖朗海台区 LGM 沉积物中黏土矿物主要是冰期的冰川作用或间冰期的水流作用进入海湾沉积形成（Borchers et al., 2011），而海湾内现代沉积物中的黏土矿物是由海流携带搬运并沉积下来形成。在深海区，黏土矿物来源受埃默里冰架流物质供应、南极绕极流和南极陆坡流（ASC）的影响。在凯尔盖朗海台地区，尤其是海台东部靠近海岸的部分，沉积物中黏土矿物含量，尤其是蒙脱石含量受到海台区火山物质的影响。

考察区不同沉积区黏土矿物组成区别不大，只是个别黏土矿物含量及伊利石化学指数上存在差异，这是因沉积区物源背景相似和单一所决定的。在四夫人浅滩，伊利石化学指数偏低，平均值只有 0.15，反映出沉积物主要由富 Mg、Fe 的黑云母风化而来，并与伊丽莎白公主地一带出露的基岩露头包括西福尔丘陵、赖尔群岛、拉斯曼半岛等地的矿物特征相一致。西福尔丘陵与拉斯曼丘陵北部地区（包括赖尔群岛）附近均有小型入海冰川，可以影响到四夫人浅滩沉积。西福尔丘陵区基岩类型主要为太古代和元古代变质岩，包括太古代麻粒岩相片麻岩以及切割这些岩墙的变质火山岩、辉岩和变辉长岩等。拉斯曼丘陵北部分布有寒武纪花岗以及元古代片麻岩，在赖尔群岛则以花岗岩相英云闪长质正片麻岩为主，包含有镁铁质到超镁铁质的侵入体岩墙（Tingey, 1991; Borchers et al., 2011），这些岩石均富含长石和黑云母等。李淼在拉斯曼丘陵北部的达尔克岛上发现部分斜长石发生蚀变形成绢云母和黏土矿物，有的黑云母部分蚀变为绿泥石，这与四夫人浅滩的黏土矿物特征相一致（李淼等, 2007）。此外，该区 P6-08、P7-14 及 PA-05 站沉积物中蒙脱石含量在 2.4%~5.1%，含量相对较高，明显不同于普里兹湾其他海区。由于在伊丽莎白公主地地区尚未发现富含蒙脱石的冰碛物，而在北查尔斯王子山的埃默里绿洲沉积物中发现有较高含量的蒙脱石和高岭石，考虑到海流及埃默里冰架系统的运动路径，推测在四夫人浅滩区蒙脱石可能主要来源于伊丽莎白公主地的入海冰川。

在 Svenner 水道，沉积物黏土矿物的组成特点与四夫人浅滩相近，但其伊利石化学指数较高，平均值为 0.27，表明该处伊利石为白云母和黑云母风化的混合产物。从邻区大陆基岩类型来看，拉斯曼丘陵区的米洛半岛和斯泰因半岛岩石组成主要为黑云母钾长花岗岩，维克岛岩石类型主要为石榴石黑云斜长片麻岩，达尔克岛则是黑云母二长花岗岩和片麻岩（其中可以观测到一部分斜长石蚀变为黏土矿物，部分黑云母蚀变为绿泥石）；在拉斯曼丘陵北部的阿曼达湾，基岩组成与米洛半岛和斯泰因半岛相同，主要为黑云母钾长花岗岩（Miao, 2006），这些岩石的特点为长石和黑云母含量较高，其中钾长石含量范围在 40%~50%，斜长石含量 10%~20%左右，黑云母含量 10%~15%。在兰伯特-埃默里冰架系统冰川流经的兰伯特地堑区，东部岩石露头主要由辉岩、辉长岩、长英质正片麻岩及副片麻岩组成，东部的格罗夫山区基岩主要由麻粒岩相变质岩和紫苏花岗岩等组成，岩石中黑云母含量较低，因此由黑云母蚀变而来的伊利石量明显减少。而在兰伯特-埃默里冰架系统西侧的查尔斯王子山区，发现有 Pagodroma 群和 Amery 群沉积层，这些沉积层中伊利石含量范围在 23%~65%，且伊利石化学指数偏高，特别在北查尔斯王子山区，伊利石化学指数在 9.9~10，这些沉积层可能是普里兹湾及周边地区黏土组分的重要来源之一（Ehrmann et al., 2003; Borchers et al., 2011）。此外，Svenner 水道区大部分站位蒙脱石含量与埃默里冰架前缘沉积物中蒙脱石的含量相似，而在距四夫人浅滩较近的 P6-12 站蒙脱石含量与四夫人浅滩处相近，说明 Svenner 水道区沉积物中黏土矿物来源于伊丽莎白公主地和兰伯特地堑，尤其是查尔斯王子山地区。

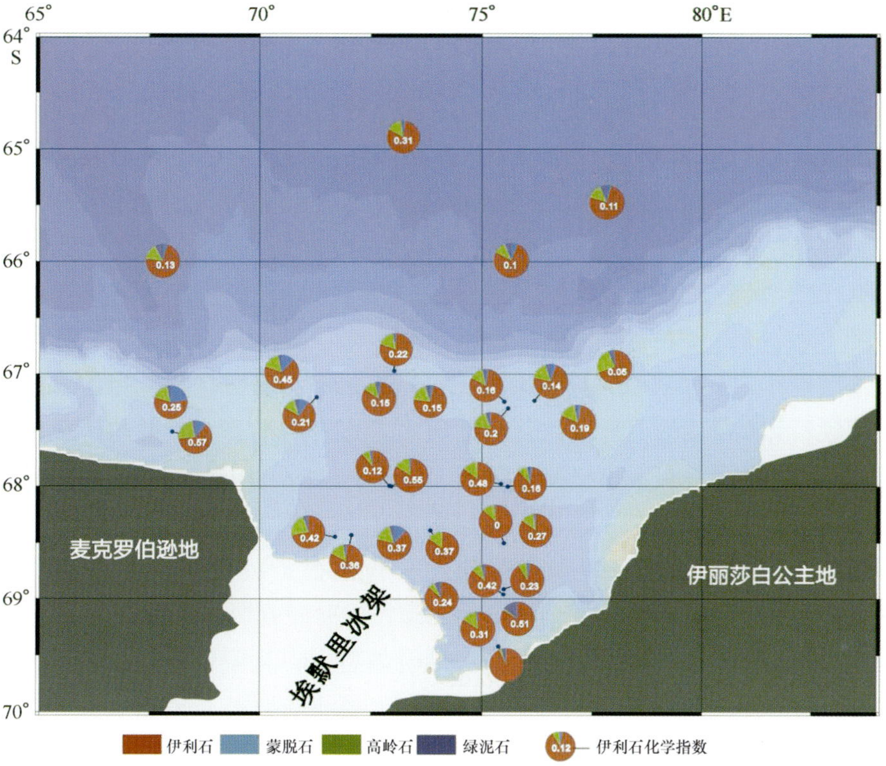

图 6-123 普里兹湾地区表层沉积物黏土矿物分布

图中箭头为推测的沉积物搬运方向

埃默里冰架前缘沉积物中黏土矿物组合与四夫人浅滩有明显区别，主要在于蒙脱石和绿泥石含量不同。在兰伯特-埃默里冰架系统冰川流经的区域，Ehrmann 等在北查尔斯王子山地区发现在埃默里绿洲的 Amery 群和 Pagodroma 群沉积层中，黏土矿物组合以蒙脱石和高岭石的高含量与周围地区相区别，推测其含量受到东南极冰盖下某地富蒙脱石和高岭石黏土源的补给（Ehrmann et al., 2003）。埃默里冰架前缘沉积物中黏土组成与该处相似，说明埃默里冰架前缘沉积物中的黏土矿物主要来源于兰伯特-埃默里冰架系统所涉及的冰域盆地。由于冰架前缘存在冰间湖，冰间湖海冰的快速生成与转移导致海水中的黏土物质随低温高密度冷水团下沉，在冰架前缘处沉积下来，因此该区域的 P3-15 站沉积物中蒙脱石和高岭石含量较高，而伊利石和绿泥石含量较低。

在埃默里海盆和普里兹水道区，黏土矿物的混合效应比较明显，蒙脱石和高岭石含量与埃默里冰架前缘和弗拉姆浅滩沉积物大体相似，这可能是受到普里兹环流的影响。该流涡对整个普里兹湾均有影响，在流经弗拉姆浅滩时将细颗粒沉积物再悬浮并且携带走，由于该循环的中心位于普里兹水道，因此这些细颗粒物质最终会在此处沉积下来。同时，也可能是全新世气候转暖，普里兹湾环流形成，是海底再悬浮的细颗粒物质在埃默里海盆或普里兹湾环流的中央沉积下来。如 Leg 119 航次测得在四夫人浅滩和 Svenner 水道区沉积物中蒙脱石和高岭石含量均较高。

在 Burton 海盆沉积物中伊利石含量相对较低，而高岭石和蒙脱石含量较高，这是与普里兹湾其他沉积区黏土矿物组成上最大的区别：伊利石化学指数变化范围较大，平均值高（大于 0.4），反映出伊利石为白云母和黑云母风化得混合产物，同时富 Al 白云母风化的贡献率更高。由于现代的极地寒冷气候无法形成蒙脱石和高岭石，同时，由于考察区周边无现代火山活动，无法形成自生蒙脱石，因此它们只可能是碎屑来源，由冰川搬运至海边，在冰-海相互作用下沉积在海底。研究表明，北查尔斯王子山的 Pagodroma 群和 Amery 群沉积物中含有较多的蒙脱石和高岭石（Ehrmann et al.，2003），Pagodroma 群局部碎屑堆积物的高岭石相对含量在 46%～64%，Batte 冰川附近沉积物蒙脱石含量范围在 5%～15%；Amery 群表层沉积物中蒙脱石和高岭石含量也相对较高，分别为 0.01%～14.45%和 4.94%～10.36%。虽然这些足以为 Burton 海盆沉积物提供蒙脱石和高岭石，但是现代冰川流动痕迹显示，兰伯特-埃默里冰架流经的区域不包含 Amery 群和 Pagodroma 群发育区，因此推测 Burton 海盆沉积物中的蒙脱石和高岭石来源于麦克罗伯逊地巨厚冰盖下的某一区域（Borchers et al.，2011），该区域内可能含有较厚的黏土沉积层，且蒙脱石和高岭石含量较高，它们是地质历史时期某一温暖湿润环境条件下化学风化作用的产物。弗拉姆浅滩区黏土矿物含量与 Burton 海盆区相近，该海区水深较浅，沿岸流流速较快，因此尽管有沿岸流携带埃默里冰架前缘的黏土组分（蒙脱石和高岭石含量较高）流经此处，但是流速较快的水流使得这些细颗粒物质很难沉积下来，所以其来源可能与 Burton 海盆区相同，主要来自麦克罗伯逊地的冰碛物，而海流携带的黏土组分则相对较少。

在科奥珀雷申海区，黏土矿物表现出多源混合的特点。从蒙脱石和高岭石含量来看，该海区蒙脱石和高岭石含量低于普里兹湾陆架沉积物，而与陆坡上 Leg119-743A 孔沉积物黏土矿物得组成相似，这意味着深海-半深海沉积物陆架陆坡沉积物同源，是陆架-陆坡物质向外海输运的结果。

综合重矿物和黏土矿物分布来看，四夫人浅滩区沉积物中砂和黏土组分主要来源于伊丽莎白公主地，且黏土矿物含量暗示伊丽莎白公主地地区可能存在冰碛物，它们是四夫人浅滩地区沉积物中蒙脱石和高岭石的主要来源（图 6-124，Ⅰ区）。埃默里冰架前缘区沉积物中砂和黏土主要来源于兰伯特地堑，这些沉积物随着埃默里冰架系统的输送，被搬运至海湾内（图 6-124，Ⅱ区）。在弗拉姆浅滩和 Burton 海盆区，沉积物中的砂组分部分来源于麦克罗伯逊地，但是其贡献可能较小；而黏土矿物表明麦克罗伯逊地冰盖覆盖区底下的一些冰碛物可能是弗拉姆浅滩和 Burton 海盆区沉积物中黏土矿物的主要来源（图 6-124，Ⅲ区）。Svenner 水道、埃默里海盆、普里兹水道和科奥珀雷申海区沉积物的重矿物和黏土矿物均显示出与整个海湾沉积物及周边大陆岩石和冰碛物相似的特点，表明该海区沉积物主要来源于普里兹湾地区（图 6-124，Ⅳ区和Ⅴ区）。

6.3.6.3 搬运介质与动力条件

1）海流

前人研究结果表明，普里兹湾附近海域的主要水团包括，即南极表层水（AASW）、普里

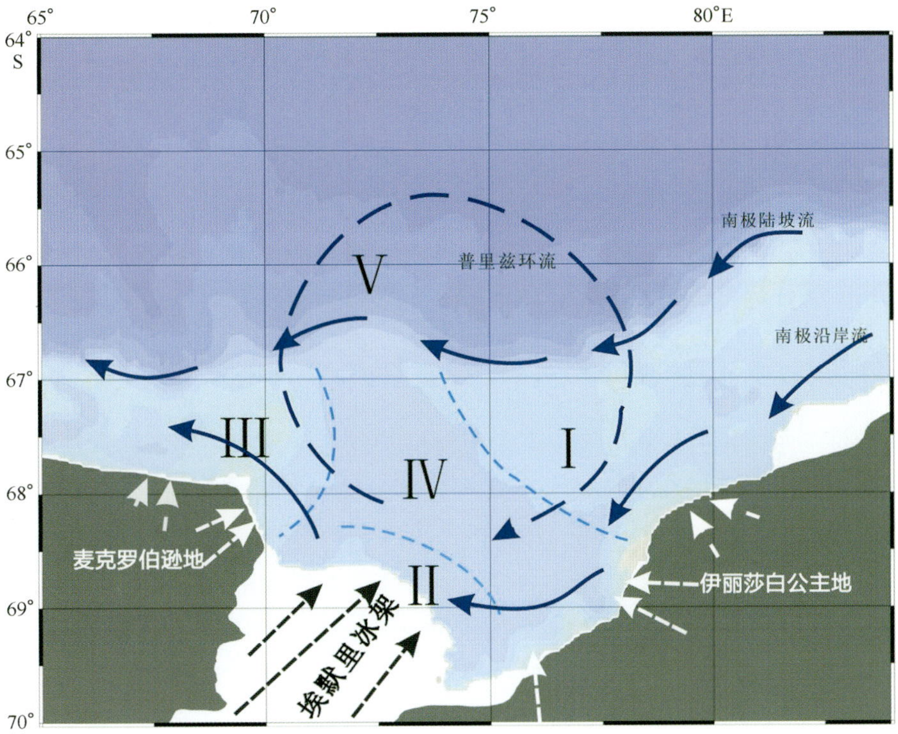

图 6-124 普里兹湾及邻近海域沉积物物源示意图

图中蓝色箭头表示陆坡流，白色和黑色箭头代表冰川流动方向

兹湾陆架水（SW）、绕极深层水（CDW）和南极底层水（AABW）（Barker et al.，2007）。CDW 主要形成于 64°S 以北海域，对考察区表层沉积物影响较小。普里兹湾海域海流系统整体上呈现自东向西方向，但是在普里兹湾内的上层和中层海水中还存在逆时针和顺时针方向的涡旋，普里兹湾东侧沿岸的西向流在该处形成逆时针涡旋（蒲书箴等，2002；陈红霞等，2005，2014），因此大量的紫苏辉石和赤铁矿并未被向西携带，而是沉积在该区沿岸海域。此外在普里兹湾内有一个明显的气旋涡，中心在 67.5°S，73°E 附近，通过该气旋涡和陆架水将陆源物质中细粒泥质、黏土成分携带到深海水区，而粒度较粗的物质则沉积在近岸浅水区中。强烈的底部环流对物质分配有显著作用，底层水自东向西将大量碎屑重矿物带入普里兹湾西部弗拉姆浅滩矿物区并在该处沉积，可能是该区重矿物含量高的主要原因。湾内两侧水深较浅，均小于 500 m，沉积物近岸混杂沉积，形成弗拉姆浅滩区和四女士浅滩区；两个浅滩中间为普里兹水道，水深 500～100 m，此处沉积物混合相对较好；受普里兹水道近岸流影响 67°S 以北的陆架外缘深水区矿物以角闪石为主，石榴子石、紫苏辉石等矿物含量呈递减趋势。

2）冰川与冰筏搬运

普里兹湾海底表层沉积物属于残积冰碛物类型，粒度较粗，大多为含砾粉砂和黏土质粉砂。碎屑物质多来自普里兹湾沿岸地区，小部分来自距离较远的格罗夫山地区，它们主要受兰伯特冰川作用的影响，然后通过冰山的筏运输送到普里兹湾及南大洋，在极少数情况下出现的深层流汇集，也会使细粒碎屑物质沉积。由于考察区位于埃默里冰架外缘地区，丰富的陆源物质通过冰川作用被带入普里兹湾，而近岸的冰筏运动对矿物的分选作用较差，以致重矿物在此混杂堆积。同时，68°S 以北相对远离大陆的深海水区，沉积物粒度变细以黏土质粉砂为主，属于混合副冰碛物。其沉积物组成特征往往受麦克罗伯森地和拉斯曼丘陵—西福尔丘陵地区两个物源区的共同影响，在两个物源的交汇处往往形成混合型矿物组合区。前人研究结果表明，冰筏是外海砂石输送最重要机制，而大量的淤泥和黏土细粒沉积物主要由永久性或暂时性的底部环流搬运。该区沉积物样品受风化磨蚀作用极弱，却在大块碎屑物中出现破碎、磨损的迹象，表明可能是由冰筏作用携带砾石搬运到相应位置，而细粒泥质、黏土成分则可能是由海流作用搬运。

6.3.7 有机地球化学特征与早期成岩作用

普里兹湾位于东南极的大陆边缘，该区不仅是研究中生代冈瓦纳裂解、新生代陆缘形成以及新近纪以来冰川活动的关键区域，也具有较好的油气资源开发潜力（Kvenvolden et al., 1991; McDonald et al., 1991; 丁巍伟，2013）。

普里兹湾海域表层沉积物中饱和烃中链烷烃系列主要包括正构烷烃系列和植烷系列，沉积物样品色谱图均为前单锋型，碳数分布范围为 n-C_{14}~C_{32}（少数 C_{31}），除 ANT29-PA-01 和 ANT29-P5-01 站位主峰碳为 n-C_{20}，其他站位均为 n-C_{18}。表层沉积物中轻烃/重烃（$\sum C_{21}^-$/$\sum C_{22}^+$）和（C_{21}+C_{22}）/（C_{28}+C_{29}）比值大于 1.0，说明有机质主要来源于海洋菌藻类，混有极少量的陆源植物。碳优势指数 CPI 和奇偶优势指数 OEP 值分布分别为 1.20~2.84 和 1.38~2.94，表现出一定的奇偶优势，该特征符合海洋菌藻类和陆源植物共同贡献的特点。

普里兹湾海域表层沉积物中 Pr/Ph 比值为 0.40~0.85，表明表层沉积物为还原-强还原环境，有利于有机质在沉积物中的保存。大多站位表层沉积物甾烷含量由大到小依次为 C_{27}、C_{28}、C_{29}，分布类型呈对称的"V"形分布（图 6-125），说明其有机质的母源主要为海相，以海洋浮游生物为主。特别值得提及的是，普里兹湾表层沉积物中 $C_{29}\alpha\alpha\alpha$20S/$C_{29}\alpha\alpha\alpha$(20S+20R) 在 0.32~0.38，$C_{29}\alpha\beta\beta$/C_{29}($\alpha\alpha\alpha+\alpha\beta\beta$) 在 0.27~0.41，$C_{31}$22S/$C_{31}$(22S+22R) 在 0.55~0.58，$C_{32}$22S/$C_{32}$(22S+22R) 在 0.58~0.62，Ts/(Tm+Ts) 在 0.40~0.50（图 6-126），这些参数指示该海区沉积物具有一定的成熟度，但明显偏离了现代生物所具有的藿烷、甾烷特性，可能有外源成熟有机质的加入。

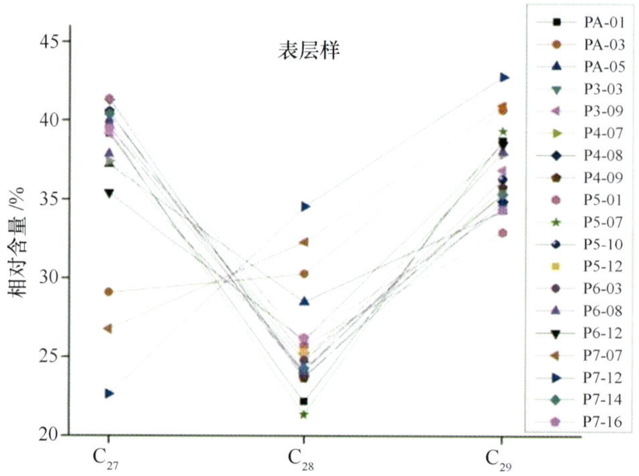

图 6-125 普里兹湾表层沉积物中甾烷 C_{27}、C_{28} 和 C_{29} 相对含量分布类型

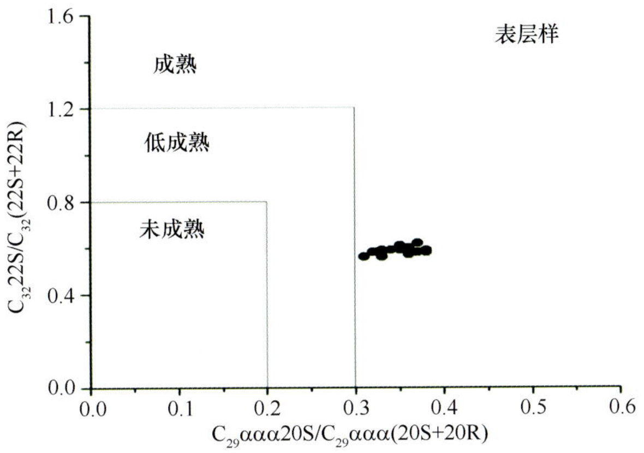

图 6-126　普里兹湾表层沉积物的生物标志物成熟度参数

6.4　柱状沉积物特征

6.4.1　近代沉积特征

6.4.1.1　岩心沉积速率

对普里兹湾陆架、陆坡区 14 个多管或箱式插管样品（图 6-127）进行了系统的年代学（^{210}Pb）、沉积学、矿物学、元素地球化学、微体古生物学等综合分析，样品取样和分析间距为 1 cm，有望对普里兹湾海域百年至千年时间尺度的古环境和古气候进行系统的研究。

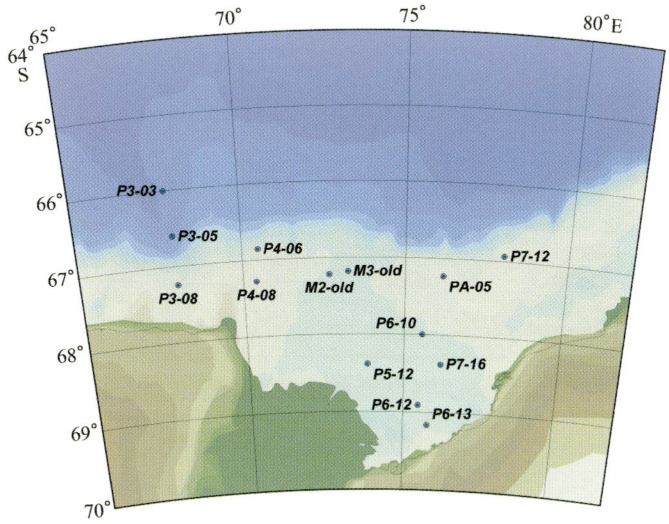

图 6-127　普里兹湾多管与箱式插管分析站位

利用沉积物^{210}Pb 放射性活度的变化计算年代一般有两种简单的模式，即 CRS（Constant rate of ^{210}Pb supply）和 CIC（Constant initial ^{210}Pb concentration）模式。其中 CRS 模式适用于

湖泊沉积速率不均一、$^{210}Pb_{ex}$输入通量保持恒定的情况，而 CIC 模式则假设进入到沉积物中不同深度处的$^{210}Pb_{ex}$的初始活度是恒定的，与沉积速率的变化无关，这种情况下，任何深度的$^{210}Pb_{ex}$都遵循指数衰减规律而变化。

在沉积物中^{210}Pb含量来自两部分：一部分来自大气沉降，为用于年代标记的剩余值，它从大气进入水体，被吸附在悬浮颗粒上，并随之逐年沉积在海底，在海底自我封闭体系中随沉积物的深度呈指数衰减；另一部分来自沉积物自身的^{226}Ra，即本底值。因此首先测出各深度沉积物^{210}Pb总值，然后扣除^{210}Pb本底值，得到^{210}Pb过剩值剖面分布。假定混合作用忽略不计，依据初始浓度恒定模式（Robbins et al.，1975），由下式求出平均沉积速率：

$$s = \lambda \times Z / \ln (C_0 / C_z),$$

式中，s为沉积速率（cm/a）；λ为^{210}Pb衰变常数（0.031 14）；Z为深度（cm）；C_0、C_z分别为表层与深度Z层的^{210}Pb过剩值，其中$Z/\ln(C_0/C_z)$由过剩^{210}Pb值取自然对数后与深度之间线性拟合的斜率求出。

如图 6-128 所示，普里兹湾近代沉积速率由湾中央向周边降低。普里兹湾中央埃默里洼地沉积速率最高（可达 5 mm/a），而埃默里冰架前缘和普里兹湾陆架坡折以北沉积速率较低（小于 0.1 mm/a）。其沉积速率与物源和沉积动力密切相关。

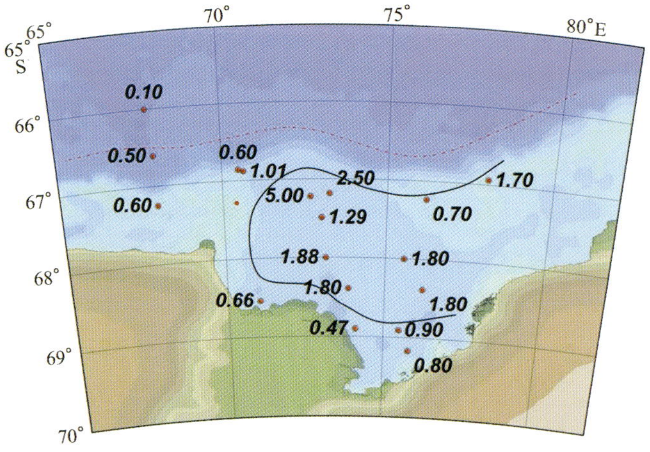

图 6-128　普里兹湾及周边海域站位沉积速率（mm/a）分布

普里兹湾地形封闭，东西两侧有四夫人浅滩、弗拉姆浅滩等阻隔，与外界水体交换弱。湾内发育有顺时针的普里兹湾涡流，环形涡流可捕获沉积物，从而使得普里兹湾中央，尤其是埃默里洼地附近成为沉积物聚集区，即形成高沉积速率区。湾外陆坡区水深变化大，且有南极辐散带的扰动，水动力较强，该站沉积速率较低。

普里兹湾位于南极大陆东缘，远离人类活动区，而且南极大陆没有河流等陆源物质的输入。由于特殊的地理位置和环境，普里兹湾内水体与外界交换较弱，因此湾内沉积物质主要是自身的海洋生源物质。埃默里冰架边缘及陆架区生源沉积高于深海区（Isla et al.，2004），说明普里兹湾内初级生产力大于湾外陆坡、深海区。

6.4.1.2 典型岩心的粒度特征

1）M2-old 岩心

M2-old 岩心粒度组成及粒度参数的垂向变化见图 6-129。岩心黏土含量为 13.99%~19.22%，平均值为 16.58%；粉砂含量为 54.12%~71.16%，平均值为 66.42%；砂的含量为 9.77%~32.00%，平均值为 16.98%；岩心沉积物以粉砂为主，砂次之，黏土最少，含极少量的砾石。整体上，黏土和粉砂含量的变化较小，砂含量变化较大，大体可分为 0~4.6 cm、4.6~13.2 cm 和 13.2~18 cm 3 段，上部和底部粒度较粗，变化较大，水动力较强。

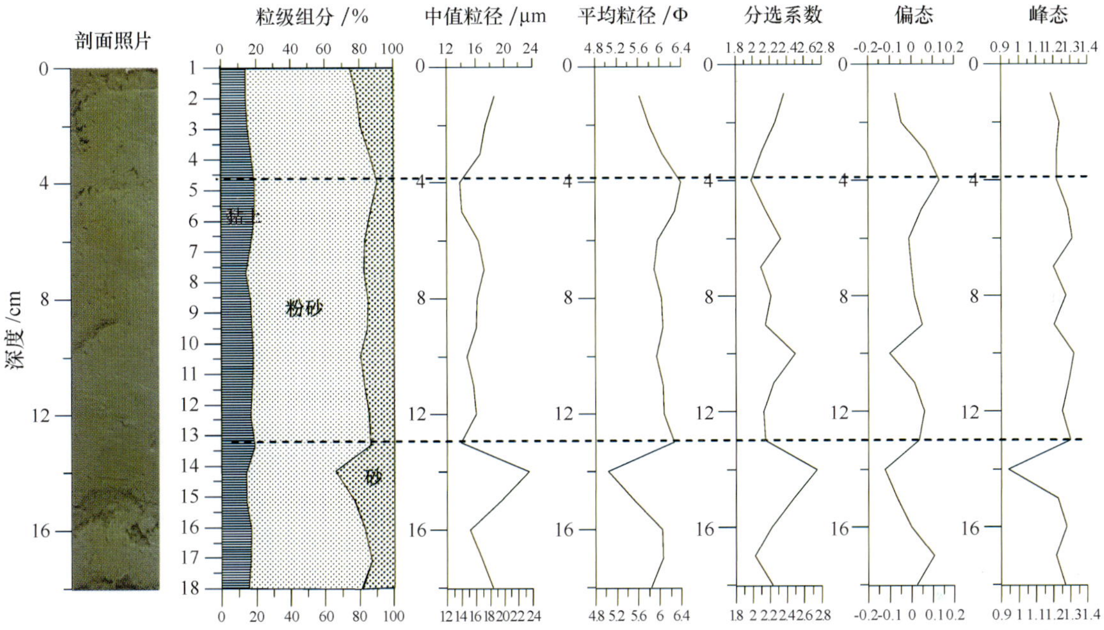

图 6-129　M2-old 岩心沉积物粒度组成与参数垂向变化

2）P5-12 岩心

P5-12 岩心粒度组成及粒度参数的垂向变化见图 6-130。该岩心沉积物中，黏土含量为 14.61%~21.68%，平均值为 18.34%；粉砂含量为 74.84%~81.02%，平均值为 78.46%；砂含量为 1.77%~4.82%，平均值为 3.21%。该岩心沉积物以粉砂为主，黏土次之，砂很少，几乎不含砾石，粒级组成在垂向上变化不明显，中值粒径和平均粒径的 ϕ 值较大，表明在 P5-12 岩心沉积阶段沉积环境较为稳定。岩心沉积物分选性较差。偏态多为正偏，峰态为窄到中等，被环境改造较少。在垂向上可分为两段：0~12 cm 和 12~20 cm 段。

3）P6-10 岩心

P6-10 岩心粒度组成及粒度参数的垂向变化见图 6-131。黏土含量为 15.84%~22.31%，平均含量为 19.54%；粉砂含量为 75.59%~79.20%，平均含量为 77.39%；砂含量为 1.98%~5.12%，平均含量为 3.08%，无砾石。在 P6-10 中以粉砂为主，黏土次之，砂很少，无砾石。粒级组成垂向上变化不明显。粒度参数中中值粒径和平均粒径较小，表明在 P6-10 段沉积阶段沉积环境较为稳定。但分选性较差。偏态多为正偏，峰态为窄到中等，被环境改造较少。在垂向上可分为 0~11 cm 和 11~20 cm 段。

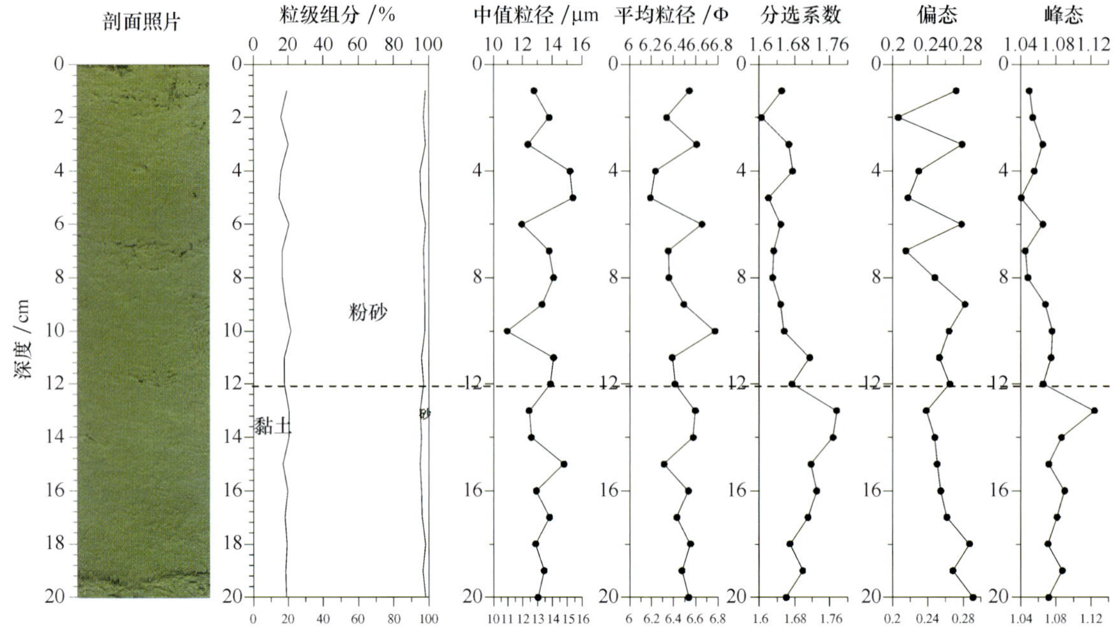

图 6-130　P5-12 岩心沉积物粒度组成和参数垂向变化

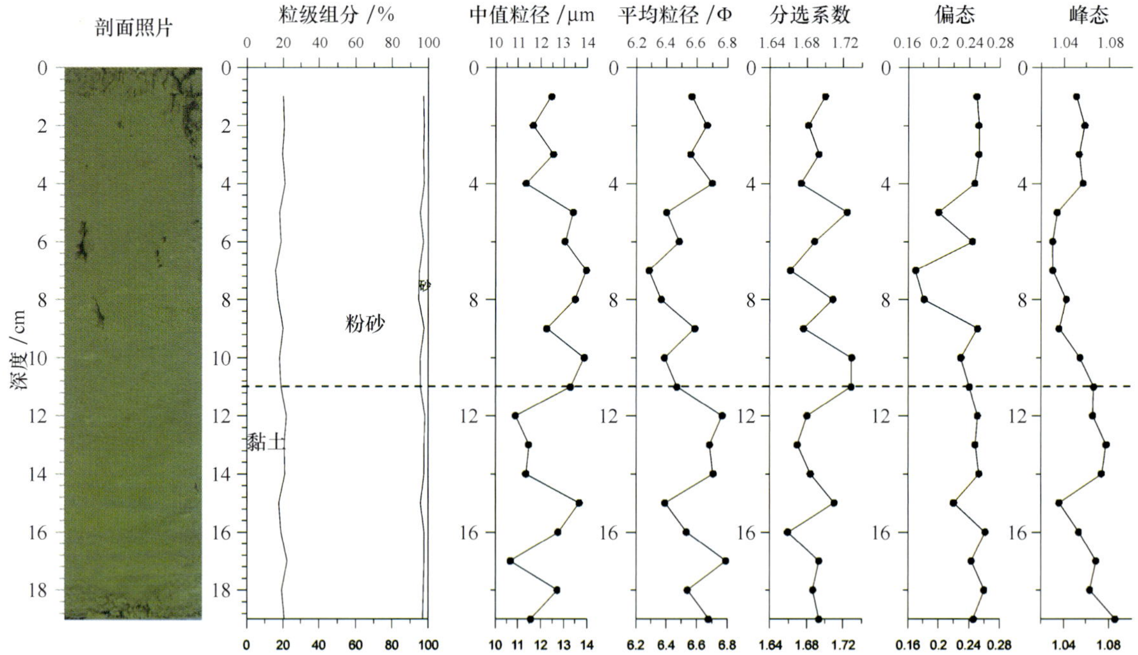

图 6-131　P6-10 岩心沉积物粒度组成和参数垂向变化

4）P3-05 岩心

P3-05 岩心粒度参数垂向变化见图 6-132。P3-05 站各粒度参数波动变化。大致以 9 cm 为界，沉积物粒度上细下粗；9 cm 以上，砂组分含量 8.1%，黏土组分含量约 10.5%；而 9 cm 以下层位，砂组分 8.7%，黏土组分 6.7%。15~16 cm 层位砂组分含量最高，达 15.8%。

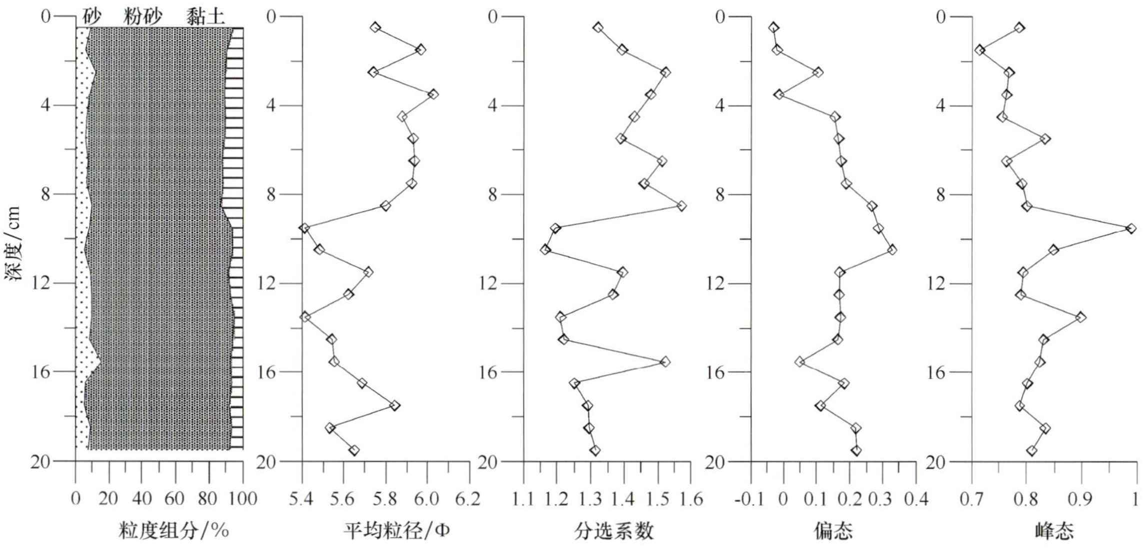

图 6-132 P3-05 岩心沉积物粒度组成和参数垂向变化

6.4.1.3 典型岩心的地球化学特征

1）P3-05 岩心

P3-05 岩心沉积物中常量元素丰度由大到小依次为 SiO_2、Al_2O_3、TFe_2O_3、K_2O、Na_2O、CaO、MgO、TiO_2、P_2O_5、MnO。如图 6-133 所示，该岩心 SiO_2 随深度增大先减后增，在 10 cm 附近达到最小值。Al_2O_3、Fe_2O_3、MgO 含量自上而下呈先增大后减小的趋势，在 7~8 cm 附近出现极大值，其余大多数元素垂向也有先增后减的特征，但峰值出现层位有所不同。部分元素在底部 16~18 cm 出现显著地含量波动，如 CaO、TiO_2、MnO 等。

P3-05 站微量元素垂向变化与常量元素相似，Ba、Cr、Co、Ni、Cu 具有明显的随深度增加呈先增大后减小的趋势。Sr、Zn 大致随深度增加而增大，在底部 16~17 cm 附近出现丰度极大值（图 6-134）。

P3-05 站沉积物有机碳（TOC）、总氮（TN）含量垂向分布趋势一致，自上而下总体呈递减的过程，但在 7~10 cm 附近存在陡增的趋势。P3-05 岩心沉积物中 C/N 比值为 5.84~9.43，平均值为 6.99±0.79（平均值±标准偏差）。C/N 比值也有垂向自上而下递减的趋势，但在 6~9 cm、底部 18~20 cm 处存在垂向递增。$\delta^{13}C$ 总体呈波动变化，在 2~5 cm、6~8 cm、11~13 cm 和 18~20 cm 随深度增大，其余层位陡减或递减。$\delta^{15}N$ 除在 3 cm 和 18 cm 处出现两个极大值，12 cm 出现一个极小值外，其余层位含量均一稳定（图 6-135）。

2）P6-10 岩心

P6-10 岩心元素的垂向变化趋势更加明显，大多数元素自上而下均呈规律性变化，如 Al_2O_3、CaO、K_2O、TiO_2 随深度增加含量增大，而 Na、P 则随深度增加含量减小。Fe、Mn 元素在顶部 3~5 cm 附近出现峰值，其余层位随深度增大含量略微增加。SiO_2 含量除在 10 cm、14 cm 附近出现极大值、极小值凸点外，其余层位含量在 71%左右（图 6-136）。

P6-10 站大多数微量元素自上而下均具有含量增加的趋势，只是元素出现含量峰值的层位有所差异，如 Ba、Sr 元素在 4~5 cm 附近出现极大值，重金属元素 Co、Ni、Cu、Pb 在

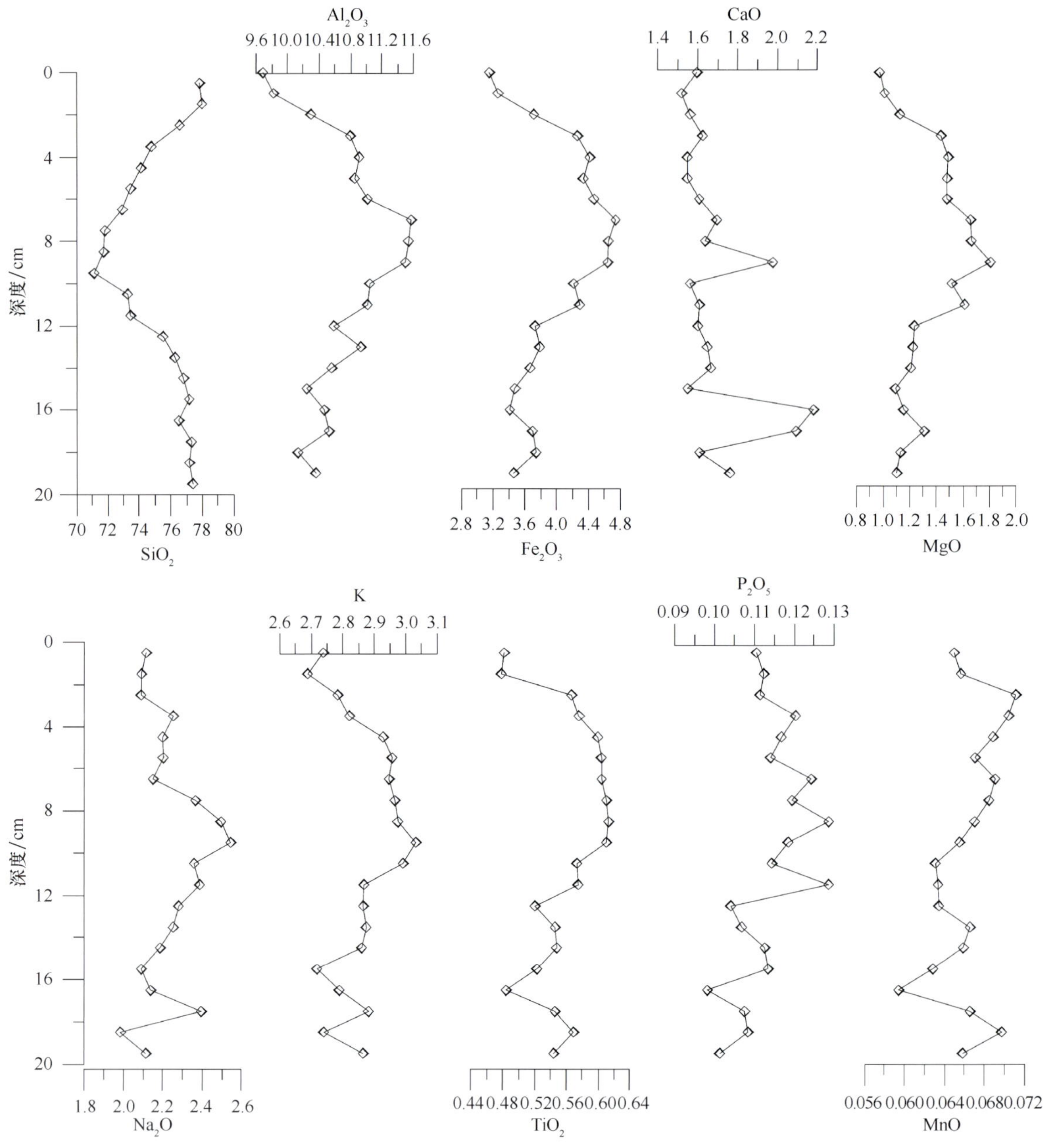

图 6-133 P3-05 岩心常量元素含量曲线（%）

10～15 cm 出现两个极大峰值，而 Zn、Cd 峰值出现在 17～18 cm 附近（图 6-137）。

P6-10 站 C/N 比值介于 7.35～7.93，平均值 7.61±0.16，比 P3-05 站的稍大（图 6-138）。

P3-05 站沉积物 $\delta^{13}C$ 为-31.93‰～-23.35‰，平均值为-24.69‰±1.81‰；P6-10 站 $\delta^{13}C$ 为-26.61‰～-24.58‰，平均值为-25.79‰±0.51‰。与前人研究相比，P3-05 站和 P6-10 站 $\delta^{13}C$ 值与开阔的南大洋中颗粒有机碳的 $\delta^{13}C$ 相当（-26‰）（Berg et al., 2011）。

P3-05 站 $\delta^{15}N$ 为 2.87‰～12.56‰，平均值为 6.93‰±2.21‰；陆架的 P6-10 站 $\delta^{15}N$ 小于 P3-05 站，变化范围为-0.46‰～9.08‰，平均值为 1.16‰±1.81‰，明显低于鸟类粪沉积物 $\delta^{15}N$ 的 20‰～30‰（Huang et al., 2014；Mizutani et al., 1986）。

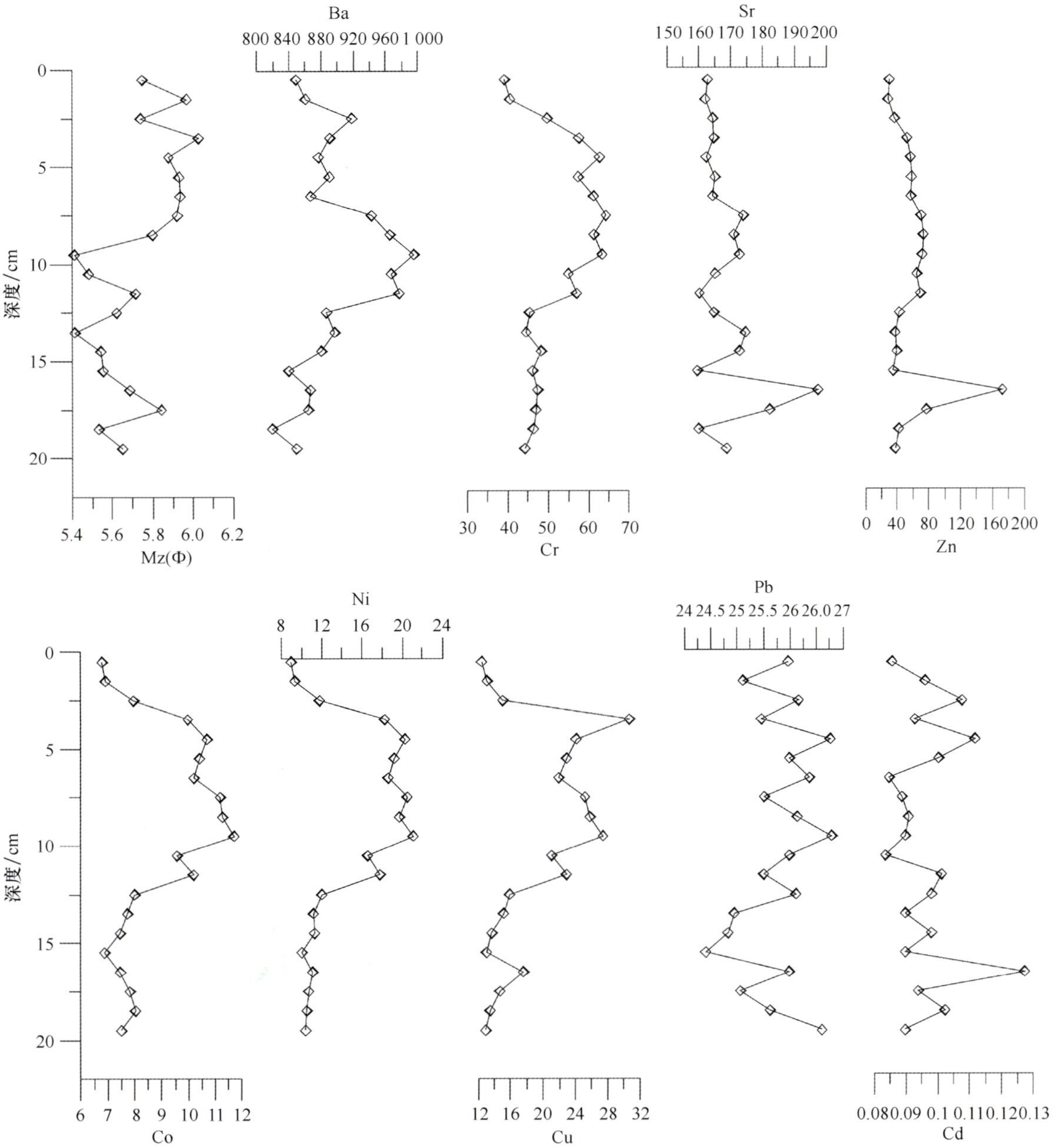

图6-134 P3-05岩心微量元素含量（10^{-6}）曲线

P6-10岩心有机碳与总氮含量总体呈随深度递减的趋势，在0~4 cm、10~12 cm、14~16 cm等层位局部递增。$\delta^{13}C$大都在-26.5‰~-25‰附近呈波动变化，垂向无明显的分层。$\delta^{15}N$在4 cm附近出现极大值9.08‰，显著大于其余层位，总体呈阶段波动起伏，即5~9 cm、13~18 cm递增，9~13 cm、18~22 cm递减。C/N比值总体随深度增大而增大，但个别层位出现突变极大值（图6-138）。

6.4.1.4 典型岩心的早期成岩作用记录

普里兹湾位于东南极的大陆边缘，是一个向东开口的喇叭形海湾，普利兹湾冰川发育，兰伯特地冰川发育，兰伯特地堑完全被埃默里冰架覆盖。海湾两侧分别为麦克罗伯森地和伊

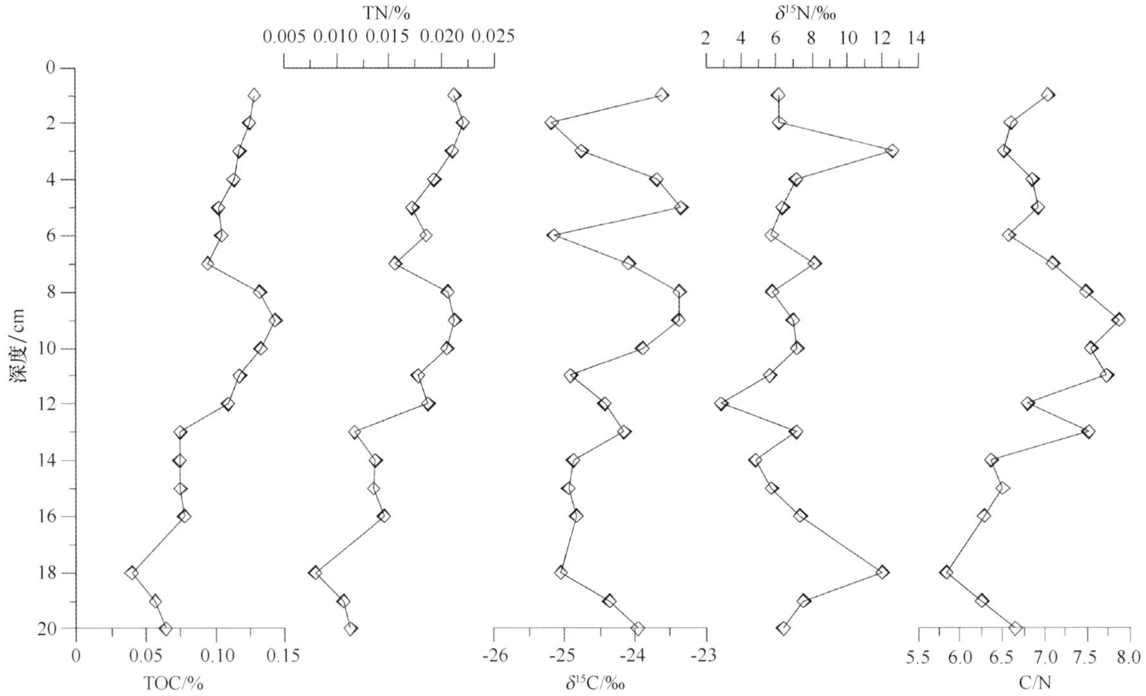

图 6-135　P3-05 岩心碳、氮含量及同位素变化

丽莎白公主地，南侧为兰伯特地堑，该地堑向陆可以延伸 700 km，现被兰伯特冰川和埃默里冰架所覆盖。该区不仅是研究中生代冈瓦纳裂解、新生代陆缘形成以及新近纪以来冰川活动的关键区域，而且也具有较好的油气资源开发潜力（Kvenvolden et al.，1991；McDonald et al.，1991；丁巍伟，2013）。

1）正构烷烃（以及复杂不溶有机质 UCM）与有机质母源

一般来讲，正构烷烃色谱图中若前锋群的低碳数正构烷烃占优势，则正构烷烃主要为海源，若后蜂群高碳数正构烷烃占优势，则主要为陆源，双峰群则意味着为海陆混合来源（Wakeham，1990；Meyers，1997；Huang，1999）。主峰碳可用作研究物源输入的重要指标，低碳链分布中的 C_{17}、C_{19} 主要来自藻类、C_{16}~C_{22} 间的偶数碳正构烷烃通常为细菌来源、中等碳链长分布（C_{23}~C_{27}）的正构烷烃来源于大型淡水及海洋植物、碳链较长的正构烷烃来源于陆源高等植物表层蜡质、叶子、花粉、孢子及果实（Meyers，2003；朱纯等，2005；杨丹等，2006），并在 C_{25}~C_{33} 范围内有明显的奇偶优势（Silliman et al.，2003；Gao et al.，2008）。表 6-9 显示 ANT29-M2 岩心沉积物的碳数分布范围为 C_{14}~C_{32}，总体上呈低碳数的单峰群，主峰碳为 C_{18}，表明大量细菌输入。此外，从岩心地层的每个气相色谱图可以看到，正构烷烃底部具有显著的“鼓包”（图 6-139），说明 UCM（复杂不溶有机质）含量极多，也间接表明存在降解作用（Abrams，1992）。但也不排除石油烃输入的影响，而 UCM 分布在中等碳链，则表明受到了石油组分的输入（Simoneit，1986），如果不考虑其他地化参数。

有机地球化学参数中常用生物输入指示的轻烃/重烃（$\sum C_{21}^{-}/\sum C_{22}^{+}$）和（$C_{21}+C_{22}$）/（$C_{28}+C_{29}$）可区别海相或陆相生物成因的母质类型，ANT29-M2 岩心显示 $\sum C_{21}^{-}/\sum C_{22}^{+}$ 为 1.82~3.09，（$C_{21}+C_{22}$）/（$C_{28}+C_{29}$）为 1.26~6.30，以及 TAR（陆源、海源优势正构烷烃含

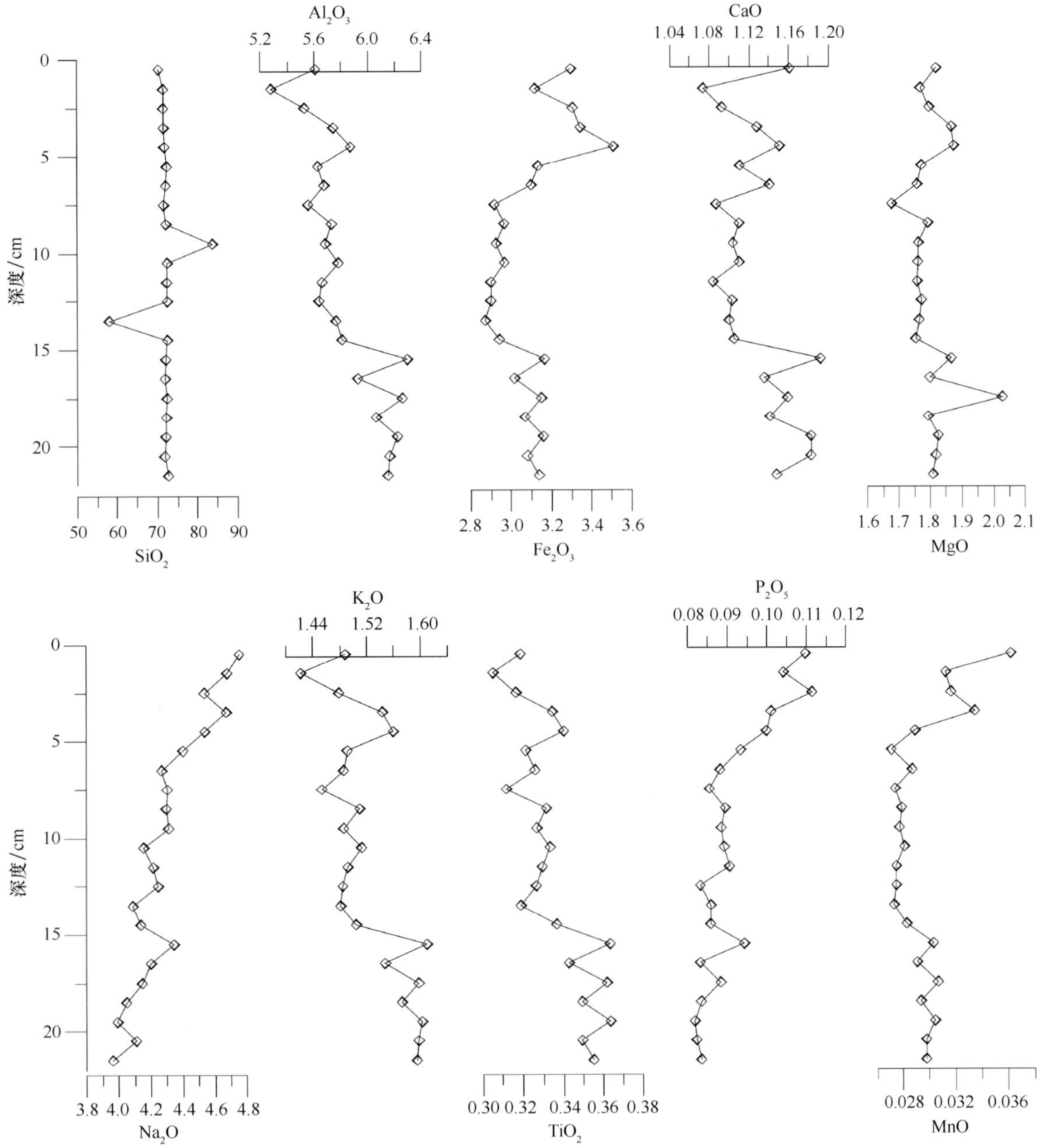

图 6-136 P6-10 岩心常量元素含量（%）曲线

量之比）在 0.42~1.07，表明该考察区有机质来源于海洋菌藻类和陆源双重贡献。碳优势指数 CPI $\{[(C_{25}+C_{27}+C_{29}+C_{31}+C_{33})/(C_{26}+C_{28}+C_{30}+C_{32}+C_{34})+(C_{25}+C_{27}+C_{29}+C_{31}+C_{33})/(C_{24}+C_{26}+C_{28}+C_{30}+C_{32})/2]\}$ 和碳奇偶优势 OEP $((C_{23}+6\times C_{25}+C_{27})/4\times(C_{24}+C_{26}))$ 值常被用来作油源对比和成熟度指标。CPI 在 1.54~2.29，OEP 值为 4.48~4.82，具有明显的奇偶优势，CPI 和 OEP 值均大于 1.0，反映主要受陆源高等植物蜡输入，并处于现代海底沉积物的数值变化的范围内（低熟—未成熟特征）。以上可认为 ANT29-M2 岩心沉积物中可能有两种以上的母质输入，除了低等水生生物以外，还有陆源物质的贡献。

根据文献，有机质主要来源于海洋生物分解后残存的有机体，$\delta^{13}C$ 组成偏负为-19‰~

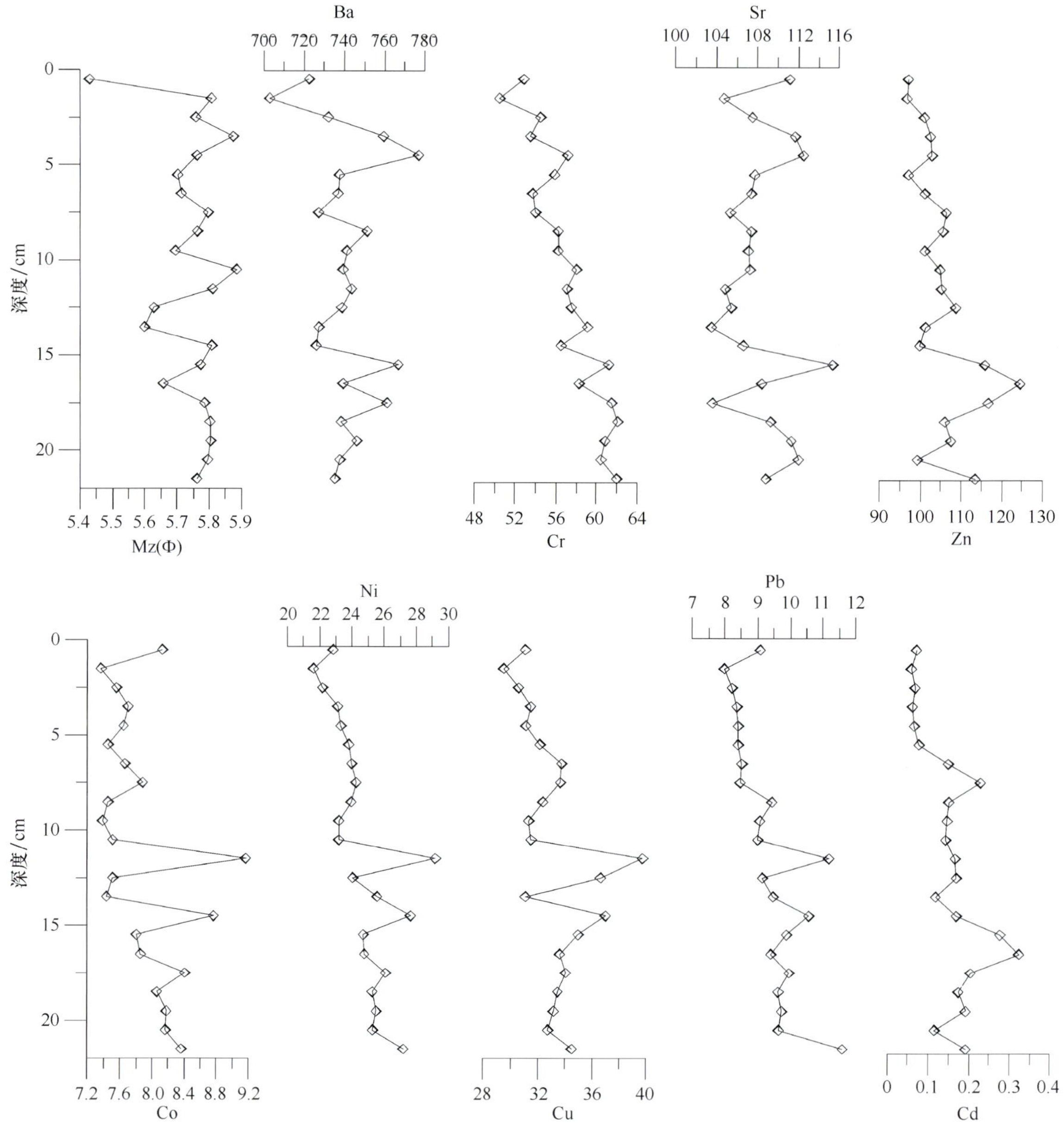

图 6-137 P6-10 岩心微量元素含量（10^{-6}）曲线

-23‰（Grantham and Wakefiled，1988）；而陆源有机质 $\delta^{13}C$ 值变化为-26.3‰～-29.0‰（陈践发和徐永昌，1992）。普里兹湾 ANT29-M2 岩心中有机碳（TOC）含量 0.890%～1.695%；有机 $\delta^{13}C$ 变化范围在-25.244‰～-25.708‰，指示了以海洋水生生物碳同位素为主要特征（Deines，1980；Salomons and Mook，1981；Fry and Sherr，1984），并可能混入陆源物质。

2）类异戊二烯与沉积环境（氧化/还原）

异构烷烃中类异戊二烯烷烃最重要，它们是一类有规则甲基支链的饱和烷烃，在分子中每隔 3 个碳链（$-CH_{2-}$）有一个甲基支链，成为一系列化合物，它们的热稳定性以及抵抗微生物侵蚀能力强于正构烷烃。在现代沉积物中最常见的是老鲛烷和植烷（分子结构均为 2，6，10，14 四甲基型），姥鲛烷和植烷来源于一些特殊的生物体，作为姥鲛烷和植烷的先驱者

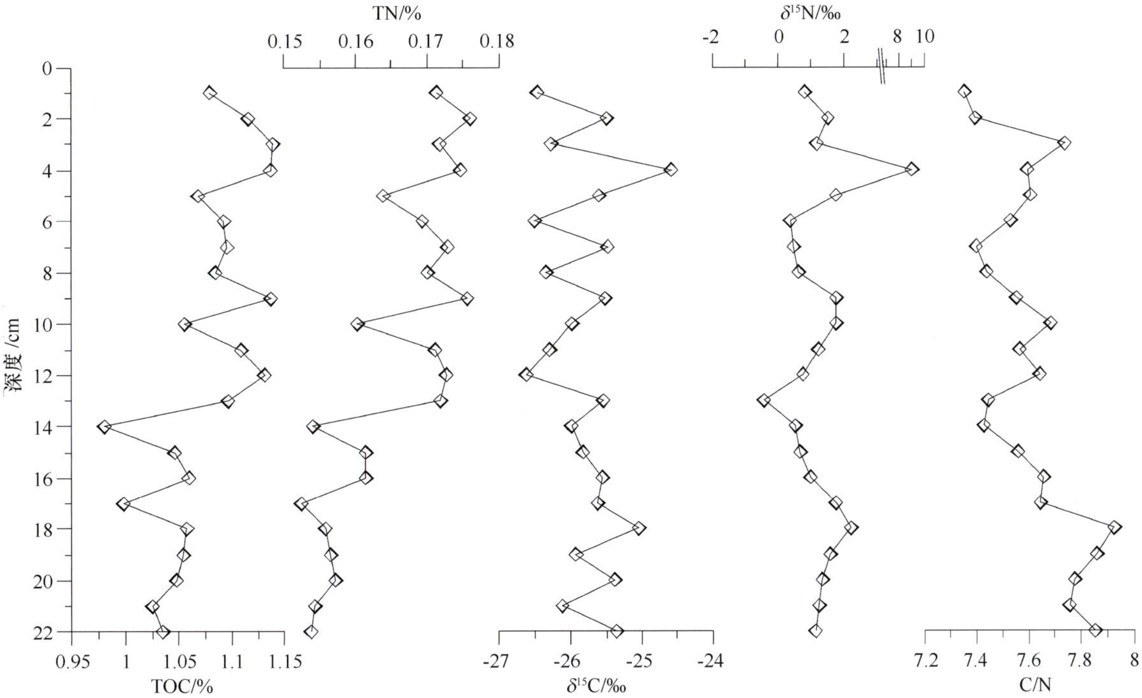

图 6-138 P6-10 岩心碳、氮含量及同位素变化

叶绿素的植醇普遍存在于自然界中，由植醇侧链衍生而来的，在还原条件下植醇会发生还原，加氢后经脱水而转化成植烷；在氧化条件下，植醇氧化脱梭基转化成姥鲛烷（王铁冠，1990）。

因此，姥鲛烷、植烷及其 Pr/Ph 值常作为判断原始沉积环境氧化—还原条件及介质盐度的标志。Pr/Ph 小于 1（姥鲛烷优势）指示了弱氧化—还原环境；Pr/Ph 值接近于 1，可认为是氧化与缺氧条件交替变化的环境。结合与之（Pr 或 Ph）相邻的 C_{17}正构烷烃、C_{18}正构烷烃含量比值 Pr/C_{17}、Ph/C_{18}参数的变化，当 Pr/C_{17}值较小时说明了有机质来源中藻类贡献较大，当 Ph/C_{18}值越大则表明还原条件越强（Peters and Moldowan，1985）。表 6-9 显示普里兹湾 ANT29-M2 岩心沉积物中的 Pr/Ph 值为 0.45~0.61，表明姥鲛烷相对含量普遍低于植烷，指示了还原或强还原的沉积环境。Pr/C_{17}值为 0.59~0.75，Ph/C_{18}值在 0.23~0.34，也表明了沉积环境的还原特征。

3）甾烷的组成与生源意义

甾烷组成类型与有机母质：在 ANT29-M2 岩心沉积物中检出甾族化合物主要有 20R、5α(H)14α(H)17α(H)-20S 和 5α(H)14β(H)17β(H)-20S 和 20S 构型的规则甾烷系列，以及 13β(H) 17α(H)-20S 和 20R、13α(H)17α(H)-20S 和 20R 构型的重排甾烷系列组成（图 6-140）。两者的差别是前者在 C-10 和 C-13 上各有一甲基。而后者是在 C-5 和 C-14 上各有一甲基。由表 6-10 可知，在 M2-old 岩心沉积物中甾烷化合物组成中以规则甾烷含量占优势，占甾烷总量的 68.82%~75.69%，重排甾烷在 7.56%~9.99%，重排甾烷是在成岩作用早期阶段形成的甾烯发生碳骨架重排转变而来。重排甾烷的形成于沉积环境的氧化/还原性有关，在 ANT29-M2 地层还原性地层中由于甾烯碳骨架的酸性重排作用受到抑制，因而所形成的重排甾烷较少，且岩心中重排甾烷并没有随深度增多，可见地层中的重排甾烷的形成不完

表 6-9　ANT29-M2 岩心沉积物中正构烷烃地球化学参数

层位 /cm	碳数范围	主峰碳	$\sum C_{21}^{-}/\sum C_{22}^{+}$	$(C_{21}+C_{22})/(C_{28}+C_{29})$	TAR	Pr/Ph	Pr/nC_{17}	Ph/nC_{18}	CPI	OEP	TOC /%	$\delta^{13}C_{V-PDB}$ /‰
0~2	$nC_{14}\sim nC_{32}$	nC_{18}	2.42	1.26	0.77	0.56	0.61	0.23	1.86	4.68	1.424	-25.534
2~4	$nC_{14}\sim nC_{32}$	nC_{18}	2.82	6.30	0.51	0.52	0.74	0.28	1.88	4.57	1.681	-25.422
4~6	$nC_{14}\sim nC_{32}$	nC_{18}	2.53	3.01	0.47	0.50	0.59	0.25	1.54	4.57	1.695	-25.464
6~8	$nC_{14}\sim nC_{32}$	nC_{18}	1.82	1.57	1.07	0.45	0.94	0.34	1.97	4.82	1.191	-25.456
8~10	$nC_{14}\sim nC_{32}$	nC_{18}	3.71	2.50	0.42	0.59	0.75	0.33	1.63	4.34	1.256	-25.419
10~12	$nC_{14}\sim nC_{32}$	nC_{18}	2.23	1.86	0.74	0.60	0.65	0.28	2.29	3.48	1.183	-25.708
12~14	$nC_{14}\sim nC_{32}$	nC_{18}	3.09	1.80	0.48	0.59	0.61	0.25	2.04	3.81	1.113	-25.416
14~16	$nC_{14}\sim nC_{32}$	nC_{18}	2.61	2.10	0.59	0.60	0.63	0.26	1.55	3.81	0.890	-25.244
16~18	$nC_{14}\sim nC_{32}$	nC_{18}	2.63	3.17	0.51	0.61	0.66	0.26	1.59	3.87	1.290	-25.332

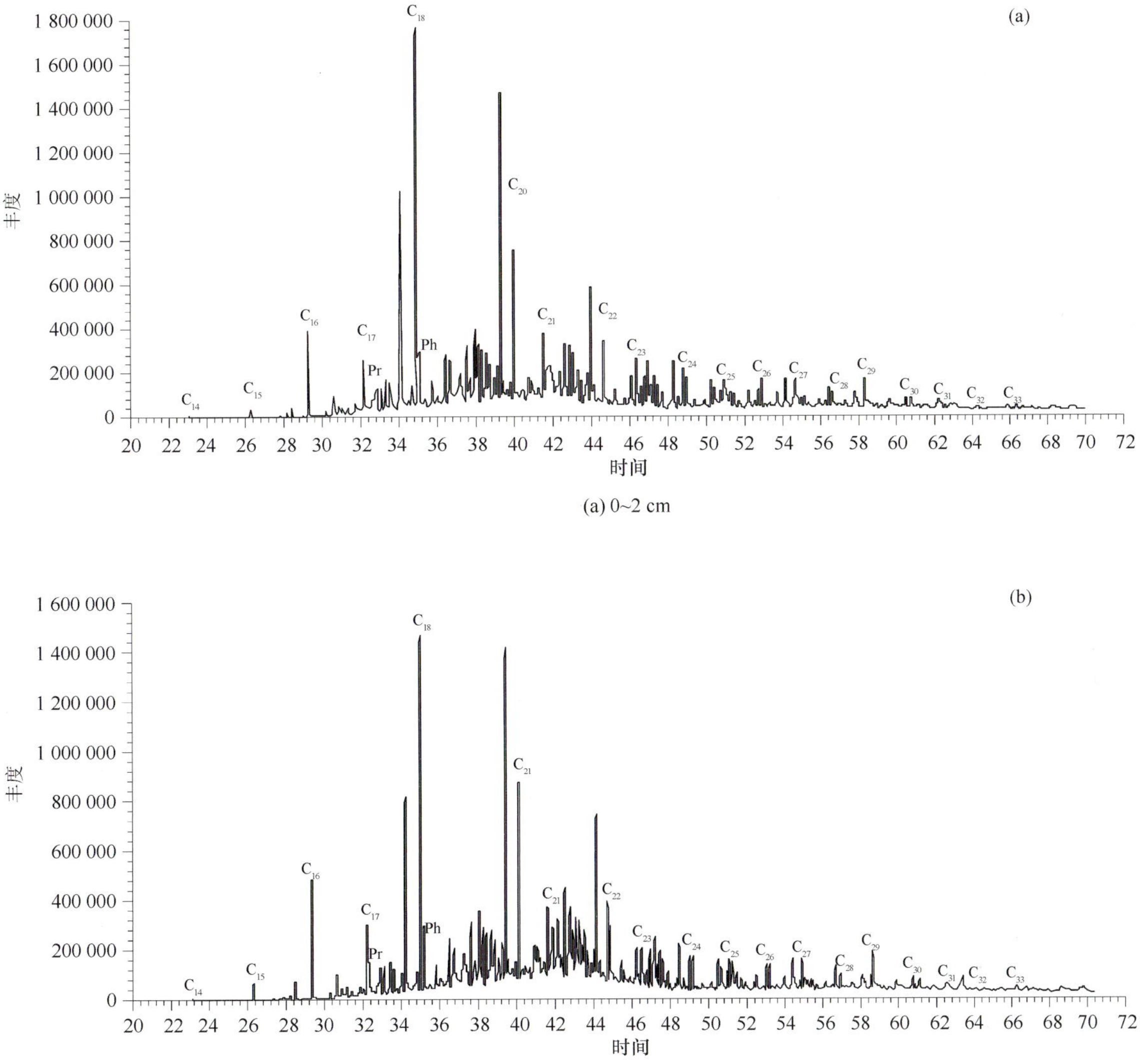

(a) 0~2 cm

(b) 16~18 cm

图 6-139　ANT29-M2 岩心正构烷烃典型色质谱图

全由热演化所控制。样品的孕甾烷含量在 9.44%~14.66%，可能与海洋盐度有关。

4-甲基甾烷含量占甾烷总量的 6.24%~8.62%，一般认为（Robinson，1987），4-甲基甾烷来源于甲藻类所含的甲藻醇（4α-甲基，5α（H）-△22-23，24-二甲基，胆甾-3β 醇），在成岩作用下微生物活动也是 4-甲基甾烷更重要的来源（Albaiges et al.，1986）。在 ANT29-M2 岩心沉积物中原生甾烷相对组成 5α-C_{27}20R/5α-C_{29}20R 在 0.87~1.15，5α-C_{28}20R/5α-C_{29}20R 在 0.60~0.70。ANT29-M2 层位检出的规则甾烷的碳数分布范围是 C_{27}~C_{29}，各层位大部分表现出 C_{29}> C_{27}> C_{28}的特点，反映出 ANT29-M2 整个沉积过程中陆源物质（尤其是高等植物母源）与海源生物共同贡献。在海洋中不同生物体的有机质 C_{27}、C_{28}和 C_{29}甾烷含量分布类型不同，在同一沉积环境不同时期的沉积物中甾烷组成的差异，无疑反映了生态环境的不同。一般讲 C_{27}甾烷主要来源于海洋浮游动物（Volkman and Farrington，1987）C_{28}甾烷在海洋中更多的来自许多浮游植物（Volkman，1986）；而 C_{29}甾烷来自陆源高等植物（Goad，1972）。尽管国内外许多研究者发现 C_{29}甾烷的生源构成极其复杂，不仅可源于高等植物、也

表 6-10　ANT29-M2 岩心中甾萜烷生物标记物组成特征

层次	甾醇类化合物组成特征/%				原生甾烷相对组成		规则甾烷相对组成/%			萜烷类化合物组成特征			
	规则甾醇	4-甲基甾醇	孕甾醇	重排甾醇	5α-C_{27}20R/5α-C_{29}20R	5α-C_{28}20R/5α-C_{29}20R	C_{27}	C_{28}	C_{29}	C_{29}藿烷/C_{30}藿烷	C_{31}升藿烷/C_{30}藿烷	γ-蜡烷/C_{30}藿烷	Σ三环萜烷/Σ五环三萜烷
0~2	73.35	8.62	9.44	8.59	0.88	0.60	35.95	23.91	40.13	0.50	0.51	0.15	0.25
2~4	68.82	6.78	14.41	9.99	1.03	0.65	38.71	24.65	36.64	0.50	0.47	0.16	0.46
4~6	69.77	7.09	14.11	9.03	0.93	0.62	37.22	24.95	37.83	0.54	0.52	0.16	0.39
6~8	69.57	7.38	13.19	9.87	0.96	0.62	36.87	24.11	39.02	0.52	0.51	0.16	0.33
8~10	68.88	7.29	14.66	9.18	1.15	0.66	40.74	23.33	35.93	0.51	0.48	0.16	0.45
10~12	74.63	6.49	11.33	7.56	1.07	0.69	38.16	25.56	36.28	0.51	0.46	0.13	0.33
12~14	74.14	7.03	9.87	8.96	0.97	0.59	36.59	25.63	37.78	0.50	0.44	0.11	0.39
14~16	73.90	6.70	10.62	8.78	0.90	0.70	35.13	25.18	39.69	0.52	0.48	0.13	0.30
16~18	75.69	6.24	10.12	7.95	0.87	0.68	35.67	24.68	39.65	0.51	0.48	0.14	0.30

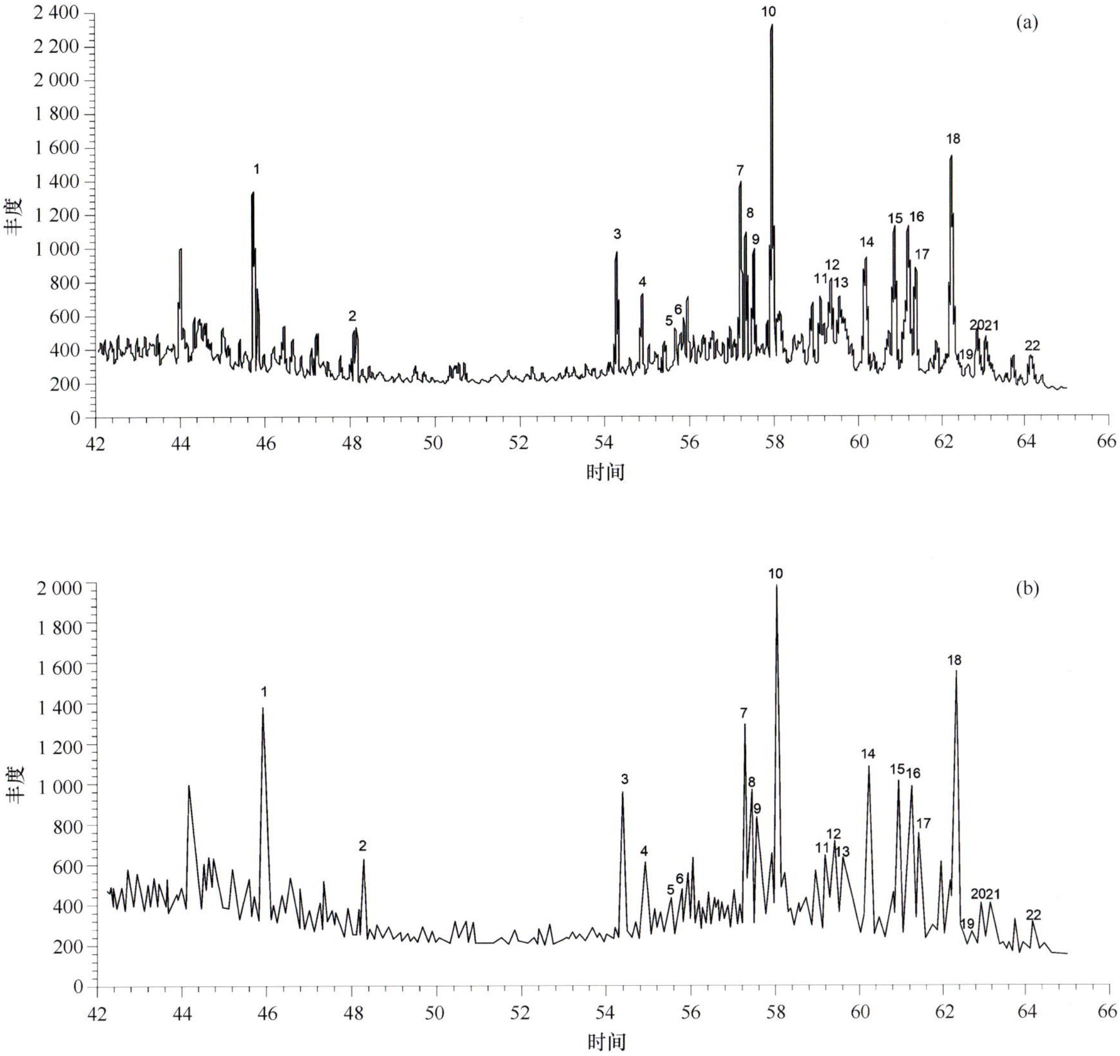

图6-140　ANT29-M2岩心沉积物中甾烷m/z 217典型色质谱图（0~2 cm、16~18 cm）

峰号：1：5α-C_{21}，孕甾烷；3：5α-C_{22}，升孕甾烷；4：13β，17α-C_{27}，重排胆甾烷（20S）：5：13β，17α-C_{27}，重排胆甾烷（20R）；6：13α，17β-C_{27}，重排胆甾烷（20S）；7：13α，17β-C_{27}，重排胆甾烷（20R）；8：5α，14α，17α-C_{27}，胆甾烷（20S）；9：5α，14β，17β-C_{27}，胆甾烷（20R）；10：5α，14β，17β-C_{27}，胆甾烷（20S）；11：5α，14α，17α-C_{27}，胆甾烷（20R）；12：24-甲基，5α，14α，17α-C_{28}，胆甾烷（20S）；13：24-甲基，5α，14β，17β-C_{28}，胆甾烷（20R）；14：24-甲基，5α，14β，17β-C_{28}，胆甾烷（20S）；15：24-甲基，5α，14α，17α-C_{28}，胆甾烷（20R）；16：24-乙基，5α，14α，17α-C_{29}，胆甾烷（20S）；17：24-乙基，5α，14β，17β-C_{29}，胆甾烷（20R）；18：24-乙基，5α，14β，17β-C_{29}，胆甾烷（20S）；19：24-乙基，5α，14α，17α-C_{29}，胆甾烷（20R）；20：4α-甲基，24-乙基，5α，14α，17α-C_{30}，胆甾烷（20S）；21：4α-甲基，24-乙基，5α，14β，17β-C_{30}，胆甾烷（20R）；22：4α-甲基，24-乙基，5α，14β，17β-C_{30}，胆甾烷（20S）

可源于低等浮游生物，如蓝绿藻（Brassell et al.，1987），但是C_{27}和C_{29}原生甾烷的相对丰度仍不失为一项反映有机母质生源构成的良好参数。在ANT29-M2岩心中C_{27}、C_{28}和C_{29}甾烷含量分布由多到少依次为C_{29}、C_{27}、C_{28}和C_{27}、C_{29}、C_{28}的特征，呈现出C_{29}优势的“V”字形和C_{27}优势的“V”字形（图6-141）。

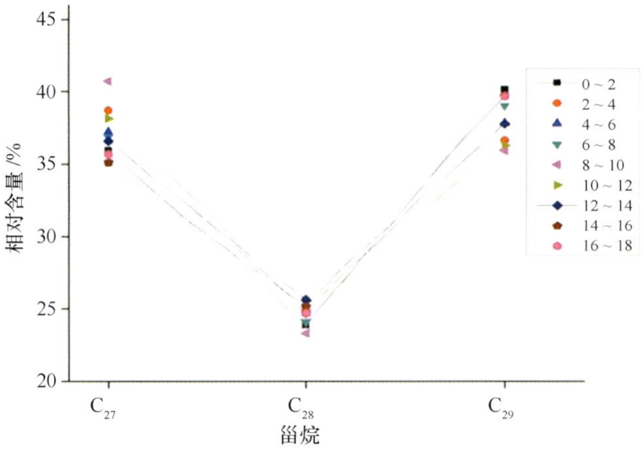

图 6-141 ANT29-M2 岩心中甾烷 C_{27}、C_{28} 和 C_{29} 相对含量分布类型

4）萜烷分布特征与有机质母源

普里兹湾 ANT29-M2 岩心中检测出丰富的三环萜烷和五环三萜烷系列，主要包括 C_{27}~C_{35}的霍烷系列和 γ-蜡烷相对较发育（其位于 C_{31}升霍烷与 C_{31}升莫烷）。萜类生物标志化合物的分布与组成特征（表 6-10 和图 6-142），C_{29}藿烷/C_{30}藿烷在 0.32~0.51，C_{31}升藿烷/C_{30}藿烷在 0.26~0.45，γ-蜡烷/C_{30}藿烷在 0.05~0.20，Σ 三环萜烷/Σ 五环三萜烷在 0.20~0.39。γ-蜡烷（gammacerane）是非霍烷系列的三萜标志物，其前身物四膜虫醇的脱水和加氢作用而形成，不同成熟度条件下沉积物 γ-蜡烷含量有所不同（王启军和陈建渝，1988），γ-蜡烷在多数原油及氯仿抽提物中存在，大量的 γ-蜡烷指示有机质沉积时的强还原超盐度环境，并与水体分层有关（Moldowan，1985），这与 Pr/Ph（姥鲛烷/植烷）表征的还原-强还原沉积环境的结果相吻合。

检出少量 18α-C_{30}，奥利烷是高等植物有机质来源的标志物，奥利烷的出现表明与陆源物质输入有关。

5）岩心沉积物地化参数异常分析

按一般见解，C_{29}ααα20S/(20S+20R）值小于 0.25 是未成熟有机质的特征，0.25~0.43 时为低成熟，在 0.43~0.5 时为成熟有机质，该比值大于 0.50 为高成熟有机质；C_{29}αββ/（αββ+ααα）值小于 0.25 是未成熟有机质的特征，0.25~0.38 时为低成熟，在 0.38~0.46 时为成熟有机质，该比值大于 0.46 时为高成熟有机质；C_{31}升霍烷 22S/C_{31}(22S+22R）值和 C_{32}22S/C_{32}(22S+22R）值被认为是确定沉积物生油门限的最好参数（Peters and Moldowan，1993；Peters et al.，2005），该比值在生油窗内从 0~0.6 变化，在成熟阶段该比值在 0.6 左右；在母质类型相同或含有类似有机质类型时，Ts/(Ts+Tm）可作为成熟度指标（Ts 为三降新霍烷，Tm 为三降霍烷），Tm［C_{27}17α（H）-三降霍烷］的热稳定性比 Ts［C_{27}18α(H)-三降霍烷］的要差，因而随成熟度的增加 Ts/(Tm+Ts）值逐渐升高，且这种变化可以一直持续到较高成熟阶段，约在生油阶段晚期（R_o 约为 1.4%）该值达到 0.5（Brassell，1987；胡伯良，1990）。

一般而言，现代海洋沉积物热演化程度应该为未成熟-低成熟阶段，如 ANT29-M2 地层中正构烷烃参数 CPI 和 OEP 所反映的一样。ANT29-M2 地层中的甾烷 C_{29}甾烷（C_{29}ααα20S/(20S+20R）和 C_{31}22S/C_{31}(22S+22R）异构化参数较低，各在 0.34~0.38 和 0.54~0.57 以及 Ts/(Tm+Ts）介于 0.35~0.43，尚未达到演化的平衡值，反映其沉积物成熟度不高；而 C_{29}甾

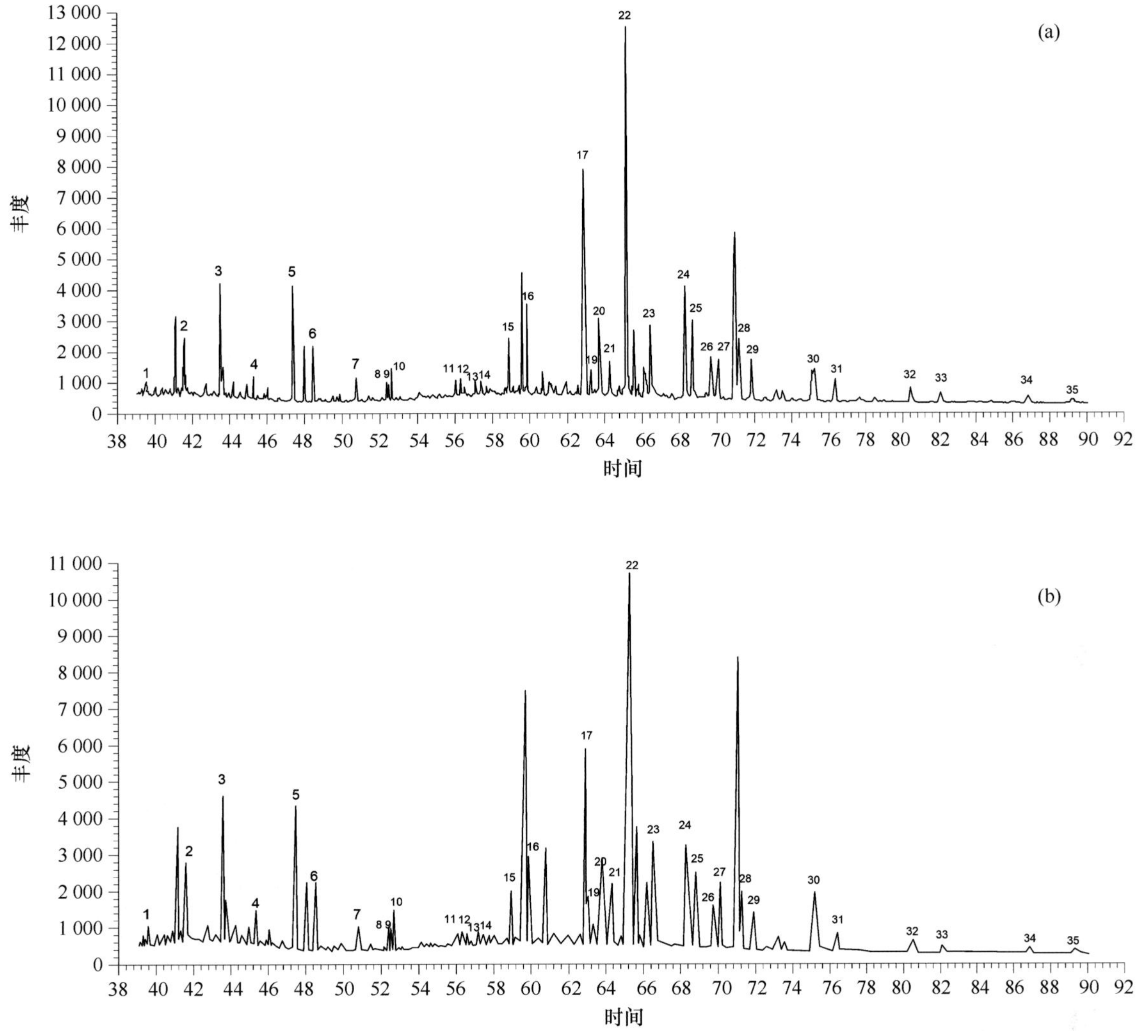

图 6-142 沉积地层中萜烷 m/z 191 典型色质谱图（0~2 cm、16~18 cm）

峰号：（1：13β，14α-C_{19}三环萜烷；2：13β，14α-C_{20}三环萜烷；3：13β，14α-C_{21}三环萜烷；4：13β，14α-C_{22}三环萜烷；5；13β，14α-C_{23}三环萜烷；6：13β，14α-C_{24}三环萜烷；7：13β，14α-C_{25}三环萜烷：8：13β，14α-C_{26}三环萜烷；9：13β，14α-C_{26}三环萜烷；10：17，21-C_{24}，断藿烷；11：13β，14α-C_{28}三环萜烷；12：13β，14α-C_{28}三环萜烷；13：13β，14α-C_{29}三环萜烷；14：13β，14α-C_{29}三环萜烷；15：18α-C_{27}，三降藿烷（Ts）；16；18α-C_{27}，三降藿烷（Ts）；17：17α，21β-C_{29}，降藿烷；18：18α（H）-30-降新藿烷（C_{29}Ts）；19：17α（H）-C_{30}，重排藿烷；20：17β，21α-C_{29}，降藿烷；21：18α-C_{30}，奥利烷；22：17α，21β-C_{30}，藿烷；23：17β，21α-C_{30}，藿烷；24：17α，21β-C_{31}，升藿烷（22S）；25：17α，21β-C_{31}，升藿烷（22R）；26：C_{30}，伽马蜡烷；27：C_{31}，莫烷；28：17α，21β-C_{32}，二升藿烷（22S）；29：17α，21β-C_{32}，二升藿烷（22R）；30：17α，21β-C_{33}，三升藿烷（22S）；31：17α，21β-C_{33}，三升藿烷（22R）；32：17α，21β-C_{34}，四升藿烷（22S）；33：17α，21β-C_{34}，四升藿烷（22R）；34：17α，21β-C_{35}，五升藿烷（22S）；35：17α，21β-C_{35}，五升藿烷（22R））

烷（$C_{29}\alpha\beta\beta/(\alpha\beta\beta+\alpha\alpha\alpha)$）和霍烷 C_{32}22S/C_{32}(22S+22R）异构化参数各在 0.37~0.42 和 0.58~0.61、呈现出已达到异构化终点，反映沉积物进入成熟阶段。以上普里兹湾 ANT29-M2 岩心的成熟度指标和参数表现出明显的不一致性，使得应用甾萜烷地化参数时产生疑难。从图 6-143 可直观看出，全部层位的 C_{32}22S/C_{32}(22S+22R）和 $C_{29}\alpha\beta\beta/(\alpha\beta\beta+\alpha\alpha\alpha)$ 落到了

成熟区范围，但其他地化参数 $C_{29}\alpha\alpha\alpha20S/(20S+20R)$ 和 $C_{31}22S/C_{31}(22S+22R)$ 与 CPI 和 OEP 一样，则反映较现代沉积物低熟-未成熟特征，这可能与研究岩心地层中微生物的发育有关（图 6-143），结合正构烷烃主峰碳 C_{18} 和显著的 UMC 形态特征。如微生物发育下会优先发生转换，$C_{29}\alpha\alpha\alpha$ 向 $C_{29}\alpha\beta\beta$ 转化所需能量降低（Denis et al., 2010），致使这些用于表征有机质成熟度的参数在该考察区岩心沉积物中失真。另外。海洋水环境的影响也会对现代沉积物中有机质产生影响。

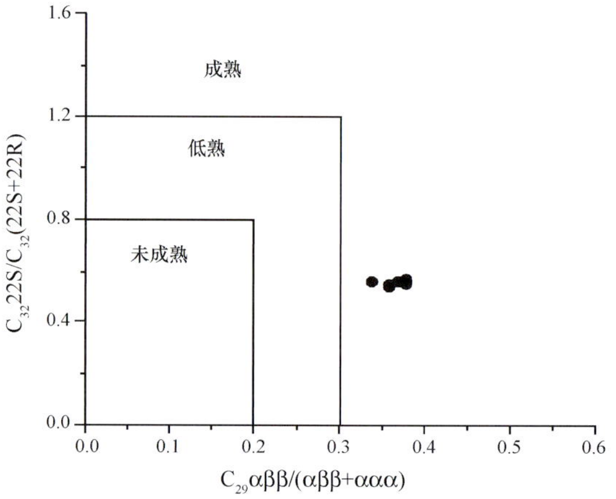

图 6-143 ANT29-M2 岩心中藿烷 $C_{32}22S/C_{32}$（22S+22R）与 $C_{29}\alpha\beta\beta$/（$\alpha\beta\beta+\alpha\alpha\alpha$）关系

6.4.1.5 典型剖面岩心记录

对普里兹湾湾口陆架边缘区东西向剖面上 5 个短岩心进行初步的沉积学和地球化学对比分析，结果见图 6-144 至图 6-149。

如图 6-144 所示，自普里兹湾湾口自西向东，各岩心沉积物中普遍含有较多的砂砾级组分（冰筏碎屑组分）。从总体来看，剖面东侧（四女士浅滩北缘）的 P7-12 和 PA-05 岩心冰筏碎屑含量高，垂向变化不大；普里兹湾通道附近的 M2-old 岩心冰筏碎屑含量较低，垂向变化也不大；弗雷姆浅滩北部陆架—陆坡区的 P4-06 岩心表层冰筏碎屑含量低，下部冰筏碎屑含量高；考察区西南部斯托雷格浅滩和弗雷姆浅滩之间的 P3-08 岩心冰筏碎屑含量最低，变化也很大。从该断面系列短岩心的对比来看，在百年至千年时间尺度上，普里兹湾东西两侧是冰筏碎屑和冰山的主要分布区，特别是四女士浅滩附近因位处西风漂流区和 West 冰架西侧，可能是现代冰山和冰筏碎屑的一个重要堆积区，而普里兹湾中部通道区沉积物可能受海流的改造明显。

从图 6-145 中 CaO 的含量对比来看，西侧钙质生物生产力略高于东侧，且垂向变化明显；中部的普里兹湾通道沉积区钙质生物生产力较低，垂向变化不明显。从图 6-146 和图 6-147 中 Ba/Li 和 Ge/Li 比值的分布来看，东侧硅质生物生产力较高，并可能与四女士浅滩附近冰山-海冰的相对密集有关。

从图 6-148 中 Na_2O/K_2O 比值的对比来看，海区沉积物的化学成熟度普遍较低，但随着陆架到陆坡水深的增大，沉积物中砂砾、粉砂含量减少，黏土含量增加，沉积物的化学成熟度会有所增大，如 P4-06 岩心 Na_2O/K_2O 比值最小。

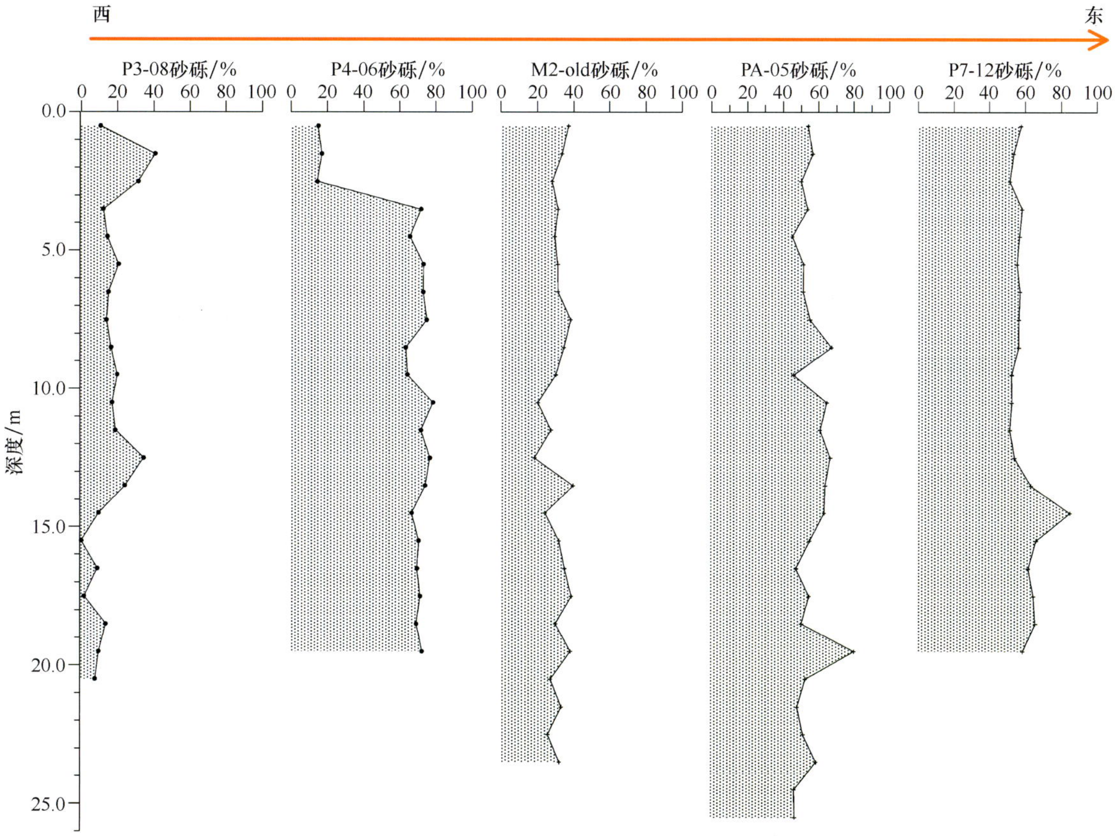

图 6-144　普里兹湾湾口东西向断面系列岩心的粗碎屑组分含量对比

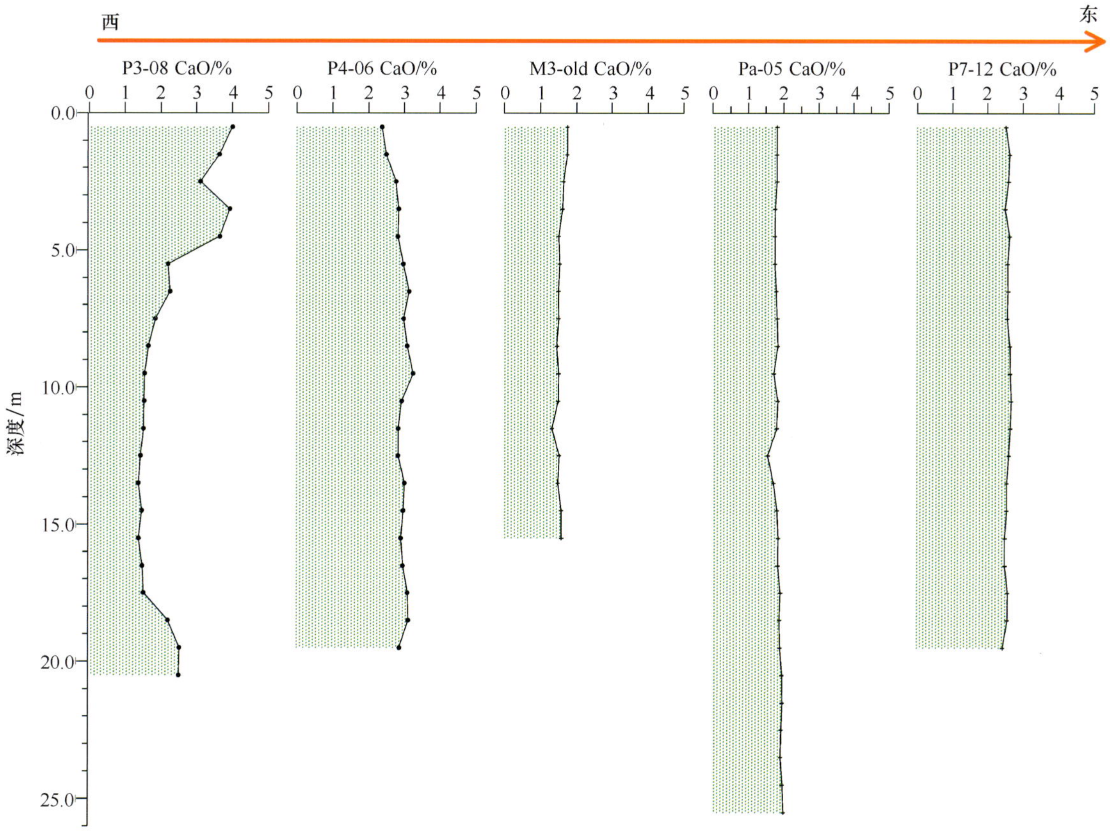

图 6-145　普里兹湾湾口东西向断面系列岩心 CaO 含量对比

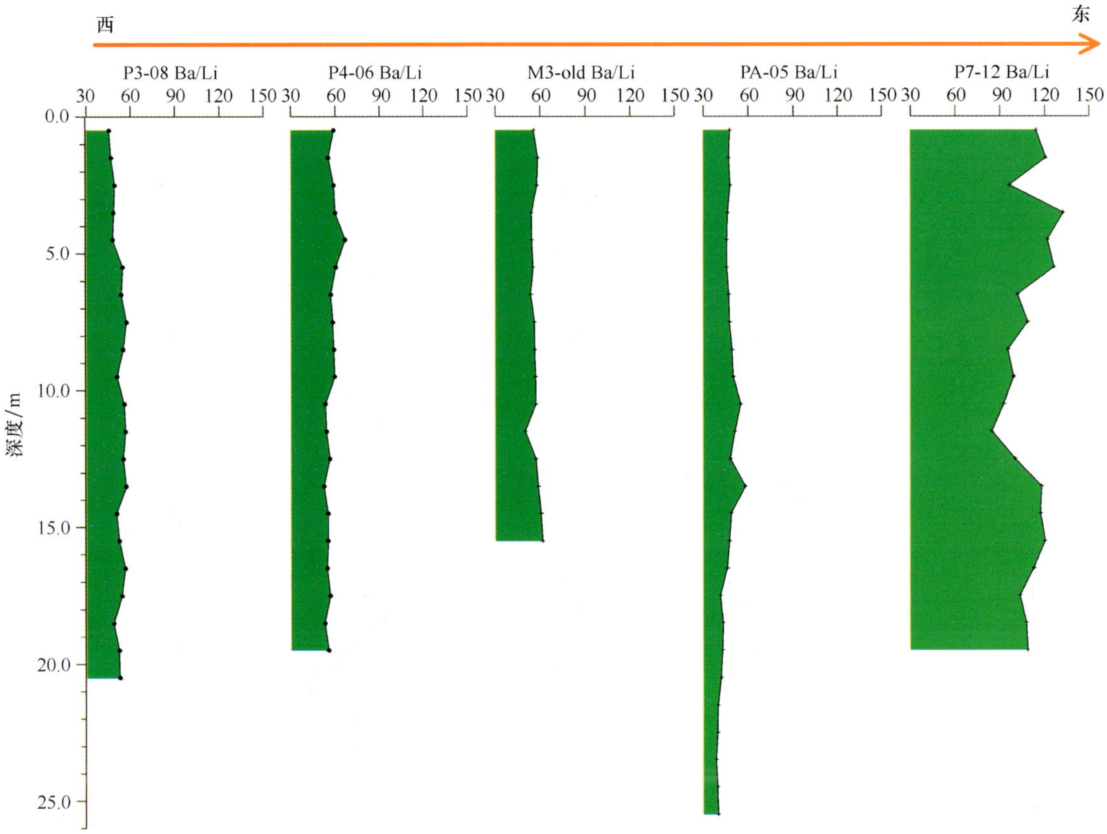

图 6-146 普里兹湾湾口东西向断面系列岩心的 Ba/Li 比值对比

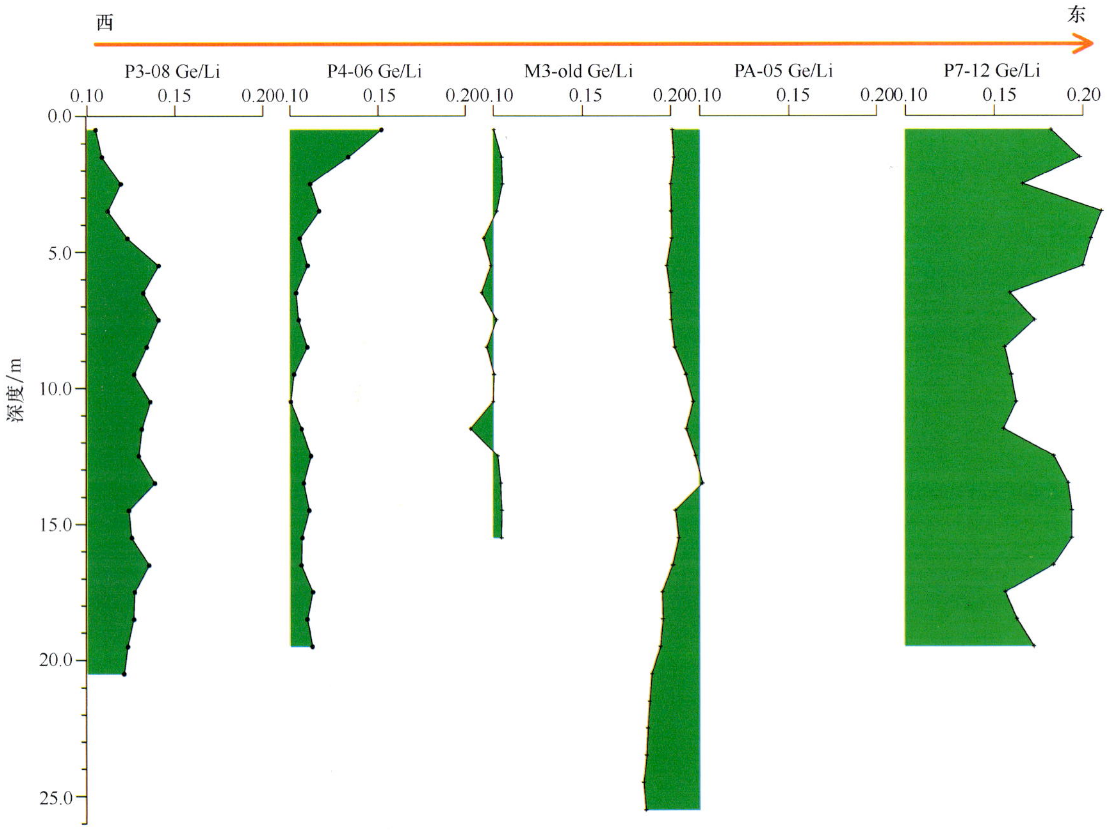

图 6-147 普里兹湾湾口东西向断面系列岩心的 Ge/Li 比值对比

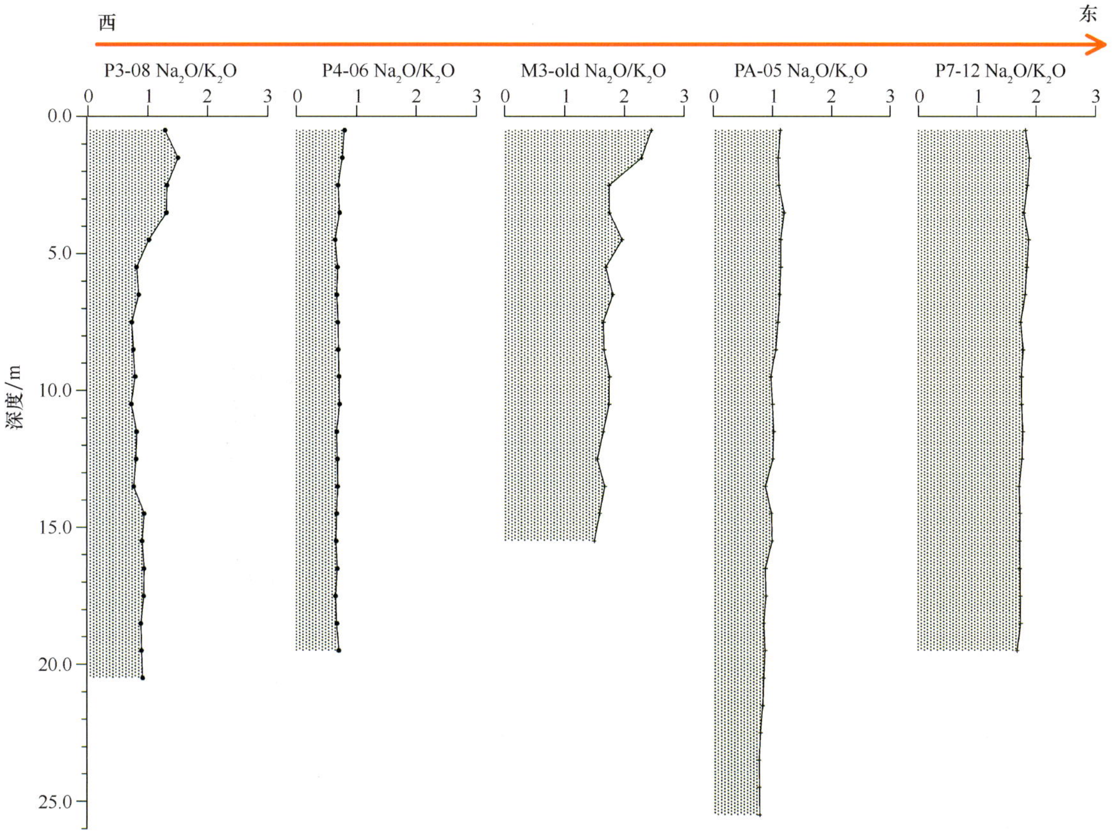

图 6-148 普里兹湾湾口东西向断面系列岩心的 Na_2O/K_2O 比值对比

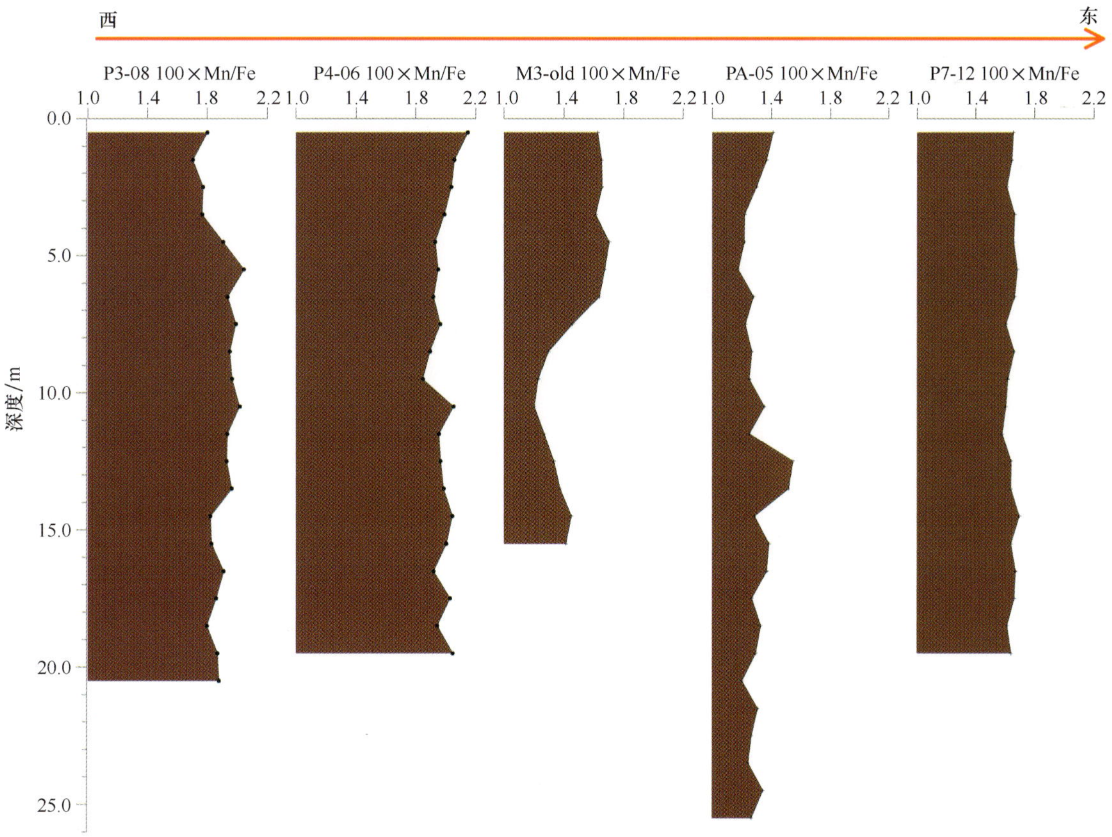

图 6-149 普里兹湾湾口东西向断面系列岩心的 $100\times MnO/Fe_2O_3$ 比值对比

海洋沉积物中 MnO/Fe_2O_3 比值往往反映底层海水-沉积物界面的氧化-还原状况，从图 6-149 中 $100\times MnO/Fe_2O_3$ 比值的对比来看，海区东西两侧沉积物 MnO/Fe_2O_3 比值较大，底层水可能相对富氧；中部通道区沉积物 MnO/Fe_2O_3 比值较小，底层水可能相对贫氧，其成因与底层水对流加强有关，还是海冰形成导致了底层水充氧，值得深入研究。

6.4.2 第四纪沉积特征

普里兹湾是南极大陆的第三大海湾，位于东南极大陆边缘南大洋印度洋扇区，其南端与兰伯特冰川-埃默里冰架体系相接，是兰伯特冰川物质的重要沉积中心和记录载体（Passchier et al., 2003; Taylor and McMinn, 2002）。本节基于对第 29 次和第 30 次南极考察在该地区获取的系列岩心的综合分析，初步探讨了岩心的年代框架及第四纪冰期-间冰期古环境和古气候的旋回变化（图 6-150）。

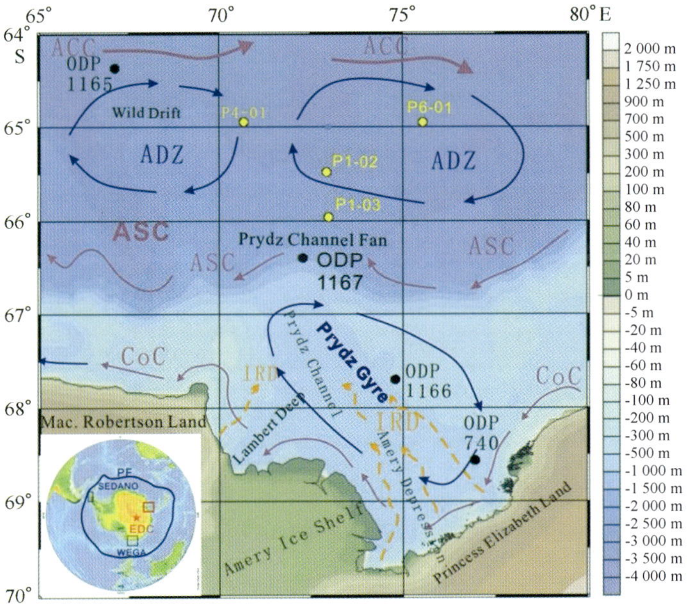

图 6-150 普里兹湾海域典型岩心分析站位

6.4.2.1 年代框架的建立

古地磁和生物 Ba 方法都被证明是普里兹湾海域长时间尺度沉积物地层划分的有效手段。为获得普里兹湾内沉积岩心的地层层序，我们综合使用了多种方法。首先是对这些岩心推测的 40 ka 以来的地层挑选浮游有孔虫或者有机质进行 AMS^{14}C 测年或者底栖有孔虫的氧同位素测量。而对于 40 ka 以老的年龄框架，使用了古地磁相对地磁场强度方法、生源 Ba 通量等参数的天文调谐方法。

1）以古地磁为主的岩心年龄框架

普里兹湾北部陆坡与深海区典型岩心相对地磁场强度分布曲线见图 6-151。各岩心沉积物的非磁滞剩磁（ARM）除 MIS6 末期和 MIS4 初期外，在所有的冰期都为高值，而在间冰期中则比较复杂，高低值均存在。而磁化率正相反，除了受明显的冰筏碎屑输入事件影响外，在间冰期均为低值。非磁滞剩磁在冰期的升高与冰期粉砂含量多于间冰期的资料一致，而间冰期磁化率降低则是由于生源物质增加从而形成稀释效应。沉积物特征剩磁和地磁场相对强度参数对比发现，相对强度基本与特征剩磁变化趋势相同，但是强度消除了剩磁阶段性低值特征，揭示了多个比较明显的强度低值，并与PISO1500记录相对应（图6-151）。

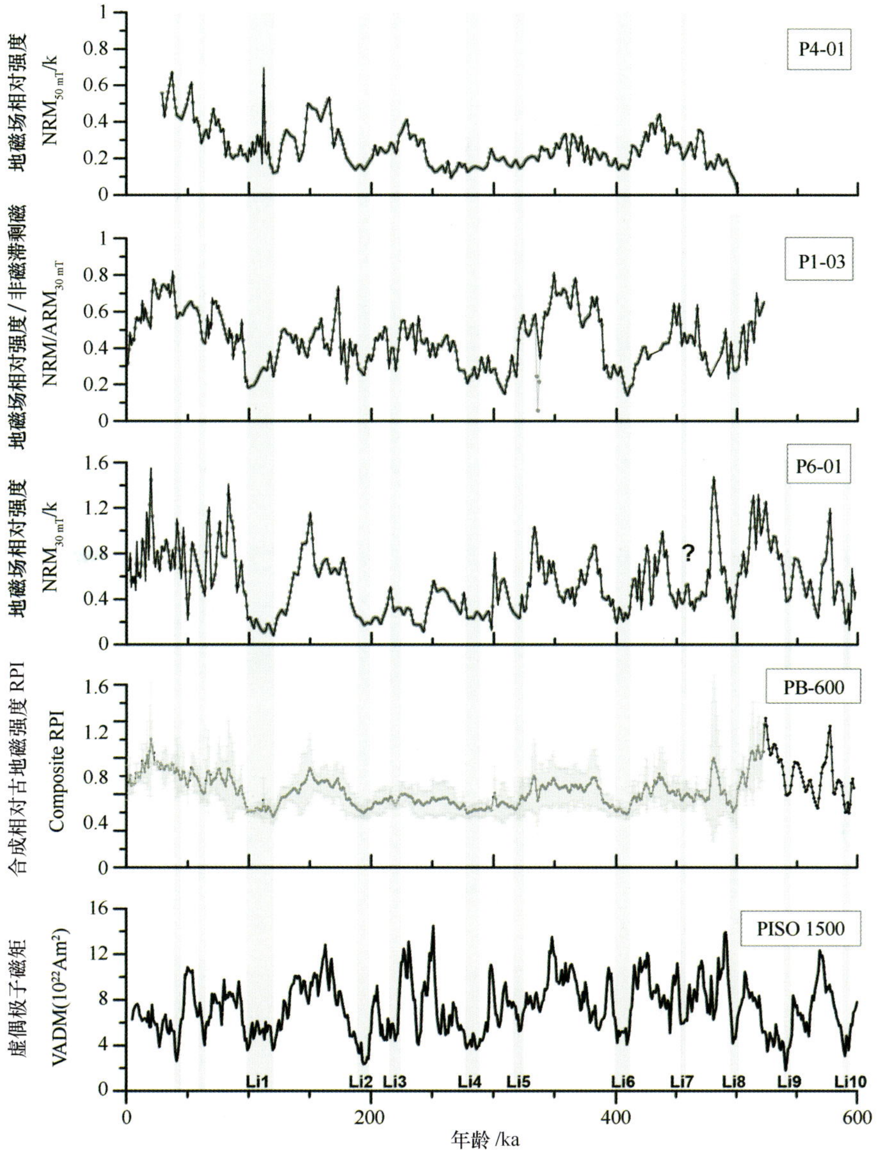

图6-151 普里兹湾陆坡与深海区典型岩心相对地磁场强度对比与年代确定

通过浮游有孔虫和有机质的AMS^{14}C测年以及相对古磁场强度对比法，综合确定P1-03岩心底部年龄约为521.5 ka，属MIS13期，岩心的平均沉积速率约为0.84 cm/ka；P4-01岩心的底部年龄约为525 ka BP，属MIS13期，岩心的平均沉积速率为1.08 cm/ka；P6-01岩心底部年龄约为638 ka BP，属MIS15期，岩心的沉积速率为1.03 cm/ka。

2）以生源钡为主的岩心年龄框架

由于AMS^{14}C测年的局限，岩心沉积物下部年龄需要使用其他方法确定。其中一个重要的尝试是生物钡与气候环境标准曲线的调谐。该方法基于以下理论：来源于生物生产力的钡能够很好地保存在沉积物中，生物钡的含量变化反映了考察区冷暖的气候变化，在暖期生物生产力高，冷期低。

为了得到沉积物序列的地层年龄模式，使用 Analysiseries 软件（Paillard et al., 1996）将 Ba_{xs}随深度变化的序列调协到 LR04-$\delta^{18}O$ 曲线，同时参考^{14}C 日历年龄作为绝对年龄控制点。

普里兹湾 P1-02 岩心中 Ba_{xs}随深度高低起伏的旋回性变化明显，共有 5 个类似于冰期-间冰期的旋回。中更新世气候转型期后，深海氧同位素和南极冰心气候记录都表现出明显的 100 ka 周期（Elderfield et al., 2012）。我们首先将 P1-02 中两个有效的 AMS ^{14}C 年龄层位对应到 LR04-$\delta^{18}O$ 曲线的相应位置作为绝对年龄控制点，然后基于生产力指标 Ba_{xs}与气候的同步变化，将 Ba_{xs}深度记录调谐到 LR04-$\delta^{18}O$（Lisiecki and Raymo, 2005）时间坐标上，同时参考南极 EDC 冰心氘同位素记录（Parrenin et al., 2007），由此获得 P1-02 岩心中 10 个深度上与之对应的额外年龄控制点，并利用插值方法将深度转换为年龄，建立了该岩心的初步年代框架（图 6-152）。在上述初步的年龄框架基础之上，将 Ba_{xs}的 100 ka，41 ka，23 ka 周期分别与 LR04-$\delta^{18}O$ 中这 3 个周期一一精确调谐对应，得到 P1-02 岩心最终年龄模式，其时间跨度为 523 ka（图 6-153）。

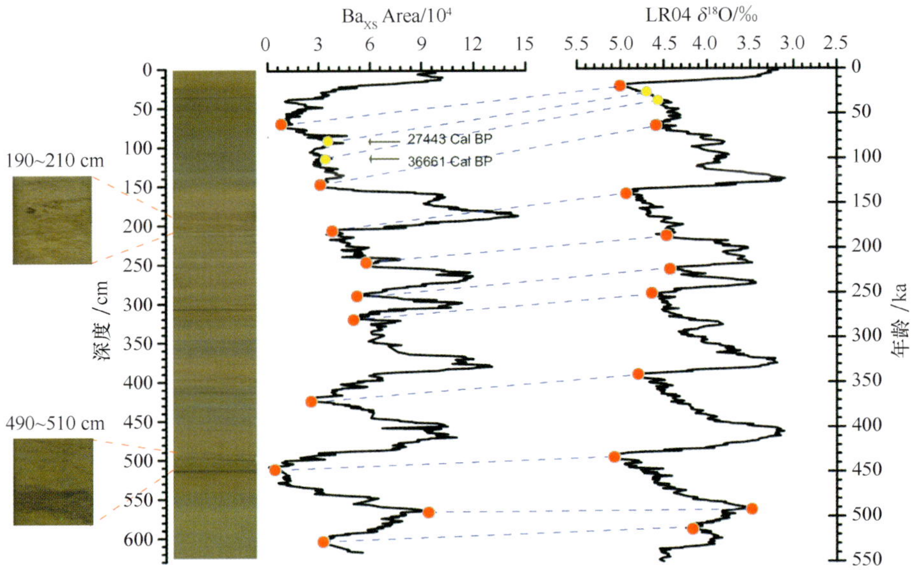

图 6-152　东南极普里兹湾 P1-02 岩心中 Ba_{xs}与 LR04-$\delta^{18}O$ 记录初始对比

与蓝色虚线相连的红色圆点为初始年龄对比点，黄色圆点为浮游有孔虫 Nps 的 AMS^{14}C 测年点；左侧截图为岩心扫描照片局部放大效果，以显示层理沉积构造

资料来源：Lisiecki and Raymo, 2005；武力，2015

为了对以上建立的 P1-02 地层年龄模式调谐效果进行评估和检验，将 P1-02 中的 Ba_{xs}时间序列与 LR04-$\delta^{18}O$ 时间序列分别进行等时间间隔插值，插值间隔为 1 ka/点，对两时间序列进行交叉小波一致性分析（Grinsted et al., 2004）。计算结果显示，调谐后 Ba_{xs}时间序列与 LR04-$\delta^{18}O$ 记录在偏心率（100 ka）、斜率（41 ka）和岁差（23 ka）周期上都具有了显著的相关关系。Ba_{xs}时间序列在偏心率周期上，与 LR04-$\delta^{18}O$ 记录几乎没有相位差；在斜率周期上，Ba_{xs}与 LR04-$\delta^{18}O$ 记录之间相位差小于±30°，即斜率周期上两者之间的时间不一致，小于 7 ka；在岁差周期上，Ba_{xs}与 LR04-$\delta^{18}O$ 记录的相位差小于±45°，即岁差周期上两者的时间不一致，小于 6 ka。虽然在斜率和岁差周期上 Ba_{xs}与 LR04-$\delta^{18}O$ 记录存在一定的相位差，

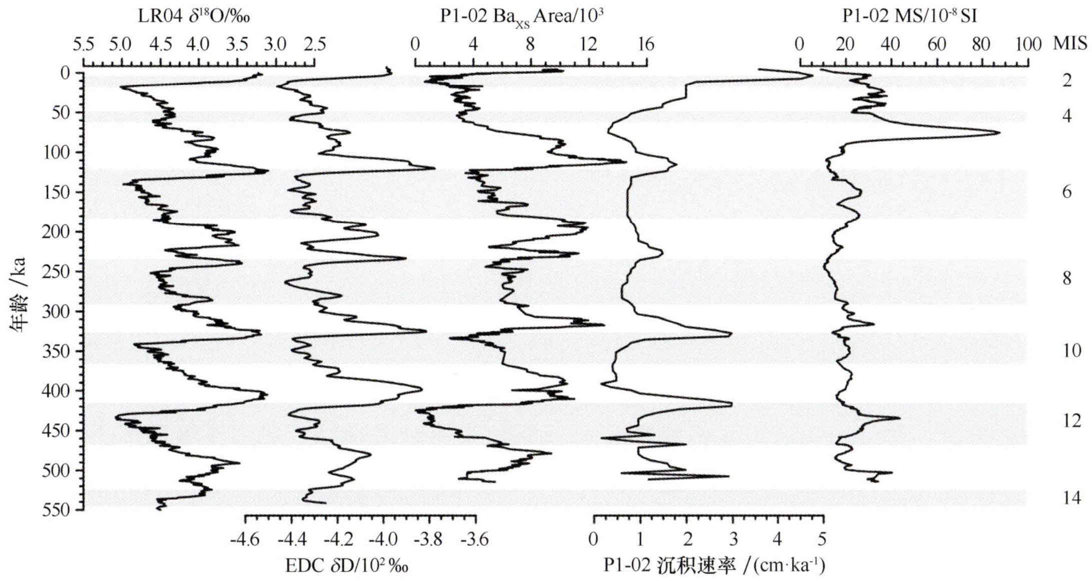

图 6-153 东南极普里兹湾 P1-02 岩心 523 ka 以来 Ba_{xs}，沉积速率和磁化率的变化及其与 LR04-$\delta^{18}O$ 记录（Lisiecki and Raymo，2005）和南极冰心 EDC δD（Parrenin et al.，2007）的比较（武力等，2015）

但两者在不同时间的相位差随机分布，不构成系统性的相位超前或者滞后关系，而且 6~7 ka 的时间不确定性相对于 523 ka 的长记录来讲比较小。说明调谐效果较为理想。该地层年龄模式在轨道尺度上具有足够精确的分辨率（武力等，2015）。

该方法建立的年龄框架与古地磁方法得到的年龄框架有很好的一致性。表明生产力指标有望成为年代地层学对比的工具。因此也可应用到 P1-03 和 P5-3 的年代框架建立中（图 6-154）（武力等，2015）。

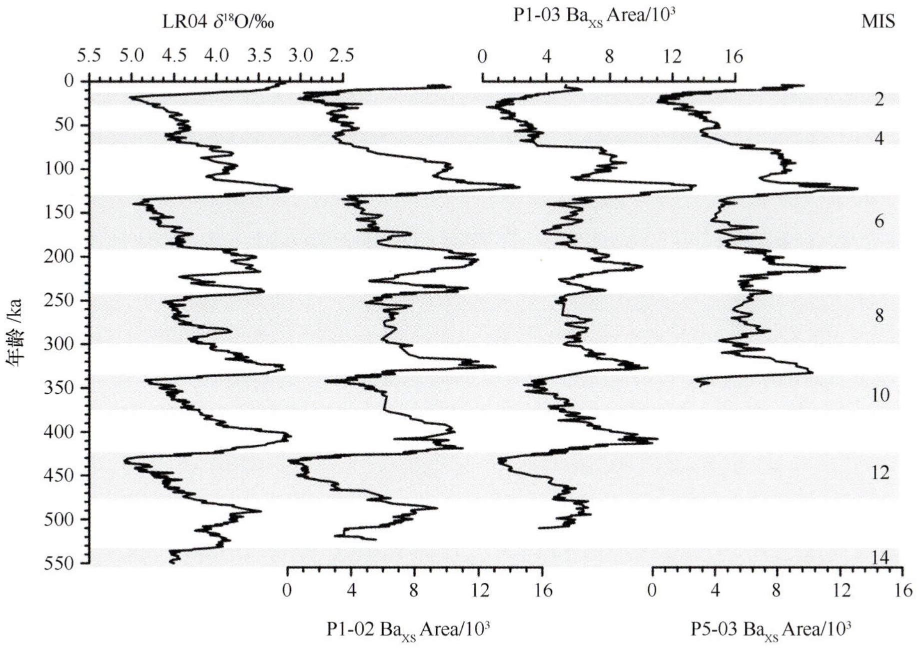

图 6-154 东南极普里兹湾 P1-02，P1-03 和 P5-03 岩心 Ba_{xs} 随时间的变化及其与 LR04-$\delta^{18}O$（Lisiecki and Raymo，2005）的对比（武力等，2015）

根据邻近站位 ODP1167 岩心的数据，其5.17 m 处年龄约为660 ka，使用有孔虫进行电子自旋共振测年显示该站位0.45 m 年龄大约为36.9 ka（Theissen et al.，2003）。ODP1165 站位磁性地层学结果认为，海底表面以下5.37 m 处为布容/松山界面，年龄为780 ka，海底表面以下6.97 m 处为贾拉米洛事件顶界，年龄为990 ka（Junttila et al.，2005）。根据这些绝对年龄数据，估算普里兹湾陆坡到陆隆之间780 ka 以来的平均沉积速率大约为0.69~1.22 cm/ka，且陆坡（ODP1167）的平均沉积速率（0.78~1.22 cm/ka）高于陆隆（ODP1165）平均沉积速率（0.69~0.70 cm/ka）。通过调谐生物钡，以及古地磁手段建立的年龄模型计算 P1-02 的沉积速率在0.15~4.76 cm/ka，平均为1.18 cm/ka。与 ODP1167 站位上部的平均沉积速率非常相近。

6.4.2.2 古生产力与气候变化

如图6-153 所示，普里兹湾北部陆坡与陆隆区 P5-03、P1-03 与 P1-02 岩心古生产力替代指标生源 Ba 通量的变化基本一致，反映出冰期初级生产力低，间冰期生产力高的总体特点。

南大洋以极锋为界，极锋以北生产力冰期高、间冰期低，生产力指标与风尘 Fe 通量具有一致的变化趋势。原因是在冷期生产力受到风尘 Fe 施肥刺激而勃发，而暖期由于风尘通量小，浮游植物（主要是硅藻）缺少 Fe 微量营养盐而受到限制。然而，在极峰以南，生产力表现出暖期高、冷期低的特征。在靠近南极大陆的季节性海冰区，控制生产力的因素包括海冰覆盖、海表混合层深度、营养盐水平、光照条件等。不过这些因素之间并非相互独立，特别是海冰覆盖会对混合层深度、营养盐供应以及光照条件等其他因素产生影响，因此，海冰覆盖可能是控制季节性海冰区生产力的主控因素，而海冰覆盖程度在轨道尺度上与深海氧同位素以及南极大气温度同步变化。生产力对气候变化的响应非常迅速，从而通过与已知气候记录的对比可靠的生产力指标有望成为年代地层学对比的工具。

6.4.2.3 冰筏碎屑事件与冰海相互作用

冰筏碎屑（IRD）是一种无分选的混杂堆积，其粒径变化范围很大，包括砾石、砂、粉砂和黏土，因其与正常海洋沉积物相比富含粗碎屑组分，所以人们常用砂、砾级组分来表征冰筏碎屑的含量变化。如图6-155 所示，普里兹湾北部陆坡的 P1-03 岩心与陆隆的 P4-01 岩心沉积物中冰筏碎屑特征指示粒级（63~250 μm）含量的变化趋势大体相反，前者在冰期时高，间冰期低，后者在冰期时高，间冰期低。第四纪东南极地区冰盖发育，所以冰山的筏运是沉积物搬运的重要方式。对南印度洋40°—60°S 之间系列岩心的研究表明，冰期-间冰期冰筏碎屑含量的变化模式随纬度变化；以海表水温的0 ℃等温线为界，南部海域沉积物中 IRD 含量在间冰期高，在冰期低；而在0℃等温线以北，IRD 含量在冰期高，在间冰期低（Watkins et al.，1974）。冰期-间冰期，紧靠普里兹水道口的 P1-03 岩心和其西北部半深海区的 P4-01 岩心，冰筏碎屑的旋回变化模式大体相反。两者均紧靠大陆，位于海表0 ℃水温线以南，浮游有孔虫 $\delta^{18}O$ 等揭示间冰期海水温度高，冰架-冰山的解体使得冰筏碎屑沉积反而多于冰盖-冰架向北扩张的冰期，这在西北部半深海区的 P4-01 岩心中得以体现。有证据表明，尽管末次盛冰期普里兹湾东、西两翼冰盖着底线已扩张到陆架边缘，但在普里兹湾中部冰盖着底线仅到达埃默里海盆中部（Anderson et al.，2002；Livingstone et al.，2012）。因而，伴随着冰期冰盖着底线在普里兹湾中部的内凹，在着底冰盖的外围，冰架及密集海冰区边缘线也会同时内凹，向南形成一片无冰架的开阔水域，从而可能使得普里兹湾水道口的P1-03岩心所在位置在冰期亦为开阔水域，是冰山的重要通道区和融化区。MIS13期以来，多次冰筏碎屑事件的出现说明（晚）第四纪东南极冰盖-冰架-冰山-海冰耦合系统的变化显著。从冰筏碎屑含量的高低来看，MIS8期和MIS10期冰筏碎屑含量最高，可能反映该时期东南极冰盖-冰架的稳定性较差，类似的报道见于Adélie附近海域。

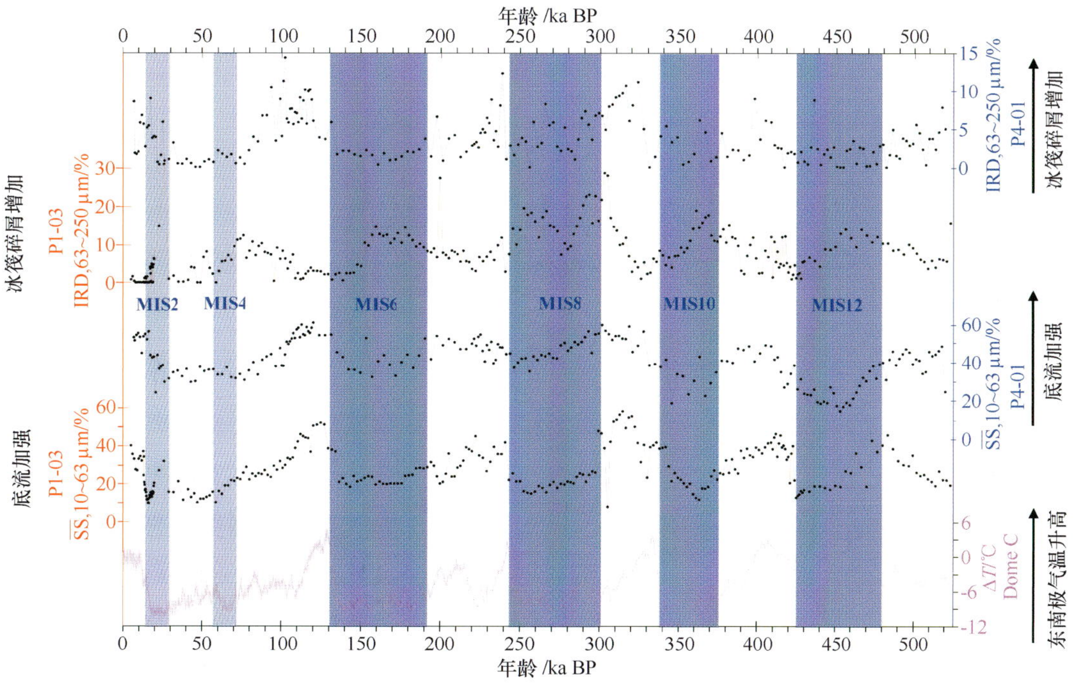

图6-155　P1-03与P4-01岩心冰筏碎屑与可分选粉砂粒级含量变化

6.4.2.4 南大洋底流活动

普里兹湾北部陆坡和陆隆区水团和流系复杂，锋面过程显著，主要水团包括绕极深层水（CDW）、南极底层水（AABW）、南极表层水（AASW）和普里兹湾陆架水（SW）（蒲书箴，1985）。由于目前物理海洋学上对该地区南极底层水的认识并不统一，有关该地区晚第四纪底流沉积记录的研究尤为重要。

10~63 μm的粗粉砂粒级通常被称之为可分选粉砂（$\overline{SS}$），因为它在水体中既不发生粘连，亦能被海流搬运和簸选，所以其含量的高低变化可用来表征海底流速的变化；底流越大，深海沉积物的簸选就越明显，黏土组分越不易沉淀，粗粉砂含量随之增加（McCave et al., 1996; Denis et al., 2009）。从图6-155来看，P1-03岩心与P4-01岩心沉积物中可分选粉砂粒级含量的变化来看，间冰期（MIS13、MIS11、MIS9、MIS7、MIS5、MIS1）可分选粉砂粒级含量高，冰期（MIS12、MIS10、MIS8、MIS6、MIS4-MIS2）可分选粉砂粒级含量低，说明普里兹湾北部陆坡与陆隆区间冰期底流活动较强，冰期底流活动较弱。冰期，随着普里兹湾大部分地区着底冰川向北扩展到达陆架边缘的同时，冰架和海冰覆盖区以及各海洋锋面同步向北迁移，普里兹湾北部陆坡和陆隆区底流减弱，以冰筏和静水沉积（黏土）为主。对

Adélie 海岸陆坡岩心沉积物过剩^{230}Th的研究表明，该海区冰期沉积物的聚合系数大，反映底流较弱，悬浮体浓度较高；沉积物的供应因底层水密度的不同，可通过浊流、顺坡的海底雾状层和脱离陆坡的悬浮雾状层等方式搬运，然后沉降下来。间冰期随着海平面上升和着底冰川的消失，冰架和季节性海冰覆盖区向南退缩，与此同时南极绕极流（ACC）主轴南移，绕极深层水（CDW）的上涌加强，普里兹湾陆架与深海-半深海区之间的水团交换加强；自普里兹水道向北输送的陆架水增多，它与南极表层水（AASW）、绕极深层水（CDW）和变性绕极深层水（MCDW）发生混合，形成南极底层水（AABW），并逐渐向北扩散。该过程可能导致普里兹湾陆坡，特别是普里兹水道口附近海域底流速度增大，对海底沉积物的搬运和簸选增强，沉积物中可分选粗粉砂粒级含量增大。伴随着间冰期-冰期南极绕极流（ACC）主轴的南北向迁移，类似的海底沉积物粒度变化趋势在南大洋斯科舍海等地亦有记录。来自东南极 Adélie 海岸陆坡岩心的记录也表明，MIS9 期沉积物的聚合系数小于 1，沉积物的簸选明显。

第四纪中更新世以来，普里兹湾地区冰期-间冰期冰盖-冰架进退及复杂的冰-海-气相互作用过程，冰期东南极冰盖-埃默里冰架向北扩张明显，极锋及大洋性水团向北变弱或向北迁移，初级生产力降低，普里兹湾北部陆坡及陆隆区沉积速率增加，底流作用减弱；间冰期海平面升高，冰盖-冰架向南退缩，极锋及大洋性水团向南迁移并影响到普里兹湾陆架，初级生产力显著增强，普里兹湾北部陆坡及陆隆区底流作用加强，底层水含氧量增加。从 Dome C 冰心氢同位素温差记录（Jouzel J et al.，2007）与 P1-03 岩心、P4-01 岩心中冰筏碎屑、可分选粗粉砂和细粒黏土的协同变化来看，晚第四纪东南极大陆边缘冰-海-气相互作用明显，但要深入解析冰期-间冰期以及该地区冰川、水团和流系的变化及其对全球变化的响应和反馈，还有待通过大量岩心的古海洋综合研究。

第 7 章 罗斯海西部悬浮体与海底沉积物特征

7.1 区域概况

7.1.1 地理概况

罗斯海是南太平洋深入南极洲的大海湾，位于维多利亚地（Victoria Land）的阿代尔角（Cape Adare）与爱德华七世半岛（Edward VII Peninsula）的科尔贝克角（Cape Colbeck）之间，即 158°W—170°E 之间，中心大约在 75°S，175°E 处（图 7-1）。罗斯海面积约 9.6×10^5 km^2。西部以多山的高海岸为界，北界相当于大陆架外缘，南面为巨大的罗斯冰架（Ross Ice Shelf）。罗斯海水深较浅，一般水深为 500~700 m，西部水深也较浅。

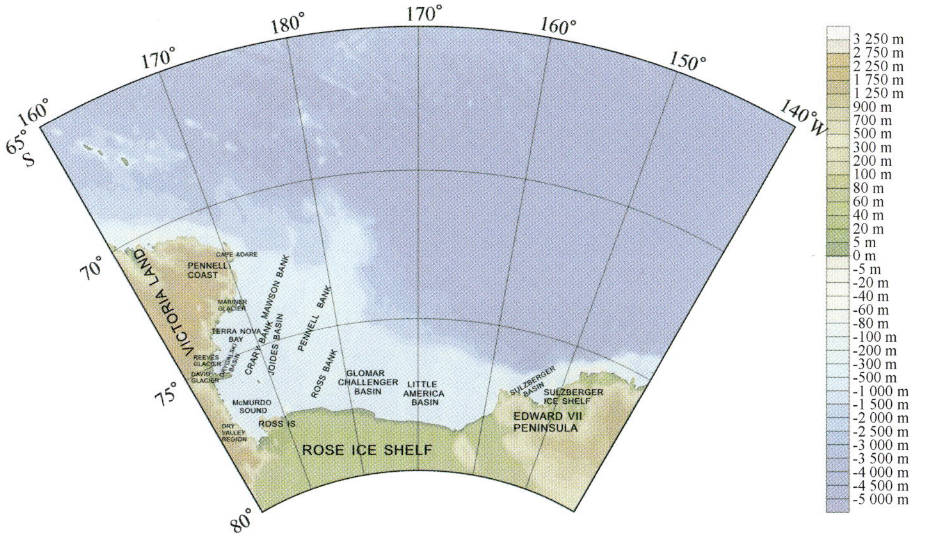

图 7-1 罗斯海位置与地形

罗斯海陆架以深而凹凸不平冰川侵蚀地貌为特征，发育一系列 U 型海槽和海底浅滩。西部陆架海区地形相对起伏不平，尤其是维多利亚地近岸。该海区主要特征地形是德里加尔斯基湾（Drygalski Basin）和麦克默多湾（McMurdo Sound）。德里加尔斯基湾自大卫冰川（David Glacier）向东北走向，近岸处水深最深（1 100 m），而离岸向水深变浅。麦克默多湾水深也达 1 100 m，但不同于德里加尔斯基湾，其向南北水深变浅。

7.1.2 冰架特征

罗斯海 78°S 以南为罗斯海冰架（Ross Ice Shelf，RIS）。罗斯海冰架是世界上最大的冰架之一，面积约 5×10^5 km^2（图 7-2）。

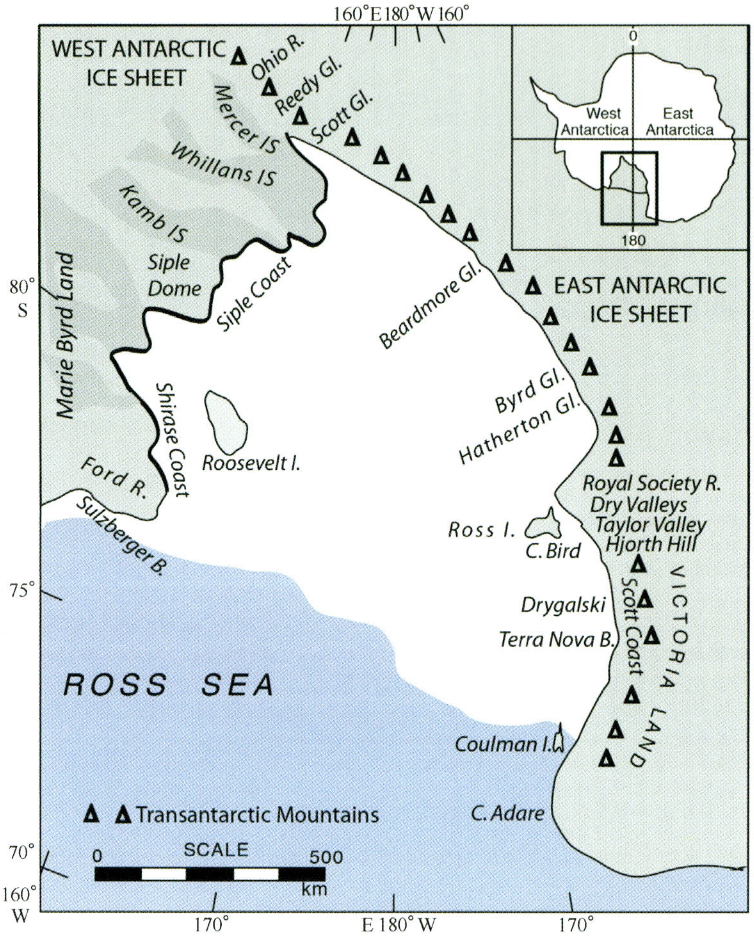

图 7-2 罗斯冰架

资料来源：Anderson，2014

罗斯冰架主要由东南极冰架（East Antarctic Ice Sheet，EAIS）和西南极冰架（West Antarctic Ice Sheet，WAIS）供给，来自东南极冰架的流域面积约 1.65×10^6 km^2，西南极冰架的流域面积约为 0.75×10^6 km^2（Denton and Hughes，2002）（Bindschadler，1998；Anderson et al.，2014）。尽管康巴冰流（Kamb Ice Stream）180 a 前开始枯竭，维廉冰流（Whillans Ice Stream）近年来也减缓，罗斯海冰流供给正在减少（Joughin and Tulaczyk，2002；Joughin et al.，2005；Anderson，2014），罗斯海的物质输入目前还较为稳定，为+40 Gt/a。

7.1.3 水文特征

罗斯海发育顺时针方向的环流（图 7-3），中部和东部缓缓向南流，西部以较强的水流向北流动（Jacobs et al.，1970；Pillsbury and Jacobs，1985；Orsi et al.，1995），从表层最强一直延伸到海底。表层和深层流速一般约为 10 cm/s，表层最大流速可达 25 cm/s，底层最大流速会更高（DeMaster et al., 1992）。该流速虽然还不足以侵蚀海底沉积物，但可以搬运细粒物质成为悬浮物。

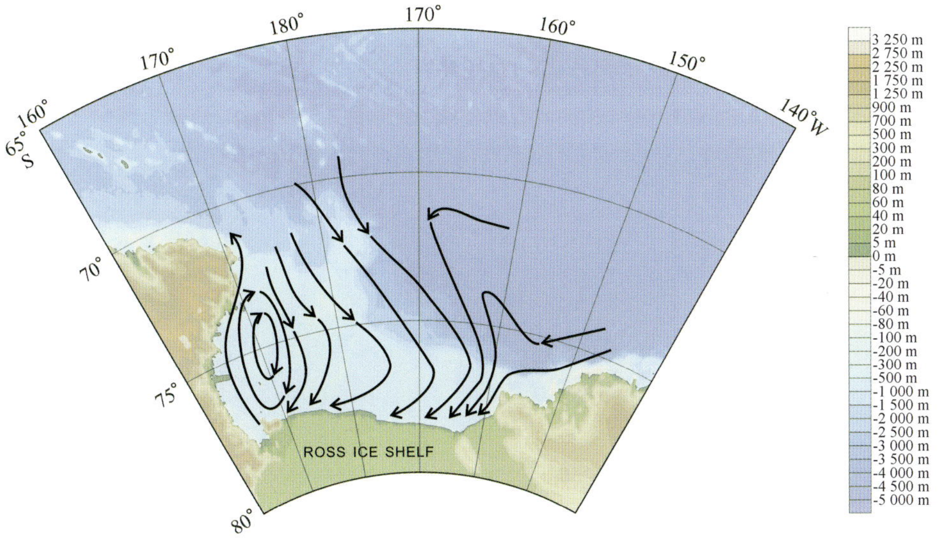

图 7-3 罗斯海表层环流示意图

资料来源：Klepikov and Grigoryev, 1966

潮汐对这片海域有着重要影响，全日潮的影响比半日潮影响更为明显。底层的厚度和水团性质呈现出显著的潮汐变化趋势，潮汐能够通过增加底层厚度来影响南极底层水的输出量（DeMaster, 1992；Padman et al., 2009）。

南极表层水（AASW）沿着陆架外沿向西流，再沿着东海岸经过科尔贝克角（Cape Colbeck）向南流。来自南太平洋温跃层的海水向西越过 170°W 的陆架坡折，沿着海岸向南，在陆架中部和西部表层搁浅。冬季水团浮力减小，AASW 和温跃层海水反而进入深层，成为改良绕极深层水（MCDW）和陆架重水（DSW）。罗斯海改良绕极深层水顺时针流出陆架后，在 155°E 汇入绕极深层水（CDW），有效通风和淡化深层水，随后进入澳洲-南极海盆；在 135°W 处到达罗斯海环流的东界。低盐的南极底层水（$S<34.70$）的输出在罗斯海多处陆架上十分常见，只有在 JOIDES 和 Drygalski 海槽处高盐 AABW 输出（Orsi and Wiederwohl, 2009；Basak et al., 2015）。

密度较大的罗斯海陆架水是南极底层水形成的主要来源之一，占 AABW 来源的 25%（Jacobs, 1970；Orsi et al., 1999；Whitworth and Orsi, 2006）。罗斯海表层海冰生长和海水-冰盖反应等形成的卤水，密度大，下沉到陆架成为重陆架水（Ohshima et al., 2013）。罗斯海重陆架水受重力作用沿着陆坡向下，与全球深层水混合后，在科氏力的作用下左偏环绕南极大陆成为 AABW 的一部分，并对大洋传送带的海水起到一定的通风作用（Padman, 2009；Budillon et al., 2011）。

7.1.4 初级生产力特征

南极沉积物中生物硅含量高，有机碳含量低，原本被认为是硅质生物生产力高导致的。

但是从近 20 年的观测结果来看，南极的生产力并不高，并不受到主要营养元素的制约，主要是太阳辐照量低和微量元素的缺乏如铁的制约（Smith Jr et al., 2014）。极地锋面以南的低初级生产力表明南大洋生物硅的保存效率在硅的累积作用上起到关键作用（DeMaster, 1992）。

罗斯海深层水体中碳的平均沉降通量（以 C_{org} 计）为 5 g/(m^2 · a)，硅的平均沉降通量（以 Si_{bio} 计）为 30 g/(m^2 · a)，与南极其他地区年平均最高值差不多。生物排泄物和遗体占垂向通量的 4%~70%，沉降速率为 60~400 m/d。罗斯海西南部颗粒和生物硅通量夏-秋季最高，南部沉降通量是北部的 2 倍，可能是存在水平方向的运输，且主要运输颗粒物质。有机碳通量因为有机碳的再矿化随着深度而减小，很少能够运输到水深 200 m 处，但是生物硅在近底层的通量反而高于次表层，可能是因为存在侧向来源或者再悬浮（DeMaster, 1992; Collier et al., 2000）。冰融化之后 2~10 周便达到最大颗粒通量，以硅藻为主的浮游植物的勃发发生在海冰消退边缘，因为冰融水降低盐度，减弱真光层的垂直混合，增强了初级生产力（DeMaster, 1992）。藻类勃发滞后于海冰融化的原因可能是：不同海水的对流，浮游生物群落建立的时间差，以及换季早起强风抑制了初级生产力（Dunbar et al., 1998）。秋季冰形成的时候，生物硅的输出迅速增大，这可能与风向变化、岩性物质等输入过量的 Fe 有关。

现代观测结果显示，生物硅与有机碳比值始终随着水深增加而增大。在水深 200 m 处，生物硅沉降通量减少 3~4 倍，有机碳通量减少 28 倍。沉积物-水界面降解释放的有机碳比生物硅更多。生物硅比有机碳的保存效率高。约 0.5%的表层生产的有机碳累积到海底，和全球的值相当。生物硅的高保存效率符合极地沉积物占据全球海洋生物硅沉积的 50%~75%的事实（Collier, 2000）。

7.2 表层海水悬浮体特征

罗斯海及东南极走航断面的悬浮体取样站位和含量分布见图 7-4。悬浮体含量范围为 0.67~15.91 mg/L，平均含量为 4.08 mg/L。从罗斯海至普里兹湾的悬浮体分布特征可以明显看出以 120°E 为轴线，普里兹湾扇区的悬浮体含量大于罗斯海扇区的悬浮体含量，差值达 8 mg/L 左右。

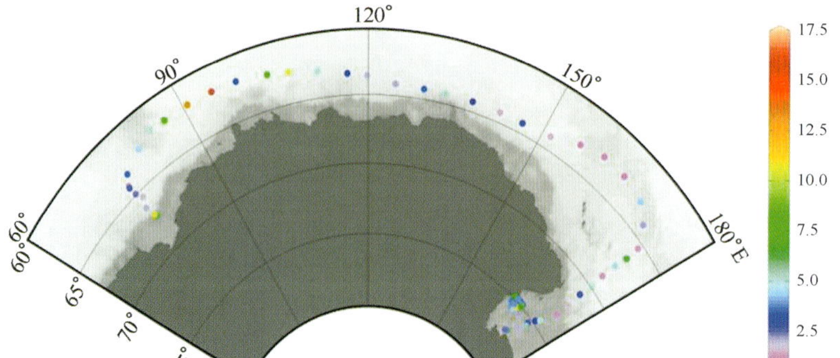

图 7-4 罗斯海及周边海域表层悬浮体取样站位与浓度分布（mg/L）

罗斯海西部表层海水悬浮体含量较高，变化范围为1.19~5.08 mg/L，平均值为2.96 mg/L；在德里加尔斯基盆地（Drygalski Basin）和联合会海盆（Joides Basin）区高（图7-5）。调查期间以冰间湖水域为主，初级生产力相对较高。

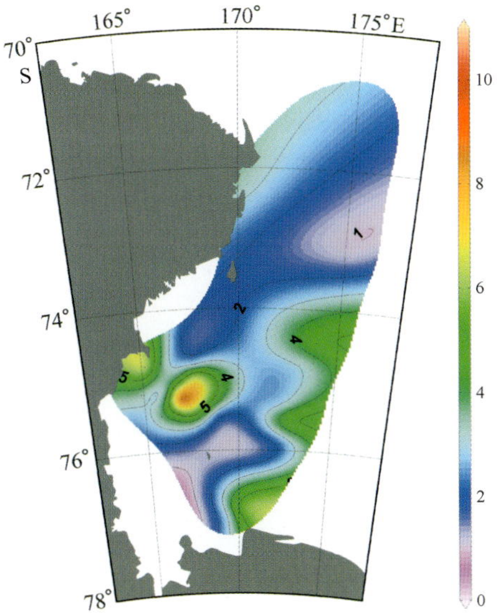

图7-5 罗斯海西部海域表层海水悬浮体含量（mg/L）分布

罗斯海表层悬浮体中颗粒有机碳（POC）和颗粒有机氮（PON）含量低，分别为0.03～0.95 mg/L和0.01~0.07 mg/L。C/N比值相对较小，为2.63~20.89。罗斯海表层悬浮颗粒有机碳同位素（$\delta^{13}C_{POC}$）偏重，在-29.93 ‰~-21.43 ‰。颗粒有机氮同位素值（$\delta^{15}N_{PON}$）偏重，为-10.16 ‰~4.57 ‰之间（表7-1）。

表7-1 罗斯海西部海域表层海水悬浮体含量及组成

项目	悬浮体含量 /（mg·L^{-1}）	POC含量 /（mg·L^{-1}）	PON含量 /（mg·L^{-1}）	C/N	$\delta^{13}C_{POC}$/‰	$\delta^{15}N_{PON}$/‰
最小值	1.19	0.03	0.01	2.63	-29.93	-10.16
最大值	5.08	0.95	0.07	20.89	-21.43	4.57
平均值	2.96	0.14	0.03	4.41	-24.96	1.12

7.3 古环境与古气候演变特征

7.3.1 罗斯冰盖的形成与退缩

中新世中期罗斯海冰架没有永久性冰，硅藻和花粉证据表明，中新世中后期在南极大陆上至少部分地区生长着被子植物、裸子植物、蕨类等植物（Brady and Martin，1979）。晚中新世和早上新世，西南极冰架多次扩展到罗斯海陆架，罗斯海西部冰川槽也在此时形成（Anderson et al., 1984)。末次冰盛期（Last Glacial Maximum, LGM）罗斯海湾冰盖空前盛大，冰厚达海底。近半数的接地冰盖由穿过南极横断山脉的东南极冰川组成，另外一半则来自西南极。末次冰盛期以后，接地冰前缘冰线从陆架外缘开始后退，约 13 ka 前退到柯曼岛以南，约 11 ka 前快速退到德里加尔斯基冰舌附近（McKay, 2008），有海藻证据表明此时罗斯海沿岸山脉冰盖大量减少（Hall and Denton, 2013），约 7 800 a 前退到罗斯岛北部（Conway et al., 1999），此时罗斯海以北是开放海域（McKay, 2008），直到 2 000~3 000 a 前退到现在的位置（图 7-6）。

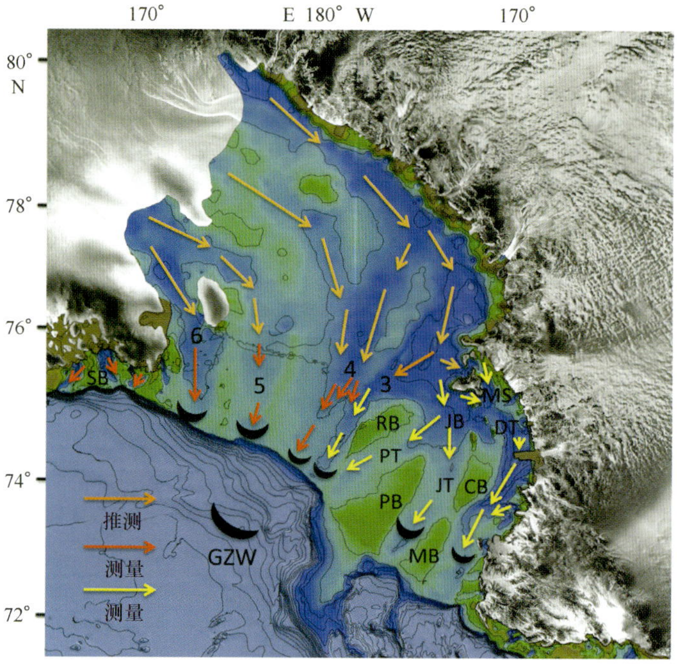

图 7-6　罗斯海古冰川排泄系统

橙色箭头为推测的排水通道，红色和黄色箭头为有证据表明的排水通道，DT、JT、PT 分别为 Drygalski、JOIDES 盆地和 Pennell 海槽，CB、MB、PB、RB 分别为 Crary、Mawson、Pennell 和 Ross 浅滩

资料来源：Anderson, 2014

晚更新世-全新世硅藻记录显示该地区冰期/间冰期的转化自北向南传递。罗斯海西部最年轻的沉积相是富含硅藻的冰海相，包含少量的冰漂物，代表着季节性的海冰出现。生物硅的相对增加意味着上层水体初级生产力增加。中-晚全新世（6~3 ka BP）的温暖可能导致春季海冰融化早于罗斯海西-中部冰间湖的形成，沿岸融冰碎块增多。晚全新世逐渐变冷的趋势（3 ka BP 至今）使得海冰融化减少，沿岸融冰碎块减少（Cunningham et al., 1999）。

7.3.2　罗斯海周围的“两极跷跷板”证据

罗斯海海岸穹隆冰心记录表明，末次冰期北半球变冷时大气 CO_2 和南极温度都在持续增高；北半球处于间冰阶时，南半球变冷，南极氧同位素高值（Antarctic Isotopic Maximum, AIM）对应着北半球的 DO 事件，形成南北半球气候的所谓“两极跷跷板”现象。有研究认为，南北半球气候是同时变化，不存在滞后现象（Stenni et al., 2011），也有人认为滞后是千年尺度的，但是最新的冰心研究认为，南半球滞后北半球气候变化约 200 a（WAIS Divide Project Members，2015）（图 7-7）。

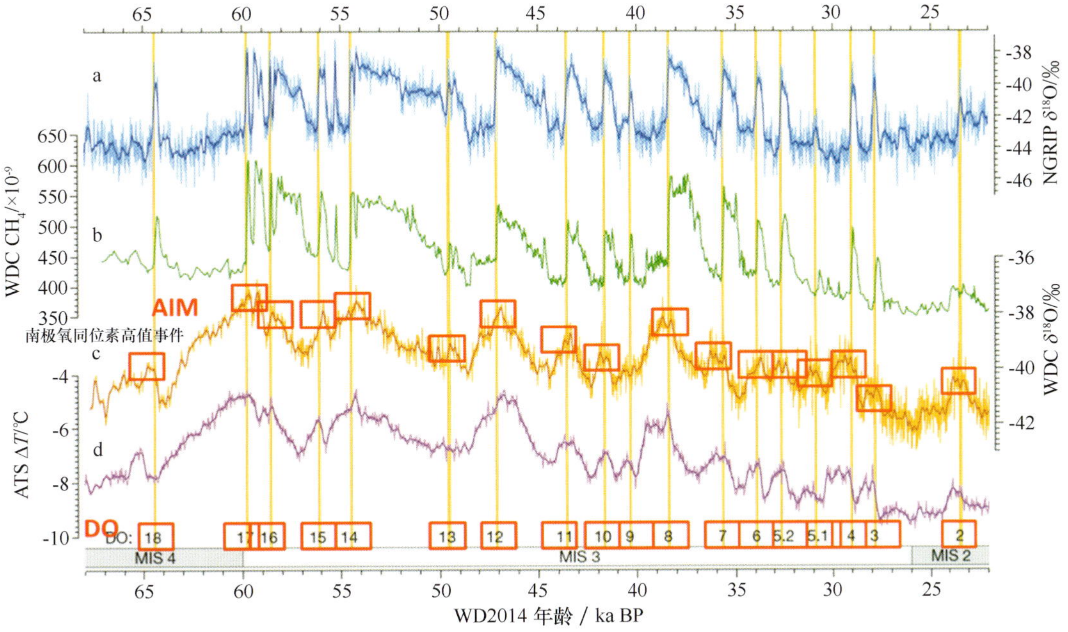

图 7-7 南极和格陵兰冰心的对比——两极跷跷板

改编自 WAIS Divide Project（WAIS Divide Project Members，2015），WDC 为南极冰心记录，NGRIP 为格陵兰冰心，AIM 为南极氧同位素高值事件

对于两极跷跷板产生的原因，众说纷纭。WAIS 成员认为是北半球的气候突变通过北大西洋深层水作用影响到南极，这样一种通过海洋输送物质和热量的形式必然比大气作用要慢，时间尺度上是百年或者是千年的反映（WAIS Divide Project WAIS Divide Project Members，2015）。Talos 穹隆位于南极深层水形成的重要位置——罗斯海的西岸，但 Stenni 等（2011）通过研究 Talos 穹隆冰心发现，大西洋的 DO1 事件的发生与南极冷倒转是同时的。南极冷倒转产生的原因可能是先前南极温暖气候导致南大洋高纬的淡水释放，关闭了南极深层水的循环，减弱了热量的向南运输，增加了海冰面积进而增加了反照率，导致了南大洋高纬的降温（Stenni et al.，2011）。从这一观点出发，如果南极降温、冰盖增加是南极变暖之后的自然变化，那么必然有南极以外的热量运输到南极使之形成冰心记录中的变暖现象。这个热量运输就应该是来自北半球，很有可能是来自北大西洋。

7.3.3 罗斯海周边记录的千年尺度和百年尺度的气候变化

结合罗斯海周边的冰心记录发现，南极冰心 $\delta^{18}O$ 呈现千年尺度的变化，即：两极跷跷板现象。结合罗斯海附近的冰心和南大洋海洋沉积记录发现，在 YD 事件和 A/B 事件之前的冰阶，蛋白石通量增加，分层现象减少，CO_2 都增多（图 7-8）。CO_2 浓度在千年尺度上的变化趋势与南极温度变化趋势基本一致，表明气温对 CO_2 浓度的影响。CO_2 浓度在 B/A 事件发生之前和 YD 事件结束时的突增，可能响应了北半球气候突变（Vellinga and Wood，2002；WAIS Divide Project Members，2015）。Ahn（2014）分析末次冰消期 CO_2 释放的原因发现，CO_2 的增多与海冰的变化无关，与 Fe 的输入也没有明显关系，但可能与北大西洋中层水减弱和南大洋上升流增强有关，释放的机制更可能是在海洋中而不是陆地或大气；而且冰阶的持续时间与南极温度变化大小呈正相关；Heinrich 事件滞后于长冰阶的发生（Ahn and Brook，2014）。

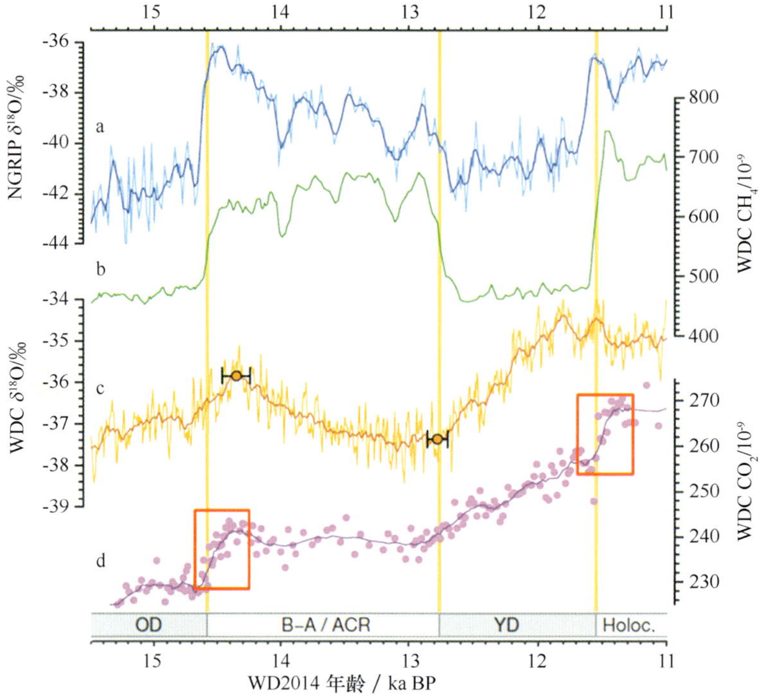

图 7-8　南北极冰心中 CO_2 浓度变化与对比

CO_2 浓度在 YD 事件和 A/B 事件之前显著增加

资料来源：WAIS Divide Project Members，2015

第 8 章 考察的主要成果、经验与建议

8.1 主要考察成果

8.1.1 考察取得的重要成果

（1）通过第 28~31 次南极海洋地质考察，在南极半岛周边海域、普里兹湾和罗斯海等海域获取悬浮体样品 197 站、箱式沉积物样品 68 站、多管沉积物样品 22 站、柱状沉积物样品 36 站，为掌握南极周边海域的底质特征、沉积环境及变化规律，重建该地区过去古海洋、古冰川和古气候等演变历史奠定了坚实的基础，同时为南极周边海域海洋地球物理、海洋化学与碳通量、海洋生物多样性和生态等环境考察提供了基础样品、数据或平台。

（2）基于悬浮体和表层沉积物的综合分析，编制了海底沉积物类型图、粒级组分和粒度参数分布图、碎屑矿物和黏土矿物分布图、化学元素与同位素分布图、微体古生物分布图、悬浮体浓度与颗粒有机碳/有机氮含量分布图等基础图件，分析和评价了南极半岛东北部海域和普里兹湾等海域表层沉积物的粒度、矿物、地球化学、微体古生物组合等特征及分布规律，分析探讨了沉积物的物质组成、来源及与水动力条件、初级生产力、冰川/海冰发育状况等之间的内在联系，为南极环境综合分析与评价提供了第一手资料。

（3）基于对普里兹湾陆架-陆坡区、南极半岛东北部海域、罗斯海西部海域系列多管或箱式插管样品系统的年代学、沉积学、矿物学、元素地球化学、微体古生物学等综合分析，对该地区近代沉积环境及海水-沉积物界面的早期成岩作用等进行了初步的分析和评价。

（4）基于对普里兹湾和南极半岛东北部海域 30 多个岩心的年代学、沉积学、矿物学、元素地球化学和微体古生物学等综合分析，初步分析和探讨了东、西南极周边重点海域第四纪以来冰（冰盖-冰架-冰山-海冰）-海（水团、海流、底层水、生物生产力）-气（气候、大气环流与风成沉积）相互作用及生物地球化学环境的演变规律，增进对南极与全球环境气候系统之间的理解。重点评价了南极半岛地区近 6 ka 以来高分辨率的火山灰记录、筏冰碎屑事件及千年尺度的海冰与水团演化历史；重建了普里兹湾地区第四纪高分辨率的年代地层框架，分析评价了该地区冰期-间冰期冰盖、冰架进退及复杂的冰-海-气相互作用模式。

（5）通过极地专项，逐步凝聚和培养了一支相对稳定且素质日益提高的南北极海洋地质考察和研究队伍，自 2012 年以来，专题培养博士后 3 人，博士研究生 4 名，硕士研究生 15 名，本科生 2 名。

8.1.2 主要科学认识与结论

本阶段对南极地质考察的研究主要集中在南极半岛海域和普里兹湾海域。经过大量的实

验工作、数据分析和研究，获得以下主要认识和结论。

8.1.2.1　南极半岛海域

（1）分析和评价了南极半岛东北部海域表层沉积物的粒度、矿物、地球化学、微体古生物组合等特征及分布规律，绘制了表层沉积物类型等基础图件，分析探讨了沉积物的物质组成、来源以及与水动力条件、初级生产力、冰川/海冰发育状况等之间的内在联系。

（2）南极半岛东北部海域表层沉积物类型比较丰富，主要分为四大类：砾质、砂质、粉砂质以及泥质沉积物；根据不同的水深和地貌单元可分为陆架（或岛架）碎屑沉积物、陆坡（或岛坡）沉积物和深海沉积物。考察区沉积物属于冰海沉积物，并可划分为残副冰碛物和混合副冰碛物。沉积物的搬运介质以冰川、冰筏为主，海流对沉积物的影响较为明显，沉积物类型随地形变化而呈有规律的分布。

（3）依据表层沉积物碎屑矿物组合与分布特征，可将南极半岛东北部海域划分为两个矿物区：Ⅰ区为辉石-磁铁矿-火山玻璃组合，主要物质来源为南设得兰群岛及南极半岛北段火山岩与火山喷发物，冰川为其主要搬运介质和动力来源；Ⅱ区为石榴子石-绿帘石-角闪石-石英组合，南奥克尼群岛物质、南极绕极环流搬运南极半岛及其附近岛屿的物质对该区沉积物均有贡献。

（4）通过对南极半岛东北部海域表层沉积物稀土元素的分析，发现：该区表层沉积物中稀土元素总量（REE）的分布范围为$45.47\times10^{-6}\sim183.60\times10^{-6}$，平均值为$91.36\times10^{-6}$；稀土元素含量的高低与铝硅酸盐黏土成正比，与生物硅含量成反比；大致以象岛至南极半岛北部的茹安维尔岛为界，考察区西部的布兰斯菲尔德海峡及南设得兰群岛北部岛架-岛坡沉积物稀土含量较低，稀土元素页岩标准化模式与长城站周边土壤/湖泊沉积物、火山岩相一致，表现为重稀土相对富集，铕正异常明显，Sm/Nd 分子比值大，推断该区沉积物主要来源于南设德兰群岛中-新生代火山岩分布区与现代火山活动区；考察区东部鲍威尔海盆、南奥克尼群岛岛架和南斯科舍海脊区沉积物稀土元素的页岩标准化配分模式表现为平坦型，轻稀土明显抬升，铕正异常不显著，Sm/Nd 分子比值小，稀土元素含量受沉积物中黏土组分含量、硅质生物组分等制约，推断沉积物陆源碎屑主要来源于威德尔海西部和南部，局部受南奥尼克群岛、南斯科舍海脊和南设德兰群岛物质的影响，沉积物的搬运主要受冰筏和海流制约。

（5）应用生物标志物示踪技术，结合分子组合（碳数范围、主峰碳、$\sum C_{21}^{-}/\sum C_{22}^{+}$、$(C_{21}+C_{22})/(C_{28}+C_{29})$、Pr/Ph、$Pr/nC_{17}$、$Ph/nC_{18}$、CPI、OEP 等特征指数和甾醇 C_{27}、C_{28}和 C_{29} 分布类型，进行了有机质生源构成、生烃条件、成熟度和生油潜力等方面的初步研究，研究表明，西南极海域沉积物发育的沉积环境为还原-或强还原环境，有机母质主要为低等水生生物，细菌和藻类生源输入对烃类生成具有重要意义—有机质类型好，大多为较高成熟度；多项指标表明，有机质沉积时的水体沉积环境为还原-强还原环境、高盐度的厌氧环境；以及综合各种界定成熟油判别指标［$C_{29}\alpha\alpha\alpha 20S/C_{29}\alpha\alpha\alpha(20S+20R)$、$C_{29}\alpha\beta\beta/C_{29}(\alpha\alpha\alpha+\alpha\beta\beta)$和 $C_{31}22S/C_{31}(22S+22R)$、$C_{32}22S/C_{32}(22S+22R)$、$Ts/(Tm+Ts)$］，综合分析结果可确认 ANT28-D5-6 岩心整体接近优质沉积物，其形成于强还原沉积环境。

（6）布兰斯菲尔德海峡 D1-07 岩心的高分辨率记录揭示：自 5.8 ka 以来，布兰斯菲尔德海峡沉积物中记录了 13 个火山灰层，命名为 a~m，它们与该区域其他火山灰层记录有很好的对应关系。5.8 ka 以来布兰斯菲尔德海峡出现了 9 次筏冰碎屑（IRD 1-9）事件，其年龄分别为0.84 ka、0.97 ka、1.18 ka、1.89 ka、2.05 ka、2.25 ka、2.45 ka、4.46 ka和5.09 ka，其中IRD1~7主要集中在2.5 ka以来，其变化响应于ENSO的强弱变化，ENSO活动增强时，表现为南极半岛冰架的不稳定性增加，融化速度加快，冰川的排泄增加。岩心中海冰硅藻和分选级粉砂平均粒径的变化与附近相关记录的对比显示，自3.5 ka以来南极半岛布兰斯菲尔德海峡气候变冷，海冰扩张，底流减弱都与西风带的北移有关。岩心中黏土矿物组合特征反映了6 ka以来风化环境和物源基本稳定，风化作用的相对强弱反映了黏土矿物的相对含量的变化。岩心中有孔虫壳体丰度极低，属种组成相对单一，其丰度在2.1 ka以来升高，指示海冰扩张情况下底层水通风条件变弱，有利于有孔虫的埋藏和保存。底栖有孔虫*B. aculeata*的$\delta^{18}O$变化出现两次明显的变轻（2.4 ka和1.0 ka），可能受较低$\delta^{18}O$的轻卤水下沉所致。硅藻海冰标志种*F. curta*和开阔水体标志种*F. kerguelensis*的含量变化表明，晚全新世以来，尤其是2.1 ka以来，布兰斯菲尔德海峡海冰排泄增强，与ENSO强度和频率变化遥相关。混合层深度标志种*P. alata*的含量显著增加表明，该区域UCDW上涌输入增强，温暖的UCDW上涌为冰川的排泄提供部分热量。

（7）D3-7岩心古沉积环境研究表明，威德尔海西北侧海域自MIS3后期（35 ka）以来，沉积环境总体稳定，为静水悬浮沉积，沉积物由粗-细碎屑组成。演化序列上，静水悬浮沉积从单一沉积方式→多种沉积方式→单一方式→多种沉积方式，对应4个沉积阶段，具有循环性特征，全新世以来处于第4沉积阶段。深海水动力变化与同位素阶段有一定的关系，但比之更敏感。CM图能较好地反映出水动力特点及演化趋势；与一般深海沉积相比，威德尔海沉积概率曲线和散点图特征非常明显，是由粗碎屑造成的。粗碎屑部分搬运需要很大的启动能量，推断属于冰筏作用和火山作用的产物。

（8）通过对鲍威尔海盆东南部D4-09岩心环境磁学研究，揭示该岩心在2.73 m处已开始记录到780 ka前的松山反极性时期。在距今780 ka到现代沉积速率约为0.35 cm/ka，沉积速率较低。沉积物磁化率及粒级特征显示，该岩心记录了5次暖期沉积事件，在暖期事件中存在3次明显的气候由暖到冷再由冷到暖的渐变过渡时期。磁组构古水流向分析表明在暖期该区域古流向方向不明显，在过渡时期，古流向以近似NS向为主。

8.1.2.2 普里兹湾海域

（1）分析和评价了普里兹湾及周边海域表层沉积物的粒度、矿物、地球化学、微体古生物组合等特征及分布规律，绘制了表层沉积物类型等基础图件，分析探讨了沉积物的物质组成、来源及与水动力条件、初级生产力、冰川/海冰发育状况等之间的内在联系。

（2）夏季普里兹湾海域表层悬浮颗粒物的含量为0.08~1.66 mg/L，平均为0.43 mg/L，整体上呈现近岸高于外海，东部高于西部的分布趋势。悬浮颗粒物以单颗粒组分为主，其中以硅藻和放射虫等硅质生物为主的生物颗粒占绝对优势，矿物颗粒相对较少，其他颗粒介于前两者之间；集合体组分平均约为10%，包括硅藻集合体、微型藻类集合体、矿物集合体、有机包膜和混杂集合体等。影响夏季普里兹湾海域悬浮颗粒物物质组分及其分布的主要因素包括悬浮颗粒物物质来源、海洋环流和海底地形等。悬浮颗粒物的絮凝过程包括胞外聚合物、透明胞外聚合物和海雪等几种类型，絮凝集合体的形成可以促进颗粒物的沉降。

（3）夏季普里兹湾表层悬浮POC浓度为0.28~0.84 mg/L，平均浓度为0.48 mg/L；$\delta^{13}C_{POC}$值的变化范围为-29.68‰~-26.30‰，平均为-28.01‰。表层悬浮POC分布呈现近

岸高于远岸，西部高于东部的特征。POC 的高值区主要分布在冰架附近，与表层水体叶绿素 a 浓度和海冰覆盖率分布趋势基本一致，表明夏季普里兹湾表层悬浮 POC 主要由浮游植物现场生产，而浮游植物的生长受到了海冰的显著影响。在普里兹湾外部海域悬浮颗粒物 $\delta^{13}C_{POC}$ 值上从东向西逐渐偏负，而调查区东部从近岸向远海逐渐偏负，反映该海域 $\delta^{13}C_{POC}$ 分布特征主要受到浮游植物吸收、固定 CO_2 速率的影响。中山站附近海域悬浮颗粒物 $\delta^{13}C_{POC}$ 值显著偏负，可能是受到近岸海域陆源有机质输入和浮游生物种属改变的影响。

（4）受水深/海底地形、海流及冰山等多元环境要素制约，考察区沉积环境差异较大。陆架地区可以划分为两个区域：在Ⅰ区，包括弗拉姆浅滩、埃默里冰架前缘地区、达利恩角附近海域（Burton 海盆）和四夫人浅滩，沉积物中砂和砾石含量高，冰筏碎屑含量高，海底沉积物的供应明显受埃默里冰架及其他入海冰川、海流及冰山的主要筏运路径等因素制约；陆架区Ⅱ区，包括埃默里海盆、普里兹水道和 Svenner 水道等，沉积物中粉砂含量较高，砂和砾石含量较低，主要受水深、海流等因素影响，其中埃默里海盆位处于普里兹环流中心，沉积物粒度较细，分选较好。陆架坡折以北半深海-深海区（科奥珀雷申海）以黏土质粉砂为主，砂和砾石含量较低，沉积物的搬运和沉积受底流、陆坡流、重力流、陆架-陆坡物质交换以及冰山等因素制约。

（5）根据重矿物组合分布特征，可将普里兹湾划分为 4 个矿物区：Ⅰ区为石榴子石含量占绝对优势，重矿物含量较高的弗拉姆浅滩矿物区；Ⅱ区为石榴子石、普通角闪石含量较高，磁铁矿为特征矿物的混合矿物区；Ⅲ区为紫苏辉石含量较突出的四女士浅滩矿物区；Ⅳ区为普通角闪石含量明显突出，石榴子石显著减少的深水矿物区。研究海区碎屑石榴子石含有较高的 Fe、Mg 和较低的 Ca、Mn，属主要来源于高级麻粒岩相副变质岩的 A 型石榴子石。由此可以推断普里兹湾沿岸麦克罗伯森地、拉斯曼丘陵—西福尔丘陵地区与离岸较远的格罗夫山是考察区的主要物源区。普里兹湾海域的碎屑物质分布特征主要受物质来源的影响，其次与湾内水深地貌密切相关，同时也是海流系统以及冰川活动等多重因素综合作用的产物。

（6）普里兹湾表层沉积物中黏土矿物的变化不大，主要表现在蒙脱石含量和伊利石化学指数上存在差异。四夫人浅滩沉积物中伊利石的化学指数偏低，蒙脱石含量较高，其来源可能与伊丽莎白公主地入海冰川有关。埃默里冰架前缘沉积物中蒙脱石和高岭石含量最高，其来源与兰伯特—埃默里冰架系统的输运有关；Svenner 水道区沉积物中蒙脱石含量低于四夫人浅滩和埃默里冰架前缘区沉积物，伊利石化学指数介于四夫人浅滩和埃默里冰架前缘沉积物之间，其物源可能受兰伯特—埃默里冰架系统和伊丽莎白公主地影响。弗拉姆浅滩和达利恩角附近沉积物中蒙脱石和高岭石含量较高，可能受到麦克罗伯逊地小型冰川输运的影响。在埃默里海盆和普里兹水道区，黏土矿物的混合效应比较明显，蒙脱石和高岭石含量与埃默里冰架前缘和弗拉姆浅滩沉积物大体相似，这可能是受到普里兹环流的影响。考察区北部半深海-深海区（科奥珀雷申海）沉积物中黏土矿物表现出多源混合的特点，其蒙脱石和高岭石含量低于普里兹湾陆架沉积物，与陆坡区接近，说明深海-半深海沉积物是陆架、陆坡物质向外海输运的结果。

（7）ANT29-M2 岩心沉积物的碳数分布范围为 $C_{14} \sim C_{32}$、呈低碳数的单峰群、主峰碳为 C_{18}、$\sum C_{21}^{-}/\sum C_{22}^{+}$ 为 1.82～3.09、（$C_{21}+C_{22}$）/（$C_{28}+C_{29}$）为 1.26～6.30、CPI 在 1.54～2.29、OEP 值为 4.48～4.82、Pr/Ph 介于 0.34～0.76 以及甾醇 C_{29}、甾醇 C_{27} 分布占优势的组合特征，指示了普里兹湾表层沉积物有机质为海/陆混合源及强还原的沉积环境特点。

（8）普里兹湾北部陆坡与深海区典型岩心相对地磁场强度曲线的旋回性显著，与PISO1500 记录相对应。通过浮游有孔虫和有机质的 $AMS^{14}C$ 测年以及相对古磁场强度对比法，综合确定该地区系列岩心的高分辨率年代地层框架。

（9）普里兹湾陆坡扇沉积物地层框架中 Ba_{xs} 和 Si_{xs} 表现出强烈的旋回性，这种旋回性与冰期-间冰期的气候变化具有很好的对应关系。其中，Ba_{xs} 在普里兹湾具有较高的保存速率，是输出生产力的良好替代指标，其变化模式指示了气候变化。基于 Ba_{xs} 所指示的输出生产力与气候之间具有很好的响应关系，将这 3 个岩心中的 Ba_{xs} 与 LR04-$\delta^{18}O$ 曲线进行对比，建立了具有轨道尺度分辨率的地层年代模式。经过 Ba_{xs} 与 LR04-$\delta^{18}O$ 的交叉小波分析结果显示，两者在编心率、斜率和岁差周期上都具有显著的相关关系，验证了该地层年龄模式的合理性和可靠性。而该地层年龄模式与该岩心 RPI 方法所建立的地层年龄模式相吻合，但前者建立的地层年龄模式分辨率比后者更高。

（10）根据普里兹湾陆坡扇所建立的地层年代模式，晚第四纪的平均沉积速率在 0.15~4.76 cm/ka，平均为 1.18 cm/ka。其平均沉积速率与 ODP1167 站位上部的平均沉积速率一致（1.00 cm/ka）。该区沉积速率在冰期末期开始快速增高，在冰消期或间冰期初期时达到最高，之后又不断降低。冰消期沉积具一定的层理构造，而冰期和间冰期沉积无明显层理构造，间冰期沉积亮度相对较高，冰期沉积亮度相对较低。

（11）P1-03 岩心中大于 63 μm 的砂砾级组分可作为冰筏碎屑的指示粒级；大体可确认过去 520 ka 以来普里兹湾陆坡地区共发生了 8 次较大的冰筏碎屑事件。冰筏碎屑事件主要出现在冰期及间冰期中相对较冷的阶段，反映出冷期气候有利于冰盖/冰川的积累和扩张，在扩张过程中冰架的解体使得大量冰山入海，冰筏碎屑的沉积通量增大。

（12）岩心沉积物中分选级粉砂含量在冰期低，在间冰期高，而黏土含量的变化正好相反，说明冰期考察区底流较弱，以冰筏和静水沉积（黏土）为主，并可能发育浊流和雾状层。间冰期随着海平面上升和着底冰川的消失，冰架和季节性海冰覆盖区向南退缩，南极绕极流（ACC）主轴南移，普里兹湾陆架与陆坡水体交换加强，陆坡锋面过程显著，该过程可能导致普里兹湾陆坡特别是普里兹水道口附近海域底流速度增大，对海底沉积物的搬运和簸选增强。

（13）通过对普里兹湾北部陆坡区 P4-01 岩心沉积物的颜色反射率、粒度、黏土矿物、浮游有孔虫 *N. Pachyderma* 壳体的氧碳同位素年代地层学分析，提取了该地区大约 520 ka 以来的冰-海相互作用信息。P4-01 岩心位于南极辐散带，是南极绕极深层水和变性的绕极深层水（CDW/MCDW）的上涌区，同时受到陆架水的影响，因此有孔虫壳体的氧同位素组成受到表层海水温度、水团、海冰-冰架等综合影响。该海区间冰期表层海水温度基本上高于 0.5℃，氧同位素 7 期（MIS7）表层水温最高达 3℃。冰期 $\delta^{18}O$ 值偏重，表层海水年平均温度降低，冰架扩张，季节性海冰覆盖区北移，南极绕极流的主要影响区域也随之北移。冰期-间冰期南大洋沉积物中冰筏碎屑的含量高低与海表 0 ℃水温线为界，北侧海区沉积物中冰筏碎屑含量的增加发生在冰期，南侧海区沉积物中冰筏碎屑的增加发生在间冰期。P4-01 岩心取样位置位于该 0 ℃等温线附近偏南，冰筏碎屑的含量在 MIS1 期、MIS3 期、MIS5 期、MIS7 期、MIS9 期、MIS11 期和 MIS13 期等间冰期或暖期高，说明该时期气候的转暖使得冰盖/冰架退缩，冰架/入海冰川解体形成大量冰山，并将其携带的碎屑物质搬运到南大洋沉积。分选级粉砂和黏土组分的含量可指示底流的强弱，其旋回变化显示冰期底流较弱，有利于黏土沉降；间冰期南极绕极流主轴南移，陆架-陆坡水体交换加强，底流增大，对沉积物的搬运和簸选加强。岩心沉积物中黏土矿物主要来源于陆架地区，冰期-间冰期冰盖-冰架-冰山-海冰、水团-海洋锋面及海流的NS向迁移与强弱变化使陆坡区沉积物黏土矿物组成及伊利石化学指标等波动较大。

8.1.2.3 罗斯海海域

（1）通过第31次南极考察，在罗斯海西部及邻近海域累计完成海洋地质取样34站，其中箱式沉积物取样19站，多管沉积物取样3站，柱状沉积物取样12站；同时在普里兹湾—罗斯海沿途和罗斯海西部海域获取表层悬浮体样品60站，为该地区现代沉积环境及晚第四纪古环境、古气候、古海洋学等演变规律的评价与研究奠定了基础。

（2）罗斯海西部表层海水悬浮体浓度较高，变化范围为1.19~5.08 mg/L，平均值为2.96 mg/L；颗粒有机碳（POC）和颗粒有机氮（PON）浓度低，C/N比值较小，颗粒有机$\delta^{13}C_{POC}$和$\delta^{15}N_{PON}$偏重。

（3）罗斯海西部海域以槽-浅滩相间的海底地形为主，古冰流侵蚀成因的德里加尔斯基盆地（Drygalski Basin）和联合海洋学会地球深层取样海盆（Joides Basin）水深多在500~1 100 m，现代与冰后期沉积环境以开阔水域或季节性海冰覆盖为主，调查期间以冰间湖水域为主，现代沉积作用与生物作用相对突出，海底沉积物以灰绿色、黄灰色、绿灰色富生物（海绵、多毛类、软体动物、硅藻等）含砂砾泥质沉积为主。对该海区的初步分析表明，沉积物类型及物质组成主要受离岸距离、海底地形与地貌、冰山-海冰-冰间湖分布、初级生产力、海洋环流等因素制约。

（4）罗斯海陆架岩心记录较好地反映了末次冰消期以来罗斯海陆架区冰盖-冰架-海冰的退却以及海洋学的重组历史。

（5）罗斯海西北部口门区是罗斯海底层水生成和向南太平洋输送的关键地区，第31次南极考察在该地区获取的系列高质量岩心对示踪南大洋古海洋学特别是南极底层水和南大洋锋面的变化等具有重要意义。

8.2 对专项的作用

（1）通过对南极半岛周边海域、普里兹湾和罗斯海等海域有计划、持续和大规模考察，获得了大量宝贵的样品和资料，为南极环境综合分析与评价提供第一手资料。

（2）极地考察活动是一个国家综合国力和高科技水平在国际舞台上的展示，随着近年来我国南北极考察的投入、考察规模和考察强度的不断增强，海洋地质专业在考察区域、考察断面和站位、获取资料和样品数量、发表论文成果以及考察平台建设等方面均取得了长足的进步。

8.3 考察的主要成功经验

（1）在专题质量控制与监督管理方面，全面遵循《“南北极环境综合考察与评估”专项管理办法》和《“南北极环境综合考察与评估”专项质量控制与监督管理办法》的相关规定，建立和完善与极地专项任务相适应的质量管理体系，制定质量保障措施，明确质量保障责任，责任到单位，责任到人。

（2）各任务承担单位之间定期开展专题工作进展与学术交流会议，通力合作，共同促进和提高。

（3）严格外业考察队伍，考察组成员新老结合，充分发挥老同志、老队员的经验，同时在航次前开展考察队员的系统培训，确保考察质量，及时预防和排除安全隐患。

（4）考察过程中，严格服从“雪龙”船临时党委的领导和统一安排，确保各项工作的安全、有序进行。

8.4 考察中存在的主要问题及原因分析

（1）随着极地专项的实施，“十二五”期间南极大陆考察、平台建设和后勤保障任务加重，南大洋考察在考察时间、考察区域、考察断面、考察站位、考察学科及要素等方面受限，海洋地质考察尤为突出，表层沉积物取样站位偏少，优质的柱状沉积物样品偏少，且部分站位存在重复取样现象，在一定程度上制约了海洋地质考察成果的产出。

（2）悬浮体只取表层样，无法研究悬浮颗粒物的沉降及其对海底沉积物的贡献。建议开展典型站位覆盖整个水体的悬浮颗粒物分布与组成研究，探讨悬浮颗粒物与表层沉积物之间的交换与转移，为准确认识海底现代沉积过程提供样品和数据资料。

（3）南极周边海域海底沉积物含较多的冰筏碎屑，且有孔虫等微体古生物极其稀少，因而沉积物的测年、粒度与冰筏碎屑含量分析、有孔虫等微体古生物分析、有孔虫的氧碳同位素分析等所需样品量大，不同于中国周边海洋沉积物，部分样品难以满足合同要求的所有分析测试工作。建议极地专项在调查过程中尽量多取样，同时避免空站和空样。另外，极地沉积物样品库、有关专家和领导充分考虑到样品的实际，适当放宽样品量限制。

（4）各航次获取的海洋沉积物样品有限，参与单位多，专业配置不尽相同，建议根据承担单位及参加人员专业特长分配测试分析内容和样品，一方面发挥专业特长；另一方面便于数据对比和综合分析。

8.5 对未来科学考察的建议

（1）环南极大陆边缘海域是我们了解南极环境、气候变化的重要窗口。然而南大洋复杂的水体环境（例如一系列水体性质特征明显的洋流峰面、表层、中层、深层和底层水的发源和分布等）和海冰条件对环境、气候变化产生深远的影响。在目前的考察模式下，我们对南大洋中、高纬度海域的样品采集还非常有限，而这些海域是联系南极地区和低纬度热带/亚热带地区的重要桥梁，携带着丰富的气候、环境信息。因此，建议在将来的考察活动中多考虑在南大洋中、高纬度海域的关键区域（例如靠近洋流峰面）采集样品，以获得更丰富的材料研究高、低纬度气候系统的联系和互动。

（2）南大洋考察学科多，考察时间紧，物理海洋、海洋化学与碳通量、海洋生物多样性和生态等考察希望对站位进行多年重复考察，而海洋地质考察希望按照一定比例尺进行站位布设，站位的布设同时要充分考虑水深和地形地貌、海流等因素，因此建议一年一度的南大洋考察适度有所偏重，使航次设计更有选择性、有重点、有针对性。

（3）建议在西太平洋-罗斯海、德雷克海峡、澳大利亚-普里兹湾等关键断面和大洋环流区开展以海洋地质为主的专业航次考察。

（4）改造、添置新的考察设备。试制新的采样器，比如双管柱状样采样器等，增加样品的获取量。

参考文献

蔡慧梅 . 1996. 南极长城湾 NG931 柱全新世介形类及其环境分析 . 南极研究, 8（4）：59-67.

曹俊忠，李天杰 . 1997. 东南极、西南极 4000 年以来生物活动强度变化与南极冰心的对比 . 极地研究，9（4）：258-261.

陈超云 . 1996. 南极布兰斯菲尔德海峡晚第四纪有孔虫埋藏群特征及其环境初探 . 南极研究，8（3）：13-19.

陈红霞，林丽娜，史久新 . 2014. 普里兹湾及其邻近海域水团研究 . 海洋学报，36（7）：1-8.

陈红霞，潘增弟，矫玉田，等 . 2005. 埃默里冰架前缘水的特性和海流结构 . 极地研究，17（02）：139-148.

陈金霞，陈志华，石学法，等，2014. 普里兹湾海域表层沉积物孢粉分布及其意义. 极地研究，26（1）：151-158.

陈立奇，高众勇，詹力扬，等 . 2013. 极区海洋对全球气候变化的快速响应和反馈作用 . 应用海洋学学报，32（1）：138-144.

陈倩娜，任春燕，李琦，等 . 2015. 普里兹湾及其邻近海域表层水镭同位素的分布及应用 . 海洋与湖沼，46（01）：77-87.

陈廷愚，赵越，任留东，等 . 1994. 南极地质演化及其与冈瓦纳古陆裂解有有关问题 . 华北地质矿产杂志，（1）.

陈志华，陈 毅，王汝建，等，2014. 末次冰消期以来白令海盆的冰筏碎屑事件与海流演变记录. 极地研究，26（1）：17-28.

陈志华，陈毅，王汝建 . 2014. 末次冰消期以来白令海盆的冰筏碎屑事件与古海洋学演变记录 . 极地研究，26：343-365.

陈志华，黄元辉，唐正，等，2015. 南极半岛东北部海域表层沉积物稀土元素特征及物源指示意义. 海洋地质与第四纪地质，35（3）：145-155.

陈志华，李朝新，孟宪伟，等 . 2011. 北冰洋西部沉积物黏土的 Sm-Nd 同位素特征及物源指示意义 . 海洋学报，33（2），96-102.

陈志华，石学法，韩贻兵，等 . 2004. 北冰洋西部表层沉积物黏土矿物分布及环境指示意义 . 海洋科学进展，22（4）：446-454.

陈志华，王汝建，李云海，等 . 2013. 南北极环境综合考查与评估专项 2013 年度南极周边海域海洋地质考察年度工作报告 . 284.

程振波，石学法，陈志华，等 . 1990. 南黄海表层沉积物中微体化石的沉积特点及物源分析 .

董林森，刘焱光，石学法，等 . 2014. 西北冰洋表层沉积物黏土矿物分布特征及物质来源 . 海洋学报，（4）：22-32.

段威武，曹流 . 1998. 南极乔治王岛海军湾亨内克角早第三纪晚期孢粉化石及其地层学意义 . 极地研究，10（2）：900-906.

段威武，李学杰，申佑林 . 1997. 西南极布兰斯菲尔德海峡 PC10 孔硅藻氧同位素记录及其沉积学意义 . 极地研究，9（2）：105-111.

方建勇，李云海，尹希杰，等，2015. 南极普里兹湾海域夏季表层悬浮颗粒物物质组分研究. 海洋地质与第四纪地质，35（3）：175-188.

高郭平，董兆乾，侍茂崇，等 . 2013. 普里兹湾关键物理海洋学问题研究进展及未来趋势. 上海海洋大学学报，22（2）：313-320.

葛淑兰，陈志华，刘建兴，等，2014. 南极布兰斯菲尔德海峡沉积物的地磁场长期变化与定年. 极地研究，26（1）：98-110.

葛淑兰，陈志华，刘建兴，等 . 2014. 南极半岛布兰斯菲尔德海峡沉积物的地磁场长期变化与定年 . 极地研究，26（1）：89-110.

勾韵娴，李元芳 . 1985. 南极瓦兹湖 DWI 剖面全新世介形类 . 南极维斯特福尔德丘陵区晚第四纪地质和地貌研究//南极科学考察论文集 . 北京：科学出版社，74-90.

勾韵娴 . 1994. 南极乔治王岛长城湾一些现代介形类 . 南极乔治王岛菲尔德斯半岛地层及古生物的研究（南极研究专著之三）. 北京：科学出版社，319-324.

古森昌，颜文 . 1997. 普里兹湾 N P951 柱样元素地层与古环境初步研究 . 极地研究，9（4）：323-343.

韩喜彬，章伟艳，杨海丽，等，2015. 近百年来南极威德尔海北部水动力环境演变. 海洋学研究，33（2），30-39.

韩喜彬，赵军，初凤友，等，2015. 南极半岛东北海域表层沉积有机质来源及其沉积环境. 海洋学报，37（8）：26-38.

洪阿实，李平，彭子成，等 . 1993. 太平洋和普里兹湾及邻近海域表层海水的氧同位素组成 . 海洋通报，12（04）：49-54.

侯红明，罗又郎 . 1998. 南极海洋沉积物中 Heinrich 层的发现及其全球变化意义 . 科学通报，43（11）：1206-1210.

侯红明，王保贵，汤贤赞 . 1997. 南极 15 ka 以来海洋沉积物的环境磁学研究 . 极地研究，9（1）.

侯红明，王保贵 . 1996. 普里兹湾 NP93-2 柱样磁组构特征及其古气候意义 . 地球物理学报，39（6）：747-752.

侯红明，王保贵 . 1996. 普里兹湾 NP93-2 柱样磁组构特征及其古气候意义 . 地球物理学报，39：747-752.

胡敦欣 . 2000. 全球变化研究国际动态及 NSFC 战略重点建议//学科前沿与国家自然科学基金优先资助领域战略国际研讨会论文集 . 北京：高等教育出版社.

胡建民，刘晓春，赵越，等 . 2008. 南极普里兹造山带性质及构造变形过程 . 地球学报，29（03）：343-354.

胡世玲，郑祥身，鄂莫岚 . 1995. 西南极乔治王岛北海岸火山岩的 40Ar/39Ar 和 K-Ar 年龄测定 . 南极研究，7（4）：41-43.

胡正莹，王汝建，李文宝 . 2013. 南塔斯曼海隆 2 Ma 以来碳酸钙沉积记录及其对环流系统和轨道周期的响应. 地球科学进展，28（2）：269-281.

扈传昱，姚梅，于培松，等 . 2007. 南大洋普里兹湾沉积物中生物硅含量与分布 . 海洋学报，29（05）：48-54.

蒋有绪 . 2003. 生物多样性研究进展与入世后的对策 . 世界科技研究进展，25：1-4.

蓝木盛，于培松，韩正兵，等 . 2015. 普里兹湾表层沉积物的元素组合特征及物源分析 . 极地研究，27（01）：9-16.

李淼，刘晓春，赵越 . 2007. 东南极普里兹湾地区花岗岩类的锆石年龄、地球化学特征及其构造意义. 岩石学报，23（4）：1055-1066.

李淼，刘晓春 . 2006. 东南极泛非普里兹带：碰撞造山带还是板内造山带 . 地质论评，52（3）：295-303.

李淼，刘晓春，赵越，等 . 2010. 东南极新元古代晚期-早古生代（泛非期）花岗岩类研究综述 . 极地研究，22（04）：348-374.

李淼，刘晓春，赵越 . 2007. 东普里兹湾地区花岗岩类的锆石 U-Pb 年龄、地球化学特征及其构造意义 . 岩石学报，23（05）：1055-1066.

李淼 . 2006. 东南极普里兹带花岗岩类的年代学、地球化学及其构造意义 . 北京：中国地质科学院.

李铁刚，刘振夏 . 2002. 冲绳海槽末次冰消期浮游有孔虫 $\delta^{13}C$ 的宽幅低值事件 . 科学通报，47（4）：298-301.

李小梅，袁宝印，赵俊琳 . 2002. 南极菲尔德斯半岛全新世以来湖泊沉积的环境演变研究 . 极地研究，14（1）：62-71.

李小艳，翦知湣，石学法，等 . 2009. 南海西北部 89PC 柱样沉积物中浮游有孔虫特征及其古环境意义 . 海洋地质与第四纪地质，(3)：85-92.

刘合林，陈志华，葛淑兰，等，2015. 晚第四纪普里兹湾北部陆坡岩心沉积学记录及古海洋学意义. 海洋地质与第四纪地质，35（3）：209-217.

刘健，赵越，刘晓春，等 . 2011. 东南极埃默里冰架东缘赖茵博尔特丘陵构造变形过程及其构造意义 . 极地研究，23（04）：299-309.

刘小汉，赵越，刘春晓，等 . 2002. 东南极格罗夫山地质特征—冈瓦纳最终缝合带的新证据 . 中国科学，32（06）：457-468.

刘晓春，赵越，胡建民，等 . 2013. 东南极格罗夫山：普里兹造山带中一个典型的泛非期变质地体 . 极地研究，25（01）：8-24.

刘晓春，赵越，刘小汉，等 . 2007. 东南极普里兹带高级变质作用演化 . 地学前缘，14（01）：56-63.

刘志飞，李夏晶 . 2011. 南海沉积物中蒙脱石的成因探讨 . 第四纪研究，31（2）：199-206.

刘忠诚，陈志华，金秉福，等，2014. 南极半岛东北部海域碎屑矿物特征与物源分析. 极地研究，26（1）：139-150.

陆钧 . 1997. 普里兹湾晚第四纪以来硅藻组合及气候变化的研究 . 极地研究，9（3）：169-175.

聂森艳，王汝建，肖文申. 2014. 南极半岛 Bransfield 海峡约 6000 年以来的陆源组分记录及其古环境意义. 第四纪研究，34（3）：590-599.

聂森艳，王汝建，肖文申. 2015. 南极半岛 Bransfield 海峡 6 ka BP 以来的古气候变化及其对 ENSO 的响应. 海洋地质与第四纪地质，35（3）：157-166.

蒲书箴，董兆乾，于卫东，等 . 2007. 南印度洋绕极深层水的性质和空间分布以及南极绕极流的作用 . 海洋科学进展，25（1）：1-8.

蒲书箴，董兆乾 . 2000. 普里兹湾陆缘水边界的变化 . 海洋通报，19（6）：1-9.

蒲书箴，胡筱敏，董兆乾，等 . 2002. 普里兹湾附近绕极深层水和底层水及其运动特征 . 海洋学报，24（03）：1-8.

秦大河，罗勇 . 2008. 全球气候变化的原因和未来变化趋势 . 科学对社会的影响，(2)：16-21.

邱中炎，沈忠悦，韩喜球，等 . 2008. 南海黏土矿物组合特征及其环境意义 . 海洋学研究，26（1）：58-64.

任留东 . 1997. 南极拉斯曼丘陵及邻区高级区变质地质特征 . 北京：中国地质科学院 .

沈忱，扈传昱，孙维萍，等 . 2013. 南大洋普里兹湾沉积物中锗的含量与分布 . 极地研究，25（02）：105-112.

孙立广，谢周清，赵俊琳 . 2000. 南极阿德雷岛湖泊沉积：企鹅粪土层识别 . 极地研究，12（2）：105-112.

孙维萍，扈传昱，薛斌，等 . 2009. 普里兹湾表层海水中铜、镉、锌的分布 . 极地研究，21（01）：25-32.

唐灵刚，韩喜彬，黄玥，等，2015. 普里兹湾及邻近海区表层沉积硅藻分布与环境分析. 海洋地质与第四纪地质，35（3）：189-196.

仝来喜，刘小汉，王彦斌，等 . 2012. 东南极拉斯曼丘陵泥质麻粒岩的变质作用演化 . 地质学报，86（08）：1274-1290.

汪品先 . 1989. 古海洋学概论 . 上海：同济大学出版社，1-316.

王百顺，陈志华，王西蒙，等，2014. 威德尔海西北侧海域 MIS3 以来沉积动力环境演变. 极地研究，26（1）：120-127.

王百顺，陈志华，王西蒙，等 . 2014. 南极半岛鲍威尔海盆南部氧同位素 3 期以来沉积动力环境演变 . 极地研究，26（1）：120-127.

王保贵，侯红明，汤贤赞，等 . 1996. 东普里兹湾 NP93-2 柱样古地磁结果 . 南极研究，8（1）：47-52.

王碧香，张元奇，杨崇辉 . 1991. 南极乔治王岛长城站地区火山岩中矿物包裹体的研究 . 南极研究，3（1）：14-21.

王春娟，陈志华，杜德文，等，2014. 南极半岛周边海域表层沉积物粒度分布特征及其环境指示意义. 极地研究，26（1）：128-138.

王豪壮，陈志华，王春娟，等，2015. 普里兹湾陆架表层沉积物粒度特征及其环境指示意义. 极地研究，27（4）：85-92.

王汝建，肖文申，李文宝，等 . 2009. 北冰洋西部楚科奇海盆晚第四纪的冰筏碎屑事件 . 科学通报，54：3761-3770.

王银喜、沈炎彬. 1994. 南极乔治王岛晚白垩世火山岩 Rb-Sr 同位素定年及微量元素、稀土元素地球化学特征 //沈炎彬主编 . 南极乔治王岛菲尔德斯半岛地层及古生物研究 . 北京：科学出版社，109-131.

王志广，陈发荣，郑立，等 . 2012. 普里兹湾沉积物中稀土元素的测定及其配分模式分析 . 光谱学与光谱分析，32（07）：1950-1954.

王中刚，于学元，赵振华 . 1989. 稀土元素地球化学. 北京：科学出版社，1-535.

吴时国，陆钧 . 1998. 普里兹湾 1.5 万年来气候演变的沉积记录 . 海洋学报，20（1）：65-73.

吴时国，罗又郎，王有强，等 . 1998. 普里兹湾全新世的冰海沉积 . 极地研究，10：47-54.

武力，王汝建，肖文申，等，2015. 东南极普里兹湾陆坡扇晚第四纪高分辨率地层年代模式. 海洋地质与第四纪地质，35（3）：197-208.

谢静，丁仲礼 . 2007. 中国东北部沙地重矿物组成及沙源分析 . 中国科学，37（08）：1065-1072.

薛耀松，沈彦彬，卓二军 . 1996. 西南极乔治王岛始新统化石山组沉积火山碎屑岩特征 . 南极研究，8（4）：31-46.

尹明端，曾文义，吴世炎，等 . 2004. 普里兹湾海域铀系同位素的分布 . 极地研究，16（01）：11-21.

尹希杰，李云海，乔磊，等 . 2014. 普里兹湾海域夏季表层水体颗粒有机碳及其同位素分布特征 . 极地研究，26（01）：159-166.

于培松，扈传昱，刘小涯，等 . 2009. 普里兹湾海域的近现代沉积速率 . 沉积学报，21：23-41

岳云章 . 1989. 南极半岛西北海域表层沉积物^{14}C 年龄测定及其年代误差问题的探讨 . 南极研究，1（4）：52-56.

詹玉芬 . 1988. 南极半岛西北海域表层沉积物中硅藻的初步研究 . 南极研究，1（2）：38-45.

张海生，杨惠根，陈志华，等 . 2014. 南北极环境综合考查与评估专项 2014 年度南极环境综合分析与评价.

赵俊琳 . 1991. 南极长城站与智利 Alerce 环境变化韵律的对比 . 科学通报，（4）：288-290.

赵烨，李容全 . 1999. 南极菲尔德斯半岛苔藓泥炭层^{14}C 测年 . 科学通报，44（12）：1342-1344.

赵一阳，鄢明才，1994. 中国浅海沉积物地球化学. 北京：科学出版社，130-150.

赵越，宋彪，张宗清，等 . 1993. 东南极拉斯曼丘陵及其邻区的泛非热事件 . 中国科学，23（09）：1001-1008.

郑少军 . 2011. 海冰和冰架对普里兹湾海洋过程的影响研究 . 青岛：中国海洋大学博士论文，1-116.

郑祥身，鄂莫岚 . 1991. 西南极纳尔逊岛 Stansbury 半岛火山岩地质和岩石学基本特征 . 南极研究，3（2）：110-125.

郑祥身 . 1994. 西南极利文斯顿岛汉那角火山岩地质及火山活动 . 南极研究，6（2）：1-12.

周信，仝来喜，刘小汉，等 . 2014. 东南极拉斯曼丘陵镁铁质麻粒岩的变质作用演化 . 岩石学报，30（06）：1731-1747.

朱凤冠. 1987. 普里兹湾沉及邻近海域沉积物中高岭石矿物的来源. 海洋地质与第四纪地质, 7 (03): 33-42.

朱铭, 鄂莫岚, 刘小汉, 等. 1991. 西南极乔治王岛菲尔斯半岛火山岩同位素年代及地层对比. 3 (2): 127-135.

Abelmann A, Gersonde R, Cortese G, et al. 2006. Extensive phytoplankton blooms in the Atlantic sector of the glacial Southern Ocean. Paleoceanography, 21 (1): PA1013, doi: 10.1029/2005PA001199.

Ahn J, Brook E J. 2014. Siple Dome ice reveals two modes of millennial CO_2 change during the last ice age. Nature communications, 5.

Allen C S, Pike J, Pudsey C J, et al. 2005. Submillennial variations in ocean conditions during deglaciation based on diatom assemblages from the southwest Atlantic. Paleoceanography, 20, PA2012, doi: 10.1029/2004PA001055.

Allison I. 1979. The mass budget of the Lambert Glacier drainage basin, Antarctica. Journal of Glaciologym, 22: 223-35.

Allison I. 1989. Pack-ice drift off East Antarctica and some implications. Ann Glaciol, 12: 1-8.

Almandoz G O, Ferreyra G A, Schloss I R, et al. 2007. Distribution and ecology of Pseudo-nitzschia species (Bacillariophyceae) in surface waters of the Weddell Sea (Antarctica). Polar Biology, 31 (4): 429-442.

Anderson B M, Hindmarsh R C, Lawson W J. 2004. A modelling study of the response of Hatherton Glacier to Ross Ice Sheet grounding line retreat. Global and Planetary Change, 42 (1): 143-153.

Anderson J B, Brake C F, Myers N C. 1984. Sedimentation on the Ross Sea continental shelf, Antarctica. Marine Geology, 57 (1): 295-333.

Anderson J B, Conway H, Bart P J, et al. 2014. Ross Sea paleo-ice sheet drainage and deglacial history during and since the LGM. Quaternary Science Reviews, 100: 31-54.

Anderson J B, Domack E W, Kurtz D D. 1989. Observations of sediment-laden icebergs in Antarctic waters: implications to glacial erosion and transport. Journal of Glaciology, 25: 387-96.

Anderson J B, Shipp S S, Bartek L R, et al. 1992. Evidence for a grounded ice sheet on the Ross Sea continental shelf during the late Pleistocene and preliminary paleodrainage reconstruction. Contributions to Antarctic Research III, 39-62.

Anderson J B, Shipp S S, Lowe A L, et al. 2002. The Antarctic Ice Sheet during the Last Glacial Maximum and its subsequent retreat history: a review. Quaternary Science Reviews, 21 (1): 49-70.

Anderson J B. 1999. Antarctic Marine Geology. Cambridge University Press.

Anderson J, Kurtz D, Domack E, et al. 1980. Glacial and glacial marine sediments of the Antarctic continental shelf. The Journal of Geology, 399-414.

Anderson R F, Chase Z, Fleisher M Q, et al. 2002. The Southern Ocean's biological pump during the last glacial maximum. Deep Sea Research Part Ⅱ: Topical Studies in Oceanography, 49: 1909-1938.

Anderson R F, et al. 2009. Wind-driven upwelling in the Southern Ocean and the deglacial rise in atmospheric CO_2. Science, 323: 1443-1448.

Andrew Morton, Claire Hallsworth, Bruce Chalton. 2004. Garnet compositions in Scottish and Norwegian basement terrains: a framework for interpretation of North Sea sandstone provenance. Marine and Petroleum Geology, 21: 393-410.

Andrew N, Mackintosh EV, Philip E O'Brien, et al. 2014. Retreat history of the East Antarctic Ice Sheet since the Last Glacial Maximum. Quaternary Science Reviews, 100: 10-30.

Aristarain A J, Delmas R J. 1998. Ice record of a large eruption of Deception Island Volcano (Antarctica) in the XVIIth century. Journal of Volcanology and Geothermal Research, 80: 17-25.

Armand L K, Crosta X, Romero O, et al. 2005. The biogeography of major diatom taxa in Southern Ocean sediments: 1. Sea ice related species. Palaeogeography, Palaeoclimatology, Palaeoecology, 223 (1-2): 93-126.

Armand L K, Zielinski U. 2001. Diatom species of the genus Rhizosolenia from Southern Ocean sediments: Distribution and taxonomic notes. Diatom Research, 16 (2): 259-294.

Baker P F, Burrell J. 1977. The opening of Drake Passage. Marine Geology, 25: 15-34.

Baker P F, Daziel I W D, Storey B C. 1991. Tectonic development of the Scotia Arc region//Tingey R J. The Geology of Antarctica. Oxford: Clarendon Press, 215-248.

Baker R, McMillan D, Lumb I, et al. 2006. Chronology errors and their effects on the recovery of characteristic time scales of the geodynamo from relative paleointensity. Physics of the Earth and Planetary Interiors, 159: 267-275.

Balsam W L, Deaton B C, Damuth J E. 1999. Evaluating optical lightness as a proxy for carbonate content in marine sediment cores. Marine Geology, 161: 141-153.

Bard E, Fairbanks R, Arnold M, et al. 1989. Sea-level estimates during the last deglaciation based on $\delta^{18}O$ and accelerator mass spectrometry ^{14}C ages measured in Globigerina bulloides. Quaternary Research, 31 (3): 381-91.

Bareille G, Grousset F E, Labracherie M, et al. 1994. Origin of detrital fluxes in the southeast Indian Ocean during the last climatic cycles. Paleoceanography, (9): 799-819.

Bareille G, Grousset F E, Labracherie M, et al. 1994. Origin of detrital fluxes in the southeast Indian Ocean during the last climatic cycles. Paleoceanography, 9 (6): 799-819.

Barker S, Diz P, Vautravers M J, et al. 2009. Interhemispheric Atlantic seesaw response during the last deglaciation. Nature, 457 (7233): 1097-1102.

Barron J, Larsen B, Baldauf J. 1991. Proceedings of the Ocean Drilling Program, Scientific Results. Vol. 119. Kerguelen Plateau-Prydz Bay: covering Leg 119 of the cruises of the Drilling Vessel "Joides Resolution", Port Louis, Mauritius, to Fremantle, Australia, Sites 736-746: Texas A & M University Ocean Drilling Program.

Bart P J, Cone A N. 2012. Early stall of West Antarctic Ice Sheet advance on the eastern Ross Sea middle shelf followed by retreat at 27, 500 ^{14}C yr BP. Palaeogeography, Palaeoclimatology, Palaeoecology, 335: 52-60.

Basak C, Pahnke K, Frank M, et al. 2015. Neodymium isotopic characterization of Ross Sea Bottom Water and its advection through the southern South Pacific. Earth and Planetary Science Letters, 419: 211-221.

Belkin I M, Gordon A L. 1996. Southern Ocean Fronts from the Greenwich meridian to Tasmania. Journal of Geophysical Research, 101 (C2): 3675-3696.

Bentley M J, Hodgson D A, Smith J A, et al. 2009. Mechanisms of Holocene palaeoenvironmental change in the Antarctic Peninsula region. The Holocene, 19 (1): 51-69.

Berg S, Wagner B, Cremer H, et al. 2010. Late Quaternary environmental and climate history of Rauer Group, East Antarctica. Palaeogeography, Palaeoclimatology, Palaeoecology, 297 (1): 201-13.

Berkman P A, Forman S L. 1996. Pre-sBomb Radiocarbon and the Reservoir Correction for Calcareous Marine Species in the Southern Ocean. Geophysical Research Letter, 23 (4): 363-366.

Bidle K D, Manganelli M, Azam F. 2002. Regulation of oceanic silicon and carbon preservation by temperature control on bacteria. Science, 298: 1980-1984.

Bindschadler R. 1998. Monitoring ice sheet behavior from space. Reviews of Geophysics, 36 (1): 79-104.

Biscaye P E. 1965. Mineralogy and sedimentation of recent deep-sea clay in the Atlantic Ocean and adjacent seas and oceans. Geological Society of America Bulletin, 76 (7): 803-832.

Bischof J, Clark D L, Vincent J S. 1996. Origin of ice-rafted debris: Pleistocene paleoceanography in the western Arctic Ocean. Paleoceanography, 11: 743-756.

Björck S, Sandgren P, Zale R. 1991. Late Holocene tephrochronology of the northern Antarctic Peninsula. Quaternary

Research, 36: 322-328.

Blanc P-L, BÉ AW. 1981. Oxygen-18 enrichment of planktonic foraminifera due to gametogenic calcification below the euphotic zone. Science, 213 (4513): 1247-50.

Bockheim J G, Wilson S C, Denton G H, et al. 1989. Late Quaternary ice-surface fluctuations of Hatherton Glacier, Transantarctic Mountains. Quaternary Research, 31 (2): 229-254.

Boger S D, Carson C J L, Fanning C M, et al. 2002. Pan-African intraplate deformation in the northern Prince Charles Mountains, East Antarctica. Earth and Planetary Science Letters, 195: 195-210.

Boger S D, Carson C J, Wilson C J L, et al. 2009. Neoproterozoic deformation in the Radok Lake region of the northern Prince Charles Mountains, East Antarctica; evidence for a single protracted orogenic event. Precambrian Research, 174: 181-199.

Boger S D, J McL Miller. 2004. Terminal suturing of Gondwana and the onset of the Ross-Delamerian Orogeny: the cause and effect of an Early Cambrian reconfiguration of plate motions. Earth and Planetary Science Letters, 219: 35-48.

Borchers A, Voigt I, Kuhn G, et al. 2011. Mineralogy of glaciomarine sediments from the Prydz Bay-Kerguelen region: relation to modern depositional environments. Antarctic Science, 23 (02): 164-179.

Brady H, Martin H. 1979. Ross Sea region in the Middle Miocene: a glimpse into the past. Science, 203 (4379): 437-438.

Bromley G R, Hall B L, Stone J O, et al. 2010. Late Cenozoic deposits at Reedy glacier, Transantarctic mountains: implications for former thickness of the west antarctic ice sheet. Quaternary Science Reviews, 29 (3): 384-398.

Bryan K, Manabe S, Pacanowski R C. 1975. A global ocean-atmosphere climate model. Part II. The oceanic circulation. Journal of Physical Oceanography, 5 (1): 30-46.

Budd W, Corry M, Jacka T. 1982. Results from the Amery Ice Shelf Project. Ann Glaciol, (3): 36-41.

Budillon G, Castagno P, Aliani S, et al. 2011. Thermohaline variability and Antarctic bottom water formation at the Ross Sea shelf break. Deep-Sea Research Part I: Oceanographic Research Papers, 58 (10): 1002-1018.

Budner D, Cole-sDai J. 2003. The Number and Magnitude of Large Explosive Volcanic Eruptions Between 904 and 1865 A. D.: Quantitative Evidence From a New South Pole Ice Core//Robock A, Oppenheimer C. Volcanism and the Earth's Atmosphere, American Geophysical Union: Geophysical Monograph. 165-176.

Budyko M I. 1969. The effect of solar radiation variations on the climate of the earth. Tellus, 21 (5): 611-619.

Came R E, Oppo D W, Curry W B, et al. 2008. Deglacial variability in the surface return flow of the Atlantic meridional overturning circulation. Paleoceanography, 23, PA1217.

Canals M, Gràcia E, Prieto M J, et al. 1997. The very early stages of seafloor spreading: the central Bransfield Basin, NW Antarctic Peninsula//Ricci C A. The Antarctic region: Geological evolution and processes. Siena Museo Nazionale dell' Antartide, s 669-673.

Carter L, Neil HL, Northcote L. 2002. Late Quaternary ice-rafting events in the SW Pacific Ocean, off eastern New Zealand. Marine Geology, 191 (1): 19-35.

Cefarelli A O, Ferrario M E, Almandoz G O, et al. 2010. Diversity of the diatom genus Fragilariopsis in the Argentine Sea and Antarctic waters: morphology, distribution and abundance. Polar Biology, 33 (11): 1463-1484.

Chamley H. 1989. Clay Sedimentology. Berlin: Springer, 1-561.

Channell J, Xuan C, Hodell D. 2009. Stacking paleointensity and oxygen isotope data for the last 1.5 Myr (PISO-1500). Earth and Planetary Science Letters, 283 (1): 14-23.

Charles C, Fairbanks R. 1990. Glacial to interglacial changes in the isotopic gradients of Southern Ocean surface water. Geological History of the Polar Oceans: Arctic Versus Antarctic: Springer, 519-538.

Clark D L, Hanson A. 1983. Central Arctic Ocean sediment texture: a key to ice transport mechanisms, Glacial-marine sedimentation. Springer, 301-330.

Collier R, Dymond J, Honjo S, et al. 2000. The vertical flux of biogenic and lithogenic material in the Ross Sea: moored sediment trap observations 1996—1998. Deep-Sea Research Part Ⅱ: Topical Studies in Oceanography, 47 (15): 3491-3520.

Collins L G, Hounslow M W, Allen C S, et al. 2012. Palaeomagnetic and biostratigraphic dating of marine sediments from the Scotia Sea, Antarctica: First identification of the Laschamp excursion in the Southern Ocean. Quaternary Geochronology, (7): 67-75.

Comiso J C, Cavalieri D J, Markus T. 2003. Sea ice concentration, ice temperature, and snow depth using AMSR-E data. Geoscience and Remote Sensing, 41 (2): 243-252.

Comiso J C, Gordon A L. 1998. Interannual variability in summer sea ice minimum, coastal polynyas and bottom water formation in the Weddell Sea//Jeffries M O. Washington DC: American Geophysical Union, 293-315.

Conroy J L, Overpeck J T, Cole J E, et al. 2008. Holocene changes in eastern tropical Pacific climate inferred from a Galápagos lake sediment record. Quaternary Science Reviews, 27 (11): 1166-1180.

Conway H, Hall B, Denton G, et al. 1999. Past and future grounding-line retreat of the West Antarctic ice sheet. Science, 286 (5438): 280-283.

Cooke D, Hays J. 1982. Estimates of Antarctic Ocean seasonal sea-ice cover during glacial intervals. Antarctic geoscience, 1017-1025.

Cooper A K, O'Brien P E. 2004. Leg 188 synthesis: transitions in the glacial history of the Prydz Bay region, East Antarctica, from ODP drilling. Proc ODP Sci Results, 1-42.

Coplen T B, Kendall C, Hopple J. 1983. Comparison of stable isotope reference samples.

Cunningham W L, Leventer A, Andrews J T, et al. 1999. Late Pleistocene-Holocene marine conditions in the Ross Sea, Antarctica: evidence from the diatom record. The Holocene, 9 (2): 129-139.

David T W E, Priestley R E, Taylor T G, et al. 1914. Glaciology, physiography, stratigraphy, and tectonic geology of South Victoria Land. William Heinemann.

De Pol-Holz R, et al. 2010. No signature of abyssal carbon in intermediate waters off Chile during deglaciation. Nat Geosci, (3): 192-195.

Delmas R J, Kirchner S, Palais J M, et al. 1992. 1000 years of explosive volcanism recorded at the South Pole. Tellus, 44 (B): 335-350.

DeMaster D J, Dunbar R B, Gordon L I, et al. 1992. Cycling and accumulation of biogenic silica and organic matter in high-latitude environments—The Ross Sea. Oceanography, 5 (3): 146-153.

Denis D, Crosta X, Schmidt S, et al. 2009. Holocene glacier and deep water dynamics, Adélie Land region, East Antarctica. Quaternary Science Reviews, 28: 1291-1303.

Denton G H, Bockheim J G, Wilson S C, et al. 1989. Late quaternary ice-surface fluctuations of Beardmore Glacier, Transantarctic Mountains. Quaternary Research, 31 (2): 183-209.

Denton G H, Hughes T J. 2002. Reconstructing the Antarctic Ice Sheet at the Last Glacial Maximum. Quaternary Science Reviews, 21 (1): 193-202.

Denton G H, Marchant D R. 2000. The geologic basis for a reconstruction of a grounded ice sheet in McMurdo Sound, Antarctica, at the last glacial maximum. Geografiska Annaler: Series A, Physical Geography, 82 (2/3): 167-211.

Dezileau L, Bareille G, Reyss J, et al. 2000. Evidence for strong sediment redistribution by bottom currents along the southeast Indian ridge. Deep Sea Research Part I: Oceanographic Research Papers, 47 (10): 1899-1936.

Dickson B. 2002. All change in the Arctic. Nature, 397: 389-390.

Diekmann B, Fütterer D, Grobe H, et al. 2004. Terrigenous sediment supply in the polar to temperate South Atlantic: Land-ocean links of environmental changes during the late Quaternary. The South Atlantic in the Late Quaternary: Springer, 375-399.

Diekmann B, Kuhn G, Rachold V, et al. 2000. Terrigenous sediment supply in the Scotia Sea (Southern Ocean) response to Late Quaternary ice dynamics in Patagonia and on the Antarctic Peninsula. Palaeogeography, Palaeoclimatology, Palaeoecology, 162: 357-387.

Diekmann B, Kuhn G. 1999. Provenance and dispersal of glacial-marine surface sediments in the Weddell Sea and adjoining areas, Antarctica: ice-rafting versus current transport. Marine Geology, 158 (1): 209-231.

Diekmann B. 2007. Sedimentary patterns in the late Quaternary Southern Ocean. Deep-Sea Research Part Ⅱ: Topical Studies in Oceanography, 54 (21/22): 2350-2366.

Dietze E, Hartmann K, Diekmann B, et al. 2012. An end-member algorithm for deciphering modern detrital processes from lake sediments of Lake Donggi Cona, NE Tibetan Plateau, China. Sedimentary Geology, 243: 169-180.

Dirks P H G M, Wilson C J L. 1995. Crustal evolution of the East Antarctic mobile belt in Prydz Bay: continental collision at 500 Ma. Precambrian Research, 75: 189-207.

Domack E W, Jacobson E A, Shipp S, et al. 1999. Late Pleistocene-Holocene retreat of the West Antarctic Ice-Sheet system in the Ross Sea: Part 2-sedimentologic and stratigraphic signature. Geological Society of America Bulletin, 111 (10): 1517-1536.

Domack E W, Jull A J T, Donahue D J. 1991. Holocene chronology for the unconsolidated sediments at Hole 740A: Prydz Bay, East Antarctica//Barron J, Larsen B, eds. Proceedings of the Ocean Drilling Program. Scientific Res, 747-750.

Domack E W, Jull A T, Nakao S. 1991. Advance of East Antarctic outlet glaciers during the Hypsithermal: implications for the volume state of the Antarctic ice sheet under global warming. Geology, 19 (11): 1059-1062.

Domack E, Duran D, Leventer A, et al. 2005. Stability of the Larsen B ice shelf on the Antarctic Peninsula during the Holocene epoch. Nature, 436 (7051): 681-685.

Domack E, Leventer A, Dunbar R, et al. 2001. Chronology of the Palmer Deep site, Antarctic Peninsula: a Holocene palaeoenvironmental reference for the circum-Antarctic. The Holocene, 11: 1-9.

Domack E, O'Brien P, Harris P, et al. 1998. Late Quaternary sediment facies in Prydz Bay, East Antarctica and their relationship to glacial advance onto the continental shelf. Antarctic Science, 10 (03): 236-246.

Dou G-R. 1999. Incipient motion of coarse and fine sediment. Journal of Sediment Research, 6: 1-9.

Duce R, Liss P, Merrill J, et al. 1991. The atmospheric input of trace species to the world ocean. Global Biogeochemical Cycles, (5): 193-259.

Dunbar R B, Anderson J B, Domack E W, et al. 1985. Oceanographic influences on sedimentation along the Antarctic continental shelf. Oceanology of the Antarctic Continental Shelf, 291-312.

Dunbar R B, Leventer A R, Mucciarone D A. 1998. Water column sediment fluxes in the Ross Sea, Antarctica: atmospheric and sea ice forcing. Journal of Geophysical Research: Oceans (1978-2012), 103 (C13): 30 741-30 759.

Duplessy J-C, Shackleton N J. 1985. Response of global deep-water circulation to Earth's climatic change 135,000-107,000 years ago. Nature, 316: 500-507.

Dymond J, Suess E, Lyle M. 1992. Barium in deep-sea sediment: A geochemical proxy for paleoproductivity. Paleoceanography, (7): 163-181.

Edward S Grew, Christopher J Carson, Andrew G Christy, et al. 2012. New constraints from U-Pb, Lu-Hf and Sm-Nd isotopic data on the timing of sedimentation and felsic magmatism in the Larsemann Hills, Prydz Bay, East Antarctica. Preacmbrian Research, 207: 87-108.

Ehrmann W U, Grobe H. 1991. Cyclic sedimentation at sites 745 and 746. Proceedings of the Ocean Drilling Program, Scientific Results.

Ehrmann W U, Melles M, Kuhn G, et al. 1992. Significance of clay mineral assemblages in the Antarctic Ocean. Marine Geology, 107: 249-273.

Ehrmann W, Bloemendal J, Hambrey M J, et al. 2003. Variations in the composition of the clay fraction of the Cenozoic Pagodroma Group, East Antarctica: implications for determining provenance. Sedimentary Geology, 161 (1): 131-52.

Ehrmann W, Polozek K. 1999. The heavy mineral record in the Pliocene to Quaternary sediments of the CIROS-2 drill core, McMurdo Sound, Antarctica. Sedimentary Geology, 128 (3): 223-244.

Elderfield M, Ferretti P, Greaves M, et al. 2012. Evolution of Ocean Temperature and Ice Volume Through the Mid-Pleistocene Climate Transition. Science, 337: 704-710.

Elie Verleyen, Dominic A Hodgson, Glenn A Milne, et al. 2005. Relative sea-level history from the Lambert Glacier region, East Antarctica, and its relation to deglaciation and Holocene glacier readvance. Quaternary Research, 63: 45-52.

Ergin M, Keskin Ş, Karakaş Z, et al. 2007. Grain size and heavy mineral distribution as related to hinterland and environmental conditions for modern beach sediments from the Gulfs of Antalya and Finike, eastern Mediterranean. Marine Geology, 240 (1): 185-196.

Erohina T, Cooper A, Handwerger D, et al. 2004. Seismic stratigraphic correlations between ODP Sites 742 and 1166: implications for depositional paleoenvironments in Prydz Bay. Antarctica, Proceedings of the Ocean Drilling Program, Scientific Results, 1-21.

Etourneau J, Collins L G, Kim J-H, et al. 2013. Holocene climate variations in the western Antarctic Peninsula: evidence for sea ice extent predominantly controlled by changes in insolation and ENSO variability. Climate of the Past, 9 (4): 1431-1446.

Fagel N, Dehairs F, André L, et al. 2002. Ba distribution in surface Southern Ocean sediments and export production estimates. Paleoceanography, 17: 11-20.

Farmer G L, Licht K, Swope R J, et al. 2006. Isotopic constraints on the provenance of fine-grained sediment in LGM tills from the Ross Embayment, Antarctica. Earth and Planetary Science Letters, 249 (1): 90-107.

Fielding C R, Webb J A. 1996. Facies and cyclicity of the Late Permian Bainmedart Coal Measures in the Northern Prince Charles Mountains, MacRobertson Land, Antarctica. Sedimentology, 43 (2): 295-322.

Fitzsimons I, Thost D. 1992. Geological relationships in high-grade basement gneiss of the northern Prince Charles Mountains, East Antarctica. Australian Journal of Earth Sciences, 39 (2): 173-193.

Florindo F, Bohaty S M, Erwin P S, et al. 2003. Magnetobiostratigraphic chronology and palaeoenvironmental history of Cenozoic sequences from ODP sites 1165 and 1166, Prydz Bay, Antarctica. Palaeogeography, Palaeoclimatology, Palaeoecology, 198: 69-100.

Florindo F, Harwood D M, Wilson G S. 2005. Preface: Introduction to "long-term changes in Southern high-latitude ice sheets and climate, the Cenozoic history" . Global and Planetary Change, 45: 1-7.

Florindo F, Siegert M. 2008. Antarctic climate evolution: Elsevier.

Foldvik A, Gammelsrod T. 1998. Notes on Southern Ocean hydrography, sea-ice and bottom water formation. Palaeogeograhpy, Palaeoclimatology, Palaeocology, 67: 3-17.

Fontugne M R, Jouanneau J-M. 1987. Modulation of the particulate organic carbon flux to the ocean by a macrotidal estuary: evidence from measurements of carbon isotopes in organic matter from the Gironde system. Estuarine, Coastal and Shelf Science, 24 (3): 377-387.

Forsberg C F, Florindo F, Grützner J, et al. 2008. Sedimentation and aspects of glacial dynamics from physical properties, mineralogy and magnetic properties at ODP Sites 1166 and 1167, Prydz Bay, Antarctica. Palaeogeography, Palaeoclimatology, Palaeoecology, 260: 184-201.

Forsberg C, Florindo F, Gruetzner J, et al. 2008. Sedimentation and aspects of glacial dynamics from physical properties, mineralogy and magnetic properties at ODP Sites 1166 and 1167, Prydz Bay, Antarctica. Palaeogeography, Palaeoclimatology, Palaeoecology, 260 (1): 184-201.

Fricker H A, Hyland G, Coleman R. 2000. Digital elevation models for the Lambert Glacier-Amery Ice Shelf system, East Antarctica, from ERS-1 satellite radar altimetry. Journal of Glaciology, 46: 553-560.

Galbraith E. et al. 2007. Carbon dioxide release from the North Pacific abyss during the last deglaciation. Nature, 449: 890-893.

Geary L E. 2007. Holocene diatoms recovered from SHALDRIL Ⅰ Cores, Maxwell Bay, Antarctica [dissertation]. Berkeley: Florida State University.

Gersonde R, Zielinski U. 2000. The reconstruction of late Quaternary Antarctic sea-ice distribution—the use of diatoms as a proxy for sea-ice. Palaeogeography, Palaeoclimatology, Palaeoecology, 162 (3/4): 263-286.

Gnanadesikan A, Toggweiler J R. 1999. Constraints placed by silicon cycling on vertical exchange in general circulation models. Geophys Res Lett, 26: 1865-1868.

Goldstein S, Hemming S, Kish S, et al. 1999. Strontium isotopes in South Atlantic detritus: A surface current proxy and tracer of Agulhas leakage. Ninth Annual VM Goldschmidt Conference.

González-Ferrán O. 1991. The Bransfield rift and its active volcanism//Thomson M R A, Crame J A, Thomson J W. Geological evalution of Antarctica. Cambridge: Cambridge University Press, 505-509.

Goodell H, Watkins N, Mather T, et al. 1968. The Antarctic glacial history recorded in sediments of the Southern Ocean. Palaeogeography, Palaeoclimatology, Palaeoecology, 5 (1): 41-62.

Gordon J E, Harkness D D. 1992. Magnitude and geographic variation of the radiocarbon content in Antarctic marine life-Implications for reservoir corrections in radiocarbon dating. Quaternary Science Reviews, 11: 697-708.

Greenwood S L, Gyllencreutz R, Jakobsson M, et al. 2012. Ice-flow switching and East/West Antarctic Ice Sheet roles in glaciation of the western Ross Sea. Geological Society of America Bulletin, 124 (11/12): 1736-1749.

Grinsted A, Moore J C, Jevrejeva S. 2004. Application of the cross wavelet transform and wavelet coherence to geophysical time series. Nonlinear Processes in Geophysics, 11: 561-566.

Gross T F, Williams A. 1991. Characterization of deep-sea storms. Marine Geology, 99 (3): 281-301.

Grützner J, Rebesco M, Cooper A, et al. 2003. Evidence for orbitally controlled size variations of the East Antarctic Ice Sheet during the late Miocene. Geology, 31: 777-780.

Hall B L, Denton G H, Stone J O, et al. 2013. History of the grounded ice sheet in the Ross Sea sector of Antarctica during the Last Glacial Maximum and the last termination. Geological Society, London, Special Publications, 381 (1): 167-181.

Hall B L, Denton G H. 2000. Radiocarbon chronology of Ross Sea drift, eastern Taylor Valley, Antarctica: Evidence for a grounded ice sheet in the Ross Sea at the last glacial maximum. Geografiska Annaler: Series A, Physical Geography, 82 (2/3): 305-336.

Hambrey M J, Dowdeswe L L. 1994. Cenozoic glacial record from the Prydz Bay continental shelf. East Antarctica, Proceedings of Ocean Drilling Program Scientic Results, 77-132.

Hambrey M J, Dowdeswell J A. 1994. Flow regime of the Lambert Glacier-Amery Ice Shelf system, Antarctica: structural evidence from Landsat imagery. Annals of Glaciology, 20 (1): 401-406.

Hambrey M J, Ehrmann W, Larsen B. 1991. Cenozoic glacial record of the Prydz Bay continental shelf, East Antarctica//Barron J, Larsen B, et al., eds. Proc. ODP, Sci. Results, College Station, TX. (Ocean Drilling Program), 119: 77-132.

Hambrey M J, McKelvey B. 2000. Major Neogene fluctuations of the East Antarctic ice sheet: Stratigraphic evidence from the Lambert Glacier region. Geology, 28 (10): 887-890.

Han J, Xie Z, Dai F, et al. 1999. Volcanic eruptions recorded in an ice core from Collins Cap, King George Island, Antarctica. Annals of Glaciology, 29: 121-125.

Handwerger D, Cooper A, O'Brien, et al. 2004. Synthetic seismograms linking ODP sites to seismic profiles, continental rise and shelf of Prydz Bay, Antarctica. Proc Ocean Drill Prog Sci Res, 188: 1-67.

Hanna E. 1996. The role of Antarctic sea ice in global climate change. Progress in Physical Geography, 20 (4): 371-401.

Hannah M J, 2006. The palynology of ODP site 1165, Prydz Bay, East Antarctica: A record of Miocene glacial advance and retreat. Palaeogeography, Palaeoclimatology, Palaeoecology, 231: 120-133.

Harley S L, Kelly N M. 2007. The impact of zircon-garnet REE distribution data on the interpretation of zircon U-Pb ages in complex high-grade terrains: An example from the Rauer Islands, East Antarctica. Chemical Geology, 241: 62-87.

Harley S, Snape I, Black L. 1998. The evolution of a layered metaigneous complex in the Rauer Group, East Antarctica: evidence for a distinct Archaean terrane. Precambrian Research, 89 (3): 175-205.

Harris P, O'Brien P. 1996. Geomorphology and sedimentology of the continental shelf adjacent to Mac. Robertson Land, East Antarctica: a scalped shelf. Geo-Marine Letters, 16 (4): 287-96.

Harris P, O'Brien P. 1997. Current and Glacial Erosion on the Shelf off Mac. Robertson Land, East Antarctica. Glaciated Continental Margins: Springer, 232-234.

Harris P, O'Brien P. 1998. Bottom currents, sedimentation and ice-sheet retreat facies successions on the Mac Robertson shelf, East Antarctica. Marine Geology, 151 (1): 47-72.

Harris P, Taylor F, Pushina Z, et al. 1998. Lithofacies distribution in relation to the geomorphic provinces of Prydz Bay, East Antarctica. Antarctic Science, 10 (03): 227-235.

Harwood D, Webb P. 1998. Glacial transport of diatoms in the Antarctic Sirius Group: Pliocene refrigerator. GSA TODAY, 8 (4): 1-8.

Hauptvogel D W, Passchier S. 2012. Early-Middle Miocene (17-14 Ma) Antarctic ice dynamics reconstructed from the heavy mineral provenance in the AND-2A drill core, Ross Sea, Antarctica. Global and Planetary Change, 82: 38-50.

Hawkes D D. 1961. The geology of the South Shetland Islands: the petrologhy of King George Island, Falk Island. Dependencies Survey Scientific Report, 26: 1-28.

Hemer M A, Harris P T. 2003. Sediment core from beneath the Amery Ice Shelf, East Antarctica, suggests mid-Holocene ice-shelf retreat. Geology, 31 (2): 127-130.

Hemer M, Post A, O'Brien P, et al. 2007. Sedimentological signatures of the sub-Amery Ice Shelf circulation. Antarctic Science, 19 (04): 497-506.

Heroy D C, Sjunneskog C, Anderson J B. 2008. Holocene climate change in the Bransfield Basin, Antarctic Peninsula: evidence from sediment and diatom analysis. Antarctic Science, 20 (01): 69-87.

Heywood KJ, Sparrow MD, Brown J, et al. 1999. Frontal structure and Antarctic bottom water flow through the Princess Elizabeth Trough, Antarctica. Deep-Sea Research Part I: Oceanographic Research Papers, 46 (7): 1181

-1200.

Higham M, Craven M, Ruddell A, et al. 1997. Snow-accumulation distribution in the interior of the Lambert Glacier basin, Antarctica. Annals of Glaciology, 25: 412-417.

Hodgkinson C R S, Robb M, Williams R. 1991b. Current meter moorings in the region of Prydz Bay, Antarctica, 1987. ANARE Research Notes No. 82, Australian Antarctic Division.

Hodgkinson R P C, R S, Robb M, William R. 1991a. Current meter moorings in the region of Prydz Bay, Antarctica, 1986, ANARE Research Notes No. 81, Australian Antarctic Division.

Hodgkinson R. 1988. Water currents in Prydz Bay, Antarctica during 1985: Antarctic Division, Dept. of the Arts, Sport, the Environment, Tourism and Territories.

Hoffert M I. 1990. Climatic change and ocean bottom water formation: are we missiong something//Schlesinger M E. Climate-Ocean Interaction. Kluwer Academic: Dordrecht, 295-317.

Hou H, Luo Y, Zheng H, et al. 1998. Heinrich layer in Antarctic marine sediments and its significance to global changes. Chinese science bulletin, 43: 1830-1834.

Howard W R, Prell W L. 1992. Late Quaternary surface circulation of the southern Indian Ocean and its relationship to orbital variations. Paleoceanography, 7 (1): 79-117.

Hughes T. 1973. Is the West Antarctic ice sheet disintegrating? Journal of Geophysical Research, 78 (33): 7884-7910.

Huybrechts P. 1990. A 3-D model for the Antarctic ice sheet: a sensitivity study on the glacial-interglacial contrast. Climate Dynamics, 5 (2): 79-92.

Imbrie J, Boyle E A, Clemens S C, et al. 1992. On the structure and origin of major glaciation cycles 1. Linear responses to Milankovitch forcing. Paleoceanography, 7 (6): 701-738.

Iwai M, Winter D. 2002. Data Report: Taxonomic Notes of Neogene Diatoms from the Western Antarctic Peninsula: Ocean Drilling Program Leg 178. //Barker P E, Camerlenghi A, Acton G D, et al. Procceeding of the Ocean Drilling Program, Scientific Results, 178.

Jacobs J, Fanning C M, Bauer W. 2003. Timing of Grenville-age vs. Pan-African medium to high grade metamorphism in western Dronning Maud Land (East Antarctica) and significance for correlations in Rodinia and Gondwana. Precambrian Research, 125: 1-20.

Jacobs S S, Amos A F, Bruchhausen P M. 1970. Ross sea oceanography and antarctic bottom water formation. Deep Sea Research and Oceanographic Abstracts, 17 (6): 935-962.

Jakobsson M, Anderson J B, Nitsche F O, et al. 2011. Geological record of ice shelf break-up and grounding line retreat, Pine Island Bay, West Antarctica. Geology, 39 (7): 691-694.

Jansen E, Overpeck J T, Briffa K R, et al. 2007. Palaeoclimate. //Solomon S, Qin D, Manning M, et al. Climate Change 2007: the Physical Science Basis. 4th Assessment Report IPCC. Cambridge: Cambridge University Press, 433-498.

Jansen J, Van der Gaast S, Koster B, et al. 1998. CORTEX, a shipboard XRF-scanner for element analyses in split sediment cores. Marine Geology, 151 (1): 143-153.

Joughin I, Bindschadler R, King M A, et al. 2005. Continued deceleration of Whillans Ice Stream, West Antarctica. Geophysical Research Letters, 32 (22).

Joughin I, Tulaczyk S. 2002. Positive mass balance of the Ross ice streams, West Antarctica. Science, 295 (5554): 476-480.

Jouzel J, Masson-Delmotte V, Cattani O, et al. 2007. Orbital and millennial Antarctic climate variability over the past 800,000 years. Science, 317: 793-796.

Junttila J, Ruikka M, Strand K. 2005. Clay-mineral assemblages in high-resolution Plio-Pleistocene interval at ODP Site 1165, Prydz Bay, Antarctica. Global and Planetary Change, 45 (1): 151-163.

Kanfoush S L, Hodell D A, Charles C D, et al. 2000. Millennial-scale instability of the Antarctic ice sheet during the last glaciation. Science, 288 (5472): 1815-1819.

Karlof L, Winther J G, Isaksson E, et al. 2000. A 1500 year record of accumulation at Amundsenisen western Dronning Maud Land, Antarctica, derived from electrical and radioactive measurements on a 120 m ice core. Journal of Geophysical Research, 105 (D10): 12 471-12 483.

Keil R G, Tsamakis E, Fuh C B, et al. 1994. Mineralogical and textural controls on the organic composition of coastal marine sediments: Hydrodynamic separation using SPLITT-fractionation. Geochimica et Cosmochimica Acta, 58 (2): 879-893.

Keller R A, Fisk M R, White W M, et al. 1992. Isotope and trace element constraints on mixing and melting models of marginal basin volcanism, Bransfield Strait, Antarctica. Earth and Planetary Scence Letters, 111: 287-303.

King AL, Howard WR. 2005. $\delta^{18}O$ seasonality of planktonic foraminifera from Southern Ocean sediment traps: Latitudinal gradients and implications for paleoclimate reconstructions. Marine Micropaleontology, 56 (1): 1-24.

Kinny P, Black L, Sheraton J. 1993. Zircon ages and the distribution of Archaean and Proterozoic rocks in the Rauer Islands. Antarctic Science, 5 (02): 193-206.

Klinck J M, Hofmann E E, Beardsley R C, et al. 2004. Water-mass properties and circulation on the west Antarctic Peninsula Continental Shelf in Austral Fall and Winter 2001. Deep-Sea Research Part Ⅱ: Topical Studies in Oceanography, 51 (17-19): 1925-1946.

Klovan J E, Imbrie J. 1971. An algorithm and FORTRAN-IV program for large-scale Q-mode factor analysis and calculation of factor scores. Mathematical Geology, (3): 61-77.

Kohfeld K E, Fairbanks R G, Smith S L, et al. 1996. Neogloboquadrina pachyderma (sinistral coiling) as paleoceanographic tracers in polar oceans: Evidence from Northeast Water Polynya plankton tows, sediment traps, and surface sediments. Paleoceanography, 11 (6): 679-699.

Kolla V, Henderson L, Sullivan L, et al. 1978. Recent sedimentation in the southeast Indian Ocean with special reference to the effects of Antarctic bottom water circulation. Marine Geology, 27 (1): 1-17.

Kraus S, Kurbatov A. 2010. Chemical fingerprint of bulk tephra from Late Pleistocene/Holocene volcanoes in the northern Antarctic Peninsula area. New York: Nova Science Publishers, 3-5.

Kslsey D E, Wade B P, Collins A S, et al. 2008. Discovery of a Neoproterozoic basin in the Prydz belt in East Antarctica and its implications for Gondwana assembly and ultrahigh temperature metamorphism. Preacmbrian Research, 161: 355-388.

Kuhn G, Weber M E. 1993. Acoustical characterization of sediments by Parasound and 3. 5 kHz systems: Related sedimentary processes on the southeastern Weddell Sea continental slope, Antarctica. Marine Geology, 113 (3): 201-217.

Kuvaas B, Leitchenkov G. 1992. Glaciomarine turbidite and current controlled deposits in Prydz Bay, Antarctica. Marine Geology, 108 (3): 365-381.

Kyle P R, Seward D. 1984. Dispersed rhyolitic tephra from New Zealand in deep-sea sediments of the Southern Ocean. Geology, 12 (8): 487-490.

Lamy F, Kilian R, Arz H W, et al. 2010. Holocene changes in the position and intensity of the southern westerly wind belt. Nature Geoscience, 3 (10): 695-699.

Leventer A, Domack E W, Ishman S E, et al. 1996. Productivity cycles of 200-300 years in the Antarctic Peninsula region: Understanding linkages among the sun, atmosphere, oceans, sea ice, and biota. Geological Society of America Bulletin, 108 (12): 1626-1644.

Leventer A, Domack E, Dunbar R, et al. 2006. Marine sediment record from the East Antarctic margin reveals dynamics of ice sheet recession. GSA TODAY, 16 (12): 4.

Li F, Ginoux P, Ramaswamy V. 2008. Distribution, transport, and deposition of mineral dust in the Southern Ocean and Antarctica: Contribution of major sources. Journal of Geophysical Research: Atmospheres (1984—2012), 113: 2332-2354.

Licht K J, Lederer J R, Swope R J. 2005. Provenance of LGM glacial till (sand fraction) across the Ross embayment, Antarctica. Quaternary Science Reviews, 24 (12): 1499-1520.

Licht K J, Andrews J T. 2002. The ^{14}C record of Late Pleistocene ice advance and retreat in the central Ross Sea, Antarctica. Arctic, Antarctic, and Alpine Research, 324-333.

Lisiecki L E, Raymo M E. 2005. A Pliocene-Pleistocene stack of 57 globally distributed benthic $\delta^{18}O$ records. Paleoceanography, 20: 211-234.

Liu X, Huang F, Kong P, et al. 2010. History of ice sheet elevation in East Antarctica: Paleoclimatic implications. Earth and Planetary Science Letters, 290 (3): 281-288.

Liu X, Jahn B-M, Zhao Y, et al. 2006. Late Pan-African granitoids from the Grove Mountains, East Antarctica: age, origin and tectonic implications. Precambrian Research, 145 (1): 131-154.

Liu Xiaochun, Zhao Yue, Song Biao, et al. 2009. SHRIMP U-Pb zircon geochronology of high-grade rocks and charnockites from the eastern Amery Ice Shelf and southwestern Prydz Bay, East Antarctica: Constrains on Late Mesoproterozoic to Cambrian tectonothermal events related to supercontinent assembly. Gondwana Research, 16: 342-361.

Liu Z, Colin C, Huang W, et al. 2007. Climatic and tectonic controls on weathering in south China and Indochina Peninsula: Clay mineralogical and geochemical investigations from the Pearl, Red, and Mekong drainage basins. Geochemistry, Geophysics, Geosystems, 8 (5).

Liu Z, Colin C, Trentesaux A, et al. 2004. Erosional history of the eastern Tibetan Plateau since 190 kyr ago: clay mineralogical and geochemical investigations from the southwestern South China Sea. Marine Geology, 209 (1): 1-18.

Liu Z, Zhao Y, Colin C, et al. 2009. Chemical weathering in Luzon, Philippines from clay mineralogy and major-element geochemistry of river sediments. Appl Geochem, 24: 2195-2205.

Lourey M J, Trull T W, Tilbrook B. 2004. Sensitivity of $\delta^{13}C$ of Southern Ocean suspended and sinking organic matter to temperature, nutrient utilization, and atmospheric CO_2. Deep-Sea Research Part Ⅰ: Oceanographic Research Papers, 51 (2): 281-305.

Luis A J. 2013. Past, Present and Future Climate of Antarctica. International Journal of Geosciences, 04 (06): 959-977.

Lüthi D, Le Floch M, Bereiter B, et al. 2008. High-resolution carbon dioxide concentration record 650, 000-800, 000 years before present. Nature, 453 (7193): 379-382.

Mackintosh A N, Verleyen E, O'Brien P E, et al. 2014. Retreat history of the East Antarctic Ice Sheet since the Last Glacial Maximum. Quaternary Science Reviews, 100: 10-30.

Mackintosh A, Golledge N, Domack E, et al. 2011. Retreat of the East Antarctic ice sheet during the last glacial termination. Nature Geoscience, 4 (3): 195-202.

Mantyla A M, Reid J L. 1983. Abyssal characteristics of the World Ocean waters. Deep-sea Research, 30 (8): 805-833.

Marchitto T, Lehman S, Ortiz J, et al. 2007. Marine radiocarbon evidence for the mechanism of deglacial atmospheric

CO_2 rise. Science, 316: 1456-1459.

Martinson D G, Iannuzzi R A. 1998. Antarctic Ocean-ice interaction: implications from ocean bulk property distribution in the Weddell Gyre//Jeffries M O. Washington D. C. American Geophysical Union, 243-271.

Masson V, Vimeux F, Jouzel J, et al. 2000. Holocene Climate Variability in Antarctica Based on 11 Ice-Core Isotopic Records. Quaternary Research, 54 (3): 348-358.

Mayewski P, Meredith M, Summerhayes C, et al. 2009. State of the Antarctic and Southern Ocean climate system. Reviews of Geophysics, 47: 1-38.

McCave I, Hall I. 2006. Size sorting in marine muds: Processes, pitfalls, and prospects for paleoflow-speed proxies. Geochemistry, Geophysics, Geosystems, (7): 3212-3243.

McCave I N. 2007. Developments in marine geology. Elsevier.

McCave I, Manighetti B, Robinson S. 1995. Sortable silt and fine sediment size/composition slicing: parameters for palaeocurrent speed and palaeoceanography. Paleoceanography, 10 (3): 593-610.

McKay R, Dunbar G, Naish T, et al. 2008. Retreat history of the Ross Ice Sheet (Shelf) since the Last Glacial Maximum from deep-basin sediment cores around Ross Island. Palaeogeography, Palaeoclimatology, Palaeoecology, 260 (1): 245-261.

McKelvey B, Hambrey M J, Harwood D, et al. 2001. The Pagodroma Group-a Cenozoic record of the East Antarctic ice sheet in the northern Prince Charles Mountains. Antarctic Science, 13 (04): 455-468.

Mcloughlin S, Drinnan A N. 1997. Fluvial sedimentology and revised stratigraphy of the Triassic Flagstone Bench Formation, northern Prince Charles Mountains, East Antarctica. Geological Magazine, 134 (06): 781-806.

McManus J, Berelson W M, Klinkhammer G P, et al. 1998. Geochemistry of barium in marine sediments: Implications for its use as a paleoproxy. Geochimica et Cosmochimica Acta, 62: 3453-3473.

Meckler A, Sigman O., Gibson K., et al. 2013. Deglacial pulses of deep-ocean silicate into the subtropical North Atlantic Ocean. Nature, 495 (7442): 495-498.

Members W D P. 2015. Precise interpolar phasing of abrupt climate change during the last ice age. Nature, 520 (7549): 661-665.

Mercer J H. 1978. West Antarctic ice sheet and CO_2 greenhouse effect—a threat of disaster. Nature, 271 (5643): 321-325.

Meredith M P, King J C. 2005. Rapid climate change in the ocean west of the Antarctic Peninsula during the second half of the 20th century. Geophysical Research Letters, 32 (19).

Meyers P A. 1994. Preservation of elemental and isotopic source identification of sedimentary organic matter. Chemical Geology, 114 (3): 289-302.

Meyers P A. 1997. Organic geochemical proxies of paleoceanographic, paleolimnologic, and paleoclimatic processes. Organic Geochemistry, 27 (5/6): 213-250.

Mikhalsky E V, Sheraton J W, Hahne K. 2006. Charnockite composition in relation to the tectonic evolution of East Antarctica. Gondwana Research, (9): 379-397.

Mikhalsky E. 2001. Geology of the Prince Charles Mountains. Antarctica: AGSO-Geoscience Australia.

Monnin E, Indermuhle A, Dallenbach A, et al. 2001. Atmospheric CO_2 concentrations over the last glacial termination. Science, 291 (5501): 112-114.

Morgan V, Budd W. 1975. Radio-echo sounding of the Lambert Glacier basin. J Glaciol, 15 (73): 103-111.

Moriarty K C. 1977. Clay minerals in southeast Indian Ocean sediments, transport mechanisms and depositional environments. Marine Geology, 25 (1): 149-174.

Mosby H. 1934. The waters of the Atlantic Antarctic ocean: (With 50 figures in the text) . I kommisjon hos Jacob

Dybwad, 82: 4532–4547.

Mosola A B, Anderson J B. 2006. Expansion and rapid retreat of the West Antarctic Ice Sheet in eastern Ross Sea: possible consequence of over-extended ice streams. Quaternary Science Reviews, 25 (17): 2177–2196.

Mulvaney R, Abram N J, Hindmarsh R C, et al. 2012. Recent Antarctic Peninsula warming relative to Holocene climate and ice-shelf history. Nature, 489 (7414): 141–144.

Müller P J. 1977. C/N ratios in Pacifc deep-sea sediments: Effect of inorganic ammonium and organic nitrogen compounds sorbed by clays. Geochimica et Cosmochimica Acta, 41: 765–776.

Nicholls K W, Makinson K, Robinson A V. 1991. Ocean circulation beneath the Ronne Ice Shelf. Nature, 354: 221–223.

Niebler H-S, Hubberten H-W, Gersonde R. 1999. Oxygen isotope values of planktic foraminifera: a tool for the reconstruction of surface water stratification. Use of Proxies in Paleoceanography: Springer, 165–189.

Oglesby R. 1990. Relationships between sea ice extent and oceanic and atmospheric circulations. Eos Trans AGU, 71: 1368.

Ohshima K I, Fukamachi Y, Williams G D, et al. 2013. Antarctic Bottom Water production by intense sea-ice formation in the Cape Darnley polynya. Nature Geoscience, 6 (3): 235–240.

Olbers D, Gouretsky V, Seiss G, et al. 1992. Hydrographic atlas of the Southern Ocean. Alfred-Wegener-Institut, Bremerhaven.

Orsi A H, Whitworth T, Nowlin W D. 1995. On the meridional extent and fronts of the Antarctic Circumpolar Current. Deep Sea Research Part I: Oceanographic Research Papers, 42 (5): 641–673.

Orsi A H, Wiederwohl C L. 2009. A recount of Ross Sea waters. Deep-Sea Research Part Ⅱ: Topical Studies in Oceanography, 56 (13/14): 778–795.

Orsi A, Johnson G, Bullister J. 1999. Circulation, mixing, and production of Antarctic Bottom Water. Progress in Oceanography, 43 (1): 55–109.

Osterman L E, Poore R Z, Barron J. 2001. Climate variability of the Holocene, Site 1098, Palmer Deep, Antarctica. //Barker P F, Camerlenghi A, Acton G D, et al. Proceedings of the Ocean Drilling Program, Scientific Results. College Station: Ocean Drilling Program. 178: 1–45. doi: 10. 2973/odp. proc. sr. 178. 203.

O'Brien P, Cooper A, Florindo F, et al. 2004. Prydz Channel Fan and the history of extreme ice advances in Prydz Bay. Proceedings of the Ocean Drilling Program, Scientific Results.

O'brien P, Leitchenkov G. 1997. Deglaciation of Prydz Bay, East Antarctica, based on echo sounding and topographic features. Geology and Seismic Stratigraphy of the Antarctic Margin, (2): 109–126.

O'Brien P, Santis L D, Harris P, et al. 1999. Ice shelf grounding zone features of western Prydz Bay, Antarctica: sedimentary processes from seismic and sidescan images. Antarctic Science, 11 (01): 78–91.

O'Brien P. 1994. Morphology and late glacial history of Prydz Bay, Antarctica, based on echo sounder data. Terra Antarctica, 1 (2): 403–405.

Padman L, Howard S L, Orsi A H, 2009. Tides of the northwestern Ross Sea and their impact on dense outflows of Antarctic Bottom Water. Deep-Sea Research Part Ⅱ: Topical Studies in Oceanography, 56 (13/14): 818–834.

Paillard D, Labeyrie L, Yiou P. 1996. Macintosh program performs time-series analysis. Eos, Transactions American Geophysical Union, 77: 379–379.

Pallàs R, Smellie J L, Casas J M, et al. 2001. Using tephrochronology to date temperate ice: correlation between ice tephras on Livingston Island and eruptive units on Deception Island volcano (South Shetland Islands, Antarctica). Holocene, 11 (2): 149–160.

Pant N C, A Kundu, M J D'Souza, et al. 2013. Petrology of the Neoproterozoic granulites from Central Dronning Maud

Land, East Antarctica-Implications for southward extension of East African Orogen (EAO). Precambrian Research, 227: 389-408.

Parrenin F, Barnola J-M, Beer J, et al. 2007. The EDC3 chronology for the EPICA Dome C ice core. Climate of the Past 3, 485-497.

Passchier S, O'Brien P, Damuth J, et al. 2003. Pliocene-Pleistocene glaciomarine sedimentation in eastern Prydz Bay and development of the Prydz trough-mouth fan, ODP Sites 1166 and 1167, East Antarctica. Marine Geology, 199 (3): 279-305.

Passchier S, O'Brien P, Damuth J, et al. 2003. Pliocene-Pleistocene glaciomarine sedimentation in eastern Prydz Bay and development of the Prydz trough-mouth fan, ODP Sites 1166 and 1167, East Antarctica. Marine Geology, 199: 279-305.

Passchier S. 2011. Linkages between East Antarctic Ice Sheet extent and Southern Ocean temperatures based on a Pliocene high-resolution record of ice-rafted debris off Prydz Bay, East Antarctica. Paleoceanography, 26: 564-578.

Paytan A, Griffith E M. 2007. Marine barite: Recorder of variations in ocean export productivity. Deep-Sea Research Part Ⅱ: Topical Studies in Oceanography, 54: 687-705.

Peng G, Domrös M. 1987. Connections of the West Pacific subtropical high and some hydroclimatic regimes in China with Antarctic ice-snow indices. Meteorology and Atmospheric Physics, 37 (2): 61-71.

Peter F Barker, Gabriel M Filippelli, Fabio Florindo, et al. Onset and role of the Antarctic Circumpolar Current. Deep-Sea Research Ⅱ, 2007, 54: 2388-2398.

Petit J R, Jouzel J, Raynaud D, et al. 1999. Climate and atmospheric history of the past 420,000 years from the Vostok ice core, Antarctica. Nature, 399 (6735): 429-436.

Petschick R, Kuhn G, Gingele F. 1996. Clay mineral distribution in surface sediments of the South Atlantic sources, transport, and relation to oceanography. Marine Geology, 130: 203-229.

Petschick R, Kuhn G, Gingele F. 1996. Clay mineral distribution in surface sediments of the South Atlantic: sources, transport, and relation to oceanography. Marine Geology, 130 (3): 203-229.

Phillips G, Wilson C J L, Campbell I H, et al. 2006. U-Th-Pb detrital zircon geochronology from the southern Prince Charles Mountains, East Antarctica-Defining the Archaean to Neoproterozoic Ruker Province. Precambrian Research, 148: 292-306.

Pierce E I, Hemming S R, Williams T, et al. 2014. A comparison of detrital U-Pb zircon, 40Ar/39Ar hornblende, 40Ar/39Ar biotite ages in marine sediments off East Antarctica: Implications for the geology of subglacial terrains and provenance studies. Earth-Science Reviews, 138: 156-178.

Pike J, Swann G E A, Leng M J, et al. 2013. Glacial discharge along the west Antarctic Peninsula during the Holocene. Nature Geoscience, 6 (3): 199-202.

Pillsbury R D, Jacobs S S. 1985. Preliminary observations from long-term current meter moorings near the Ross Ice Shelf, Antarctica. Oceanology of the Antarctic Continental Shelf, 87-107.

Prahl F G, Ertel J R, Goni M A, et al. 1994. Terrestrial organic carbon contributions to sediments on the Washington margin. Geochimica et Cosmochimica Acta, 58 (14): 3035-3048.

Prestia M, Barbara L, Denis D. 2011. Sediment delivery and depositional patterns off Adélie Land (East Antarctica) in relation to late Quaternary climatic cycles. Marine Geology, 284: 96-113.

Pudsey C J. 2000. Sedimentation on the continental rise west of the Antarctic Peninsula over the last three glacial cycles. Marine Geology, 167: 313-338.

Pugh R S, McCave I N, Hillenbrand C D, et al. 2009. Circum-Antarctic age modelling of Quaternary marine cores under the Antarctic Circumpolar Current: Ice-core dust-magnetic correlation. Earth and Planetary Science Letters,

284: 113-123.

Quat G P D. 1990. Late Cenozoic glacial history of the Terra Nova Bay region, northern Victoria land, Antarctica.

Quidelleur X, Gillot P-Y, Carlut J, et al. 1999. Link between excursions and paleointensity inferred from abnormal field directions recorded at La Palma around 600 ka. Earth and Planetary Science Letters, 168: 233-242.

Quilty P, Truswell E, O'Brien P, et al. 1999. Paleocene-Eocene biostratigraphy and palaeoenvironment of East Antarctica: new data from the Mac. Robertson Shelf and western parts of Prydz Bay. AGSO Journal of Australian Geology and Geophysics, 17: 133-143.

Reading H G. 2009. Sedimentary environments: processes, facies and stratigraphy: John Wiley & Sons.

Reimer P J, Bard E, Bayliss A, et al. 2013. IntCal13 and Marine13 radiocarbon age calibration curves 0-50, 000 years cal BP. Radiocarbon, 55: 1869-1887.

Reimnitz E, McCormick M, Bischof J, et al. 1998. Comparing sea-ice sediment load with Beaufort Sea shelf deposits: Is entrainment selective? Journal of Sedimentary Research, 68: 5452-5478.

Rignot E, Thomas R H. 2002. mass balance of polar ice sheets. Science, 297: 1502-1506.

Rind D, Healy R, Parkinson C, et al. 1995. The role of sea ice in 2× CO_2 climate model sensitivity. Part Ⅰ: the total influence of sea ice thickness and extent. Journal of Climate, 8 (3): 449-463.

Rose K A, et al. 2010. Upper-ocean-to-atmosphere radiocarbon offsets imply fast deglacial carbon dioxide release. Nature, 466: 1093-1097.

Sarmiento J L, Gruber N, Brzezinski M A, et al. 2004. High-latitude controls of thermocline nutrients and low latitude biological productivity. Nature, 427: 56-60.

Schenau S, Prins M, De Lange G, et al. 2001. Barium accumulation in the Arabian Sea: Controls on barite preservation in marine sediments. Geochimica et Cosmochimica Acta, 65: 1545-1556.

Scott R F. 1905. The voyage of the "Discovery". 2 vols. London: Smith Elder & Co.

Shackleton N, Hall M, Pate D, et al. 1993. High-Resolution Stable Isotope Stratigraphy from Bulk Sediment. Paleoceanography, 8 (2): 141-148.

Shackleton NJ, Lamb H, Worssam B, et al. 1977. The oxygen isotope stratigraphic record of the late pleistocene [and discussion]. Philosophical Transactions of the Royal Society B: Biological Sciences, 280 (972): 169-82.

Shackleton N. 1974. Attainment of isotopic equilibrium between ocean water and the benthonic foraminifera genus Uvigerina: isotopic changes in the ocean during the last glacial.

Ship S, Anderson J, Domack E. 1999. Late Pleistocene-Holocene retreat of the West Antarctic Ice-Sheet system in the Ross Sea: part 1—geophysical results. Geological Society of America Bulletin, 111 (10): 1486-1516.

Shipboard S Party. 2001. Leg 188 summary: Prydz Bay-Cooperation Sea, Antarctic // O'Brien P E, Cooper A K, Richter C (Eds.). Proc ODP Init Rep, 188: 1-110.

Shipp S S, Wellner J S, Anderson J B. 2002. Retreat signature of a polar ice stream: sub-glacial geomorphic features and sediments from the Ross Sea, Antarctica. Special Publication-Geological Society of London, 203: 277-304.

Siani G, et al. 2013. Carbon isotope records reveal precise timing of enhanced Southern Ocean upwelling during the last deglaciation. Nature Communications, 4.

Sievers H A, Nowlin W D. 1984. The stratification and water masses at Drake Passage. Journal of Geophysical Research: Oceans (1978—2012), 89 (C6): 10 489-10 514.

Skinner L C, Fallon S, Waelbroeck C, et al. 2010. Ventilation of the deep Southern Ocean and deglacial CO_2 rise. Science, 328: 1147-1151.

Smellie J L, Pankhurst R J, Thomson M R A, et al. 1984. The geology of the South Shetland Islands. Ⅵ. Stratigraphy, geochemistry and evolution. British Antarctic Survey Scientific Report, 87: 85.

Smellie J L. 1999. The upper Cenozoic tephra record in the south polar region: a review. Global and Planetary Change, 21 (1): 51-70.

Smith D G, Ledbetter M T, Ciesielski P F. 1983. Ice-rafted volcanic ash in the South Atlantic sector of the Southern Ocean during the last 100, 000 years. Marine Geology, 53 (4): 291-312.

Smith Jr W O, Ainley D G, Arrigo K R, et al. 2014. The oceanography and ecology of the Ross Sea. Annual review of marine science, (6): 469-487.

Smith NR, Zhaoqian D, Kerry KR, et al. 1984. Water masses and circulation in the region of Prydz Bay, Antarctica. Deep-Sea Research Part A: Oceanographic Research Papers, 31 (9): 1121-1147.

Solomon S. 2007. Climate change 2007-the physical science basis: Working group Ⅰ contribution to the fourth assessment report of the IPCC. Cambridge University Press.

Spero H J, Lea D W. 2002. The cause of carbon isotope minimum events on glacial terminations. Science, 296: 522-525.

Steig E J, Orsi A J. 2013. Climate Science: The heat is on in Antarctica. Nature Geoscience, 6 (2): 87-88.

Steig E J, Schneider D P, Rutherford S D, et al. 2009. Warming of the Antarctic ice-sheet surface since the 1957 International Geophysical Year. Nature, 457 (7228): 459-462.

Stenni B, Buiron D, Frezzotti M, et al. 2011. Expression of the bipolar see-saw in Antarctic climate records during the last deglaciation. Nature Geoscience, 4 (1): 46-49.

Stenni B, Proposito M, Gragnani R, et al. 2002. Eight centuries of volcanic signal and climate change at Talos Dome (East Antarctica) . Journal of Geophysical Research, 107 (D9): 4076.

Stott L, Southon J, Timmermann A, et al. 2009. Radiocarbon age anomaly at intermediate water depth in the Pacific Ocean during the last deglaciation. Paleoceanography, 24: 1-10.

Strand K, Köykkä J, Lamminen J. 2013. Late Eocene Glaciofluvial to Glaciomarine transition in the Lambert Graben: constraints from lithofacies and mineralogy of ODP Site 1166 sediments, Prydz Bay, Antarctica. Geological Society. London: Special Publications, 381 (1): 183-197.

Strand K, Passchier S, Nasi J. 2003. Implications of quartz grain microtextures for onset Eocene/Oligocene glaciation in Prydz Bay, ODP site 1166, Antarctica. Palaeogeography Palaeoclimatology Palaeoecology, 198: 101-111.

Stuiver M, Reimer J. 1993. Extended ^{14}C data base and revised CALIB 3. 0 ^{14}C age calibration program. EDITORIAL COMMENT, 35: 215-230.

Suganuma Y, Yokoyama Y, Yamazaki T, et al. 2010. 10Be evidence for delayed acquisition of remanent magnetization in marine sediments: Implication for a new age for the Matuyama-Brunhes boundary. Earth and Planetary Science Letters, 296: 443-450.

Taylor F, Leventer A. 2003. Late Quaternary palaeoenvironments in Prydz Bay, East Antarctica: interpretations from marine diatoms. Antarctic Science. 15 (04): 512-521.

Taylor F, McMinn A. 2002. Late quaternary diatom assemblages from Prydz Bay, Eastern Antarctica. Quaternary Research, 57: 151-161.

Theissen K M, Dunbar R B, Cooper A K, et al. 2003. The Pleistocene evolution of the East Antarctic Ice Sheet in the Prydz bay region: stable isotopic evidence from ODP site 1167. Global and Planetary Change, 39: 227-256.

Thompson S, Eglinton G. 1978. The fractionation of a recent sediment for organic geochemical analysis. Geochimica et Cosmochimica Acta, 42 (2): 199-207.

Tian J, Xie X, Ma W, et al. 2011. X-ray fluorescence core scanning records of chemical weathering and monsoon evolution over the past 5 Myr in the southern South China Sea. Paleoceanography, 26: 1-17.

Tingey R J. 1991. The Geology of Antarctica. USA: Oxford University Press.

Tjallingii R, Röhl U, Kölling M, et al. 2007. Influence of the water content on X-ray fluorescence core-scanning measurements in soft marine sediments. Geochemistry, Geophysics, Geosystems, (8): 643-661.

Todd C, Stone J, Conway H, et al. 2010. Late Quaternary evolution of Reedy Glacier, Antarctica. Quaternary Science Reviews, 29 (11): 1328-1341.

Toggweiler J R, Russell J L, Carson S R. 2006. Midlatitude westerlies, atmospheric CO_2, and climate change during the ice ages. Paleoceanography, 21: 1-15.

Tomokazu Hokada, Kenji Horie, Tatsuro Adachi, et al. 2013. Unraveling the metamorphic history at the crossing of Neoproterozoic orogens, Sφr Rondane Mountains, East Antarctica: Constraints from U-Th-Pb geochronology, petrography, and REE geochemistry. Precambrian Research, 234: 183-209.

Tomson M R A, Pankhurst R J, Clarkson P D. 1983. The Antarctic Peninsula—a late Mesozoic-cenozoic are (review) //Oliver R L, James P R, Jago J B. Antarctic earth science. Cambridge: Cambridge University Press, 289-294.

Tong Laixi, Xiaochun Liu, Yanbin Wang, et al. 2014. Metamorphic P-T paths of metapelitic granlites from the Larsemann Hills, East Antarctica. Lithos, 195: 102-115.

Toro M, Granados I, Pla S, et al. 2013. Chronostratigraphy of the sedimentary record of Limnopolar Lake, Byers Peninsula, Livingston Island, Antarctica. Antarctic Science, 25 (02): 198-212.

Tribovillard N, Algeo T J, Lyons T, et al. 2006. Trace metals as paleoredox and paleoproductivity proxies: An update. Chem. Geol, 232: 12-32.

Truswell E. 1991. Data report: palynology of sediments from Leg 119 drill sites in Prydz Bay, East Antarctica, Proceedings of the Ocean Drilling Program, Scientific Results, 119: 941-945.

Turner B, Padley D. 1991. Lower Cretaceous coal-bearing sediments from Prydz Bay, East Antarctica, Proceedings of the Ocean Drilling Program. Scientific Results, 188: 57-60.

Uotila P, Lynch A H, Cassano J J, et al. 2007. Changes in Antarctic Net Precipitation in the 21st Century Based on Intergovernmental Panel on Climate Change (IPCC) Model Scenarios. Journal of Geophysical Research. 112 (D10): D10107. Doi: 10. 1029/2006JD007482.

Van Beek P, Reyss J L, Bonte P, et al. 2003. Sr/Ba in barite: a proxy of barite preservation in marine sediments? Marine Geology, 199: 205-220.

Vaughan D G, Marshall G J, Connolley W M, et al. 2003. Recent rapid regional climate warming on the Antarctic Peninsula. Climatic change, 60 (3): 243-274.

Vaz R A N, Lennon G W. 1996. Physical oceanography of the Prydz Bay region of Antarctic waters. Deep Sea Research Part I. Oceanographic Research Papers, 43 (5): 603-641.

Veevers J J, A Saeed, P E O'Brien. 2008. Provenance of the Gamburtsev Subglacial Mountains from U-Pb and Hf analysis of detrial zircons in Cretaceous to Quaternary sediments in Prydz Bay and beneath the Amery Ice Shelf. Sedimentary Geology, 211: 12-32.

Veevers J J, A Saeed, N Pearson, et al. 2008. Zircons and clay from morainal Permian siltstone at Mt Rymill (73°S, 66°E), Prince Charles Mountains, Antarctica, reflect the ancestral Gamburtsev Subglacial Mountains-Vostok Subglacial Highlands complex. Gondwana Research, 14: 343-354.

Velde B. 1995. Composition and mineralogy of clay minerals. Origin and mineralogy of clays: Springer, 8-42.

Vellinga M, Wood R A. 2002. Global climatic impacts of a collapse of the Atlantic thermohaline circulation. Climatic Change, 54 (3): 251-267.

Verleyen E, Hodgson D A, Sabbe K, et al. 2011. Post-glacial regional climate variability along the East Antarctic coastal margin-Evidence from shallow marine and coastal terrestrial records. Earth-Science Reviews, 104 (4): 199

-212.

Villa G, Lupi C, Cobianchi M, et al. 2008. A Pleistocene warming event at 1 Ma in Prydz Bay, East Antarctica: evidence from ODP site 1165. Palaeogeography, Palaeoclimatology, Palaeoecology, 260 (1): 230-244.

Voigt I, Chiessi C M, Prange M, et al. 2015. Holocene shifts of the Southern Westerlies across the South Atlantic. Paleoceanography doi: 10.1002/2014PA002677.

Vorren T O, Laberg J S. 1997. Trough mouth fans-palaeoclimate and ice-sheet monitors. Quaternary Science Reviews, 16: 865-881.

Wang H, Chen Z, Wang K, et al., 2016. Characteristics of heavy minerals and grain size of surface sediments on the continental shelf of Prydz Bay: implications for sediment provenance. Antarctic Science, 2016, 28 (2): 103-114.

Watkins N D, Keany J, Ledbetter M T, et al. 1974. Antarctic glacial history from analyses of ice-rafted deposits in marine sediments: New model and initial tests. Science, 186 (4163): 533-536.

Weber M E, Clark P U, Kuhn G, et al. 2014. Millennial-scale variability in Antarctic ice-sheet discharge during the last deglaciation. Nature, 510 (7503): 134-138.

Weber M E, Kuhn G, Sprenk D, et al. 2012. Dust transport from Patagonia to Antarctica—A new stratigraphic approach from the Scotia Sea and its implications for the last glacial cycle. Quaternary Science Reviews, 36: 177-188.

Weltje G J, Tjallingii R. 2008. Calibration of XRF core scanners for quantitative geochemical logging of sediment cores: Theory and application. Earth and Planetary Science Letters, 274: 423-438.

Whitehead J J M. 2000. Cenozoic palaeoenvironment of the Southern Ocean and East Antarctica: geological and paleontological evidence from the Kerguelen Plateau, Vestfold Hills and Prince Charles Mountains. University of Tasmania.

Whitehead J M, Quilty P G, McKelvey B C, et al. 2006. A review of the Cenozoic stratigraphy and glacial history of the Lambert Graben-Prydz Bay region, East Antarctica. Antarctic Science, 18 (01): 83.

Whitehead J, McKelvey B. 2001. The stratigraphy of the Pliocene-lower Pleistocene Bardin Bluffs Formation, Amery Oasis, northern Prince Charles Mountains, Antarctica. Antarctic Science, 13 (01): 79-86.

Whitworth T, Orsi A. 2006. Antarctic Bottom Water production and export by tides in the Ross Sea. Geophysical Research Letters, 33 (12).

Williams G, Nicol S, Aoki S, et al. 2010. Surface oceanography of BROKE-West, along the Antarctic margin of the south-west Indian Ocean (30°—80°E). Deep-Sea Research Part Ⅱ: Topical Studies in Oceanography, 57 (9): 738-57.

Williams T, Handwerger D. 2005. A high-resolution record of early Miocene Antarctic glacial history from ODP Site 1165, Prydz Bay. Paleoceanography, 20: 612-632.

Willmott V, Domack E W, Canals M, et al. 2006. A high resolution relative paleointensity record from the Gerlache-Boyd paleo-ice stream region, northern Antarctic Peninsula. Quaternary Research, 66: 1-11.

Wilson T J, Grunow A M, Hanson R E. 1997. Gondwana assembly: the view from Southern Africa and East Gondwana. Pergamon, 23: 263-286.

Wolff E W, Fischer H, Fundel F, et al. 2006. Southern Ocean sea-ice extent, productivity and iron flux over the past eight glacial cycles. Nature, 440: 491-496.

Xia T, Fan Z. 1996. A study of foraminifera in the core NP93-2 from the Prydz Bay, Antarctica. Antarctic Research, 7: 126-140.

Xiaochun Liu, Bor-Ming Jahn, Yue Zhao, et al. 2006. Late Pan-African grantitoides from the Grove Mountains East Antarctica: Age, orgin and tectonic implications. Preacmbrian Research, 145: 131-154.

Xiaochun Liu, Bor-Ming Jahn, Yue Zhao, et al. 2007. Geochemistry and geochronology of high-grade rocks from the

Grove Mountains, East Antarctica: Evidence for an Early Meoproterozoic basement metamorphosed during a single Late Neoproterozoic/Cambrian tectonic cycle. Preacmbrian Research, 158: 93–118.

Xiaochun Liu, Jianmin Hu, Yue Zhao, et al. 2009. Late Neopreterozoic/Cambrian high-pressure mafic granulites from the Grove Mountains, East Antarctica: P–T–t path, collisional orogeny and implications for assembly of East Gondwana. Precambrian Research, 174: 181–199.

Xie R C, Marcantonio F, Schmidt M W. 2012. Deglacial variability of AntarcticIntermediate Water penetration into the North Atlantic from authigenicneodymium isotope ratios. Paleoceanography, 27, PA3221.

Yamazaki T, Ikehara M. 2012. Origin of magnetic mineral concentration variation in the Southern Ocean. Paleoceanography, 27: 543–563

Zhao J-X, Ellis D J, Kilpatrick J A, et al. 1997. Geochemical and Sr-Nd isotopic study of charnockites and related rocks in the northern Prince Charles Mountains, East Antarctica: implications for charnockite petrogenesis and proterozoic crustal evolution. Precambrian Research, 81 (1): 37–66.

Zhao Yue, Xiaochun Liu, Biao Song, et al. 1995. Constraints on the stratigraphic age of metasedimentary rocks from the Larsemann Hills, East Antarctica: possible implications for Neoproterozoic tectonics. Preacmbrian Research, 75: 175–188.

Zielinski U, Gersonde R, Sieger R, et al. 1998. Quaternary surface water temperature estimations: Calibration of a diatom transfer function for the Southern Ocean. Paleoceanography, 13 (4): 365–383.

Zielinski U, Gersonde R. 1997. Diatom distribution in Southern Ocean surface sediments (Atlantic sector): Implications for paleoenvironmental reconstructions. Palaeogeography, Palaeoclimatology, Palaeoecology, 129 (3–4): 213–250.

Zielinski U, Gersonde R. 2002. Plio-Pleistocene diatom biostratigraphy from ODP Leg 177, Atlantic sector of the Southern Ocean. Marine Micropaleontology, 45 (3): 225–268.

ÓCofaigh C, Davies B J, Livingstone S J, et al. 2014. Reconstruction of ice-sheet changes in the Antarctic Peninsula since the Last Glacial Maximum. Quaternary Science Reviews, 100: 87–110.

附件

附件 1　考察区域及站位

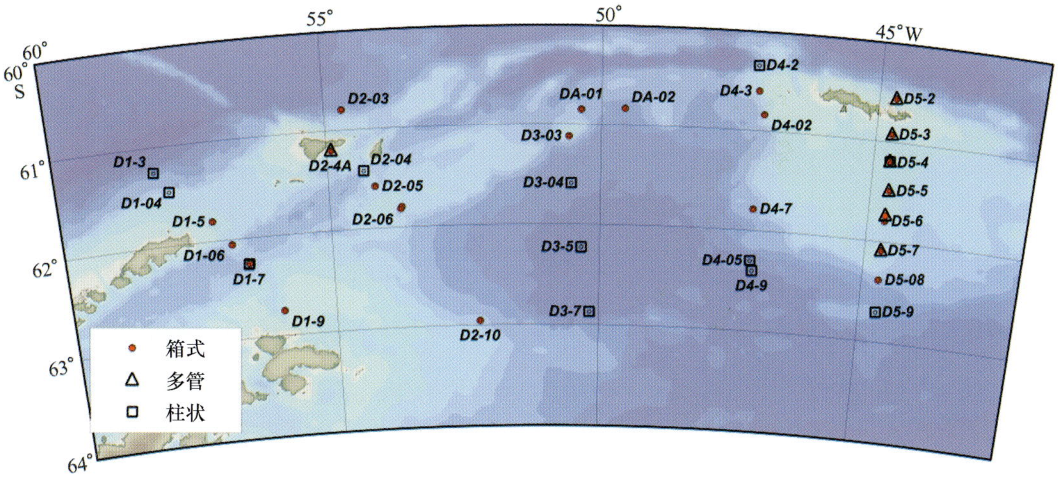

图 1　南极半岛东北部海域沉积物取样站位

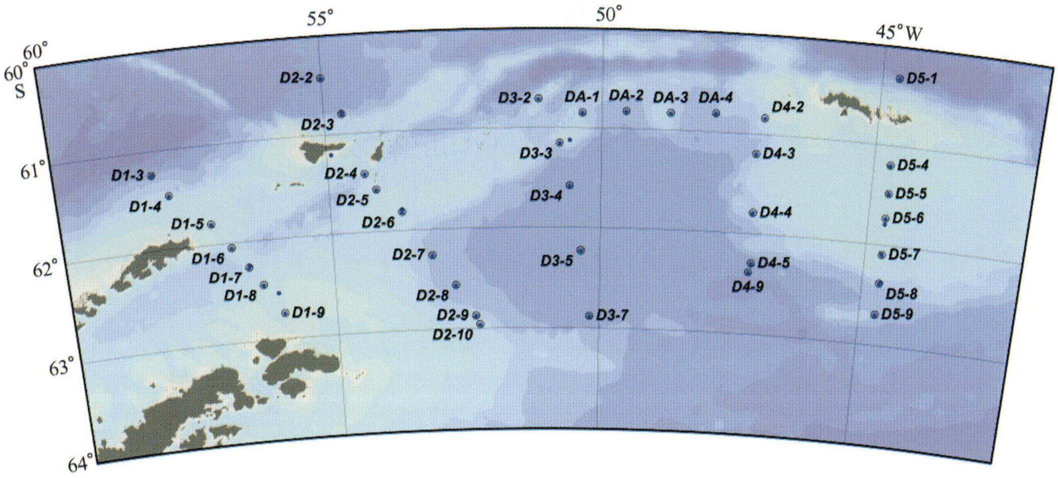

图 2　南极半岛东北部海域悬浮体取样站位

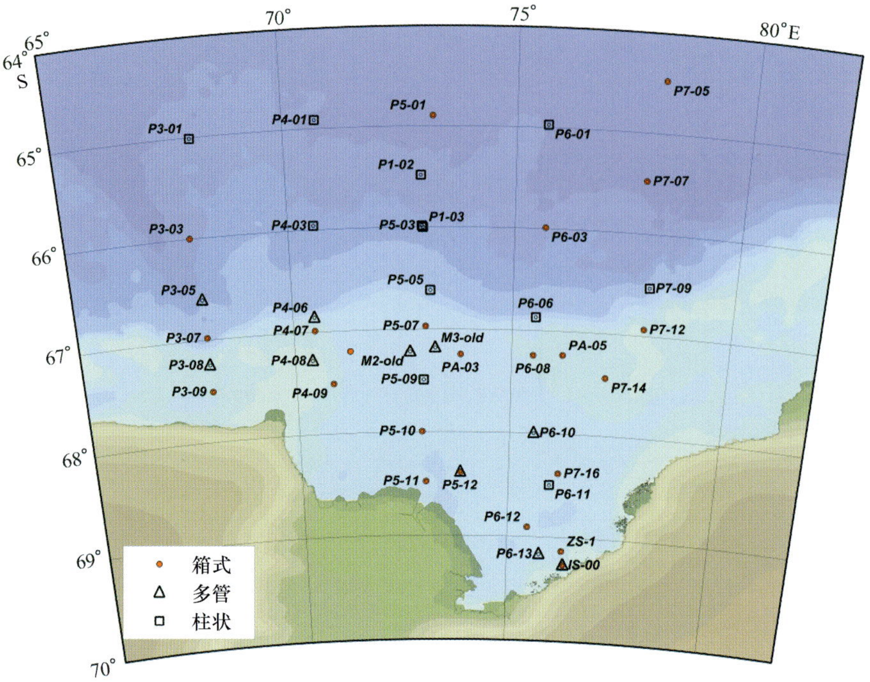

图 3　普里兹湾海域沉积物取样站位

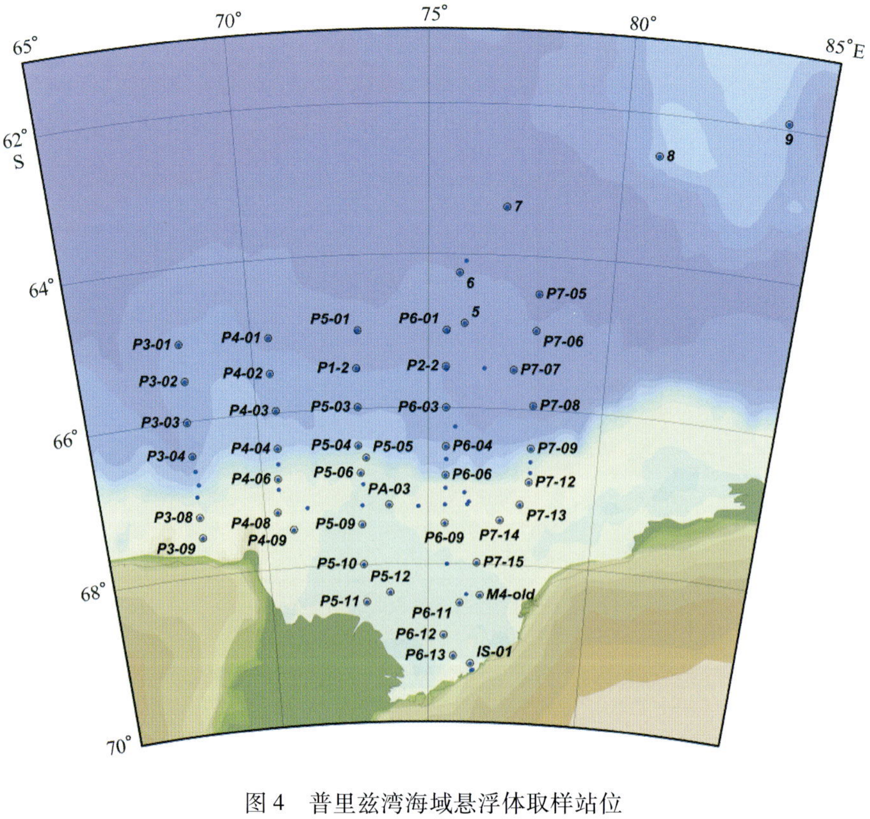

图 4　普里兹湾海域悬浮体取样站位

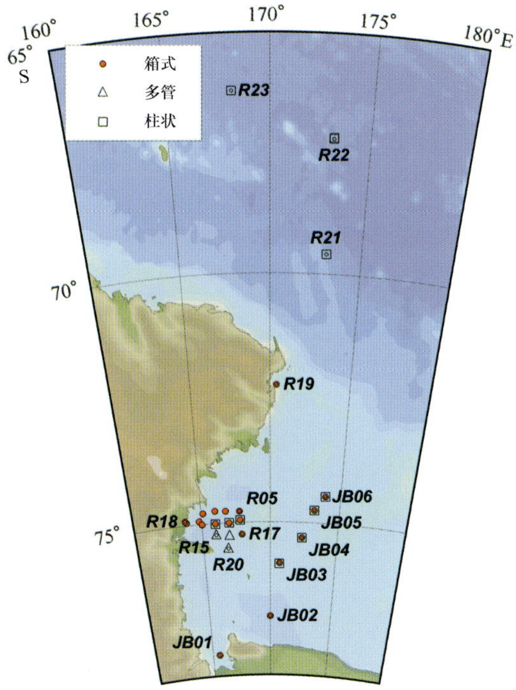

图 5　罗斯海西部及西南太平洋沉积物取样站位

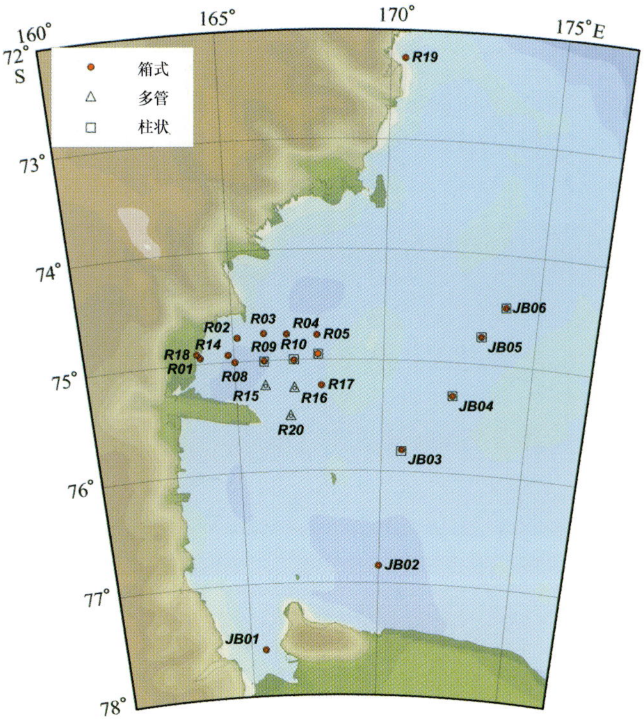

图 6　罗斯海西部沉积物取样站位

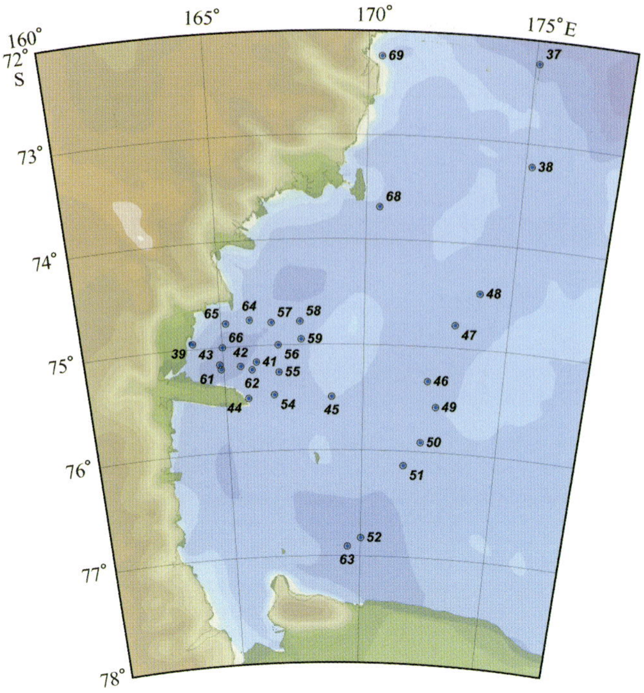

图 7　罗斯海西部悬浮体取样站位

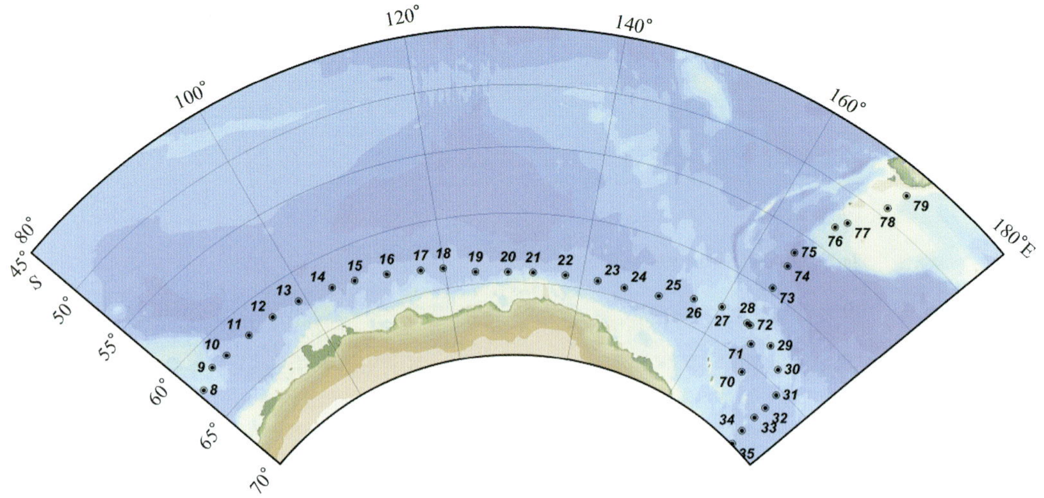

图 8　南大洋悬浮体取样站位

附件 2　主要仪器设备一览

序号	仪器名称及型号	依托单位	测试指标	备注
1	Minolta CM-2002 手持的光谱光度计	国家海洋局第一海洋研究所	颜色反射率	正常
2	CM-700d/600d 手持分光测色计	国家海洋局第一海洋研究所	颜色反射率	正常
3	MCSL-S 型多参数岩心扫描系统	国家海洋局第一海洋研究所	物理参数	正常
4	ITRAX 型 XRF 岩心扫描系统	国家海洋局第一海洋研究所	元素扫描	正常
5	Mastersizer 2000 激光粒度仪	国家海洋局第一海洋研究所	粒度	正常
6	Malvern Mastersizer 3000 激光粒度仪	国家海洋局第一海洋研究所	粒度	正常
7	Vario EL Ⅲ元素分析仪	国家海洋局第一海洋研究所	有机碳氮	正常
8	TOC-VCPH 总有机碳分析仪	国家海洋局第一海洋研究所	有机碳	正常
9	D/Max 2500X 射线衍射仪	国家海洋局第一海洋研究所	黏土矿物	正常
10	D/MAX RAPID X 射线微区衍射仪	国家海洋局第一海洋研究所	微区矿物	正常
11	Thermal 6300 全谱直读等离子光谱仪	国家海洋局第一海洋研究所	常微量元素	正常
12	Thermal Series II 等离子质谱仪	国家海洋局第一海洋研究所	微量元素	正常
13	Nu HR-MC-ICP-MS 多接收同位素质谱仪	国家海洋局第一海洋研究所	Sr，Nd，Pb 同位素	正常
14	Quanta 600 型扫描电子显微镜	国家海洋局第一海洋研究所	矿物形貌	正常
15	Coulter 全自动激光粒度分析仪	同济大学海洋地质国家重点实验室	粒度	正常
16	PANalytical X'Pert PRO 衍射仪	同济大学海洋地质国家重点实验室	黏土矿物	正常
17	AVAATECH X 荧光光谱岩心扫描仪	同济大学海洋地质国家重点实验室	元素扫描	正常
18	PE Elan6000　ICP-MS	同济大学海洋地质国家重点实验室	主微量元素	正常
19	EA1110 有机元素分析仪	同济大学海洋地质国家重点实验室	有机碳、氮	正常
20	DeltaplusXP 气体同位素比值分析仪	同济大学海洋地质国家重点实验室	碳氮同位素	正常
21	MAM-5005 激光自动粒度分析仪	国家海洋局第二海洋研究所	粒度	正常
22	TOC+TNB 总有机碳氮分析仪	国家海洋局第二海洋研究所	有机碳氮	正常
23	SRS-3000 X 荧光光谱仪	国家海洋局第二海洋研究所		正常
24	Agilent 7890A GC/5975C MSD 气相色谱-质谱仪	国家海洋局第二海洋研究所	分子标志物	正常
25	Waters 600E 高效液相色谱仪	国家海洋局第二海洋研究所		正常
26	气相色谱仪	国家海洋局第二海洋研究所		正常
27	原子吸收分光光度计	国家海洋局第二海洋研究所	元素	正常
28	Delta^{plus}XP 稳定气体同位素质谱仪	国家海洋局第二海洋研究所	碳氮同位素	正常

附件 3　样品、档案、影像片等一览

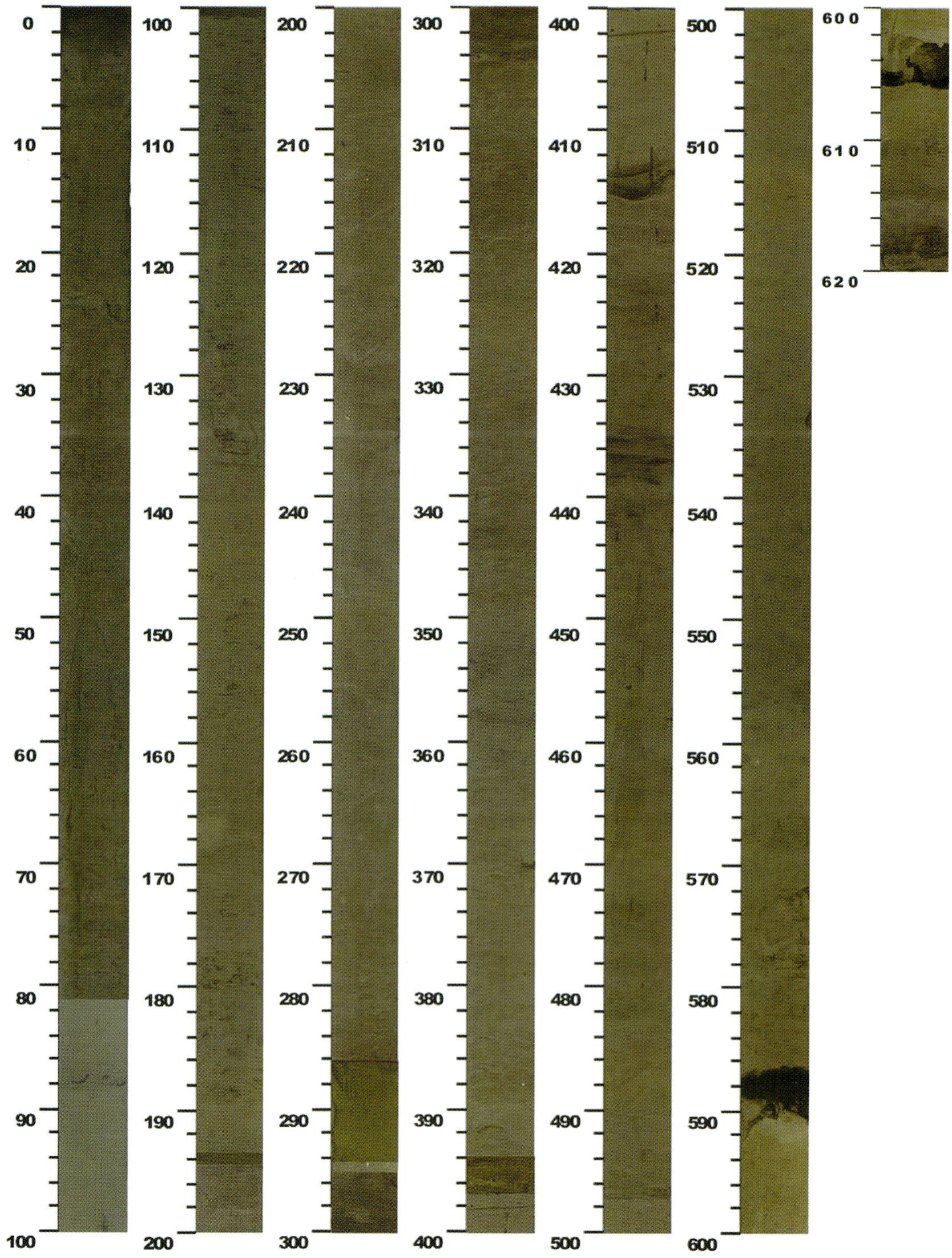

ANT29-P6-01 岩心照片

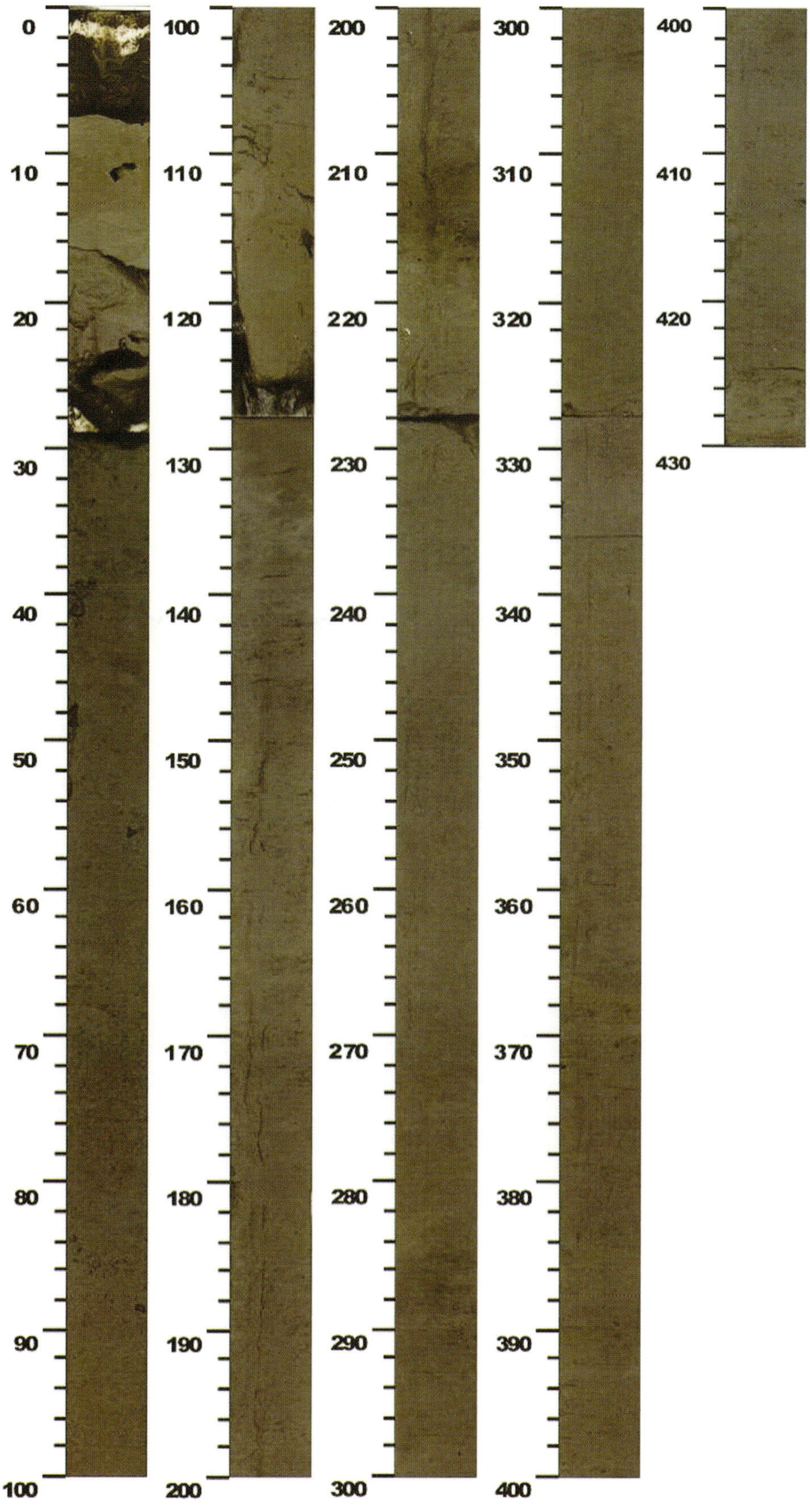

ANT29-P4-01 岩心照片

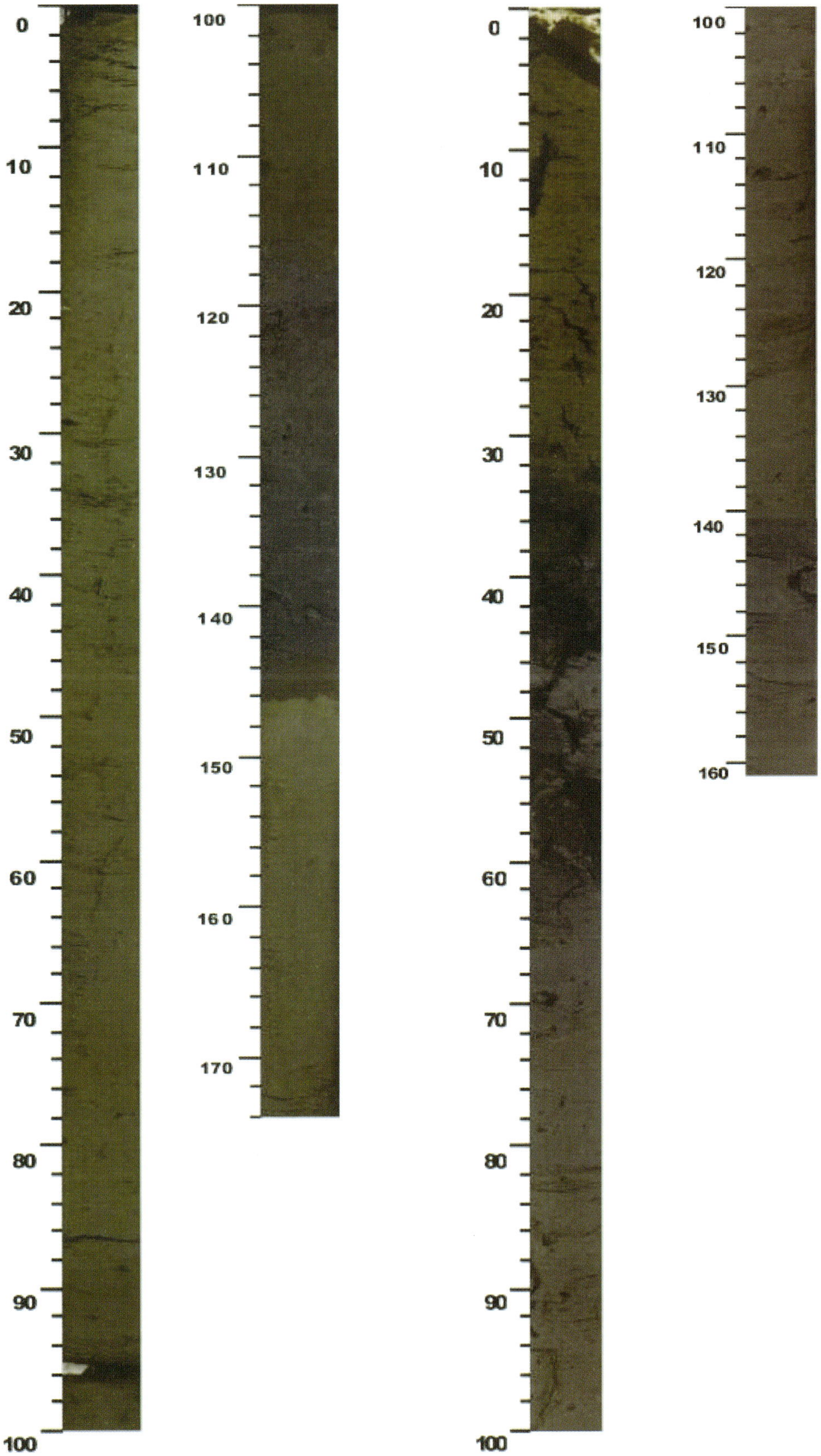

ANT29-P5-09 岩心与 ANT29-P6-11 岩心照片

ANT29-P3-01 岩心照片

ANT29-P5-03 岩心的岩性地层

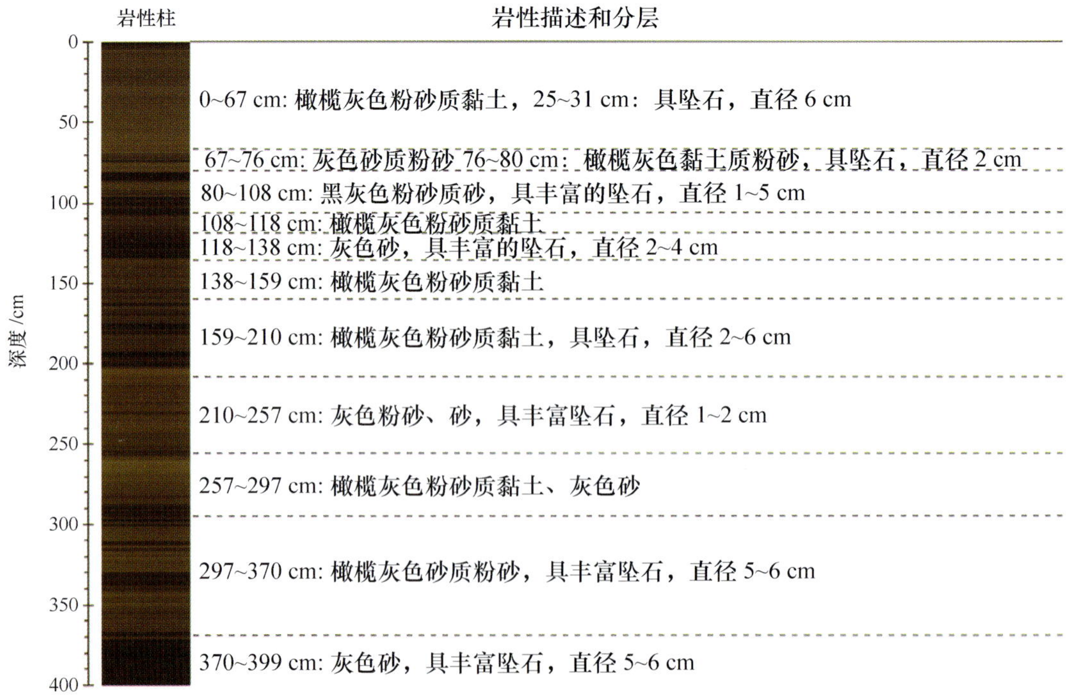

ANT29-P5-05 岩心的岩性地层特征

ANT30-D3-4 岩心岩性柱状图

ANT28-D3-07 站有孔虫图版

图版 I

图 1，3~4. 小球串房虫 *Reophax pllulifer* Brady

1. 侧视，背景为该样品残渣；3. 显示多个个体侧视；4. 侧视

图 2. 格子圆砂虫 *Cyclammina cancellata*

侧视，背景为该样品残渣

图 5. 串房虫未定种 *Reophax* sp. Indet 侧视

图 6-9. 深海砂棒虫 *Rhabdammina abyssorum* M. Sars.

6. 显示多个个体侧视；7~8. 侧视；9. 侧视

图 10-12. 光泽拟筛口虫 *Cribrostomoides nitidum*（Goës）；侧视

图版 II

图 1. 光泽拟筛口虫 *Cribrostomoides nitidum*（Goës），侧视

图 2-6. 格子圆砂虫 *Cyclammina cancellata* Brady

2. 显示多个个体侧视；3~4. 侧视；5~6. 侧视

图 7-12. 扁圆砂虫 *Cyclammina compressa* Cushman

7. 显示多个个体侧视；8~9. 侧视；10. 显示多个个体侧视；11-12. 侧视

图版 III

图 1-5. 扁圆砂虫 *Cyclammina compressa* Cushman

1~2. 侧视；3. 显示多个个体侧视；4~5. 侧视

图 6-8. 厚缘拟筛口虫 *Cribrostomoides crassimargo*（Norman）

6. 显示多个个体侧视；7~8. 侧视

图 9. 外砂虫未定种 *Hyperammina* sp. indet 侧视

图 10-12. 放射虫

图版 I

1

2

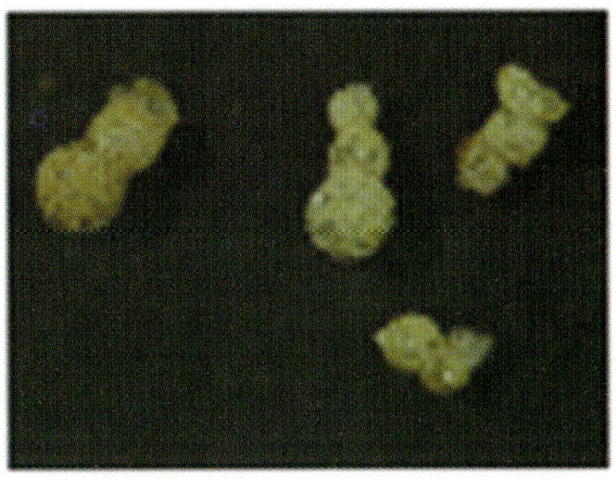
3

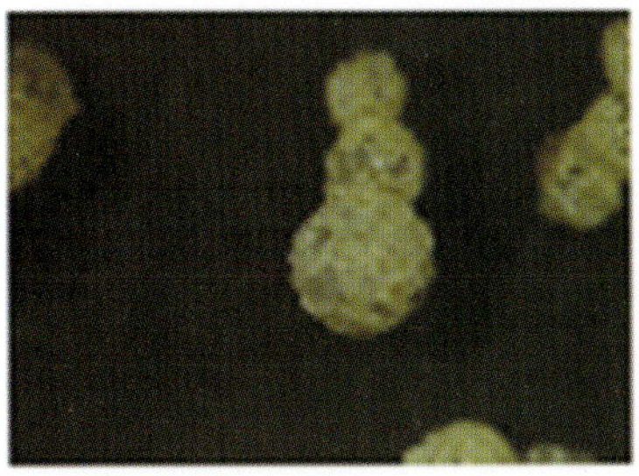
4

5

6

7

8

9

10

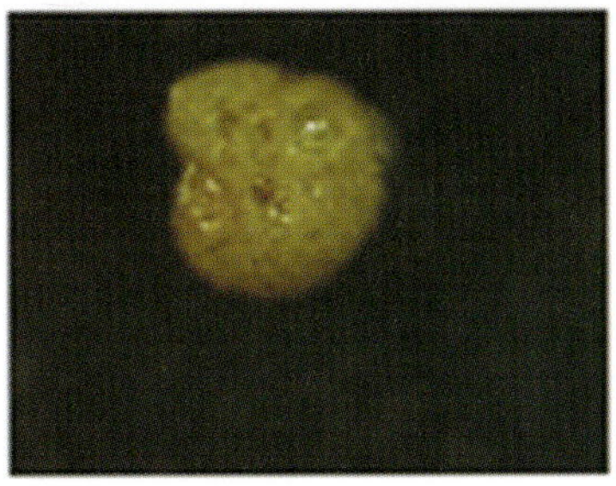
11

12

图版Ⅱ

1

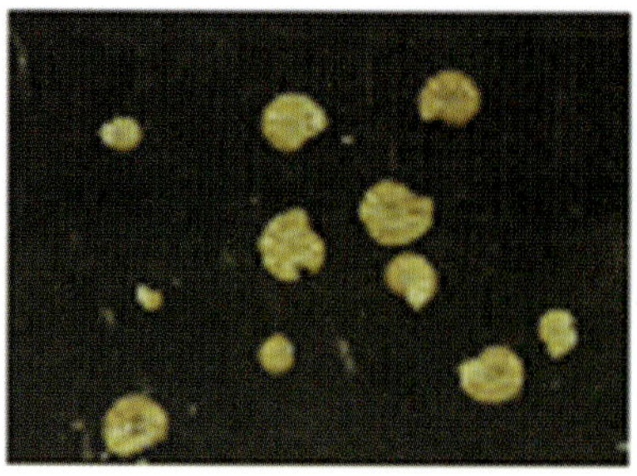

2

3

4

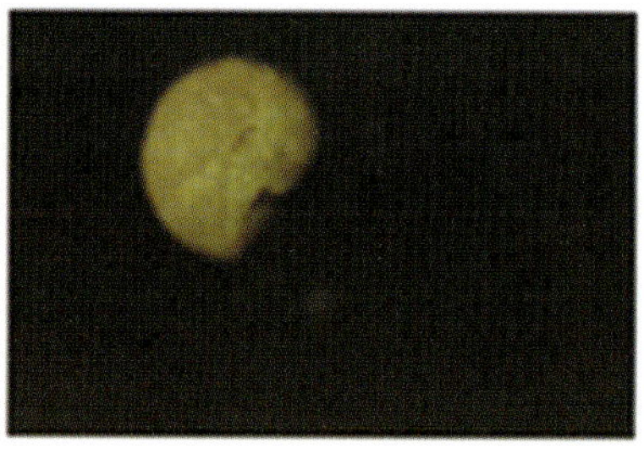

5

6

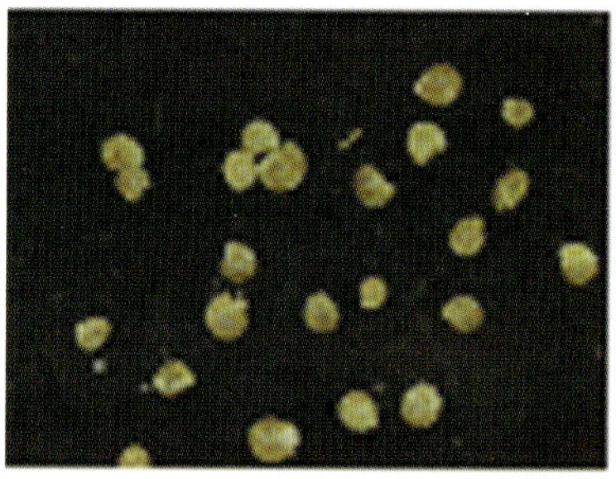

7

8

9

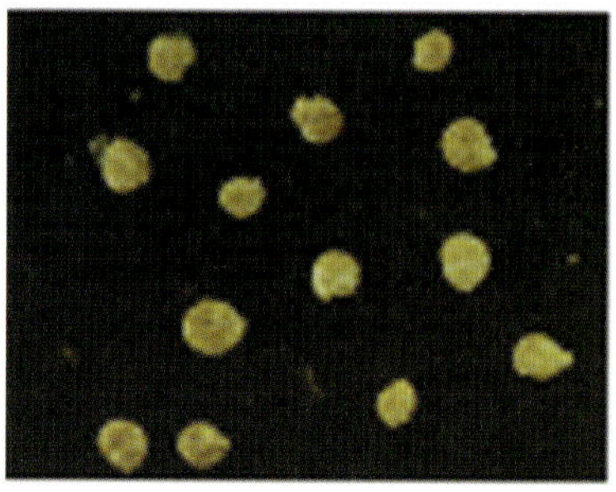

10

11

12

图版Ⅲ

1

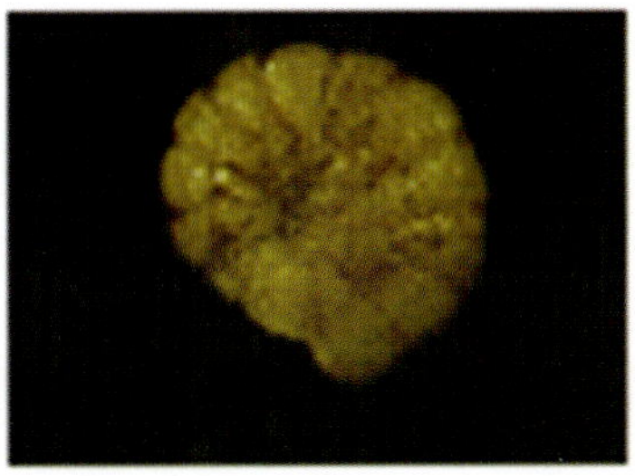
2

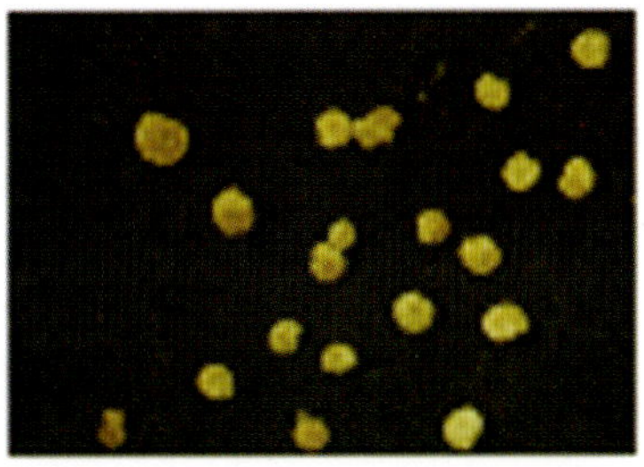
3

4

5

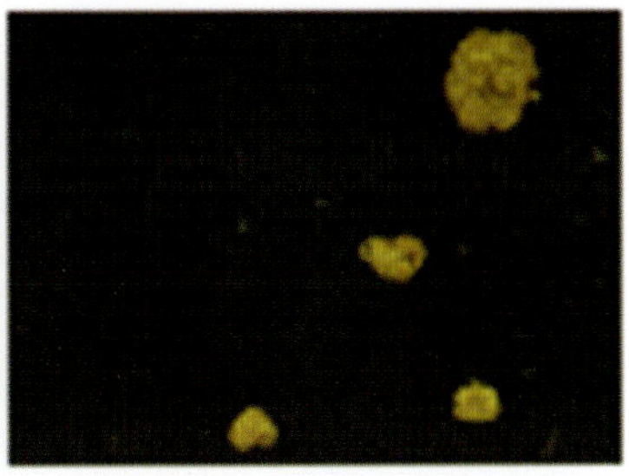
6

7

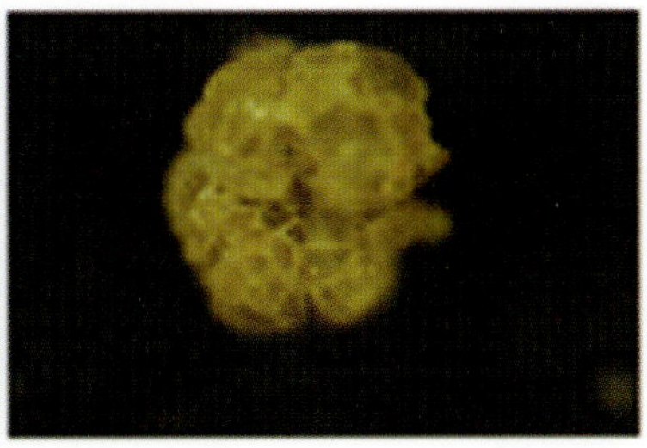
8

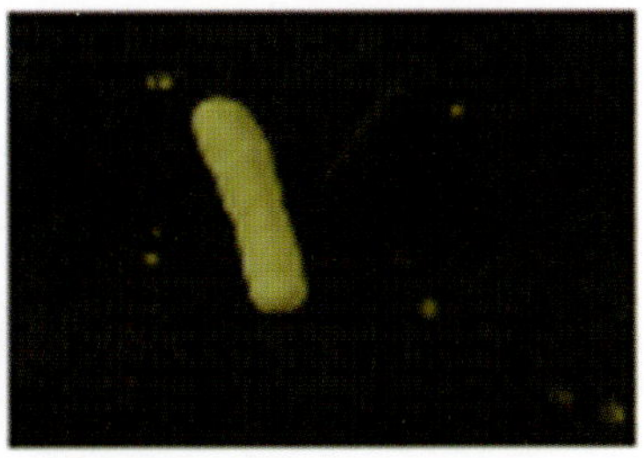
9

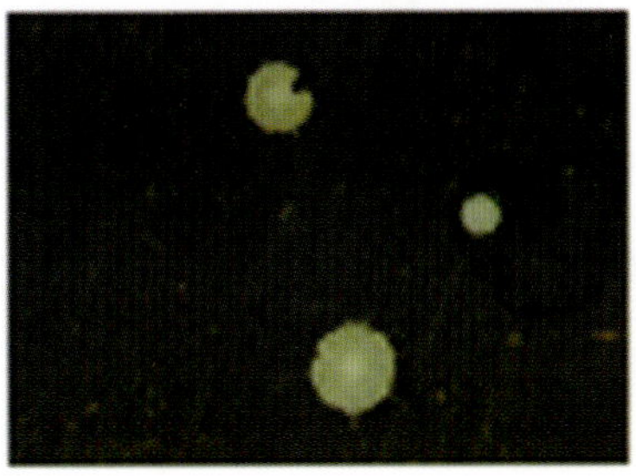
10

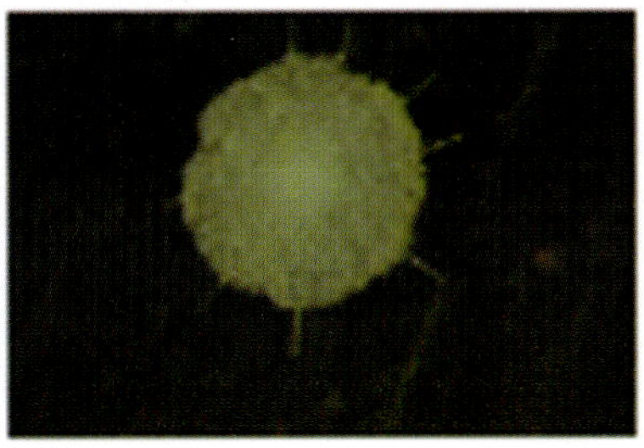
11

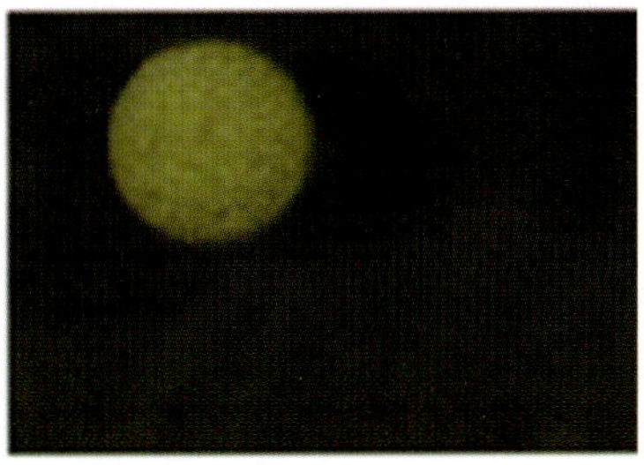
12

ANT28-D3-07 站硅藻图版

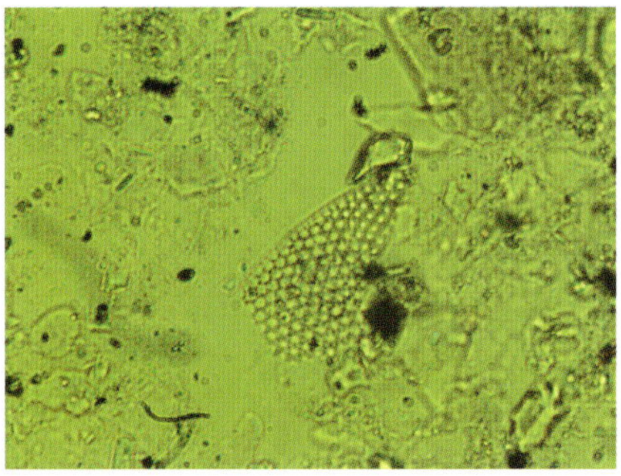

1. *Cosscinodiscus marginatus*（川濑本 P15,）

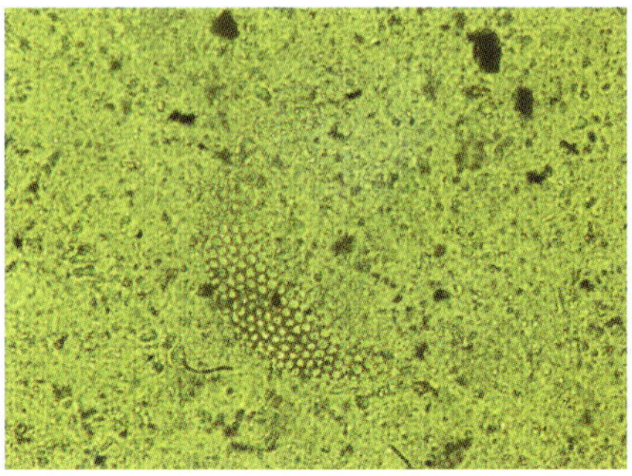

2. *Cosscinodiscus exentrcus*

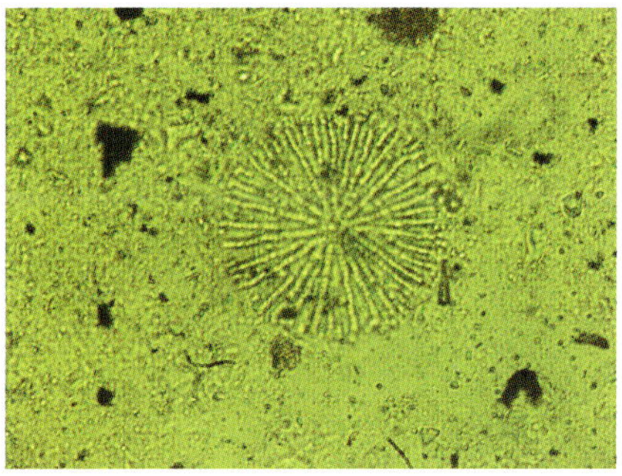

3. *Charcotia actionocilus*

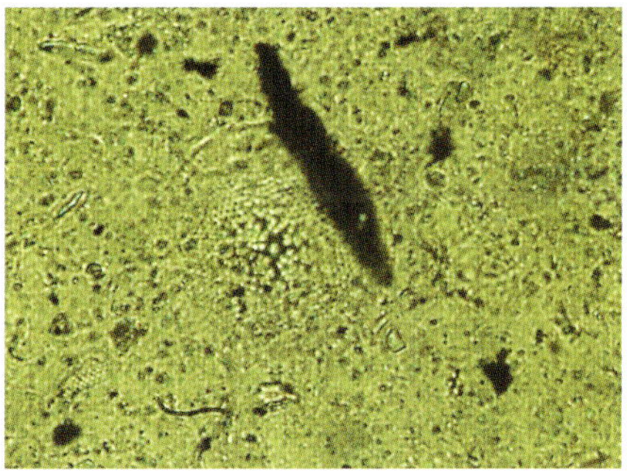

4. *Actinocylus normanii* f. *subsalsa*

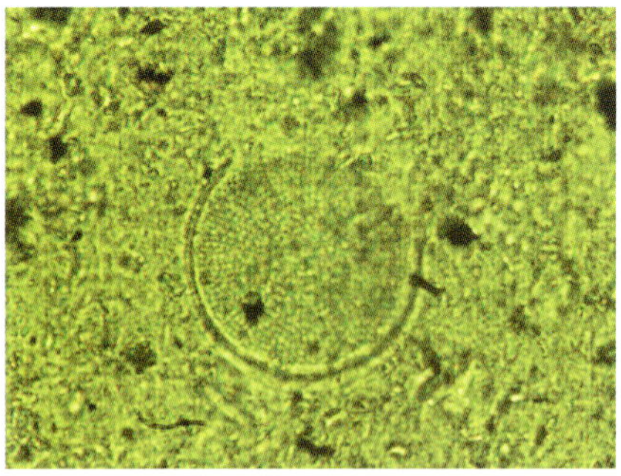

5. *Actinocylus ehrenbergii*

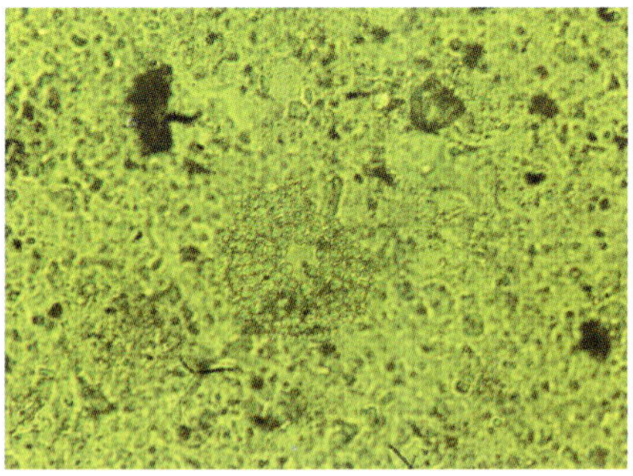

6. *Thalassiosira nidulus*

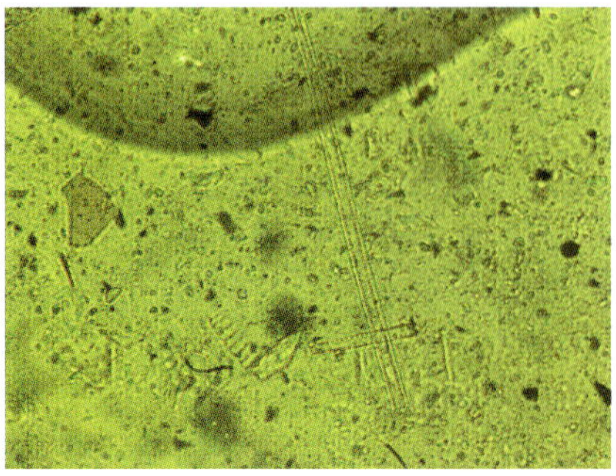

7 *Thalassiothrix longissima*

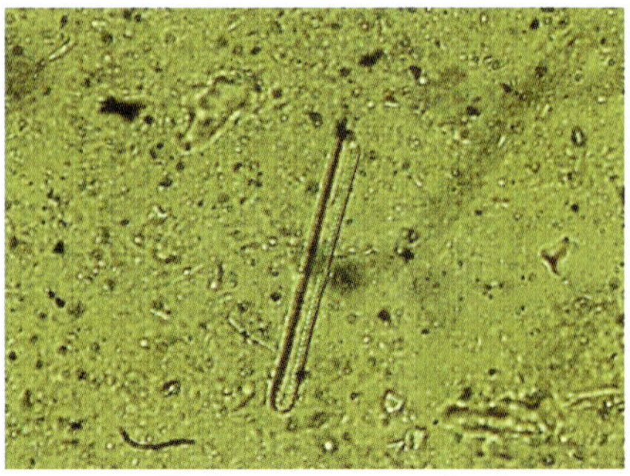

8 *Thalassionema nitzschiodes*

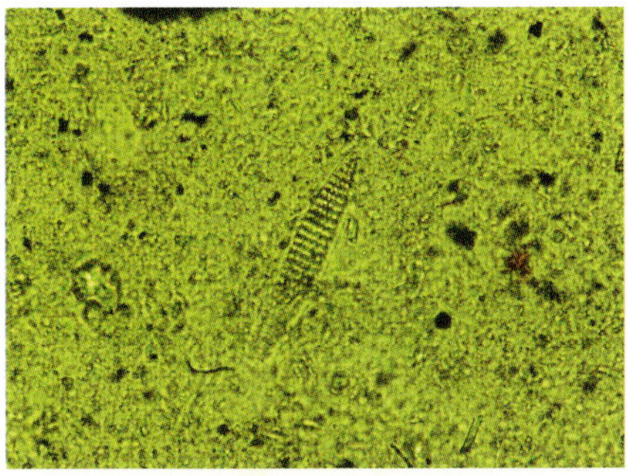

9　*Nitzschia kerguelensis*

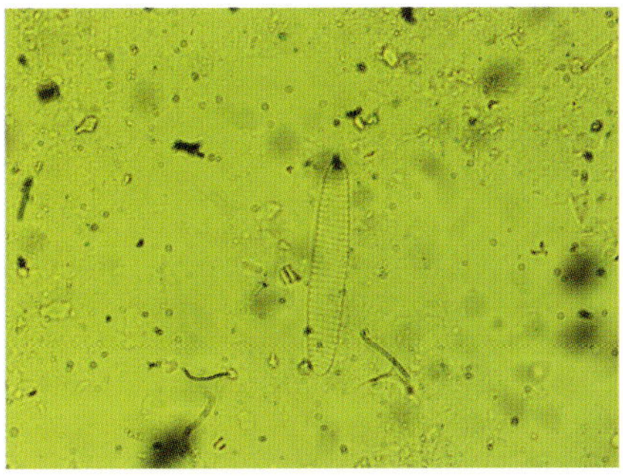

10　*Fragiaropsis oceanica*

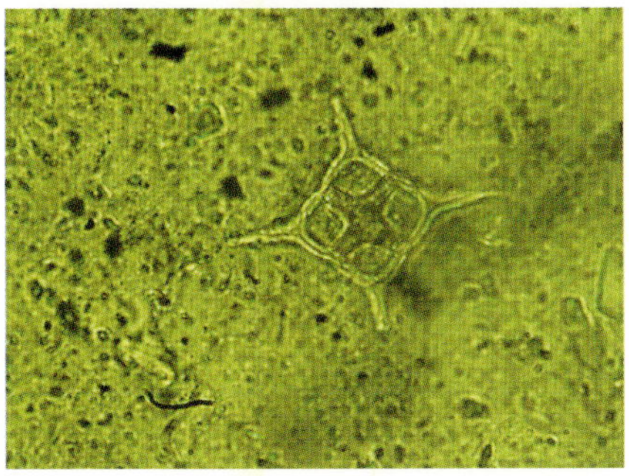

11　*Dictycha fibula*

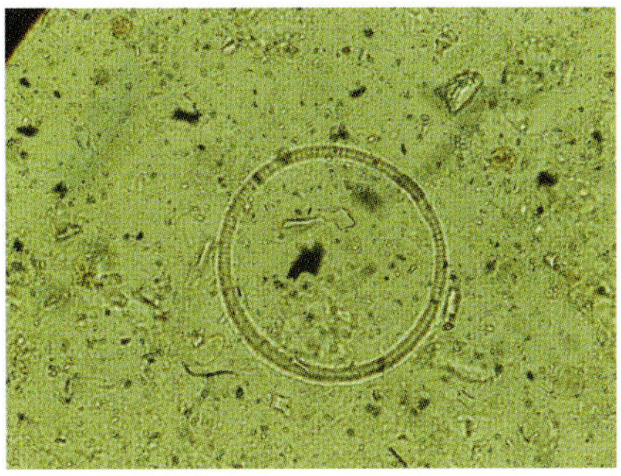

12　未定种 *Cyclotella* spp. ?

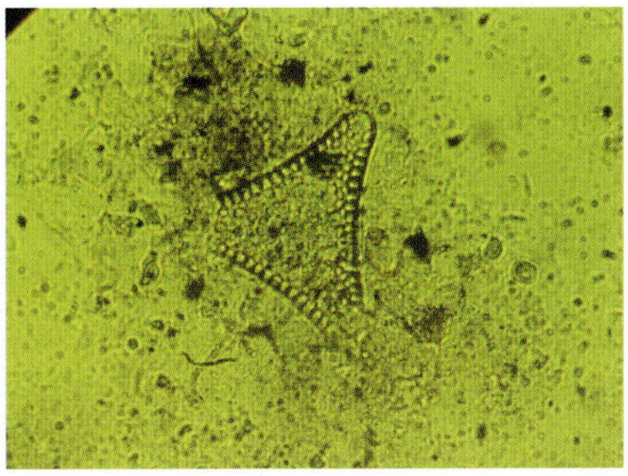

13　*Triceratium reticulum*

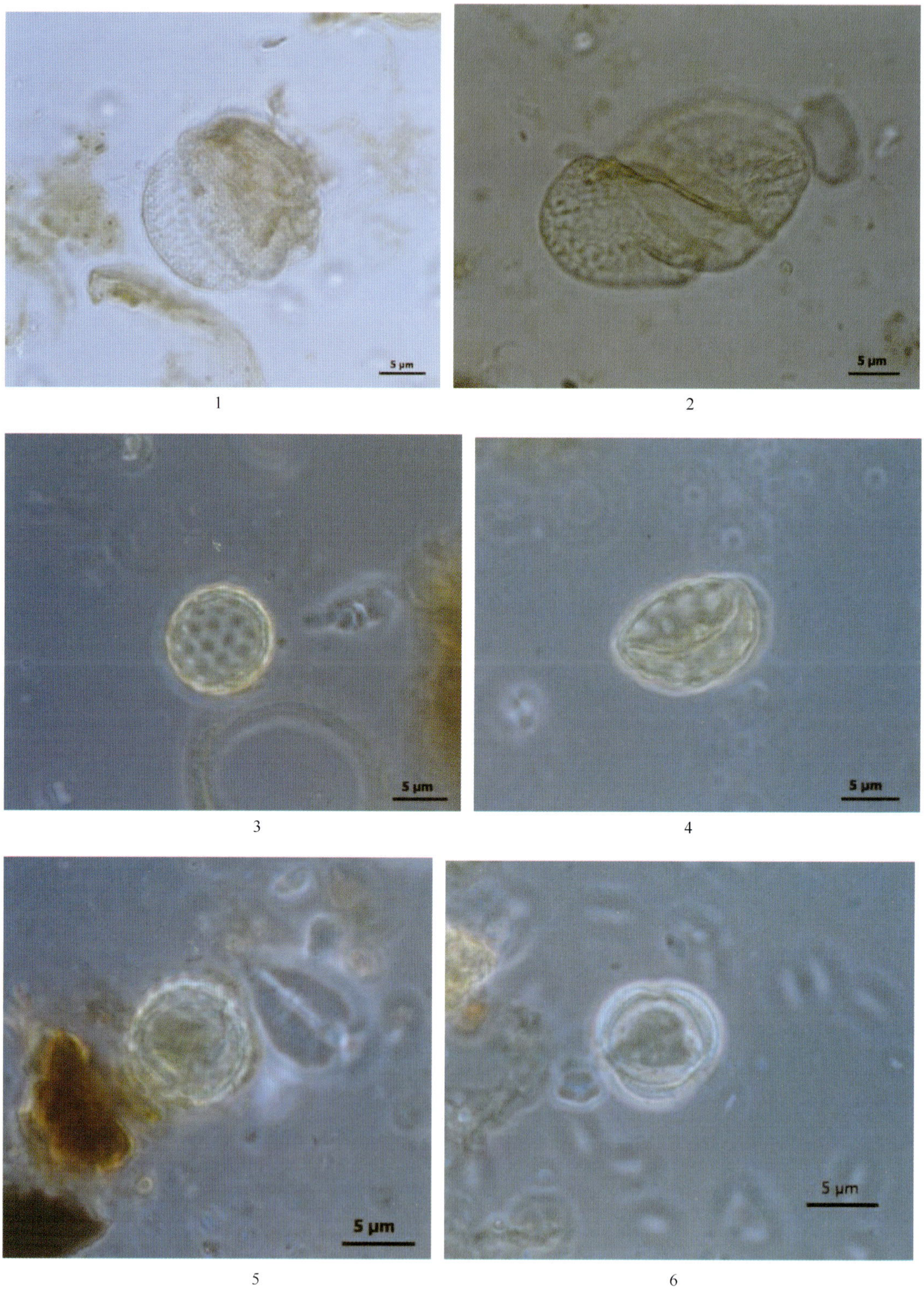

图版 I　现代沉积孢粉

所有标本和照片均保存在海洋沉积与环境地质国家海洋局重点实验室，所有标本均放大 1 000 倍

1. *Pinus*（松属），登记号：P4-12-1　　2. *Podocarpus*（罗汉松属），登记号：P4-12-1

3，4. Chenopodiaceae（藜科），登记号：N08-2-1

5. Asteraceae（菊科），登记号：N08-2-1　　6. *Artemisia*（蒿属），登记号：N08-2-1

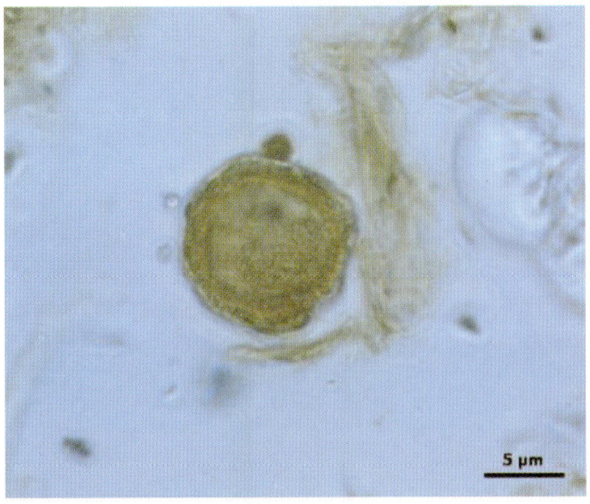

1

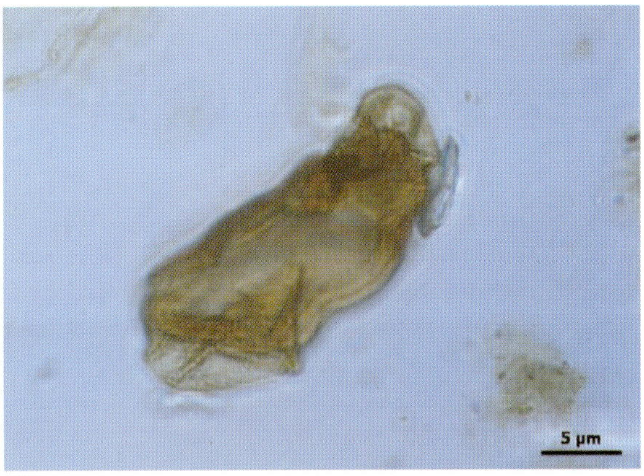

2

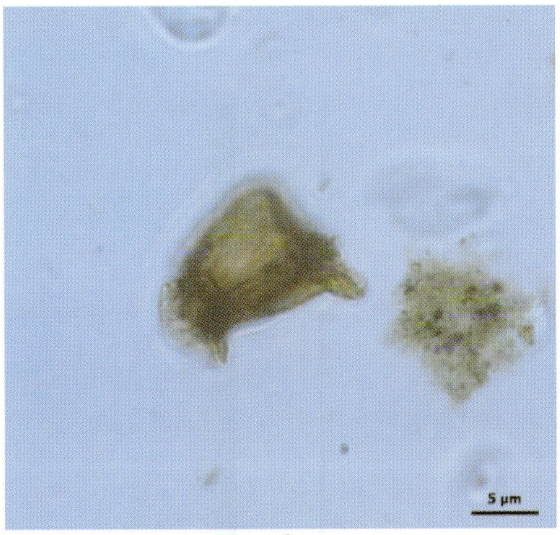

3

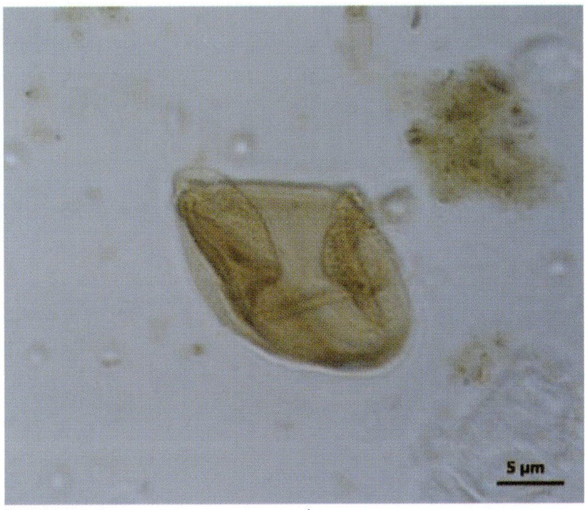

4

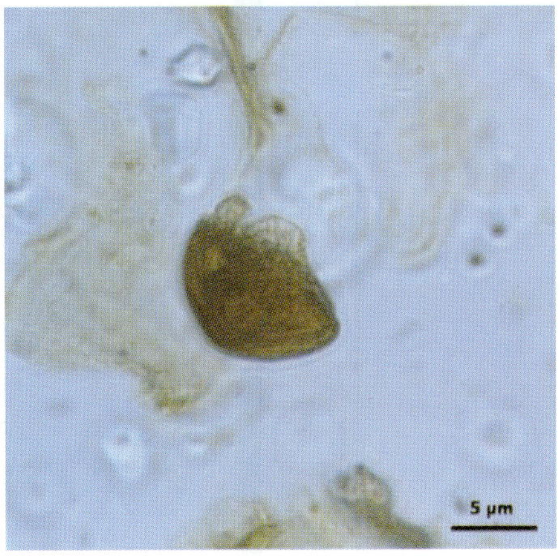

5

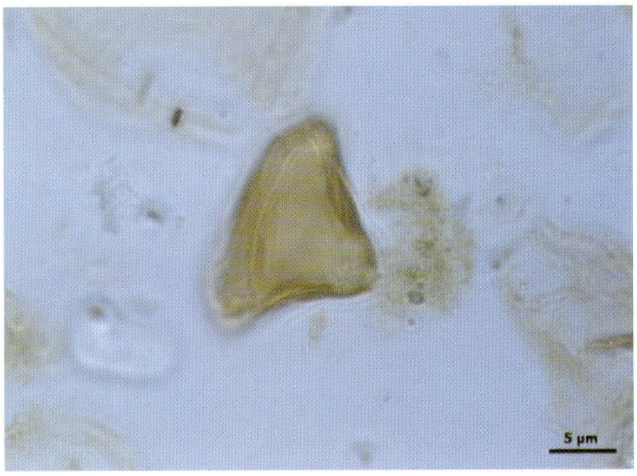

6

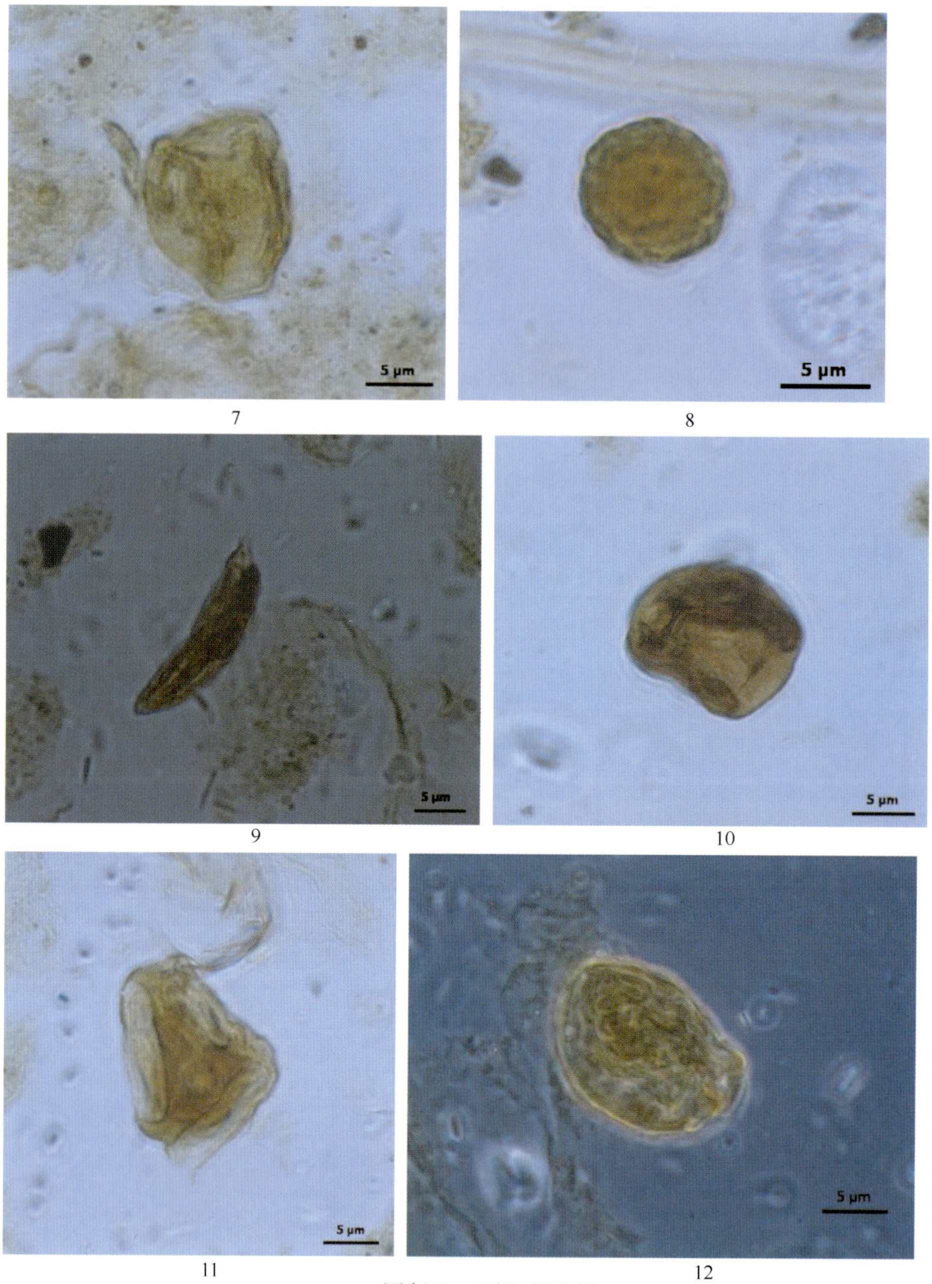

图版Ⅱ　再沉积孢粉

所有标本和照片均保存在海洋沉积与环境地质国家海洋局重点实验室，所有标本均放大 1 000 倍

1. *Tsugaepollenites* Potonie et Venitz, 1934 ex Potonie, 1958（铁杉粉属），登记号：P4-11-2

2, 3, 4. *Pinuspollenites* Raatz, 1937（双束松粉属），登记号：P4-11

5. Minutosaccus Mädler, 1964（小囊粉属，中生代），登记号：P4-12-1

6. *Siberiapollis mirus* Song sp. nov.（奇特西伯利亚粉），登记号：P4-12-1

7. *Faguspollenites* Raatz, 1937（山毛榉粉属），登记号：P4-12-1

8. *Chenopodipollis* Krutzsch, 1966（藜粉属），登记号：N08-2-1

9. *Ephedripites* Bolchovitina, 1953 ex Potonie, 1958 emend. Krutzsch, 1961（麻黄粉属），登记号：P4-11-2

10. *Polypodisceaesporites* Thiergart, 1938 ex Potonie, 1956（水龙骨单缝孢属），登记号：P4-11-1

11. *Concavisporites* Pflug, 1953 emend. Delcourt et Sprumont, 1955（凹边孢属），登记号：P4-12-2

12. *Ischyomonoletes* Li et Song, 1985（坑穴单缝孢属），登记号：P4-11-3